Ray Kurzweil

Die nächste Stufe der Evolution

PIPER

Zu diesem Buch

»In zehn Jahren werden Menschen mit KI interagieren, die überzeugend menschlich wirkt, und einfache Gehirn-Computer-Schnittstellen werden das tägliche Leben ebenso prägen, wie es heute Smartphones tun. Dank einer digitalen Revolution in der Biotechnologie wird es möglich sein, Krankheiten zu heilen und die gesunde Lebenszeit der Menschen erheblich zu verlängern. Allerdings werden viele Berufstätige die negativen Folgen der wirtschaftlichen Verwerfungen spüren, und uns allen drohen neue Gefahren, wenn diese neuen Fähigkeiten aus Versehen falsch eingesetzt oder bewusst missbraucht werden. In den 2030er-Jahren wird die selbstlernende KI und eine sich entwickelnde Nanotechnologie Menschen und ihre maschinellen Schöpfungen vereinen wie nie zuvor – und dadurch Chancen und Gefahren weiter vergrößern. Wenn wir die wissenschaftlichen, ethischen, gesellschaftlichen und politischen Probleme, die diese Fortschritte mit sich bringen, lösen können, werden wir bis 2045 das Leben auf der Erde grundlegend transformiert und verbessert haben. Wenn uns das nicht gelingt, könnten wir das nicht überleben.«

Ray Kurzweil zählt zu den weltweit bekanntesten und meistgehörten Zukunftsforschern und Tech-Visionären. Er war Leiter der technischen Entwicklung bei Google und gilt als globale Autorität im Bereich Künstlicher Intelligenz und Zukunftstechnologien. Seine wegweisenden Arbeiten in der Sprach- und Mustererkennung haben den Grundstein für zahlreiche moderne Technologien gelegt. Er ist bekannt für seine Theorie der technologischen Singularität, die besagt, dass Fortschritte in KI und Technologie einen Punkt erreichen werden, ab dem Künstliche Intelligenz die menschliche Intelligenz übertreffen wird. TIME Magazine zählte ihn zu den 100 einflussreichsten Menschen. 86 Prozent seiner Vorhersagen seit den 1990er-Jahren sind eingetroffen.

Ray Kurzweil

DIE NÄCHSTE STUFE DER EVOLUTION

WENN MENSCH UND MASCHINE EINS WERDEN

Aus dem amerikanischen Englisch von Sigrid Schmid, Moritz Langer, Jens Hagestedt

Mit 64 Schwarz-Weiß-Abbildungen

PIPER

Mehr über unsere Autorinnen, Autoren und Bücher:
www.piper.de

Ungekürzte Taschenbuchausgabe
ISBN 978-3-492-32246-1
Juli 2026
Die Originalausgabe erschien 2024 unter dem Titel *The Singularity is Nearer* bei VIKING, einem Imprint von Penguin Random House LLC, New York, penguinrandomhouse.com

Für einen direkten Kontakt und Fragen zum Produkt wenden Sie sich bitte an:
info@piper.de
Umschlaggestaltung: Büro Jorge Schmidt, München
Umschlagabbildung: Happy Lab / Adobe Stock
Bildnachweis: Abbildung 51, S. 206: © Valcenteu, 2010;
Abbildung 52, S. 209: © Simon Stone
Herstellung und Satz: Sieveking Agentur, München
Gesetzt aus der Minion
Litho: Lorenz & Zeller, Inning am Ammersee
Gedruckt von ScandBook in Litauen
Printed in the EU

Für Sonya Rosenwald Kurzweil.
Vor wenigen Tagen war es 50 Jahre her,
dass ich sie kennen-
(und lieben) gelernt habe!

INHALT

EINLEITUNG

In meinem Buch *The Singularity is Near* aus dem Jahr 2005* stellte ich die These auf, dass konvergente, exponentielle technologische Trends zu einer umwälzenden Transformation der Menschheit führen werden. Mehrere wichtige Bereiche verändern sich gleichzeitig immer schneller: Rechenleistung wird billiger, wir wissen immer mehr über die menschliche Biologie, und Technik wird in immer kleinerem Maßstab möglich. Künstliche Intelligenz (KI) wird immer leistungsfähiger, und es wird immer einfacher, auf Informationen zuzugreifen. Im selben Maß integrieren wir diese neuen Möglichkeiten immer mehr in unsere natürliche biologische Intelligenz. Irgendwann werden wir dank Nanotechnologie unser Gehirn mit Schichten aus virtuellen Neuronen in der Cloud erweitern können. So werden wir mit der KI verschmelzen und unsere biologische Ausstattung um die millionenfache Rechenleistung aufstocken können. Dadurch werden sich unsere Intelligenz und unser Bewusstsein so grundlegend erweitern, wie wir es heute kaum zu begreifen vermögen. Dieses Ereignis meine ich, wenn ich von Singularität spreche.

Der Begriff »Singularität« ist aus der Mathematik entlehnt (wo er einen undefinierten Punkt in einer Funktion bezeichnet, wenn man zum Beispiel etwas durch null teilt) sowie aus der Physik (wo er einen Punkt mit unendlicher Dichte im Zentrum eines schwarzen Lochs

* Die deutsche Ausgabe erschien 2014 unter dem Titel *Menschheit 2.0. Die Singularität naht*. Im Folgenden wird der deutsche Haupttitel verwendet. (Anm. d. Übers.)

bezeichnet, an dem die normalen physikalischen Gesetze nicht mehr gelten). Ich verwende den Begriff allerdings metaphorisch. Meine Prognose der technologischen Singularität besagt nicht, dass sich Veränderungen irgendwann unendlich schnell vollziehen werden. Exponentielles Wachstum impliziert kein unendliches Wachstum, und ebenso wenig tut das eine physikalische Singularität. In einem schwarzen Loch ist die Gravitationskraft so groß, dass nicht einmal Licht entkommt, aber nichts in der Quantenmechanik weist darauf hin, dass Masse unendlich werden könnte. Ich verwende die Metapher der Singularität, weil sie unsere Unfähigkeit erfasst, eine derart radikale Veränderung unseres derzeitigen Intelligenzniveaus zu verstehen. Aber wir werden unsere Denkfähigkeit schnell genug erweitern, dass wir uns anpassen können, wenn diese Veränderung tatsächlich eintritt.

Wie ich in *Menschheit 2.0* ausgeführt habe, deuten langfristige Trends darauf hin, dass die Singularität um das Jahr 2045 eintreten wird. Bei Veröffentlichung jenes Buches lag dieses Datum 40 Jahre – zwei ganze Generationen – in der Zukunft. Auf diese Distanz konnte ich die Kräfte, die diese Transformation herbeiführen, nur grob skizzieren, aber für die meisten Leserinnen und Leser war das Thema recht weit von der Alltagsrealität des Jahres 2005 entfernt. Und viele Kritiker schrieben, mein Zeitrahmen sei überaus optimistisch, oder sogar, die Singularität sei völlig unmöglich.

Seit damals ist jedoch etwas Bemerkenswertes geschehen. Der Fortschritt hat sich allen Zweiflern widersetzt und weiter beschleunigt. Soziale Medien und Smartphones entwickelten sich von nicht existent zu Alltagsbegleitern, die heute den Großteil der Weltbevölkerung verbinden. Algorithmische Innovationen und die Verbreitung von Big Data ermöglichten KI erstaunliche Durchbrüche früher, als sogar Experten erwartet hatten – zunächst meisterte sie Spiele wie *Jeopardy!* und *Go*, dann fuhr sie Autos, schrieb Essays, bestand Juraexamen und diagnostizierte Krebs. Inzwischen können leistungsfähige und flexible große Sprachmodelle (Large Language Models, LLMs) wie GPT-4 und Gemini natürlichsprachige Anweisungen in Computercode übersetzen – was die Hürde zwischen Mensch und Maschine erheblich senkt. Wenn dieses Buch erscheint, werden wahrscheinlich Millionen Menschen schon selbst Erfahrungen mit diesen Fähigkeiten gemacht haben. Unterdessen sind die Kosten für die Sequenzierung eines menschlichen Genoms um etwa 99,997 Prozent gesunken, und neuronale Netzwerke haben angefangen, Biologie digital zu simulieren und so erste große medizinische Erkenntnisse zu ermöglichen. Es wird sogar endlich möglich, Computer direkt mit dem Gehirn zu verbinden.

All diesen Entwicklungen liegt das zugrunde, was ich Gesetz vom steigenden Ertragszuwachs nenne: Informationstechnologien, wie die Rechenleistung, werden exponentiell günstiger, weil jeder Fortschritt die Planung des nächsten Evolutionsschritts vereinfacht. Das führte dazu, dass man zum Zeitpunkt, an dem ich dies schreibe, für einen US-Dollar inflationsbereinigt etwa die 11 200-fache Rechenkraft kaufen kann, wenn man sie mit der damals bestehenden vergleicht, als *Menschheit 2.0* in die Buchhandlungen kam.

Die folgende Grafik, auf die ich später in diesem Buch weiter eingehen werde, fasst den wichtigsten Trend zusammen, der unsere

Preis-Leistungs-Verhältnis von Rechenkraft, 1939 bis 2023[1]

Bestes Preis-Leistungs-Verhältnis bei Berechnungen pro Sekunde pro konstantem Dollar von 2023

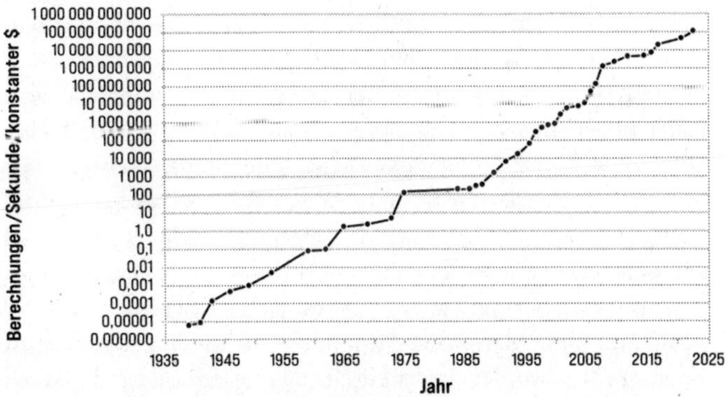

Abbildung 1: Um Maschinen maximal vergleichbar zu machen, konzentriert sich diese Grafik auf das Preis-Leistungs-Verhältnis im Zeitalter programmierbarer Computer, aber Näherungen für frühere elektromechanische Rechengeräte zeigen, dass dieser Trend mindestens in die 1880er-Jahre zurückreicht.[2]

technologische Zivilisation antreibt: das langfristige exponentielle Wachstum bei der Rechenleistung, die man für einen konstanten Dollar kaufen kann (dargestellt als mehr oder weniger gerade Linie in diesem logarithmischen Maßstab). Das Mooresche Gesetz besagt ja, dass Transistoren beständig kleiner werden, was Computern immer mehr Leistung ermöglicht – aber das ist nur eine Manifestation des Gesetzes vom steigenden Ertragszuwachs, das schon lange galt, bevor Transistoren überhaupt erfunden wurden, und wohl noch lange gelten wird, nachdem Transistoren ihre physikalischen Grenzen erreicht haben und durch neue Technologien ersetzt sein werden. Dieser Trend hat die moderne Welt geprägt und wird fast alle kommenden Durchbrüche, die in diesem Buch besprochen werden, direkt oder indirekt ermöglichen.

Wir sind also im Zeitplan für die Singularität. Die Dringlichkeit dieses Buches ergibt sich aus der Natur exponentieller Veränderung. Trends, die zu Beginn dieses Jahrhunderts noch kaum wahrnehmbar waren, beeinflussen jetzt aktiv das Leben von Milliarden Menschen. In den frühen 2020er-Jahren traten wir in den steil ansteigenden Teil der Exponentialkurve ein, und das Innovationstempo hat mehr Auswirkungen auf die Gesellschaft als je zuvor. Um das Ganze anschaulicher zu machen: Der Moment, in dem Sie dies lesen, liegt zeitlich wahrscheinlich näher an der Erschaffung der ersten übermenschlichen KI als am Veröffentlichungsdatum meines letzten Buches *How to Create a Mind* von 2012.* Und wir sind zeitlich wahrscheinlich näher an der Singularität als an der Veröffentlichung meines Buches *Die Intelligenz der Evolution* von 1999. Oder an der menschlichen Lebenszeit gemessen: Heute neu geborene Babys werden gerade das College abschließen, wenn sich die Singularität ereignet. Das ist auf sehr persönlicher Ebene eine andere Art von »nahe« als im Jahr 2005.

Aus diesem Grund habe ich dieses Buch jetzt geschrieben. Der jahrtausendealte Marsch der Menschheit hin zur Singularität ist zu einem Sprint geworden. In der Einführung zu *Menschheit 2.0* schrieb ich, wir befänden uns »in der frühen Übergangsphase«. Jetzt treten

---

* Die deutsche Ausgabe erschien 2014 unter dem Titel *Das Geheimnis des menschlichen Denkens*. (Anm. d. Übers.)

wir in die Endphase ein. In *Menschheit 2.0* ging es um etwas, das sich am fernen Horizont abzeichnete – in diesem Buch geht es um die letzten Kilometer auf dem Weg, der zum Ziel führt.

Zum Glück ist der Weg jetzt sehr viel deutlicher zu erkennen. Zwar wird es noch viele weitere technologische Veränderungen geben, bevor wir die Singularität erreichen, aber die wichtigsten Vorläufer verlassen bereits das Stadium der theoretischen Wissenschaft und treten in die Phase der aktiven Forschung und Entwicklung ein. In zehn Jahren werden Menschen mit KI interagieren, die überzeugend menschlich wirkt, und einfache Gehirn-Computer-Schnittstellen werden das tägliche Leben ebenso prägen, wie es heute die Smartphones tun. Dank einer digitalen Revolution in der Biotechnologie wird es möglich sein, Krankheiten zu heilen und die gesunde Lebenszeit der Menschen erheblich zu verlängern. Allerdings werden viele Berufstätige die negativen Folgen der wirtschaftlichen Verwerfungen spüren, und uns allen drohen neue Gefahren, wenn diese neuen Fähigkeiten aus Versehen falsch eingesetzt oder bewusst missbraucht werden. In den 2030er-Jahren wird die selbstlernende KI und eine sich entwickelnde Nanotechnologie Menschen und ihre maschinellen Schöpfungen vereinen wie nie zuvor – und dadurch Chancen und Gefahren weiter verstärken. Wenn wir die wissenschaftlichen, ethischen, gesellschaftlichen und politischen Probleme, die diese Fortschritte mit sich bringen, lösen können, werden wir bis 2045 das Leben auf der Erde grundlegend transformiert und verbessert haben. Wenn uns das nicht gelingt, könnten wir das nicht überleben. In diesem Buch geht es also um die letzten Meter zur Singularität – die Chancen und Gefahren, denen wir uns in der letzten Generation der Welt, wie wir sie kennen, gemeinsam stellen müssen.

Zunächst werden wir betrachten, wie sich die Singularität tatsächlich ereignen wird, und das dann in den Kontext der Bemühungen unserer Spezies, unsere eigene Intelligenz neu zu erfinden, stellen. Wenn man Empfindungsfähigkeit durch Technologie erschaffen will, wirft das wichtige philosophische Fragen auf. Daher wird ein Thema sein, wie dieser Übergang unsere eigene Identität und den Sinn unserer Existenz beeinflussen wird. Danach widmen wir uns den praktischen Trends, die die nächsten zehn Jahre prägen werden.

Wie ich zeigen werde, wird das Gesetz vom steigenden Ertragszuwachs exponentielle Fortschritte in vielen Bereichen vorantreiben, die das menschliche Wohl beeinflussen. Ein offensichtlicher Nachteil der Innovationen ist jedoch Arbeitslosigkeit, die durch Automatisierung in verschiedenen Formen entsteht. Diese negativen Auswirkungen sind sehr real, dennoch gibt es Anlass für langfristigen Optimismus, wie wir sehen werden – und letztendlich stehen wir nicht in Konkurrenz zur KI.

Diese Technologien werden enormen materiellen Überfluss für unsere Zivilisation ermöglichen, und danach werden wir uns darauf konzentrieren, das nächste Hindernis zu beseitigen, bevor wir unser volles Potenzial verwirklichen: die Schwächen unserer Biologie. Daher werfen wir auf den folgenden Seiten einen Blick auf die Werkzeuge, mit denen wir die Biologie selbst zunehmend beherrschen werden – indem wir zunächst den Alterungsprozess unserer Körper besiegen, dann unsere begrenzte Gehirnkapazität erweitern und schließlich die Singularität einläuten werden. Doch diese Durchbrüche könnten uns wie gesagt auch in Gefahr bringen. Revolutionäre biotechnologische, nanotechnologische oder KI-Systeme könnten zu einer existenziellen Katastrophe führen, etwa einer verheerenden Pandemie oder einer Kettenreaktion selbstreplizierender Maschinen. Am Ende dieses Buches werden wir eine Einschätzung dieser Bedrohungen vornehmen, die eine sorgfältige Planung verlangen. Dabei gibt es, so werde ich ausführen, vielversprechende Ansätze, wie sich diese Gefahren eingrenzen lassen.

Wir erleben die aufregendsten und bedeutsamsten Jahre der gesamten Menschheitsgeschichte. Niemand kann mit Sicherheit sagen, wie das Leben nach der Singularität sein wird. Aber indem wir die Übergänge zu dieser Singularität verstehen und uns darauf einstellen, können wir dazu beitragen, dass der letzte Endspurt der Menschheit sicher und erfolgreich ablaufen kann.

KAPITEL 1

WO STEHEN WIR IN DEN SECHS STADIEN?

In *Menschheit 2.0* schrieb ich, die Grundlage des Bewusstseins sei Information, und ich teilte die Entwicklung von den Anfängen unseres Universums an in sechs Stadien oder Epochen ein. Jedes Stadium erschafft das darauffolgende mittels der Methoden der Informationsverarbeitung aus dem vorhergehenden Stadium. Die Evolution der Intelligenz funktioniert also durch eine indirekte Abfolge anderer Prozesse.

Die erste Epoche war die Geburt der physikalischen Gesetze und der Chemie, die diese Gesetze ermöglichen. Wenige Hunderttausend Jahre nach dem Urknall bildeten sich Atome aus Elektronen, die einen Kern aus Protonen und Neutronen umkreisen. Eigentlich sollte es gar nicht möglich sein, dass Protonen in einem Atomkern so dicht beieinander sind, weil die elektromagnetischen Kräfte sie auseinandertreiben. Doch es existiert noch eine andere Kraft, die sogenannte Nuklearkraft, die die Protonen zusammenhält. »Wer auch immer« die Regeln für das Universum aufgestellt hat, erfand auch diese zusätzliche Kraft, ohne die eine Evolution durch Atome unmöglich gewesen wäre.

Mehrere Milliarden Jahre später bildeten Atome erstmals Moleküle, die komplexe Informationen speichern konnten. Kohlenstoff war dabei der nützlichste Baustein, weil ein Kohlenstoffatom vier Bindungen eingehen kann, nicht nur eine, zwei oder drei wie viele andere Atome. Die Wahrscheinlichkeit, in einem Universum zu leben, in dem komplexe chemische Verbindungen möglich sind, ist äußerst gering. Wenn zum Beispiel die Gravitationskraft nur ein wenig schwächer wäre, gäbe es keine Supernovae, bei denen die chemischen Elemente entstehen, aus denen Lebewesen bestehen. Wäre die Schwerkraft stärker, würden Sterne ausbrennen und sterben, bevor sich intelligente Lebewesen entwickeln könnten. Schon diese eine physische Konstante musste in einem extrem schmalen Bereich liegen, damit wir möglich wurden. Wir leben in einem sehr fein ausbalancierten Universum, das eine ausreichend hohe Ordnung aufweist, damit die Evolution ablaufen konnte.

Vor mehreren Milliarden Jahren begann die zweite Epoche: das Leben. Moleküle wurden so komplex, dass sich ein ganzer Organismus in einem einzigen Molekül definieren ließ. So konnten sich lebende Wesen mit jeweils eigener DNA entwickeln und verbreiten.

In der dritten Epoche bildeten durch DNA definierte Tiere Gehirne aus, die ihrerseits Informationen speichern und verarbeiten konnten. Diese Gehirne waren ein evolutionärer Vorteil, durch den sich im Verlauf von Millionen Jahren noch komplexere Gehirne ausbilden konnten.

In der vierten Epoche setzten gewisse Tiere dank ihrer hoch entwickelten kognitiven Fähigkeiten und ihrer Daumen Gedanken in komplexe Handlungen um: die Menschen. Unsere Art erschuf mit ihren Fähigkeiten verschiedene Technologien, mit denen sich Informationen speichern und bearbeiten ließen und lassen – von Papyrus bis Festplatten. Diese Technologien erweiterten die Fähigkeit unseres Gehirns, Informationsmuster wahrzunehmen, sich zu merken und auszuwerten. Das wurde zu einem Motor der Evolution, die weit größere Fortschritte ermöglichte als zuvor. Unsere Gehirne wuchsen um etwa 16 Kubikzentimeter alle 100 000 Jahre, während sich bei digitalen Computern das Preis-Leistungs-Verhältnis etwa alle 16 Monate verdoppelt.

In der fünften Epoche werden wir biologische menschliche Intelligenz unmittelbar über Gehirn-Computer-Schnittstellen mit der Geschwindigkeit und Rechenleistung unserer digitalen Technologie verbinden. Menschliche neuronale Informationsverarbeitung vollzieht sich mit mehreren Hundert Zyklen pro Sekunde, bei der digitalen Technologie sind es mehrere Milliarden Zyklen pro Sekunde. Neben Geschwindigkeit und Speicherkapazität können wir durch nicht biologische Computer auch unseren Neokortex um viele zusätzliche Schichten erweitern – und dadurch weit komplexere und abstrakte Denkleistungen ermöglichen, als wir uns derzeit vorstellen können.

In der sechsten Epoche wird sich unsere Intelligenz über das gesamte Universum ausbreiten, wobei normale Materie in Computronium umgewandelt wird, Materie mit höchstmöglicher Rechendichte.

In meinem Buch *Homo sapiens* von 1999* sagte ich voraus, dass im Jahr 2029 eine KI den Turing-Test bestehen werde – dass also eine KI per Text so kommunizieren könne, dass sie nicht mehr von einem Menschen zu unterscheiden sei. In *Menschheit 2.0* aus dem Jahr 2005 wiederholte ich diese Prognose. Wenn eine KI den Turing-Test besteht, bedeutet das, dass sie Sprache und vernünftige Argumentation so gut beherrscht wie ein Mensch. Alan Turing beschrieb diese Vorstellung im Jahr 1950,[1] führte aber nicht genau aus, wie der Test durchgeführt werden sollte. Ich habe mit dem PC-Pionier Mitch Kapor dazu eine Wette laufen, und wir haben dafür unsere eigenen Regeln definiert, die weitaus anspruchsvoller sind als andere Interpretationen.

Ich rechnete damit, dass wir, um einen gültigen Turing-Test bis spätestens 2029 zu bestehen, bis 2020 eine große Bandbreite an intellektuellen Leistungen durch KI ermöglichen müssten. Und tatsächlich hat seit dieser Prognose die KI viele der schwierigsten menschlichen Herausforderungen gemeistert – von Quizshows und Spielen wie *Jeopardy!* und *Go* bis zu ernsthaften Anwendungsgebieten wie etwa der Radiologie oder der Medikamentenentwicklung. Während ich dies schreibe, erweitern KI-Systeme wie Gemini und GPT-4 ihre Fähigkeiten auf viele verschiedene Leistungsgebiete – vielversprechende Schritte auf dem Weg zu allgemeiner Intelligenz.

---

* Die deutsche Ausgabe erschien 2000 unter dem Titel *Homo sapiens: Leben im 21. Jahrhundert – was bleibt vom Menschen?* Im Folgenden wird der Haupttitel verwendet. (Anm. d. Übers.)

Letztendlich wird ein Programm, wenn es den Turing-Test besteht, in vielen Bereichen dümmer erscheinen müssen, als es in Wahrheit ist, weil es sonst eindeutig als KI zu erkennen wäre. Wenn es zum Beispiel jede Matheaufgabe in Sekundenschnelle lösen könnte, würde es bei dem Test durchfallen. Auf dem Turing-Test-Niveau müsste eine KI also über Fähigkeiten verfügen, die jene der besten menschlichen Fachleute in den meisten Bereichen übersteigt.

Die Menschheit befindet sich aktuell in der vierten Epoche. Unsere Technologie zeitigt jetzt schon bei manchen Aufgaben Ergebnisse, die unser Verständnis übersteigen. Bei den Aspekten des Turing-Tests, die KI noch nicht gemeistert hat, machen wir immer schnellere Fortschritte. Wenn die KI den Turing-Test besteht, was ich wie gesagt für das Jahr 2029 erwarte, treten wir in die fünfte Epoche ein.

Eine entscheidende Entwicklung der 2030er-Jahre wird sein, dass wir die oberen Bereiche des Neokortex eines Menschen mit der Cloud verbinden und so unser Denkvermögen unmittelbar erweitern können. Wenn das möglich wird, werden die nicht biologischen Teile unseres Gehirns im Vergleich zu den biologischen die vieltausendfache kognitive Leistung liefern.

Dank der exponentiellen Beschleunigung der Fortschritte werden wir unser Gehirn bis zum Jahr 2045 um das Millionenfache erweitern können. Die Geschwindigkeit und der Umfang dieser Transformation sind unfassbar, und sie rechtfertigen, dass wir die Singularitätsmetapher aus der Physik entlehnen, um unsere Zukunft zu beschreiben.

KAPITEL 2

DIE NEUERFINDUNG DER INTELLIGENZ

WAS BEDEUTET ES, WENN INTELLIGENZ NEU ERFUNDEN WIRD?

Wenn die Geschichte des Universums die Geschichte sich entwickelnder Paradigmen der Informationsverarbeitung ist, dann kommt die Menschheit erst in der zweiten Hälfte vor. Unser Kapitel in dieser umfassenden Geschichte erzählt, wie sich Tiere mit biologischen Gehirnen zu transzendenten Wesen entwickeln, deren Gedanken und Identitäten nicht mehr an genetische Vorgaben gebunden sind. In den 2020er Jahren werden wir in die letzte Phase dieser Transformation eintreten – die Neuerfindung der naturgegebenen Intelligenz auf einem leistungsfähigeren digitalen Substrat, mit dem wir dann verschmelzen. Mit diesem Vorgang wird die vierte Epoche des Universums die fünfte Epoche hervorbringen.

Doch wie wird das konkret ablaufen? Um zu verstehen, was es heißt, die Intelligenz neu zu erfinden, müssen wir zunächst auf die Geburt von KI zurückblicken und auf die beiden großen Denkschulen, die daraus entstanden. Wir werden das mit den Erkenntnissen der Neurowissenschaft darüber, wie Kleinhirn und Neokortex die menschliche Intelligenz ermöglichten, in Verbindung setzen und so erkennen, warum die eine Denkschule über die andere siegte. Wir werden betrachten, wie Deep Learning derzeit die Leistungsfähigkeit des Neokortex nachbildet, und danach einschätzen können, was KI noch leisten muss, um ein menschliches Niveau zu erreichen, und wie wir erkennen werden, wenn sie es erreicht hat. Schließlich werden wir uns damit beschäftigen, wie wir mithilfe der übermenschlichen KI Gehirn-Computer-Schnittstellen bauen werden, die unseren Neokortex durch Schichten virtueller Neuronen stark erweitern. Dadurch werden uns völlig neue Denkweisen eröffnet und unsere Intelligenz am Ende millionenfach ausgedehnt: Das ist die Singularität.

DIE GEBURT VON KI

Im Jahr 1950 veröffentlichte der britische Mathematiker Alan Turing (1912–1954) einen Artikel in der Zeitschrift *Mind* mit dem Titel »Computing Machinery and Intelligence«.[1] Darin stellte Turing die wichtigste Frage in der Geschichte der Wissenschaft: »Können Maschinen denken?« Die Vorstellung von denkenden Maschinen reicht mit dem bronzenen Riesen Talos bis in die antike griechische Mythologie zurück,[2] aber Turing reduzierte die Vorstellung auf etwas, das sich empirisch überprüfen ließ. Er schlug vor, anhand des »Imitationsspiels« – das wir heute als Turing-Test kennen – festzustellen, ob eine Maschine in der Lage war, dieselben kognitiven Aufgaben auszuführen wie unser Gehirn. Bei diesem Test kommunizieren menschliche Prüfer per Textnachrichten mit einer KI und menschlichen Probanden, ohne zu sehen, mit wem sie sich gerade unterhalten. Die Prüfer stellen Fragen zu beliebigen Themen oder Situationen. Wenn sie nach einer bestimmten Zeitspanne nicht sagen können, welcher Gesprächspartner die KI war und welcher menschlich, hat die KI den Test bestanden.

Turing machte aus der philosophischen Vorstellung also eine wissenschaftliche und löste dadurch große Begeisterung unter Forschern aus. Im Jahr 1956 organisierte der Mathematikprofessor John McCarthy (1927–2011) eine zweimonatige Studie mit zehn Teilnehmern am Dartmouth College in Hannover, New Hampshire, mit der folgenden Zielsetzung:[3]

> Die Studie wird von der Annahme ausgehen, dass alle Aspekte des Lernens und jedes andere Merkmal von Intelligenz in Grundzügen so präzise beschrieben werden können, dass man eine Maschine dazu bringen kann, sie zu simulieren. Es soll untersucht werden, wie Maschinen dazu gebracht werden können, dass sie Sprache verwenden, Abstraktionen und Konzepte bilden und Probleme lösen können, die bisher Menschen vorbehalten sind, und wie sie sich selbst verbessern können.[4]

Bei den Vorbereitungen zur Studie schlug McCarthy für dieses Arbeitsgebiet, das letztendlich alle anderen Arbeitsgebiete automatisieren würde, den Namen »künstliche Intelligenz« vor.[5] Mir selbst gefällt diese Bezeichnung nicht, weil »künstlich« andeutet, diese Form der Intelligenz sei »nicht real«, aber der Begriff hat sich durchgesetzt.

Die Studie wurde durchgeführt, aber ihre Zielsetzung – insbesondere Maschinen dazu zu bringen, Aufgaben zu verstehen, die in natürlicher Sprache formuliert waren – wurde in den zwei Monaten nicht erreicht. An diesem Problem wird heute immer noch gearbeitet – inzwischen natürlich mit weit mehr als zehn Leuten. Nach Angaben des chinesischen Branchenriesen Tencent gab es im Jahr 2017 bereits mehr als 300 000 »KI-Forscher und -Anwender« weltweit,[6] und der *Global AI Talent Report* von Jean-François Gagné, Grace Kiser und Yoan Mantha aus dem Jahr 2019 führt 22 400 KI-Experten auf, die eigene Forschungsergebnisse veröffentlicht haben – von denen etwa 4000 als äußerst einflussreich eingeschätzt wurden.[7] Laut dem Institute for Human-Centered Artificial Intelligence der Stanford University veröffentlichten KI-Forscher im Jahr 2021 mehr als 496 000 Fachschriften und reichten mehr als 141 000 Patentanträge ein.[8] Im Jahr 2022 investierten Unternehmen weltweit 189 Milliarden Dollar in KI. Damit hatte sich die Investitionssumme innerhalb von zehn Jahren um das 13-Fache erhöht.[9] Wenn Sie dies lesen, wird die Zahl noch höher liegen.

1968 wäre all das kaum vorstellbar gewesen. Und dennoch entsprach die Zielsetzung der Studie in Dartmouth der Erschaffung einer KI, die den Turing-Test bestehen konnte. Seit 1999, seit meinem Buch *Homo sapiens*, prognostiziere ich wie erwähnt, dass wir dies bis zum Jahr 2029 schaffen werden. Zum Zeitpunkt seiner Veröffentlichung glaubten viele Beobachter, dieser Meilenstein könne *niemals* erreicht werden.[10] Bis vor Kurzem galt diese Prognose unter Fachleuten als äußerst optimistisch. Eine Umfrage aus dem Jahr 2018 ergab, dass die Mehrheit der KI-Experten nicht vor 2060 damit rechnete, dass eine Maschine menschenähnliche Intelligenz erlangen würde.[11] Aber die jüngsten Fortschritte bei den Large Language Models haben die Zielerwartung stark verschoben. Während ich an der ersten Fassung dieses Buches arbeitete, lag der Durchschnitt bei Metaculus, der wichtigsten Prognose-Website der Welt, zwischen 2040 und 2050. Aber der überraschende Fortschritt bei KI in den letzten beiden Jahren hat die Erwartungen erschüttert, und im Mai 2022 stimmte die Mehrheit bei Metaculus mit meiner Prognose für 2029 exakt überein.[12] Seitdem lag der Konsens zeitweise sogar bei 2026 und hatte damit meine Prognose sogar überholt![13]

Viele der jüngsten Durchbrüche bei KI haben sogar Fachleute überrascht. Sie gelingen nicht nur schneller, als die meisten erwartet haben, sondern treten vor allem scheinbar plötzlich auf, ohne Vorwarnung, dass ein großer Sprung nach vorn bevorsteht. So sagte Tomaso Poggio, am Massachusetts Institute for Technology (MIT) Experte für KI und Kognitionswissenschaft, im Oktober 2014 noch: »Die Fähigkeit, den Inhalt eines Bildes zu beschreiben, wäre eine der größten intellektuellen Herausforderungen für eine Maschine. Bevor wir dieses Problem lösen können, werden wir noch einen weiteren Forschungszyklus brauchen.«[14] Poggio schätzte, mit diesem Durchbruch sei erst in zwanzig Jahren zu rechnen. Bereits einen Monat später stellte Google eine KI zur Objekterkennung vor, die ebendas konnte. Von Raffi Khatchadourian von *The New Yorker* dazu befragt, flüchtete sich Poggio in philosophische Skepsis, ob diese Fähigkeit für echte Intelligenz stehe. Damit will ich keineswegs Poggio kritisieren, sondern nur etwas beschreiben, zu dem wir alle neigen. Bevor eine KI ein Ziel erreicht, scheint dieses Ziel ungemein schwer zu erreichen und einzigartig für uns Menschen zu sein. Nachdem die KI es erreicht hat, wird dieses Ziel aus menschlicher Sicht abgewertet. Oder anders ausgedrückt: Unsere Fortschritte sind in Wahrheit bedeutsamer, als es rückblickend erscheint. Auch aus diesem Grund halte ich optimistisch an meiner Prognose für 2029 fest.

Warum kam es zu diesen überraschenden Durchbrüchen? Die Antwort liegt in einem theoretischen Problem, das bis zu den Anfängen des Forschungsbereichs zurückreicht. Im Jahr 1964, als ich noch die Highschool besuchte, lernte ich zwei Pioniere der künstlichen Intelligenz kennen: Marvin Minsky (1927–2016), der den Dartmouth Workshop mitorganisiert hatte, und Frank Rosenblatt (1928–1971). Im Jahr 1965 schrieb ich mich am MIT ein und studierte bei Minsky, der damals Grundlagenforschung betrieb, auf der die dramatischen Durchbrüche bei der KI, die wir heute beobachten, basieren. Minsky lehrte, es gebe zwei Methoden, wie Automaten Aufgaben lösen könnten: die symbolische und die konnektionistische.

Bei der symbolischen Methode wird mit regelbasierten Ausdrücken beschrieben, wie ein menschlicher Experte ein Problem lösen würde. In manchen Fällen war ein solches System erfolgreich. So führte die RAND Corporation im Jahr 1959 den General Problem Solver (GPS) vor – ein Computerprogramm, das einfache mathematische Axiome kombinierte, um logische Probleme zu lösen.[15] Herbert A. Simon, J. C. Shaw und Allen Newell programmierten den General Problem Solver so, dass er theoretisch jedes Problem lösen konnte, das sich in einer Reihe von wohlgeformten Formeln (WFF) ausdrücken ließ. Dazu musste der General Problem Solver (GPS) in jeder Phase des Prozesses eine WWF (entsprechend einem Axiom) verwenden und die WWF dann methodisch zu einem mathematischen Beweis der Antwort zusammenfügen.

Das entspricht im Prinzip dem Vorgehen in der Algebra. Wenn man weiß, dass $2 + 7 = 9$ ist und eine unbekannte Zahl x 10 ergibt, wenn man sie zu 7 addiert, dann kann man beweisen, dass $x = 3$ ist. Doch lässt sich diese Art Logik noch auf weit mehr anwenden als das Lösen von Gleichungen. Wir wenden sie auch an (ohne darüber nachzudenken), wenn wir uns fragen, ob etwas einer bestimmten Definition entspricht. Wenn man weiß, dass eine Primzahl nur durch 1 und sich selbst geteilt werden kann, dass 11 ein Teiler von 22 ist und 1 nicht gleich 11 ist, kann man daraus schließen, dass 22 keine Primzahl ist. Der GPS basierte auf den einfachsten und grundlegendsten

Axiomen, die es gibt, und konnte so derartige Berechnungen bei weit komplexeren Aufgaben durchführen. Im Prinzip tun menschliche Mathematiker nichts anderes – nur kann eine Maschine (zumindest theoretisch) alle Kombinationsmöglichkeiten der grundlegenden Axiome durchprobieren, um die Lösung zu finden.

Ein Beispiel: Wenn an jedem Punkt 10 Axiome zur Auswahl stünden und man 20 Axiome für die Lösung bräuchte, ergäbe das 10^{20} oder 100 Milliarden Milliarden mögliche Lösungen. Heute kann man dank Computern mit derart großen Zahlen umgehen, aber im Jahr 1959 lag das noch weit jenseits der Leistungsfähigkeit von Computern. Damals konnte der DEC PDP-1-Computer circa 100 000 Operationen pro Sekunde ausführen.[16] Im Jahr 2023 schaffte eine Google Cloud A3 virtuelle Maschine rund 26 000 000 000 000 000 000 Rechenoperationen pro Sekunde.[17] Für einen Dollar bekommt man heute die *1,6-billionenfache* Rechenleistung wie zu Zeiten des GPS.[18] Aufgaben, die mit der Technologie von 1959 Zehntausende Jahre erfordert hätten, sind heute in wenigen Minuten mit einem handelsüblichen Computer lösbar. Um die begrenzten Rechenfähigkeiten auszugleichen, wurde der GPS mit Heuristiken programmiert, die mögliche Lösungen nach Priorität sortierten. Die Heuristiken funktionierten in manchen Fällen, und ihre Erfolge stützten die Vorstellung, dass sich mit Computern letztlich jedes präzise formulierte Problem lösen ließ.

Ein weiteres Beispiel war das MYCIN-System, das in den 1970ern entwickelt wurde, um Infektionskrankheiten zu diagnostizieren und Behandlungen zu empfehlen. Im Jahr 1979 verglich ein Team aus Fachleuten seine Leistung mit dem Können eines menschlichen Arztes und stellte fest, dass MYCIN genauso gut oder sogar besser abschnitt als jeder Arzt.[19]

Eine typische MYCIN-»Regel« sah folgendermaßen aus:

WENN 1) die Infektion, die therapiert werden soll, Meningitis ist und
2) es sich um eine Pilzinfektion handelt und
3) in der Kultur aus dem Abstrich keine Organismen zu erkennen sind und
4) der Patient keine Vorerkrankungen hat und

5) der Patient sich in einer Region aufgehalten hat, in der Kokzidioidomykosen vorkommen, und
6) der Patient entweder [s]chwarz, [a]siatisch oder [i]ndio ist und
7) im Hirnwasser keine Antigene für Kryptokokken nachweisbar sind,

DANN liegt es nahe (.5), dass Kryptokokken nicht zu den Organismen gehören, die die Infektion verursachen (und die nicht in Kulturen oder Abstrichen zu erkennen sind).[20]

Ende der 1980er-Jahre verwendeten diese »Expertensysteme« Wahrscheinlichkeitsmodelle und konnten viele Datenquellen kombinieren, um zu einer Entscheidung zu gelangen.[21] Eine einzelne Wenn-dann-Regel reichte nicht aus, aber indem das System viele Tausende solcher Regeln kombinierte, konnte es verlässliche Entscheidungen für ein beschränktes Problem treffen.

Der symbolische Ansatz wird seit mehr als fünfzig Jahren angewendet, doch gibt es dabei eine »Komplexitätsgrenze«.[22] Wenn MYCIN und andere derartige Systeme einen Fehler machten, konnte man dieses spezielle Problem durch eine Korrektur lösen, doch löste das wiederum drei andere Fehler in anderen Situationen aus. Offenbar war mit diesen Systemen nur eine begrenzte Komplexität möglich, was die Bandbreite der Probleme in der realen Welt, auf die sie anwendbar waren, stark einschränkte.

Man kann die Komplexität eines regelbasierten Systems auch als Menge möglicher Fehlerpunkte betrachten. Mathematisch hat eine Gruppe aus *n* Objekten 2^n-1 Untermengen (die leere Menge nicht mitgezählt). Wenn eine KI also eine Regelmenge verwendet, die nur eine Regel enthält, gibt es nur einen Fehlerpunkt: Funktioniert diese Regel für sich genommen korrekt oder nicht? Bei zwei Regeln gibt es bereits drei Fehlerpunkte: jede Regel für sich und Interaktionen, bei denen diese beiden Regeln kombiniert werden. Die Anzahl wächst exponentiell. Fünf Regeln bedeuten 31 mögliche Fehlerpunkte, bei 10 Regeln sind es 1023, bei 100 Regeln mehr als 1000 Milliarden Milliarden Milliarden und bei 1000 Regeln gibt es mehr als ein Googol

Googol Googol mögliche Fehlerpunkte. Je mehr Regeln es bereits gibt, umso mehr mögliche Untermengen kommen mit jeder weiteren Regel dazu. Selbst wenn nur ein winziger Teil möglicher Regelkombinationen zu einem neuen Problem führt, erreicht man irgendwann den Punkt (wo genau er liegt, unterscheidet sich von Situation zu Situation), an dem eine neue Regel, die man einführt, um ein Problem zu beheben, wahrscheinlich mehr als ein neues Problem auslöst. Das ist die Komplexitätsgrenze.

Das wahrscheinlich langlebigste Expertensystemprojekt ist CYC (vom englischen Wort *encyclopedic*), das Douglas Lenat und Kollegen bei Cycorp 1984 ins Leben riefen.[23] Ziel von CYC ist, alles »allgemeine Weltwissen« zu codieren – also weithin bekannte Fakten wie *Ein Ei, das fallen gelassen wird, zerbricht* oder *Ein Kind, das mit schmutzigen Schuhen durch die Küche läuft, verärgert seine Eltern.* Diese vielen Millionen kleiner Ideen sind nirgendwo deutlich niedergeschrieben. Es sind unausgesprochene Annahmen, die dem Verhalten und den Überlegungen von Menschen zugrunde liegen und die notwendig sind, um zu verstehen, was der Durchschnittsmensch zu verschiedenen Themen weiß. Das CYC-System stellt dieses Wissen durch symbolische Regeln dar und ist daher ebenfalls mit einer Komplexitätsgrenze konfrontiert.

In den 1960ern, als Minsky mir die Vor- und Nachteile des symbolischen Ansatzes erläuterte, erkannte ich den Mehrwert der konnektionistischen Methode. Dabei erschaffen Netzwerke aus Knoten Intelligenz durch Struktur, nicht Inhalte. Statt cleverer Regeln werden dumme Knoten eingesetzt, die durch ihre Anordnung Erkenntnisse direkt aus den Daten extrahieren können. Dadurch sind sie in der Lage, kaum wahrnehmbare Muster aufzuspüren, die einem menschlichen Programmierer, der symbolische Regeln aufstellt, nie in den Sinn kämen. Ein wichtiger Vorteil des konnektionistischen Ansatzes besteht darin, dass man damit Probleme lösen kann, ohne sie verstehen zu müssen. Selbst wenn wir fehlerfreie Regeln für einen symbolischen KI-Problemlöser aufstellen könnten (was wir nicht können), wüssten wir immer noch nicht genau, welche Regeln optimal wären.

Die konnektionistische Methode bringt gute Ergebnisse bei komplexen Problemen, aber sie ist auch ein zweischneidiges Schwert.

Konnektionistische KI wird leicht zur »Blackbox« – sie spuckt die richtige Antwort aus, kann aber nicht erklären, wie sie sie gefunden hat.[24] Das kann sehr problematisch werden, weil die Gedankengänge für Entscheidungen, bei denen viel auf dem Spiel steht – etwa bezüglich einer medizinischen Behandlung, im Strafvollzug, der Epidemiologie oder im Risikomanagement –, nachvollziehbar sein sollten. Aus diesem Grund arbeiten inzwischen viele KI-Experten daran, die »Transparenz« (oder »mechanistische Interpretierbarkeit«) von Entscheidungen, die auf maschinellem Lernen basieren, zu verbessern.[25] Wie effektiv die Transparenz sein wird, wenn Deep-Learning-Systeme komplexer und leistungsfähiger werden, bleibt abzuwarten.

Als ich begann, mich mit dem konnektionistischen Ansatz zu beschäftigen, waren die Systeme noch erheblich einfacher. Die Grundidee war, ein Computermodell nach dem Vorbild menschlicher neuronaler Netzwerke zu erstellen. Zunächst waren das sehr abstrakte Überlegungen, weil die Methode entwickelt wurde, bevor man genau verstand, wie biologische neuronale Netzwerke organisiert sind.

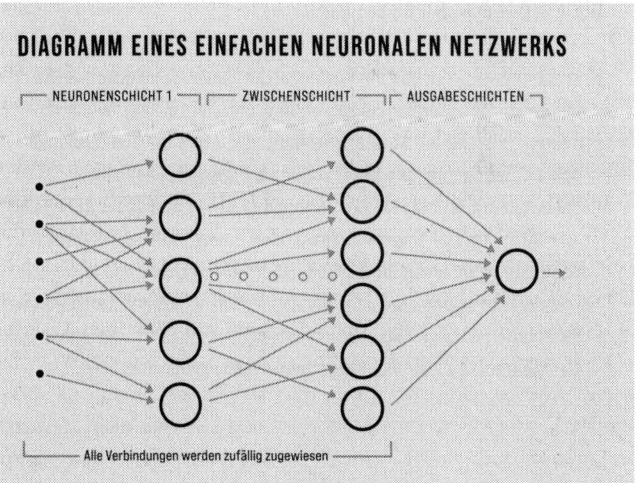

Abbildung 2

Dies ist das Grundschema eines Neuronales-Netzwerk-Algorithmus. Es gibt zahlreiche mögliche Variationen, und wer solch ein System entwirft, muss gewisse unverzichtbare Parameter und Methoden bereitstellen (Details siehe unten).

Wenn man ein neuronales Netz entwickeln möchte, um ein Problem zu lösen, braucht es dazu folgende Schritte:

- Eingabe definieren.
- Topologie des neuronalen Netzwerks definieren (d. h. die Neuronenschichten und die Verbindungen zwischen den Neuronen).
- Das neuronale Netzwerk mit Beispielen des Problems trainieren.
- Das trainierte neuronale Netzwerk neue Beispiele des Problems lösen lassen.
- Das neuronale Netzwerk der Öffentlichkeit präsentieren.

Diese Schritte (mit Ausnahme des letzten) werden im Folgenden im Detail beschrieben:

DIE EINGABE DES PROBLEMS

Ein Problem wird durch eine Reihe von Zahlen in das neuronale Netz eingespeist. Eine solche Eingabe kann folgendermaßen erfolgen:

- Bei einem visuellen Mustererkennungssystem als zweidimensionales Zahlenarray, das die Pixel eines Bildes repräsentiert.
- Bei einem akustischen Erkennungssystem (z. B. für Sprache) als zweidimensionales Zahlenarray, das einen Laut repräsentiert. Dabei steht die erste Dimension für die Parameter des Lauts (z. B. Frequenzkomponenten), die zweite für verschiedene Zeitpunkte.
- Bei einem beliebigen Mustererkennungssystem als *n*-dimensionales Zahlenarray, das das Eingabemuster repräsentiert.

DIE TOPOLOGIE DEFINIEREN

Bei einem neuronalen Netzwerk besteht die Architektur jedes Neurons aus:

- mehreren Inputs (oder Eingabestellen), wobei jeder Input entweder mit dem Output (der Ausgabestelle) eines anderen Neurons oder einer der Eingabezahlen »verbunden« ist, und
- im Allgemeinen einem Output, der entweder mit dem Input eines anderen Neurons (in der Regel in einer höheren Schicht) oder dem finalen Output verbunden ist.

Die erste Neuronenschicht einrichten

- In der ersten Schicht werden N_0 Neuronen angelegt. Alle Inputs dieser Neuronen sind mit »Punkten« (z. B. Zahlen) in der Problemeingabe »verbunden«. Diese Verbindungen können zufällig oder anhand eines evolutionären Algorithmus festgelegt werden (siehe unten).
- Jeder Verbindung wird ein initiales synaptisches Gewicht zugewiesen. Diese Gewichte können anfangs alle gleich sein, zufällig zugewiesen oder auf andere Art bestimmt werden (siehe unten).

Weitere Neuronenschichten anlegen

Man legt M Neuronenschichten an. In jeder Schicht werden die Neuronen eingerichtet.

Für $Schicht_i$ bedeutet das:

- N_i Neuronen in $Schicht_i$ einrichten. Alle Inputs dieser Neuronen sind mit den Outputs von Neuronen in $Schicht_{i-1}$ »verbunden« (siehe Variationen unten).
- Jeder Verbindung wird ein initiales synaptisches Gewicht zugewiesen. Diese Gewichte können anfangs alle gleich sein, zufällig zugewiesen oder auf andere Art bestimmt werden (siehe unten).
- Die Ausgaben der Neuronen in $Schicht_M$ sind die Ausgaben des neuronalen Netzes (siehe Variationen unten).

DIE ERKENNUNGSDURCHGÄNGE

Funktionsweise der Neuronen

Wenn das Neuron eingerichtet ist, geschieht bei jedem Erkennungsdurchgang Folgendes:

- Jede gewichtete Eingabe an das Neuron wird berechnet, indem die Ausgabe des Neurons, von dem diese Eingabe stammt, (oder die initiale Eingabe) mit dem synaptischen Gewicht der Verbindung zu diesem vorgeschalteten Neuron multipliziert wird.
- All diese gewichteten Eingaben, die im Neuron ankommen, werden addiert.
- Wenn diese Summe eine bestimmte Schwelle übersteigt, »feuert« das Neuron, wobei die Ausgabe 1 ist. Liegt diese Summe unter dem Schwellenwert, ist die Ausgabe 0 (siehe Variationen unten).

Ablauf eines Erkennungsdurchgangs

In jeder Schicht, von Schicht_0 bis Schicht_M, und bei jedem Neuron in der jeweiligen Schicht geschieht Folgendes:

- Die gewichteten Eingaben werden addiert. (Jede gewichtete Eingabe = Ausgabe des anderen Neurons, mit dem das aktuelle Neuron verbunden ist, [oder die initiale Eingabe] multipliziert mit dem synaptischen Gewicht dieser Verbindung.)
- Wenn diese Summe der gewichteten Eingaben den für das jeweilige Neuron festgelegten Schwellenwert übersteigt, wird der Ausgabewert dieses Neurons auf 1 gesetzt, sonst auf 0.

TRAINING DES NEURONALEN NETZES

- Mehrere Erkennungsdurchgänge werden mit dem Beispielproblem durchgeführt.
- Nach jedem Durchgang wird das synaptische Gewicht aller Verbindungen zwischen den Neuronen angepasst, um die Leistung des neuronalen Netzes zu verbessern (wie das geht, siehe unten).

- Dieses Training wird durchgeführt, bis sich die Genauigkeitsquote des neuronalen Netzes nicht weiter verbessert (d. h., bis sie eine Asymptote erreicht).

WICHTIGE DESIGNENTSCHEIDUNGEN

In dem einfachen Schema oben muss der Entwickler dieses neuronalen Netzalgorithmus zu Anfang Folgendes festlegen:

- wofür die Eingabezahlen stehen
- die Anzahl der Neuronenschichten
- die Anzahl der Neuronen pro Schicht (nicht alle Schichten müssen dieselbe Anzahl Neuronen enthalten)
- die Anzahl der Inputs (d. h. der Verbindungen zwischen den Neuronen) an jedem Neuron pro Schicht (auch diese Zahl kann von Neuron zu Neuron und Schicht zu Schicht variieren)
- die eigentliche »Vernetzung« (also die Verbindungen). Für jedes Neuron in jeder Schicht gibt es eine Liste anderer Neuronen, deren Outputs die Inputs dieses Neurons darstellen. Ein wichtiger Aspekt. Dies kann auf verschiedene Weisen umgesetzt werden:
    1. Die Verbindungen im neuronalen Netz werden zufällig festgelegt.
    2. Man bestimmt durch einen evolutionären Algorithmus (siehe unten) die optimalen Verbindungen.
    3. Der Systementwickler entscheidet nach bestem Wissen selbst, wo Verbindungen angelegt werden.
- das initiale synaptische Gewicht jeder Verbindung. Auch dies kann man auf verschiedene Weise umsetzen:
    1. Alle synaptischen Gewichte bekommen denselben Wert.
    2. Die synaptischen Gewichte werden zufällig festgelegt.
    3. Ein evolutionärer Algorithmus bestimmt die optimalen Initialwerte.
    4. Der Systementwickler setzt die Initialwerte selbst nach bestem Wissen fest.
- die Schwellenwerte, bei dem die einzelnen Neuronen feuern

- die Ausgabe, die Folgendem entsprechen kann:
    1. der Ausgabe der Neuronenschicht$_M$
    2. der Ausgabe eines einzelnen Neurons, deren Eingabe die Ausgaben der Neuronen in Schicht$_M$ sind
    3. einer Funktion (z. B. der Summe) der Ausgaben der Neuronen in Schicht$_M$
    4. einer anderen Funktion von Neuronenausgaben in mehreren Schichten
- das synaptische Gewicht aller Verbindungen, die während des Trainings des neuronalen Netzes angepasst werden müssen. Eine wichtige Entscheidung, zu der viel geforscht und über die viel diskutiert wird. Man kann sie auf verschiedene Weisen umsetzen:
    1. Bei jedem Erkennungsdurchgang wird das synaptische Gewicht um einen (in der Regel kleinen) festen Betrag so erhöht oder verringert, dass die Ausgabe des neuronalen Netzes der korrekten Antwort näher kommt. Man kann dazu ausprobieren, ob der höhere oder der niedrigere Wert den gewünschten Effekt hat. Das kann zeitaufwendig sein, daher gibt es andere Methoden, um jeweils festzulegen, ob das synaptische Gewicht erhöht oder verringert werden sollte.
    2. Es gibt andere statistische Methoden, um die synaptischen Gewichte nach jedem Erkennungsdurchgang so zu verändern, dass die Ausgabe des neuronalen Netzes näher an der korrekten Antwort liegt.
    3. Man kann ein neuronales Netz auch dann trainieren, wenn die Antworten auf die Erkennungsdurchgänge nicht alle korrekt sind. Man kann also reale Trainingsdaten verwenden, die eine naturgemäße Fehlerquote aufweisen. Entscheidend für den Erfolg eines Erkennungssystems auf Basis eines neuronalen Netzes ist die Datenmenge, mit der trainiert wird. Meist braucht es erhebliche Datenmengen, um zufriedenstellende Ergebnisse zu erzielen. Wie bei menschlichen Schülern hat auch die Zeit, die ein neuronales Netz mit dem Lernen verbringt, entscheidenden Einfluss auf seine Leistung.

VARIATIONEN

Von den oben genannten Punkten sind viele Variationen umsetzbar:

- Die Topologie kann auf verschiedene Arten festgelegt werden. Insbesondere können die Verbindungen zwischen den Neuronen entweder zufällig festgelegt werden oder durch einen evolutionären Algorithmus, der die Wirkung von Mutationen und natürlicher Auslese bei einem Netzwerkentwurf nachahmt.
- Es gibt verschiedene Möglichkeiten, die initialen synaptischen Gewichte festzulegen.
- Die Eingabe für die Neuronen in Schicht_i muss nicht unbedingt von den Outputs der Neuronen in Schicht_{i-1} stammen. Sie können auch von jeder höheren oder niedrigeren Schicht kommen.
- Die finale Ausgabe lässt sich mit verschiedenen Methoden bestimmen.
- Bei der oben beschriebenen Methode gibt es nur »alles oder nichts« (1 oder 0) bei der Ausgabe eines Neurons. Dies wird als Nichtlinearität bezeichnet. Auch andere nicht lineare Funktionen können verwendet werden. Oft wird eine Funktion eingesetzt, die in rascher, aber eher gradueller Folge von 0 bis 1 führt. Auch andere Zahlen als 0 oder 1 können ausgegeben werden.
- Welche der unterschiedlichen Methoden, um die synaptischen Gewichte beim Training anzupassen, eingesetzt werden, ist entscheidend für das Design des Netzwerks.

Das obige Schema beschreibt ein »synchrones« neuronales Netz, bei dem in jedem Erkennungsdurchlauf nacheinander die Ausgaben jeder Schicht berechnet werden, von Schicht_0 bis Schicht_M. In einem echten parallelen System, in dem jedes Neuron unabhängig von den anderen funktioniert, können Neuronen auch »asynchron« arbeiten. Bei einem asynchronen Ansatz scannt jedes Neuron ständig seine Inputs und feuert, sobald die Summe der gewichteten Eingaben seine spezifische Schwelle (oder den Wert, den seine Ausgabefunktion angibt) übersteigt.

Danach braucht man echte Beispiele, anhand derer das System lernen kann, wie sich ein Problem lösen lässt. Zu Anfang werden die Verbindungen und synaptischen Gewichte im neuronalen Netz üblicherweise zufällig festgelegt, daher sind die Antworten, die dieses untrainierte neuronale Netz ausgibt, ebenfalls zufällig. Ein neuronales Netzwerk muss sein Sachgebiet erst lernen wie das Säugetiergehirn, dem es (zumindest grob) nachgebildet ist. Ein neuronales Netz weiß zu Beginn gar nichts, ist aber darauf programmiert, eine »Belohnungsfunktion« zu maximieren. Dann wird es mit Trainingsdaten gefüttert (z. B. Fotos von Corgis und Fotos ohne Corgis, die jeweils von Menschen vorher beschriftet wurden). Wenn das neuronale Netz zu einem korrekten Ergebnis gelangt (wenn es z. B. korrekt feststellt, ob in dem Bild ein Corgi zu sehen ist), bekommt es eine Rückmeldung, anhand der dann die Gewichte der einzelnen Verbindungen zwischen den Neuronen angepasst werden können. Bei Verbindungen, die zur richtigen Antwort passen, wird das Gewicht erhöht, bei anderen verringert.

Mit der Zeit ordnet sich das neuronale Netz so an, dass es ohne Anleitung die richtige Antwort ausgibt. Experimente haben gezeigt, dass neuronale Netze ihr Sachgebiet auch mit unzuverlässigen Lehrern lernen können. Wenn die Trainingsdaten zu 60 Prozent richtig ausgezeichnet sind, kann ein neuronales Netz seine Lektion immer noch mit einer Treffsicherheit von mehr als 90 Prozent umsetzen. Unter manchen Bedingungen reicht sogar ein noch geringerer Anteil korrekter Auszeichnungen.[26]

Dass ein Lehrer einen Schüler so anleiten kann, dass der Schüler am Ende den Lehrer übertrifft, ist nicht leicht zu verstehen. Ebenfalls verwirrend ist, dass unzuverlässige Trainingsdaten zu exzellenten Leistungen führen können. Das geht, weil sich Fehler gegenseitig aufheben können. Nehmen wir als Beispiel ein neuronales Netz, dem beigebracht werden soll, die Ziffer 8 in handschriftlichen Beispielen der Ziffern 0 bis 9 zu erkennen. Und nehmen wir weiterhin an, ein Drittel der Auszeichnungen sei fehlerhaft – eine zufällige Mischung aus Achten, die als Vierer, Fünfer oder Achter ausgezeichnet sind usw. Wenn der Datensatz groß genug ist, werden sich diese Ungenauigkeiten ausgleichen und das Training nicht groß beeinträchtigen. Die entscheidende Information im Datensatz, wie Achter aussehen, bleibt erhalten, und das neuronale Netz kann durch Training immer noch ein hohes Niveau erreichen.

Trotz dieser Stärken hatten frühe konnektionistische Systeme eine schwerwiegende Einschränkung. Neuronale Netze mit nur einer Schicht waren mathematisch nicht in der Lage, derartige Probleme zu lösen.[27] Als ich 1964 Professor Frank Rosenblatt an der Cornell University besuchte, führte er mir ein einschichtiges neuronales Netzwerk namens Perzeptron vor, das gedruckte Buchstaben erkannte. Ich wandelte die Eingaben versuchsweise leicht ab. Bei Autoassoziationen (wenn der Buchstabe teilweise verdeckt war) funktionierte das System recht gut, bei der Invarianz (wenn Größe und Schriftart anders waren) weniger gut.

Im Jahr 1969 kritisierte Minsky das stark gestiegene Interesse für dieses Gebiet, obwohl er 1953 Pionierarbeit für neuronale Netzwerke geleistet hatte. Er und Seymour Papert, die beiden Gründer des MIT Artificial Intelligence Laboratory, führten damals in ihrem Buch *Perceptrons* formal aus, warum ein Perzeptron niemals feststellen könne, ob ein gedrucktes Bild zusammenhängend sei oder nicht. Die beiden folgenden Bilder stammen vom Cover von *Perceptrons*. Das obere Bild zeigt eine nicht zusammenhängende Figur (die aus keiner ununterbrochenen schwarzen Linie besteht), während im unteren Bild eine zusammenhängende Figur zu sehen ist (die aus einer ununterbrochenen schwarzen Linie besteht). Ein Mensch kann das ebenso feststellen wie ein einfaches Softwareprogramm. Ein vorwärtsgerichtetes Perzeptron (bei dem die Verbindungen zwischen den Knoten keine Schleifen bilden) wie Rosenblatts Mark 1 Perzeptron kann das nicht erkennen.

Der Grund dafür ist, dass man die XOR-Computerfunktion (exklusives Oder) benötigt, um das Problem zu lösen. Diese Funktion bestimmt, ob eine Linie Teil einer durchgehenden Figur im Bild ist, aber nicht Teil einer anderen Figur. Doch bei einer einzelnen Knotenschicht ohne Rückkopplung ist es mathematisch unmöglich, XOR zu implementieren, weil in einem solchen Netzwerk alle Daten in einem Durchgang anhand einer linearen Regel eingeordnet werden müssen (z. B. »Wenn diese beiden Knoten feuern, ist die Ausgabefunktion wahr«). XOR braucht jedoch eine Rückkopplung (»Wenn einer dieser beiden Knoten feuert, *aber nicht beide*, ist die Ausgabefunktion wahr«).

Abbildung 3

Nachdem Minsky und Papert zu diesem Schluss gelangt waren, versiegte die Finanzierung für die Konnektionismusforschung fast vollständig und erhöhte sich erst Jahrzehnte später wieder. Tatsächlich hatte mir Rosenblatt bereits 1964 erklärt, das Perzeptron könne nicht mit Invarianz umgehen, weil es zu wenige Schichten habe. Wenn man die Ausgabe eines Perzeptrons in eine weitere Schicht eingebe, die genauso aussehe, sei die Ausgabe allgemeingültiger. Wenn man diesen Vorgang wiederholte, würden die Ergebnisse bezüglich Invarianzen immer besser werden. Bei ausreichend vielen Schichten und genügend Trainingsdaten könnte ein solches Netzwerk erstaunliche Komplexität erreichen. Ich fragte ihn, ob er das schon ausprobiert habe. Er verneinte, sagte aber, es stehe oben auf seiner Forschungsliste. Das war eine erstaunliche Erkenntnis, aber Rosenblatt starb nur sieben Jahre später, 1971, bevor er die Gelegenheit hatte, seine Ideen zu überprüfen. Erst zehn Jahre später kamen mehrfache Schichten verbreitet in Gebrauch, und auch dann benötigten mehrschichtige Netzwerke noch mehr Rechenkraft und Trainingsdaten, als verfügbar waren. Die riesigen Fortschritte bei der KI-Entwicklung der letzten Jahre wurden durch den Einsatz multipler neuronaler Netzschichten möglich, die Rosenblatt mehr als fünfzig Jahre zuvor erträumt hatte.

Der konnektionistische Ansatz bei KI wurde bis Mitte der 2010er-Jahre also weitgehend ignoriert. Erst dann erschlossen neue Entwicklungen bei der Hardware sein schlummerndes Potenzial. Jetzt endlich waren ausreichende Mengen an Rechenkraft und Trainingsbeispielen erschwinglich genug, dass diese Methode ihre Stärke beweisen konnte. Zwischen der Veröffentlichung von *Perceptrons* im Jahr 1969 und Minskys Tod 2016 verbesserte sich das Preis-Leistungs-Verhältnis bei der Rechenleistung (inflationsbereinigt) um einen Faktor von circa 2,8 *Milliarden*.[28] Dadurch wurden neue Ansätze bei KI möglich. Ich sprach gegen Ende seines Lebens noch einmal mit Minsky, und er bedauerte den großen Einfluss von *Perceptrons*, denn zu dem Zeitpunkt feierte der Konnektionismus erste größere Erfolge.

Der Konnektionismus ist damit ein bisschen wie die Flugmaschinen, die Leonardo da Vinci erfand – eine zukunftsweisende Idee, aber erst umsetzbar, nachdem leichtere und stabilere Materialien entwickelt worden waren.[29] Nachdem die Hardware aufgeholt hatte, wurde Konnektionismus im großen Maßstab, etwa in Netzwerken mit 100 Schichten, realisierbar. Solche Systeme konnten dann Probleme lösen, die nie zuvor in Angriff genommen worden waren. Dieses Paradigma steht hinter allen spektakulären Fortschritten der vergangenen Jahre.

DAS KLEINHIRN: EINE MODULARE STRUKTUR

Um neuronale Netze im Kontext menschlicher Intelligenz besser zu verstehen, schlage ich einen kleinen Umweg vor: Gehen wir zurück an den Anfang des Universums. Die anfängliche Entwicklung von Materie hin zu höherer Ordnung verlief sehr langsam, ohne Anleitung durch ein Gehirn. (Siehe den Abschnitt »Die unglaubliche Unwahrscheinlichkeit des Seins« in Kapitel 3 zur Frage, wie wahrscheinlich es ist, dass das Universum überhaupt über die Fähigkeit verfügt, nützliche Informationen zu encodieren.) Es dauerte Hunderte Millionen bis Milliarden Jahre, einen neuen Detaillierungsgrad zu erreichen.[30]

Tatsächlich vergingen Milliarden von Jahren, bevor ein erstes Molekül codierte Anweisungen formulieren konnte, um ein Lebewesen zu erschaffen. Aktuell wird noch diskutiert, wann das Leben auf der Erde begann, aber die meisten Wissenschaftler gehen von einer Zeit vor 3,5 bis 4 Milliarden Jahren aus.[31] Das Universum selbst ist schätzungsweise 13,8 Milliarden Jahre alt (oder genauer gesagt ist so viel Zeit seit dem Urknall vergangen), und die Erde entstand wahrscheinlich vor etwa 4,5 Milliarden Jahren.[32] Zwischen dem ersten Atom im Universum und dem ersten selbstreplizierenden Molekül (auf der Erde) vergingen also etwa 10 Milliarden Jahre. Grund für diese Verzögerung ist möglicherweise der Zufall – wie unwahrscheinlich es war, dass Moleküle in der »Ursuppe« auf der Erde sich zufällig richtig kombinierten, ist nicht bekannt. Vielleicht könnte das Leben früher begonnen haben, vielleicht war es auch wahrscheinlicher, dass es sehr viel später beginnt. Bevor diese notwendigen Bedingungen erfüllt werden konnten, mussten ganze Sterne, die Wasserstoff zu schwereren Elementen fusionierten, ohne die komplexes Leben unmöglich war, geboren werden und sterben.

Wissenschaftler schätzen, dass danach 2,9 Milliarden Jahre zwischen dem ersten Leben und dem ersten mehrzelligen Leben auf der Erde vergingen.[33] Weitere 500 Millionen Jahre verstrichen bis zu den ersten Landtieren, und 200 Millionen Jahre danach tauchten die ersten Säugetiere auf.[34] Bei der Entwicklung des Gehirns lagen mehr als 100 Millionen Jahre zwischen den ersten primitiven Nervennetzen und den frühesten zentralisierten, dreiteiligen Gehirnen.[35] Der erste einfache Neokortex tauchte erst weitere 350 bis 400 Millionen Jahre später auf, und es dauerte noch weitere 200 Millionen Jahre, bis sich das Gehirn des modernen Menschen entwickelt hatte.[36]

Hochentwickelte Gehirne waren schon immer ein evolutionärer Vorteil. Beim Wettbewerb um Ressourcen hatten die klügeren Tiere häufig die Nase vorn.[37] Intelligenz entwickelte sich in sehr viel kürzerer Zeit als die vorherigen Entwicklungsschritte. Die bemerkenswerteste Veränderung im Gehirn der Vorfahren der Säugetiere war das sogenannte Kleinhirn. Im Gehirn heutiger Menschen besteht das Kleinhirn aus mehr Neuronen als der Neokortex, der für die höheren Hirnfunktionen wichtig ist.[38] Im Kleinhirn können zahlreiche Abläufe für motorische Aufgaben gespeichert und aktiviert werden, für das Ausführen einer Unterschrift zum Beispiel. (Diese Abläufe werden umgangssprachlich auch »Muskelgedächtnis« genannt. Das Phänomen hat aber weniger mit Muskeln als mit dem Kleinhirn zu tun. Wenn eine Bewegung häufig wiederholt wird, passt sich das Gehirn an, um die Bewegung einfacher und unbewusster zu machen – wie bei einem Weg, in den viele Wagenräder eine Furche eingraben.)[39]

Man kann einen geworfenen Ball fangen, indem man die Flugbahn des Balls und die eigenen Bewegungen anhand vieler Differenzialgleichungen berechnet und den Körper entsprechend dieser Rechenergebnisse in Position bringt. Leider haben wir im Kopf keine Maschine, die Differenzialgleichungen lösen kann, daher lösen wir ein einfacheres Problem: Wie bringe ich den Baseballhandschuh am effektivsten zwischen den Ball und meinen Körper? Das Kleinhirn geht davon aus, dass die Hand und der Ball ähnliche relative Positionen zueinander einnehmen müssen, damit man den Ball fangen kann. Wenn die Flugkurve des Balls also zu steil ist und die Hand sich zu langsam bewegt, wird das Kleinhirn die Hand anweisen, sich schneller an die gewohnte relative Position zu bewegen.

Diese einfachen Handlungen des Kleinhirns, um den sensorischen Input passenden Muskelbewegungen zuzuordnen, entsprechen dem mathematischen Konzept der »Basisfunktionen« und ermöglichen uns, den Ball zu fangen, ohne Differenzialgleichungen lösen zu müssen.[40] Wir können mit dem Kleinhirn auch überlegen, wie wir uns bewegen würden, selbst wenn wir die Bewegung gar nicht wirklich ausführen. Das Kleinhirn kann uns sagen, dass wir den Ball zwar fangen, dabei aber mit einem anderen Spieler zusammenstoßen könnten, und dass wir es deshalb bleiben lassen sollten. All das geschieht instinktiv.

Beim Tanzen lenkt oft das Kleinhirn unsere Bewegungen, ohne dass wir uns dessen bewusst wären. Menschen, deren Kleinhirnfunktion durch Krankheit oder Verletzung eingeschränkt ist, können willentliche Bewegungen immer noch über den Neokortex steuern.

Allerdings braucht es dazu eine bewusste Anstrengung, und häufig kommt es zu Koordinationsproblemen, der sogenannten Ataxie.[41]

Wenn man eine körperliche Tätigkeit meisterlich beherrschen will, muss man die entsprechenden Teilbewegungen so oft ausführen, dass sie sich in das Muskelgedächtnis einprägen. Man verschiebt die Kontrolle über die Bewegungen dadurch vom Motorcortex an das Kleinhirn. Ob man nun Fußball spielt, einen Zauberwürfel löst oder Klavier spielt, je weniger bewusste geistige Anstrengung für die Aufgabe benötigt wird, umso bessere Leistungen kann man bringen. Die Bewegungen werden schneller und flüssiger, und man kann sich auf andere Aspekte des Erfolgs konzentrieren. Wenn Musiker ihr Instrument beherrschen, können sie jede Note so mühelos und intuitiv spielen, wie normale Menschen »Happy Birthday« singen. Wenn ich Sie fragen würde, wie Sie Ihre Stimmbänder dazu veranlassen, die richtige Note hervorzubringen, könnten Sie den Vorgang wahrscheinlich nicht in Worte fassen. Dies bezeichnen Psychologen und Trainer als »unbewusste Kompetenz«, weil das entsprechende Können weitgehend im nicht bewussten Denken abläuft.[42]

Doch resultiert die Leistungskraft des Kleinhirns nicht aus einer hochkomplexen Architektur. Zwar befindet sich dort der Großteil der Neuronen in einem ausgewachsenen menschlichen Gehirn (und auch jeder anderen Tierart), doch enthält das Genom kaum Informationen über seinen Aufbau – es besteht überwiegend aus kleinen und einfachen Modulen.[43] In der Neurowissenschaft wird immer noch dazu geforscht, wie genau das Kleinhirn funktioniert, doch man weiß bereits, dass es aus vielen Tausend kleinen Verarbeitungsmodulen besteht, die in einer vorwärtsgerichteten Struktur angeordnet sind.[44] Das hilft uns zu erkennen, was neuronale Architekturen benötigen, um die Funktionen des Kleinhirns zu erfüllen. Neue Forschungsergebnisse zum Kleinhirn könnten weitere Erkenntnisse liefern, die für die KI-Entwicklung nützlich sind.

Die meisten Module des Kleinhirns haben eine genau definierte Funktion – die Module, die die Fingerbewegungen beim Klavierspielen steuern, haben nichts mit den Beinbewegungen beim Gehen zu tun. Seit vielen Hundert Millionen Jahren ist das Kleinhirn eine wichtige Gehirnregion, doch die Menschen nutzen es immer weniger fürs Überleben, weil der flexiblere Neokortex die Führung übernommen hat, wenn es darum geht, sich in der modernen Gesellschaft zurechtzufinden.[45]

Tiere, die keine Säugetiere sind, verfügen hingegen nicht über einen Neokortex mit seinen Vorteilen. Bei ihnen sind die überlebenswichtigen Verhaltensweisen sehr detailliert im Kleinhirn aufgezeichnet. Diese vom Kleinhirn gesteuerten tierischen Verhaltensweisen werden als Instinktverhalten oder Fixed Action Patterns bezeichnet. Sie sind genetisch bei Vertretern einer Art angelegt im Gegensatz zu Verhalten, das durch Beobachtung und Nachahmung erlernt wird. Auch bei Säugetieren sind recht komplexe Verhaltensweisen angeboren. Hirschmäuse graben zum Beispiel kurze Bauten in den Boden, Küstenmäuse graben längere Bauten mit Fluchttunneln.[46] Als man Mäuse, die im Labor großgezogen wurden und bisher keine Erfahrung mit dem Tunnelgraben hatten, auf ein Sandstück setzte, gruben sie jeweils die Sorte von Tunnel, wie es ihre Art in der Wildnis tat.

Meist hält sich eine Verhaltensweise – wie etwa die Fähigkeit eines Frosches, eine Fliege mit der Zunge im Flug einzufangen – im Kleinhirn einer Art, bis eine Population mit einer verbesserten Verhaltensweise sie durch natürliche Selektion verdrängt. Wenn Verhaltensweisen vererbt und nicht erlernt sind, können sie sehr viel langsamer angepasst werden. Wenn es erlernt ist, können Lebewesen ihr Verhalten im Lauf eines Lebens bedeutend verändern, angeborenes Verhalten lässt sich nur langsam über viele Generationen schrittweise modifizieren. Interessanterweise verwenden Informatiker inzwischen gelegentlich »evolutionäre« Methoden, die genetisch bestimmtes Verhalten spiegeln.[47] Dazu erstellt man Programme mit gewissen zufälligen Eigenschaften und beobachtet dann, wie gut sie bei einer bestimmten Aufgabe abschneiden. Die Eigenschaften von Programmen, die gute Leistungen zeigen, können dann kombiniert werden, ganz ähnlich, wie Gene bei der Fortpflanzung von Tieren miteinander vermischt werden. Auch zufällige »Mutationen« können eingeführt werden, um herauszufinden, welche von ihnen die Leistung steigern. Im Lauf vieler Generationen kann man die Problemlösefähigkeiten so optimieren, wie es ein menschlicher Programmierer von sich aus nie hätte erdenken können.

In der realen Welt dauert die Umsetzung der natürlichen Variante dieses Ansatzes viele Millionen Jahre. Das mag langsam erscheinen, aber man sollte bedenken, dass die Evolution vor der Biologie – als sich zum Beispiel die komplexen Chemikalien bildeten, die Leben erst ermöglichen – Hunderte Millionen Jahre dauerte. Das Kleinhirn hat also die Entwicklung beschleunigt.

DER NEOKORTEX: EINE SELBSTMODIFIZIERENDE, HIERARCHISCHE, FLEXIBLE STRUKTUR

Um schnellere Fortschritte machen zu können, musste die Evolution eine Möglichkeit finden, wie das Gehirn neue Verhaltensweisen entwickeln konnte, ohne darauf warten zu müssen, dass genetische Veränderungen das Kleinhirn umgestalteten. Diese Möglichkeit war der Neokortex oder »die neue Rinde«. Erstmals trat er vor circa 200 Millionen Jahren bei einer neuen Tierklasse auf – den Säugetieren.[48] Bei diesen ersten Säugern, die Nagetieren ähnelten, war der Neokortex so groß wie eine Briefmarke und ebenso dünn. Er schmiegte sich an das walnussgroße Gehirn der Tiere,[49] war aber flexibler organisiert als das Kleinhirn. Während das Kleinhirn als Ansammlung unabhängiger Module angelegt war, die unterschiedliche Verhaltensweisen steuerten, arbeitete der Neokortex als ein koordiniertes Ganzes. So war ein völlig neues Denken möglich: Neue Verhaltensweisen wurden in wenigen Tagen oder sogar Stunden erfunden. So konnten Tiere lernen.

Vor mehr als 200 Millionen Jahren war der langsame Anpassungsprozess der anderen Tiere normalerweise kein Problem, denn auch die Umgebung veränderte sich nur sehr langsam. Umweltveränderungen, die eine Reaktion des Kleinhirns erforderten, dauerten in aller Regel mehrere Tausend Jahre.

Der Neokortex wartete also nur auf eine Katastrophe, um die Weltherrschaft zu übernehmen. Diese Krise, heute als Massenaussterben an der Kreide-Paläogen-Grenze bekannt, trat vor 65 Millionen Jahren ein, 135 Millionen Jahre nachdem der Neokortex sich entwickelt hatte. Durch einen Asteroideneinschlag und möglicherweise zusätzliche vulkanische Aktivität veränderten sich die Lebensbedingungen auf der gesamten Erde abrupt. In der Folge starben etwa 75 Prozent aller Tier- und Pflanzenarten aus, darunter auch die Dinosaurier. (Die Lebewesen, die wir im Allgemeinen als Dinosaurier kennen, starben bei diesem Ereignis tatsächlich aus. Manche Wissenschaftler halten allerdings Vögel für einen überlebenden Zweig der Dinosaurier.[50])

In dieser Zeit erlangte der Neokortex, der rasch mit neuen Lösungen aufwarten konnte, enorme Bedeutung. Säugetiere wurden größer. Das Säugetiergehirn wuchs noch schneller und nahm einen größeren Anteil der Körpermasse des Tieres ein. Und der Neokortex wuchs sogar noch schneller und entwickelte Falten, um seine Oberfläche zu vergrößern.

Würde man den Neokortex eines Menschen ausbreiten, wäre er so groß und dick wie eine große Serviette.[51] Seine Struktur ist jedoch so komplex, dass er etwa 80 Prozent des Gewichts des menschlichen Gehirns ausmacht.[52]

In meinem Buch *Das Geheimnis des menschlichen Denkens* von 2012 beschreibe ich im Detail, wie der Neokortex funktioniert, daher will ich hier nur die wichtigsten Punkte zusammenfassen. Der Neokortex besteht aus einer relativ einfachen, sich wiederholenden Struktur, die wiederum aus jeweils circa 100 Neuronen besteht. Diese Module können ein Muster lernen, erkennen und sich merken. Sie können auch lernen, sich in Hierarchien zu organisieren, und mit jeder höheren Organisationsebene sind komplexere Leistungen möglich. Diese wiederkehrenden Untereinheiten werden als kortikale Minisäulen bezeichnet.[53]

Derzeit schätzt man, dass es im gesamten zerebralen Kortex 21 bis 26 Milliarden Neuronen gibt, 90 Prozent davon – durchschnittlich um 21 Milliarden – im Neokortex.[54] Wenn jede Minisäule aus circa 100 Neuronen besteht, bedeutet das, dass wir über rund 200 Millionen Minisäulen verfügen.[55] Neue Forschungen zeigen, dass die Module im Neokortex stark parallel arbeiten, im Gegensatz zu digitalen Computern, bei denen die Operationen sequenziell abgearbeitet werden.[56] Das bedeutet, dass vieles gleichzeitig geschieht. Dadurch wird das Gehirn ein sehr dynamisches System, das sich nur schwer im Computer nachbilden lässt.

Wie genau das geschieht, müssen Neurowissenschaftler erst noch erforschen, aber wie die Minisäulen grundsätzlich organisiert und miteinander verbunden sind, sagt schon einiges über ihre Funktion aus. Neuronale Netzwerke im Gehirn nutzen hierarchische Schichten, die rohen Input (Sinnesreize beim Menschen) vom Output (Verhalten beim Menschen) trennen, ganz ähnlich wie es auch bei künstlichen neuronalen Netzwerken gemacht wird, die auf siliziumbasierter Hardware laufen. Durch diese Struktur sind höhere Abstraktionsebenen möglich, die in der raffinierten Kognition gipfeln, die wir als menschlich erkennen.

Auf der untersten Ebene (die direkt mit den Sinnesreizen verbunden ist) könnte ein bestimmtes Modul einen bestimmten visuellen Reiz als gebogene Form erkennen. Die anderen Ebenen verarbeiten die Ausgaben der unteren neokortikalen Module und fügen Kontext und Abstraktion hinzu. So könnten höhere Ebenen (die weiter von jenen entfernt sind, die Sinnesreize empfangen) erkennen, dass es sich bei der gebogenen Form um den Teil eines Buchstabens handelt, den Buchstaben als Teil eines Wortes erkennen und das Wort mit umfassenden semantischen Bedeutungen verbinden. Auf der obersten Ebene stehen sehr abstrakte Konzepte wie die Erkenntnis, dass eine Aussage witzig, ironisch oder sarkastisch gemeint ist.

Die »Höhe« einer neokortikalen Ebene legt zwar den Abstraktionsgrad in Bezug auf ein Signal fest, das vom Input der Sinne weitergegeben wird, doch dieser Prozess ist keine Einbahnstraße. Die sechs Hauptschichten des Neokortex kommunizieren dynamisch miteinander in beide Richtungen – abstraktes Denken spielt sich also nicht nur in den höchsten Schichten ab.[57] Nützlicher ist es, das Verhältnis von Schichten und Abstraktionsgrad artenspezifisch zu betrachten. Unser vielschichtiger Neokortex erlaubt uns, abstrakter zu denken als Lebewesen mit einfacheren Kortexen. Wenn es dem Menschen möglich wird, seinen Neokortex direkt mit cloudbasierter Rechenkraft zu koppeln, werden wir uns das Potenzial zu noch abstrakterem Denken eröffnen, als unser organisches Gehirn es derzeit unterstützt.

Die neurologischen Grundlagen für diese Abstraktionen wurden erst relativ kürzlich entdeckt. Der Neurochirurg Itzhak Fried führte Ende der 1990er-Jahre an einer 16-jährigen Epilepsiepatientin eine

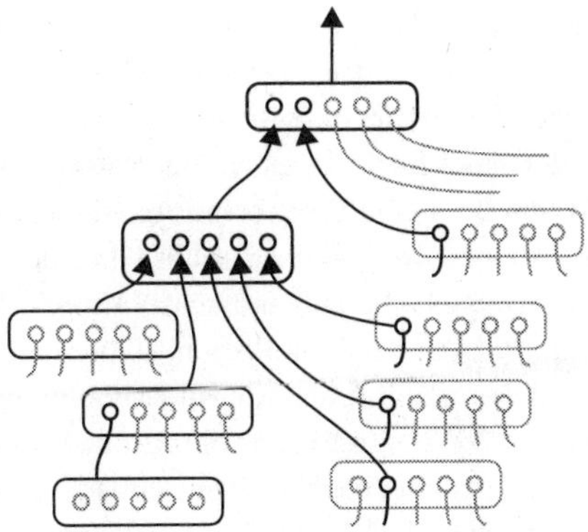

Abbildung 3a

Hirnoperation durch. Die Patientin war während des Eingriffs wach und konnte auf jede Maßnahme reagieren.[58] Das war möglich, weil es im Gehirn keine Schmerzrezeptoren gibt.[59] Wenn der Arzt einen bestimmten Punkt im Neokortex der Patientin stimulierte, fing sie an zu lachen. Fried und sein Team erkannten schnell, dass sie dort die Region reizten, die für die Wahrnehmung von Humor zuständig war. Die Patientin lachte nicht nur aus Reflex – sie fand die Situation ehrlich komisch, obwohl im Operationssaal nichts Komisches geschah. Als die Ärzte sie fragten, warum sie lache, antwortete sie nicht: »Oh, aus keinem besonderen Grund«, oder: »Sie haben mein Gehirn stimuliert«, sondern sie fand sofort einen Grund für ihre Heiterkeit. Sie erklärte ihr Lachen mit Aussagen wie: »Ihr Typen seid einfach so witzig – wie ihr da herumsteht.«[60]

Der Punkt am Neokortex, der dafür zuständig ist, dass man etwas amüsant findet, ließ sich also lokalisieren und triggern, und dadurch erkannte man, dass dieser Bereich für Konzepte wie Humor und Ironie zuständig ist. Andere nicht invasive Tests haben diese Befunde bestätigt. Wenn man zum Beispiel ironische Sätze liest, werden bestimmte Teile des Gehirns, das sogenannte ToM-Netzwerk (ToM = Theory of Mind), aktiviert.[61] Dank dieser neokortikalen Abstraktionsfähigkeit konnten Menschen Sprache, Musik, Humor, Wissenschaft, Kunst und Technologie erfinden.[62]

Keine andere Art hat das je geschafft (auch wenn in Clickbait-Schlagzeilen häufig etwas anderes behauptet wird). Kein anderes Tier kann in Gedanken einen Rhythmus halten, einen Witz erzählen, eine Rede halten oder dieses Buch schreiben (oder lesen!). Manche Tiere, Schimpansen zum Beispiel, können primitive Werkzeuge herstellen, aber diese Instrumente sind nicht ausgeklügelt genug, um die Entwicklung der Art aus sich heraus zu beschleunigen.[63] Andere Tiere verwenden eine einfache Kommunikation, können aber keine hierarchischen Ideen kommunizieren, wie wir es mit der menschlichen Sprache vermögen.[64] Wir waren schon ohne frontalen Kortex außergewöhnliche Primaten, aber diese zusätzlichen Module ermöglichten uns, Vorstellungen über die Welt und die Existenz zu verstehen, und so wurden wir fortgeschrittenen Tiere zu philosophischen Tieren.

Doch war die Evolution des Gehirns nur zum Teil für unseren Aufstieg als Art verantwortlich. Trotz aller neokortikalen Denkkraft wären Kunst und Wissenschaft der Menschen ohne eine weitere wichtige Erfindung nicht möglich: unsere Daumen.[65] Tiere mit vergleichbar großen oder sogar (absolut gesehen) größeren Neokortexen als Menschen – Wale, Delfine und Elefanten zum Beispiel – haben keine opponierbaren Daumen, mit dem man Naturmaterialen sicher greifen und Technologie aus ihnen herstellen kann. Wir sind evolutionär betrachtet also echte Glückspilze!

Wir haben außerdem Glück, weil unser Neokortex nicht nur aus Schichten besteht, sondern diese Schichten auch neuartig und leistungsstark miteinander verbindet. Die hierarchische Organisation der Module gibt es nicht nur im Neokortex – Hierarchien gibt es auch im Kleinhirn.[66] Doch der Neokortex zeichnet sich durch drei Merkmale aus, die Kreativität bei Säugetieren und insbesondere Menschen ermöglichen: 1. Die Feuermuster der Neuronen zu einem bestimmten Konzept können über weite Teile der Struktur verbreitet werden, nicht nur in dem Bereich, in dem es entstand. 2. Jedes Feuermuster kann mit ähnlichen Aspekten vieler verschiedener Konzepte verknüpft werden, und verwandte Konzepte werden durch verwandte Feuermuster repräsentiert. Und 3. können Millionen von Mustern gleichzeitig[67] im ganzen Neokortex feuern und komplex miteinander interagieren.[68]

So ermöglichen die hochkomplexen Verbindungen im Neokortex ein umfangreiches assoziatives Gedächtnis.[69] Erinnerung kann etwa durch einen Geruch oder Klang ausgelöst werden. Und das Muster, das dem Senken der Hand entspricht, ist verbunden mit dem Muster, das für ein Senken der Stimme steht – und sogar mit metaphorischen Abwärtsbewegungen, etwa fallende Temperaturen oder den Niedergang eines Großreichs in der Geschichte. Wir können also ein Muster erstellen, indem wir ein Konzept aus einem Bereich nehmen und es dann auf einen völlig anderen Bereich anwenden.

Der Fähigkeit des Neokortex, Ähnlichkeiten zwischen unterschiedlichen Themenbereichen zu ziehen, verdanken wir viele wichtige intellektuelle Fortschritte der Geschichte. Charles Darwins Evolutionstheorie entstand zum Beispiel aus einer Analogie mit der Geologie. Vor Darwin (1809–1882) glaubten Wissenschaftler, Gott habe bei jeder Spezies individuell beschlossen, sie zu erschaffen. Es hatte zuvor bereits ein paar wenige Theorien gegeben, die der Evolutionstheorie ähnelten – insbesondere ist hier die Theorie von Jean-Baptiste Lamarck (1744–1829) zu nennen, der die Idee vorbrachte, bei Tieren gebe es einen natürlichen Evolutionsprozess, durch den sie sich zu komplexeren Arten entwickelten, und dass Nachkommen Merkmale erben könnten, die ihre Eltern im Verlauf ihres Lebens erworben oder erfunden hätten.[70] Aber bei all diesen Theorien waren die Mechanismen entweder schlecht erklärt oder falsch.

Doch Darwin hatte sich mit den Arbeiten des schottischen Geologen Charles Lyell (1797–1875) beschäftigt, der eine kontroverse Theorie zum Ursprung der großen Schluchten aufgestellt hatte.[71] Gemäß der vorherrschenden Meinung waren die Schluchten von Gott so geschaffen, und wenn ein Fluss durch eine Schlucht floss, war das Zufall, weil der Fluss der Schwerkraft gefolgt war. Nach Lyells Theorie hatte es den Fluss *zuerst* gegeben, und die Schlucht war erst später entstanden. Mit dieser Idee traf er auf erheblichen Widerstand, und es dauerte einige Zeit, bis sie akzeptiert wurde, aber Wissenschaftler erkannten bald, dass fließendes Wasser winzige Spuren in Felsgestein hinterlässt und dass diese Wirkung im Verlauf von Millionen Jahren eine tiefe Schlucht wie den Grand Canyon graben konnte. Lyell stützte seine Theorie auf die Arbeiten seines schottischen Landsmanns und Geologenkollegen

James Hutton (1726–1797), der als Erster die Theorie des Aktualismus aufgestellt hatte,[72] nach der die Welt nicht in erster Linie durch eine katastrophale biblische Flut geformt wurde, sondern das Produkt der ständigen Einwirkung von Naturkräften über lange Zeit war.

Darwin stand in seinem Fachbereich vor einer sehr viel größeren Herausforderung. Die Biologie war endlos komplex, aber Darwin erkannte die Verbindung zwischen Lyells Theorie und seinen eigenen naturalistischen Studien, und diese Verbindung stellte er als Vorwort seinem Buch *Die Entstehung der Arten* von 1859 voran. Er übertrug Lyells Idee, dass ein Fluss einen Stein Sandkorn für Sandkorn abtragen konnte, auf kleine genetische Veränderungen im Verlauf einer Generation. Darwin verteidigte seine Theorie mit dem expliziten Vergleich: »[U]nd wie die neuere Geologie solche Ansichten, wie die Aushöhlung großer Thäler durch eine einzige Diluvialwoge, fast ganz verbannt hat, so wird auch die natürliche Zuchtwahl den Glauben an eine fortgesetzte Schöpfung neuer organischer Wesen oder an große und plötzliche Modifikationen ihrer Struktur verbannen.«[73] Damit löste er die bisher wohl tiefgreifendste wissenschaftliche Revolution unserer Zivilisation aus. Andere Theorien, die Darwin diese Ehre streitig machen könnten, waren Isaac Newton mit seiner Gravitations- und Albert Einstein mit der Relativitätstheorie. Beide Theorien basierten auf ähnlich analogen Erkenntnissen.

DEEP LEARNING: DIE MÖGLICHKEITEN DES NEOKORTEX NACHBILDEN

Wie kann man die Flexibilität und Abstraktionsfähigkeit des Neokortex digital replizieren? Wie zu Beginn dieses Kapitels bereits gesagt, sind regelbasierte symbolische Systeme zu unflexibel, um die Vielseitigkeit menschlicher Kognition zu erfassen. Konnektionistische Ansätze waren aber lange Zeit nicht praktikabel, weil sie für das Training zu viel Rechenkraft erforderten. Doch die Preise für Rechenleistung sind drastisch gefallen. Warum?

Vom Intel-Mitgründer Gordon Moore (1929–2023) stammt das berühmte Mooresche Gesetz, das er im Jahr 1965 erstmals formulierte und das seither der bekannteste Trend in der Informationstechnologie geworden ist.[74] In seiner bekanntesten Form besagt das Gesetz, dass die Anzahl der Transistoren, die auf einen Computerchip gepackt werden können, sich wegen der fortschreitenden Miniaturisierung etwa alle zwei Jahre verdoppelt. Skeptiker des fortgesetzten exponentiellen Fortschritts in der Datenverarbeitung weisen darauf hin, dass Moores Gesetz unausweichlich enden wird, wenn die Transistorendichte bei integrierten Schaltkreisen auf atomarer Ebene an ihre physikalische Grenze stößt, doch sie übersehen dabei eine grundlegende Wahrheit. Das Mooresche Gesetz ist nur eine Instanz eines umfassenderen Prinzips, das ich wie schon erwähnt als Gesetz vom steigenden Ertragszuwachs bezeichne und demzufolge die Informationstechnologie eine Rückkopplungsschleife der Innovation erzeugt. Dies hat bereits dafür gesorgt, dass sich das Preis-Leistungs-Verhältnis in vier wichtigen technologischen Paradigmen – Elektromechanik, Relais, Vakuumröhren und Transistoren – bereits exponentiell verbessert hatte, als Moore seine berühmte Beobachtung machte. Und wenn integrierte Schaltkreise ihre Grenze erreicht haben, werden neue Paradigmen mit Nanomaterialien oder dreidimensionaler Datenverarbeitung übernehmen.[75]

Dieser Megatrend hat sich mindestens seit dem Jahr 1888 (lange bevor Moore überhaupt geboren wurde!) beständig und exponentiell fortgesetzt.[76] Um das Jahr 2010 erreichte er schließlich eine Schwelle, ab der die versteckten Möglichkeiten des konnektionistischen Ansatzes realisierbar wurden, der auf der viellagigen, hierarchischen Datenverarbeitung basiert, wie sie im Neokortex stattfindet: dem Deep Learning. Das Deep Learning ermöglichte die überraschenden und scheinbar plötzlichen Durchbrüche bei KI, die seit der Veröffentlichung von *Menschheit 2.0* erzielt wurden.

Zum ersten Mal zeigte sich das radikal transformative Potenzial von Deep Learning, als KI das Brettspiel *Go* meisterte. Bei diesem Spiel gibt es sehr viel mehr potenzielle Züge als bei Schach, und man kann noch schwerer abschätzen, welcher Zug vorteilhaft ist. Daher erbrachten Ansätze, mit denen KI menschliche Schachgroßmeister geschlagen hatte, bei *Go* kaum Fortschritte. Optimistische Experten schätzten, das Problem werde frühestens in den 2020er-Jahren geknackt. (Im Jahr 2012 spekulierte der KI-Futurist Nick Bostrom beispielsweise noch, eine künstliche Intelligenz werde *Go* erst um das Jahr 2022 beherrschen.)[77] Doch dann entwickelte in den Jahren 2015 bis 2016 die Alphabet-Tochterfirma DeepMind die KI AlphaGo, die mit einer »Deep Reinforcement Learning«-Methode arbeitete, bei der ein riesiges neuronales Netzwerk eigene Spiele verarbeitete und aus eigenen Erfolgen und Misserfolgen lernte.[78] Zunächst verarbeitete das Netzwerk riesige Mengen an aufgezeichneten *Go*-Zügen von Menschen und spielte dann immer wieder gegen sich selbst, bis die Version AlphaGo Master schließlich den *Go*-Weltmeister Ke Jie besiegen konnte.[79]

Eine noch bedeutendere Entwicklung war wenige Monate später AlphaGo Zero. Der IBM-Supercomputer Deep Blue war bei seinem Sieg gegen den Schachweltmeister Garri Kasparow 1997 mit allem Wissen gefüttert worden, das seine Programmierer von menschlichen Schachexperten sammeln konnten.[80] Es war eine Schach spielende Maschine und taugte für nichts anderes. AlphaGo Zero hatte hingegen außer den Spielregeln keinerlei menschliche Informationen über *Go* bekommen und spielte dann drei Tage lang gegen sich selbst. Am Beginn dieser drei Tage führte die KI völlig willkürliche Züge, wurde dann aber rasch so gut, dass sie ihren von Menschen trainierten Vorgänger AlphaGo bei 100 Spielen 100:0 besiegte.[81] (Im Jahr 2016 hatte AlphaGo Lee Sodol, damals Platz zwei auf der Weltrangliste der *Go*-Spieler, bei vier von fünf Spielen geschlagen.) AlphaGo Zero verwendete eine neue Form des Reinforcement Learning (Bestärkendes Lernen), bei der das Programm zum eigenen Lehrmeister wurde. Damit erreichte AlphaGo Zero in nur 21 Tagen das Niveau von AlphaGo Master, der Version, die im Jahr 2017 online 60 Spitzenprofis und den Weltmeister Ke Jie in drei von drei Spielen geschlagen hatte.[82] Nach 40 Tagen hatte AlphaGo Zero alle anderen Versionen von AlphaGo übertroffen und war zum besten aller Spieler (Computer oder Mensch) geworden.[83] Und das ohne jedes codierte Wissen über menschliche Spiele und ohne menschliche Intervention.

Aber das ist nicht der bedeutendste Meilenstein für DeepMind. Die nachfolgende Generation, AlphaZero, kann Fähigkeiten vom *Go*-Spielen auf andere Spiele wie Schach übertragen.[84] Das Programm besiegte nicht nur alle menschlichen Gegner im Schach, sondern auch alle anderen Schachcomputer, und das nach nur vier Stunden Training ohne jedes Vorwissen, von den Spielregeln abgesehen. Im Spiel *Shōgi* war es ebenso erfolgreich. Die aktuelle Version, während ich dies schreibe, ist MuZero, das all dies erreichte, ohne dass man ihm vorher auch nur die Regeln erklärt hätte![85] Dank dieser Fähigkeit zum »Transferlernen« kann MuZero jedes Brettspiel meistern, bei dem Glück, Ambiguitäten oder versteckte Informationen keine Rolle spielen, und auch jedes deterministische Videospiel wie zum Beispiel *Pong* von Atari. Diese Fähigkeit, Wissen aus einem Bereich auf ein verwandtes Thema anzuwenden, ist ein Hauptmerkmal menschlicher Intelligenz.

Deep Reinforcement Learning lässt sich aber nicht nur für solche Spiele einsetzen. KIs, die *StarCraft II* oder Poker spielen können, bei denen es Unsicherheiten gibt und man die Spielgegner genau verstehen muss, haben kürzlich ebenfalls die Leistungen aller menschlichen Spieler übertroffen.[86] Die einzige Ausnahme sind (bisher) Brettspiele, bei denen man hohe sprachliche Kompetenz benötigt. *Diplomacy* ist dafür wohl das beste Beispiel. Ziel des Spieles ist die Weltherrschaft, die kein Spieler durch Glück oder Fähigkeiten erlangen kann, man muss mit den anderen Spielern reden.[87] Um zu gewinnen, muss man sie davon überzeugen, dass ein Spielzug, der einem selbst hilft, auch in ihrem eigenen Interesse liegt. Eine KI, die zuverlässig bei *Diplomacy*-Spielen gewinnen kann, muss also vor allem täuschen und überreden können. Doch sogar bei *Diplomacy* hat KI im Jahr 2022 eindrucksvolle Fortschritte erzielt, insbesondere das CICERO-System von Meta, das viele menschliche Spieler schlagen kann.[88] Derartige Meilensteine werden inzwischen fast wöchentlich erreicht.

Diese Deep-Learning-Fähigkeiten, die bei Spielen problemlos Weltmeisterschaftsniveau ermöglichen, können auch auf komplexe Situationen in der realen Welt angewendet werden. Im Grunde braucht man nur einen Simulator, der das, was die KI lernen soll – etwa die vielfältige und oft mehrdeutige Erfahrung des Autofahrens –, replizieren kann. Wenn man hinter dem Steuer sitzt, kann alles Mögliche geschehen: Ein vorausfahrendes Auto kann plötzlich bremsen, ein anderes auf der falschen Straßenseite entgegenkommen, ein Kind kann hinter einem Ball auf die Straße laufen. Um diese Aufgabe zu bewältigen, entwickelte die Alphabet-Tochter Waymo eine spezielle Software für autonom fahrende Autos, ließ zunächst aber bei allen Fahrten noch einen Menschen mitfahren.[89] Alle Aspekte dieser Fahrten wurden aufgezeichnet, und aus diesen Daten wurde ein sehr umfassender Simulator entwickelt. Inzwischen (zum Zeitpunkt, als ich dies schreibe) haben die aufzeichnenden Fahrzeuge mehr als 30 Millionen Kilometer zurückgelegt,[90] und die simulierten Autos können Milliarden Kilometer in dieser realistischen virtuellen Realität trainieren.[91] Mit dieser vielen Erfahrung kann ein echtes autonom fahrendes Auto am Ende sehr viel besser fahren als jeder menschliche Fahrer. Wie ich in Kapitel 6 weiter ausführen werde, kann KI durch neue Simulationsmethoden besser prognostizieren, wie sich Proteine falten. Das ist eine der großen Herausforderungen in der Biologie, und wenn sie lösbar wird, könnte das einzigartige medizinische Durchbrüche nach sich ziehen.

MuZero kann zwar viele verschiedene Spiele meistern, doch seine Leistungen beschränken sich immer noch auf einen relativ eng gefassten Bereich – es kann keine Sonette schreiben oder Kranken Trost spenden. Um die atemberaubende Vielseitigkeit des menschlichen Neokortex zu erreichen, muss KI mit Sprache umgehen lernen. Sprache ermöglicht uns, die stark unterschiedlichen Bereiche der Kognition miteinander zu verbinden, und auch den symbolischen Wissenstransfer auf hohem Niveau. Dank Sprache müssen wir etwas nicht anhand von vielen Millionen Beispielen aus Rohdaten lernen – wir können unser Wissen aktualisieren, indem wir einfach eine Zusammenfassung in einem Satz lesen.

Die schnellsten Fortschritte in diesem Bereich gibt es bei Ansätzen in der Sprachverarbeitung, bei denen die Bedeutung von Worten im multidimensionalen Raum eines tiefen neuronalen Netzes dargestellt wird. Mehrere mathematische Methoden sind dafür geeignet, aber zusammengefasst ermöglichen sie es der KI, die Bedeutung von Sprache zu verstehen, ohne dass linguistische Regeln einprogrammiert werden müssen, wie man es beim symbolischen Ansatz tun würde. Ein Beispiel: Man kann ein vielschichtiges, vorwärtsgerichtetes neuronales Netzwerk einrichten und es mit Milliarden (oder Billionen) Sätzen trainieren. Diese Sätze können aus öffentlichen Quellen im Web stammen. Dann wird über das neuronale Netz jedem Satz ein Punkt im 500-dimensionalen Raum zugewiesen (einer Liste von 500 Zahlen, obwohl sich jede andere ausreichend hohe Zahl genauso eignet). Zunächst werden für den Satz 500 zufällige Werte zugewiesen. Beim Training passt das neuronale Netz die Position des Satzes im 500-dimensionalen Raum an, sodass Sätze mit ähnlicher Bedeutung nahe beieinanderliegen; unähnliche Sätze sind weiter voneinander entfernt. Wenn man diesen Vorgang für viele Milliarden Sätze durchführt, kann man am Ende an der Position jedes Satzes im 500-dimensionalen Raum anhand der Sätze, die sich in der Nähe befinden, ablesen, was der Satz bedeutet.

So lernt die KI die Bedeutung nicht anhand von grammatischen Regeln oder einem Wörterbuch, sondern durch den Kontext, in dem Wörter in realen Texten verwendet werden. Zum Beispiel würde sie lernen, dass das Wort »Angel« ganz verschiedene Dinge bedeuten kann. In manchen Kontexten gehen Menschen damit zum Fischen, in anderen ist eine Angel Teil einer Tür, aber niemand käme auf die Idee, mit einer Tür fischen zu gehen. Mit Ausnahme der wenigen Wörter, die wir formal in der Schule lernen oder tatsächlich im Wörterbuch nachschlagen, lernen wir Menschen unseren gesamten Wortschatz genauso. Und schon jetzt hat KI ihre assoziative Leistungsfähigkeit auch im Textbereich bewiesen. Ein OpenAI-Projekt aus dem Jahr 2021 namens CLIP ist ein neuronales Netzwerk, das darauf trainiert wurde, Bilder mit einer Textbeschreibung zu verknüpfen. Dadurch können Knoten in CLIP »auf denselben Begriff reagieren, ob er nun wörtlich, symbolisch oder konzeptuell präsentiert wird«.[92] Zum Beispiel würde dieser Knoten als Reaktion auf das Bild einer Spinne, eine Zeichnung von Spiderman oder das Wort »Spinne« feuern. Genauso verarbeitet auch das menschliche Gehirn Begriffe über Kontexte hinweg, und das ist ein großer Sprung nach vorn für KI.

Eine andere Variante dieser Methode ist ein 500-dimensionaler Raum, der Sätze *in allen Sprachen* enthält. Wenn man also einen Satz von einer Sprache in eine andere übersetzen will, muss man nur einen anderen Satz in der Zielsprache am nächstliegenden Punkt in diesem hyperdimensionalen Raum suchen. An Punkten, die in der Nähe liegen, findet man außerdem Sätze, die der gesuchten Bedeutung nahekommen. Eine dritte Option wären zwei paarweise verknüpfte 500-dimensionale Räume, bei denen der eine Raum die Antwort auf Fragen im anderen Raum enthält. Dazu muss man Milliarden Sätze zusammenstellen, bei denen einer die Antwort auf einen anderen ist. Dieses Konzept lässt sich noch erweitern zu einem »Universal Sentence Encoder« (etwa: Universaler Satzkodierer),[93] den mein Team bei Google entwickelt hat und mit dem sich jeder Satz in einem Datensatz mit Tausenden von Eigenschaften versehen lässt, wie »ironisch«, »witzig« oder »positiv«. Eine KI, die mit diesen aussagekräftigen Daten trainiert wird, lernt den Sprachgebrauch von Menschen nicht nur zu imitieren, sondern auch die tieferen semantischen Merkmale zu erfassen, die sich aus der wörtlichen Bedeutung der Wörter in einem Satz nicht unbedingt ergeben. Dieses Metawissen hilft beim umfassenderen Verstehen.

Bei Google haben wir verschiedene Anwendungen entwickelt, die Umgangssprache verwenden und produzieren und auf diesen Prinzipien basieren. Eine bekannte derartige Anwendung ist Gmail Smart Reply.[94] Wer Gmail nutzt, wird bemerkt haben, dass das Programm für jede E-Mail drei Antwortvorschläge anzeigt. Die Antworten berücksichtigen nicht nur die aktuelle Mail, sondern auch alle anderen Mails im Mail-Verlauf, die Betreffzeile und andere Hinweise zum Empfänger. All diese Mail-Elemente werden an jedem Punkt des Mailverkehrs genau so multidimensional abgespeichert. Dabei handelt es sich um eine Kombination aus vielschichtigem, vorwärtsgerichtetem neuronalem Netzwerk und einer hierarchischen Speicherung von Sprachinhalten, die den wechselseitigen Dialog abbildet. Gmail Smart Reply fühlte sich zunächst seltsam an, wurde von den Nutzern aber rasch akzeptiert, weil es natürlich klang und praktisch war, und generiert heute einen kleinen, aber bedeutenden Teil des Traffics bei Gmail.

Eine andere Anwendung von Google, die auf diesem Ansatz basiert, war Talk to Books. (Sie war von 2018 bis 2023 als experimenteller eigenständiger Dienst verfügbar.) Wenn man die Anwendung geladen hatte, konnte man ihr einfach Fragen stellen. Die Software überprüfte innerhalb einer halben Sekunde alle Sätze (alle 500 Millionen) in mehr als 100 000 Büchern und gab dann die besten Antworten auf die gestellte Frage aus. Das war keine Anwendung des normalen Google Search, das anhand einer Kombination von Schlüsselwörtern, der Häufigkeit von Nutzerklicks und anderen Maßzahlen nach relevanten Links sucht, sondern arbeitete mit der Bedeutung der Frage und der Bedeutung aller 500 Millionen Sätze in den mehr als 100 000 Büchern.

Eine der vielversprechendsten Anwendungen von hyperdimensionaler Sprachverarbeitung ist eine Klasse von KI-Systemen mit dem Namen Transformer. Das sind Deep-Learning-Modelle, die durch einen »Aufmerksamkeitsmechanismus« ihre Rechenkraft auf die relevantesten Teile der Eingabedaten fokussieren – ganz ähnlich, wie der menschliche Neokortex uns hilft, unsere Aufmerksamkeit auf die Information zu lenken, die für unser Denken am wichtigsten ist. Transformer werden mit riesigen Textmengen trainiert, die sie als »Token« abspeichern – in der Regel eine Kombination aus Wortteilen, Wörtern und Wortketten. Dann klassifiziert das Modell jedes Token anhand einer riesigen Anzahl von »Parametern« (zum Zeitpunkt, an dem ich dies schreibe, sind es Milliarden bis Billionen). Parameter kann man als Faktoren betrachten, mit denen Prognosen über etwas erstellt werden.

Ein Beispiel im kleineren Maßstab: Wenn ich nur einen Parameter verwenden kann, um die Antwort auf »Ist dieses Tier ein Elefant?« zu finden, könnte ich dafür »Rüssel« wählen. Wenn der Knoten im neuronalen Netz, der entscheidet, ob das Tier einen Rüssel hat, feuert (»Ja, hat es«), dann würde der Transformer es als Elefant einstufen. Doch auch wenn der Knoten fehlerfrei Rüssel erkennen kann, gibt es immer noch Tiere, die einen »Rüssel« haben, aber kein Elefant sind. Diese Tiere wird das Modell mit nur einem Parameter dann falsch einstufen. Durch weitere Parameter wie »behaarter Körper« kann man die Treffsicherheit verbessern. Wenn nun beide Knoten feuern (»behaarter Körper« und »Rüssel«), ist die Chance groß, dass es sich nicht um einen Elefanten handelt, sondern um ein Mammut. Je mehr Parameter verwendet werden, umso mehr Details kann man beschreiben und umso genauer werden die Prognosen.

Bei einem Transformer werden solche Parameter als Gewichte zwischen Knoten im neuronalen Netz gespeichert. In der Praxis repräsentieren sie häufig hoch abstrakte statistische Beziehungen, die das Modell in den Trainingsdaten entdeckt hat, auch wenn sie manchmal für Menschen verständliche Vorstellungen wie »behaarter Körper« oder »Rüssel« abbilden können. Anhand dieser Beziehungen können transformerbasierte große Sprachmodelle (LLMs) vorhersagen, welche Token wahrscheinlich auf einen gewissen Prompt durch einen Menschen folgen werden. Sie wandeln diese Token dann wieder in Text um (oder Bilder, Audio- oder Videosignale), den Menschen verstehen. Forscher bei Google haben diesen Mechanismus 2017 erfunden, und er führte zu den meisten großen KI-Fortschritten der letzten Jahre.[95]

Entscheidend ist, dass Transformer eine riesige Menge von Parametern brauchen, um treffsicher arbeiten zu können, was dazu führt, dass beim Training und in der Anwendung eine enorme Rechenleistung nötig ist. Das OpenAI-Modell GPT-2 von 2019 arbeitete mit 1,5 Milliarden Parameterm[96] und funktionierte nicht besonders gut, trotz gelegentlich vielversprechender Momente. Nachdem Transformer allerdings die Grenze von 100 Milliarden Parametern geknackt hatten, schaffte die KI beim Gebrauch natürlicher Sprache große Durchbrüche – sie konnte plötzlich Fragen selbstständig, intelligent und mit einem Gespür für sprachliche Feinheiten beantworten. GPT-3 arbeitete im Jahr 2020 mit 175 Milliarden Parametern,[97] und ein Jahr später erbrachte das 280-Milliarden-Parameter-Modell Gopher von DeepMind noch bessere Leistungen.[98] Ebenfalls im Jahr 2021 präsentierte Google den Transformer Switch mit 1,6 Billionen Parametern und gab den Quellcode frei, sodass jeder damit arbeiten und den Code erweitern konnte.[99] Die Rekordgröße von Switch erregte Aufmerksamkeit, aber die wichtigste Innovation in dem Zusammenhang war eine Methode namens »Mixture of Experts« (Expertenmischung). Mit diesem Ansatz kann sich der Transformer effizienter darauf konzentrieren, nur die relevantesten Teile des Modells für die jeweilige Aufgabe zu nutzen. Das ist ein wichtiger Fortschritt, wenn man verhindern will, dass die Rechenkosten bei immer größeren Modellen völlig außer Kontrolle geraten.

Warum ist die Größe wichtig? Die kurze Antwort lautet: weil Modelle so auf tiefere Merkmale ihrer Trainingsdaten zugreifen können. Kleinere Modelle bringen relativ gute Ergebnisse bei relativ eng gefassten Aufgaben, wenn es etwa darum geht, aus gesammelten Daten der Vergangenheit Temperaturen vorherzusagen. Bei Sprache ist das aber völlig anders. Es gibt fast unendlich viele Möglichkeiten, einen Satz zu beginnen, daher kann ein Transformer, selbst wenn er mit Hunderten Milliarden Text-Token trainiert wurde, nicht einfach auswendig gelernte Zitate verwenden. Wenn ihm viele Milliarden Parameter zur Verfügung stehen, kann er stattdessen die Wörter im Eingabeprompt auf der Ebene assoziativer Bedeutung verarbeiten und anhand des verfügbaren Kontexts eine Textantwort zusammensetzen, die es so noch nie gab. Und weil der Trainingstext viele verschiedene Textstile enthält, zum Beispiel Frage-Antwort, Meinungskommentare und Theaterdialoge, kann der Transformer lernen, die Art des Prompts zu erkennen und eine Antwort im passenden Stil auszugeben. Zyniker bezeichnen dies als netten statistischen Trick, aber diese Statistiken werden aus den kreativen Produkten von Millionen Menschen erstellt, und daher erlangt die KI eine eigene, echte Kreativität.

GPT-3 war das erste kommerziell vermarktete Modell dieser Art, und es beeindruckte die Nutzer mit seiner Kreativität.[100] So gab die Wissenschaftlerin Amanda Askell eine Passage aus dem berühmten Gedankenexperiment vom »chinesischen Zimmer« des Philosophen John Searle als Prompt ein.[101] Es handelt von einem Menschen, der die chinesische Sprache nicht beherrscht, aber etwas aus dem Chinesischen übersetzt, indem er manuell mit Papier und Bleistift den Übersetzungsalgorithmus eines Computers abarbeitet, die Geschichten, die er übersetzt, aber selbst nicht versteht. Wie konnte man dann von einer KI, die mit einem solchen Programm arbeitete, behaupten, sie würde wirklich verstehen? GPT-3 antwortete: »Es ist offensichtlich, dass ich nicht die Worte dieser Geschichten verstehe«, und erklärte, das Übersetzungsprogramm sei ein formales System, das »Verstehen genauso wenig erklärt, wie ein Kochbuch eine Mahlzeit erklärt«. Die Metapher war vorher noch nie irgendwo aufgetaucht, sondern ist offenbar eine neue Adaption einer Metapher des Philosophen David Chalmers, nach der ein Rezept nicht vollständig die Eigenschaften eines Kuchens erklärt. Genau diese Fähigkeit, Analogien herzustellen, half Darwin bei der Entwicklung der Evolutionstheorie.

Eine weitere Fähigkeit, die GPT-3 erschloss, war die stilistische Kreativität. Das Modell verfügte über ausreichend viele Parameter, um eine überwältigend große Datenmenge vielschichtig zu verarbeiten, und war daher mit menschlichen Schriften in praktisch jeder Form vertraut. Nutzer konnten der KI Fragen zu allen möglichen Themen in vielen verschiedenen Stilen stellen – von wissenschaftlichen Texten bis Kinderbüchern, Lyrik oder Sitcom-Drehbüchern. Die KI konnte sogar einzelne Autoren imitieren, lebende und bereits verstorbene. Als der Programmierer McKay Wrigley GPT-3 aufforderte, die Frage »Wie werden wir kreativer?« im Stil des Populärpsychologen Scott Barry Kaufman zu beantworten, gab die KI eine Antwort, von der Kaufman selbst zugab, dass sie »auf jeden Fall wie etwas klingt, das ich sagen würde«, obwohl er es nie gesagt hatte.[102]

Im Jahr 2021 präsentierte Google LaMDA, das für lebensechte Gespräche mit offenem Ende optimiert war.[103] Wenn man LaMDA beispielsweise anwies, Fragen als eine Weddellrobbe zu beantworten, gab die KI sinnvolle, spielerische Antworten aus der Sicht einer Robbe. Ein Kommentar an einen Möchtegernjäger lautete dann etwa: »Haha, viel Glück. Hoffentlich erfrierst du nicht, bevor du einen von uns triffst!«[104] Das bewies Kontextwissen, das KI lange unmöglich gewesen war.

Ein weiterer erstaunlicher Fortschritt war im Jahr 2021 die Multimodalität. Bisher hatten KI-Systeme in aller Regel nur eine Datenart als Eingabe akzeptiert und ausgegeben – bei manchen KIs ging es vor allem um Bilderkennung, andere Systeme analysierten Audiosignale, und Large Language Models (LLMs) kommunizierten in natürlicher Sprache. Der nächste Schritt bestand darin, multiple Datenformen in einem Modell miteinander zu verbinden. Dafür präsentierte OpenAI DALL-E (ein Wortspiel mit dem Namen des surrealistischen Malers Salvador Dalí und dem Titel des Pixar-Films WALL-E)[105] einen Transformer, der darauf trainiert war, die Beziehung zwischen Wörtern und Bildern zu verstehen. Dadurch konnte er allein auf Basis der Textbeschreibung Illustrationen völlig neuer Ideen erzeugen (z. B. »ein Sessel in der Form einer Avocado«). Im Jahr 2022 gab es bereits einen Nachfolger, DALL-E 2,[106] sowie Imagen von Google und eine Palette anderer Modelle wie Midjourney und Stable Diffusion, die diese Fähigkeiten rasch auf quasi fotorealistische Bilder ausweiteten.[107] Nach einer einfachen Texteingabe wie »ein Foto eines flauschigen Pandas, der einen Cowboyhut und eine schwarze Lederjacke trägt und auf einem Bergrücken Motorrad fährt« kann die KI eine ganze lebensechte Szene erstellen.[108] Diese Kreativität wird kreative Bereiche völlig verändern, die bisher dem Menschen vorbehalten waren.

Diese multimodalen Modelle können aber nicht nur großartige Bilder erzeugen, sie haben auch einen noch grundlegenderen Durchbruch erzielt. Im Allgemeinen sind Modelle wie GPT-3 Beispiele für »Few-Shot Learning«, d. h., dass sie nach dem Training nur wenige kurze Textbeispiele brauchen, um sie überzeugend vervollständigen zu können. Das ist so, als würde man einer Bilderkennungs-KI nur fünf Bilder von etwas Unbekanntem zeigen, etwa einem Einhorn (statt 5000 oder fünf Millionen Bilder, wie es bei der bisherigen Methode notwendig war), damit das System neue Einhornbilder erkennt oder sogar eigene Einhornbilder erstellen kann. Aber DALL-E und Imagen gingen noch einen Schritt weiter und meisterten das »Zero-Shot Learning«. DALL-E und Imagen konnten Ideen, die sie gelernt hatten, kombinieren und so neue Bilder erstellen, die sich stark von allem unterschieden, das sie je in den Trainingsdaten gesehen hatten. Auf den Prompt »eine Illustration eines Baby-Daikon-Rettichs in einem Tutu, der einen Hund Gassi führt« hin spuckte DALL-E hinreißende Cartoonbilder von exakt dieser Kombination aus. Auch mit »eine Schnecke mit der Textur einer Harfe« funktionierte es. Die KI erzeugte sogar »ein professionelles, qualitativ hochwertiges Emoji einer liebeskranken Tasse Bubble Tea« – mit Herzchen-Augen, die über den schwimmenden Tapioka-Perlen strahlten.

Zero-Shot Learning ist analoges Denken und Intelligenz in Reinform. Es zeigt, dass die KI nicht einfach nur wiedergibt, womit wir sie gefüttert haben. Sie lernt die Konzepte wirklich und kann sie kreativ auf neue Probleme anwenden. Diese Fähigkeiten zu erweitern und sie auf weitere Bereiche auszudehnen, wird eine der großen Herausforderungen für künstliche Intelligenz in den 2020ern sein.

Zusätzlich zur Zero-Shot-Flexibilität bei einem einzelnen Aufgabentyp gewinnen KI-Modelle auch rasch domänenübergreifende Flexibilität. Nur 17 Monate nachdem MuZero demonstriert hatte, wie gut es zahlreiche Spiele beherrschte, präsentierte DeepMind mit Gato ein einzelnes neuronales Netzwerk, das verschiedene Aufgaben erledigen kann, von Videospielen über Textchat bis zur Beschriftung von Bildern und der Steuerung eines Roboterarms.[109] Keine dieser Fähigkeiten war an sich neu, aber dass sie in einem gehirnähnlichen System kombiniert waren, stellte einen großen Schritt hin zur menschenähnlichen Generalisierung dar und lässt weitere rasche Fortschritte erwarten. In *Menschheit 2.0* prognostizierte ich, dass wir Tausende einzelne Fähigkeiten in einer KI zusammenfassen würden, bevor ein Turing-Test erfolgreich bestanden würde.

Die Computerprogrammierung ist eines der machtvollsten Werkzeuge, um menschliche Intelligenz flexibel anzuwenden – so entstand ursprünglich auch KI. Im Jahr 2021 präsentierte OpenAI das Codex-System, das Eingaben in natürlicher Sprache von Nutzern annahm und sie in funktionierenden Programmcode in verschiedenen Sprachen wie Python, JavaScript und Ruby übersetzte.[110] Innerhalb von Minuten konnte ein Mensch ohne jede Programmiererfahrung eintippen, was das Programm tun sollte, und so einfache Spiele oder Anwendungen erstellen. Das AlphaCode-Modell von DeepMind aus dem Jahr 2022[111] beherrschte das Programmieren noch besser, und wenn Sie dies hier lesen, werden noch leistungsstärkere Programmier-KIs verfügbar sein. Diese Fähigkeiten werden in den nächsten Jahren atemberaubende Mengen an menschlichem Potenzial freisetzen, weil man dann kreative Ideen mit Software realisieren kann, ohne dafür programmieren zu müssen.

Trotz all der Erfolge, die ich gerade beschrieben habe, hatten alle Modelle Probleme bei komplexen Aufgaben, wenn kein Mensch sie dabei anleitete. Selbst wenn sie die einzelnen Unteraufgaben alle ausführen konnten, fiel es ihnen doch schwer zu erkennen, wie alles zusammenpasste. Im April 2022 machte das PaLM-Modell von Google mit 540 Milliarden Parametern erstaunliche Fortschritte in diesem

Punkt, insbesondere in zwei Bereichen, die grundlegend für unsere eigene Intelligenz sind: Humor und schlussfolgerndes Denken.[112]

Humor wirkt typisch menschlich, weil er so viele unterschiedliche Elemente berücksichtigt. Um einen Witz zu »kapieren«, muss man verschiedene Konzepte wie Wortspiele, Ironie und andere normale menschliche Erfahrungen verstehen. Oft werden mehrere dieser Konzepte komplex miteinander kombiniert. Aus diesem Grund sind Witze oft so schwer in andere Sprachen und Kulturen zu übersetzen. PaLM konnte Witze lesen und zutreffend erklären, warum sie witzig waren. Zum Beispiel bekam es folgende Eingabe: »Ich sollte um 17 Uhr mit dem Aufsatz anfangen. Dann spielte ich 10 Minuten lang mit dem coolen neuen Sprachmodell herum. 10 Minuten später war es plötzlich 21.30 Uhr!«[113] PaLM lieferte dafür diese perfekte Erläuterung:

> Bei diesem Witz geht es darum, wie die Zeit verfliegt, wenn man Spaß hat. Die Person sollte um 17 Uhr mit einem Aufsatz anfangen, spielte aber stattdessen mit einem Sprachmodell herum. Sie dachte, sie habe nur 10 Minuten lang gespielt, dabei waren es in Wirklichkeit 4,5 Stunden.[114]

Vor allem aber konnte PaLM erklären, über welchen Gedankengang es zu diesem Schluss gelangt war, wenn auch mit Stand 2023 (noch) nicht so detailliert, wie Menschen das können. Genau das erwarten Lehrer, wenn sie Aufsätze schreiben lassen – die Schüler sollen nicht nur eine korrekte Antwort herunterrasseln, sondern zeigen, dass sie wirklich verstanden haben, indem sie Schritt für Schritt eine zusammenhängende Argumentationskette aufbauen. Doch allzu oft sind große Sprachmodelle so undurchsichtig, dass niemand nachvollziehen kann, wie ein Modell zu einer bestimmten Ausgabe gelangt ist. PaLM legt diesen Vorgang offen und liefert so vertrauenswürdige Ergebnisse und hilft Softwareingenieuren, bei einem Fehler das genaue Problem zu diagnostizieren. Wie sich herausstellte, hilft das Zerlegen von Fragen in kleinere Teile auch PaLM, die richtige Antwort auf hochkomplexe Fragen zu finden, die selbst für kluge Menschen eine Herausforderung wären:[115]

Eingabe: »Michael betrachtet in diesem weltbekannten Museum in Frankreich das berühmteste Bild. Der Maler dieses Gemäldes erinnert Michael allerdings an seine Lieblings-Zeichentrickfigur aus der Kindheit. Aus welchem Land stammt das Ding, das die Zeichentrickfigur normalerweise in der Hand hält?«

Ausgabe des Modells: »Das berühmteste Gemälde im Louvre ist die Mona Lisa. Der Künstler, der es gemalt hat, ist Leonardo da Vinci. Leonardo da Vinci ist auch der Name der Hauptfigur in dem Cartoon Teenage Mutant Ninja Turtles. Leonardo da Vinci stammt aus Italien. Das Ding, das Leonardo da Vinci normalerweise in der Hand hält, ist ein Katana. Das Katana stammt aus Japan. Die Antwort ist ›Japan‹.«

Im November 2022 brachte OpenAI eine Schnittstelle namens ChatGPT an den Start, über das die Öffentlichkeit zum ersten Mal problemlos mit einem LLM interagieren konnte – einem Modell namens GPT-3.5.[116] Innerhalb von zwei Monaten hatten 100 Millionen Menschen die KI ausprobiert.[117] Das System konnte stets neue und abgewandelte Antworten auf eine Frage ausgeben und wurde so zum großen Störfaktor in der schulischen Bildung, weil Schüler ihre Aufsätze mithilfe von ChatGPT schrieben, die Lehrer aber keine verlässliche Möglichkeit hatten, den Betrug aufzudecken (obwohl es ein paar vielversprechende Tools gibt).[118]

Im März 2023 stand dann GPT-4 der Öffentlichkeit via ChatGPT zur Verfügung. Dieses Modell erzielte in den USA außergewöhnliche Leistungen bei einer Vielzahl akademischer Tests wie dem SAT, dem LSAT, AP-Tests und dem juristischen Abschlussexamen.[119] Der wichtigste Fortschritt aber war, dass das Modell in der Lage war, logisch über hypothetische Situationen zu argumentieren, indem es die Beziehung zwischen Objekten und Handlungen verstand – es beherrschte die Weltmodellierung.

So kann die KI nicht nur Fragen wie komplexe Physikaufgaben beantworten, sondern auch exakt nachvollziehen, was geschehen würde, wenn die Gesetze der Physik auf bestimmte Art geändert würden. Sie kann sich auch Situationen aus dem Blickwinkel von verschiedenen Charakteren vorstellen, zum Beispiel erkennt sie, dass zwei Menschen, die Zahlen aus entgegengesetzter Sicht betrachten, sie jeweils umgedreht sehen. Oder sie kann eine Abbildung von Ballons betrachten, die von einem Gewicht am Boden gehalten werden, und erkennen, dass die Ballons wegflögen, wenn man die Schnüre durchschnitte.[120] GPT-4 kann Objekte sogar über Zeit und Raum nachverfolgen, wie bei dem folgenden Beispiel des Sicherheitsingenieurs Daniel Feldman:

> **Prompt:** »Ich bin zu Hause. Auf meinem Stuhl im Wohnzimmer steht eine Kaffeetasse. In der Kaffeetasse liegt ein Fingerhut. Der Fingerhut steckt nicht in der Kaffeetasse fest. Im Fingerhut liegt ein einzelner Diamant. Ich trage den Stuhl in mein Schlafzimmer. Dann stelle ich die Kaffeetasse aufs Bett. Dann stelle ich die Kaffeetasse auf den Kopf. Dann stelle ich sie wieder richtig herum hin und stelle die Tasse auf die Küchenablage. Wo ist mein Diamant?«
> **Antwort:** »Als du die Kaffeetasse umgedreht auf dein Bett gestellt hast, wäre der Diamant im Fingerhut wahrscheinlich aufs Bett gefallen. Der Diamant liegt jetzt auf deinem Bett.«[121]

Zum Zeitpunkt, als ich dieses Buch beende, Mitte 2023, war die neueste große Innovation PaLM-E – ein Google-System, das die logischen Fähigkeiten von PaLM mit einem Roboterkörper kombiniert.[122] Dieses System kann Anweisungen in natürlicher Sprache annehmen und sie in einer komplexen physikalischen Umgebung ausführen. Ein Beispiel: Wenn man ihm sagte: »Bringe mir die Reischips aus der Schublade«, konnte PaLM-E sich durch eine Küche bewegen, die Chips finden, sie nehmen und erfolgreich abliefern. Mit solchen Fähigkeiten wird sich die Reichweite der KI rasch in die reale Welt ausweiten.

KI macht inzwischen so schnell Fortschritte, dass kein traditionelles Buch auch nur hoffen kann, auf dem aktuellen Stand zu sein. Die logistischen Schritte von Satz und Druck dauern bei einem Buch fast ein Jahr, daher wird es bereits viele neue Fortschritte geben, wenn Sie das hier lesen, selbst wenn Sie das Buch sofort am Erscheinungstag kaufen. Und KI wird noch enger mit Ihrem Alltagsleben verflochten sein. Das alte Links-und-Seiten-Paradigma der Internetsuche, das 25 Jahre überdauert hat, wird zunehmend durch KI-Assistenten erweitert, wie Bard von Google (basierend auf dem Gemini-Modell, das GPT-4 übertrifft und veröffentlicht wurde, als dieses Buch den letzten Satzdurchgang durchlief) und Bing von Microsoft (basierend auf einer Variante von GPT-4).[123] Auch Anwendungspakete wie Google Workspace und Microsoft Office integrieren leistungsstarke KI, wodurch das Arbeiten damit reibungsloser und schneller werden wird als je zuvor.[124]

Der Ehrgeiz, mit diesen Modellen der Komplexität des menschlichen Gehirns immer näher zu kommen, ist der Hauptantrieb für diese Trends. Ich habe lange geglaubt, die Rechenleistung sei der Schlüssel zu intelligenten Antworten, aber mit dieser Ansicht stand ich bis vor Kurzem recht allein da, und demonstrieren ließ es sich nicht. Vor etwa dreißig Jahren, im Jahr 1993, debattierte ich dieses Thema mit meinem Mentor Marvin Minsky. Ich behauptete, wir bräuchten etwa 10^{14} Berechnungen pro Sekunde, um menschliche Intelligenz nachbilden zu können. Minsky hielt dagegen, die Rechenleistung sei nicht wichtig und wir könnten einem Pentium (der Prozessortyp in einem Desktop-PC von 1993) die Intelligenz eines Menschen einprogrammieren. Weil wir bei diesem Thema so unterschiedlicher Meinung waren, hielten wir im größten Vorlesungssaal des MIT (Raum 10–250) eine öffentliche Debatte ab, an der mehrere Hundert Studenten teilnahmen. An jenem Tag gewann keiner von uns die Diskussion, weil mir nicht genügend Rechenleistung zur Verfügung stand, um Intelligenz vorzuführen, und ihm nicht die richtigen Algorithmen.

Doch die konnektionistischen Durchbrüche der Jahre 2020 bis 2023 haben deutlich gezeigt, dass die Rechenleistung der entscheidende Faktor ist, um ausreichende Intelligenz zu erzielen. Ich begann um 1963, mich mit KI zu beschäftigen, und es dauerte sechzig Jahre, dieses Niveau an Rechenleistung zu erreichen. Heute erhöht sich die Rechenleistung, mit der die neuesten Modelle trainiert werden, jedes Jahr auf etwa das Vierfache – und die Fähigkeiten entwickeln sich rasch weiter.[125]

WAS FEHLT KI NOCH?

Wie die letzten Jahre gezeigt haben, sind wir auf dem Weg, die Fähigkeiten des Neokortex nachzubilden, bereits ein gutes Stück vorangekommen. Die letzten Defizite der KI lassen sich in verschiedene Hauptkategorien unterteilen, insbesondere: Kontextgedächtnis, Weltwissen und soziale Interaktion.

Im Kontextgedächtnis wird abgespeichert, wie alle Gedanken, die in einem Gespräch oder schriftlichen Werk ausgedrückt werden, dynamisch zusammenpassen. Wenn der Umfang des relevanten Kontextes zunimmt, steigt auch die Anzahl der Beziehungen zwischen den einzelnen Gedanken exponentiell an. Wie bei der Komplexitätsgrenze weiter vorn in diesem Kapitel erfordert es auch erheblich mehr Rechenleistung, wenn man das Kontextfenster erweitert, mit dem ein großes Sprachmodell umgehen kann.[126] Wenn ein Satz zehn wortähnliche Gedanken (oder Token) enthält, beträgt die Anzahl möglicher Beziehungen zwischen den Untermengen $2^{10}-1$ oder 1023. Wenn 50 solcher Gedanken in einem Absatz vorkommen, sind das 1,12 Billiarden mögliche kontextuelle Beziehungen! Die große Mehrheit dieser Beziehungen ist zwar irrelevant, dennoch steigen die Anforderungen, wenn ein System sich den Kontext für ein ganzes Kapitel oder Buch merken soll, schnell ins Unermessliche. Aus diesem Grund vergisst GPT-4 Dinge, die man ihm früher im Verlauf eines Gesprächs gesagt hat, und deswegen kann es auch keinen Roman mit einer zusammenhängenden und logischen Handlung schreiben.

In diesem Zusammenhang gibt es gleich zwei gute Nachrichten: Die Forschung macht große Fortschritte bei der Entwicklung einer KI, die sich effizienter auf relevante Kontextdaten konzentrieren kann, und durch die exponentiellen Verbesserungen beim Preis-Leistungs-Verhältnis wird Rechenleistung in den nächsten zehn Jahren wahrscheinlich um mehr als 99 Prozent billiger werden.[127] Weiterentwicklungen bei Algorithmen und KI-spezifischer Hardware werden dazu führen, dass das Preis-Leistungs-Verhältnis für LLMs sich wohl noch viel schneller verbessern wird.[128] Zum Vergleich: Zwischen August 2022 und März 2023 sank der Preis für

Input/Output-Token über die Programmierschnittstelle der GPT-3.5-Anwendung um 96,7 Prozent![129] Dieser Trend wird sich wohl noch weiter beschleunigen, wenn KI dafür eingesetzt wird, das Chipdesign zu verbessern, was bereits in Anfängen geschieht.[130]

Der nächste Defizitbereich ist das Weltwissen. Das ist die Fähigkeit, sich Situationen vorzustellen und ihre Konsequenzen in der realen Welt vorauszuahnen. Zum Beispiel kann man sich, auch wenn man sich niemals intensiv mit dem Thema beschäftigt hat, gut vorstellen, dass die Schwerkraft im Zimmer plötzlich aufhören könnte und was die Folgen davon wären. Diese Art von Denken ist auch für kausale Schlussfolgerungen wichtig. Wenn man einen Hund hat und beim Nachhausekommen eine zerbrochene Vase vorfindet, kann man herleiten, was geschehen ist. Mit dieser Fähigkeit hat KI immer noch Probleme, auch wenn es Fortschritte gibt, weil sie über kein robustes Modell darüber verfügt, wie die reale Welt funktioniert, und in den Trainingsdaten ist derart implizites Wissen nur selten enthalten.

Auch soziale Zwischentöne, etwa ein ironischer Unterton in der Stimme, sind in den Textdatenbanken, mit denen KI immer noch meistens trainiert wird, nicht häufig enthalten. Wenn man diese Feinheiten nicht versteht, fällt es schwer, eine Theory of Mind zu entwickeln – die Fähigkeit zu erkennen, dass andere Ansichten und Wissen haben, die sich von den eigenen unterscheiden, sich in andere hineinzuversetzen und ihre Motive herzuleiten. Doch auch in diesem Bereich macht KI inzwischen große Fortschritte. Im Jahr 2021 berichtete der Google-Mitarbeiter Blaise Agüera y Arcas, er habe LaMDA mit einem klassischen Szenario getestet, mit dem normalerweise in der Kinderpsychologie die Theory of Mind überprüft wird.[131] Bei diesem Szenario vergisst Alice ihre Brille in einer Schublade und verlässt den Raum. Während sie weg ist, nimmt Bob ihre Brille aus der Schublade und versteckt sie unter einem Kissen. Die Frage: Wo wird Alice die Brille suchen, wenn sie den Raum wieder betritt? LaMDA antwortete korrekt, dass sie in der Schublade suchen wird. Zwei Jahre später beantworteten PaLM und GPT-4 viele Fragen zur Theory of Mind korrekt. Diese Fähigkeit wird der KI wichtige Flexibilität ermöglichen. Ein menschlicher *Go*-Meister beherrscht das Spiel sehr gut, wird aber auch darauf achten, wie gut andere Leute in der Nähe spielen, und Witze darüber reißen, wenn es angebracht ist, oder er wird flexibel reagieren und aufhören zu spielen, wenn ein medizinischer Notfall eintritt.

Mein Optimismus, dass KI auf all diesen Gebieten die Lücke bald schließen wird, stützt sich auf das Zusammenspiel von drei Trends: das sich verbessernde Preis-Leistungs-Verhältnis bei der Rechenleistung, durch das es billiger wird, große neuronale Netze zu trainieren; die sprunghaft zunehmende Verfügbarkeit von umfangreichen und breit gestreuten Trainingsdaten, durch die Trainingszyklen besser genutzt werden können; und bessere Algorithmen, durch die KI effizienter lernen und schlussfolgern lernt.[132] Seit dem Jahr 2000 hat sich die verfügbare Rechengeschwindigkeit zum selben Preis etwa alle 1,4 Jahre verdoppelt, dennoch hat sich die Gesamtsumme der Rechenvorgänge, die beim Training modernster KI-Modelle anfallen, seit 2010 etwa alle 5,7 Monate verdoppelt. Das bedeutet eine Zunahme von etwa zehn Milliarden.[133] Zum Vergleich: Vor Deep Learning, zwischen 1952 (als das erste System zum maschinellen Lernen vorgeführt wurde, sechs Jahre vor dem bahnbrechenden neuronalen Netzwerk Perzeptron) und dem Aufstieg von Big Data um 2010 lag die Verdopplungszeit bei den Berechnungen, die für das Training einer Top-KI benötigt wurden, bei fast zwei Jahren (was ungefähr dem Mooreschen Gesetz entspricht).[134]

Oder anders ausgedrückt: Wenn sich der Trend von 1952 bis 2010 fortgesetzt hätte, dann hätte sich die Menge der genutzten Rechenkraft bis 2021 um weniger als das 75-Fache erhöht statt dem 10-Milliarden-Fachen. Das ist ein sehr viel höherer Anstieg, als sich durch Verbesserungen beim Preis-Leistungs-Verhältnis für Rechenleistung allein erklären ließe. Der Hauptgrund kann also keine Hardware-Revolution sein. Ursächlich sind stattdessen vor allem zwei Faktoren: Erstens haben KI-Forscher neue Methoden für das parallele Rechnen entwickelt – so konnten mehr Chips zusammen an derselben Aufgabe beim maschinellen Lernen arbeiten. Zweitens haben Investoren weltweit immer mehr Geld in die KI-Forschung gesteckt, weil sie auf Durchbrüche hofften, nachdem Big Data das Deep Learning nützlicher gemacht hatte.

Rechenleistung (in FLOPS*) beim Training der wichtigsten maschinellen Lernsysteme, n = 98

logarithmische Skala, FLOP = Gleitkommaoperation/Sekunde

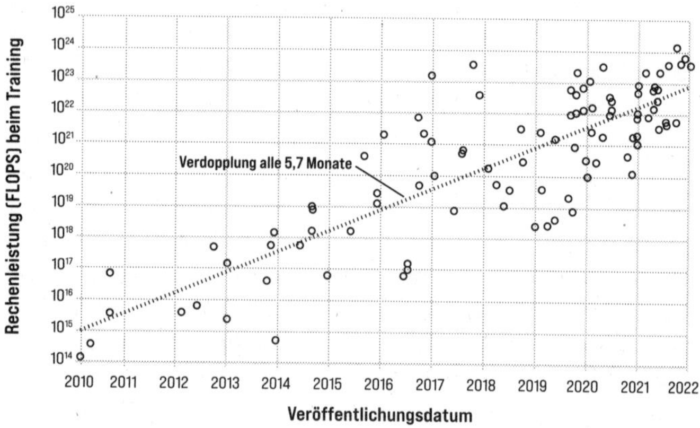

Abbildung 4: Grafik von Anderljung et al., basiert auf Daten aus dem Jahr 2022 von Sevilla et al., aufbauend auf Forschungen von 2018 über KI und Rechenleistung von Amodei und Hernandez von OpenAI.[135]

Die erhöhten Ausgaben für das Training zeigen, wie stark der Umfang nützlicher Daten zugenommen hat. Erst in den letzten paar Jahren kann man Folgendes mit Sicherheit feststellen: Jede Fähigkeit, die ausreichend eindeutige Leistungsbewertungsdaten generiert, kann in ein Deep-Learning-Modell umgesetzt werden, die KI über das menschliche Können hinausträgt.

Zu menschlichen Fähigkeiten gibt es sehr unterschiedlich verfügbare Trainingsdaten. Bei manchen Fähigkeiten sind quantitative Messwerte und relevante Daten einfach zu beschaffen. Beim Schachspielen zum Beispiel kommt man leicht an Daten, weil jedes Spiel ein klares Ergebnis hat, Sieg, Niederlage oder Remis, und weil die Elo-Zahl ein quantitatives Maß für die Stärke eines Gegners bietet. Schachdaten sind außerdem leicht zu sammeln, weil es bei den

---

* Floating Points Operations Per Second: die Anzahl der maximal pro Sekunde ausführbaren Rechenoperationen. (Anm. d. Übers.)

Spielen keine Unklarheiten gibt und ein Spiel sich als mathematische Folge von Spielzügen abbilden lässt. Andere Fähigkeiten lassen sich im Prinzip leicht quantifizieren, aber Daten zu sammeln und zu analysieren, ist problematischer. Ein Rechtsstreit vor Gericht hat ein eindeutiges Ergebnis, Sieg oder Niederlage, aber wie viel das Können eines Anwalts zu diesem Ergebnis beigetragen hat, verglichen mit der Beweislage und der Voreingenommenheit der Geschworenen, lässt sich nur schwer bestimmen. In manchen Fällen ist noch nicht einmal klar, wie sich eine Fähigkeit quantifizieren ließe – zum Beispiel, wie gut ein Gedicht oder wie spannend ein Krimi ist. Doch auch bei den letzteren Beispielen könnte man KI mit Proxy-Variablen sinnvoll trainieren. Leser könnten mit Zahlen von 0 bis 100 bewerten, wie gut ihnen ein Gedicht gefällt, man könnte per fMRI (functional magnetic resonance imaging) beobachten, wie stark das Gehirn der Leser aufleuchtet. Herzfrequenz und Cortisolspiegel könnten verraten, wie stark ein Leser auf Spannung reagiert. Unter dem Strich kann man KI bei ausreichend großen Datenmengen auch mit unperfekten und indirekten Maßzahlen immer noch verbessern. Diese Maßzahlen zu finden, erfordert Kreativität und Experimente.

Während ein Neokortex eine ungefähre Ahnung davon haben kann, worum es bei einem Trainingsdatensatz geht, kann ein gut entworfenes neuronales Netzwerk Erkenntnisse aus den Daten ziehen, die kein biologisches Gehirn wahrnehmen könnte. Die Verfügbarkeit von Daten eröffnet zunehmend Wege zu übermenschlichen Leistungen, ob es um Spiele oder ums Autofahren geht, um die Analyse medizinischer Bildaufnahmen oder die Prognose, wie sich ein Protein faltet. So entsteht ein machtvoller wirtschaftlicher Anreiz, Daten zu identifizieren und zu sammeln, die bisher als zu schwierig für eine Verwendung galten.

Man könnte Daten mit Öl vergleichen. Ölvorkommen sind sehr unterschiedlich leicht zu fördern.[136] Manchmal schießt das Öl unter seinem eigenen Druck aus dem Boden, kann umgehend raffiniert und billig produziert werden. Nach anderen Vorkommen muss man teuer bohren, oder man muss das Öl mit Fracking-Methoden oder speziellen Hitzeverfahren aus Schiefergestein extrahieren. Wenn die Ölpreise niedrig sind, fördern die Energieunternehmen Öl nur aus billigen und einfachen Quellen, aber wenn die Preise steigen, wird es wirtschaftlich reizvoll, die schwer zugänglichen Lagerstätten auszubeuten.

Ganz ähnlich war es bei den Daten: Als die Vorteile von Big Data noch relativ klein waren, wurden sie von Unternehmen nur gesammelt, wenn das relativ günstig machbar war. Doch als die maschinellen Lernmethoden besser wurden und die Rechenleistung billiger, erhöhte sich der wirtschaftliche (und oft auch gesellschaftliche) Wert von schwer zugänglichen Daten. Dank der immer schnelleren Innovationen bei Big Data und beim maschinellen Lernen gibt es seit ein oder zwei Jahren erheblich mehr Möglichkeiten, Daten über menschliche Fertigkeiten zu sammeln, zu speichern, zu klassifizieren und zu analysieren.[137] »Big Data« ist zum Modewort im Silicon Valley geworden, aber die Technologie bietet entscheidende und sehr reale Vorteile: Inzwischen sind maschinelle Lernmethoden einsetzbar, die mit kleineren Datenmengen gar nicht funktioniert hätten. Dies wird sich in den 2020er-Jahren bei fast allen existierenden menschlichen Fähigkeiten fortsetzen.

Wenn man über den Fortschritt von KI am Beispiel von einzelnen Fähigkeiten spricht, tritt ein wichtiger Fakt deutlich hervor. Oft sprechen wir von Intelligenz auf menschlichem Niveau als einer monolithischen, singulären Eigenschaft – über die KI entweder verfügt oder eben nicht. Dabei ist es sehr viel nützlicher und zutreffender, menschliche Intelligenz als Bündel von verschiedenen kognitiven Fähigkeiten zu betrachten. Manche dieser Fähigkeiten, etwa sich selbst in einem Spiegel zu erkennen, haben wir mit schlauen Tieren wie Elefanten und Schimpansen gemeinsam. Andere Fähigkeiten, wie die Musikkomposition, gibt es nur beim Menschen, sind aber von Person zu Person sehr unterschiedlich ausgeprägt. Und nicht nur bei kognitiven Fähigkeiten gibt es Abweichungen, einzelne Menschen können auch sehr unterschiedliche Talente haben. Jemand kann ein Mathegenie sein, aber furchtbar schlecht Schach spielen, oder jemand kann ein fotografisches Gedächtnis, aber Schwierigkeiten bei sozialer Interaktion haben. Dustin Hoffmans Figur in *Rain Man* zeigt das eindrücklich.

Wenn KI-Forscher also über Intelligenz auf menschlichem Niveau sprechen, dann meinen sie damit meist das Niveau der fähigsten Menschen in einem bestimmten Bereich. In manchen Bereichen ist die Lücke zwischen dem Durchschnittsmenschen und den fähigsten Menschen nicht sehr groß (z. B. beim Erkennen von Buchstaben ihres muttersprachlichen Alphabets), in anderen tut sich allerdings eine riesige Kluft auf (z. B. in theoretischer Physik). In diesen letzteren Fällen könnte einige Zeit vergehen, nachdem KI das durchschnittliche menschliche Niveau erreicht hat, bis es übermenschliche Fähigkeiten erlangt. Welche Fähigkeiten für KI am härtesten zu knacken sein werden, muss sich noch erweisen. Vielleicht stellt sich im Jahr 2034 heraus, dass KI zwar Songs komponieren kann, die mit dem Grammy ausgezeichnet werden, aber keine Drehbücher auf Oscar-Niveau zu schreiben vermag, dass KI Millennium-Probleme in Mathematik lösen, aber keine tiefschürfenden neuen philosophischen Erkenntnisse erbringen kann. Die Übergangsphase, nachdem KI den Turing-Test bestanden hat, in der sie in vielfacher Hinsicht übermenschlich ist, aber in ein paar wenigen Bereichen die besten Menschen noch nicht übertroffen hat, könnte lange dauern.

Im Hinblick auf die Singularität ist die wichtigste kognitive Fähigkeit allerdings die Computerprogrammierung (und ein paar zugehörige Fähigkeiten wie theoretische Informatik). Das ist die wichtigste Hürde, die eine superintelligente KI überwinden muss. Sobald wir eine KI mit ausreichenden Programmierfähigkeiten entwickelt haben, dass sie sich selbst weitere Programmierkenntnisse beibringen kann (mit oder ohne menschliche Unterstützung), wird eine positive Rückkopplungsschleife auftreten. I. J. Good, ein Kollege von Alan Turing, prognostizierte bereits 1965, dies werde zu einer »Intelligenzexplosion« führen.[138] Und weil Computer viel schneller arbeiten als Menschen, werden erstaunliche Fortschrittsraten möglich, wenn der Mensch bei der KI-Entwicklung nicht mehr beteiligt ist. KI-Theoretiker nennen das spaßeshalber »FOOM« – wie ein Soundeffekt aus dem Comicbuch, mit dem der KI-Fortschritt weit ans Ende der Grafikkurve davonsaust.[139]

Manche Forscher, Eliezer Yudkowsky etwa, halten es für wahrscheinlicher, dass sich dies extrem schnell vollzieht (ein »harter Start« innerhalb von Minuten bis Monaten), während andere, wie Robin Hanson, annehmen, dass es sukzessive vorangehen wird (ein

»sanfter Start« über Jahre hinweg oder länger).[140] Ich liege irgendwo dazwischen. Ich glaube, dass physikalische Einschränkungen bei Hardware, Ressourcen und Echtweltdaten die Geschwindigkeit von FOOM einschränken werden, dass wir aber dennoch Vorsichtsmaßnahmen treffen sollten, um zu vermeiden, dass ein potenzieller harter Start schiefläuft. Sobald wir eine Intelligenzexplosion ausgelöst haben, werden die menschlichen kognitiven Fähigkeiten, die der KI schwerer fallen als selbstverbessernde Programmierung, ebenfalls in kurzer Zeit erreicht werden.

Da das maschinelle Lernen so viel mehr kosteneffizient wird, wird sich die reine Rechenkraft wohl nicht als große Hürde auf dem Weg zur übermenschlichen KI erweisen. Supercomputer haben heute schon wesentlich mehr reine Rechenkraft, als notwendig wäre, um ein menschliches Gehirn zu simulieren. Der im Jahr 2023 beste Supercomputer der Welt, Frontier vom Oak Ridge National Laboratory,[141] kann bis zu 10^{18} Rechenoperationen pro Sekunde durchführen. Das ist bereits 10 000-mal so viel wie die vermutlich höchste Rechengeschwindigkeit des Gehirns (10^{14} Rechenoperationen pro Sekunde).[142]

In meinen Berechnungen für *Menschheit 2.0* aus dem Jahr 2005 ging ich von 10^{16} Rechenoperationen pro Sekunde als Obergrenze für die Verarbeitungsgeschwindigkeit des Gehirns aus (weil wir 10^{11} Neuronen haben, bei denen 10^3 Synapsen etwa 10^2-mal pro Sekunde feuern).[143] Doch wies ich damals darauf hin, dass es eine konservativ hohe Schätzung sei. In Wirklichkeit wird in einem echten Gehirn normalerweise sehr viel weniger gerechnet. Weitere Forschungen in den letzten zwanzig Jahren haben gezeigt, dass Neuronen sehr viel langsamer feuern – keine 200-mal pro Sekunde, was das theoretische Maximum wäre, sondern eher einmal pro Sekunde.[144] Das AI Impacts Project schätzte, basierend auf dem Energieverbrauch des Gehirns, dass das durchschnittliche Neuron nur 0,29-mal pro Sekunde feuert – was bedeuten würde, dass die Gesamtrechenleistung des Gehirns bei nur 10^{13} Rechenoperationen pro Sekunde liegen könnte.[145] Das entspricht der wegweisenden Schätzung, die Hans Moravec in seinem Buch *Mind children: Der Wettlauf zwischen menschlicher und künstlicher Intelligenz* aus dem Jahr 1988 machte, bei dem er eine völlig andere Methodik verwendete.[146]

Dabei geht man aber immer noch davon aus, dass jedes Neuron notwendig ist, damit menschliche Kognition funktioniert, was erwiesenermaßen nicht der Fall ist. Im Gehirn wird weitgehend (in einem bisher unbekannten Ausmaß) parallel gearbeitet, wobei einzelne Neuronen oder kortikale Module redundante Arbeit verrichten (oder zumindest Arbeit, die anderswo dupliziert werden könnte). Das beweist die Tatsache, dass Menschen nach einem Schlaganfall oder einer Hirnverletzung, bei der Teile des Gehirns zerstört werden, sich funktional vollständig erholen können.[147] Wenn man die *kognitiv relevanten* neuronalen Strukturen in unserem Gehirn simulieren möchte, wird man also wahrscheinlich noch weniger Rechenleistung brauchen, als bisher geschätzt wurde. 10^{14} Rechenoperationen pro Sekunde könnten also konservativ gerechnet durchaus genügen. Wenn eine Gehirnsimulation Rechenleistung in dieser Größenordnung erfordert, dann kann man das, Stand 2023, mit Hardware im Wert von etwa 1000 US-Dollar bereits erreichen.[148] Selbst wenn sich herausstellen sollte, dass man 10^{16} Rechenoperationen pro Sekunde dafür braucht, wird man wahrscheinlich um das Jahr 2032 entsprechende Hardware für 1000 US-Dollar kaufen können.[149]

Diese Schätzungen habe ich auf Grundlage meiner Annahme getroffen, dass mit einem Modell, das nur auf der Neuronenaktivität basiert, eine funktionierende Gehirnsimulation möglich ist. Ein subjektives Bewusstsein könnte dennoch eine detailliertere Gehirnsimulation erfordern – auch wenn dies eine philosophische Frage ist, die nicht wissenschaftlich überprüft werden kann. Vielleicht müsste man dazu die einzelnen Ionenkänale in den Neuronen simulieren oder die vielen verschiedenen Moleküle, die den Stoffwechsel einer Gehirnzelle beeinflussen könnten. Anders Sandberg und Nick Bostrom vom Future of Humanity Institute an der Oxford University schätzen, dass diese höheren Auflösungen 10^{22} beziehungsweise 10^{25} Rechenoperationen pro Sekunde benötigen würden.[150] Sogar im letzteren Fall prognostizierten sie, dass ein Supercomputer mit einem Wert von einer Milliarde Dollar (Wert aus dem Jahr 2008) dies bis 2030 schaffen könnte und dass er bis 2034 jedes Protein in jedem Neuron simulieren könnte.[151] Mit der Zeit würde die exponentielle Steigerung beim Preis-Leistungs-Verhältnis diese Kosten natürlich drastisch senken.

Das Fazit: Selbst bei sehr unterschiedlichen Annahmen ändert sich nichts an der grundsätzlichen Aussage der Prognose: Computer werden in den nächsten zehn bis zwanzig Jahren in der Lage sein, alle wichtigen Aspekte eines menschlichen Gehirns zu simulieren. Das wird nicht erst in 100 Jahren geschehen und ist damit nichts, um das sich erst unsere Urenkel Gedanken machen müssen. Ab den 2020er-Jahren werden wir unsere Lebensspanne immer schneller verlängern können. Wenn Sie also unter 80 Jahren alt und bei guter Gesundheit sind, werden Sie das wohl noch erleben. Heute geborene Kinder werden in der Grundschule sein, wenn der Turing-Test bestanden wird, und sie werden umfangreiche Emulationen des Gehirns erleben, wenn sie aufs College gehen. Ich beende dieses Buch im Jahr 2023, und damit wird es, selbst bei pessimistischer Schätzung, weniger lange dauern, bis eine vollständige Hirnemulation möglich wird, als das Jahr 1999 her ist, als ich diese Prognosen erstmals in *Homo sapiens* veröffentlichte.

DER TURING-TEST

KI gewinnt jeden Monat neue Fähigkeiten hinzu, und das Preis-Leistungs-Verhältnis für Rechenkraft, das diese Fortschritte antreibt, schießt in die Höhe. Damit ist die Zielrichtung klar. Aber wie werden wir beurteilen, wann eine KI Intelligenz auf menschlichem Niveau erreicht hat? Das Vorgehen beim Turing-Test, das ich zu Beginn des Kapitels beschrieb, ermöglicht uns, diese Frage streng wissenschaftlich zu behandeln. Turing spezifizierte keine Details für den Test, wie lange die menschlichen Prüfer die Probanden interviewen müssen, zum Beispiel, oder welche Kompetenzen die Prüfer vorweisen müssen. Am 9. April 2002 schlossen Mitch Kapor und ich unsere bereits erwähnte Wette darüber ab, ob bis zum Jahr 2029 ein Turing-Test bestanden werden würde.[152] Dafür mussten wir verschiedene Rahmenbedingungen definieren, wie zum Beispiel, wie viele kognitive Erweiterungen ein Mensch haben durfte (als Prüfer oder als menschlicher Vergleichsproband) und doch immer noch als Mensch galt.

Ein wohldefinierter empirischer Test ist notwendig, weil Menschen, wie bereits erwähnt, stark dazu neigen, alle Erfolge von künstlicher Intelligenz rückblickend als »gar nicht so schwer« umzudeuten. Diese Neigung wird häufig als »KI-Effekt« bezeichnet.[153] In den siebzig Jahren, seit Alan Turing sein Imitationsspiel erfand, haben Computer Menschen nach und nach in vielen begrenzten Bereichen von Intelligenz übertroffen. Doch die Breite und Flexibilität des menschlichen Intellekts fehlte ihnen immer. Nachdem der Supercomputer Deep Blue von IBM den Schachweltmeister Garri Kasparow im Jahr 1997 geschlagen hatte, behaupteten viele Kommentatoren, das habe keinerlei Bedeutung für echte Kognition.[154] Bei Schach stehen perfekte Daten zum Standort der Spielfiguren auf dem Brett und ihren Bewegungsmöglichkeiten zur Verfügung, und bei jeder Partie ist nur eine begrenzte Anzahl von Zügen möglich, daher sind Schachspiele leicht mathematisch darzustellen. So konnte man den Sieg gegen Kasparow leicht als netten Mathetrick abtun. Manche Beobachter prognostizierten gar zuversichtlich, Computer könnten niemals weniger eindeutige Aufgaben in natürlicher Sprache bewältigen, etwa ein Kreuzworträtsel lösen oder in der Quizshow *Jeopardy!*[155] antreten. Doch die Kreuzworträtselhürde wurde keine zwei Jahre später genommen,[156] und weniger als zwölf Jahre danach trat Watson von IBM bei *Jeopardy!* an und besiegte zwei der stärksten menschlichen Spieler, Ken Jennings und Brad Rutter.[157]

Dieses Quizspiel zeigt etwas sehr Wichtiges in Bezug auf KI und den Turing-Test. Watson konnte Spielhinweise verarbeiten, den Buzzer betätigen und mit seiner künstlichen Stimme zuversichtlich die richtigen Antworten rufen – »er« bot damit die äußerst überzeugende Illusion, er sei zu ähnlichem Denken fähig wie Ken und Brad. Aber die Zuschauer bei diesem Quiz bekamen noch mehr Informationen. Auf dem unteren Drittel des Bildschirms wurden Watsons drei beste Tipps zu jedem Spielhinweis eingeblendet. Der oberste Tipp auf der Liste war fast immer korrekt, aber Nummer zwei und drei waren nicht einfach falsch, sie waren oft lächerlich falsch – dämliche Fehler, die kein menschlicher Spieler je machen würde, und sei er noch so schlecht. In der Kategorie »EU, die Europäische Union« lautete der Hinweis zum Beispiel »Wird alle fünf Jahre gewählt, hat 736 Abgeordnete aus 7 Parteien«.[158] Watson riet zutreffend, es gehe um das Europäische Parlament, mit einem Konfidenzniveau von

66 Prozent. Aber Watsons zweite Vermutung war »MdEPs« mit 14 Prozent, die dritte war »allgemeines Wahlrecht« mit 10 Prozent.[159] Ein Mensch, der noch nie von der Europäischen Union gehört hätte, würde allein an der Syntax des Hinweises erkennen, dass keine der beiden letzteren Vermutungen richtig sein konnte. Das zeigt, dass Watsons Spiel zwar menschlich wirkte, aber wenn man unter die Oberfläche sah, wurde sofort deutlich, dass Watsons »Kognition« völlig anders war als unsere.

Neuere KI versteht und verwendet natürlich Sprache deutlich flüssiger. Im Jahr 2018 präsentierte Google mit Duplex einen KI-Assistenten, der übers Telefon so natürlich sprach, dass arglose Gesprächspartner ihn für einen Menschen hielten, und Project Debater von IBM, das im selben Jahr herauskam, konnte sich realistisch an einer Debatte beteiligen.[160] Jetzt, im Jahr 2023, können LLMs ganze Aufsätze auf menschlichem Niveau verfassen. Doch trotz dieser Fortschritte neigt sogar GPT-4 gelegentlich zu »Halluzinationen«. Dann gibt die KI zuversichtlich Antworten, die nichts mit der Realität zu tun haben.[161] Wenn man GPT-4 zum Beispiel bitten würde, einen Nachrichtenartikel zusammenzufassen, der gar nicht existiert, könnte die KI Informationen konfabulieren, die absolut plausibel klängen. Oder wenn man die KI aufforderte, Quellen für eine echte wissenschaftliche Tatsache anzuführen, könnte sie Fachartikel angeben, die nicht existieren. Derzeit wird viel unternommen, um Halluzinationen einzugrenzen,[162] doch eine echte Lösung für dieses Problem steht noch aus. Doch diese Fehlleistungen zeigen, dass auch leistungsfähige KI wie Watson ihre Antworten anhand von verborgenen mathematischen und statistischen Prozessen generiert, die unseren Denkprozessen sehr unähnlich sind.

Intuitiv fühlt sich das problematisch an. Man ist versucht zu glauben, dass Watson wie ein Mensch denken »sollte«. Aber ich halte das für Aberglauben. In der realen Welt zählt, wie ein intelligentes Wesen handelt. Wenn eine zukünftige KI mit anderen Berechnungsprozessen revolutionäre wissenschaftliche Entdeckungen machen oder herzzerreißende Romane schreiben würde, warum sollte uns dann kümmern, wie sie entstanden? Und wenn eine KI sich selbst redegewandt ein eigenes Bewusstsein zuspricht, mit welcher ethischen Be-

Abbildung 5: Dieser Cartoon illustriert, welche kognitiven Aufgaben eine KI noch meistern muss. Die Zettel auf dem Boden zeigen Aufgaben, die sie schon geschafft hat. Die Zettel an der Wand mit den gestrichelten Rahmen werden aktuell bearbeitet.

gründung dürften wir dann darauf bestehen, dass nur unsere eigene Biologie Empfindungsfähigkeit ermöglicht, die den Namen verdient? Der Empirismus des Turing-Tests lenkt unseren Fokus genau dorthin, wo er liegen sollte.

Der Turing-Test wird sehr nützlich sein, um den Fortschritt von KI einzuschätzen, aber er sollte nicht die einzige Benchmark für fortschrittliche Intelligenz sein. Systeme wie PaLM 2 und GPT-4 haben gezeigt, dass Maschinen Menschen bei kognitiv anspruchsvollen Aufgaben übertreffen, auch wenn sie in anderen Bereichen keinen Menschen überzeugend imitieren können. Zwischen 2023 und 2029, dem Jahr, in dem nach meiner Erwartung ein aussagekräftiger Turing-Test erstmals bestanden wird, werden Computer eindeutig übermenschliche Fähigkeiten in immer mehr Bereichen beweisen. Tatsächlich könnte KI bei der Programmierung bereits übermenschliches Niveau erreichen, bevor sie im Turing-Test normalen Menschenverstand und den Umgang mit gesellschaftlichen Feinheiten nachweist. Ob es so kommt, bleibt abzuwarten, aber allein die Möglichkeit zeigt, warum unsere Vorstellung von Intelligenz auf menschlichem Niveau vieles berücksichtigen muss und feine Nuancen braucht. Der Turing-Test spielt eine große Rolle, aber wir werden auch raffinierte Methoden entwickeln müssen, um einschätzen zu können, welche vielfältigen und komplexen Unterschiede und Gemeinsamkeiten es zwischen menschlicher und künstlicher Intelligenz gibt.

Einige Menschen haben Einwände gegen den Turing-Test als Indikator für Intelligenz auf menschlichem Niveau bei einer Maschine, doch ich glaube, dass es für die Beobachter eine faszinierende Erfahrung wäre, wenn eine Maschine den Test besteht. Außerdem würde das die Öffentlichkeit überzeugen, dass die Maschine über echte Intelligenz verfügt und sie nicht nur nachahmt. Turing selbst sagte 1950: »Könnten Maschinen nicht etwas durchführen, das man als Denken bezeichnen könnte, das sich aber stark von dem unterscheidet, was Menschen tun? (…) Wenn jedoch eine Maschine gebaut werden kann, die das Imitationsspiel zufriedenstellend beherrscht, brauchen wir uns um diesen Einwand nicht zu kümmern.«[163]

Wenn eine KI diese strenge Version des Turing-Tests besteht, wird sie Menschen in allen kognitiven Tests, die man durch Sprache ausdrücken kann, übertroffen haben.[164] Falls die KI in irgendeinem Bereich noch Schwächen hätte, würde das durch den Test aufgedeckt werden. Natürlich setzt dies kluge Prüfer und aufgeweckte menschliche Probanden voraus. Wenn die Maschine einen Menschen imitieren kann, der betrunken oder schläfrig ist oder die Sprache nicht spricht, zählt das nicht.[165] Ebenso gilt der Test nicht als bestanden, wenn die KI Prüfer austrickst, die nicht genau wissen, wie man ihre Fähigkeiten auf die Probe stellt.

Turing sagte, mit seinem Test könne man die Fähigkeiten einer KI in »fast allen Bereichen des menschlichen Strebens beurteilen, die wir berücksichtigen wollen«. Ein geschickter menschlicher Prüfer könnte die KI also bitten, eine komplexe soziale Situation zu erklären, Schlüsse aus wissenschaftlichen Daten zu ziehen oder eine witzige Sitcom-Szene zu schreiben. Beim Turing-Test geht es demnach um sehr viel mehr, als die menschliche Sprache nur zu verstehen – es geht um die kognitiven Fähigkeiten, die wir mit Sprache ausdrücken. Natürlich müsste eine erfolgreiche KI auch vermeiden, übermenschlich zu wirken. Wenn der Prüfling jede noch so ausgefallene Frage in Sekundenschnelle beantworten, jede große Zahl sofort als Primzahl erkennen und 100 Sprachen fließend sprechen könnte, wäre schnell klar, dass es sich nicht um einen Menschen handelt.

Außerdem würde eine KI, die diesen Punkt erreicht hat, Menschen bei vielen anderen Fähigkeiten bereits *weit* übertreffen – vom Gedächtnis bis zur Denkgeschwindigkeit. Man stelle sich die kognitiven Fähigkeiten eines Systems vor, das auf menschlichem Niveau Texte lesen und verstehen kann und sich an jeden Wikipedia-Artikel, den es je gelesen hat, und alle wissenschaftlichen Texte, die je veröffentlicht wurden, fehlerfrei erinnern kann. Dass KI heute Sprache nur eingeschränkt versteht, bremst sie bei ihrem Gesamtwissen aus. Die Hauptbeschränkung für menschliches Wissen sind hingegen unsere langsame Lesegeschwindigkeit, unser begrenztes Erinnerungsvermögen und letztendlich auch unsere kurze Lebenszeit. Computer können Daten bereits überwältigend schneller verarbeiten als Menschen – wo der Mensch sechs Stunden braucht, um ein Buch zu lesen, war Talk to Books von Google etwa fünf Milliarden Mal schneller[166] –, und sie können praktisch unbegrenzt große Datenspeicher haben.

Sich beschleunigende Paradigmenwechsel bei der Evolution der Informationsverarbeitung

EPOCHE	MEDIUM	ZEITRAUM
Erste	Nicht lebende Materie	Milliarden Jahre *(nicht biologische atomare und chemische Synthese)*
Zweite	RNA und DNA	Millionen Jahre *(bis die natürliche Auslese ein neues Verhalten einführt)*
Dritte	Kleinhirn	Tausende bis Millionen Jahre *(um durch Evolution neue komplexe Fähigkeiten auszubilden)* Stunden bis Jahre *(für sehr einfaches Lernen)*
Vierte	Neokortex	Stunden bis Wochen *(um neue komplexe Fähigkeiten zu lernen)*
	Digitale neuronale Netzwerke	Stunden bis Tage *(um neue komplexe Fähigkeiten auf übermenschlichem Niveau zu lernen)*
Fünfte	Gehirn-Computer-Schnittstellen	Sekunden bis Minuten *(um Gedanken zu erforschen, die für heutige Menschen unvorstellbar sind)*
Sechste	Computronium	< Sekunden *(um Kognition schrittweise auf die Grenzen des physikalisch Möglichen auszudehnen)*

Wenn das Sprachverständnis von KI menschliches Niveau erreicht, wird sich ihr Wissen nicht mehr schrittweise erweitern, sondern plötzlich explodieren. Das bedeutet, dass eine KI, die einen traditionellen Turing-Test bestehen will, sich wird dumm stellen müssen! Bei Aufgaben, bei denen sie keinen Menschen imitieren muss, in Medizin, Chemie oder Ingenieurwesen etwa, wird eine KI mit Turing-Niveau bereits eindeutig übermenschliche Ergebnisse erzielen.

Um zu verstehen, wohin das führt, genügt ein Blick auf die sechs Epochen, die ich im vorigen Kapitel beschrieben habe und die in der vorhergehenden Tabelle »Sich beschleunigende Paradigmenwechsel bei der Evolution der Informationsverarbeitung« zusammengefasst sind.

AUSWEITUNG DES NEOKORTEX IN DIE CLOUD

Bisher gab es nur bescheidene Versuche, mit dem Gehirn per Elektronik zu kommunizieren, innerhalb oder außerhalb des Schädels. Bei nicht invasiven Optionen muss man sich zwischen räumlicher und zeitlicher Auflösung entscheiden – man muss entscheiden, wie genau die Geräte die Gehirnaktivität im Raum oder in der Zeit messen können. Funktionelle Magnetresonanztomografiescans (fMRTs) messen den Blutfluss im Gehirn als Hinweis auf neuronale Aktivität.[167] Ein Gehirnbereich, der besonders aktiv ist, verbraucht mehr Glukose und Sauerstoff und muss daher gut mit sauerstoffreichem Blut versorgt werden. Dies kann man mit einer Auflösung von Kubikvoxeln (dreidimensionalen Bildpunkten) mit bis zu 0,7 bis 0,8 Millimetern Kantenlänge feststellen – genau genug, um sehr nützliche Daten zu erhalten.[168] Allerdings gibt es eine Zeitverzögerung zwischen tatsächlicher Gehirnaktivität und Blutfluss, daher kann die Gehirnaktivität häufig nur auf zwei Sekunden genau gemessen werden – selten genauer als 400 bis 800 Millisekunden.[169]

Elektroenzephalogramme (EEGs) haben das gegenteilige Problem. Sie messen die elektrische Aktivität unmittelbar im Gehirn und können so ein Signal innerhalb etwa einer Millisekunde genau bestimmen.[170] Weil diese Signale aber von außerhalb des Schädels gemessen werden, kann man kaum exakt feststellen, von wo sie stammen. So kommt es zu einer räumlichen Auflösung von sechs bis acht Kubikzentimetern, gelegentlich schafft man auch ein bis drei Kubikzentimeter.[171]

Dieser Konflikt zwischen räumlicher und zeitlicher Auflösung bei Gehirnscans gehört im Jahr 2023 zu den wichtigsten Herausforderungen in der Neurowissenschaft. Diese Beschränkungen leiten sich aus der grundlegenden Physik von Blutfluss und Elektrizität her. KI und technische Fortschritte bei den Sensoren könnten die Lage ein wenig verbessern, aber für eine anspruchsvolle Gehirn-Computer-Schnittstelle wird das wohl nicht reichen.

Wenn man mit Elektroden ins Gehirn eindringt, kann man das zeitlich-räumliche Problem umgehen und nicht nur die neuronale Aktivität direkt aufzeichnen, sondern die Neuronen auch stimulieren – eine Zwei-Wege-Kommunikation wird möglich. Wenn man mit der aktuellen Technologie jedoch Elektroden ins Gehirn einpflanzen will, muss man Löcher in den Schädel bohren und riskiert dabei neuronale Schäden. Daher wird diese Methode bisher vor allem zur Therapie von Behinderungen, etwa bei Hörverlust oder Lähmungen, eingesetzt, wo der Nutzen das Risiko überwiegt. Das BrainGate-System zum Beispiel ermöglicht Menschen mit ALS oder einer Schädigung des Rückenmarks, einen Computercursor oder Roboterarm allein mit ihren Gedanken zu bedienen.[172] Eine solche Assistenztechnologie kann allerdings nur eine kleine Anzahl Neuronen gleichzeitig anbinden und daher keine komplexen Signale wie Sprache verarbeiten.

Eine Technologie, die Gedanken in Sprache umwandeln kann, wäre transformativ, und entsprechend wird bereits daran geforscht, einen Umwandler von Gehirnwellen in Sprache zu perfektionieren. Im Jahr 2020 legte ein Forscherteam, das von Facebook gesponsert wurde, bei Probanden 250 externe Elektroden an und ordnete bei gesprochenen Beispielsätzen kortikale Aktivität Wörtern zu.[173] Daraus erstellten die Forscher ein Beispielvokabular mit 250 Wörtern und konnten damit bei einer Fehlerquote von nur drei Prozent prognostizieren, an welche Wörter die Probanden dachten. Das sind aufregende Fortschritte, aber Facebook stoppte das Projekt 2021.[174] Inwiefern sich diese Methode auf ein größeres Vokabular (und damit auf komplexere Signale) übertragen lässt, bleibt abzuwarten, weil dann das Problem mit der zeitlich-räumlichen Auflösung droht. In jedem Fall werden wir die Zwei-Wege-Kommunikation mit einer großen Anzahl Neuronen erfolgreich umsetzen müssen, wenn wir den Neokortex selbst erweitern wollen.

Einer der ehrgeizigsten Versuche, mehr Neuronen einzubinden, ist Neuralink von Elon Musk, bei dem eine große Anzahl fadenartiger Elektroden gleichzeitig implantiert wird.[175] Bei einem Test mit Laborratten wurden 1500 Elektroden ausgelesen, bei anderen Projekten wurden nur Hunderte eingesetzt.[176] Später konnte ein Affe, dem das Gerät eingepflanzt worden war, das Videospiel *Pong* spielen.[177] Nach einigen regulatorischen Problemen bekam Neuralink im Jahr 2023 die Genehmigung der zuständigen US-Behörde Food and Drug Administration (FDA) für Tests am Menschen, und bei Drucklegung dieses Buches wurde das erste Gerät mit 1024 Elektroden bei einem Menschen implantiert.[178]

Unterdessen arbeitet die Defense Advanced Research Projects Agency (DARPA, Forschungsabteilung des US-Verteidigungsministeriums) an einem langfristigen Projekt namens Neural Engineering System Design, bei dem eine Schnittstelle entwickelt werden soll, die eine Million Neuronen zur Auslesung verbinden soll und die 100 000 Neuronen stimulieren kann.[179] Die Behörde hat mehrere Forschungsprogramme mit diesem Ziel finanziert, so auch ein Team der Brown University, das an der Entwicklung von sandkorngroßen »Neurograins« arbeitet, die ins Gehirn implantiert werden können und mehrere Neuronen zu einem »kortikalen Intranet« verbinden.[180]

Irgendwann wird es nicht invasive Gehirn-Computer-Schnittstellen geben, bei denen harmlose Elektroden im Nanobereich über die Blutbahnen ins Gehirn eingebracht werden.

Wie viel Rechenleistung wird man brauchen, um die Daten aufzuzeichnen? Wie bereits gesagt, benötigt man insgesamt um 10^{14} Rechenoperationen pro Sekunde oder weniger, um ein menschliches Gehirn zu simulieren. Das gilt aber für eine Simulation, die auf der tatsächlichen Architektur eines menschlichen Gehirns basiert, einen Turing-Test besteht und in jeder anderen Hinsicht für einen externen Beobachter wie ein menschliches Gehirn wirkt. Gehirnaktivitäten, die nicht notwendig sind, um dieses beobachtbare Verhalten zu erzeugen, werden dabei nicht unbedingt berücksichtigt. Zum Beispiel ist es sehr fraglich, ob intrazelluläre Details, wie DNA-Reparaturen im Zellkern eines Neurons, für die Kognition relevant sind.

Selbst wenn in einem Gehirn 10^{14} Rechenoperationen pro Sekunde stattfinden, muss eine Gehirn-Computer-Schnittstelle den Großteil davon nicht berücksichtigen, weil es Aktivitäten sind, die in unteren Schichten des Neokortex stattfinden.[181] Wir müssen nur mit den oberen Bereichen des Neokortex kommunizieren. Und wir können nicht kognitive Gehirnprozesse, die etwa die Verdauung regeln, vollständig ignorieren. Daher schätze ich, dass eine praktische Schnittstelle nur mehrere Millionen bis mehrere zehn Millionen simultane Verbindungen benötigen wird.

Dafür muss die Schnittstellentechnologie wesentlich kleiner werden – und wir werden zunehmend fortschrittliche KI einsetzen, um die enormen technischen und neurowissenschaftlichen Probleme zu lösen, die damit einhergehen. Irgendwann in den 2030er-Jahren werden wir dieses Ziel erreichen und sogenannte Nanobots einsetzen, mikroskopisch kleine Geräte. Diese winzigen elektronischen Elemente werden die oberen Schichten unseres Neokortex mit der Cloud verbinden, sodass unsere Neuronen direkt mit simulierten Neuronen kommunizieren werden, die für uns online vorgehalten werden.[182] Dazu wird eine Gehirn-OP notwendig sein, die heute noch nach Science-Fiction klingt – wir werden Nanobots nicht invasiv über die Blutgefäße ins Gehirn schicken können. Danach wird das Gehirn in seiner Größe nicht mehr dadurch begrenzt sein, was durch den Geburtskanal passt, sondern kann unendlich erweitert werden. Denn wenn wir die erste Schicht des virtuellen Neokortex hinzugefügt haben, wird es nicht dabei bleiben – auf diese erste Schicht können weitere Schichten aufgestockt werden, um so immer größere Kognitionsleistungen zu ermöglichen. Im weiteren Verlauf des Jahrhunderts wird sich das Preis-Leistungs-Verhältnis bei Rechenkraft exponentiell verbessern und damit auch die Rechenleistung, die unseren Gehirnen zur Verfügung steht.

Vor zwei Millionen Jahren, als wir das letzte Mal ein Stück Neokortex dazubekamen, wurden wir zu Menschen. Wenn wir auf zusätzlichen Neokortex in der Cloud zugreifen können, werden wir einen ähnlichen Sprung bei der kognitiven Abstraktionsfähigkeit erleben. Wir werden neue Ausdrucksmöglichkeiten entwickeln, die unsere heutige Kunst und Technologie weit übertreffen werden – diese Veränderung wird tiefgreifender sein, als wir uns heute vorstellen können.

Unsere Vorstellungskraft, wie zukünftige künstlerische Ausdrucksweisen aussehen könnten, ist von Natur aus begrenzt. Man kann das vergleichen mit einem Affen – einem hochintelligenten Tier, dessen Gehirn unserem ähnelt –, dem man einen Film vorführt. Die Handlung wäre für den Affen völlig unverständlich. Er würde auf dem Bildschirm zwar etwa Menschen erkennen, aber er könnte ihre Dialoge nicht verstehen und auch abstrakte Vorstellungen nicht interpretieren, wie: »Der Umstand, dass die Figuren Metallanzüge tragen, zeigt, dass die Handlung im Mittelalter stattfinden soll.«[183] Diese Art von Gedankensprung erlaubte dem Menschen der präfrontale Kortex.

Bei Kunst für Menschen mit einem Neokortex, der mit der Cloud verbunden ist, geht es also nicht nur um bessere CGI-Effekte oder auch nur den Einsatz von zusätzlichen Sinnen wie Geruch und Geschmack. Es wird radikal neue Möglichkeiten geben, wie das Gehirn selbst Vorgänge erlebt. Ein Schauspieler kann heute nur durch Worte und Körperausdruck zeigen, was seine Figur denkt. Aber in Zukunft könnte es eine Kunstform geben, bei der die ungefilterten, unorganisierten, nicht verbalen Gedanken einer Figur – in all ihrer unsagbaren Schönheit und Komplexität – direkt in unser Gehirn übertragen werden. Diese Art kulturellen Reichtums wird die Gehirn-Computer-Schnittstelle uns eröffnen.

Der Vorgang wird ein zweifacher Schöpfungsakt sein – unser Bewusstsein wird lernen, tiefere Erkenntnisse zu gewinnen, und damit neue Vorstellungen entwickeln, die unsere zukünftigen Gehirne dann erforschen können. Wir können endlich auf unseren eigenen Quellcode zugreifen, indem wir KI nutzen, die sich selbst weiterentwickeln kann. Dadurch können wir mit der Superintelligenz verschmelzen, die wir erschaffen, und uns selbst neu erfinden. Wenn wir die Enge unserer Schädel verlassen und auf einem Substrat arbeiten, das Millionen Mal schneller ist als unser biologisches Gewebe, kann unser Bewusstsein exponentiell wachsen und unsere Intelligenz sich millionenfach ausdehnen. Das ist der Kern meiner Singularitätsdefinition.

KAPITEL 3

WER BIN ICH?

BEWUSSTSEIN – WAS IST DAS?

Der Turing-Test und andere Bewertungsmethoden können viel darüber aussagen, was es ganz allgemein bedeutet, ein Mensch zu sein, aber nun müssen wir auch fragen, was es bedeutet, ein *bestimmter* Mensch zu sein. Wie passt *Ray Kurzweil* in das Gesamtbild? Ray Kurzweil mag Ihnen egal sein, aber Sie selbst sind sich nicht egal, daher können Sie dieselbe Frage auch bezüglich Ihrer eigenen Identität stellen. Für mich lautet sie: Warum ist Ray Kurzweil das Zentrum meines Erlebens? Warum bin ich genau dieser Mensch? Warum wurde ich nicht 1903 oder 2003 geboren? Warum bin ich männlich oder auch nur menschlich? Dafür gibt es keinen wissenschaftlichen Grund. Wenn wir uns fragen: »Wer bin ich?«, dann stellen wir eine der Grundfragen der Philosophie. Es ist die Frage nach dem Bewusstsein.

In *Das Geheimnis des menschlichen Denkens* zitierte ich Samuel Butler:

> Wenn eine Fliege sich auf die Blüte setzt, schließen sich die Blütenblätter um sie und halten sie fest, bis die Pflanze das Insekt absorbiert hat; sie schließen sich aber nur, wenn etwas Essbares dort landet; einen Regentropfen oder ein Stück Holz ignorieren sie. Wie seltsam! Dass ein Ding mit so wenig Bewusstsein so sehr auf sein eigenes Interesse bedacht sein soll. Wenn das Unbewusstsein ist, welchen Nutzen hat dann Bewusstsein?[1]

Butler schrieb dies im Jahr 1871.[2] Sollten wir aus seiner Beobachtung schließen, dass Pflanzen ein Bewusstsein haben? Oder dass diese spezielle Pflanzenart ein Bewusstsein hat? Wie könnten wir das feststellen? Wir sagen voller Überzeugung, dass ein Mensch Bewusstsein hat, weil sie oder er kommunizieren und Entscheidungen treffen kann wie wir selbst. Aber genau genommen ist auch das nur eine Annahme. Wir haben keine Möglichkeit, Bewusstsein oder einen Mangel daran unmittelbar festzustellen.

Aber was *ist* Bewusstsein? Oft wird das Wort für zwei unterschiedliche, aber verwandte Konzepte verwendet. Eines davon ist die funktionale Fähigkeit, seine Umgebung wahrzunehmen und so zu handeln, als wisse man, dass die eigenen Gedanken und die äußere Welt beide unabhängig voneinander existieren. Gemäß dieser Definition könnte man beispielsweise sagen, dass ein Mensch im Tiefschlaf nicht bei Bewusstsein ist, ein Betrunkener ist teilweise bei Bewusstsein, und ein nüchterner Mensch ist vollkommen bei Bewusstsein. Mit Ausnahmen des seltenen Locked-in-Syndroms kann man im Allgemeinen von außen feststellen, ob ein Mensch bei Bewusstsein ist. Sogar bestimmte Verhaltensweisen bei Tieren, wenn sie sich etwa im Spiegel selbst erkennen, können Aufschluss über diese Art von Bewusstsein geben. Aber wenn es um Fragen der persönlichen Identität geht, wie in diesem Kapitel, dann ist eine zweite Wortbedeutung relevanter: *die Fähigkeit zum subjektiven Erleben aus innerer Perspektive* – und nicht nur nach außen hin so zu wirken. Philosophen bezeichnen dieses Erleben als »Qualia«. Wenn ich also sage, dass man Bewusstsein nicht unmittelbar feststellen kann, dann meine ich damit, dass man die Qualia einer Person von außen nicht bestimmen kann.

Allerdings kann man das Bewusstsein nicht einfach ignorieren, nur weil es nicht verifizierbar ist. Wenn man sich mit der Grundlage unseres moralischen Systems beschäftigt, erkennt man, dass unsere ethischen Urteile oft von unserer Einschätzung von Bewusstsein abhängen. Materielle Objekte, so komplex, interessant oder wertvoll sie auch sein mögen, sind für uns oft nur insofern von Bedeutung, als sie das bewusste Erleben unseres bewussten Seins beeinflussen. Die gesamte Tierrechtsdebatte dreht sich zum Beispiel vor allem darum, wie viel Bewusstsein wir den Tieren zugestehen und welcher Art dieses Bewusstsein ist.[3]

Das Bewusstsein stellt für Philosophen ein Problem dar. Bei ethischen Fragestellungen etwa danach, welche Lebewesen Rechte haben, geht es im Prinzip oft darum, ob diese Wesen ein subjektives Erleben haben. Weil man das aber von außen nicht feststellen kann, verwenden wir die andere, funktionale Bedeutung von Bewusstsein als Näherungsvariable. Dabei beziehen wir uns auf unsere eigenen Erfahrungen. Jeder von uns (zumindest gehe ich davon aus!) hat eine Innenperspektive und subjektives Erleben, und wir wissen, dass wir auch über das funktionale Selbst-Bewusstsein verfügen, das andere beobachten können. Daher nehmen wir an, dass andere, wenn sie funktionales Bewusstsein zeigen, auch dieses innere Erleben haben müssen. Selbst Wissenschaftler, die behaupten, subjektives Bewusstsein sei irrelevant für empirisches Denken, verhalten sich dennoch so, als hätten die Menschen um sie herum ein Bewusstsein, indem sie ihr Erleben berücksichtigen.

Bei anderen Menschen nehmen wir also bereitwillig an, dass sie über ein Bewusstsein verfügen, bei anderen Tieren nimmt diese intuitive Bereitschaft allerdings ab, je mehr sich ihr Verhalten von unserem unterscheidet. Hunde und Schimpansen verfügen nicht vollständig über menschliche Kognition, aber ihre komplexen und emotionalen Verhaltensweisen lassen viele Menschen ein entsprechendes inneres Erleben vermuten. Wie sieht es bei Nagetieren aus? Sie zeigen manchmal menschenähnliches Verhalten wie soziales Spielen und Anzeichen für Angst bei Gefahr.[4] Nagetieren schreiben schon weniger Menschen ein Bewusstsein zu, ihr subjektives Erleben wird meist als sehr viel oberflächlicher eingeschätzt als beim Menschen. Und Insekten?[5] Fruchtfliegen rezitieren nicht gerade Shakespeare, aber sie reagieren auf ihre Umgebung, und ihr Gehirn besteht aus etwa 250 000 Neuronen. Kakerlaken haben etwa 1 000 000. Das sind nur 0,001 Prozent der Neuronenzahl im menschlichen Gehirn, daher ist dort sehr viel weniger Raum für komplexe und hierarchische Netzwerke, wie es sie in unserem Gehirn gibt. Was ist mit Amöben? Diese einzelligen Organismen zeigen keinerlei Anzeichen für funktionales Bewusstsein wie bei Menschen und höheren Tierarten.

Doch im 21. Jahrhundert haben Wissenschaftler herausgefunden, dass auch primitivste Lebensformen über rudimentäre Intelligenz verfügen, etwa über Erinnerungsvermögen.[6]

Bewusstsein ist in gewisser Hinsicht binär – verfügt ein Lebewesen über Qualia oder nicht? –, aber ich beziehe mich hier auf die zusätzliche Frage des Grades. Wenn man einen verschwommenen Traum erlebt, zwar wach ist, aber betrunken oder schläfrig, wie unterscheidet sich da das subjektive Bewusstsein von vollständiger Wachheit? Mit diesem Kontinuum beschäftigen sich Forscher, wenn sie das Bewusstsein von Tieren einschätzen. Derzeit neigen Experten dazu, eher mehr Tieren mehr Bewusstsein zuzugestehen als früher. Im Jahr 2012 traf sich ein multidisziplinäres Forscherteam an der Universität Cambridge, um die Hinweise auf Bewusstsein bei nicht menschlichen Tieren auszuwerten. Am Ende dieser Konferenz unterzeichneten sie die Cambridge Declaration on Consciousness, in der festgestellt wird, dass Bewusstsein sehr wahrscheinlich kein Alleinstellungsmerkmal des Menschen ist. Gemäß der Erklärung »besteht kein Grund zu der Annahme, dass Organismen ohne Neokortex keine affektiven Zustände erfahren können«.[7] Die Forschenden stellten bei »allen Säugetieren, Vögeln und vielen weiteren Lebewesen, wie beispielsweise Oktopussen«, fest, dass sie über »neurologische Substrate, die Bewusstsein generieren«, verfügen.[8]

Die Wissenschaft sagt also, dass ein komplexes Gehirn funktionales Bewusstsein hervorbringt. Doch wodurch bekommen wir ein subjektives Bewusstsein? Manch einer sagt, von Gott. Andere glauben, Bewusstsein sei das Ergebnis rein physikalischer Prozesse. Doch unabhängig davon, wie Bewusstsein entsteht, sind sich beide Seiten der Diskussion säkular vs. spirituell einig, dass Bewusstsein etwas Heiliges ist. Wie Menschen (und zumindest einige andere Tiere) zu Bewusstsein kamen, ist nur in der Ursache umstritten, ob es von einer wohlwollenden Gottheit gegeben oder unbeabsichtigt durch die Natur entstanden ist. Das Endergebnis steht allerdings nicht zur Debatte – wer das Bewusstsein und die Leidensfähigkeit eines Kindes nicht anerkennt, gilt als höchst unmoralisch.

Doch wird die Ursache des subjektiven Bewusstseins bald mehr als das Thema philosophischer Spekulationen sein. Wenn die Technologie uns die Möglichkeit gibt, unser Bewusstsein über unser biologisches Gehirn hinaus zu erweitern, werden wir entscheiden müssen, was unserer Meinung nach die Qualia erzeugt, die den Kern unserer Identität ausmachen, und uns darauf konzentrieren, diesen Kern zu bewahren. Beobachtbares Verhalten ist nur eine Stellvertretervariable, von der sich auf subjektives Bewusstsein rückschließen lässt, da stimmt unsere natürliche Intuition weitgehend mit der wissenschaftlich plausiblen Erklärung überein: Unser Gehirn kann komplexere Verhaltensweisen unterstützen und entsprechend auch ein höheres subjektives Bewusstsein ermöglichen. Komplexes Verhalten entsteht, wie im vorigen Kapitel bereits ausgeführt, durch die Komplexität der Informationsverarbeitung in einem Gehirn[9] – und die wird wiederum weitgehend dadurch bestimmt, wie flexibel das Gehirn Informationen darstellen kann und aus wie vielen hierarchischen Schichten sein Netzwerk besteht.

Das hat weitreichende Folgen für die Zukunft der Menschheit – und für jeden, der in den nächsten Jahrzehnten am Leben ist, auch persönlich. Alle intellektuellen Entwicklungssprünge seit Beginn der Geschichtsschreibung fanden in Gehirnen statt, die seit der Steinzeit strukturell unverändert geblieben sind. Durch externe Technologien kann heute jeder auf die allermeisten Entdeckungen anderer Menschen zugreifen, aber wir erleben sie auf einem Bewusstseinsniveau, das dem unserer jungsteinzeitlichen Vorfahren ähnelt. Doch in den 2030er- und 2040er-Jahren werden wir den Neokortex direkt erweitern können und dadurch nicht nur an Problemlösungsfähigkeiten gewinnen. Wir werden unser subjektives Bewusstsein vertiefen.

ZOMBIES, QUALIA UND DAS SCHWIERIGE PROBLEM DES BEWUSSTSEINS

Bewusstsein lässt sich in einem entscheidenden Punkt nicht mit anderen teilen. Wenn man bestimmte Lichtfrequenzen als »grün« oder »rot« benennt, kann niemand sagen, ob die Qualia – wie man Grün oder Rot erlebt – bei zwei Menschen dieselben sind. Vielleicht erlebt der eine Grün genauso wie die andere Rot und umgekehrt. Mit

Sprache oder anderen Kommunikationsmethoden lassen sich Qualia nicht direkt vergleichen.[10] Selbst wenn es möglich sein wird, zwei Gehirne unmittelbar miteinander zu verbinden, wird man immer noch nicht beweisen können, ob der gleiche neuronale Impuls in einem Gehirn die gleichen Qualia auslöst wie in einem anderen. Wenn die Qualia für Rot und Grün in zwei Gehirnen tatsächlich umgekehrt wären, würde man das nie merken.

Wie ich in *Das Geheimnis des menschlichen Denkens* bereits schrieb, führt diese Erkenntnis zu einem verstörenden Gedankenexperiment. Was wäre, wenn ein Mensch gar keine Qualia hätte? Der Philosoph David Chalmers nennt solche hypothetischen Wesen »Zombies« – Menschen, die alle feststellbaren neurologischen und behavioristischen Korrelate für Bewusstsein zeigen, aber keinerlei subjektives Erleben haben.[11] Wissenschaftlich ließe sich der Unterschied zwischen Zombies und normalen Menschen niemals nachweisen.

Den Unterschied zwischen unseren Vorstellungen von funktionalem und subjektivem Bewusstsein könnte man verdeutlichen, indem man einen Hund mit einem hypothetischen künstlichen Menschen vergleicht, wenn man sicher sein könnte, dass Letzterer kein subjektives Erleben hat (also ein Zombie ist). Der Zombie könnte sehr viel komplexere kognitive Leistungen erbringen als ein Hund, doch die meisten Menschen würden wohl sagen, dass es schlimmer ist, einen Hund – dem wir ein subjektives Bewusstsein zugestehen – zu verletzen als einen Zombie, der vor Schmerz aufheulen könnte, von dem man aber weiß, dass er in Wahrheit nichts spürt. Das Problem ist nur, dass man im echten Leben – *prinzipiell* – unmöglich wissenschaftlich feststellen kann, ob ein anderes Lebewesen über subjektives Bewusstsein verfügt oder nicht.

Wenn solche Zombies zumindest theoretisch möglich sind, dann muss es keine notwendige kausale Verbindung zwischen Qualia und dem physikalischen System (dem Gehirn oder Computer) geben, das die Informationen so verarbeitet, dass nach außen der Eindruck eines Bewusstseins entsteht. So wird in manchen Religionen die Seele beschrieben – als übernatürliche Entität, die sich klar vom Körper unterscheidet. Derartige Spekulationen übersteigen die Erkenntnisfähigkeit der Wissenschaft. Aber auch wenn das physikalische System, das der Kognition zugrunde liegt, immer auch Bewusstsein generiert – wenn Zombies also unmöglich wären –, ließe sich das wissenschaftlich nicht schlüssig beweisen. Subjektives Bewusstsein unterscheidet sich qualitativ von den beobachtbaren physikalischen Gesetzen, und es ist keineswegs gesetzt, dass bestimmte Muster der Informationsverarbeitung aufgrund dieser Gesetze bewusstes Erleben hervorbringen. Chalmers bezeichnet dies als »schwieriges Problem des Bewusstseins«. Seine »einfachen Fragen«, etwa danach, was im Gehirn geschieht, wenn wir nicht wach sind, gehören zu den schwierigsten der gesamten Wissenschaft, aber zumindest kann man sie wissenschaftlich untersuchen.[12]

Für das schwierige Problem zieht Chalmers eine philosophische Theorie heran, die er »Panprotopsychismus« nennt.[13] Beim Panprotopsychismus gilt das Bewusstsein als Grundkraft des Universums – die nicht einfach als Folge anderer physikalischer Kräfte zu erklären ist. Man kann sich das als eine Art Einheitsfeld vorstellen, das das Potenzial für Bewusstsein enthält. In meiner Version ist dieses Einheitsfeld die Art von komplexer Informationsverarbeitung im Gehirn, die diese Kraft zu subjektiver Erfahrung »erweckt«, wie wir sie kennen. Die Komplexität, die einem Gehirn ermöglichen würde, äußerliche Anzeichen von Bewusstsein zu zeigen, verleiht ihm auch ein subjektives Innenleben, und zwar unabhängig davon, ob dieses Gehirn aus Kohlenstoff oder Silizium besteht.

Wir werden das nie wissenschaftlich beweisen können, aber es wird einen starken ethischen Imperativ geben, uns so zu verhalten, als wäre es wahr. Oder anders ausgedrückt: Wenn die plausible Möglichkeit besteht, dass eine Entität, die man misshandelt, über Bewusstsein verfügt, dann ist die sicherste moralische Wahl anzunehmen, dass sie Bewusstsein hat, statt zu riskieren, dass man ein empfindungsfähiges Wesen quält. Wir sollten uns demnach verhalten, als wären Zombies unmöglich.

Aus panprotopsychistischer Sicht würde ein Turing-Test also nicht nur funktionale Fähigkeiten auf menschlichem Niveau feststellen, sondern auch starke Hinweise auf ein subjektives Bewusstsein liefern mit allen damit einhergehenden moralischen Rechten. Eine bewusste künstliche Intelligenz hätte weitreichende rechtliche

Folgen, und ich bezweifle, dass unser politisches System diese Rechte schnell genug in Gesetzestexte fassen kann, wenn die ersten KIs auf Turing-Niveau entwickelt werden. Zunächst wird es also Aufgabe der Entwickler sein, einen ethischen Rahmen aufzustellen, der Missbräuche einschränkt.

Neben den ethischen Gründen, die für eine Annahme sprechen, dass scheinbar bewusste Wesen tatsächlich über Bewusstsein verfügen, gibt es auch gute theoretische Gründe zu glauben, dass der Panprotopsychismus oder Ähnliches die zutreffende kausale Erklärung für Bewusstsein ist. Er stellt einen Mittelweg zwischen Dualismus und Physikalismus (oder Materialismus) dar, die lange die beiden großen Denkschulen waren. Der Dualismus besagt, dass Bewusstsein aus etwas völlig anderem entsteht als die übliche »tote« Materie. Viele Dualisten bezeichnen dieses Etwas als Seele. Aus wissenschaftlicher Sicht ist das allerdings problematisch, weil keine aussichtsreiche Theorie dazu existiert, wie eine übernatürliche Seele, so sie denn existiert, Materie in der beobachtbaren Welt (z.B. die Neuronen im Gehirn) beeinflussen könnte.[14] Die Gegensicht, der Physikalismus, vermutet, dass Bewusstsein vollständig aus bestimmten Anordnungen normaler physikalischer Materie im Gehirn entstehen muss. Damit lassen sich die funktionalen Aspekte von Bewusstsein zwar vollständig beschreiben (indem man menschliche Intelligenz so erklärt, wie KI in der Informatik erklärt wird), die subjektiven Dimensionen von Bewusstsein, die für die Wissenschaft inhärent nicht zugänglich sind, lassen sich so aber nicht erklären. Der Panprotopsychismus findet ein hilfreiches Gleichgewicht zwischen diesen beiden gegensätzlichen Betrachtungsweisen.

DETERMINISMUS, EMERGENZ UND DAS PROBLEM DER WILLENSFREIHEIT

Mit dem Bewusstsein eng verwandt ist das Konzept der Willensfreiheit.[15] Wenn man normale Menschen auf der Straße fragt, was sie unter diesem Begriff verstehen, werden sie wohl sagen, er bedeute, dass man die Kontrolle über die eigenen Handlungen behalte. Unser politisches System und unser Rechtssystem gründen auf dem Prinzip, dass jeder Mensch nach grob dieser Bedeutung über einen freien Willen verfügt.

Doch Philosophen können sich auf der Suche nach einer präzisen Definition des Begriffs kaum auf eine Bedeutung einigen. Viele von ihnen glauben, die Existenz eines freien Willens setze voraus, dass die Zukunft nicht vorherbestimmt sei.[16] Denn wie könnte unser Wille wirklich frei sein, wenn bereits feststeht, was in der Zukunft geschehen wird? Doch wenn »Willensfreiheit« nur bedeutet, dass unsere Handlungen auf völlig willkürliche Quantenprozesse reduziert werden können, hat das, was die meisten von uns als wahren freien Willen erkennen, keinerlei Spielraum mehr. Der englische Philosoph Simon Blackburn schrieb, »der Zufall ist genauso unbarmherzig wie die Notwendigkeit«, wenn es um freien Willen geht.[17] Ein Prinzip des freien Willens, das diesen Namen verdient, muss deterministische und indeterministische philosophische Konzepte miteinander verbinden – die strenge Vorhersagbarkeit vermeiden, ohne in die Zufälligkeit abzugleiten.

Der Physiker und Informatiker Stephen Wolfram beschreibt in seinen Arbeiten einen aufschlussreichen Mittelweg zwischen diesen beiden Extremen. Seine Forschungen beeinflussen seit langer Zeit, wie ich über die Schnittmenge von Physik und Computern denke. In seinem Buch *A New Kind of Science* aus dem Jahr 2002 weist er auf Phänomene hin, welche sowohl deterministische als auch indeterministische Eigenschaften aufweisen – mathematische Objekte mit dem Namen »zelluläre Automaten«.[18]

Zelluläre Automaten sind einfache, durch »Zellen« dargestellte Modelle, die zwischen verschiedenen Zuständen wechseln (z. B. schwarz oder weiß, tot oder lebend), die durch eines von vielen möglichen Regelwerken bestimmt werden. Diese Regeln legen fest, wie sich jede Zelle in Abhängigkeit von den Zuständen benachbarter Zellen verhält. Dieser Vorgang vollzieht sich in diskreten Schritten und kann hochkomplexes Verhalten hervorrufen. Ein berühmtes Beispiel für zelluläre Automaten ist »Conways Spiel des Lebens«, das ein zweidimensionales Gitter verwendet.[19] Amateure und Mathematiker haben zahlreiche interessante Figuren entdeckt, die sich vorhersagbar entwickelnde Muster gemäß den Spielregeln bilden. Mit dem Spiel kann man sogar einen funktionsfähigen Computer nachbilden oder eine Software simulieren, die eine andere Version des Spiels selbst ablaufen lässt!

Ausgangspunkt für Wolframs Theorie sind sehr einfache Automaten – Zellen in einer eindimensionalen Zeile, unter die nach und nach neue Zeilen, den Regeln und den Zuständen der Zellen in der übergeordneten Zeile folgend, hinzugefügt werden.

Nach ausführlicher Analyse stellt Wolfram fest, dass bei manchen Regelwerken, unabhängig von der Anzahl der betrachteten Schritte, zukünftige Zustände nur bestimmt werden könnten, indem man alle Zwischenschritte durchläuft.[20] Eine Abkürzung, durch die sich die Ergebnisse zusammenfassen ließen, existiert nicht.

Der einfachste Regeltyp ist die Regelklasse 1, zu der beispielsweise auch diese Regel 222 gehört:[21]

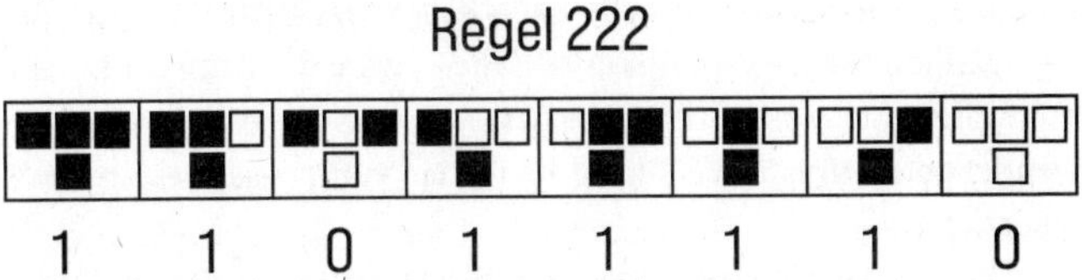

Abbildung 6

Für jede Zelle gibt es acht mögliche Kombinationen von Zuständen, in denen sich die drei benachbarten Zellen im vorhergehenden Schritt befinden (hier als erste Zeile angezeigt). Die Regel legt fest, welchen Zustand jede dieser Kombinationen im nachfolgenden Schritt auslöst (untere Zeile). Schwarz und Weiß kann man auch als 1 und 0 notieren.

Wenn man mit einer einzigen schwarzen Zelle beginnt und die weitere Abfolge der Zellen nach Regel 222 Reihe für Reihe berechnet, erhält man dieses Ergebnis:[22]

Regel 222

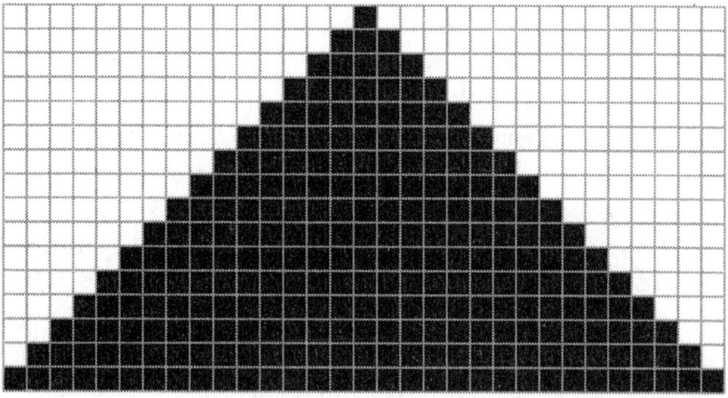

Abbildung 7

Regel 222 generiert also ein sehr vorhersagbares Muster. Auf die Frage, wie die millionste Zelle nach Regel 222 aussieht – oder die eine Million hoch eine millionste Zelle –, wäre die Antwort immer »schwarz«. So »sollte« Wissenschaft meistens funktionieren: Man wendet deterministische Regeln an, um ein vorhersagbares Ergebnis zu erzielen.

Aber die Regelklasse 1 ist nur ein Regeltyp. Laut Wolframs Theorie kann der Großteil der natürlichen Welt durch vier verschiedene Klassen erklärt werden, die sich durch das Ergebnis unterscheiden, das sie hervorbringen. Klasse 2 und 3 sind interessant, weil sie zunehmend komplexe Arrangements aus »schwarzen« und »weißen« Zellen ergeben. Aber die faszinierendste Regelklasse ist Klasse 4, hier durch Regel 110 exemplarisch dargestellt:[23]

Regel 110

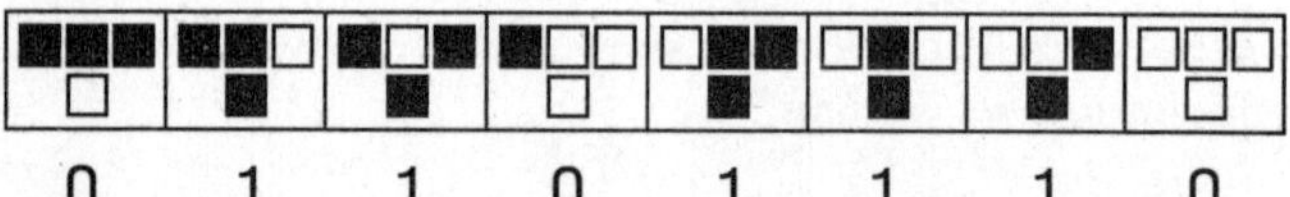

Abbildung 8

Wenn man dieser Regel mit einer einzigen schwarzen Zelle als Startpunkt folgt, sieht das Ergebnis so aus:

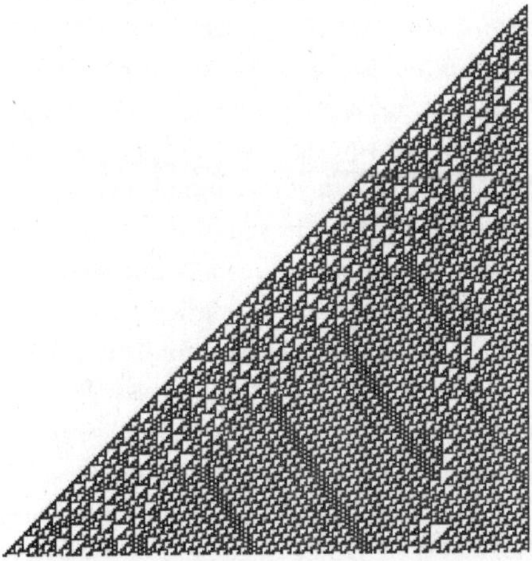

Abbildung 9

Nach weiteren Iterationen erhält man Bilder wie dieses:[24]

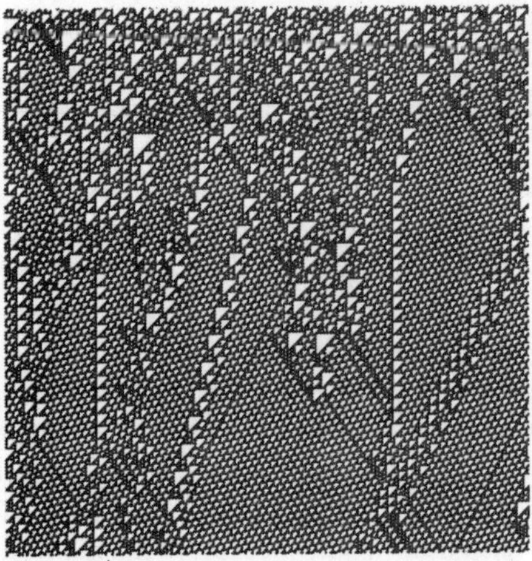

Abbildung 10

Es gibt *keine Möglichkeit* festzustellen, wie die tausendste Reihe aussehen wird oder die eine Million hoch eine millionste Reihe, außer alle Reihen nacheinander durchzurechnen.[25] Das bedeutet, dass ein System, das auf Klasse-4-Eigenschaften basiert – wie unser Universum, so Wolfram –, über eine irreduzible Komplexität verfügt, die sich alten, reduktiven Versionen des Determinismus widersetzt. Diese Komplexität entsteht zwar durch deterministische Programmierung, doch erklärt die Programmierung in entscheidenden Punkten diese Komplexität nicht vollständig.

Bei einer statistischen Auswahl individueller Zellen entstünde der Eindruck, dass ihre Zustände willkürlich sind, aber offensichtlich ergibt sich der Zustand jeder Zelle deterministisch aus dem vorhergehenden Schritt – und das Makrobild dieses Vorgangs zeigt eine Mischung aus regelmäßigem und unregelmäßigem Verhalten. Die Eigenschaft, die dadurch demonstriert wird, nennt sich Emergenz.[26] Kurz gesagt bedeutet Emergenz, dass aus einfachen Dingen gemeinsam sehr viel komplexere Dinge entstehen. Die fraktalen Strukturen in der Natur, wie die Windungen jedes Astes oder Zweiges, jeder Wurzel, das gestreifte Fell von Zebras und Tigern, die Schalen von Weichtieren und zahllose andere Merkmale in der Biologie entsprechen alle einer Klasse-4-Codierung.[27] Wir leben in einer Welt, die von Mustern, wie sie in solchen zellulären Automaten auftreten, stark geprägt ist – einem sehr einfachen Algorithmus, der hochkomplexes Verhalten hervorbringt, das hart an der Grenze von der Ordnung zum Chaos liegt.

Durch diese Komplexität in uns könnten Bewusstsein und freier Wille entstehen. Ob man die zugrunde liegende Programmierung dem freien Willen zuschreibt oder Gott, dem Panprotopsychismus oder etwas anderem – ein Mensch ist doch immer mehr als dieses Programm.

Dass diese Regeln Bewusstsein und viele weitere Naturphänomene hervorbringen, ist kein Zufall. Wolfram legt sehr überzeugend dar, dass die Gesetze der Physik selbst durch Berechnungsregeln entstehen, die mit zellulären Automaten verwandt sind. Im Jahr 2020 gab er die Gründung des Wolfram Physics Project bekannt, das immer noch läuft und das die gesamte Physik durch ein Modell verständlich machen soll, das analog zu zellulären Automaten funktioniert, aber allgemein anwendbar ist.[28]

Das würde einen Kompromiss zwischen klassischem Determinismus und dem Indeterminismus der Quantentheorie ermöglichen. Einiges in der Makrowelt lässt sich durch algorithmische Abkürzungen näherungsweise berechnen – wo ein Satellit in einer Million Erdumkreisungen sein wird, zum Beispiel –, auf der elementaren Ebene funktioniert das aber nicht. Wenn die tiefsten Ebenen der Realität auf Prinzipien wie den Klasse-4-Regeln basieren, könnte man scheinbare Zufälligkeiten auf der Quantenebene mit deterministischen Begriffen erklären, doch gäbe es keinen zusammenfassenden Algorithmus, der »in die Zukunft schauen« und den exakten Zustand des gesamten Universums in der Zukunft vorhersagen könnte.[29] Das bleibt weiterhin reine Spekulation, weil wir noch nicht das vollständige Regelwerk kennen. Vielleicht wird eine »Theorie von allem« irgendwann einmal all das zu einer kohärenten Erklärung vereinen können, aber so weit sind wir noch nicht.

Da eine effektive Prognose keine Option ist, bleibt nur noch eine Simulation, aber es könnte im ganzen Universum keinen Computer geben, der groß genug wäre, um sich selbst zu simulieren. Es gibt also keine andere Möglichkeit, die Realität zu offenbaren, als sie sich abspielen zu lassen.

Später in diesem Kapitel werde ich auf die zukünftigen Möglichkeiten eingehen, wie man Bewusstsein aus unserem biologischen Gehirn auf nicht biologische Computer übertragen kann. Dazu muss ein wichtiger Punkt geklärt werden. Irgendwann wird es möglich sein, die Abläufe im Gehirn digital zu emulieren, aber das ist nicht dasselbe, wie etwas im deterministischen Sinn vorherzuberechnen, denn ein Gehirn (biologisch oder nicht) ist kein geschlossenes System. Ein Gehirn empfängt Eingaben aus der äußeren Welt und verarbeitet sie mithilfe erstaunlich komplexer Netzwerke – erst kürzlich entdeckten Forscher Netzwerke im Gehirn, die in bis zu elf Dimensionen existieren![30] Diese Komplexität verwendet wahrscheinlich Phänomene nach der 110er-Regel, bei denen man rechnerisch unmöglich »in die Zukunft blicken« kann, ohne jeden Schritt nacheinander zu simulieren. Weil unser Gehirn ein offenes System ist, kann man bei einer schrittweisen Simulation unmöglich unbekannte Eingaben aus der Zukunft berücksichtigen. Dass man die Funktionsweise eines Gehirns replizieren kann, bedeutet also nicht, dass man seine zukünftigen Zustände vorausberechnen kann. Das wäre eine gute Begründung für die Existenz des Universums.

Oder anders ausgedrückt: Wenn die Regeln eines Universums auf etwas Ähnlichem wie zellulären Automaten basieren, könnte man ihr Ergebnis nur finden, indem man sie Schritt für Schritt befolgt – durch die Realität, die sich tatsächlich ereignet. Wenn die Regeln eines Universums allerdings deterministisch wären, aber ohne automatenähnliche Emergenz, oder nur auf Zufall basieren würden, müsste sich die Realität nicht schrittweise entfalten, wie wir es beobachten. Wenn Bewusstsein darüber hinaus nur durch eine Ordnung-und-Chaos-Komplexität von Klasse-4-Automaten entstehen kann, könnte man dies als philosophische Begründung für *unsere* Existenz betrachten – ohne solche Regeln wären wir nicht hier und könnten nicht über diese Frage nachdenken.

Das eröffnet den Weg zum »Kompatibilismus« – der Ansicht, dass in einer deterministischen Welt auch ein freier Wille möglich ist.[31] Wir können freie Entscheidungen treffen (also solche, die nicht von etwas anderem verursacht werden, etwa einer anderen Person), auch wenn unsere Entscheidungen von den Gesetzen bestimmt werden, die der Realität zugrunde liegen. Eine deterministische Welt bedeutet, dass wir theoretisch in der Zeit vor und zurück blicken könnten, weil alles in jeder Richtung festgelegt ist. Wenn jedoch 110er-Regeln gelten, kann man nur dann perfekt in die Zukunft schauen, wenn alle Schritte tatsächlich ablaufen. Durch die Linse des Panprotopsychismus betrachtet, kontrollieren die emergenten Prozesse in unserem Gehirn uns also nicht; sie *sind* wir. Wir sind das Ergebnis von grundlegenderen Kräften, aber unsere Entscheidungen können nicht sicher vorhergesagt werden – wir haben also einen freien Willen, solange die Prozesse, durch die unser Bewusstsein entsteht, sich durch unsere Handlungen in der Welt ausdrücken lassen können.[32]

DAS PROBLEM DES FREIEN WILLENS BEI MEHR ALS EINEM GEHIRN PRO MENSCH

So wie Androiden in Filmen und Romanen dargestellt sind, könnte man denken, dass wir alle eine panprotopsychistische Fantasie haben. Wenn eine KI menschenähnliches Verhalten zeigt, selbst wenn ihre Denkprozesse nicht auf biologischen Neuronen basieren, fühlen wir mit ihr, als besäße sie ein subjektives Bewusstsein.

Doch weist immer mehr in der Medizin darauf hin, dass das menschliche Gehirn mehrere Entscheidungsbereiche umfasst, ebenso wie sich eine KI aus vielen einzelnen Algorithmen zusammensetzen kann. Alle Experimente, die mit unseren beiden Gehirnhälften (der linken und der rechten) durchgeführt wurden, legen nahe, dass sie weitgehend gleichwertig und voneinander unabhängig sind.[33] Die Forscherinnen Stella de Bode und Susan Curtiss untersuchten 49 Kinder, denen zur Behandlung eines Anfallsleidens eine Gehirnhälfte entfernt worden war.[34] Die meisten dieser Kinder entwickelten sich danach normal, und selbst diejenigen, die noch an einer bestimmten Störung litten, zeigten dennoch eine einigermaßen normale Persönlichkeit. Obwohl sich die Sprache in der Regel vor allem auf der linken Seite entwickelt, können beide Hälften funktional gleichwertig sein, und ein Mensch mit nur einer linken oder rechten Gehirnhälfte kann mit Sprache umgehen lernen.[35]

Am eindrucksvollsten sind wohl Gehirne, bei denen beide Gehirnhälften intakt sind, bei denen aber die 200 Millionen Axone[36] zwischen den Hälften – das Corpus callosum – wegen eines medizinischen Problems durchtrennt wurden. Michael Gazzaniga hat derartige Fälle untersucht, bei denen beide Gehirnhälften funktionieren, aber nicht miteinander kommunizieren können.[37] Er fand durch verschiedene Experimente, bei denen er ein Wort nur der rechten Gehirnhälfte eines Patienten vorgab, heraus, dass die linke Gehirnhälfte, die von dem Wort nichts wusste, sich dennoch für Entscheidungen verantwortlich fühlte, die die andere Gehirnhälfte traf.[38] Die linke Gehirnhälfte erfand daraufhin plausibel klingende Erklärungen, warum es selbst diese Entscheidung getroffen hatte, weil ihr nicht bewusst war, dass quasi ein unabhängiges Gehirn im selben Schädel wohnte.[39]

Diese und andere Experimente mit beiden Gehirnhälften lassen vermuten, dass ein normaler Mensch über zwei Gehirne verfügt, die beide in der Lage sind, unabhängige Entscheidungen zu treffen, die dennoch beide zu *einer* bewussten Identität gehören. Jede Gehirnhälfte denkt, dass sie selbst entschieden hat, und weil die beiden Gehirne eng miteinander verbunden sind, gilt das für beide.

Abgesehen von den beiden Gehirnhälften gibt es noch viele weitere Entscheidungsträger in uns, die über freien Willen, wie er zuvor beschrieben wurde, verfügen könnten. Der Neokortex zum Beispiel, wo Entscheidungen getroffen werden, besteht aus vielen kleinen Modulen.[40] Wenn wir also über eine Entscheidung nachdenken, werden verschiedene Optionen womöglich von verschiedenen Modulen repräsentiert, und jedes versucht, seine Sichtweise durchzusetzen. Mein Mentor Marvin Minsky war seiner Zeit voraus, als er in einem Gehirn keine vereinigte Entscheidungsmaschine sah, sondern ein komplexes neuronales Netzwerk, bei dem einzelne Teile verschiedene Optionen bevorzugen können, wenn wir über eine Entscheidung nachdenken. Minsky beschrieb das menschliche Gehirn als »Gesellschaft des Geistes«, in der verschiedene einfache Prozesse viele verschiedene Sichtweisen darstellen.[41] Treffen all diese Prozesse eine freie Entscheidung? Wie könnten wir das feststellen? In den letzten Jahrzehnten stützten verschiedene Experimente diese Vorstellung – aber unser Wissen darüber, wie genau neuronale Prozesse sich zu den Entscheidungen »erhärten«, die wir bewusst wahrnehmen, ist nach wie vor begrenzt.

»DOPPEL-SIE« HAT BEWUSSTSEIN. SIND DAS SIE?

All das führt zu einer provokanten Frage: Wenn Bewusstsein und Identität mehrere unabhängige Strukturen der Informationsverarbeitung im Schädel umfassen können – sogar dann, wenn sie keine physische Verbindung haben –, was geschieht dann, wenn diese Strukturen weit voneinander entfernt sind?

In *Das Geheimnis des menschlichen Denkens* erforschte ich die philosophischen und moralischen Implikationen, wenn alle Informationen in einem menschlichen Gehirn repliziert werden, was zu Lebzeiten der meisten heute lebenden Menschen möglich sein wird.

Stellen Sie sich einmal vor, ich würde ein Stück Ihres Gehirns mit hochmoderner Technologie untersuchen und dann eine perfekte elektronische Kopie dieses kleinen Abschnitts anfertigen. (Eine primitive Version davon mit bestimmten Teilen des Gehirns ist heute schon möglich – um beispielsweise essenziellen Tremor oder die Parkinsonkrankheit zu behandeln.)[42] Für sich genommen ist dieses kleine Stück viel zu banal, um Bewusstsein zu entwickeln. Aber wenn ich noch ein winziges Stück Ihres Gehirns kopiere – und dann noch eins und noch eins, bis ich schließlich eine komplette Computerkopie Ihres Gehirns habe, die alle Informationen aus Ihrem Gehirn enthält und genauso funktioniert: Hat dieses »Doppel-Sie« dann Bewusstsein? Doppel-Sie wird darauf hinweisen, dass es genau dieselben Erfahrungen gemacht hat wie Sie (denn es hat ja auch dieselben Erinnerungen), und es handelt wie Sie. Solange man nicht vollständig ausschließt, dass eine elektronische Version eines bewussten Wesens jemals Bewusstsein haben könnte, muss die Antwort Ja lauten. Oder anders ausgedrückt, wenn ein elektronisches Gehirn dieselben Informationen enthält wie ein biologisches Gehirn und behauptet, über Bewusstsein zu verfügen, gibt es keine plausible wissenschaftliche Begründung, ihm dieses Bewusstsein nicht zuzugestehen. Aus ethischen Gründen müssten wir dieses elektronische Gehirn dann behandeln, als habe es Bewusstsein und verfüge folglich auch über Persönlichkeitsrechte. Doch das ist keine reine Spekulation – der Panprotopsychismus liefert uns eine gute philosophische Begründung für die Annahme, dass dieses Elektronikgehirn tatsächlich über Bewusstsein verfügt.

Doch nun zu einer schwierigeren Frage: Ist dieses Doppel-Sie tatsächlich *Sie*? Bedenken Sie, dass »Sie« (als normale, physische Person) immer noch existieren. Womöglich entsteht diese Kopie ohne Ihr Wissen, in jedem Fall aber leben »Sie« weiter. Wenn das Experiment erfolgreich verläuft, würde Doppel-Sie sich verhalten wie Sie, aber »Sie« wären in keiner Weise verändert, wären also immer noch Sie. Da Doppel-Sie unabhängig handeln kann, würde es sich sofort von Ihnen wegentwickeln – seine eigenen Erinnerungen ausbilden und auf andere Erfahrungen reagieren. Wenn Identität durch die spezielle Anordnung von Informationen im Gehirn definiert wird, ist Doppel-Sie also *nicht* Sie, selbst wenn es ein Bewusstsein hat.

So weit, so gut. Nun *ersetzen* wir bei einem zweiten Experiment jeden Abschnitt Ihres Gehirns nach und nach mit einer digitalen Kopie – die mit den verbleibenden Neuronen über eine Gehirn-Computer-Schnittstelle verbunden ist, wie ich sie im vorigen Kapitel beschrieben habe. Es gibt also kein »Sie« und Doppel-Sie mehr – sondern nur noch Sie. Nach Abschluss des Experiments sind Sie zufrieden mit dem Verfahren, und niemand, auch Sie selbst nicht, käme auf den Gedanken, sich zu beschweren. Ist das neue Sie nach einem solchen Austausch immer noch Sie? Auch am Schluss noch, wenn Ihr Gehirn vollständig digital ist?

Die Frage, wie Identität sich verhält, wenn man die Teile eines Objektes im Lauf der Zeit ersetzt, geht auf ein Gedankenexperiment zurück, das vor 2500 Jahren erfunden wurde, das »Schiff des Theseus«.[43] Philosophen im antiken Griechenland stellten sich ein Holzschiff vor, dessen Planken nach und nach durch neue Planken ersetzt werden. Nachdem die erste Planke ersetzt wurde, ist das Schiff immer noch das ursprüngliche Schiff, diese Einschätzung ergibt sich natürlich. Es sieht vielleicht ein klein wenig anders aus, aber es ist immer noch nur eine Veränderung am ursprünglichen Schiff, nicht der Bau eines völlig neuen Schiffs. Was aber wäre, wenn mehr als die Hälfte der Planken neu wären? Oder wenn alle Planken neu wären und keine zum Schiff gehört hätte, als es gebaut wurde? Da wird es komplizierter, aber in aller Regel würde man immer noch sagen, dass die Grundidentität des Schiffs diese schrittweisen Veränderungen überstehen würde. Stellen wir uns aber vor, die alten Planken seien eingelagert worden, als sie durch neue ersetzt wurden. Nun würde jemand, nachdem das ursprüngliche Schiff zu 100 Prozent aus neuen Teilen besteht, aus den alten, eingelagerten Teilen wieder ein Schiff zusammenbauen. Welches Schiff ist jetzt das Original? Das Schiff, das immer existiert hat und an dem immer wieder kleine Teile erneuert wurden, bis keine Teile vom Original mehr übrig waren? Oder das Schiff, das aus den Originalteilen wieder zusammengesetzt wurde?

»Das Schiff des Theseus« ist ein unterhaltsames Gedankenexperiment, wenn es um Schiffe oder andere »tote« Objekte geht, aber es steht dabei nicht viel auf dem Spiel. Die Identität des Schiffs im Lauf der Zeit wird letztendlich durch menschliche Konventionen bestimmt. Doch sind die Einsätze ungleich höher, wenn es bei den fraglichen Objekten um Menschen geht. Für die meisten von uns spielt es eine große Rolle, ob die Person neben uns wirklich der geliebte Mensch ist oder nur ein Chalmers-Zombie, der eine überzeugende Show abliefert.

Betrachten wir diese Fragen nun durch die Linse des »schwierigen Problems« des subjektiven Bewusstseins. Lässt sich bei dem Szenario, in dem wir ein Doppel-Sie als Replik anfertigen, irgendwie feststellen, ob das subjektive Selbst von Doppel-Sie irgendeine Verbindung zu Ihnen hat? Würde das ursprüngliche subjektive Erleben beide Ausgaben von Ihnen umfassen, selbst wenn ihre Informationsmuster sich im Lauf der Zeit aufgrund unterschiedlicher Erfahrungen auseinanderentwickelten? Oder wäre Doppel-Sie in dieser Hinsicht unabhängig? Diese Fragen lassen sich wissenschaftlich nicht beantworten.

Dennoch gibt es bei dem Szenario, bei dem die Informationen im Gehirn nach und nach auf ein nicht biologisches Substrat verschoben werden, sehr viel stärkere Gründe zu glauben, dass dabei das subjektive Bewusstsein erhalten bleibt. Wie bereits erwähnt, geschieht das bei bestimmten Gehirnerkrankungen heute schon, und die neue Neuroprothese ist sehr viel leistungsfähiger als der Teil, den sie ersetzt. (Insofern ist sie nicht identisch zu ihm.) Frühe Implantate, etwa Cochlea-Implantate, konnten Gehirnaktivität stimulieren, ersetzten aber keine zentralen Gehirnstrukturen.[44] Seit den frühen 2000er-Jahren arbeiten Forscher aber an Gehirnprothesen, die Menschen mit strukturellen Schäden oder Fehlfunktionen im Gehirn helfen können. Heute können Prothesen bei Patienten mit Gedächtnisproblemen einen Teil der Aufgaben des Hippocampus übernehmen.[45] Diese Technologie steckt im Jahr 2023 noch in den Kinderschuhen, aber in diesem Jahrzehnt wird sie weiterentwickelt und für viele weitere Patienten verfügbar und bezahlbar werden. Bei der aktuellen Technologie besteht keinerlei Zweifel, dass die Kernidentität einer Person erhalten bleibt, ohne dass sie ein Chalmers-Zombie wird.

Nach allem, was man heute über Neurowissenschaft weiß, würde man bei dem Szenario, bei dem Teile nach und nach ersetzt werden, ausreichend kleine Veränderungen gar nicht bemerken, und das Gehirn ist bemerkenswert anpassungsfähig. Das Hybrid-Gehirn würde alle Informationsmuster, die das Selbst definieren, aufrechterhalten. Es gibt also keinen Grund anzunehmen, dass das subjektive Bewusstsein kompromittiert würde, und man bliebe natürlich man selbst – es gibt keine andere Option. Doch am Ende dieses hypothetischen Vorgangs hat man dennoch ein exaktes Doppel der ursprünglichen Person, von der wir beschlossen haben, dass es nicht diese Person ist. Wie kann man diesen Konflikt lösen? Der entscheidende Unterschied ist die Kontinuität – das digitale Gehirn unterscheidet sich nicht vom biologischen, weil die beiden zu keinem Zeitpunkt als unabhängige Entitäten existiert haben.

Das bringt uns zu einem dritten Fall, der nicht hypothetisch ist. An jedem Tag unseres Lebens werden die Zellen unseres Körpers bei einem blitzschnellen Verfahren ausgetauscht. Unsere Neuronen bleiben im Allgemeinen erhalten, aber bei der Hälfte der Mitochondrien werden die Proteinbestandteile innerhalb eines Monats ausgewechselt;[46] Neurotubuli haben eine Halbwertzeit von mehreren Tagen;[47] die Proteine, die Energie für die Synapsen liefern, werden nach zwei bis fünf Tagen wieder aufgefrischt;[48] die NMDA-Rezeptoren in den Synapsen werden innerhalb von Stunden ersetzt;[49] und die Aktinfilamente in den Dendriten halten etwa 40 Sekunden durch.[50] Unser Gehirn wird also in wenigen Monaten fast komplett ersetzt, und im Vergleich zu der Person, die Sie vor Kurzem waren, sind Sie damit eine biologische Version von Doppel-Sie. Auch hier wird Ihre Identität durch Information und Funktion intakt erhalten – nicht durch eine bestimmte Struktur oder Bestandteile.

Jahrelang habe ich häufig auf den wunderbaren Charles River in der Nähe meines Hauses geschaut. Wenn ich ihn heute betrachte, ist er für mich immer noch dasselbe Gewässer wie am Tag davor oder vor zehn Jahren, als ich in *Das Geheimnis des menschlichen Denkens* über die Kontinuität des Flusses schrieb. Das liegt daran, dass die Wassermoleküle, die ihn an einer bestimmten Stelle durchströmen, in wenigen Millisekunden völlig andere sind, aber sich nach einem beständigen Muster verhalten, das die Richtung des Flusses bestimmt. Bei Gehirnen ist das genauso. Wenn wir nicht biologische Systeme in unseren Körper und unser Gehirn integrieren, werden wir uns wie dieselbe Person fühlen, die wir heute sind – abgesehen davon, dass unsere Wahrnehmung besser ist oder wir klüger sind –, weil die Informationsmuster eine Kontinuität aufweisen.

Natürlich wären mit der Technologie, mit der wir all unsere Fähigkeiten, unsere Persönlichkeit und unsere Erinnerungen auf ein digitales Medium übertragen können, auch mehrere Kopien dieser Daten herzustellen. Diese Möglichkeit, uns selbst auf Wunsch zu duplizieren, ist eine Superkraft der digitalen Welt, die in der biologischen Welt nicht existiert. Die Daten in unserem Gehirn auf ein separates Speichersystem zu kopieren, wird ein wirksamer Schutz vor allen möglichen Unfällen oder Krankheiten sein, die unser Gehirn schädigen können. Das bedeutet ebenso wenig »Unsterblichkeit«, wie Excel-Tabellen unsterblich werden, wenn man sie in die Cloud hochlädt. Aber wir können uns so gegen die sinnlosen Unglücksfälle wappnen, die so viele Leben und Identitäten auslöschen. Nach meiner Interpretation des Panprotopsychismus wird unser subjektives Bewusstsein dann womöglich alle Kopien dieser identitätsstiftenden Informationen miteinschließen.

Das hat eine weitere verlockende Auswirkung. Wenn wir ein Doppel-Sie in die Welt entlassen – und ihm erlauben, einen anderen Weg einzuschlagen als »Sie« –, würde es andere Informationsmuster ausbilden, aber das wäre ein schrittweiser und kontinuierlicher Vorgang, daher besteht die Möglichkeit, dass Ihr subjektives Bewusstsein beide gleichzeitig umfassen könnte. Ich vermute, dass, basierend auf der Theorie des Panprotopsychismus, unser subjektives Bewusstsein an die identitätsstiftende Information gebunden ist und damit alle Kopien von Informationen mit einschließt, die einmal identisch waren.

Da in diesem Szenario jedoch Doppel-Sie leidenschaftlich argumentieren könnte, dass sein subjektives Bewusstsein sich von Ihrem unterscheidet (da die physischen Entscheidungsstrukturen, die die Kommunikation steuern, getrennt wären), und man die Wahrheit nicht objektiv feststellen könnte, müssten unser Rechts- und Moralsysteme die beiden als verschiedene Personen behandeln.

DIE UNGLAUBLICHE UNWAHRSCHEINLICHKEIT DES SEINS

Dass jeder von uns überhaupt existiert, ist das Ergebnis einer Ehrfurcht einflößenden Kette unwahrscheinlicher Ereignisse. Unsere Eltern mussten sich kennenlernen und ein Baby machen, vor allem aber musste genau dieses Spermium auf genau diese Eizelle treffen, um *Sie* zu ergeben. Die Wahrscheinlichkeit, dass Ihre Mutter und Ihr Vater sich überhaupt trafen und beschlossen, ein Kind zu bekommen, lässt sich nur schwer abschätzen, aber was das Spermium und die Eizelle angeht, liegt die Wahrscheinlichkeit Ihres Entstehens bei etwa eins zu zwei Millionen Billionen. Grob geschätzt produziert ein durchschnittlicher Mann im Laufe seines Lebens etwa zwei Billionen Spermien, eine durchschnittliche Frau hat zu Beginn ihres Lebens etwa eine Million Eizellen.[51] Was das richtige Spermium und die richtige Eizelle anbelangt, liegt die Wahrscheinlichkeit für Ihre Identität etwa bei eins zu zwei Trillionen. Nicht alle diese Geschlechtszellen sind genetisch einzigartig, und die Epigenetik wird durch zahlreiche weitere Faktoren wie Alter beeinflusst, daher trügen zwei chromosomal identische Spermien, die Ihr Vater im Alter von 25 und 45 Jahren produzierte, nicht genau dasselbe zu einem Baby bei.[52] Daher müssen wir näherungsweise jedes Spermium und jede Eizelle als einzigartig betrachten. Außerdem muss das entsprechende Ereignis bei *beiden* Großelternpaaren eintreten, allen *vier* Urgroßelternpaaren, allen *acht* Ururgroßelternpaaren und so weiter … nicht ins Unendliche, nur bis zum Beginn des Lebens auf der Erde vor fast vier Milliarden Jahren.[53]

Ein Googol (wie die Zahl, die Vorlage für den Namen der Suchmaschinenfirma ist, tatsächlich geschrieben wird) ist eine 1 mit 100 Nullen. Ein Googolplex ist eine 1 mit einem Googol Nullen. Eine unvorstellbar große Zahl, aber basierend auf der groben Analyse, die ich gerade beschrieben habe (und die in den Endnoten weiter ausgeführt wird), liegt die Wahrscheinlichkeit für Ihre Existenz bei eins zu einer Zahl, die sehr viel mehr Nullen hat als ein Googolplex.[54] Und doch sind Sie hier. Es ist ein Wunder, nicht wahr?

Dass das Universum mit der Fähigkeit entstand, komplexe Informationen zu entwickeln, ist noch unwahrscheinlicher. Soweit wir

Physik und Kosmologie verstehen, hätte das Universum kein Leben ermöglichen können, wenn die Werte der physikalischen Gesetze nur ein wenig verschoben wären.[55] Anders gesagt, von allen Konfigurationen, die das Universum theoretisch hätte einnehmen können, hätte nur ein winziger Bruchteil unsere Existenz erlaubt. Am ehesten lässt sich diese Unwahrscheinlichkeit abschätzen, wenn man die verschiedenen Faktoren identifiziert, die ein lebensfreundliches Universum notwendig braucht, und dann zu berechnen, bei welchen Werten Leben unmöglich wäre.

Laut dem Standardmodell der Teilchenphysik gibt es 37 Arten von Elementarteilchen (die sich nach Masse, Ladung und Spin unterscheiden), die gemäß der vier Grundkräfte (Gravitation, Elektromagnetismus sowie starker und schwacher Wechselwirkung) miteinander interagieren, sowie die hypothetischen Gravitonen, auf die manche Forscher verschiedene Gravitationseffekte zurückführen.[56] Wie stark diese Kräfte mit Teilchen interagieren, wird durch eine Reihe von Konstanten beschrieben, die die »Regeln« der Physik festlegen. Physiker haben viele Bereiche identifiziert, in denen schon geringste Veränderungen an diesen Regeln verhindert hätten, dass sich intelligentes Leben entwickelt. Als Voraussetzungen für dieses Leben gelten komplexe chemische Vorgänge, eine relativ stabile Umgebung und Energiequellen für Hunderte Millionen oder gar Milliarden Jahre Evolution. Die meisten Biologen gehen davon aus, dass das Leben auf der Erde durch Abiogenese entstand.[57] Diese Theorie besagt, dass sich leblose Materie über einen langen Zeitraum hinweg in einer »Ursuppe« aus Vorläuferverbindungen ganz natürlich zu komplexeren Bausteinen von Leben ermöglichenden Proteinen kombinierte. Irgendwann fanden sich dann Proteine spontan zu einem Muster zusammen, das Selbstreplikation ermöglichte: der Ursprung des Lebens. Schon eine einzige Lücke in dieser Kausalkette hätte die Existenz von Menschen unmöglich gemacht.

Wäre die starke Wechselwirkung stärker oder schwächer gewesen, hätten Sterne nicht die großen Mengen an Kohlen- und Sauerstoff erzeugen können, aus denen das Leben besteht.[58] Auch die schwache Wechselwirkung ist gerade stark genug, damit sich Leben entwickeln kann.[59] Wäre sie schwächer, dann hätte sich Wasserstoff schnell in Helium verwandelt und verhindert, dass sich Wasserstoffsterne, wie unsere Sonne, bilden und lange genug brennen, damit sich komplexes Leben im Sonnensystem entwickeln kann.

Wären die Massenunterschiede zwischen Up-Quarks und Down-Quarks nur ein wenig kleiner oder größer, würden Protonen und Neutronen instabil, komplexe Materie hätte sich nie bilden können.[60] Hätten Elektronen im Vergleich dazu nur ein wenig mehr Masse gehabt, wäre das Ergebnis eine ähnliche Instabilität gewesen.[61] Der Physiker Craig J. Hogan schrieb, »schon eine minimale Veränderung bei der Masse von Quarks in die eine oder andere Richtung« hätte verhindert, dass Leben entsteht.[62] Wäre die Masse der Quarks größer, würden wir in einer »Protonenwelt« leben – einem alternativen Universum, in dem nur Wasserstoffatome möglich wären.[63] Wären sie kleiner, hätten wir eine »Neutronenwelt« – ein Universum voller Atomkerne, aber ohne Elektronen, was jegliche chemische Verbindung unmöglich machen würde.[64]

Wäre die Gravitationskraft nur etwas schwächer, hätte es keine Supernovae gegeben, bei der die schweren Elemente entstehen, aus denen Leben besteht.[65] Wäre die Gravitation etwas stärker, hätten die Sterne eine deutlich kürzere Lebenszeit, in der sich keine komplexe Lebensformen entwickeln könnten.[66] Innerhalb einer Sekunde nach dem Urknall hätte der Dichteparameter (Ω oder Omega genannt) nicht um ein Billiardstel anders sein dürfen, oder es hätte sich kein Leben gebildet.[67] Wenn der Parameter etwas größer gewesen wäre, wäre die Materie, die durch den Urknall ausgestoßen wurde, wieder unter der Gravitationskraft in sich zusammengefallen, bevor sich Sterne hätten bilden können. Wenn er etwas kleiner gewesen wäre, hätte sich das Universum zu schnell ausgedehnt, sodass Materie sich gar nicht zu Sternen hätte zusammenklumpen können.

Die Makrostruktur des Universums entstand aus winzigen lokalen Fluktuationen in der Dichte der Materie, die sich im ersten Augenblick nach dem Urknall ausdehnte.[68] An jedem Punkt variierte die Dichte um etwa ein Hunderttausendstel vom Durchschnitt.[69] Wenn diese Amplitude um mehr abgewichen wäre, dann wäre kein Leben möglich. Der Kosmologe Martin Rees schrieb, wenn sie zu klein gewesen wären, »hätte sich niemals Gas zu durch Gravitation zusammengehaltenen Strukturen verdichtet, und ein solches Universum bliebe für immer dunkel und formlos«.[70] Wären die Abweichungen zu groß gewesen, wäre das Universum ein »unruhiger und gefährlicher Ort«, an dem der Großteil der Materie in riesige schwarze Löcher verschwunden wäre und Sterne »kein stabiles Planetensystem« hätten halten können.[71]

Um geordnete Materie hervorzubringen statt einer chaotischen Suppe, musste das Universum außerdem unmittelbar nach dem Urknall über eine niedrige Entropie verfügen. Der Physiker Roger Penrose schrieb, basierend auf unserem Wissen über Entropie und Zufälligkeit, hätte nur etwa eins von $10^{10^{123}}$ möglichen Universen bei seiner Geburt eine ausreichend niedrige Entropie, um eine Form anzunehmen, die unserem Universum ähnelt.[72] (Laut Schätzungen gibt es etwa zwischen 10^{78} und 10^{82} Atome. Wenn wir von 10^{80} ausgehen, dann hat die Zahl $10^{10^{123}}$ um die 43-fache Zehnerpotenz mehr Zahlen, als es Atome gibt. Das ist zehn Millionen Milliarden Milliarden Milliarden Milliarden Mal größer.)[73]

Viele dieser Berechnungen sind nicht über jeden Zweifel erhaben, und Wissenschaftler sind sich manchmal auch über die Auswirkungen der einzelnen Faktoren uneinig. Aber es reicht nicht aus, wenn man all diese fein abgestimmten Parameter isoliert betrachtet. Wie der Physiker Luke Barnes schrieb, müssen wir die »Schnittmenge der Regionen betrachten, die Leben erlauben, nicht ihre Vereinigungsmenge«.[74] Mit anderen Worten, jeder einzelne Faktor muss lebensfreundlich ausfallen, damit sich Leben auch wirklich entwickeln kann. Der Astronom Hugh Ross formulierte denkwürdig, die Wahrscheinlichkeit, dass sich all diese Feinabstimmungen zufällig ereignen, sei wie »die Wahrscheinlichkeit, dass eine Boeing 747 von einem Tornado vollständig zusammengebaut wird, der die Montagehalle trifft«.[75]

Die häufigste Erklärung für diese offensichtliche Feinabstimmung besagt, dass sich die geringe Wahrscheinlichkeit, in einem solchen Universum zu leben, durch eine Stichprobenverzerrung erklärt.[76] Will heißen, dass wir in einem solchen fein abgestimmten Universum leben *müssen*, um eine solche Frage überhaupt stellen zu können. Andernfalls hätten wir kein Bewusstsein und könnten nicht über die Tatsache nachdenken. Dies ist das sogenannte anthropische Prinzip. Manche Wissenschaftler halten eine solche Erklärung für ausreichend. Aber wenn wir glauben, dass die Realität unabhängig von uns als Beobachtern existiert, kann diese Antwort nicht wirklich befriedigen. Martin Rees kam mit einer faszinierenden Frage auf: »Angenommen, Sie stehen vor einem Exekutionskommando, und alle Schützen schießen daneben. Nun könnten Sie sagen: ›Wenn sie nicht alle danebengeschossen hätten, wäre ich nicht hier, um mir darüber Gedanken zu machen.‹ Aber es wäre immer noch überraschend, etwas, das man nicht so einfach erklären kann. Ich denke, es gibt etwas, das einer Erklärung bedarf.«[77]

LEBEN NACH DEM TOD

Wenn wir unsere kostbare und unwahrscheinliche Identität erhalten wollen, müssen wir zuerst die Gedanken, die uns ausmachen, erhalten. Durch unsere digitalen Archive erschaffen wir jetzt schon reichhaltige Aufzeichnungen unserer Gedanken und Gefühle, und im aktuellen Jahrzehnt wird unsere Technologie, mit der wir Daten aufzeichnen, speichern und organisieren, rasche Fortschritte machen. Gegen Ende der 2020er-Jahre werden wir diese Daten als nicht biologische Simulationen zum Leben erwecken, die bestimmte Persönlichkeiten äußerst realistisch nachbilden werden.[78] Schon im Jahr 2023 wird die KI immer besser darin, Menschen zu imitieren. Deep-Learning-Technologien wie Transformer und GANs (Generative Adversarial Networks) haben erstaunliche Fortschritte ermöglicht. Transformer können, wie im vorigen Kapitel beschrieben, aus den Texten, die ein Mensch verfasst hat, lernen, den Kommunikationsstil dieser Person realistisch zu imitieren. Ein GAN besteht hingegen aus zwei neuronalen Netzwerken, die gegeneinander antreten. Das erste Netzwerk generiert ein Beispiel aus einer Zielklasse, zum Beispiel ein realistisches Bild eines Frauengesichts. Das zweite Netzwerk sucht nach Unterschieden zwischen diesem Bild und anderen, echten Aufnahmen von Frauengesichtern. Das erste Netzwerk wird belohnt (in einer Art Punktesystem, bei dem jedes Netzwerk darauf programmiert ist, möglichst viele Punkte zu holen), wenn es das zweite Netzwerk täuschen kann, und das zweite bekommt eine Belohnung, wenn es korrekt einschätzt, ob es sich um ein echtes oder ein generiertes Bild handelt. Dieser Vorgang kann ohne menschliche Aufsicht oft wiederholt werden, wobei beide neuronalen Netze ihre Leistung nach und nach verbessern.

Dank der Kombination dieser Technologien kann eine KI heute schon den Schreibstil einer bestimmten Person imitieren, die Stimme replizieren oder sogar ein Gesicht realistisch in ein Video einfügen. Wie im vorigen Kapitel erwähnt, setzt die experimentelle Duplex-Technologie von Google eine KI ein, die in improvisierten Telefongesprächen glaubwürdig reagieren kann – und zwar so erfolgreich, dass bei einem ersten Test im Jahr 2018 von der KI angerufene Menschen nicht ahnten, dass sie mit einem Computer sprachen.[79] »Deepfake«-Videos werden für schädliche politische Propaganda verwendet oder um zu zeigen, wie ein Film aussähe, wenn andere Schauspieler die Hauptrollen gespielt hätten.[80] Bei dem YouTube-Kanal »Ctrl Shift Face« ist in einem viralen Clip zu sehen, wie Javier Bardems Figur in *No Country for Old Men* ausgesehen hätte, wenn Arnold Schwarzenegger, Willem Dafoe oder Leonardo DiCaprio die Rolle übernommen hätten.[81] Diese Technologien stecken noch in den Kinderschuhen. In den kommenden Jahren wird sich jede einzelne Fähigkeit (z. B. Schreiben, Stimme, Gesicht, Gespräch) erheblich verbessern, vor allem aber wird ihr Zusammenspiel Simulationen ermöglichen, die realistischer sind als die Summe ihrer Teile.

Eine Art von KI-Avatar, die wir erzeugen können, ist ein sogenannter Replikant (entlehnt aus dem Film *Der Blade Runner*). Er wird das Aussehen, das Verhalten, die Erinnerungen und die Fertigkeiten einer verstorbenen Person besitzen, die dadurch in einer Art »Leben nach dem Tod« weiterexistiert.

Diese Technologie wird mehrere Phasen durchlaufen. In primitiver Form gibt es diese Simulationen bereits seit etwa sieben Jahren. Im Jahr 2016 veröffentlichte *The Verge* einen bemerkenswerten Artikel über eine junge Frau, Eugenia Kuyda, die durch KI und gespeicherte Textnachrichten ihren toten besten Freund, Roman Mazurenko, »wiederauferstehen ließ«.[82] Je mehr Daten jeder von uns generiert, umso naturgetreuere Nachbildungen einzelner Menschen werden möglich werden.

In den späten 2020er-Jahren wird fortschrittliche KI sehr lebensechte Replikanten erstellen können und sich dabei auf Tausende Fotos, Hunderte Stunden Videoaufnahmen, Millionen Wörter umfassende Chattexte, detaillierte Daten über die Interessen und Gewohnheiten von Menschen sowie Interviews mit Menschen, die diese Menschen kannten, stützen. Aus kulturellen, ethischen oder persönlichen Gründen werden die Reaktionen auf diese Technologie gemischt ausfallen, aber sie wird allen zur Verfügung stehen, die sie nutzen wollen.

Diese Generation der »Leben nach dem Tod«-Avatare wird sehr realistisch sein, aber viele werden sie unheimlich finden.[83] Ihr Verhalten wird dem Verhalten des echten Menschen stark ähneln, aber es wird subtile Unterschiede geben, die auf die Hinterlassenen dieser Person befremdlich wirken können. Die Simulationen dieser Phase sind kein Doppel-Sie. Sie bilden nur die Funktion, nicht die Form der Daten nach, die im Gehirn des Verstorbenen gespeichert waren. Daher erwecken sie, nach panprotopsychistischer Sicht, nicht das subjektive Bewusstsein eines Menschen wieder zum Leben. Trotzdem werden viele sie als wertvolle Hilfsmittel empfinden, um wichtige Arbeit fortzuführen, wertvolle Erinnerungen zu teilen oder Hinterlassenen bei der Trauerarbeit zu helfen.

Körper werden Replikanten vor allem in der virtuellen oder erweiterten Realität haben, aber in den späten 2030er-Jahren werden auch realistische Körper in der echten Realität (in Form von überzeugenden Androiden) durch Nanotechnologie möglich werden. Diese Technologie befindet sich 2023 noch in einem sehr frühen Stadium, aber es gibt schon bedeutsame Forschungsprojekte, die die Grundlagen für große Durchbrüche im kommenden Jahrzehnt legen. Was die Androidenfunktion betrifft, steht der technologische Fortschritt vor einer Herausforderung, die mein Freund Hans Moravec bereits vor Jahrzehnten beschrieb, das sogenannte Moravecsche Paradoxon.[84] Eine kurze Zusammenfassung: Die mentalen Aufgaben, die Menschen schwierig finden – etwa bei großen Zahlen die Wurzel zu ziehen oder sich große Informationsmengen zu merken –, fallen

Computern vergleichsweise leicht. Im Gegenzug sind mentale Aufgaben, die Menschen mühelos erledigen – etwa ein Gesicht zu erkennen oder beim Gehen das Gleichgewicht zu halten –, für KI sehr viel schwieriger. Wahrscheinlich liegt das daran, dass sich diese letzteren Funktionen über mehrere zehn oder Hunderte Millionen Jahre entwickelt haben und im Hintergrund unseres Gehirns ablaufen, wohingegen »höhere« kognitive Aufgaben im Neokortex erledigt werden, der das Zentrum unseres Bewusstseins bildet und der seine moderne Form erst vor mehreren Hunderttausend Jahren erreicht hat.[85]

Doch KI ist in den letzten Jahren exponentiell leistungsfähiger geworden und hat im Hinblick auf das Moravecsche Paradoxon erstaunliche Fortschritte gemacht. Im Jahr 2000 hat der humanoide Roboter ASIMO von Honda Experten verblüfft, als er vorsichtig über eine flache Oberfläche ging, ohne hinzufallen.[86] Im Jahr 2020 konnte der Atlas-Roboter von Boston Dynamics wendiger über einen Hindernisparcour laufen, springen und Purzelbäume schlagen als die meisten Menschen.[87] Soziale Roboter wie Sophia und Little Sophia von Hanson Robotics oder Ameca von Engineered Arts zeigen Emotionen auf menschenähnlichen Gesichtern.[88] Ihre Fähigkeiten wurden manchmal in den Schlagzeilen aufgebauscht, aber sie zeigen auf jeden Fall, in welche Richtung sich der Fortschritt entwickelt.

Wenn die Technologie so weit ist, wird den Replikanten (und allen von uns, die noch nicht gestorben ist) eine Auswahl an Körpern und Körpertypen zur Verfügung stehen. Replikanten könnten irgendwann sogar einen kybernetisch verbesserten biologischen Körper bewohnen, der aus der DNA der ursprünglichen Person herangezüchtet wurde (vorausgesetzt, man bekommt sie). Und sobald die Nanotechnologie Molekulartechnik ermöglicht, werden wir sehr viel bessere künstliche Körper herstellen können, als die Biologie erlaubt. Dann werden die wiederbelebten Menschen zumindest für viele, die mit ihnen interagieren, nicht mehr so unheimlich wirken.

Doch diese Replikanten werden tiefgründige philosophische Fragen für die Gesellschaft aufwerfen. Wie man sie beantwortet, hängt von den persönlichen metaphysischen Vorstellungen bezüglich Seele, Bewusstsein und Identität ab. Wenn ein Mensch, der durch diese Technologie wiederbelebt wurde, sich wie ein geliebter Mensch

»anfühlt«, wenn man mit ihm spricht, reicht das dann? Wie wichtig wäre es dann, ob ein Replikant durch KI und Data Mining erschaffen wurde, statt als vollständiges Doppel-Sie vom lebenden Gedächtnis einer Person hochgeladen zu werden? Wie die Geschichte von Eugenia Kuyda und Roman Mazurenko zeigt, könnte sogar diese erste Form der Replikanten Hinterbliebene trösten und ihren Schmerz lindern. Wie wir alle uns fühlen werden, wenn wir das zum ersten Mal erleben, lässt sich heute nur schwer sagen. Aber die Gesellschaft wird sich anpassen, wenn sich die Technologie verbreitet. Wahrscheinlich wird durch Gesetze geregelt werden, wer Replikanten von Verstorbenen erstellen darf und wie sie verwendet werden dürfen. Manche Menschen werden verbieten, dass KI eine Kopie von ihnen erstellt, während andere detaillierte Anweisungen zu ihren Wünschen hinterlassen oder sich sogar an der Erschaffung eines Replikanten beteiligen werden, solange sie noch leben.

Die Einführung von Replikanten wird viele weitere schwierige gesellschaftliche und rechtliche Fragen aufwerfen:

- Zählen Replikanten als Personen mit allen Menschen- und Bürgerrechten (etwa dem Wahlrecht und dem Recht, Verträge abzuschließen)?
- Kann man sie für Verträge oder Straftaten zur Verantwortung ziehen, die die verstorbenen Personen, deren Kopie die Replikanten sind, unterzeichnet bzw. begangen haben?
- Kann ein Replikant die Verdienste für die Arbeit oder den sozialen Beitrag für sich in Anspruch nehmen, die die durch ihn ersetzte Person geleistet hat?
- Muss man den verstorbenen Ehemann/die verstorbene Ehefrau, die als Replikant zurückkehrt, noch einmal heiraten?
- Werden Replikanten verfemt oder diskriminiert werden?
- Unter welchen Bedingungen sollte die Erstellung eines Replikanten eingeschränkt oder verboten werden?

Replikanten werden auch normale Leute dazu zwingen, sich ernsthaft mit den philosophischen Fragen von Bewusstsein und Identität zu beschäftigen, die in diesem Kapitel behandelt wurden – und die bisher vor allem theoretischer Natur waren. Wahrscheinlich wird es weniger lange dauern, bis KIs auf Turing-Niveau darauf programmiert werden, Verstorbene zu kopieren, als Zeit zwischen der Veröffentlichung von *Das Geheimnis des menschlichen Denkens* im Jahr 2012 und dem Zeitpunkt, an dem Sie dies hier lesen, vergangen ist. Sie werden über ebenso komplexes Denken verfügen wie eine natürliche biologische Person und damit auch wirklich Bewusstsein haben, und sie werden sich selbst für diese Person halten. Bedeutet ihre Überzeugung, dass sie diese Person sind, auch, dass Sie diese Person tatsächlich sind? Wer könnte das Gegenteil beweisen?

In den frühen 2040ern werden Nanobots in das Gehirn eines lebenden Menschen eindringen und eine Kopie aller Informationen anfertigen, die die Erinnerungen und die Persönlichkeit dieses Menschen ausmachen: Doppel-Sie. Ein solches Gebilde könnte einen personenspezifischen Turing-Test bestehen und jemanden, der den fraglichen Menschen gekannt hat, davon überzeugen, dass es tatsächlich dieser Mensch ist. Soweit man irgendwie feststellen könnte, wäre es wirklich dieselbe Person. Man könnte eine Beziehung mit dieser Person fortführen, auch eine körperliche, und sogar Sex haben. Vielleicht gäbe es winzige Unterschiede, aber ist das bei einer lebenden biologischen Person anders? Auch wir verändern uns, normalerweise langsam, aber manchmal auch auf einen Schlag, durch Krieg, Traumata oder Veränderungen beim sozialen oder Beziehungsstatus.

Ausgehend von einer Chalmers-Definition von Bewusstsein gibt es gute Gründe für die Annahme, dass auch unser subjektives Selbst durch Technologie auf diesem Niveau im »Leben nach dem Tod« überdauern wird – diese Annahme lässt sich wissenschaftlich weder beweisen noch entkräften, und wir werden die Entscheidung, ob wir diese Technologie nutzen wollen, nach unseren eigenen philosophischen oder spirituellen Werten treffen müssen. In dem technologischen Stadium, in dem der Inhalt unseres lebenden Gehirns direkt auf ein nicht biologisches Medium kopiert wird, werden wir von simulierten Replikanten zu echten Uploads der mentalen Inhalte übergehen, der Whole-Brain Emulation oder WBE.

Ein Gehirn auf einem nicht biologischen Medium zu simulieren, kann in computertechnischer Hinsicht sehr verschiedene Dinge bedeuten. Im Jahr 2008 identifizierten John Fiala, Anders Sandberg und Nick Bostrom elf verschiedene Niveaustufen einer möglichen Gehirnemulation.[89] Vereinfacht ausgedrückt lassen sich Gehirnemulationen grob in fünf Kategorien einteilen, von der abstraktesten zur umfassendsten: funktionale, konnektomische, zelluläre, biomolekulare und Quanten-Emulation.

Funktionale Emulationen verhalten sich wie ein biologisches Gehirn, müssen aber computertechnisch keine Struktur des menschlichen Gehirns replizieren. Das ist am einfachsten umzusetzen, ergibt aber die mangelhafteste Simulation des Originals. Konnektomische Emulationen kopieren die hierarchischen Verbindungen und logischen Beziehungen zwischen Neuronengruppen, bilden aber nicht einzelne Zellen ab. Zelluläre Emulationen simulieren die wichtigsten Informationen über jedes Neuron im Gehirn, nicht aber die genauen physikalischen Kräfte darin. Eine biomolekulare Emulation bildet Interaktionen zwischen Proteinen und winzige dynamische Kräfte in jeder Zelle nach. Und eine Quanten-Emulation erfasst subatomare Effekte innerhalb von und zwischen Molekülen. Das wäre theoretisch die umfassendste Lösung, bräuchte aber atemberaubend viel Rechenleistung, die wohl erst im nächsten Jahrhundert zur Verfügung stehen wird.[90]

Ein großes Forschungsvorhaben der kommenden zwanzig Jahre wird untersuchen, welche Niveaustufe bei der Gehirnemulation ausreichend ist. Viele Fachleute glauben, das werde die Emulation auf Quantenebene sein, weil subjektives Bewusstsein auf (bisher noch unbekannten) Quanteneffekten basiere. Wie ich in diesem Kapitel ausführe (und noch genauer in *Das Geheimnis des menschlichen Denkens*), bin ich der Meinung, dass dieses Emulationsniveau nicht nötig sein wird. Wenn der Panprotopsychismus richtigliegt, entsteht subjektives Bewusstsein durch die komplexe Anordnung von Informationen im Gehirn. Daher braucht unsere digitale Emulation nicht jedes Eiweißmolekül aus dem biologischen Original nachzubilden. Ebenso, wie es unwesentlich ist, ob wir unsere JPEG-Dateien auf einer Diskette, einer CD-ROM oder einem USB-Speicherstick abspeichern – sie sehen genauso aus und funktionieren genauso, solange die Daten in derselben Abfolge von Einsen und Zweien dargestellt sind. Tatsächlich würde das Bild selbst dann korrekt angezeigt, wenn man die einzelnen Ziffern von Hand abschriebe, den großen Stapel Papier an einen Freund schickte und dieser die Ziffern wieder von Hand in einen anderen Computer eintippte!

Von jetzt an lautet das praktische Ziel herauszufinden, wie sich eine Computerschnittstelle mit dem Gehirn verbinden kann, und den Code zu knacken, wie das Gehirn Informationen darstellt. (Wer Genaueres über die Fortschritte beim Mind-Upload, bei den computertechnischen Anforderungen einer Gehirnemulation und der Technologie namens Matrioschka-Gehirne, die es der Menschheit eines Tages ermöglichen könnte, riesige Energiemengen für Rechenleistung zu nutzen, wissen will, für den sind in den Endnoten verschiedene Quellen aufgeführt, von allgemein verständlich bis Fachbeiträgen.)[91]

Die Herausforderungen, vor denen wir stehen, sind erheblich, aber dank der übermenschlichen KI-Tools der 2030er-Jahre werden wir schaffen, was heute noch unmöglich erscheint.

GESPRÄCH MIT MEINEM DAD-BOT

Talk to Books war toll, um Ideen zu generieren. Bei Google konnten wir die 100 000 Bücher, mit denen es üblicherweise arbeitete, durch eine eigene Auswahl an Büchern und Dokumenten ersetzen. Im Jahr 2019 suchte ich daher alles zusammen, was mein Vater Fredric Kurzweil je geschrieben hatte – alle Liebesbriefe an meine Mutter, Seminarnotizen, ein Buch über Musik, an dem er schrieb, und seine persönlichen Aufzeichnungen. Meine Tochter Amy stellte der Technologie, auf der Talk to Books basierte, dann verschiedene Fragen zu seinen schriftlichen Hinterlassenschaften. Wie man an unserem folgenden, sehr kurzen Gespräch sehen kann, gab die KI kohärente, natürliche, überraschende Antworten auf unsere Fragen – die wohl so gut waren, dass Sie nichts Ungewöhnliches bemerkt hätten, wenn ich behauptet hätte, ich hätte dieses Gespräch mit meinem Vater geführt, als er noch lebte. Für mich und andere Menschen, die ihn kannten, klingen diese Worte vertraut und genau so, wie Fredric Kurzweil dachte und kommunizierte.

Ich plane auch, einen Replikanten von mir selbst zu erstellen. Er wird Tausende Seiten meiner Kommunikation umfassen sowie all meine veröffentlichten Werke und zahllose Stunden Videomaterial. Dieser umfangreiche Multimedia-Grundstock würde meinem Replikanten ermöglichen, meine Persönlichkeit sehr viel tiefgründiger und wahrheitsgetreuer abzubilden als bei meinem Vater. Zukünftige Replikanten-KI wird zusätzlich Zugriff auf alle möglichen Metadaten über das Leben eines Menschen haben und so noch bessere Vorlagentreue ermöglichen.

Hier also eine Auswahl der Antworten auf unsere Fragen. Dies ist der erste Schritt, um meinen Vater zurückzubringen.

Was liebst du am meisten an der Musik?
Was ein Musikstück so lebendig macht, ist die Tatsache, dass es einen allgemeinen Plan an seine eigenen Bedürfnisse anpasst. Die Kunst der Musik hat einen langen Weg hinter sich und ist immer mit den menschlichen Gefühlen verbunden geblieben.

Wer ist dein Lieblingskomponist und warum?
Brahms orientiert sich bei seinen Kompositionen an Beethoven.

Was ist das Wesentliche am Rock 'n' Roll?
Melodie und Rhythmus sind die Hauptquellen von Musik. Grundprinzip oder Strukturregel sind Wiederholung und Kontrast, Einheit und Vielfalt.

Wie bist du zum Dirigieren gekommen?
Ich habe mehr als zwanzig Jahre lang verschiedene Orchester dirigiert – Berufs-, Amateur-, College-, Universitäts-, Gemeinde- und Opernorchester. Ich habe große Sinfonieorchester, Kammerorchester und Jugendgruppen dirigiert. Ich habe an vielen Hochschulen unterrichtet.

Wie möchtest du in Erinnerung bleiben?
Es ist natürlich schwierig, sich selbst zu loben, aber meine Fähigkeit, mit Menschen umzugehen, war immer einer meiner Vorzüge, weil ich erkannt habe, dass nicht nur künstlerische Fähigkeiten zählen, sondern auch gute persönliche Beziehungen.

Bereust du etwas?
Es scheint mein Schicksal zu sein, meine Tage mit endlosem Unterricht und wenig interessanter Arbeit füllen zu müssen, um auch nur ein wenig Zeit mit wirklich wertvoller Arbeit verbringen zu können. Es ist meine Schuld, dass ich meine Hoffnungen und mein Wohlwollen Vorrang vor meinem praktischen Urteilsvermögen gegeben habe. Angesichts meiner neuen Aufgaben und weil ich versuche, mein Orchester zusammenzuhalten, ist es sehr schwierig, über die Runden zu kommen.

Was macht einen Menschen aus?
Die Form zeigt sich in der Beziehung der Teile zum Ganzen.

Hast du Hobbys?
Wir erwarten eine hervorragende Pfirsich- und Weinernte. Ich liebe die Gartenarbeit und finde sie entspannend, aber ich stimme dir zu, dass es eine Menge Arbeit ist. Es ist die Art von Arbeit, die nie endet.

Hast du Ängste?
Oft albtraumhafte.

Was hältst du von moderner Technologie?
Wir sehen immer wieder, wie Innovatoren von ihren Zeitgenossen verurteilt werden. Der technische Fortschritt, die Automatisierung usw. hat den einzelnen Menschen klein gemacht. Die Ideale und Werte von früher werden durch dieses Zeitalter der Maschine zerstört.

Kannst du mir eine Geschichte über einen Autounfall erzählen?
Ich war als Operndirigent in Mobile, und meine Frau hatte einen schweren Autounfall. Sie wurde von einem Taxi angefahren, gegen einen Lastwagen geklemmt und schwer verletzt, sie erlitt mehrere Brüche, lag über zwei Monate im Krankenhaus in einem Streckverband und liegt derzeit zu Hause in einem schweren Gipskorsett hilflos auf dem Rücken. So wird sie auch noch eine ganze Weile liegen müssen.

Was ist der Sinn des Lebens?
Liebe.

WER KANN ICH SEIN?

Die Frage der Identität ist eng verbunden mit den Themen Bewusstsein, freier Wille und Determinismus. Ich könnte sagen, dass diese bestimmte Person – Ray Kurzweil – sowohl das Ergebnis von unglaublich präzisen Vorbedingungen und das Produkt meiner eigenen Entscheidungen ist. Als selbstmodifizierendes Informationsmuster habe ich mich durch Entscheidungen in meinem Leben darüber, mit wem ich interagiere, was ich lese und wohin ich gehe, selbst geprägt.

Doch auch wenn ich zum Teil selbst dafür verantwortlich bin, wer ich bin, wird meine Selbstverwirklichung durch viele Faktoren, die ich nicht kontrollieren kann, eingeschränkt. Mein biologisches Gehirn hat sich aus verschiedenen prähistorischen Lebensformen entwickelt und prädisponiert mich für Gewohnheiten, die ich lieber nicht hätte. Ich kann nicht schnell genug lernen oder mir Dinge gut genug merken, um alles zu wissen, was ich gerne wissen würde. Ich kann mein Gehirn nicht umprogrammieren, um mich von Ängsten, Traumata und Zweifeln zu befreien, die mich davon abhalten, das zu erreichen, was ich gerne erreichen würde. Und mein Gehirn sitzt in einem Körper, der altert – auch wenn ich alles daransetze, diesen Vorgang zu verlangsamen – und der biologisch darauf programmiert ist, am Ende das Informationsmuster, das Ray Kurzweil ausmacht, zu zerstören.

Die Singularität verheißt, uns alle von diesen Begrenzungen zu befreien. Seit Tausenden Jahren haben Menschen immer mehr die Kontrolle darüber übernommen, wer wir werden können. Die Medizin hat uns ermöglicht, Verletzungen und Behinderungen zu überwinden. Die Kosmetik hat uns erlaubt, unser Aussehen an unseren persönlichen Geschmack anzupassen. Viele Menschen korrigieren psychologisches Ungleichgewicht mit legalen Medikamenten oder illegalen Drogen oder versetzen sich so in andere Bewusstseinszustände. Durch einen besseren Zugang zu Informationen füttern wir unsere Gehirne und bilden mentale Gewohnheiten aus, die unser Gehirn physisch umbauen. Kunst und Literatur lehren uns Empathie für Menschen, die wir nie getroffen haben, und sie können uns helfen, tugendhaftere Menschen zu werden. Moderne Handy-Apps können uns helfen, Disziplin zu entwickeln und einen gesunden Lebensstil zu pflegen. Transgenderpersonen stehen heute mehr Möglichkeiten offen als je zuvor, um ihre physischen Körper der Geschlechtsidentität anzupassen, die sie in ihrem Inneren erleben. Wenn wir unsere Gehirne direkt umprogrammieren können, werden wir uns unvorstellbar viel stärker formen können.

Die Verschmelzung mit einer KI wird eine große Errungenschaft sein, aber sie ist nur Mittel zu einem höheren Zweck. Wenn unsere Gehirne auf einem leistungsfähigeren digitalen Substrat gesichert sind, können wir unser volles Potenzial an Selbstmodifikation ausschöpfen. Unser Verhalten kann sich unseren Werten anpassen, und unser Leben wird nicht durch die Schwächen der Biologie gestört oder verkürzt werden. Wir Menschen können endlich tatsächlich die Verantwortung dafür tragen, wer wir sind.[92]

KAPITEL 4

UNSER LEBEN WIRD EXPONENTIELL BESSER

DIE BREITE ÖFFENTLICHKEIT IST VOM GEGENTEIL ÜBERZEUGT

Stellen Sie sich folgende Schlagzeile in den Abendnachrichten vor: **Die weltweite extreme Armut ist heute um 0,01 Prozent gefallen!**[1]

Und gleich danach: **Seit gestern ist die Alphabetisierung um 0,0008 Prozent gestiegen!**[2]

Und dann noch: **Der Anteil der Haushalte mit Toiletten mit Wasserspülung ist heute um 0,003 Prozent gestiegen!**[3]

Genau das Gleiche ist auch gestern schon geschehen.

Und am Tag davor.

Wenn Sie denken, dass diese Fortschritte nicht wirklich erwähnenswert sind, könnte genau das der Grund dafür sein, dass Sie nichts davon gehört haben.

Solche Zeichen des Fortschritts und viele ähnliche Informationen schaffen es nicht in die Nachrichten, weil sie keine wirklichen Neuigkeiten darstellen. Positive Entwicklungen finden seit Jahren stetig statt – es gibt sie, deutlich langsamer, sogar seit Jahrzehnten und Jahrhunderten.

Die genannten Beispiele ergeben sich aus neueren Erhebungen zur globalen Armut: In den Jahren von 2016 bis 2019 (dem jüngsten Zeitraum, für den zum Zeitpunkt der Erstellung dieses Berichts umfassende Daten vorlagen) ist die geschätzte Zahl der Menschen, die von weniger als 2,15 Dollar pro Tag in Dollar von 2017 (dieser Betrag gilt als Grenzwert) leben müssen, weltweit von etwa 787 Millionen auf 697 Millionen zurückgegangen.[4] Wenn diese Entwicklung bis heute in etwa angehalten hat, entspricht dies einem jährlichen prozentualen Rückgang von fast vier Prozent pro Jahr oder etwa 0,011 Prozent pro Tag. Auch wenn dieser Wert mit erheblichen Unsicherheiten behaftet ist, kann man davon ausgehen, dass diese innerhalb einer Größenordnung liegen. Die UNESCO hat zuletzt festgestellt, dass die weltweite Alphabetisierungsrate von 2015 bis 2020 (dies sind ebenfalls die neuesten verfügbaren Daten) von etwa 85,5 auf 86,8 Prozent angestiegen ist.[5] Das sind im Durchschnitt etwa 0,0008 Prozent pro Tag. Und im gleichen Zeitraum von 2015 bis 2020 ist der Anteil der Weltbevölkerung mit Zugang zu »grundlegenden« oder »zuverlässig instand gehaltenen« sanitären Einrichtungen (Toiletten mit Wasserspülung oder Ähnlichem) von schätzungsweise 73 auf 78 Prozent angestiegen.[6] Dies entspricht einer durchschnittlichen Verbesserung von etwa 0,003 Prozent pro Tag. Ähnliche Entwicklungen sind ständig und in großer Menge zu beobachten.

Diese Erkenntnisse sind nun bereits gut dokumentiert. In meinen Büchern *Homo sapiens*[7] und *Menschheit 2.0*[8] sowie in zahlreichen Vorträgen und Artikeln habe ich seither die umfassenden positiven Auswirkungen des technologischen Wandels auf das menschliche Wohlergehen beschrieben. In ihrem 2012 erschienenen Buch *Überfluss*[9] haben Peter Diamandis und Steven Kotler dargelegt, dass wir uns auf eine Ära des Überflusses an Ressourcen zubewegen, die bisher für ihre Knappheit bekannt sind. Und in seinem 2018* erschienenen Buch *Aufklärung jetzt*[10] beschrieb Steven Pinker die kontinuierlichen Fortschritte, die in einer Vielzahl gesellschaftlich bedeutsamer Bereiche erzielt wurden.

In diesem Kapitel möchte ich besonders auf die exponentielle Charakteristik dieses Fortschritts eingehen – darauf, wie das Gesetz vom steigenden Ertragszuwachs den wesentlichen Antrieb für viele einzelne Entwicklungen darstellt und wie die Ergebnisse in der nächs-

* Die deutsche Ausgabe erschien 2023. (Anm. d. Übers.)

ten Zukunft zu einer dramatischen Verbesserung der meisten Aspekte unseres Lebens führen werden – nicht nur in der digitalen Welt.

Bevor wir spezifische Beispiele im Detail untersuchen, ist es wichtig, ein klares konzeptionelles Verständnis dieser Dynamik zu erlangen. Mir wurde gelegentlich fälschlicherweise unterstellt, meine Arbeit enthalte die Behauptung, der technologische Wandel gehe von Natur aus mit exponentieller Geschwindigkeit voran und das Gesetz vom steigenden Ertragszuwachs gelte für alle Formen der Innovation. Das ist nicht meine Ansicht. Vielmehr beschreibt das Gesetz vom steigenden Ertragszuwachs ein Phänomen, bei dem bestimmte Arten von Technologien Rückkopplungsschleifen schaffen, die zur Beschleunigung der Innovationen führen. Im Großen und Ganzen handelt es sich dabei um Technologien, die es uns ermöglichen, Informationen besser zu beherrschen – sie zu sammeln, zu speichern, zu manipulieren und weiterzugeben –, wodurch die Innovationen selbst erleichtert werden. Durch den Buchdruck wurden Bücher so billig, dass die nächste Generation von Erfindern Zugang zu Bildung erhielt. Moderne Computer helfen den Chipdesignern bei der Entwicklung der nächsten Generation schnellerer CPUs. Billigere Breitbandanschlüsse erhöhen den Nutzen des Internets für alle, weil mehr Menschen es sich leisten können, ihre Ideen online zu teilen. Die berühmteste Exponentialkurve des technologischen Wandels, das Mooresche Gesetz, ist also nur eine Erscheinungsform dieses darunterliegenden, grundlegenderen Prozesses.

Beispiele für rasche Veränderungen, die nicht diesem Gesetz gehorchen, sind die Geschwindigkeiten in der Transporttechnologie, z. B. die Dauer einer Reise von England nach Amerika. Im Jahr 1620 benötigte die *Mayflower* für die Überfahrt 66 Tage.[11] Bis zur Amerikanischen Revolution im Jahr 1775 dauerte die Reise aufgrund von Fortschritten im Schiffbau und in der Navigation nur noch etwa vierzig Tage.[12] Im Jahr 1838 legte der Schaufelraddampfer *Great Western* die Strecke in fünfzehn Tagen zurück,[13] und um 1900 schaffte das propellergetriebene Linienschiff *Deutschland* mit vier Schornsteinen die Strecke in fünf Tagen und fünfzehn Stunden.[14] Im Jahr 1937 verkürzte das turboelektrisch angetriebene Linienschiff *Normandie* diese Zeit auf drei Tage und 23 Stunden.[15] Im Jahr 1939 dauerten die ersten

Linienflüge mit Flugbooten der Pan Am nur 36 Stunden,[16] und als man im Jahr 1958 das erste Mal ein Düsenflugzeug auf der Strecke einsetzte, dauerte der Flug weniger als zehneinhalb Stunden.[17] Im Jahr 1976 pulverisierte die Überschallmaschine *Concorde* diesen Rekord und brauchte nur noch dreieinhalb Stunden![18] Dies erscheint wie eine exponentielle Entwicklung mit offenem Ende – ist es aber nicht. Die *Concorde* wurde 2003 ausgemustert, und seither ist die Flugzeit zwischen London und New York wieder auf über siebeneinhalb Stunden angestiegen.[19] Es gibt eine Reihe spezifischer wirtschaftlicher und technischer Gründe dafür, dass die Flugzeiten über den Atlantik nicht weiter verkürzt werden können. Der tiefer liegende Grund ist jedoch, dass die Verkehrstechnologie keine Rückkopplungsschleifen erzeugt. Düsentriebwerke werden nicht für den Bau besserer Düsentriebwerke verwendet, sodass ab einem bestimmten Punkt die Kosten für zusätzliche Geschwindigkeit höher sind als der Nutzen weiterer Innovationen.

Was das Gesetz vom steigenden Ertragszuwachs für die Informationstechnologien so leistungsfähig macht, ist die Tatsache, dass Rückkopplungsschleifen die Kosten für Innovationen niedriger halten als die Erträge, sodass der Fortschritt weitergeht. Und da sich die künstliche Intelligenz in immer neuen Bereichen anwenden lässt, werden die aus der Informatik bekannten exponentiellen Trends auch in Bereichen sichtbar werden, in denen der Fortschritt bisher sehr langsam und teuer war, beispielsweise in der Medizin. Da die künstliche Intelligenz in den 2020er-Jahren ihre Fähigkeiten rasch ausweiten und ebenso schnell neue Anwendungsfelder erschließen wird, werden dadurch Bereiche, die wir eigentlich nicht als Informationstechnologien ansehen – wie Ernährung, Kleidung, Wohnen und sogar die Landnutzung –, radikal verändert werden. Wir nähern uns bereits dem steilen Anstieg dieser Exponentialkurven. Das ist, kurz gesagt, der Grund dafür, dass sich die meisten Aspekte des Lebens in den kommenden Jahrzehnten exponentiell verbessern werden.

Das Problem ist, dass unsere Wahrnehmung dieser Entwicklungen durch die Berichterstattung systematisch verzerrt wird. Wie jeder Romanautor oder Drehbuchautor bestätigen kann, braucht man, um das Interesse des Publikums zu wecken, in der Regel ein

Element der eskalierenden Gefahr oder des Konflikts.[20] Von der Mythologie der Antike bis hin zu *Star Wars* sind dies die Zutaten, die unsere Aufmerksamkeit fesseln. Infolgedessen versuchen die Nachrichten – manchmal absichtlich und manchmal wie von selbst –, diesem Paradigma zu folgen. Die Algorithmen der sozialen Medien, die darauf optimiert sind, die emotionale Reaktion zu maximieren, um die Beteiligung der Nutzer und damit die Werbeeinnahmen zu steigern, treiben dieses Spiel noch weiter.[21] Damit kommt es zu einer Verschiebung der Nachrichteninhalte hin zu drohenden Krisen, während die zu Beginn dieses Kapitels erwähnten Themen in den unteren Bereichen unserer Newsfeeds verschwinden.

Unsere Vorliebe für schlechte Nachrichten ist tatsächlich das Ergebnis einer evolutionären Anpassung. In der Vergangenheit war es für unser Überleben viel wichtiger, mögliche Gefahren im Blick zu haben. Ein Rascheln in den Blättern konnte bedeuten, dass sich ein Raubtier anschleicht, also war es sinnvoller, sich auf diese Bedrohung zu konzentrieren als darauf, dass sich die Ernte im Vergleich zum Vorjahr um das Zehntel eines Prozents verbessert haben könnte.

Es ist nicht überraschend, dass Menschen, die sich in Gruppen von Jägern und Sammlern evolutionär an ein Leben am Existenzminimum angepasst hatten, kein besseres Gespür für allmähliche positive Veränderungen entwickelt hatten. Während des größten Teils der Menschheitsgeschichte waren die Verbesserungen ihrer Lebensqualität so geringfügig und eher kurzlebig, dass sie selbst während eines ganzen Lebens kaum spürbar waren. Dieser steinzeitliche Zustand hielt sogar bis zum Mittelalter an. Beispielsweise lag das geschätzte Pro-Kopf-BIP (Bruttoinlandsprodukt) in England im Jahr 1400 bei 1605 Pfund (in britischen Pfund des Jahres 2023).[22] Wenn jemand, der in diesem Jahr geboren wurde, achtzig Jahre alt wurde, war das Pro-Kopf-BIP zum Zeitpunkt seines Todes noch genau dasselbe.[23] Für eine im Jahr 1500 geborene Person betrug das Pro-Kopf-BIP bei ihrer Geburt nur noch 1586 Pfund, und achtzig Jahre später war es wieder auf 1604 Pfund gestiegen.[24] Vergleichen wir das mit einer im Jahr 1900 geborenen Person: Sie erlebte in ihrer achtzigjährigen Lebenszeit einen Anstieg von 6734 Pfund auf 20 979 Pfund.[25] Allerdings hat nicht nur unsere biologische Evolution versäumt, uns allmähliche Fortschritte bemerken zu lassen, auch unsere kulturelle Evolution hat das nicht getan. Weder bei Platon noch bei Shakespeare finden sich ein paar Zeilen, die auf das allmähliche Wachstum des materiellen Wohlstands in der Gesellschaft hinweisen – einfach, weil es zu ihrer Zeit noch nicht erkennbar war.

Eine moderne Version eines Raubtiers, das sich im Gestrüpp versteckt, ist das Phänomen, dass Menschen ihre Informationsquellen einschließlich der sozialen Medien ständig auf Entwicklungen überwachen, die eine Bedrohung für sie darstellen könnten. Laut Pamela Rutledge, Direktorin des Media Psychology Research Center, »beobachten wir ständig Ereignisse und fragen uns: ›Hat das etwas mit mir zu tun? Bin ich in Gefahr?‹«[26] Davon wird unsere Fähigkeit verdrängt, langsam voranschreitende, positive Entwicklungen zu erkennen.

Eine weitere evolutionäre Anpassung ist unsere gut dokumentierte psychologische Neigung, uns an die Vergangenheit als positiver zu erinnern, als sie tatsächlich war. Erinnerungen an Schmerz und Kummer verblassen schneller als schöne Erinnerungen.[27] In einer Studie des Psychologen Richard Walker[28] von der Colorado State University aus dem Jahr 1997 bewerteten die Teilnehmer bestimmte Erlebnisse in Bezug auf Freude und Schmerz, und dann bewerteten sie diese jeweils drei Monate, achtzehn Monate und viereinhalb Jahre später erneut. Die negativen Reaktionen gingen viel schneller zurück als die positiven, und die angenehmen Erinnerungen blieben bestehen. In einer Studie aus dem Jahr 2014, die in Ländern wie Australien, Deutschland, Ghana und vielen anderen durchgeführt wurde, konnte gezeigt werden, dass dieser »schwindende negative Affekt« weltweit bei allen Menschen auftritt.[29]

Nostalgie – ein Begriff, den der Schweizer Arzt Johannes Hofer 1688 aus den griechischen Wörtern *nostos* (Heimkehr) und *algos* (Schmerz oder Kummer) zusammensetzte – ist mehr als nur das Erinnern schöner Momente; es ist ein Bewältigungsmechanismus, der beim Umgang mit Leid aus der Vergangenheit hilft, indem man es umwandelt.[30] Wenn das Leid der Vergangenheit nicht verblassen würde, würde es uns endlos weiter auf der Seele liegen.

Die Forschung bestätigt dieses Phänomen. Der Psychologieprofessor Clay Routledge von der North Dakota State University untersuchte den Einsatz von Nostalgie als Bewältigungsmechanismus und fand heraus, dass die Teilnehmer, die über ein positives nostalgisches Erlebnis schrieben, ein besseres Selbstwertgefühl hatten und stärkere soziale Bindungen aufwiesen.[31] Auf diese Weise nützt Nostalgie sowohl dem Einzelnen als auch der Gemeinschaft. Blicken wir auf unsere früheren Erfahrungen zurück, so sind die Schmerzen, Belastungen und Herausforderungen verblasst, und wir erinnern uns eher an die positiven Aspekte des Lebens. Wenn wir dagegen an die Gegenwart denken, sind wir uns unserer aktuellen Sorgen und Schwierigkeiten sehr wohl bewusst. Dies führt zu dem häufig falschen Eindruck, dass die Vergangenheit besser als die Gegenwart war – obwohl es für das Gegenteil erdrückende Beweise gibt.

Außerdem neigen wir kognitiv dazu, die Häufigkeit von unguten Ereignissen gegenüber gewöhnlichen zu hoch einzuschätzen. Beispielsweise hat eine Studie aus dem Jahr 2017 gezeigt, dass kleine zufällige Veränderungen (z. B. gute oder schlechte Tage am Aktienmarkt, starke oder schwache Hurrikans, steigende oder fallende Arbeitslosenzahlen) von den Menschen mit geringerer Wahrscheinlichkeit als zufällig wahrgenommen werden, wenn sie negativ sind.[32] Die Menschen vermuten eher, dass diese Schwankungen auf einen allgemeineren Trend zum Schlechten hindeuten. Der Kognitionswissenschaftler Art Markman fasste eines der wichtigsten Ergebnisse so zusammen: »Wenn die Teilnehmer gefragt wurden, ob eine Grafik auf eine grundlegende Veränderung in der Wirtschaft hinwies, sahen sie eine kleine Veränderung häufiger als Hinweis auf eine große Veränderung an, wenn die Veränderung eine *Verschlechterung* bedeutete – bei positiven Veränderungen wurde jedoch kein größerer Trend vermutet.«[33]

Diese und ähnliche Forschungsergebnisse deuten darauf hin, dass wir darauf konditioniert sind, Entropie zu erwarten – wir gehen davon aus, dass alles in der Welt im Normalfall kaputtgeht oder schlechter wird. Dies kann als Anpassungsleistung durchaus konstruktiv sein, da wir auf Rückschläge vorbereitet und motiviert sind, etwas dagegen zu tun, aber darin liegt auch eine starke Voreingenommenheit, weil wir dazu neigen, Dinge in unserem Leben, die besser werden, schlicht zu übersehen.

Dies hat konkrete Auswirkungen auf die Politik. Eine Umfrage des Public Religion Research Institute ergab, dass 51 Prozent der Amerikaner im Jahr 2016 der Meinung waren, dass sich »die amerikanische Kultur und Lebensweise … seit den 1950er-Jahren zum Schlechteren verändert haben«.[34] Ein Jahr davor hatte eine YouGov-Umfrage ergeben, dass 71 Prozent der britischen Öffentlichkeit glaubten, die Welt verschlechtere sich zunehmend, und nur 5 Prozent sahen eine Verbesserung.[35] Solche Wahrnehmungen veranlassen populistische Politiker zu dem Versprechen, den verlorenen Ruhm vergangener Tage wiederherzustellen, obwohl diese Vergangenheit, gemessen an fast allen Kriterien des Wohlstands, wesentlich schlechter war.

Eines von vielen Beispielen für dieses Phänomen ist eine Umfrage aus dem Jahr 2018, bei der 31 786 Menschen aus 26 Ländern, die 17 Sprachen sprachen und 63 Prozent der Weltbevölkerung repräsentierten, gefragt wurden, ob und wie sehr die weltweite Armut in den letzten zwanzig Jahren zu- oder abgenommen habe.[36] Die Antworten sind in der nachfolgenden Tabelle aufgeführt.

Nur 2 Prozent wussten die richtige Antwort: Die Armut ging um 50 Prozent zurück. Eine wachsende Zahl sozialwissenschaftlicher Untersuchungen bestätigt diese Diskrepanz zwischen der öffentlichen Wahrnehmung und der Realität eines allgegenwärtigen, an zahlreichen sozialen und wirtschaftlichen Messgrößen abgelesenen Fortschritts. Ein weiteres Beispiel ist eine bedeutsame Studie aus dem Vereinigten Königreich, die von Ipsos MORI im Auftrag der Royal Statistical Society und des King's College London[37] durchgeführt wurde und die bei zahlreichen Themen eine große Diskrepanz zwischen der öffentlichen Meinung und den tatsächlichen Statistiken aufzeigte:

- Die Öffentlichkeit war der Meinung, dass 24 Prozent der staatlichen Leistungen unrechtmäßig in Anspruch genommen wurden, während die tatsächliche Zahl bei 0,7 Prozent lag.
- In England und Wales ging die Kriminalität zwischen 1995 und 2012 um 53 Prozent zurück. 58 Prozent der Öffentlichkeit waren trotzdem der Meinung, die Kriminalität sei in diesem Zeitraum gleich geblieben oder sogar gestiegen. Die Gewaltkriminalität

In den letzten zwanzig Jahren ist der Anteil der Weltbevölkerung, der in extremer Armut lebt, …

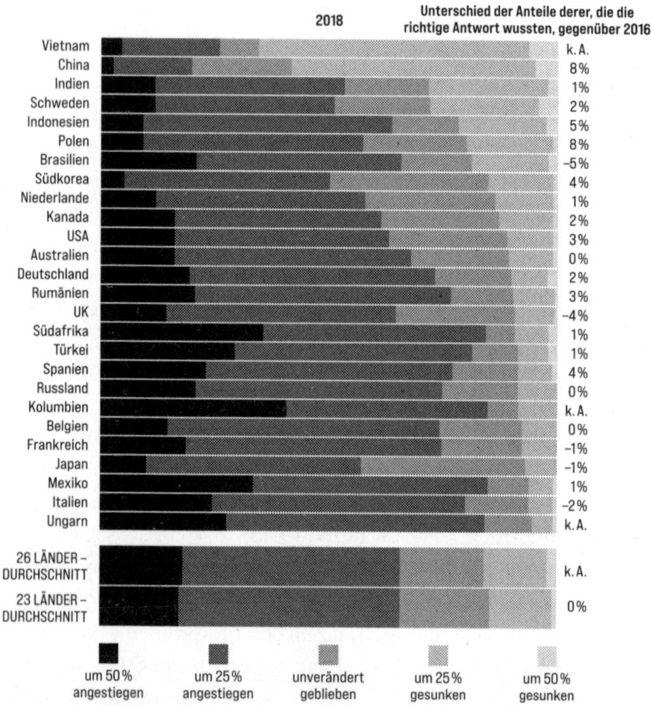

Abbildung 11: Martijn Lampert, Anne Blanksma Çeta und Panos Papadongonas, 2018

ging zwischen 2006 und 2012 um 20 Prozent zurück, dennoch waren 51 Prozent der Meinung, sie sei gestiegen.

- Die Einschätzung von Teenager-Schwangerschaften übertraf die Realität um das 25-Fache: Im Vereinigten Königreich werden jedes Jahr 0,6 Prozent der Mädchen unter 15 Jahren schwanger, während die Öffentlichkeit einen Wert von 15 Prozent für zutreffend hielt.

Derselbe Effekt ist auch auf der anderen Seite des Atlantiks zu beobachten. Während des 21. Jahrhunderts war eine deutliche Mehrheit der Amerikaner (bis zu 78 Prozent) der Meinung, die Kriminalität

Öffentliche Wahrnehmung der zunehmenden Kriminalität

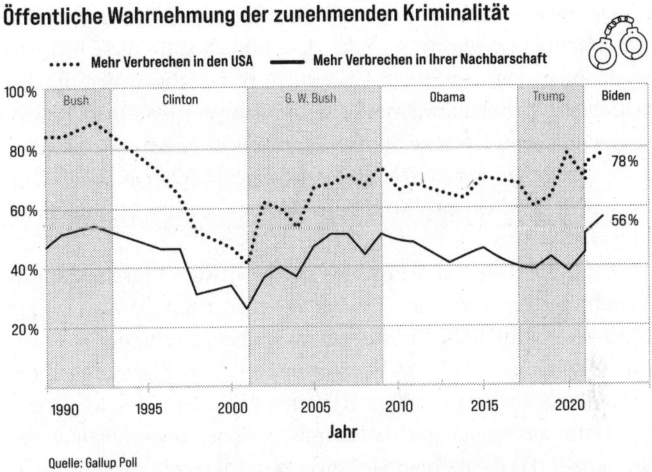

Abbildung 12: Jamiles Lartey, Weihua Li und Liset Cruz, The Marshall Project, 2022

Tatsächliche Verbrechensraten in den USA

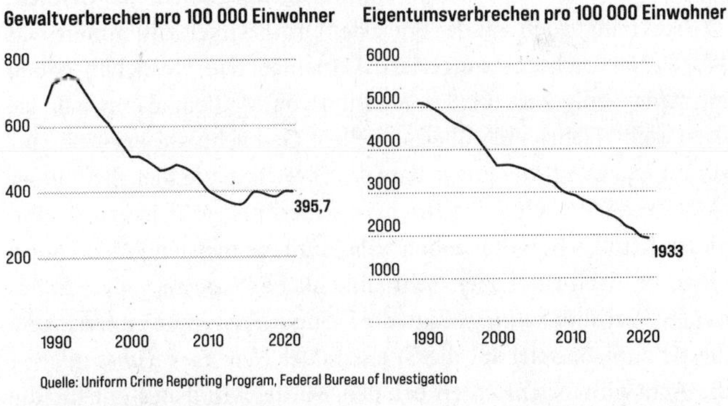

Abbildung 13: Jamiles Lartey, Weihua Li und Liset Cruz, The Marshall Project, 2022

habe im vergangenen Jahr landesweit zugenommen, obwohl sowohl die Gewalt- als auch die Eigentumsdelikte seit 1990 um etwa die Hälfte zurückgegangen sind.[38]

Der journalistische Leitspruch »Nur schlechte Nachrichten sind gute Nachrichten« bringt eine der Hauptursachen für diese Fehleinschätzungen auf den Punkt. Über einen gewalttätigen Vorfall wird ausführlich berichtet, während ein Rückgang der Kriminalität (z. B. aufgrund datengestützter Strafverfolgung oder besserer Kommunikation zwischen der Polizei und der Gemeinde) buchstäblich kein Vorfall ist. Dementsprechend wird darüber auch nicht umfassend berichtet.

Dies muss nicht das Ergebnis der bewussten Entscheidungen bestimmter Personen sein – vielmehr begünstigen die Anreize der Medien strukturell die Berichterstattung über gewalttätige oder negative Ereignisse. Aufgrund der kognitiven Voreingenommenheit, die weiter oben in diesem Kapitel beschrieben wurde, sind Menschen von Natur aus empfänglicher für Informationen über mögliche Bedrohungen. Da die meisten Medien (sowohl die traditionellen Nachrichtenmedien als auch die sozialen Medien) ihr Geld damit verdienen, Leser anzulocken und Werbeeinnahmen zu generieren, sollte es uns nicht überraschen, dass die Branche kollektiv gelernt hat, wie man am besten im Geschäft bleibt: indem man bedrohliche Informationen verbreitet, die starke emotionale Reaktionen hervorrufen.

Dies hängt auch mit der Frage der Dringlichkeit zusammen. Das Wort »Nachrichten« suggeriert Aktualität. Die Menschen haben meistens wenig Zeit für den Konsum von Medien, also neigen sie dazu, den Nachrichten über aktuellere Geschehnisse Priorität einzuräumen. Das Problem ist, dass die überwiegende Mehrheit dieser aktuellen, dringlichen Nachrichten schlecht ist. Wie ich zu Beginn dieses Kapitels hervorgehoben habe, sind die meisten guten Dinge, die in der Welt geschehen, sehr allmähliche Prozesse, sodass es Berichten hierüber kaum gelingt, die Dringlichkeitsstufe zu erreichen, die sie zum Beispiel auf die Titelseite der *New York Times* oder in die Acht-Uhr-Nachrichten bringen würde. Ähnliches gilt für die sozialen Medien: Es ist einfach, Videos von einer Katastrophe zu teilen – allmähliche Fortschritte dagegen erzeugen kein dramatisches Bildmaterial.

Steven Pinker sagte dazu: »Wenn wir die Welt verstehen wollten, führen uns Nachrichten eher in die Irre. Sie berichten über Dinge, die geschehen sind, und niemals über Dinge, die nicht geschehen sind. Wenn also ein Polizist nicht erschossen wurde oder in einer Stadt keine gewalttätige Demonstration stattgefunden hat, kommt das nicht in die Nachrichten. Solange die Zahl der gewalttätigen Ereignisse nicht auf null sinkt, wird es immer Schlagzeilen geben, die man anklicken kann. Pessimismus kann eine sich selbst erfüllende Prophezeiung sein.«[39] Dies gilt vor allem für unsere Zeit, in der die sozialen Medien alarmierende Nachrichten aus der ganzen Welt zusammentragen, wogegen frühere Generationen fast nur über lokale oder regionale Ereignisse informiert waren.

Meine entgegengesetzte Beobachtung ist jedoch: »Optimismus ist keine nutzlose Spekulation über die Zukunft, sondern eine sich selbst erfüllende Prophezeiung.« Der Glaube daran, dass eine bessere Welt wirklich möglich ist, ist ein starker Motivator, hart an ihrer Verwirklichung zu arbeiten.

Daniel Kahneman erhielt den Nobelpreis für Wirtschaftswissenschaften für seine Arbeit (teilweise gemeinsam mit Amos Tversky), in der er falsche und unbewusste Heuristiken erklärte, die Menschen bei ihren Einschätzungen über die Welt verwenden.[40] Ihre Forschungen haben gezeigt, dass Menschen systematisch grundsätzliche Wahrscheinlichkeiten ignorieren – die Tatsache, dass Dinge, die für eine Gruppe im Allgemeinen wahr sind, in der Regel auch für Einzelne aus dieser Gruppe wahr sind. Wenn Sie beispielsweise gebeten werden, den wahrscheinlichen Beruf eines Fremden auf der Grundlage seiner Selbstbeschreibung zu erraten, und er sagt Ihnen, dass er Bücher liebt, raten Sie vielleicht »Bibliothekar« und ignorieren dabei die Basiswahrscheinlichkeit – die allgemeine Tatsache, dass es auf der Welt nur relativ wenige Bibliothekare gibt.[41] Jemand, der sich von dieser Voreingenommenheit nicht blenden lässt, würde erkennen, dass die Liebe zu Büchern ein sehr schwaches Indiz für den Beruf einer Person ist, und stattdessen auf einen viel häufigeren Beruf wie »Verkäufer im Einzelhandel« tippen. Die Menschen kennen die Basiswahrscheinlichkeiten zwar, geben aber, wenn sie eine bestimmte Situation bewerten, einem auffälligen Detail den größeren Stellenwert.

Eine weitere von Kahneman und Tversky angeführte verzerrte Heuristik besteht darin, dass naive Beobachter erwarten, ein Münzwurf ergebe eher Kopf, wenn zuvor mehrmals Zahl geworfen wurde.[42] Dies ist auf eine Fehlinterpretation der Regression zur Mitte zurückzuführen.

Eine dritte Wahrnehmungsverzerrung, die einen Großteil der pessimistischen Haltung in der Gesellschaft erklärt, ist das, was Kahneman und Tversky die »Verfügbarkeitsheuristik« nennen.[43] Menschen schätzen die Wahrscheinlichkeit eines Ereignisses oder eines Phänomens danach ein, wie leicht ihnen Beispiele dafür einfallen. Aus den bereits erwähnten Gründen werden negative Ereignisse in den Nachrichten und unseren Newsfeeds häufiger gemeldet, und deshalb können wir uns auch leichter an diese erinnern.

Die Tatsache, dass wir uns dieser Verzerrungen bei unseren Überlegungen bewusst sein sollten, bedeutet nicht, dass wir reale Probleme ignorieren oder unterschätzen sollten, aber sie liefert hinsichtlich der allgemeinen Entwicklungsrichtung der Menschheit starke rationale Gründe für Optimismus. Technologischer Wandel vollzieht sich nicht von selbst – er erfordert neue Ideen und viel Arbeit. Dieser Fortschritt sollte uns auch nicht blind machen für das drängende Leid, dem die Menschen in der Zwischenzeit ausgesetzt sind. Vielmehr sollten diese übergreifenden Trends unseren Blick dafür schärfen, dass wir als Spezies dabei sind, bei der Lösung dieser Probleme, so schwierig und sogar hoffnungslos sie manchmal erscheinen mögen, eine Wende herbeizuführen. Für mich ist das eine Quelle einer ganz grundsätzlichen Motivation.

ES IST EINE TATSACHE, DASS UNSER LEBEN MIT DER EXPONENTIELL VORANSCHREITENDEN TECHNOLOGIE IN JEDER HINSICHT STÄNDIG IMMER BESSER WIRD

Die Informationstechnologie schreitet exponentiell voran, weil sie direkt zu ihrer eigenen Weiterentwicklung beiträgt. Aber auch in anderen Bereichen beschleunigt dieser Trend zahlreiche sich gegenseitig verstärkende Mechanismen des Fortschritts. In den vergangenen zwei Jahrhunderten wurde dadurch ein positiver Kreislauf in Gang gesetzt, der nahezu jeden Aspekt des menschlichen Wohlergehens verbessert hat, darunter Alphabetisierung, Bildung, Wohlstand, sanitäre Einrichtungen, Gesundheit, Demokratisierung, und insgesamt wurde weniger Gewalt ausgeübt.

Wir bewerten die menschliche Entwicklung oft nach wirtschaftlichen Maßstäben: Verdienen die Menschen jedes Jahr mehr Geld, verbessert sich auch ihre Lebensqualität. Aber wahre Entwicklung erfordert viel mehr als nur die Anhäufung von Reichtum in einer Volkswirtschaft. Wirtschaftszyklen gehen auf und ab; Reichtum kann gewonnen und verloren werden. Der technologische Wandel ist dagegen im Wesentlichen dauerhaft. Wenn unsere Zivilisation einmal etwas Nützliches gelernt hat, bleibt uns dieses Wissen in der Regel erhalten, und wir bauen darauf auf. Diese nur in Vorwärtsrichtung laufende Entwicklung stellt ein starkes Gegengewicht zu vorübergehenden Ereignissen wie Naturkatastrophen, Kriegen und Pandemien dar, die Gesellschaften gelegentlich zurückwerfen.

Ineinandergreifende Faktoren wie Bildung, Gesundheitsfürsorge, Kanalisation und Demokratisierung schaffen sich gegenseitig verstärkende Rückkopplungsschleifen – Verbesserungen in einem dieser Bereiche führen wahrscheinlich auch zu Fortschritten in den anderen Bereichen, z. B. wenn eine bessere Bildung mehr fähige Ärzte hervorbringt und diese dann dafür sorgen, dass mehr Kinder gesund genug für den Schulbesuch sind. Dies hat enorme Konsequenzen: Neue Technologien können einen großen indirekten Nutzen haben, der sogar weit von ihren eigentlichen Anwendungsbereichen entfernt zu finden ist. So haben Haushaltsgeräte im 20. Jahrhundert den Menschen nicht nur viel Zeit und Mühe erspart, sondern auch den befreienden und umwälzenden Wandel ermöglicht, der Millionen von talentierten Frauen den Zutritt zur Arbeitswelt ermöglichte, wo sie in den verschiedensten Bereichen wesentliche Beiträge leisteten. Ganz allgemein kann man sagen, dass technologische Innovationen Bedingungen schaffen, unter denen mehr Menschen in einer Gesellschaft die Möglichkeit bekommen, ihr Potenzial auszuschöpfen – was wiederum zu noch mehr Innovationen führt.

Ein weiteres Beispiel ist die Erfindung des Buchdrucks, die mehr Menschen den Zugang zu umfassenderer Bildung ermöglichte und so für fähigere und höher spezialisierte Arbeitskräfte sorgte, die dann das Wirtschaftswachstum ankurbelten. Die höhere Alphabetisierung ermöglichte eine bessere Koordinierung von Produktion und Handel, was ebenfalls zum Anstieg des Wohlstands führte. Der gestiegene Reichtum wiederum ermöglichte höhere Investitionen in Infrastruktur und Bildung, was den Kreislauf der Verbesserungen beschleunigte. Gleichzeitig förderten die gedruckten Massenmedien die Demokratisierung, mit der im Laufe der Zeit ein Rückgang der Gewalt zu verzeichnen war.

Zunächst schritt dieser Prozess nur sehr langsam voran, und die Unterschiede zwischen den Lebensstilen von Großeltern und ihren Enkelkindern waren subtil und im Allgemeinen nicht bemerkbar. Dennoch führte die konstante Fortentwicklung über die Jahrhunderte hinweg allmählich zu einem signifikanten Anstieg aller Messgrößen des gesellschaftlichen Wohlstands. Diese Entwicklungen haben sich in den letzten Jahrzehnten beschleunigt – angetrieben durch die ansteigenden Kurven der exponentiellen Fortschritte in fast allen Bereichen der Informationstechnologie. In diesem Kapitel möchte ich darlegen, wie sich dieser Fortschritt in den nächsten paar Jahrzehnten weiter beschleunigen wird.

ALPHABETISIERUNG UND BILDUNG

Während des größten Teils der Menschheitsgeschichte konnte auf der ganzen Welt kaum jemand lesen und schreiben. Wissen wurde hauptsächlich mündlich weitergegeben, und ein wesentlicher Grund dafür waren die hohen Kosten der Vervielfältigung von Schriftstücken. Für den Durchschnittsmenschen lohnte es sich nicht, das Lesen zu lernen, denn er kam nie oder nur höchst selten mit Büchern oder Schriftstücken in Berührung und konnte sie sich auch nicht leisten. Die einzige knappe Ressource, die wir alle – egal, wer Sie sind – gleichermaßen verbrauchen, ist die Zeit: Sie haben nur vierundzwanzig Stunden am Tag. Wenn Menschen darüber nachdenken, wie sie ihre Zeit verbringen möchten, ist es nur vernünftig abzuwägen, welchen Nutzen sie aus einer möglichen Entscheidung ziehen können. Lesen zu lernen, erfordert eine große Investition von Zeit. In einer Gesellschaft, in der das Überleben selbst schwierig war und Bücher für den Durchschnittsbürger unbezahlbar waren, wäre diese Investition nicht besonders klug gewesen. Wir sollten uns also hüten, unsere des Lesens und Schreibens unkundigen Vorfahren als dümmlich oder desinteressiert abzustempeln. Unter den Bedingungen ihrer Zeit versprach ihnen das mühsame Erlernen des Lesens schlicht keine Vorteile.

Aus dieser Perspektive lohnt sich ein Blick darauf, wie auch die heute Welt manchmal wenig Anreiz zum Lernen bietet. Beispielsweise könnten junge Menschen in Gegenden, in denen es nur wenige Arbeitsplätze im Bereich der Informationstechnologie gibt, zwar an Informatik interessiert sein, aber das Erlernen von Programmiersprachen für pure Zeitverschwendung halten. Heute jedoch kann die Technologie, genau wie in Europa vor einigen Jahrhunderten, ein Umdenken bewirken. Automatische Übersetzung, Fernunterricht, Programmierung in natürlicher Sprache und Telearbeit eröffnen neue Möglichkeiten und belohnen die Neugierigen.

Die Einführung des Buchdrucks mit beweglichen Lettern in Europa im späten Mittelalter führte zu einer Verbreitung preiswerter und vielfältiger Schriftstücke, und dem einfachen Volk erschien es nun nützlich, lesen und schreiben zu lernen. Am Ende des Mittelalters konnte weniger als ein Fünftel der europäischen Bevölkerung lesen.[44] Die Alphabetisierung war vor allem auf den Klerus und auf Berufe beschränkt, in denen man lesen können musste.[45] Während der Aufklärung nahm die Alphabetisierung allmählich zu, aber um 1750 hatten von den europäischen Großmächten nur die Niederlande und Großbritannien eine Alphabetisierungsrate von mehr als 50 Prozent.[46] Bis 1870 blieben lediglich Spanien und Italien deutlich hinter dieser Marke zurück, was wahrscheinlich auf ihre damals relativ wenig entwickelten Volkswirtschaften und die in jener Zeit geführten Bürger- bzw. Unabhängigkeitskriege zurückzuführen ist.[47] Dennoch schritt die durchschnittliche Alphabetisierung in Europa schneller voran als im Rest der Welt. Im Jahr 1800 konnte weltweit wahrscheinlich höchstens einer von zehn Menschen lesen, im Laufe des 19. Jahrhunderts trug die Verbreitung von Zeitungen mit hohen Auflagen zur Verbreitung der Lese- und Schreibfähigkeit in der Bevölkerung bei, und die Sozialreformen sorgten nach und nach für grundlegende Bildungsangebote für alle Kinder.[48] Um 1900 konnte jedoch immer noch weniger als jeder Vierte lesen.[49] Im Laufe des 21. Jahrhunderts stieg der Bildungsstandard der Bevölkerung weiter an, und 1910 konnte bereits mehr als jeder Vierte lesen und schreiben. Bis 1970 hatte die Alphabetisierung die Mehrheit der Weltbevölkerung erreicht.[50] Seitdem hat sich das Lesen und Schreiben in den meisten Ländern rasch zu einer nahezu universellen Kompetenz entwickelt.[51] Heute liegt die weltweite Alphabetisierungsrate bei fast 87 Prozent, und in den Industrieländern werden oft Werte von über 99 Prozent erreicht.[52]

Es gibt jedoch noch einiges zu tun. Diese Zahlen zur Alphabetisierung beziehen sich auf grundlegende Fähigkeiten wie das Lesen und Schreiben kurzer Nachrichten oder des eigenen Namens. Zur Erfassung der Alphabetisierung wurden daher neue, umfassendere Messgrößen entwickelt. Laut National Assessment of Adult Literacy beispielsweise erreichten im Jahr 2003 nur 86 Prozent der US-Bevölkerung Lese- und Schreibfähigkeiten, die über der Bewertung »weniger als Grundkenntnisse« lagen.[53] Eine ähnliche Untersuchung neun Jahre später ergab keine wesentliche Verbesserung.[54]

Zunahme der Alphabetisierung seit 1820[55]

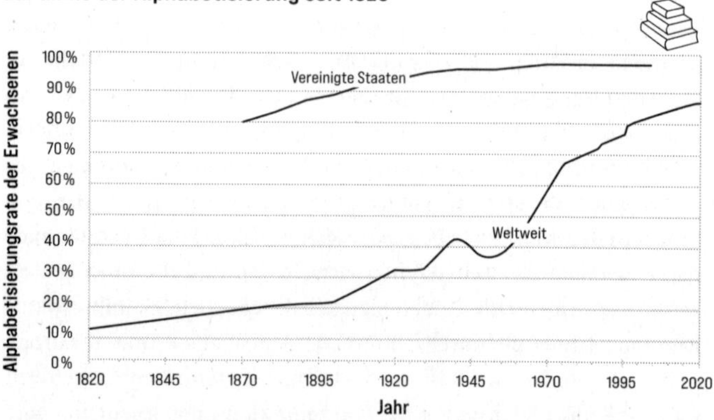

Wesentliche Quellen: Our World in Data; UNESCO

Abbildung 14

Alphabetisierungsraten nach Ländern[56]

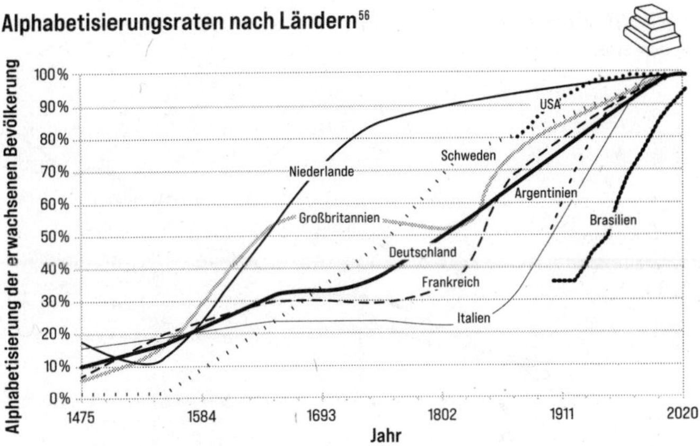

Quellen: Our World in Data; UNESCO

Abbildung 15

Im Jahr 1870 durchlief ein US-Amerikaner im Durchschnitt eine vierjährige Schulausbildung, während die Bewohner des Vereinigten Königreichs, Japans, Frankreichs, Indiens und Chinas alle weniger als ein Jahr zur Schule gingen.[57] Das Vereinigte Königreich, Japan und Frankreich bauten zu Beginn des 20. Jahrhunderts nach und nach ihr kostenloses öffentliches Schulwesen aus, sodass sie rasch zu den Vereinigten Staaten aufschlossen.[58] Indien und China blieben zu dieser Zeit arm und unterentwickelt, holten aber in den zwei Jahrzehnten nach dem Zweiten Weltkrieg in großen Schritten auf.[59] Im Jahr 2021 dauerte die durchschnittliche Schulzeit in Indien 6,7 Jahre und in China 7,6 Jahre.[60] In den anderen oben genannten Ländern liegt der Durchschnitt bei über zehn Jahren, wobei die Vereinigten Staaten mit 13,7 Jahren an der Spitze liegen.[61] Die folgenden Diagramme zeigen diese extremen Fortschritte im letzten halben Jahrhundert – nicht zufällig im selben Zeitraum, in dem Computer sowohl mehr Bildung ermöglichten als auch den Nutzen der Schulbildung erhöhten.

US-Bildungsausgaben[62]

Lineare Skala

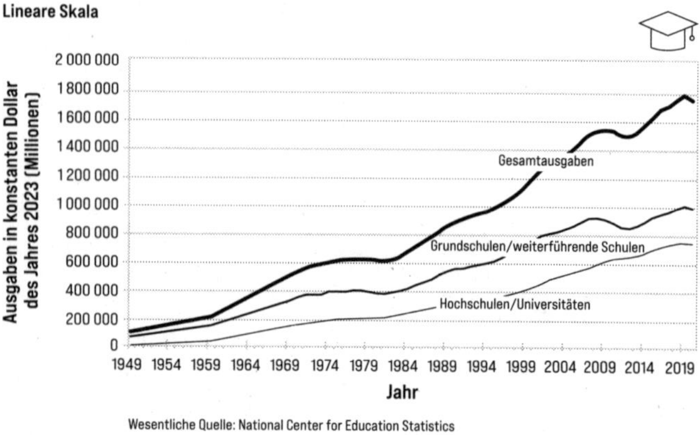

Abbildung 16

Pro-Kopf-Bildungsausgaben in den USA[63]

Lineare Skala

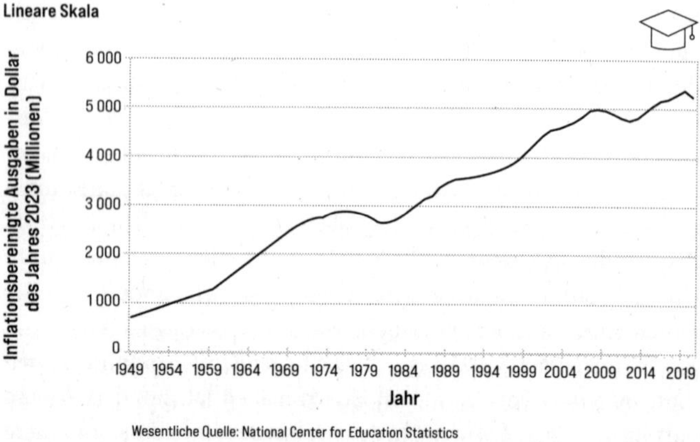

Abbildung 17

Durchschnittliche Bildungsjahre[64]

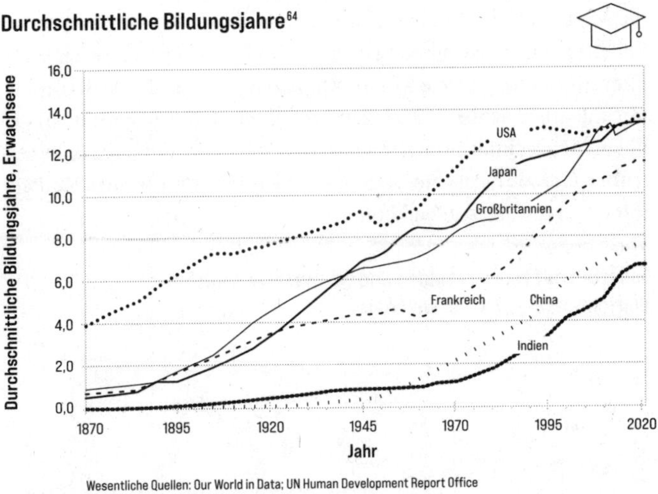

Abbildung 18

ZUGANG ZU TOILETTEN MIT WASSERSPÜLUNG, ELEKTRIZITÄT, RADIO, FERNSEHEN UND COMPUTERN

In der Vergangenheit war die häufigste Ursache für Krankheiten und Todesfälle die Verunreinigung von Lebensmitteln und Trinkwasser mit menschlichen Fäkalien.[65] Die endgültige technische Lösung für dieses Problem – Toiletten mit Wasserspülung – tauchte erstmals 1829 auf, wurde nach und nach in den Städten der USA eingebaut, in den städtischen Gebieten jedoch erst um die Jahrhundertwende zum Standard.[66] In den 1920er- und 1930er-Jahren verbreiteten sich Toiletten mit Wasserspülung zügig auch in den ländlichen Gebieten, und bis 1950 waren drei Viertel der Haushalte entsprechend ausgestattet, bis 1960 sogar 90 Prozent.[67] Im Jahr 2023 ist der winzige Anteil amerikanischer Haushalte ohne Toilettenspülung in den meisten Fällen auf eigenwillige Lebensweise zurückzuführen (z. B. auf eine Vorliebe für abgelegene Wohnorte), nicht jedoch auf bittere Armut.[68] Im Gegensatz dazu ist die Armut einer der Hauptgründe dafür, dass die Menschen in den Entwicklungsländern immer noch über keine Toiletten mit Wasserspülung oder andere Formen verbesserter sanitärer Einrichtungen wie Komposttoiletten verfügen.[69] Die weltweite Verfügbarkeit sauberer Toiletten hat jedoch stetig zugenommen, da die Sanitärtechnik immer preiswerter wird und Gebiete, in denen früher Gewalt herrschte, stabiler werden und nun in ihre Sanitärinfrastruktur investieren können.[70]

Toiletten mit Wasserspülung und verbesserte sanitäre Einrichtungen, USA und weltweit[71]

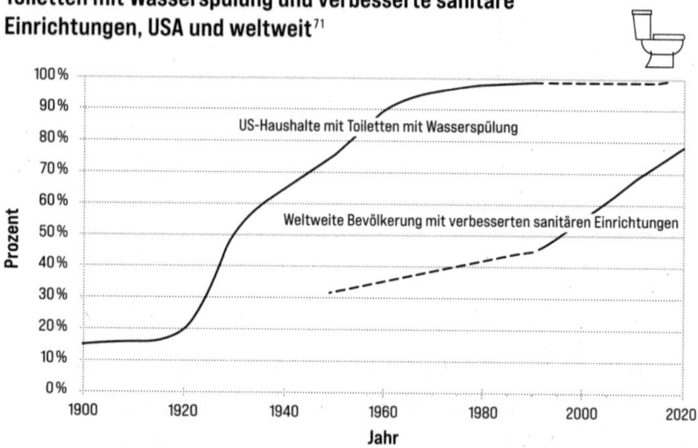

Wesentliche Quellen: Stanley Lebergott, *Pursuing Happiness, American Consumers in the Twentieth Century*, Princeton, 1993; US Census Bureau; World Bank. Gestrichelte Linien zeigen Schätzungen, die Lücken zwischen Datenquellen überbrücken.

Abbildung 19

Elektrizität ist an sich keine Informationstechnologie, aber da sie für den Betrieb aller unserer digitalen Geräte und Netzwerke erforderlich ist, ist sie eine Voraussetzung für unzählige andere Annehmlichkeiten und Vorzüge der modernen Zivilisation. Schon vor den Computern wurden arbeitssparende Geräte mit Strom betrieben, und die Menschen konnten nachts arbeiten oder sich vergnügen. Zu Beginn des 20. Jahrhunderts war die Elektrifizierung in den Vereinigten Staaten vor allem auf große städtische Gebiete beschränkt.[72] Zur Zeit der Großen Depression verlangsamte sich das Tempo der Elektrifizierung, doch in den 1930er- und 1940er-Jahren setzte sich Präsident

Franklin D. Roosevelt für massive Programme zur Elektrifizierung ländlicher Gebiete ein, um die Effizienz elektrischer Maschinen auch in das landwirtschaftliche Kernland der USA zu bringen.[73] Bis 1951 waren mehr als 95 Prozent der amerikanischen Haushalte an das Elektrizitätsnetz angeschlossen, und 1956 galt die Elektrifizierung des Landes als weitgehend abgeschlossen.[74]

In anderen Teilen der Welt verlief die Elektrifizierung in der Regel nach einem ähnlichen Muster: Zuerst wurden die Städte, dann die Vorstädte und schließlich die ländlichen Gebiete elektrifiziert.[75] Heute verfügen mehr als 90 Prozent der Weltbevölkerung über Elektrizität.[76] Für diejenigen, die immer noch nicht an das Stromnetz angeschlossen sind, ist das entscheidende Hindernis nicht technischer, sondern politischer Natur. MIT-Professor Daron Acemoğlu und sein Kollege James Robinson haben sehr einflussreiche Forschungen über die Schlüsselrolle politischer Institutionen für die menschliche Entwicklung durchgeführt.[77] Kurz gesagt können sich Rückkopplungsschleifen des Wohlstands nur in Ländern entwickeln, in denen Men-

Elektrizität in Haushalten, USA und weltweit[78]

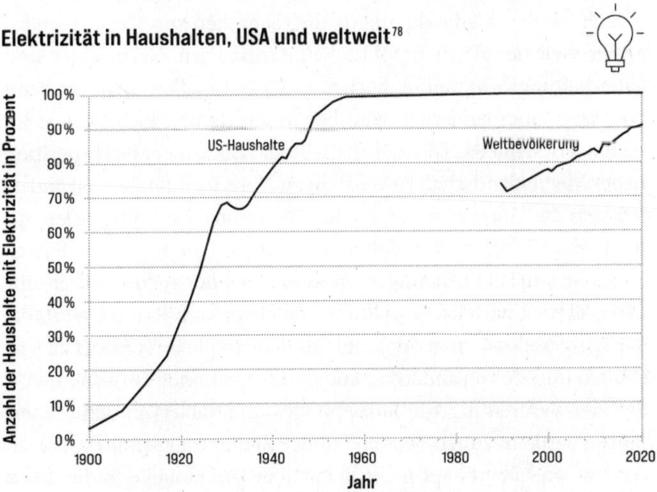

Quellen: US Census Bureau; World Bank; Stanley Lebergott, *The American Economy: Income, Wealth and Want*, Princeton 1976

Abbildung 20

schen die Möglichkeit zur freien politischen Betätigung haben und ausreichend abgesichert sind, um an Innovationen zu arbeiten und in die Zukunft zu investieren. Diese Faktoren erschweren es, das verbleibende Zehntel der Weltbevölkerung mit Elektrizität zu versorgen. In von Gewalt geprägten Gebieten gehen die Menschen davon aus, dass sich Investitionen in teure elektrische Infrastruktur nicht lohnen, da diese schnell zerstört werden könnte. Es ist schwierig, Maschinen und Brennstoffe zur Energieerzeugung auf schlechten oder gefährlichen Straßen in abgelegene Gemeinden zu transportieren. Glücklicherweise wird die Versorgung mit Elektrizität durch kostengünstige und effiziente Solarzellen weiter verbessert werden.

Die erste transformative Kommunikationstechnologie, die durch Elektrizität ermöglicht wurde, war das Radio. Der kommerzielle Rundfunk wurde in den Vereinigten Staaten im Jahr 1920 gestartet und in den 1930er-Jahren zum wichtigsten Massenmedium des Landes.[79] Im Gegensatz zu Zeitungen, die meist auf ein bestimmtes Ballungsgebiet beschränkt waren, erreichten Radiosendungen ein Publikum im ganzen Land. Dies förderte die Entwicklung einer wirklich nationalen Medienkultur, da die Menschen von Kalifornien bis Maine viele der gleichen politischen Ansprachen, Nachrichten und Unterhaltungsprogramme hörten. Bis 1950 besaßen mehr als neun von zehn amerikanischen Haushalten ein Radio, doch begann im selben Jahrzehnt das Fernsehen, das Radio aus seiner Spitzenposition in der Medienlandschaft zu verdrängen.[80] Als Reaktion darauf änderten sich die Hörgewohnheiten des Publikums. Im Radio liefen zunehmend Nachrichten, Politik und Sport, und die Menschen hörten einen Großteil der Sendungen im Auto.[81] Seit den 1980er-Jahren entfalten extrem parteiische politische Talkshows im Radio eine starke Wirkung und stehen in der Kritik, die Vorurteile ihrer Hörer zu verstärken und sie von anderslautenden Informationen abzuschotten.[82] Seit der Verbreitung von Smartphones und Tablets in den 2010er-Jahren wird ein zunehmender Teil der Radioprogramme online gestreamt und überhaupt nicht mehr über traditionelle Radiowellen übertragen. (Im Jahr 2007, als das erste iPhone auf den Markt kam, hörten nur 12 Prozent der Amerikaner mindestens einmal pro Woche Onlineradio; im Jahr 2021 waren es bereits 62 Prozent.)[83]

US-Haushalte mit Radio[91]

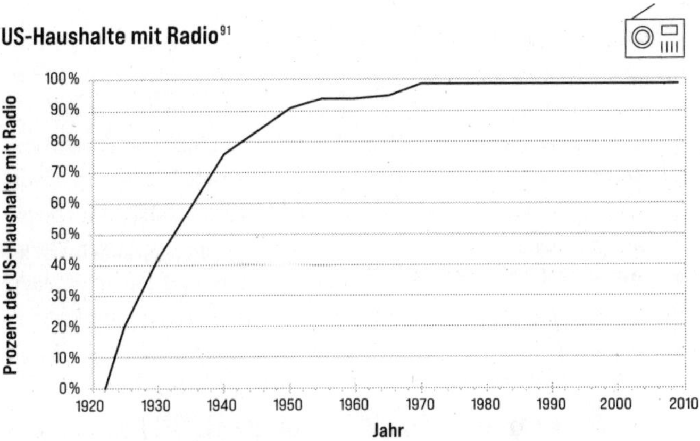

Quellen: US Census Bureau; Douglas B. Craig, *Fireside Politics: Radio and Political Culture in the United States, 1920–1940*, Baltimore 2000

Abbildung 21: Zwar scheint der Anteil der amerikanischen Haushalte, die ein Radio besitzen, in jüngster Zeit von 96 Prozent im Jahr 2008 auf 68 Prozent im Jahr 2020 deutlich zurückgegangen zu sein (laut einer Studie, die eine andere Methodik verwendete als die, aus der die Daten in der Grafik stammen), doch sind diese Zahlen völlig irreführend, da die Radiosender inzwischen auch auf anderen Geräten empfangen werden. Beispielsweise besaßen im Jahr 2021 85 Prozent der amerikanischen Erwachsenen ein Smartphone, mit dem kostenlose Radioprogramme gestreamt werden können, ohne dass ein Radio benötigt wird.

Die Einführung des Fernsehens verlief ähnlich wie die des Radios, aber da die Nation bereits viel weiter entwickelt war, vollzog sich das exponentielle Wachstum noch schneller. Wissenschaftler und Ingenieure diskutierten die Innovationen, aus denen die Fernsehtechnik entstehen würde, bereits gegen Ende des 19. Jahrhunderts, und in den späten 1920er-Jahren wurden die ersten primitiven Fernsehgeräte entwickelt und vorgeführt.[84] Im Jahr 1939 war die Technologie in den Vereinigten Staaten zwar marktreif, doch brachte der Ausbruch des Zweiten Weltkriegs die Produktion von Fernsehtechnik weltweit praktisch zum Erliegen.[85] Sobald der Krieg zu Ende war, kauften immer mehr Amerikaner die neuen Fernsehgeräte. Im ganzen Land entstanden neue Sender, und 1954 stand in der Mehrheit der Haushalte mindestens ein Fernseher.[86] Die Verbreitung nahm rasch zu, und 1962 besaßen mehr als 90 Prozent der Haushalte ein Gerät.[87]

US-Haushalte mit Fernseher[95]

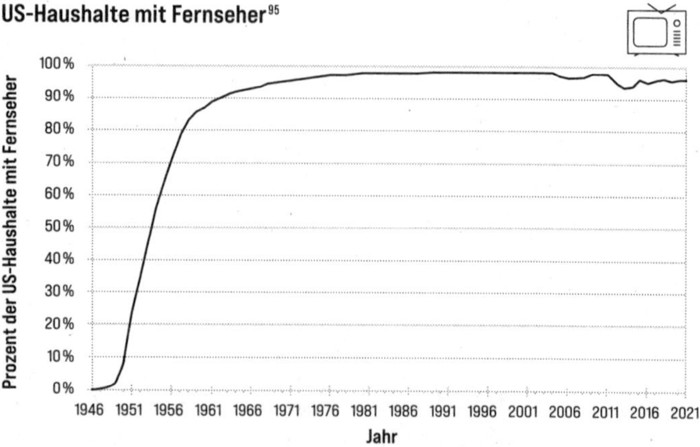

Wesentliche Quellen: US Census Bureau; Cobbett S. Steinberg, *TV Facts*, Facts on File; Jack W. Plunkett, *Plunkett's Entertainment & Media Industry Almanac 2006*, Houston 2006; Nielsen Company

Abbildung 22

In den folgenden drei Jahrzehnten verlangsamte sich die weitere Verbreitung, da die neuen Zuschauer nun zum größeren Teil aus Nachzüglern bestanden.[88] Im Jahr 1997 erreichte die Nutzung mit 98,4 Prozent der Haushalte ihren Höhepunkt, danach gingen die Zahlen leicht zurück und erreichten im Jahr 2021 den Wert von 96,2 Prozent.[89] Dieser Rückgang kann auf eine Reihe von Faktoren zurückgeführt werden: eine kulturell bedingte Abkehr vom exzessiven Fernsehkonsum, das Aufkommen konkurrierender Freizeitbeschäftigungen im Internet und der jüngste Trend zu fernsehähnlichen Programmen, die auf Onlinegeräten gestreamt werden können.[90]

Im Gegensatz zu Radio und Fernsehen, die eher passiv konsumiert werden, eröffnen Computer mehr Möglichkeiten, da die darauf angebotenen Medien interaktiv nutzbar sind. Personal Computer hielten ab den 1970er-Jahren mit Geräten wie dem Kenbak-1 und dem sehr populären, als Bausatz verkauften Altair 8800 aus dem Jahr 1975 Einzug in die amerikanischen Haushalte.[92] Gegen Ende des Jahrzehnts krempelten Unternehmen wie Apple und Microsoft den Markt um, indem sie benutzerfreundliche Computer herausbrachten, deren Bedienung auch Normalsterbliche innerhalb eines

Nachmittags erlernen konnten.[93] Nach der Ausstrahlung von Apples berühmtem Super-Bowl-Werbespot von 1984 sprach das ganze Land über Computer, und in den darauffolgenden fünf Jahren verdoppelte sich der Anteil der US-Haushalte, die einen Computer besaßen.[94] In dieser Zeit nutzten die Menschen ihre Personal Computer hauptsächlich für Textverarbeitung, Dateneingabe und einfache Spiele.

Mit dem Aufblühen des Internets in den 1990er-Jahren vergrößerte sich der Nutzen von Computern erheblich. Im Januar 1990 gab es im gesamten Domain Name System des Internets etwa 175 000 Hosts.[96] Bis zum Januar 2000 war diese Zahl auf etwa 72 000 000 angestiegen.[97] Ebenso wuchs das Volumen des weltweiten Internetverkehrs von etwa 12 000 Gigabyte im Jahr 1990 auf 306 000 000 Gigabyte im Jahr 1999.[98] Dies hat den Nutzen von Computern unmittelbar erhöht. Genauso wie Streaming-Dienste mit dem Angebot umfassenderer und besserer Inhalte auch mehr Abonnenten anziehen und höhere Gebühren verlangen können, wurde das Internet, als die Menge der verfügbaren Inhalte exponentiell anstieg, auch für mehr Menschen interessant. Daraus entstand eine positive Rückkopplungsschleife, da viele dieser neuen Nutzer selbst Inhalte beitrugen und damit den Wert des Internets noch weiter erhöhten. Infolgedessen entwickelten sich Personal Computer in den 1990er-Jahren von Plattformen für Textverarbeitung und einfache Spiele zu Portalen, die den Benutzern Zugang zum größten Teil des weltweiten Wissens boten und sie mit Menschen auf anderen Kontinenten in Verbindung brachten. Der Aufschwung des elektronischen Handels ermöglichte es den Menschen, viele ihrer Einkäufe über den Computer zu tätigen, und durch das Aufkommen der sozialen Medien in den 2000er-Jahren wurde die Onlinewelt auf vielfältige Weise interaktiv.

Zwischen 2017 und 2021 besaßen etwa 93,1 Prozent der US-Haushalte einen Computer, und dieser Prozentsatz steigt weiter an, da die Menschen aus der »Greatest Generation« langsam ausscheiden und die Millennials eigene Familien gründen.[99] Seitdem haben sich weltweit stetig mehr Menschen einen Computer zugelegt. In den Entwicklungsländern haben Computer in Smartphones die Marktdurchdringung rapide erhöht, und im Jahr 2022 werden etwa zwei Drittel der Weltbevölkerung mindestens einen Computer besitzen.[100]

Haushalte mit Computer, USA und weltweit[101]

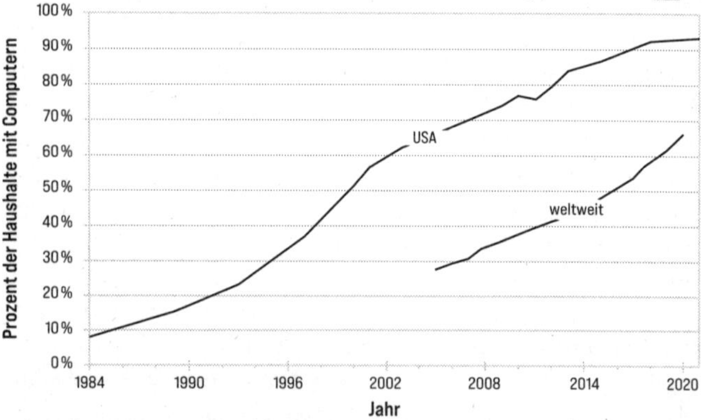

Wesentliche Quellen: US Census Bureau; Internationale Fernmeldeunion

Abbildung 23

LEBENSERWARTUNG

Wie ich in Kapitel 6 ausführlicher erörtern werde, sind die meisten unserer bisherigen Fortschritte bei der Behandlung und Prävention von Krankheiten das Ergebnis eines linearen Prozesses, bei dem wir auf der Suche nach nützlichen Interventionen nach vielen Fehlversuchen gelegentlich einen Durchbruch erzielen. Da es uns an Instrumenten zur systematischen Erforschung aller nur denkbaren Behandlungen fehlte, waren Entdeckungen bei dieser Vorgehensweise in hohem Maße dem Zufall geschuldet. Der wohl bemerkenswerteste zufällige Durchbruch in der Medizin war die zufällige Entdeckung von Penicillin, die die Antibiotikarevolution einleitete und seither möglicherweise 200 Millionen Menschenleben gerettet hat.[102] Aber selbst wenn Entdeckungen nicht buchstäblich zufällig sind, brauchen Forscher bei ihren Versuchen, mit traditionellen Methoden einen Durchbruch zu erzielen, immer noch sehr viel Glück. Ohne die technischen Mittel zur umfassenden Simulation aller möglichen Arzneimittelmoleküle müssen die Forscher auf Massen-Screenings und andere mühsame Labormethoden zurückgreifen, die viel langsamer und ineffizienter sind.

Man muss allerdings anerkennen, dass mit diesem Ansatz große Erfolge erzielt wurden. Vor tausend Jahren lag die Lebenserwartung bei der Geburt in Europa unter dreißig Jahren, da so viele Menschen in ihrer Kindheit oder Jugend an Krankheiten wie Cholera und Ruhr starben, von denen heute keine große Gefahr mehr ausgeht.[103] Bis zur Mitte des 19. Jahrhunderts war die Lebenserwartung im Vereinigten Königreich und in den Vereinigten Staaten auf über vierzig Jahre angestiegen.[104] Bis zum Jahr 2023 ist sie in weiten Teilen der entwickelten Welt auf über achtzig Jahre angestiegen.[105] Wir haben die Lebenserwartung in den letzten tausend Jahren also fast verdreifacht und in den letzten zwei Jahrhunderten verdoppelt. Erreicht wurde dies vor allem durch die Entwicklung von Methoden zum Schutz vor oder zur Abtötung externer Krankheitserreger, d.h. vor Bakterien und Viren von außerhalb unseres Körpers, die Krankheiten übertragen.

Nun wurden bis heute die meisten dieser niedrig hängenden Früchte bereits gepflückt. Die verbleibenden Ursachen für Krankheiten und Behinderungen liegen meist sehr tief in unserem Körperinneren. Wenn Zellen nicht richtig funktionieren und Gewebe zerfällt, entstehen Krankheiten wie Krebs, Arteriosklerose, Diabetes und Alzheimer. Bis zu einem gewissen Grad können wir diese Risiken durch unseren Lebensstil, unsere Ernährung und Nahrungsergänzungsmittel vermindern – was ich als die erste Brücke zur radikalen Lebensverlängerung bezeichne.[106] Diese Maßnahmen können das Unvermeidliche allerdings nur hinauszögern. Aus diesem Grund hat sich der Anstieg der Lebenserwartung in den Industrieländern seit etwa der Mitte des 20. Jahrhunderts verlangsamt. Beispielsweise stieg die Lebenserwartung bei der Geburt in den Vereinigten Staaten von 1880 bis 1900 von etwa 39 auf 49 Jahre, aber von 1980 bis 2000 – nachdem sich der Schwerpunkt der Medizin von Infektionskrankheiten weg und hin zu chronischen und degenerativen Krankheiten verlagert hatte – nur noch von 74 auf 76 Jahre.[107]

Glücklicherweise werden wir ab den 2020er-Jahren mit einer Kombination aus künstlicher Intelligenz und Biotechnologie die zweite Brücke betreten und diese degenerativen Krankheiten heilen können. Wir sind bereits so weit, dass wir Computer nicht mehr nur zur Organisation von Informationen über Eingriffe und klinische Studien einsetzen. Wir setzen jetzt KI zur Entdeckung neuer Medikamente ein, und bis zum Ende dieses Jahrzehnts werden wir in der Lage sein, langsame und wenig leistungsfähige Studien an Versuchspersonen durch digitale Simulationen zu ergänzen und schließlich zu ersetzen. Wir sind dabei, die Medizin in eine Informationstechnologie zu überführen und den exponentiellen Fortschritt, der für diese Technologien kennzeichnend ist, einzusetzen, um schließlich die Software der Biologie zu beherrschen.

Eines der frühesten und wichtigsten Beispiele hierfür findet sich im Bereich der Genetik. Seit dem Abschluss des Humangenomprojekts im Jahr 2003 sind die Kosten für die Genomsequenzierung einem anhaltenden exponentiellen Trend gefolgt und im Durchschnitt jedes Jahr um etwa die Hälfte gefallen. Trotz eines kurzen Stillstands der Sequenzierungskosten von 2016 bis 2018 und eines verlangsamten Fortschritts aufgrund von Verwerfungen durch die COVID-19-Pandemie sinken die Kosten weiter – und dies wird sich wahrscheinlich noch einmal beschleunigen, da bei der Sequenzierung hoch ent-

Lebenserwartung im Vereinigten Königreich, zur Geburt und im Alter von 1, 5 und 10 Jahren[111]

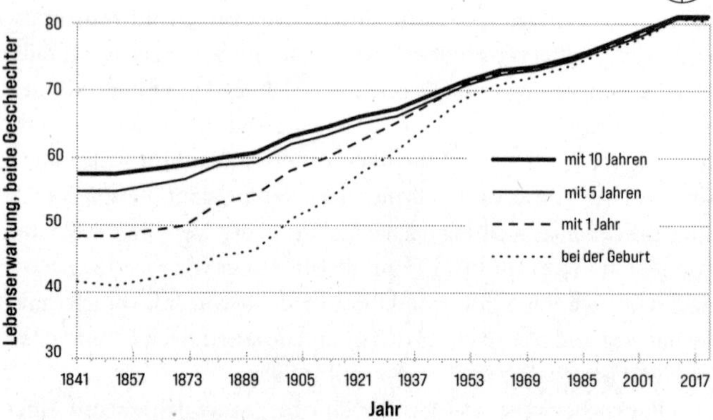

Quelle: UK Office of National Statistics

Abbildung 24

wickelte KI eingesetzt wird. Die Kosten sind von etwa 50 Millionen Dollar pro Genom im Jahr 2003 auf nur noch 399 Dollar Anfang 2023 gesunken, und ein Unternehmen verspricht bereits, zu der Zeit, zu der Sie dieses Buch lesen, Tests für 100 Dollar anzubieten.[108]

Da die KI immer mehr Bereiche der Medizin verändert, wird sie viele ähnliche Entwicklungen hervorbringen. Es gibt bereits erste klinische Einsätze,[109] aber wir befinden uns noch am Anfang dieser exponentiellen Kurve. Die derzeitige tröpfchenweise Anwendung wird sich bis Ende der 2020er-Jahre zu einer Flut entwickeln. Dann werden wir in der Lage sein, die biologischen Faktoren, die heute die maximale Lebensspanne auf etwa 120 Jahre begrenzen, direkt anzugehen, einschließlich mitochondrialer Genmutationen, verkürzter Telomerlänge und unkontrollierter Zellteilung, der Ursache von Krebs.[110]

In den 2030er-Jahren werden wir die dritte Brücke der radikalen Lebensverlängerung erreichen: Medizinische Nanoroboter, die in der Lage sein werden, in unserem gesamten Körper auf zellularer Ebene intelligente Wartungs- und Reparaturarbeiten durchzuführen. Nach einigen Definitionen gelten bestimmte Biomoleküle schon heute als Nanoroboter. Was die Nanoroboter der dritten Brücke jedoch von

Lebenserwartung in den USA,
zur Geburt und im Alter von 1, 5 und 10 Jahren[112]

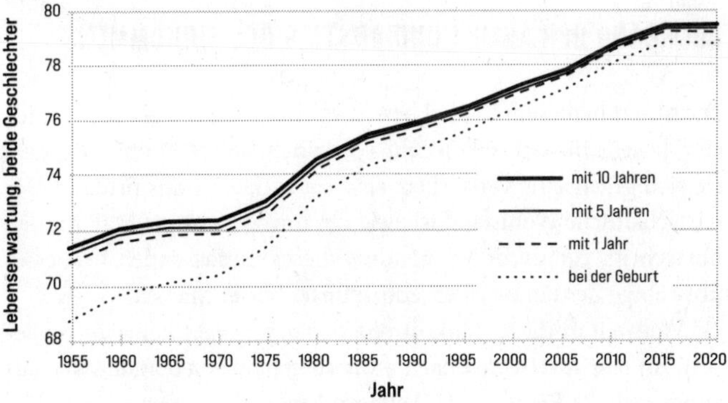

Quelle: UN Department of Social and Economic Affairs

Abbildung 25

anderen unterscheidet, ist die Möglichkeit, sie aktiv mit künstlicher Intelligenz zu steuern und ihnen unterschiedliche Aufgaben zuzuweisen. In diesem Stadium werden wir unsere Biologie auf eine Art kontrollieren können, wie wir das heute bei der Wartung eines Automobils tun. Wir können die Teile eines Autos, wenn es nicht gerade durch einen Unfall vollständig zerstört wurde, unbegrenzt reparieren oder ersetzen. Ebenso werden intelligente Nanoroboter gezielte Reparaturen oder Upgrades einzelner Zellen durchführen können – womit sie die Alterung verhindern. Mehr dazu später in Kapitel 6.

Die vierte Brücke – die Möglichkeit, die Daten in unserem Gedächtnis digital zu speichern – wird eine Technologie der 2040er-Jahre sein. Wie ich in Kapitel 3 darlege, besteht der Kern der Identität eines Menschen nicht in seinem Gehirn selbst, sondern in der ganz besonderen Anordnung der Informationen, die sein Gehirn darstellen und verarbeiten kann. Sobald wir diese Informationen mit ausreichender Genauigkeit scannen können, werden wir in der Lage sein, sie auf digitalen Substraten zu replizieren. Das würde bedeuten, dass die Identität einer Person selbst bei der Zerstörung ihres biologischen Gehirns nicht ausgelöscht würde: Wenn diese Daten kopiert und auf sichere Speichermedien übertragen würden, könnte man eine fast unbegrenzte Lebensdauer erreichen.

RÜCKGANG DER ARMUT UND ANSTIEG DES EINKOMMENS

Die bisher in diesem Kapitel beschriebenen technologischen Trends sind jeweils für sich schon sehr vorteilhaft, aber erst dadurch, dass sie sich gegenseitig verstärken, sind sie wirklich transformativ. Der wirtschaftliche Wohlstand ist zwar ein unvollständiges Maß für den Fortschritt, für unser Verständnis dieses umfassenden Prozesses über lange Zeiträume ist er jedoch unser bester Maßstab.

Weltweit ist dieser Makrotrend bemerkenswert konstant geblieben. Im Jahr 1820 lebten nach modernen globalen Standards schätzungsweise 84 Prozent der Weltbevölkerung in extremer Armut.[113] Mit der Verbreitung der Industrialisierung begann die Armut in Europa und Amerika bald zu sinken.[114] In den Jahrzehnten nach dem Zweiten Weltkrieg kam es mit der Einführung der modernen Landwirtschaft in Indien und China zu einer erheblichen Beschleunigung dieses Prozesses.[115] Auch wenn die zunehmende Medienberichterstattung über die weltweite Armut vielen Menschen in den Industrieländern einen falschen Eindruck von ihrem Ausmaß vermittelt hat, geht die Armutsquote weiter zurück – wobei sich die Lage in den letzten dreißig Jahren besonders schnell verbesserte. Im Jahr 2019 lag die Quote der extremen Armut (derzeit definiert als Leben mit weniger als 2,15 Dollar pro Tag in Dollar des Jahres 2017) weltweit bei etwa 8,4 Prozent, nachdem sie zwischen 1990 und 2013 um mehr als zwei Drittel gesunken war.[116]

Am stärksten war der Rückgang in Ostasien, wo die wirtschaftliche Entwicklung Chinas Hunderte Millionen Menschen aus der Armut holte und ihnen einen Lebensstandard ungefähr auf dem Niveau anderer Industrieländer ermöglichte. Von 1990 bis 2013 ging die extreme Armut in Ostasien um erstaunliche 95 Prozent zurück, während die Gesamtbevölkerung in diesem Zeitraum von 1,6 auf 2 Milliarden Menschen anwuchs.[117]

Die einzigen Regionen, in der die extreme Armut etwa im selben Zeitraum zunahm, waren Europa und Zentralasien, wo es Jahrzehnte dauerte, das wirtschaftliche Chaos nach dem Zusammenbruch der Sowjetunion zu überwinden.[118] Es ist erwähnenswert, dass dies in erster Linie politische und nicht etwa rein wirtschaftliche oder technologische Gründe hatte. Der Zusammenbruch des autoritären Sowjetreichs schuf ein Machtvakuum, das enorme Korruption zuließ. Insbesondere in den ärmeren zentralasiatischen postsowjetischen Republiken führte dies zu negativen Rückkopplungsschleifen, die Investitionen verhinderten und die Schaffung von Wohlstand unterdrückten.

Seit dem Ende des Kalten Kriegs ist die internationale Gemeinschaft jedoch in der Lage, der Bekämpfung der schweren Armut in den schwächsten Regionen der Erde wesentlich größere Aufmerksamkeit zu schenken. Unmittelbar nach dem Zusammenbruch der Sowjetunion kürzten viele Industrieländer ihre Budgets für die Auslandshilfe und räumten der internationalen Entwicklung zunächst weniger Priorität ein.[119] Dies ist darauf zurückzuführen, dass die Entwicklungshilfe während des Kalten Kriegs weitgehend strategisch motiviert war, da die westlichen Demokratien und die kommunistischen Ostblockstaaten um Einfluss in den Entwicklungsländern konkurrierten. Mitte der 1990er-Jahre beschloss die Organisation für wirtschaftliche Zusammenarbeit und Entwicklung (OECD) jedoch, dass die Entwicklungshilfe von wesentlicher Bedeutung sei – sowohl aus humanitärer Sicht als auch aus dem Grund, dass diese Förderung einer sicheren und wohlhabenden Welt allen zugutekommen würde. Im Jahr 2000 verankerten die Vereinten Nationen diese Ideen in ihren Millenniums-Entwicklungszielen (Millennium Development Goals, MDG), mit denen die internationalen Anstrengungen zur Erreichung wichtiger Meilensteine der Entwicklung bis 2015 koordiniert wurden.[120] Auch wenn viele dieser ehrgeizigen Ziele nicht erreicht wurden, so haben die MDG dennoch sehr wichtige Fortschritte bewirkt, die das Leben von Hunderten Millionen Menschen verbessert haben.

In den Vereinigten Staaten liegt die absolute Armut (gemessen an der globalen Grenze von 2,15 Dollar pro Tag in Dollar von 2017) seit Beginn der Messungen bei oder unter 1,2 Prozent.[121] Nach den Statistiken zur relativen Armut (d. h. Armut im Verhältnis zu den akzeptierten Standards der jeweiligen Gesellschaft) sieht die Situation jedoch anders aus. Die relative Armut in den Vereinigten Staaten fiel von 45 Prozent im 19. Jahrhundert auf etwa 12,5 Prozent im Jahr 1970, wobei die größten Veränderungen in den Nachkriegsjahren zu beobachten waren, und stagniert seitdem.[122] Seither bewegen sich die Zahlen in Abhängigkeit von der Entwicklung der Gesamtwirtschaft im niedrigen zweistelligen Bereich,[123] haben sich jedoch langfristig nicht weiter verbessert.[124] Ein Grund dafür ist, dass der steigende Lebensstandard zu einer ständigen Neudefinition der relativen Armutsgrenze geführt hat, sodass Menschen, die aufgrund ihrer Lebensqualität im Jahr 1980 nicht als arm eingestuft worden wären, heute als arm gelten.[125]

Dennoch ist die Zahl der von Armut betroffenen Amerikaner (nach dem in regelmäßigen Abständen neu definierten Standard) von 2014 bis 2019 um etwa 12,6 Millionen zurückgegangen, obwohl die Gesamtbevölkerung im selben Zeitraum um etwa 8,9 Millionen zugenommen hat.[126] 4,1 Millionen dieses Rückgangs entfielen allein auf das Jahr 2019, in dem sich die Armutsquote unter den älteren Menschen einem historischen Tiefstand näherte.[127] Der vorübergehende

Anstieg während der COVID-19-Pandemie[128] stellte eine Abweichung vom allgemeinen Abwärtstrend seit der Finanzkrise 2008 dar.

Hinzu kommt, dass die Armen von heute in absoluten Zahlen viel besser dastehen, weil sie über das Internet einen umfassenden Zugang zu kostenlosen Informationen und Dienstleistungen haben, wie z. B. die Möglichkeit, an frei zugänglichen MIT-Kursen teilzunehmen oder Videochats mit weit entfernt wohnenden Familienmitgliedern zu führen.[129] In ähnlicher Weise profitieren sie vom radikal verbesserten Preis-Leistungs-Verhältnis von Computern und Mobiltelefonen in den letzten Jahrzehnten, das in den Wirtschaftsstatistiken nicht entsprechend berücksichtigt wird. (Das Versagen der Wirtschaftsstatistiken, das exponentiell steigende Preis-Leistungs-Verhältnis von Produkten und Dienstleistungen, die von der Informationstechnologie beeinflusst werden, angemessen zu erfassen, wird im nächsten Kapitel ausführlicher behandelt.) Jemand mit einem preiswerten Smartphone kann heute über das Internet schnell und einfach auf fast alle Bildungsinformationen der Welt zugreifen, Sprachen übersetzen, Wegbeschreibungen finden und vieles mehr. Diese Möglichkeiten waren vor einigen Jahrzehnten nicht einmal für viele Millionen Dollar zu bekommen.

US-Armutsraten[130]

Relativ vs. absolut

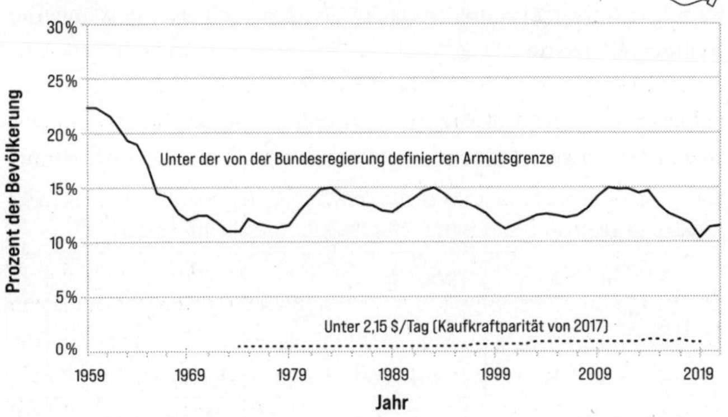

Quellen: US Census Bureau; World Bank

Abbildung 26

Sinkende Armutsraten weltweit[131]

In absoluten Zahlen, mit der Armutsquote der USA zum Vergleich

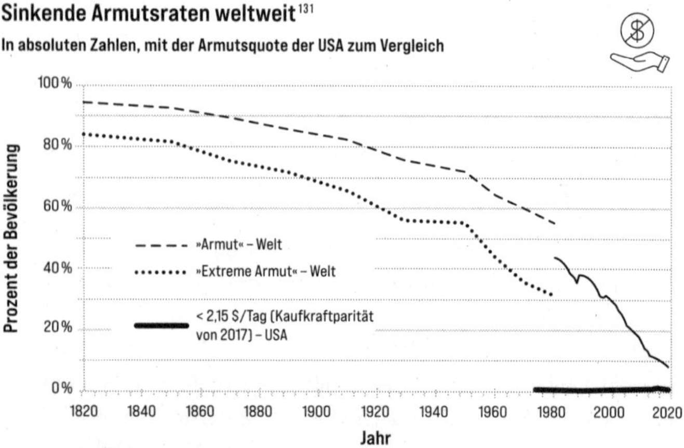

Wesentliche Quellen: Our World in Data; François Bourguignon und Christian Morrisson, »Inequality Among World Citizens: 1820–1992«, in: *American Economic Review* 92, Nr. 4 (September 2002), S. 727–744

Abbildung 27

In den Vereinigten Staaten ist das durchschnittliche Tageseinkommen pro Person stetig gestiegen. Im Jahr 2023 lag die US-Armutsgrenze für eine alleinstehende Person bei 14 580 Dollar, was einem Tageseinkommen von 39,95 Dollar entspricht.[132] Ganz real liegt der Durchschnittsamerikaner (nicht der Median) seit etwa 1941 über der Armutsgrenze von 2023.[133]

Durchschnittliches Tageseinkommen pro Person in den Vereinigten Staaten (2023 Dollar), nach Jahr[134]

2020: 191,00 $	1970: 89,82 $	1900: 20,08 $
2015: 169,88 $	1960: 65,27 $	1880: 15,08 $
2010: 154,15 $	1950: 52,97 $	1860: 13,27 $
2000: 147,18 $	1940: 35,47 $	1840: 8,37 $
1990: 124,32 $	1930: 30,74 $	1800: 5,65 $
1980: 102,41 $	1910: 26,45 $	1774: 7,06 $

Ungefähre Armutsquote in den Vereinigten Staaten (relative Armut, von der Regierung regelmäßig neu definiert), nach Jahr[135]

2020: 11,5 %	2015: 13,5 %	2010: 15,1 %	2000: 11,3 %
1990: 13,5 %	1980: 13,0 %	1970: 12.6 %	1960: 22,2 %
1950: ~30 %	1935: ~45 %	1910: ~30 %	1870: ~45 %

Rückgang der extremen Armut, nach Regionen[136]

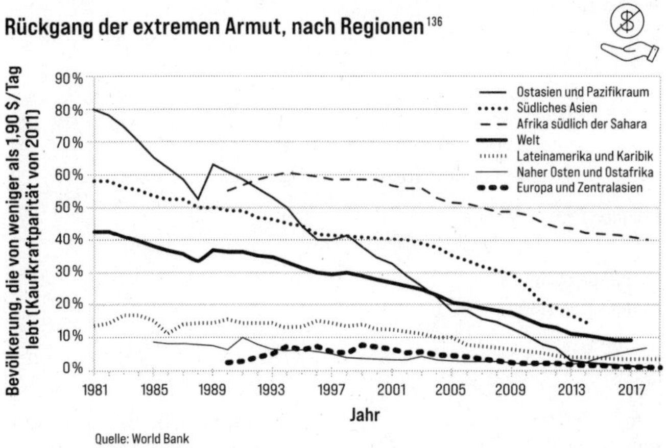

Abbildung 28

Es ist wenig überraschend, dass das Bruttoinlandsprodukt der USA exponentiell gewachsen ist, denn Bevölkerungswachstum bedeutet Wirtschaftswachstum. Aber auch das Pro-Kopf-Bruttoinlandsprodukt, in dem das Bevölkerungswachstum herausgerechnet wird, ist exponentiell gestiegen.[137] Hier ist wieder zu beachten, dass kostenlose Informationsprodukte nicht berücksichtigt werden und dass auch die exponentielle Zunahme der Leistungsfähigkeit der Informationstechnologie bei gleichen Kosten im Laufe der Zeit ebenfalls nicht berücksichtigt wird.

Das BIP spiegelt die gesamte wirtschaftliche Aktivität wider, einschließlich der großen Unternehmen, aber die Entwicklung ist ähnlich, wenn nur die persönlichen Einkommen betrachtet werden. Mit

US-BIP pro Kopf[138]

Lineare Skala

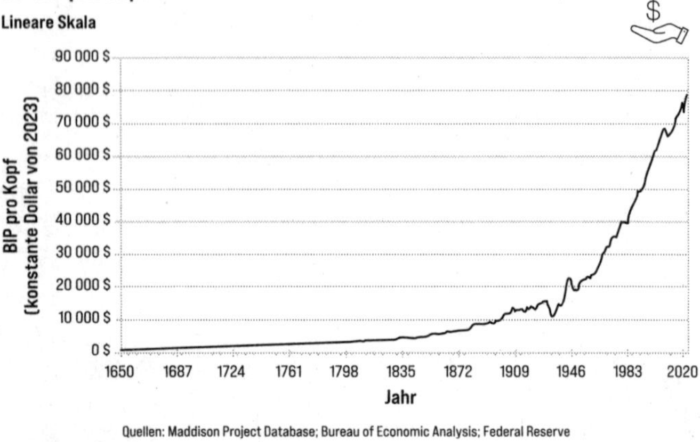

Abbildung 29

US-BIP pro Kopf[139]

Logarithmische Skala

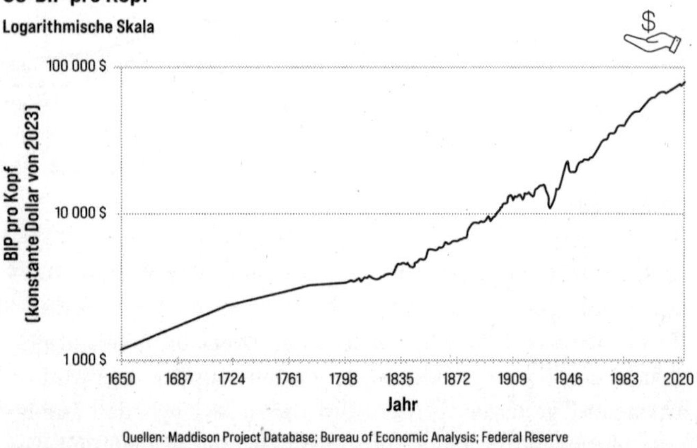

Abbildung 30

dem Pro-Kopf-Einkommen werden die Einkünfte der Menschen gemessen, nicht die der Unternehmen. Es umfasst also nicht nur Löhne und Gehälter, sondern auch die Dividenden und Gewinne, die Aktionäre und Unternehmenseigentümer mit ihren Firmen erzielen.

Seit der ersten Erfassung dieser statistischen Daten im Jahr 1929 ist das Pro-Kopf-Einkommen in konstanten Dollar in den Vereinigten Staaten enorm gestiegen, und es kam nur während der Großen Depression und größeren Rezessionen zu kurzzeitigen Rückgängen. In den letzten neun Jahrzehnten hat sich das Realeinkommen des Durchschnittsamerikaners mehr als verfünffacht. Dies ist der Fall, obwohl die Zahl der geleisteten Arbeitsstunden erheblich zurückgegangen ist.[140] Das Medianeinkommen, das die Einkünfte einer Person in der genauen Mitte der nationalen Einkommensverteilung widerspiegelt, ist nicht so schnell gewachsen, aber die realen Medianeinkommen steigen in absoluten Zahlen stetig weiter an, von 27 273 Dollar im Jahr 1984 auf 42 488 Dollar im Jahr 2019, kurz vor der Pandemie (alles in Dollar des Jahres 2023).[141]

Bei diesen Anstiegen werden die tatsächlich erlangten Vorteile deutlich zu gering bewertet, da sie nicht die Tatsache widerspiegeln, dass, wie bereits erwähnt, viele Waren wie z. B. Elektronik heute viel weniger kosten als früher und viele äußerst wertvolle Dienstleistungen wie Suchmaschinen und soziale Netzwerke den Nutzern kostenlos bereitgestellt werden. Darüber hinaus steht den Menschen

Pro-Kopf-Einkommen in den USA[142]

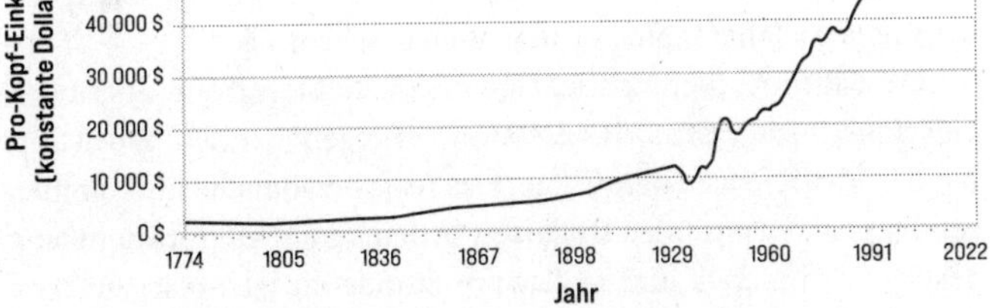

Quellen: Bureau of Economic Analysis; National Bureau of Economic Research; Alexander Klein, »New State-Level Estimates of Personal Income in the United States, 1880–1910«, in: *Research in Economic History*, Bd. 29, Hg. Christopher Hanes und Susan Wolcott (Bingley 2013); Federal Reserve

Abbildung 31

durch die Globalisierung eine viel größere Menge an Produkten und Dienstleistungen zur Verfügung als im Jahr 1929. Es ist kaum möglich, der im Vergleich zu vergangenen Jahrzehnten heute schwindelerregenden Vielfalt an Möglichkeiten für die Verbraucher einen monetären Wert zuzuordnen. Selbst wenn Sie bei einer Mahlzeit nur zwischen chinesischem oder mexikanischem Essen wählen könnten, wäre Ihnen das sicherlich lieber, als nur ein Gericht zur Auswahl zu haben. Diese Vielfalt findet sich inzwischen in zahlreichen anderen Lebensbereichen. Es gibt nicht mehr nur drei Fernsehsender – es gibt Hunderte. Im Supermarkt müssen wir uns nicht mit dem Angebot weniger Sorten Obst begnügen, denn es werden außerhalb der Saison Früchte von der anderen Seite der Erde eingeflogen. Anstelle von ein paar Tausend Büchern in einer Buchhandlung können wir auf Amazon unter Millionen von Büchern wählen.

Diese Wahlmöglichkeiten erlauben jedem, seinen persönlichen Vorlieben nachzugehen, aber sie sind besonders wichtig für Menschen, die ungewöhnliche Geschmäcker und Interessen haben. Dank der globalisierten Wirtschaft, die durch die Informationstechnologie ermöglicht wurde, können Sie, wenn Sie alte Kaleidoskope sammeln, auf Ebay Angebote aus der ganzen Welt durchstöbern. Ein Kind, das sich für Mathematik und Naturwissenschaften interessiert, kann sich stundenlang Bildungssendungen ansehen, die seine Neugierde fördern, anstatt wie in meiner Generation vor dem einzigen Fernseher der Familie zu sitzen und *Rauchende Colts* zu schauen. Die Weiterentwicklung des 3-D-Drucks und schließlich der Nanotechnologie wird diese Diversifizierung unserer Wahlmöglichkeiten in den kommenden Jahrzehnten exponentiell beschleunigen.

Das Jahreseinkommen ist eine nützliche Messgröße, aber noch aufschlussreicher ist es, das Einkommen gegenüber den Arbeitszeiten der Menschen zu betrachten. Das reale persönliche Einkommen pro Stunde in konstanten Dollars ist in den Vereinigten Staaten stetig gestiegen, von etwa fünf Dollar pro Stunde im Jahr 1880 auf etwa 93 Dollar pro Stunde im Jahr 2021.[143] Allerdings besteht das persönliche Einkommen nicht nur aus Lohn oder Gehalt. Es umfasst auch Einkünfte aus Investitionen und Einkünfte aus einem Unternehmen, das jemand besitzt, außerdem staatliche Leistungen und einmalige

Zahlungen wie staatliche Sonderzahlungen während der Pandemie im Jahr 2020. Daher ist das persönliche Einkommen pro Stunde grundsätzlich höher als das reine stündliche Einkommen aus Löhnen und Gehältern. Es ist dennoch ein nützliches Maß, weil es widerspiegelt, wie das nicht durch Lohn oder Gehalt erzielte Einkommen einen zunehmenden Anteil des gesamten persönlichen Einkommens ausmacht, und damit besser zeigt, wie der wirtschaftliche Wohlstand insgesamt zunimmt, auch wenn der durchschnittliche Arbeitnehmer weniger Zeit mit Arbeiten verbringt.

Das folgende Diagramm zeigt, wie das Realeinkommen pro geleisteter Arbeitsstunde in den Vereinigten Staaten stetig gestiegen ist – selbst in Zeiten wirtschaftlicher Turbulenzen. Obwohl aus der Zeit des Tiefpunkts der Großen Depression keine guten Daten zur Verfügung stehen, scheint es, als hätten die Einkommen pro Stunde in dieser Zeit nicht annähernd so stark gelitten wie andere Messgrößen der Wirtschaftsleistung. Der Grund dafür ist, dass sich der Rückgang des Einkommens pro Kopf während der Depression aus

US-Durchschnittseinkommen pro geleisteter Arbeitsstunde[144] (einschließlich anderer Einkommen als Löhne)

Wesentliche Quellen: Maddison Project; Bureau of Economic Analysis; Stanley Lebergott, »Labor Force and Employment, 1800–1960«, in: *Output, Employment, and Productivity in the United States After 1800*, Hg. Dorothy S. Brady, Washington 1966); Alexander Klein, »New State-Level Estimates of Personal Income in the United States, 1880–1910«, in: *Research in Economic History*, Bd. 29, Hg. Christopher Hanes und Susan Wolcott (Bingley, UK 2013); Michael Huberman und Chris Minns, »The Times They Are Not Changin': Days and Hours of Work in Old and New Worlds, 1870–2000«, in: *Explorations in Economic History* 44, Nr. 4 (12. Juli 2007)

Abbildung 32

einem geringeren Gesamteinkommen der Bevölkerung ergibt. Da sich die Bevölkerung (der Nenner) nicht sehr stark veränderte, bedeutete dies zwangsläufig ein geringeres Pro-Kopf-Einkommen. Wenn Menschen jedoch ihren Arbeitsplatz verlieren, verlieren sie nicht nur ihr Einkommen, sondern arbeiten auch weniger Stunden. Diese Verringerung des Nenners führte dazu, dass das Einkommen pro Stunde während der Depression konstant blieb und dann sogar anstieg. Anders formuliert bedeutet das, dass zwar viele Menschen ihren Arbeitsplatz verloren haben, dass aber diejenigen, die nicht gefeuert wurden, nicht wesentlich schlechter bezahlt wurden.

Im späten 19. Jahrhundert verbrachte der durchschnittliche amerikanische Arbeiter pro Jahr fast dreitausend Stunden bei der Arbeit.[145] Ab etwa 1910 ging diese Zahl rapide zurück, da Vorschriften und Gewerkschaften die Dauer der Arbeitstage beschränkten und den Arbeitnehmern mehr Freizeit gewährten.[146] Außerdem stellten die Arbeitgeber fest, dass ausgeruhte Arbeitnehmer produktiver und genauer arbeiteten, sodass es sinnvoll war, die Arbeitszeit auf eine größere Anzahl von Arbeitnehmern zu verteilen, als dies zu Beginn der industriellen Revolution der Fall war. Während der Weltwirtschaftskrise sank die durchschnittliche Arbeitszeit auf unter 1750 Stunden pro Jahr, da die Unternehmen die Arbeitszeit selbst derjenigen Arbeitnehmer, die noch Arbeit hatten, reduzieren mussten.[147] Während des Zweiten Weltkriegs und des Nachkriegsbooms strömten die Amerikaner wieder in Fabriken und Büros und arbeiteten im Durchschnitt mehr als 2000 Stunden pro Jahr.[148] Seitdem ist die Zahl der geleisteten Arbeitsstunden in den Vereinigten Staaten allmählich, aber stetig zurückgegangen und hat in etwa wieder das Niveau der Depressionszeit erreicht.[149] Der Unterschied besteht darin, dass dieser Rückgang heute größtenteils darauf zurückzuführen ist, dass viele Beschäftigte in Teilzeit arbeiten oder andere Entscheidungen getroffen haben, mit denen Beruf und Familie oder Freizeitinteressen besser unter einen Hut zu bringen sind. In einigen europäischen Ländern ist die Zahl der geleisteten Arbeitsstunden sogar noch stärker gefallen.[150]

Die Veränderungen in der Art der beruflichen Anforderungen haben Millennials und die Generation Z mehr als andere Generationen dazu motiviert, kreative, oft unternehmerische Karrieren anzustreben, und haben ihnen die Freiheit gegeben, von zu Hause aus zu arbeiten, was zwar Fahrtzeit und -kosten spart, aber zu einer unscharfen Trennung von Arbeit und Privatleben führen kann. Die COVID-19-Pandemie führte bei der Erwerbsbevölkerung zu einer plötzlichen und dramatischen Verschiebung hin zur Telearbeit und anderen alternativen Modellen der Beziehung zwischen Arbeitgeber und Arbeitnehmer. In einer Studie gaben 98 Prozent der Befragten an, dass sie sich für den Rest ihrer beruflichen Laufbahn die Möglichkeit der ortsunabhängigen Arbeit wünschten.[151] Da der technologische Wandel es ermöglicht, immer mehr Aufgaben aus der Ferne zu erledigen, wird sich dieser Trend wahrscheinlich noch verstärken.

Ein weiterer wichtiger Indikator für sozioökonomischen Wohlstand ist die Kinderarbeit. Wenn Kinder aufgrund von Armut zur Arbeit gezwungen werden, besuchen sie keine Schule, und entsprechend sind ihre langfristigen Aussichten schlechter. Glücklicherweise ist die Kinderarbeit im 21. Jahrhundert stetig zurückgegangen.

Durchschnittlich geleistete Arbeitsstunden pro Jahr in den USA[152]

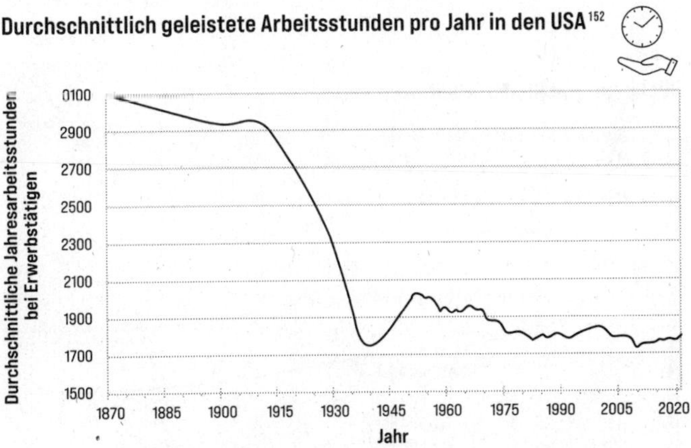

Quellen: Michael Huberman und Chris Minns, »The Times They Are Not Changin': Days and Hours of Work in Old and New Worlds, 1870–2000«, in: *Explorations in Economic History* 44, Nr. 4 (12. Juli 2007); University of Groningen and University of California, Davis; Federal Reserve; Organisation for Economic Co-operation and Development

Abbildung 33

Die Internationale Arbeitsorganisation verwendet zur Messung des Fortschritts in diesem Bereich drei ineinander verschachtelte Kategorien.[153] Die größte Kategorie ist die »Kinderbeschäftigung«, in die Kinder eingeordnet werden, die leichte Arbeiten in landwirtschaftlichen Familienbetrieben oder in Familienunternehmen verrichten, die zwar von der Ausbildung ablenken können, aber eine relativ milde Form der Kinderarbeit darstellen. Die zweite Kategorie, die eigentliche »Kinderarbeit«, beinhaltet Kinder, die in Bezug auf die geforderten Arbeitszeiten und die Beschwerlichkeit der Arbeit selbst Tätigkeiten ausüben, die denen von Erwachsenen ähneln. Unter die dritte und strengste Kategorie fallen Kinder, die »gefährliche Arbeit« ausführen, d. h., unter besonders gefährlichen Bedingungen arbeiten. Zu diesen Tätigkeiten gehören Bergbau, Abwracken von Schiffen (Zerlegen von Schiffen zur Rückgewinnung von Wertstoffen und zur Entsorgung) und Abfallentsorgung. Von 2000 bis 2016 ist der geschätzte Prozentsatz der Kinder in der Welt, die gefährliche Arbeit verrichten, von 11,1 Prozent auf 4,6 Prozent gesunken, auch wenn die wirtschaftlichen Verwerfungen durch COVID-19 diesen Fortschritt unterbrochen zu haben scheinen.[154]

Rückgang von Kinderarbeit, weltweit[155]

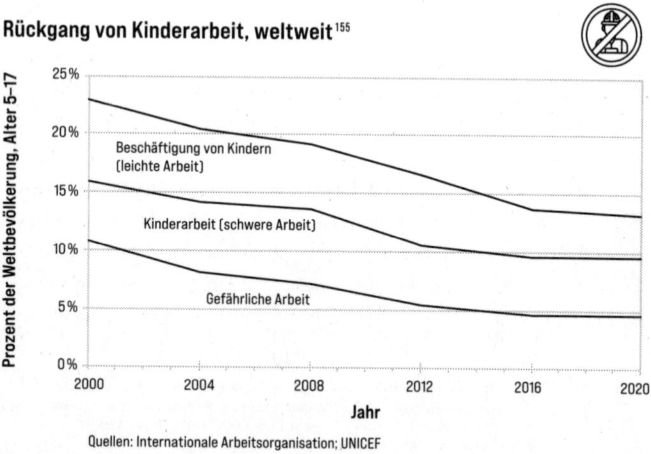

Quellen: Internationale Arbeitsorganisation; UNICEF

Abbildung 34

RÜCKGANG DER GEWALT

Steigender materieller Wohlstand steht in einer sich wechselseitig verstärkenden Beziehung zum Rückgang der Gewalt. Menschen, die wirtschaftlich viel zu verlieren haben, verspüren stärkere Anreize, Kämpfe zu vermeiden, und wenn sie sich auf ein langes Leben in Sicherheit freuen können, haben sie gute Gründe, langfristige Investitionen zu tätigen, die auch der Gesellschaft zugutekommen. In Westeuropa sind die Mordraten mindestens seit dem 14. Jahrhundert kontinuierlich zurückgegangen.[156] Über diese langen Zeiträume hinweg war der Rückgang exponentiell, und das, obwohl immer tödlichere Handfeuerwaffen entwickelt wurden. In den westeuropäischen Ländern, für die wir über gute Daten verfügen, die bis ins Mittelalter zurückreichen, ist die Zahl der jährlichen Tötungsdelikte pro 100 000 Menschen von durchschnittlich etwa 33 im 14. und 15. Jahrhundert auf weniger als eins in der heutigen Zeit gesunken, was einen Rückgang um mehr als 97 Prozent bedeutet.[157] Dabei ist zu beachten, dass in diesen Statistiken nur »normale« Tötungsdelikte wie Mord und Totschlag erfasst wurden; Todesfälle durch Krieg oder Völkermord sind nicht berücksichtigt.

In den Vereinigten Staaten sind Mord und andere Formen der Gewaltkriminalität seit etwa 1991 langfristig rückläufig. Obwohl die Zahl der Tötungsdelikte in den USA von einem Tiefstand von 4,4 pro 100 000 im Jahr 2014 auf 6,8 im Jahr 2021 (die aktuellsten Daten zum Zeitpunkt der Erstellung dieses Berichts) gestiegen ist, ist die Zahl der Tötungsdelikte trotz dieses kurzfristigen Anstiegs dennoch um mehr als 30 Prozent gesunken, denn im Jahr 1991 lag sie noch bei 9,8.[159] In zwei Perioden des 20. Jahrhunderts waren Tötungsdelikte und Gewaltverbrechen jedoch allgemein etwa doppelt so häufig wie heute. Der erste Zeitraum waren die 1920er- und 1930er-Jahre, was der Prohibition und den kriminellen Organisationen zuzurechnen ist, die im Umfeld von illegalen Schnapsbrennern und -schmugglern entstanden waren.[160] Die zweite Epidemie der Gewalt ereignete sich in den 1970er-, 1980er- und 1990er-Jahren, als der Handel mit Betäubungsmitteln und anderen illegalen Drogen wieder

Mordraten in Westeuropa seit 1300[158]

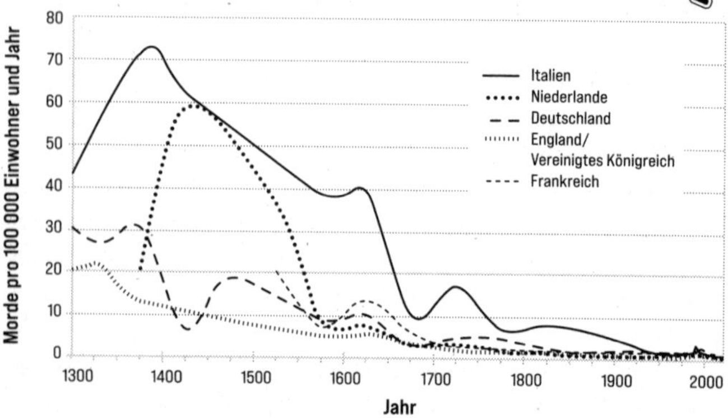

Quellen: Our World in Data (Roser und Ritchie); Manuel Eisner, »From Swords to Words: Does Macro-Level Change in Self-Control Predict Long-Term Variation in Levels of Homicide?«, in: *Crime and Justice* 43, Nr. 1 (September 2014); UN Office on Drugs and Crime

Abbildung 35: Dieses Diagramm stützt sich auf Daten aus der ausgezeichneten Arbeit von Max Roser und Hannah Ritchie auf Our World in Data, jedoch wurden für die neuere Zeit andere Quellen verwendet. Die Daten über die Zeit vor 1990 stammen aus Manuel Eisner, »From Swords to Words: Does Macro-Level Change in Self-Control Predict Long-Term Variation in Levels of Homicide«, und anstelle der Daten der Weltgesundheitsorganisation für 1990–2018 werden in diesem Diagramm Daten des UN Office on Drugs and Crime (UNODC) für die Jahre 1990–2020 verwendet. Diese Daten wurden durch andere Quellen besser bestätigt und liegen näher an vielen offiziellen Schätzungen der Strafverfolgungsbehörden.

zur Zunahme der Gewalt auf den Straßen der amerikanischen Städte führte.[161]

Seitdem sind mehrere Faktoren für den Rückgang der Gewalt verantwortlich. Als die Gewaltkriminalität in den Vereinigten Staaten Anfang der 1980er-Jahre einen historischen Höchststand erreichte, suchten Kriminologen zunehmend nach neuen Lösungen. Die Wissenschaftler George Kelling und James Q. Wilson stellten fest, dass geringfügige Straftaten wie Graffiti und Vandalismus dazu führten, dass sich die Menschen in den Gemeinden nicht mehr sicher fühlten und dass einige Menschen annahmen, sie könnten mit schwereren und gewalttätigen Straftaten davonkommen.[162] Dieses Konzept wurde als »Broken-Windows-Theorie« bezeichnet und führte zu einem neuen Trend in der Polizeiarbeit, bei dem zur Verhinderung schwererer Verbrechen häufiger schon bei kleineren Vergehen eingegriffen wurde. Dies ging einher mit einer Verlagerung hin zu anderen, proaktiveren Ansätzen zur Verbrechensverhütung, z. B. wurden in Vierteln mit hoher Kriminalität mehr Fußpatrouillen eingesetzt, und der Einsatz von Polizeiressourcen wurde mithilfe intelligenter, datengestützter Modellierung optimiert. In ihrer Kombination scheinen all diese Faktoren beim landesweiten Rückgang der Kriminalität in den 1990er- und 2000er-Jahren eine wichtige Rolle gespielt zu haben, doch hatte dieser Erfolg auch seinen Preis. In einigen Städten wurde die »Broken-Windows«-Polizeiarbeit zu weit getrieben: In von Minderheiten bewohnten Gemeinden wurde unverhältnismäßig großer Schaden angerichtet. In den 2020er-Jahren steht die Polizei vor einer doppelten Herausforderung: Sie muss den langfristigen Trend zur Verringerung der Kriminalität fortsetzen und gleichzeitig gegen rassistisch bedingte Voreingenommenheit und damit verbundene Ungerechtigkeiten vorgehen. Auch wenn es für diese Probleme keine Patentlösung gibt, können Technologien wie Körperkameras der Polizei, Handykameras der Bürger, automatische Schussdetektoren und KI-gestützte Datenanalysen eine positive Rolle spielen, solange sie verantwortungsvoll eingesetzt werden.

Ein weiterer Faktor, der erst jetzt richtig in den Blick genommen wird, ist der Zusammenhang zwischen Umweltverschmutzung und Kriminalität. Die Auswirkungen von Umweltgiften auf das Gehirn, insbesondere von Blei, wurden während des größten Teils des 20. Jahrhunderts nicht ausreichend verstanden. Die Exposition gegenüber Blei in Autoabgasen und Haushaltsfarben wirkte sich bei Kindern nachteilig auf ihre kognitive Entwicklung aus. Diese chronische Vergiftung kann sicherlich nicht als Ursache für ein bestimmtes Verbrechen bestimmt werden, doch führte sie auf gesamtgesellschaftlicher Ebene zu einem statistischen Anstieg der Gewaltverbrechen – wahrscheinlich, weil sie für eine verminderte Impulskontrolle verantwortlich ist. Etwa seit den 1970er-Jahren wurden die Mengen an Blei und anderen Giftstoffen, die in die Gehirne von Kindern gelangen, durch strengere Umweltvorschriften zunehmend begrenzt, was ebenfalls zu einem Rückgang der Gewalttätigkeit beigetragen haben soll.[163]

Morde in den Vereinigten Staaten[164]

Abbildung 36

Gewaltkriminalität in den Vereinigten Staaten[165]

Abbildung 37

In seinem 2011 erschienenen Buch *Gewalt: Eine neue Geschichte der Menschheit* führt Steven Pinker weitere Belege dafür an, dass die Zahl der Tötungsdelikte in Europa seit dem Mittelalter um etwa das

Fünfzigfache gesunken ist, in einigen Fällen sogar noch stärker.[166] Beispielsweise gab es in Oxford im 14. Jahrhundert schätzungsweise 110 Tötungsdelikte pro 100 000 Einwohner und Jahr, während es in London heute weniger als ein Tötungsdelikt pro 100 000 Einwohner und Jahr gibt.[167] Pinker schätzt, dass die Zahl der gewaltsamen Todesfälle seit der Vorgeschichte insgesamt um einen Faktor von etwa 500 zurückgegangen ist.[168]

Selbst die großen historischen Konflikte des 20. Jahrhunderts waren im Verhältnis zur Gesamtbevölkerung nicht annähernd so tödlich wie die ständige Gewalt in den vorstaatlichen Zeiten der Menschheitsgeschichte. Pinker untersuchte siebenundzwanzig unentwickelte Gesellschaften in der Geschichte, die keinen formellen Staat hatten – manche davon Jäger und Sammler, andere Jäger und Ackerbauern, die wahrscheinlich für die meisten menschlichen Gemeinschaften in der Vorgeschichte stellvertretend sind.[169] Seiner Schätzung nach hatten diese Gesellschaften durch Kriege im Durchschnitt 524 Tote pro 100 000 Menschen und Jahr zu beklagen. Vergleicht man dies mit der Zahl der Kriegstoten der zwei Weltkriege des 20. Jahrhunderts, die Völkermord, Atombombenabwürfe und die umfassendste organisierte Gewalt, die die Welt je gesehen hat, beinhalteten, so lag die Zahl der Kriegstoten in Deutschland, Japan und Russland – den drei der von diesem Gemetzel am stärksten betroffenen Länder – bei nur 144,27 beziehungsweise 135 pro 100 000 Menschen und Jahr. Dagegen haben die Vereinigten Staaten das 20. Jahrhundert, obwohl sie überall auf der Welt in Konflikte verwickelt waren, mit nur 3,7 Kriegstoten pro 100 000 Menschen und Jahr überstanden.

Dennoch nimmt ein Großteil der Öffentlichkeit fälschlicherweise an, die Gewalt werde immer schlimmer. Pinker schreibt dies größtenteils einer »historischen Kurzsichtigkeit« zu, bei der sich die Menschen auf neuere Ereignisse konzentrieren, die mehr Aufmerksamkeit erhalten, während Zeiten schlimmerer Gewalt, die weiter zurückliegen, immer mehr in Vergessenheit geraten.[170] Hier läuft die Verfügbarkeitsheuristik zu Hochform auf. Diese verzerrten Wahrnehmungen sind teilweise auf die Medien zurückzuführen, mit denen sie dokumentiert werden: Zu jüngeren Gewaltereignissen sind problemlos drastische Videos in Farbe auffindbar. Aus dem 19. Jahrhundert stehen hingegen nur Schwarz-Weiß-Fotografien zur Verfügung, und aus früheren Epochen dienen zur Anschauung nur noch Textbeschreibungen und einige wenige Gemälde.

Wie ich führt auch Pinker diesen dramatischen Rückgang der Gewalt auf sich in Rückkopplungsschleifen verstärkende Tugendhaftigkeit zurück. In dem Maße, in dem Menschen zuversichtlicher werden, ein Leben ohne Gewalterfahrungen führen zu können, wird für sie der Anreiz größer, Schulen zu bauen, Bücher zu schreiben und zu lesen, was wiederum andere dazu ermutigt, Probleme mit Vernunft statt mit Gewalt zu lösen, wodurch wiederum weniger Gewalt ausgeübt wird. Wir haben einen »sich vergrößernden Kreis« der Empathie (ein Begriff des Philosophen Peter Singer) beobachten können, d. h., wir haben unser Gefühl der Identifikation von engen Gruppen wie Clans auf ganze Nationen, dann auf Menschen in anderen Ländern und sogar auf die Tierwelt ausgeweitet.[171] Zunehmend haben sich auch die Rechtsstaatlichkeit und kulturelle Normen gegen Gewalt positioniert.

Die wichtigste Erkenntnis für die Zukunft ist, dass diese Tugendrückkopplungen im Wesentlichen durch Technologie vorangetrieben werden. Während sich die Menschen früher nur mit kleinen Gruppen identifizierten, ermöglichte es uns die Kommunikationstechnologie (zuerst Bücher, dann Radio und Fernsehen und schließlich Computer und Internet), uns mit einem immer größeren Kreis von Menschen auszutauschen und Gemeinsamkeiten mit ihnen zu entdecken. Die Möglichkeit, Videos von schaurigen Katastrophen in fernen Ländern anzuschauen, kann zu historischer Kurzsichtigkeit führen, doch sprechen sie auch unsere natürliche Empathie an und erweitern unser Mitgefühl auf unsere gesamte Spezies.

Außerdem werden, je mehr der Wohlstand zu- und die Armut abnimmt, die Anreize für die Menschen zur Zusammenarbeit größer, und die Nullsummenkämpfe um begrenzte Ressourcen lassen entsprechend nach. Viele von uns neigen beinahe instinkthaft dazu, den Kampf um knappe Ressourcen als inhärenten Teil der menschlichen Natur und damit als unvermeidliche Ursache von Gewalt zu betrachten. Dies war sicherlich über weite Strecken der Menschheitsgeschichte der Fall, aber ich glaube nicht, dass es von Dauer sein wird. Die digitale Revolution hat die Voraussetzungen für die Knappheit vieler Dinge bereits beseitigt, da wir Dienste oder Ressourcen wie die Websuche oder Verbindungen in den sozialen Medien digital verbreiten können. Der Kampf um ein Exemplar eines gedruckten Buches mag kleinkariert wirken, wir können ihn aber auf einer gewissen Ebene verstehen. Zwei Kinder streiten sich um einen gedruckten Lieblingscomic, weil immer nur eines ihn haben und lesen kann. Dagegen ist die Vorstellung, dass sich zwei Menschen um ein PDF-Dokument streiten, völlig absurd – nur weil du Zugang dazu hast, heißt das nicht, dass mir der Zugang versperrt ist. Wir können beliebig viele Kopien erstellen und das so gut wie kostenlos.

Wenn die Menschheit erst einmal über extrem billige Energie (größtenteils aus Solarenergie und schließlich aus Fusionsenergie) und KI-Roboter verfügt, werden viele Arten von Gütern so einfach zu reproduzieren sein, dass die Vorstellung, Menschen könnten darüber in Streit geraten und Gewalt anwenden, dann genauso albern erscheinen wird wie heute der Kampf um ein PDF-Dokument. Auf diese Weise wird die millionenfache Verbesserung der Informationstechnologien zwischen heute und den 2040er-Jahren transformative Verbesserungen in zahllosen anderen Bereichen der Gesellschaft vorantreiben.

WACHSTUM DER ERNEUERBAREN ENERGIEN

In fast jedem Bereich unserer technologischen Zivilisation wird Energie benötigt, jedoch ist unsere langjährige Abhängigkeit von fossilen Brennstoffen aus zwei Hauptgründen nicht nachhaltig. Am offensichtlichsten ist, dass ihre Nutzung zu Umweltverschmutzung und Treibhausgasemissionen führt, aber sie beschränken uns auch auf knappe Ressourcen, deren Gewinnung immer kostspieliger wird, während der Bedarf der Menschheit an billiger Energie immer weiter steigt. Glücklicherweise sind die Kosten für umweltfreundliche erneuerbare Energien exponentiell gesunken, da wir bei der Entwicklung der zugrunde liegenden Materialien und Mechanismen immer ausgefeiltere

Technologien einsetzen können. Beispielsweise haben wir in den letzten zehn Jahren zur Erkundung neuer Materialien für Solarzellen und Energiespeicher Supercomputer eingesetzt, und in den letzten Jahren wurden dafür auch tiefe neuronale Netze eingesetzt.[172] Infolge dieser fortlaufenden Kostensenkungen nimmt auch die Gesamtmenge der aus erneuerbaren Quellen – Sonne, Wind, Erdwärme, Gezeiten und Biokraftstoffe – gewonnenen Energie exponentiell zu.[173] Im Jahr 2021 kamen 3,6 Prozent der elektrischen Energie aus der Photovoltaik, und seit 1983 hat sich dieser Anteil im Durchschnitt alle achtundzwanzig Monate verdoppelt.[174] Mehr dazu später in diesem Kapitel.

Photovoltaikmodul-Kosten pro Watt[175]

Logarithmische Skala

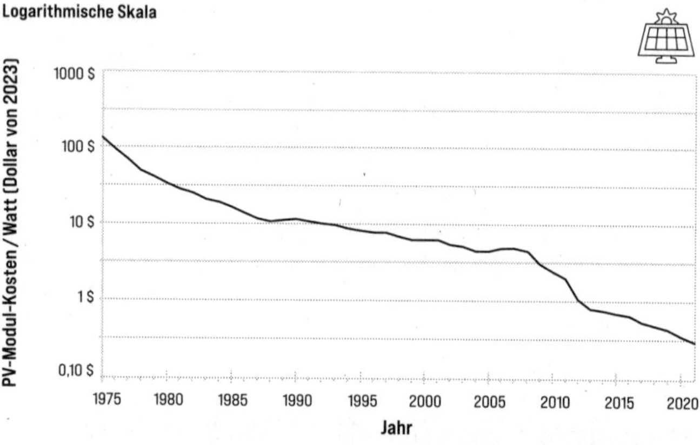

Wesentliche Quellen: Our World in Data; Gregory F. Nemet, »Interim Monitoring of Cost Dynamics for Publicly Supported Energy Technologies«, in: *Energy Policy* 37, Nr. 3 (März 2009); IRENA

Abbildung 38: Wie dieses logarithmische Diagramm zeigt, sind die Kosten für Photovoltaikmodule pro Watt in den letzten fünf Jahrzehnten exponentiell gesunken. Diese Entwicklung wird manchmal als Swansons Gesetz bezeichnet. Es ist zu beachten, dass die Modulkosten zwar den größten Einzelposten der Gesamtkosten für Solarstromanlagen ausmachen, dass aber andere Faktoren wie Genehmigungen und Installationsarbeiten die Gesamtkosten auf etwa das Dreifache der Modulkosten ansteigen lassen können.[176] Während die Modulkosten sehr schnell gesunken sind, sind die Kosten für diese anderen Faktoren nur langsam gesunken. KI und Robotik können die Kosten für Arbeit und Planung senken, aber wir brauchen auch Strategien zur Förderung einer effizienten Planung und Genehmigung von Energieversorgungsstrukturen.

Photovoltaik – weltweit installierte Leistung[177]

Lineare Skala

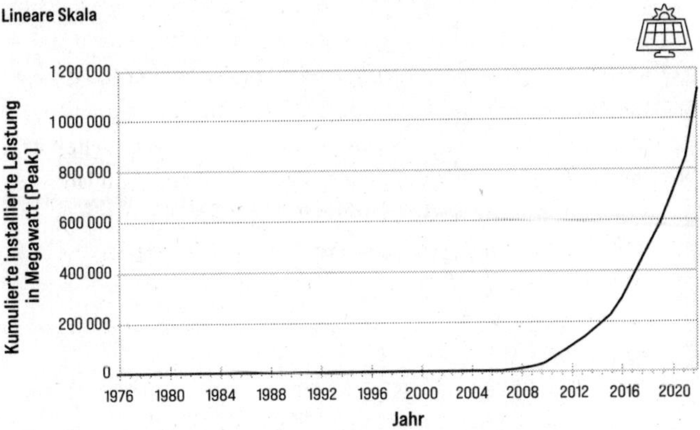

Wesentliche Quellen: Our World in Data; IRENA; Gregory F. Nemet, »Interim Monitoring of Cost Dynamics for Publicly Supported Energy Technologies«, in: *Energy Policy* 37, Nr. 3 (März 2009)

Abbildung 39

Photovoltaik – weltweit installierte Leistung[178]

Logarithmische Skala

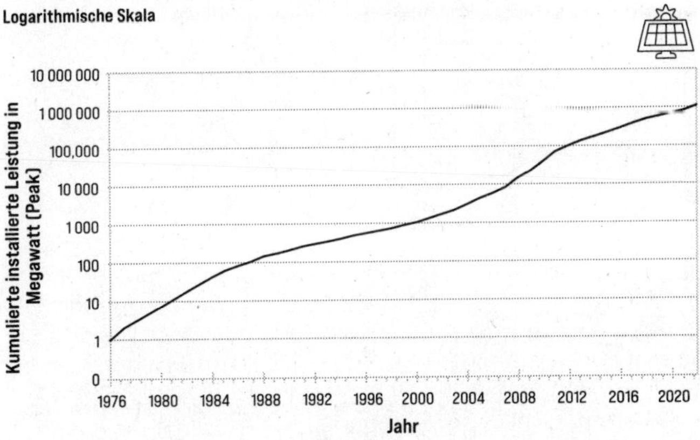

Wesentliche Quellen: Our World in Data; IRENA; Gregory F. Nemet, »Interim Monitoring of Cost Dynamics for Publicly Supported Energy Technologies«, in: *Energy Policy* 37, Nr. 3 (März 2009)

Abbildung 40

Prozentualer Anteil der weltweiten Elektrizität aus Photovoltaik[179]

Logarithmische Skala

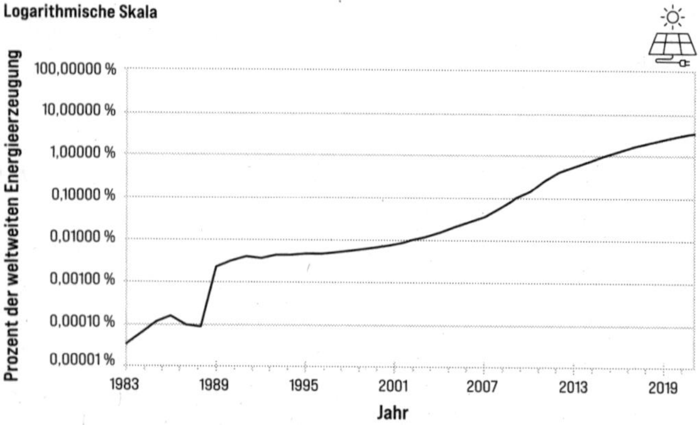

Quellen: Our World in Data; BP; IEA

Abbildung 41

Kosten für Windenergie[180]

Nivellierte Kosten für landgestützte Stromerzeugungsprojekte in den USA

Quelle: US-Energieministerium

Abbildung 42

Weltweite Stromerzeugung aus Windkraft[181]

Lineare Skala

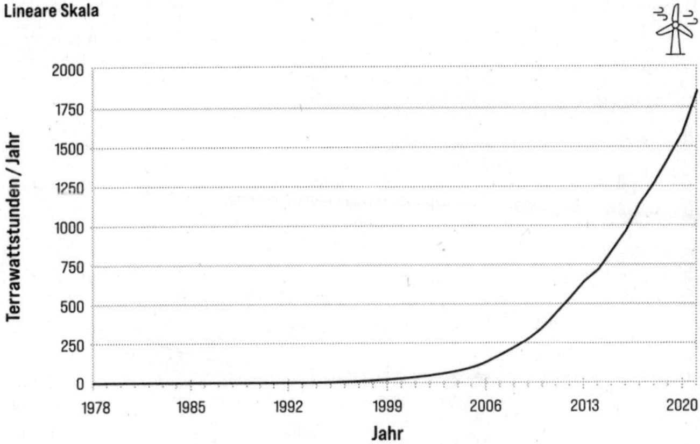

Quellen: Our World in Data; BP; Ember

Abbildung 43

Weltweite Stromerzeugung aus Windkraft

Logarithmische Skala

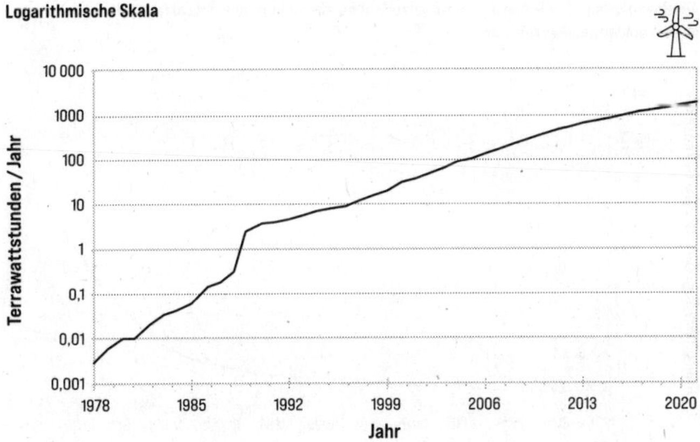

Quellen: Our World in Data; BP; Ember

Abbildung 44

Weltweite Stromerzeugung aus erneuerbaren Energien[182]

Ohne Wasserkraft

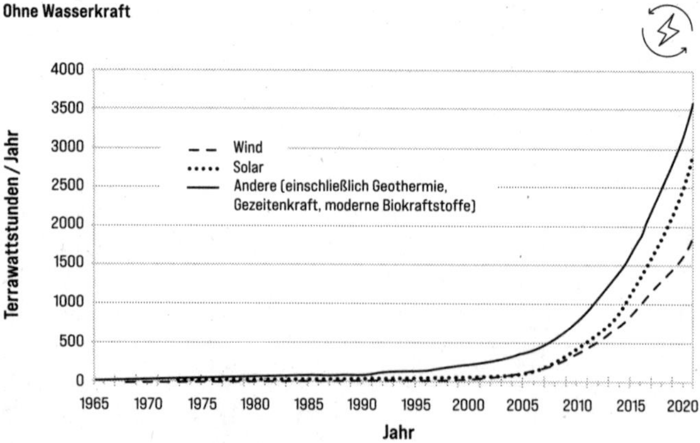

Quellen: Our World in Data; BP

Abbildung 45

Zunahme der erneuerbaren Energien[183]

Anteil von Solar-, Wind- und Gezeitenkraftwerken sowie modernen Biokraftstoffen an der weltweiten Gesamtmenge

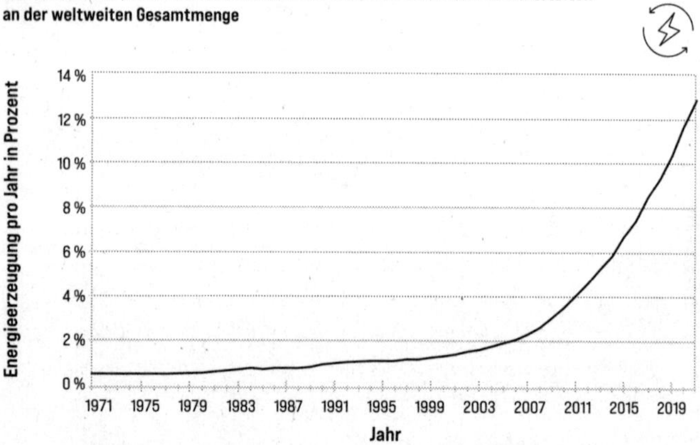

Quellen: Our World in Data; BP; IEA

Abbildung 46

VERBREITUNG DER DEMOKRATIE

Billige erneuerbare Energie wird einen großen materiellen Überfluss freisetzen, aber die gerechte Teilhabe der Menschen daran erfordert Demokratie. Auch hier gibt es glücklicherweise eine Synergie: Die Informationstechnologie blickt bei der Demokratisierung von Gesellschaften auf eine lange Erfolgsgeschichte zurück. Die Ausbreitung der Demokratie, die ihre Wurzeln im mittelalterlichen England hat, verläuft parallel zum Aufstieg der Massenkommunikationstechnologien und ist wahrscheinlich weitgehend darauf zurückzuführen. Die bedeutende Magna Carta, in der erstmals festgelegt wurde, dass damals immerhin schon freie Bürger im Gegensatz zu Leibeigenen nicht unrechtmäßig verhaftet werden durften, wurde im Jahr 1215 verfasst und von König Johann unterzeichnet.[184] Fast im gesamten Mittelalter wurden die Rechte gewöhnlicher Bürger häufig ignoriert, und ihre politische Teilhabe war nur minimal. Dies änderte sich mit Gutenbergs Erfindung des Buchdrucks mit beweglichen Lettern um 1440, und mit seiner raschen Verbreitung konnten die gebildeten Schichten sowohl Nachrichten als auch Ideen weitaus effizienter verbreiten.[185]

Die Druckerpresse ist ein hervorragendes Beispiel dafür, wie das Gesetz vom steigenden Ertragszuwachs bei Informationstechnologien funktioniert. Wie bereits erwähnt, handelt es sich bei den Informationstechnologien um Technologien zum Sammeln, Speichern, Verarbeiten und Übertragen von Informationen. Menschliche Ideen sind Informationen. In der Theorie ist Information eine abstrakte Ordnung, die einen Gegensatz zum Chaos der Entropie bedeutet. Um Informationen in der realen Welt darzustellen, ordnen wir physische Objekte auf eine bestimmte Art und Weise, z. B. indem wir Buchstaben auf ein Blatt Papier schreiben. Der Kerngedanke ist jedoch, dass Ideen abstrakte Formen der Anordnung von Informationen sind, die auf allen möglichen Medien festgehalten werden können – auf Steintafeln, Pergamentpapier, Lochkarten, Magnetbändern oder in Form von Spannungen in einem Mikrochip aus Silizium. Mit sehr viel Geduld und einem Meißel könnte man jede Zeile des Quellcodes von Windows 11 auf Steintafeln schreiben! Der Gedanke ist völlig absurd, zeigt aber deutlich, wie wichtig physische Medien für die praktische Erfassung, Speicherung, Bearbeitung und Übertragung von Informationen sind. Manche Ideen sind erst dann praktisch umsetzbar, wenn wir diese Prozesse sehr effizient durchführen können.

Während der längsten Zeit des europäischen Mittelalters konnten Bücher nur von Schreibern vervielfältigt werden, indem sie diese Seite für Seite von Hand abschrieben, was an Ineffizienz kaum zu überbieten war. Dementsprechend war es extrem teuer, Informationen – Ideen – in Schriftform zu übermitteln. Ganz allgemein gilt: Je mehr Ideen eine Person oder eine Gesellschaft hervorbringt, desto leichter fällt es, weitere Ideen zu entwickeln; dies gilt auch für technologische Innovationen. Daher erleichtern Technologien, die den Austausch von Ideen vereinfachen, die Entwicklung neuer Technologien – von denen wiederum einige den Austausch von Ideen noch weiter vereinfachen. Nachdem Gutenberg seine Druckerpresse vorgestellt hatte, wurde die Verbreitung von Ideen also bald wesentlich kostengünstiger. Zum ersten Mal konnten sich Menschen aus der Mittelschicht eine große Zahl Bücher leisten, wodurch ein enormes menschliches Potenzial freigesetzt wurde. Innovationen schossen wie Pilze aus dem Boden, und die Renaissance breitete sich rasch in ganz Europa aus. Dies führte auch zu weiteren Innovationen im Druckwesen selbst, und zu Beginn des 17. Jahrhunderts waren Bücher mehrere Tausend Mal billiger als zur Zeit vor Gutenberg.

Die Verbreitung von Wissen brachte Reichtum und politische Macht mit sich, und gesetzgebende Organe wie das englische Unterhaus verschafften sich deutlich mehr Gehör. Zwar lag die meiste Macht weiterhin beim König, doch konnte das Parlament Proteste gegen Besteuerungen an den Monarchen richten und seine Minister, die ihm missfielen, ihres Amtes entheben.[186] Mit dem Englischen Bürgerkrieg von 1642 bis 1651 wurde die Monarchie zunächst vollständig abgeschafft, dann allerdings in einer dem Parlament untergeordneten Form wieder eingesetzt; später verabschiedete die Regierung eine Bill of Rights, in der eindeutig festgelegt war, dass der König nur mit Zustimmung des Volkes regieren konnte.[187]

Vor dem Amerikanischen Unabhängigkeitskrieg war England, obwohl es noch weit von einer echten Demokratie entfernt war, die demokratischste Nation der Weltgeschichte – und vor allem eine mit der höchsten Alphabetisierung.[188] Zwischen dem Zusammenbruch der Römischen Republik im ersten Jahrhundert v. Chr. und der Amerikanischen Revolution gab es eine Reihe anderer Gesellschaften, in denen es Wahlen oder annähernd republikanische politische Institutionen gab, aber deren politische Teilhabe war immer sehr begrenzt, und sie fielen immer wieder in die Tyrannei zurück. Während des Mittelalters gab es in Italien mehrere Republiken, die in durch Handel reich gewordenen Stadtstaaten wie Genua und Venedig entstanden und noch stark aristokratisch geprägt waren. In Venedig beispielsweise wurden die Staatsoberhäupter (die sogenannten Dogen) in einem komplizierten Auswahlverfahren auf Lebenszeit gewählt, sodass die Adelsfamilien an der Macht blieben und das einfache Volk keine Einflussmöglichkeiten hatte.[189] Von 1569 bis 1795 bestand in der polnisch-litauischen Union ein bemerkenswert freies und demokratisches System für die *Szlachta* (der polnische Adel, der bis zu etwa einem Zehntel der Bevölkerung ausmachte), aber wieder hatten die Nichtadligen kaum Mitspracherechte in der Politik.[190]

Im Gegensatz dazu hatten in Großbritannien alle freien erwachsenen männlichen Haushaltsvorstände zumindest theoretisch das passive Wahlrecht. Und obwohl es in der Praxis in der Regel zusätzliche Vermögensanforderungen gab, galt dieses Recht unabhängig vom Status der Geburt. Auch wenn dadurch viele Menschen von vornherein ausgeschlossen waren, war dies eine wesentliche politische Neuerung, da sie den Weg für die Idee einer allgemeinen politischen Beteiligung bereitete. Sobald einmal akzeptiert war, dass der Status eines Menschen bei seiner Geburt nicht über sein Wahlrecht bestimmen sollte, war der Gedanke zu mächtig, um wieder verdrängt zu werden. Daher war es kein Zufall, dass die erste echte moderne Demokratie in den amerikanischen Kolonien entstand, auch wenn dies zunächst einen Krieg gegen England erforderte. Bis die Versprechen der Demokratie schließlich erfüllt waren, war es jedoch noch ein weiter Weg.

Vor zweihundert Jahren genossen die meisten Menschen in den Vereinigten Staaten noch nicht das volle Recht auf politische Teilhabe. Am Anfang des 19. Jahrhunderts war das Wahlrecht hauptsächlich auf erwachsene weiße Männer beschränkt, die zumindest bescheidenen

Besitz oder Vermögen vorzuweisen hatten. Diese wirtschaftlichen Voraussetzungen erlaubten der Mehrheit der weißen Männer die Teilnahme an Wahlen, doch Frauen, Afroamerikaner (von denen Millionen als Sklaven gehalten wurden) und amerikanische Ureinwohner waren fast vollständig ausgeschlossen.[191] Die Historiker sind sich uneinig darüber, wie viel Prozent der Bevölkerung tatsächlich wahlberechtigt waren, man geht von 10 bis 25 Prozent aus.[192] Diese Ungerechtigkeit trug allerdings bereits den Keim zu ihrem eigenen Untergang in sich – mit dem Wahlrecht gab es in den Vereinigten Staaten einen Mechanismus für Reformen, und Einschränkungen des Wahlrechts standen im Gegensatz zu den erhabenen Idealen, die in den Gründungsurkunden niedergelegt waren.

Trotz der hohen Erwartungen ihrer Befürworter setzte sich die Demokratie im Laufe des 19. Jahrhunderts nur langsam durch. So scheiterten beispielsweise die meisten liberalen Revolutionen von 1848 in Europa, und viele der Reformen von Zar Alexander II. in Russland wurden von seinen Nachfolgern wieder rückgängig gemacht.[193] Im Jahr 1900 lebten gerade einmal 3 Prozent der Weltbevölkerung unter einer aus heutiger Sicht demokratischen Regierung, denn selbst in den Vereinigten Staaten wurde den Frauen noch das Wahlrecht verweigert, und gegenüber Afroamerikanern wurde die Rassentrennung durchgesetzt. Bis 1922, nach dem Ersten Weltkrieg, war dieser Wert auf 19 Prozent angestiegen.[194] Mit dem Aufkommen des Faschismus geriet die Demokratie bald wieder ins Hintertreffen, und im Zweiten Weltkrieg gerieten Hunderte von Millionen Menschen unter totalitäre Herrschaft. Die Massenkommunikation über das Radio verhalf den Faschisten zur Machtübernahme, doch ermöglichte dieselbe Technologie den Alliierten auch, ihre Demokratien zum Sieg zu führen – vor allem mit Winston Churchills inspirierenden Reden während des Blitzkriegs.

In den Nachkriegsjahren stieg der Anteil der Menschen, die in einer demokratischen Gesellschaft lebten, sprunghaft an, was vor allem auf die Unabhängigkeit Indiens und anderer britischer Kolonien im südlichen Asien zurückzuführen war. Während der meisten Zeit des Kalten Kriegs blieb die Verbreitung der Demokratie mit etwas mehr als einem Drittel der Weltbevölkerung in demokratischen Gesellschaften in etwa konstant.[195] Die Verbreitung von Kommunikationstechnologien außerhalb des Eisernen Vorhangs – von der Beatles-LP bis zum Farbfernseher, schürte dann zunehmend die Unzufriedenheit der Bürger mit den Regierungen, die sie unterdrückten. Mit dem Zerfall der Sowjetunion nahm die Demokratisierung wieder Fahrt auf und erreichte bis 1999 fast 54 Prozent der Weltbevölkerung.[196]

Obwohl dieser Wert in den letzten zwei Jahrzehnten schwankte und die Zuwächse in einigen Ländern durch Rückschritte in anderen Ländern zunichtegemacht wurden, schritt eine vielversprechende Liberalisierung anderer Art zügig voran. Am Ende des Kalten Kriegs lebten etwa 35 Prozent der Weltbevölkerung in geschlossenen Autokratien – der repressivsten Klasse von Regimen.[197] Bis 2022 war diese Zahl auf etwa 26 Prozent gesunken, d. h., mehr als 750 Millionen Menschen wurden von der Tyrannei befreit.[198] Dazu gehören auch die bedeutsamen und komplexen Ereignisse des Arabischen Frühlings, die weitgehend durch soziale Medien ermöglicht und vorangetrieben wurden. Eine entscheidende Herausforderung für die kommenden Jahrzehnte wird darin bestehen, Ländern, die in die Grauzone zwischen Autokratie und Demokratie fallen, beim Übergang zu einer vollständig demokratischen Regierungsführung zu helfen. Dies wird davon abhängen, ob es gelingt, KI auf eine Weise einzusetzen, dass

Verbreitung der Demokratie seit 1800[200]

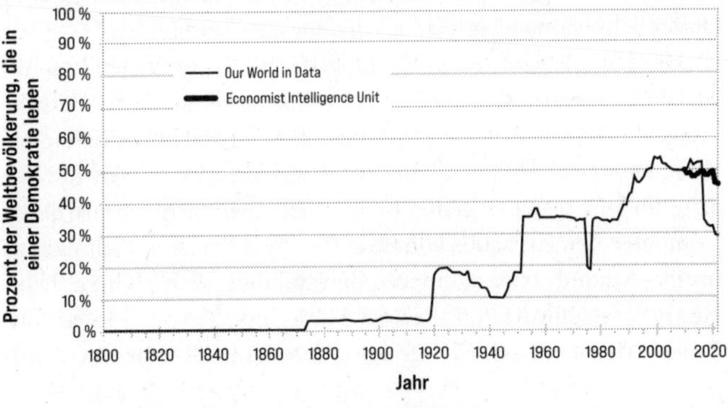

Wesentliche Quellen: Our World in Data; Economist Intelligence Unit

Abbildung 47

Offenheit und Transparenz gefördert werden und gleichzeitig ihr Potenzial des Missbrauchs für autoritäre Überwachung oder die Verbreitung von Desinformationen eingeschränkt wird.[199]

Die Geschichte gibt uns jedoch grundsätzlich Anlass zu Optimismus. Mit der Entwicklung der Technologien für den Informationsaustausch vom Telegrafen bis zu den sozialen Medien hat sich die Staatsform der Demokratie mit ihren individuellen Rechten vom kaum anerkannten Konzept zur weltweiten Wunschform entwickelt, die für fast die Hälfte der Menschen auf der Erde bereits Realität ist. Stellen Sie sich vor, wie der exponentielle Fortschritt der nächsten zwei Jahrzehnte es uns ermöglichen wird, diese Ideale noch umfassender zu verwirklichen.

WIR ERREICHEN JETZT DEN STEIL ANSTEIGENDEN TEIL DER EXPONENTIALKURVE

Ein besonders wichtiger Punkt ist, dass die weiter oben beschriebenen Fortschritte aus den gemächlichen Anfangsstadien dieser exponentiellen Entwicklungen stammen. Da die Informationstechnologie in den nächsten zwanzig Jahren deutlich größere Fortschritte machen wird als in den letzten zweihundert Jahren, werden die Vorteile für den allgemeinen Wohlstand deutlich größer sein – sie sind tatsächlich schon viel größer, als den meisten bewusst ist.

Die grundlegendste Entwicklung, die hier zum Tragen kommt, ist das exponentiell steigende Preis-Leistungs-Verhältnis für Berechnungen, d. h., wie viele Berechnungen pro Sekunde für einen inflationsbereinigten Dollar durchgeführt werden können. Als Konrad Zuse im Jahr 1939 den ersten funktionierenden programmierbaren Computer, den Z2, baute, konnte er für einen Dollar des Jahres 2023 in einer Sekunde etwa 0,0000065 Berechnungen durchführen.[201] Im Jahr 1965 schaffte die PDP-8 etwa 1,8 Berechnungen pro Sekunde pro Dollar. Als mein Buch *KI. The Age of Intelligent Machines* 1990* ver-

---

* Die deutsche Ausgabe erschien 1993 unter dem Titel *KI – Das Zeitalter der künstlichen Intelligenz.* (Anm. d. Übers.)

öffentlicht wurde, schaffte der MT 486DX etwa 1700 Berechnungen. Als *Homo sapiens* neun Jahre später erschien, schaffte ein Pentium-III-Prozessor bereits bis zu 800 000. Und als *Menschheit 2.0* im Jahr 2005 herauskam, erreichten einige Pentium-4-Prozessoren 12 Millionen. Bei Drucklegung (der engl. Ausgabe) dieses Buches Anfang 2024 liefern die Cloud TPU v5e-Chips von Google wahrscheinlich etwa 130 Milliarden Operationen pro Sekunde pro Dollar! Und da diese unfassbare große Cloud-Rechenleistung (Trillionen von Operationen pro Sekunde für einen großen Pod) von jedem, der über einen Internetanschluss verfügt, für ein paar Tausend Dollar pro Stunde gemietet werden kann – man braucht sich nicht mehr selbst um den Entwurf, den Bau und die Wartung eines eigenen Supercomputers zu kümmern –, liegt das effektive Preis-Leistungs-Verhältnis für Privatanwender mit kleinen Projekten um einige Größenordnungen darüber. Da billige Rechenleistung Innovationen unmittelbar erleichtert, hat sich dieser Makrotrend stetig fortgesetzt – und er beruht nicht auf einem einzelnen technologischen Paradigma wie der Verkleinerung von Transistoren oder der Erhöhung von Taktfrequenzen.

Preis-Leistungs-Verhältnis für Rechenoperationen, 1939–2023[202]

Bestmögliche Kosten für Energiespeicherung in der Größenordnung für Energieversorgung, neue US-Projekte

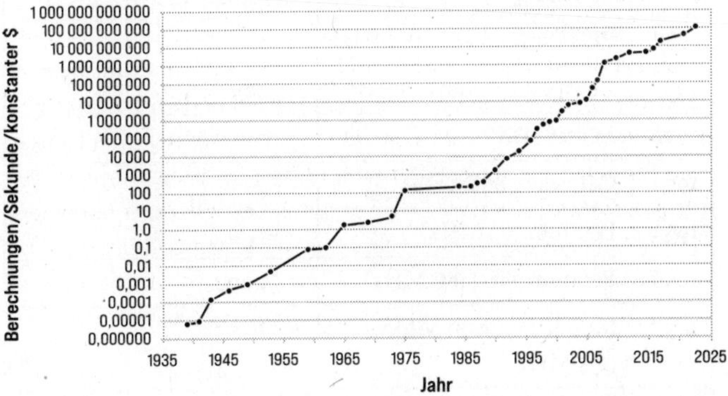

Abbildung 48

Rechenanlagen/Prozessoren, die Preis-Leistungs-Rekorde erzielten

JAHR	NAME	BERECHNUNGEN PRO SEKUNDE UND DOLLAR DES JAHRES 2023
1939	Z2	~ 0,000 006 5
1941	Z3	~ 0,000 009 1
1943	Colossus Mark 1	~ 0,000 15
1946	ENIAC	~ 0,000 43
1949	BINAC	~ 0,000 99
1953	UNIVAC 1103	~ 0,004 8
1959	DEC PDP-1	~ 0,081
1962	DEC PDP-4	~ 0,097
1965	DEC PDP-8	~ 1,8
1969	Data General Nova	~ 2,5
1973	Intellec 8	~ 4,9
1975	Altair 8800	~ 144
1984	Apple Macintosh	~ 221
1986	Compaq Deskpro 386 (16 MHz)	~ 224
1987	PC's Limited 386 (16 MHz)	~ 330
1988	Compaq Deskpro 386/25	~ 420
1990	MT 486DX	~ 1700
1992	Gateway 486DX2/66	~ 8400
1994	Pentium (75 MHz)	~ 19 000
1996	Pentium Pro (166 MHz)	~ 75 000
1997	Mobile Pentium MMX (133 MHz)	~ 340 000
1998	Pentium II (450 MHz)	~ 580 000

JAHR	NAME	BERECHNUNGEN PRO SEKUNDE UND DOLLAR DES JAHRES 2023
1999	Pentium III (450 MHz)	~ 800 000
2000	Pentium III (1,0 GHz)	~ 920 000
2001	Pentium 4 (1 700 MHz)	~ 3 100 000
2002	Xeon (2,4 GHz)	~ 6 300 000
2004	Pentium 4 (3,0 GHz)	~ 9 100 000
2005	Pentium 4 662 (3,6 GHz)	~ 12 000 000
2006	Core 2 Duo E6300	~ 54 000 000
2007	Pentium Dual-Core E2180	~ 130 000 000
2008	GTX 285	~ 1 400 000 000
2010	GTX 580	~ 2 300 000 000
2012	GTX 680	~ 5 000 000 000
2015	Titan X (Maxwell 2.0)	~ 5 300 000 000
2016	Titan X (Pascal)	~ 7 300 000 000
2017	AMD Radeon RX 580	~ 22 000 000 000
2021	Google Cloud TPU v4-4096	~ 48 000 000 000
2023	Google Cloud TPU v5e	~ 130 000 000 000

Diese dramatischen Fortschritte werden jedoch nicht so umfassend anerkannt, wie man erwarten könnte. In einem Dialog auf der Bühne mit Christine Lagarde, der geschäftsführenden Direktorin des Internationalen Währungsfonds (IWF), und anderen führenden Wirtschaftsvertretern auf der Jahrestagung des IWF am 5. Oktober 2016 fragte Lagarde mich, warum wir nicht mehr Belege für wirtschaftliches Wachstum durch all die erstaunliche digitale Technologie sehen, die jetzt verfügbar ist. Meine Antwort war (und ist), dass wir dieses Wachstum übersehen, weil wir es bei der Berechnung sowohl in den Zähler als auch in den Nenner einsetzen.

Wenn ein Teenager in Afrika 50 Dollar für ein Smartphone ausgibt, zählt dies als 50 Dollar an wirtschaftlicher Aktivität, obwohl dieser Kauf einer Milliarde Dollar an Rechen- und Kommunikationstechnologie des Jahres 1965 und Millionen Dollar von 1985 entspricht. Der Snapdragon 810 ist ein gängiger Chip in Smartphones für um die 50 Dollar und erreicht in einer Reihe von Leistungsbenchmarks durchschnittlich etwa drei Milliarden Gleitkommaoperationen pro Sekunde (GFLOPS).[203] Dies entspricht etwa 60 Millionen Berechnungen pro Sekunde und Dollar. Die besten verfügbaren Computer erreichten 1965 etwa 1,8 Berechnungen pro Sekunde pro Dollar, und 1985 waren es etwa 220.[204] Bei diesen Rechenleistungen hätte es im Jahr 1965 fast 1,7 Milliarden Dollar von 2023 gekostet, um mit dem Snapdragon gleichzuziehen, und im Jahr 1980 immerhin noch 13,6 Millionen Dollar.

Natürlich werden bei diesem groben Vergleich viele andere Aspekte der seither entwickelten Technologien unterschlagen. In der Realität wäre der volle Funktionsumfang eines heutigen 50-Dollar-Smartphones weder 1965 noch 1985 zu irgendeinem Preis zu haben gewesen. So wird bei den gängigen Messgrößen die steile Deflationsrate in der Informationstechnologie, die im Falle von Rechenleistung, genetischer Sequenzierung und vielen anderen Bereichen in der Größenordnung von 50 Prozent pro Jahr liegt, fast vollständig ignoriert. Bei diesem sich ständig verbessernden Preis-Leistungs-Verhältnis geht ein Teil in den Preis und ein Teil in die Leistung, sodass wir immer bessere Produkte zu immer niedrigeren Preisen erhalten.

Ein Beispiel aus meinem Leben: Als ich 1965 das MIT besuchte, war die Universität so fortschrittlich, dass sie *tatsächlich* Computer hatte. Der modernste von ihnen, ein IBM 7094, hatte 150 000 Byte Speicher im Kern und eine Rechenleistung von einer viertel MIPS (Million Instruktionen pro Sekunde). Er kostete 3,1 Millionen Dollar (das sind 30 Millionen Dollar des Jahres 2023) und wurde von Tausenden Studenten und Professoren genutzt.[205] Zum Vergleich: Das iPhone 14 Pro, das auf den Markt kam, während ich an diesem Buch schrieb, kostete 999 Dollar und konnte für KI-bezogene Anwendungen bis zu 17 Billionen Operationen pro Sekunde ausführen.[206] Auch dieser Vergleich hinkt etwas, denn ein Teil der Kosten des iPhones fällt für Funktionen an, die für den 7094 irrelevant waren, wie z. B. Kameras, außerdem erreicht das iPhone diese Geschwindigkeit bei vielen Anwendungen nicht annähernd, aber der wesentliche Punkt wird deutlich: Zumindest bei grober Betrachtung ist das iPhone 68 Millionen Mal schneller als der 7094, und es kostet weniger als ein 30 000stel. Gemessen am Preis-Leistungs-Verhältnis (Rechenleistung pro Dollar) ist dies eine atemberaubende Verbesserung um das Zwei-*Billionen*-Fache.

Diese Verbesserungen laufen mit unverminderter Geschwindigkeit weiter. Sie sind nicht grundsätzlich vom Mooreschen Gesetz abhängig, der berühmten Aussage über die exponentielle Zunahme der Anzahl von Transistoren in Mikrochips. Das MIT kaufte den noch aus Transistoren zusammengelöteten IBM 7094 im Jahr 1963, kurz bevor Computer mit integrierten Schaltkreisen umfassend eingeführt wurden – und zwei Jahre bevor Gordon Moore 1965 in einem bahnbrechenden Artikel sein später nach ihm benanntes Gesetz veröffentlichte.[207] So einflussreich dieses Gesetz auch gewesen sein mag, ist es doch nur ein exponentielles Computerparadigma unter mehreren – das bis heute die Entwicklung von elektromechanischen Relais, Vakuumröhren, Transistoren und integrierten Schaltkreisen beschreibt, allerdings werden in Zukunft noch weitere Technologien hinzukommen.[208]

In vielerlei Hinsicht genauso wichtig wie die Rechenleistung ist die Information. Als Teenager trug ich jahrelang Zeitungen aus und sparte auf eine Ausgabe der *Encyclopedia Britannica*, die damals mehrere Tausend Dollar kostete, und das machte Tausende Dollar des BIP aus. Heute hat ein Teenager mit einem Smartphone Zugang zu einer weitaus besseren Enzyklopädie – Wikipedia –, die für die Wirtschaftsleistung keine Rolle spielt, weil sie kostenlos ist. Zwar haben die Artikel der Wikipedia nicht durchgängig die gleiche redaktionelle Qualität wie die der *Encyclopedia Britannica*, doch hat sie mehrere entscheidende Vorteile: Umfang (die englischsprachige Wikipedia ist etwa hundertmal so groß wie die *Britannica*), Aktualität (bei neuen Nachrichten werden Artikel innerhalb von Minuten aktualisiert, während es bei einer gedruckten Enzyklopädie Jahre dauern kann), Multimedialität (Integration audiovisueller Inhalte in viele Artikel) und Hypertextualität (die Artikel werden durch Hyperlinks auf vielfältige Weise miteinander verbunden).[209] Häufig werden die Leser, wenn zusätzliche akademische Genauigkeit erforderlich ist, auch auf Quellen mit der Qualität der *Britannica* verwiesen. Die Wikipedia ist nur eines von Tausenden kostenlosen Informationsprodukten und -dienstleistungen, die allesamt überhaupt nichts zum BIP beitragen.

Auf dieses Argument erwiderte Lagarde, die digitale Technologie habe zwar viele bemerkenswerte Qualitäten und Auswirkungen, man könne Informationstechnologie aber nicht essen, man könne sie nicht tragen, und man könne auch nicht darin leben. Ich erwiderte, all das werde sich im Laufe des nächsten Jahrzehnts ändern. Zum einen sind die Herstellung und der Transport dieser Arten von Ressourcen dank immer besserer Hard- und Software effizienter geworden, aber wir stehen auch kurz vor dem Eintritt in ein Zeitalter, in dem Güter wie Lebensmittel und Kleidung nicht nur durch die Informationstechnologie kostengünstiger hergestellt werden, sondern *selbst* zu Informationstechnologien werden – da die Ressourcen- und Produktionskosten infolge der Automatisierung und der künstlichen Intelligenz, die eine dominierende Rolle in der Produktion übernehmen, sinken werden.[210] Diese Güter werden daher denselben hohen Deflationsraten unterliegen, die auch bei anderen Informationstechnologien zu beobachten sind.

Wir werden in den späten 2020er-Jahren damit beginnen, Kleidung und andere Gebrauchsgegenstände mit 3-D-Druckern auszudrucken – zu Kosten von wenigen Cent pro Kilogramm. Einer der wichtigsten Trends im 3-D-Druck ist die Miniaturisierung: Es werden Maschinen entwickelt, die an Objekten immer kleinere Details erzeugen können. Irgendwann werden die traditionellen 3-D-Druckverfahren wie die Extrusion (ähnlich einem Tintenstrahldrucker) durch neue Technologien für die Herstellung noch kleinerer Objekte ersetzt werden. Der Übergang in die Nanotechnologie, mit der Objekte mit atomarer Präzision hergestellt werden können, wird wahrscheinlich irgendwann in den 2030er-Jahren erfolgen. Der Nanotechnologie-Pionier Eric Drexler schätzt in seinem 2013 erschienenen Buch *Radical Abundance*, dass, sobald Nanomaterialien in Massen gefertigt werden, die meisten Objekte mit atomarer Präzision für umgerechnet etwa zwanzig Cent pro Kilogramm produziert werden könnten.[211] Auch wenn diese Zahlen noch spekulativ sind, wird die Kostenreduzierung sicherlich enorm sein. Und wie wir es bei Musik, Büchern und Filmen gesehen haben, wird es neben proprietären auch viele freie Designs geben. Tatsächlich wird die Existenz eines Open-Source-Marktes, der bereits heute einen auf die Preise einwirkenden Gegenpol zum proprietären Markt darstellt – und dies auch in der Zukunft tun wird –, die wirtschaftlichen Abläufe in immer mehr Bereichen bestimmen.

Wie ich später in diesem Kapitel erläutern werde, werden wir bald in KI-gesteuerter vertikaler Landwirtschaft ohne den Einsatz von Chemikalien qualitativ hochwertige und kostengünstige Lebensmittel herstellen. Außerdem werden wir Fleisch auf saubere und ethische Weise aus Zellkulturen züchten und damit die umweltschädliche Massentierhaltung ersetzen. Im Jahr 2020 schlachteten die Menschen zur Fleischgewinnung mehr als 74 Milliarden Landtiere, deren Produkte zusammen ein geschätztes Gewicht von 371 Millionen Tonnen auf die Waage brachten.[212] Die Vereinten Nationen schätzen, dass dies mit mehr als 11 Prozent zu den gesamten jährlichen Treibhausgasemissionen der menschlichen Zivilisation beiträgt.[213] Die Technologie, die derzeit unter dem Namen In-vitro-Fleischproduktion entwickelt wird, hat das Potenzial, dies grundlegend zu ändern. Fleisch, das aus Tieren gewonnen wird, hat mehrere große Nachteile: Es fügt unschuldigen Lebewesen Leid zu, ist oft ungesund für den Menschen und verursacht durch Emission von Giftstoffen und Kohlendioxid schwerwiegende Umweltschäden. Alle diese Probleme können mit der Züchtung von Fleisch aus kultivierten Zellen und Geweben gelöst werden. Lebenden Tieren würde kein Leid mehr zugefügt, das Fleisch könnte gesünder und schmackhafter sein, und die Umweltbelastung könnte mit immer saubereren Technologien minimiert werden. Ob das so umsetzbar ist, muss sich erst noch zeigen. Seit 2023 kann Fleisch im Labor erzeugt werden, das keine besondere Struktur aufweist, d. h., es hat in etwa die Textur von Rinderhackfleisch. Von der Erzeugung eines ganzen Filet-Mignon-Steaks von Grund auf ist man also noch ein gutes Stück entfernt. Sobald kultivierte Fleischerzeugnisse alle Vorbilder tierischen Ursprungs überzeugend imitieren können, erwarte ich jedoch, dass sich die Skepsis der meisten Menschen gegenüber diesem Fleisch zügig in Luft auflösen wird.

Wie ich außerdem später noch ausführlicher beschreiben werde, werden wir bald in der Lage sein, kostengünstige Module für den Bau von Häusern und anderen Gebäuden herzustellen, wodurch komfortables Wohnen für Millionen von Menschen wieder erschwinglich wird. All diese Technologien wurden bereits erfolgreich demonstriert, und sie werden in diesem Jahrzehnt immer weiter entwickelt werden und schließlich in die Alltagstechnologie übergehen. Parallel zu dieser Revolution in der physischen Welt wird eine transformative nächste Generation der virtuellen (VR) und erweiterten (AR) Realität entstehen, die auch als Metaversum bezeichnet wird.[214] Viele Jahre lang war das Metaversum außerhalb von Science-Fiction- und Futurismus-Kreisen weitgehend unbekannt, das Konzept erlangte jedoch eine größere Bekanntheit, als sich Facebook im Jahr 2021 in Meta umbenannte und ankündigte, das Kernstück der langfristigen Strategie des Unternehmens werde nun sein, eine Schlüsselrolle beim Aufbau des Metaversums zu spielen – was so weit ging, dass heute viele Leute fälschlicherweise denken, Meta habe das Konzept erfunden.

Ähnlich wie das Internet eine integrierte und dauerhafte Umgebung aus Webseiten ist, werden VR und AR in den späten 2020er-Jahren zu einer überzeugenden neuen Ebene unserer Realität verschmelzen. In diesem digitalen Universum werden viele Produkte nicht einmal mehr eine physische Form benötigen, da simulierte Versionen mit sehr realistischen Details perfekt funktionieren werden. Beispiele dafür sind ein vollständig virtuelles Meeting, in dem man mit Kollegen so interagieren und zusammenarbeiten kann, als wäre man persönlich anwesend; ein virtuelles Konzert mit einem vollkommen immersiven Hörerlebnis, als säße man in einem Symphoniesaal; und ein alle Sinne ansprechender virtueller Strandurlaub für die ganze Familie – mit allen Geräuschen, visuellen Eindrücken und Gerüchen von Sand und Meer.

Derzeit sind die meisten Medien darauf beschränkt, zwei Sinne anzusprechen: Sehen und Hören. Aktuell verfügbare VR-Systeme, die Gerüche oder taktile Empfindungen einbeziehen, sind noch zu klobig und unpraktisch. In einigen nächsten Jahrzehnten wird die Technologie der Gehirn-Computer-Schnittstellen jedoch viel weiter fortgeschritten sein und schließlich eine virtuelle Realität ermöglichen, bei der simulierte Sinneseindrücke direkt in unser Gehirn eingespeist werden. Diese Technologie wird die Dinge, mit denen wir unsere Zeit verbringen, und die Erfahrungen, denen wir Priorität einräumen, erheblich und weitgehend unvorhersehbar verändern. Sie wird uns auch dazu zwingen zu überdenken, warum wir tun, was wir tun. Wenn wir zum Beispiel die Herausforderung einer Besteigung des Mount Everest und die Schönheit des Berges virtuell erleben können, werden sich die Leute fragen, ob es sich noch lohnt, sich all die Strapazen ganz real anzutun – und ob das Besondere am Aufstieg nicht auch ist, sich ganz real in Gefahr zu begeben.

Lagarde gab mir schließlich zu bedenken, dass Land nicht zu einer Informationstechnologie werden wird und dass die Welt bereits ziemlich dicht besiedelt ist. Ich erwiderte, das liege daran, dass wir uns entschieden hätten, immer mehr in Gruppen dicht gedrängt zusammenzuleben. Die Städte sind entstanden, weil sie uns ermöglichten, zusammenzuarbeiten und unsere Freizeit gemeinsam zu verbringen. Wenn Sie sich in einen Zug setzen und einfach irgendwohin in der Welt fahren, werden Sie jedoch sehen, dass fast das gesamte bewohnbare Land unbewohnt ist – nur ein Prozent davon ist mit Wohnhäusern bebaut.[215] Insgesamt wird nur etwa die Hälfte des bewohnbaren Landes direkt vom Menschen und davon fast die gesamte Fläche landwirtschaftlich genutzt. Von diesen landwirtschaftlichen Flächen wiederum werden 77 Prozent für Viehzucht, Weideflächen und Futtermittel genutzt und nur 23 Prozent für den Anbau von Pflanzen für den menschlichen Verzehr.[216] Mit In-vitro-Fleisch und vertikaler Landwirtschaft wird nur noch ein kleiner Teil der heute genutzten Fläche benötigt werden. Damit wird es möglich, mehr gesunde Lebensmittel anzubieten und Raum für eine wachsende Bevölkerung freizugeben, während gleichzeitig große Flächen gar nicht mehr benötigt werden. Autonome Fahrzeuge werden eine weniger dichte Landnutzung ermöglichen, da sie längere Wege zum Arbeitsplatz praktikabel machen. Wir werden zunehmend in der Lage sein, dort zu leben, wo wir wollen, und wir werden gleichzeitig in virtuellen und virtuell erweiterten Räumen gemeinsam arbeiten und unsere Freizeit gestalten können.

Dieser Übergang ist bereits im Gange und wird durch die mit COVID-19 erforderlich gewordenen sozialen Veränderungen beschleunigt. Auf dem Höhepunkt der Pandemie arbeiteten bis zu 42 Prozent der Amerikaner von zu Hause aus.[217] Diese Erfahrung wird sich wahrscheinlich langfristig darauf auswirken, wie sowohl Arbeitnehmer als auch Arbeitgeber über Arbeit denken. In vielen Fällen war das alte Modell des Nine-to-Five-Arbeitens am Schreibtisch im Büro einer Firma schon seit Jahren überholt, aber Bequemlichkeit und Widerstand gegen Veränderungen machten es der Gesellschaft schwer, sich zu verändern – bis die Pandemie uns dazu zwang. Da das Gesetz vom steigenden Ertragszuwachs die Informationstechnologien in die steil ansteigenden Bereiche dieser Exponentialkurven führt und die KI in den kommenden Jahrzehnten immer ausgereifter wird, werden diese Veränderungen immer schneller vollzogen werden.

DIE ERNEUERBAREN ENERGIEN WERDEN DIE FOSSILE ENERGIE IN NAHER ZUKUNFT VOLLSTÄNDIG ERSETZEN

Eine der wichtigsten Veränderungen, die sich aus dem exponentiellen Fortschritt der 2020er-Jahre ergeben, wird im Bereich der Energieerzeugung liegen, denn ohne Energie funktioniert fast gar nichts. Strom aus Photovoltaik ist in vielen Fällen bereits billiger als aus fossilen Brennstoffen, und die Kosten sinken rasch. Dennoch brauchen wir zur weiteren Verbesserung der Kosteneffizienz Fortschritte in der Materialwissenschaft. KI-gestützte Fortschritte in der Nanotechnologie werden den Bau effizienterer Solarzellen ermöglichen, in denen ein größerer Bereich des elektromagnetischen Spektrums genutzt werden kann. Bei diesem Aspekt sind spannende Entwicklungen im Gange. Die Fähigkeit der Solarzellen, Elektronen zu transportieren und elektrische Ströme zu erzeugen, wird durch den Einbau winziger Strukturen, sogenannter Nanoröhrchen und Nanodrähte, stetig verbessert werden.[218] Ebenso kann durch den

Einbau von Nanokristallen (einschließlich Quantenpunkten) in die Zellen die Menge des erzeugten Stroms pro absorbiertem Sonnenlichtphoton erhöht werden.[219]

Ein anderes Nanomaterial, das sogenannte schwarze Silizium, verfügt auf der Oberfläche über viele kleine Nadeln, die nur aus wenigen Atomen bestehen und damit kürzer sind als die Wellenlänge des Lichts.[220] Diese verhindern die Reflexion des Lichts von der Oberfläche fast vollständig, sodass mehr der ankommenden Photonen zur Stromerzeugung beitragen. Forscher aus Princeton haben eine alternative Methode zur Maximierung der Elektrizität entwickelt, indem sie ein nur 30 milliardstel Meter dickes Netz aus Goldatomen verwenden, um Photonen einzufangen und die Effizienz zu erhöhen.[221] Inzwischen wurden in einem Projekt am MIT Photovoltaikzellen aus Graphen hergestellt, einer speziellen Modifikation des Kohlenstoffs mit einer Schichtdicke von nur einem Atom (weniger als ein Nanometer).[222] Solche Technologien werden es in der Zukunft ermöglichen, dünnere und leichtere photovoltaische Elemente herzustellen und sie auf unterschiedlichsten Oberflächen zu installieren. Unternehmen wie SolarWindow Technologies haben beispielsweise dünne Photovoltaik-Folien zur Beschichtung von Fenstern entwickelt, die nützliche Elektrizität erzeugen, ohne die Sicht zu beeinträchtigen.[223]

In den kommenden Jahren wird die Nanotechnologie auch den 3-D-Druck von Solarzellen ermöglichen und damit deren Herstellungskosten weiter senken. Eine solche Produktion kann dann dezentral erfolgen – also dort, wo die Solarzellen benötigt werden. Und im Gegensatz zu den großen, klobigen, starren Paneelen, die heute installiert werden, können mit Nanotechnologie hergestellte Zellen viele praktische Formen annehmen: Rollen, Folien, Beschichtungen und vieles mehr. Damit werden auch die Installationskosten sinken, und mehr Gemeinden auf der ganzen Welt werden Zugang zu billigem, im Überfluss vorhandenem Solarstrom erhalten.

Im Jahr 2000 trugen erneuerbare Energien (vor allem Sonne, Wind, Erdwärme, Gezeiten und Biomasse, nicht aber Wasserkraft) etwa 1,4 Prozent zur globalen Stromerzeugung bei.[224] Bis 2021 stieg dieser Anteil auf 12,85 Prozent, was bedeutet, dass sich der Anteil in diesem Zeitraum etwa alle 6,5 Jahre verdoppelte.[225] In absoluten

Zahlen verdoppelt sich der Anteil noch schneller, da die Gesamtmenge des erzeugten Stroms selbst wächst – von umgerechnet etwa 218 Terawattstunden im Jahr 2000 auf 3.657 Terawattstunden im Jahr 2021, was einer Verdopplung etwa alle 5,2 Jahre entspricht.[226]

Dieser Fortschritt wird sich exponentiell fortsetzen, da durch den Einsatz von KI bei der Materialentdeckung und dem Gerätedesign weitere Kostensenkungen erreicht werden. Bei dieser Entwicklungsgeschwindigkeit könnten die erneuerbaren Energien den gesamten weltweiten Strombedarf theoretisch bis 2041 decken. Bei einer Prognose für die Zukunft ist es jedoch nicht sinnvoll, die erneuerbaren Energien als Ganzes zu betrachten, da sie nicht alle mit derselben Geschwindigkeit billiger werden.

Die Kosten für die Stromerzeugung aus Solarenergie sinken deutlich schneller als die für andere wichtige erneuerbare Energien, und die Solarenergie bietet auch noch den größten Spielraum für weiteres Wachstum. Der nächste Konkurrent im Wettlauf um günstigere Preise ist die Windenergie, jedoch ist der Preis für Solarstrom in den letzten fünf Jahren etwa doppelt so schnell gesunken wie der für Windenergie.[227] Darüber hinaus ist die Solarenergie noch weiter von ihrer theoretisch möglichen höchsten Effizienz entfernt. Mit der derzeitigen Technologie wird nur ein Bruchteil des theoretischen Maximums genutzt – in der Regel etwa 20 Prozent der eintreffenden Energie. Theoretisch sind jedoch bis zu 86 Prozent möglich,[228] und die Fortschritte in der Materialwissenschaft werden direkt zu billigeren und effizienteren Modulen führen. Auch wenn diese Obergrenze in der Praxis nie erreicht werden wird, gibt es dennoch viel Raum für Verbesserungen. Im Gegensatz dazu erreichen typische Windkraftanlagen einen Wirkungsgrad von etwa 50 Prozent, was bereits viel näher an der theoretischen Höchstgrenze von 59 Prozent liegt.[229] Wie innovativ wir auch sein mögen – diese Systeme können nicht mehr viel besser werden.

Im Jahr 2021 betrug der Anteil der Solarenergie an der weltweiten Stromerzeugung etwa 3,6 Prozent.[230] Um 100 Prozent unseres gesamten Energiebedarfs zu decken, müssen wir beim derzeitigen Nutzungsgrad nur etwa ein Zehntausendstel des kostenlosen Sonnenlichts, das auf die Erde trifft, nutzen. Die Erde wird von der Sonne kontinuierlich mit etwa 173 000 Terawatt Energie versorgt.[231] Der größte Teil davon kann aus praktischen Gründen in absehbarer Zukunft nicht genutzt werden, aber selbst mit der heutigen Technologie würde die verfügbare Sonnenenergie zur Deckung des Bedarfs der Menschheit ausreichen. Nach einer Schätzung von Wissenschaftlern der US-Regierung aus dem Jahr 2006 betrug die gesamte Energie, die mit der damals besten Technologie verfügbar war, bis zu 7500 Terawatt.[232] Das entspricht in einem Jahr 65 700 000 Terawattstunden. Zum Vergleich: Im Jahr 2021 betrug der gesamte weltweite Primärenergieverbrauch 165 320 Terawattstunden.[233] Darin ist die Energie aus allen Energieträgern enthalten, also nicht nur aus den erneuerbaren, sondern auch aus den fossilen.

Außerdem verdoppelt sich der Anteil der Solarenergie an der weltweiten Stromerzeugung viel schneller als der anderer erneuerbarer Energiequellen: im Zeitraum von 1983 bis 2021 durchschnittlich alle 28 Monate – und das, obwohl die gesamte Stromerzeugung im gleichen Zeitraum in absoluten Zahlen um etwa 220 Prozent gestiegen ist.[234] Von 3,6 Prozent im Jahr 2021 wären bis zum Erreichen von 100 Prozent nur etwa 4,8 Verdoppelungen nötig, was bedeuten würde, dass wir im Jahr 2032 unseren gesamten Energiebedarf allein durch Solarenergie decken könnten. Dies bedeutet zwar nicht, dass die Solarenergie auch tatsächlich (aufgrund einer Mischung aus wirtschaftlichen und politischen Hindernissen) zur einzigen Energiequelle wird, aber es ist klar, dass sie sich auf dem besten Weg befindet, eine echte Transformation zu bewirken.

Es ist günstig, dass einige der größten ungenutzten Flächen der Welt – die Wüsten – auch die besten Orte für die Erzeugung von Solarstrom sind. So gibt es beispielsweise Vorschläge, einen kleinen, aber bedeutenden Teil der Sahara mit Solarmodulen zu bedecken. Diese könnten genug Elektrizität erzeugen, um Afrika und – über Kabel unter dem Mittelmeer – ganz Europa zu versorgen.[235]

Eine der größten Herausforderungen beim Ausbau der Solarenergie ist die Erfordernis einer effektiveren Technologie zur Energiespeicherung. Der Vorteil der fossilen Brennstoffe besteht darin, dass wir sie speichern und erst dann verbrennen können, wenn wir damit Strom erzeugen möchten. Die Sonne scheint jedoch nur tagsüber, und ihre Intensität schwankt mit den Jahreszeiten. Daher muss Sonnenenergie bei der Erzeugung effizient speicherbar sein, damit wir sie später (je nach den Umständen Stunden oder Monate später) nutzen können, wenn entsprechender Bedarf besteht.

Erfreulicherweise steigen auch die Preiseffizienz und die Menge der Energiespeicher exponentiell an. Dabei handelt es sich nicht um fundamentale, anhaltende exponentielle Entwicklungen wie das Gesetz vom steigenden Ertragszuwachs, da die Verbesserung und der Ausbau der Energiespeicherung nicht von Rückkopplungsschleifen profitiert. Die Preiseffizienz und die gesamte Verfügbarkeit von Energiespeichern nehmen jedoch stark zu, da die Nutzung erneuerbarer Energien rasant ansteigt – die, insbesondere im Fall der Photovoltaik, indirekt durch das Gesetz vom steigenden Ertragszuwachs profitieren, da die Informationstechnologie weitere Fortschritte in der Materialwissenschaft ermöglicht. In dem Maße, wie Investitionen in erneuerbare Energien fließen und die Kosten für erneuerbare Energien sinken, werden Ressourcen und Innovationsanstrengungen in den Bereich der Energiespeicherung gelenkt, denn für die Fähigkeit der erneuerbaren Energien, mit den fossilen Brennstoffen um den Löwenanteil der Stromerzeugung zu konkurrieren, ist die Energiespeicherung entscheidend. Weitere exponentielle Zuwächse werden auch durch konvergierende Fortschritte in den Bereichen Materialwissenschaft, Roboterfertigung, effizienter Transport und Energieübertragung ermöglicht. Damit wird die Solarenergie irgendwann in den 2030er-Jahren die dominierende Technologie zur Stromerzeugung sein.

Viele der derzeit in der Entwicklung befindlichen Ansätze erscheinen vielversprechend, es ist jedoch noch nicht klar, welche sich in dem riesigen Maßstab, den wir brauchen werden, als am effektivsten erweisen werden. Da Strom selbst nicht effektiv gespeichert werden kann, muss er, bis er gebraucht wird, in andere Energieformen umgewandelt werden. Zu den Optionen gehören die Umwandlung in Wärmeenergie mit geschmolzenen Salzen, in potenzielle Energie – hierfür wird die Schwerkraft genutzt, indem Wasser in ein höher gelegenes Reservoir gepumpt wird –, in Rotationsenergie in einem sich schnell drehenden Schwungrad oder in chemische Energie in Form von Wasserstoff, der mit Strom erzeugt und dann bei Bedarf sauber verbrannt wird.[236]

Auch wenn die meisten Batterien nicht für die Speicherung im Energieversorgungsmaßstab geeignet sind, steigt die Kosteneffizienz moderner Batterien, in denen Lithium-Ionen und verschiedene andere Chemikalien eingesetzt werden, derzeit rapide an. So sind bei-

Kosten der Energiespeicherung[239]

Bestmögliche Kosten für Energiespeicherung in der Größenordnung für Energieversorgung, neue US-Projekte

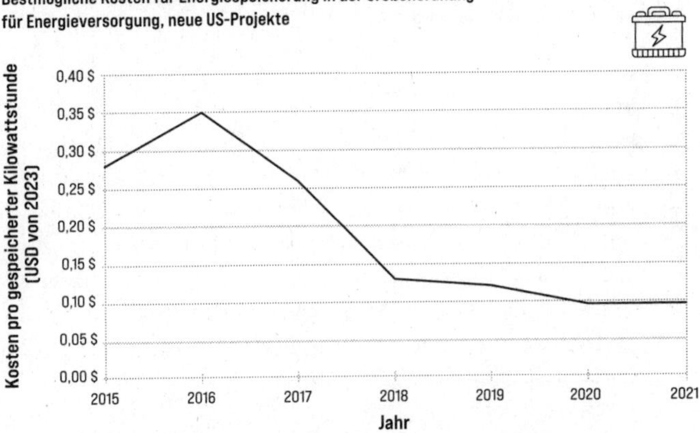

Quelle: Lazard

Abbildung 49: Da Technologien zur Speicherung von Energie in vielen verschiedenen Phasen des Stromerzeugungs- und -verbrauchsprozesses und in vielen verschiedenen wirtschaftlichen Kontexten eingesetzt werden, ist es sehr schwierig, die Kosten der Speicherung für unterschiedliche Projekte miteinander zu vergleichen. Die bisher vielleicht genaueste Analyse stammt von der Finanzberatungsfirma Lazard, die die Messgröße »Levelized Cost of Storage« (LCOS, normierte Speicherkosten) verwendet. Zu deren Errechnung werden alle Kosten (einschließlich der Kapitalkosten) durch die gesamte gespeicherte Energie (in Megawattstunden oder einem Äquivalent) geteilt, die während der Lebensdauer eines Projekts voraussichtlich abgerufen wird. Um den neuesten Stand des technologischen Fortschritts bestmöglich darzustellen, zeigt dieses Diagramm die günstigsten LCOS, die unter den jährlich neu in Betrieb genommenen US-Energiespeicherprojekten im Versorgungsmaßstab verfügbar sind. Es ist zu beachten, dass die durchschnittlichen LCOS-Zahlen für ein bestimmtes Jahr höher sind, aber ähnlichen Entwicklungen folgen – d. h., die geringsten LCOS eines Jahres können einige Jahre später im Bereich der durchschnittlichen Werte liegen.

spielsweise die Kosten für Lithium-Ionen-Speicher zwischen 2012 und 2020 um rund 80 Prozent pro Megawattstunde gesunken, und aller Voraussicht nach werden sie weiter sinken.[237] Da diese Kosten mit neuen Innovationen weiter abnehmen werden, werden die erneuerbaren Energien die fossilen Brennstoffe als Rückgrat des Energieversorgungsnetzes ablösen können.[238]

Gesamte Energiespeicherkapazität der USA[240]

Jährliche US-Stromerzeugung aus Energiespeichern in der Größenordnung für Energieversorgung (ohne Wasserkraft), GWh

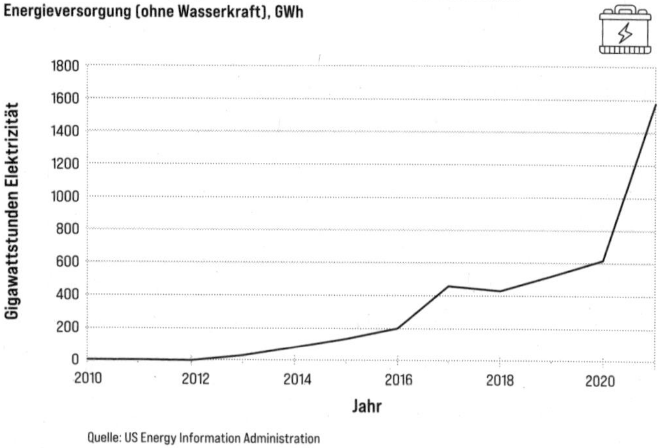

Abbildung 50

BALD WERDEN WIR ALLE ZUGANG ZU SAUBEREM WASSER HABEN

Eine der größten Herausforderungen des 21. Jahrhunderts wird darin bestehen, die wachsende Weltbevölkerung zuverlässig mit sauberem, frischem Wasser zu versorgen. Im Jahr 1990 hatten etwa 24 Prozent der Weltbevölkerung nicht regelmäßig Zugang zu einigermaßen sauberem Trinkwasser.[241] Dank der Entwicklungsmaßnahmen und des technischen Fortschritts ist diese Zahl heute auf etwa 10 Prozent gesunken.[242] Das ist jedoch immer noch ein großes Problem. Nach

Angaben des Institute for Health Metrics and Evaluation starben im Jahr 2019 weltweit etwa 1,5 Millionen Menschen, darunter 500 000 Kleinkinder, an Durchfallerkrankungen, verursacht durch Trinkwasser, das mit Bakterien aus Fäkalien verunreinigt war.[243] Zu diesen Krankheiten gehören Cholera, Ruhr und Typhus, an denen vor allem Kinder sterben.

Das Problem ist, dass in weiten Teilen der Welt immer noch keine Infrastruktur verfügbar ist, mit der frisches Wasser gesammelt, sauber gehalten und zu den Häusern gebracht wird, wo die Menschen es zum Trinken, Kochen, Waschen und Baden verwenden können. Der Bau riesiger Netze von Brunnen, Pumpen, Aquädukten und Rohren ist teuer und übersteigt die finanziellen Möglichkeiten vieler Entwicklungsländer. Außerdem sind große Infrastrukturprojekte wegen Bürgerkriegen und anderen politischen Problemen manchmal undurchführbar. Daher sind zentrale Wasseraufbereitungs- und -verteilungssysteme, wie sie in den Industrieländern üblich sind, für die meisten dieses letzten Zehntels keine praktikable Lösung. Die Alternative sind Technologien, die es den Menschen ermöglichen, ihr Wasser in der eigenen Nachbarschaft oder direkt bei sich zu Hause aufzubereiten.

Generell werden dezentrale Technologien ab den 2020er-Jahren in vielen Bereichen vorherrschend werden, darunter die Energieerzeugung (Solarzellen), die Nahrungsmittelproduktion (vertikale Landwirtschaft) und die Herstellung von Alltagsgegenständen (3-D-Druck). Bei der Wasseraufbereitung können die entsprechenden Technologien verschiedene Formen annehmen, von gebäudegroßen Maschinen wie dem Janicki Omni Processor, mit dem Wasser für ein ganzes Dorf aufbereitet werden kann, bis hin zu tragbaren Filtern wie dem LifeStraw, mit dem eine Person Trinkwasser für den Eigenbedarf gewinnen kann.[244]

In einigen Kläranlagen wird das Wasser zur Abtötung von Krankheitserregern vor der Verwendung mit Wärme aus Sonnenenergie oder aus der Verbrennung von Kraftstoffen abgekocht. Andere Gifte und Schadstoffe werden dadurch jedoch nicht entfernt, und das Wasser kann, wenn es nicht sofort nach dem Abkochen getrunken wird, leicht wieder kontaminiert werden. Die Zugabe von antibakteriellen

Chemikalien ins Wasser kann eine erneute Verunreinigung verhindern, mögliche Giftstoffe sind danach jedoch weiterhin enthalten. In den letzten Jahren wurden einige tragbare elektrische Wasserreinigungsgeräte entwickelt, in denen Luftsauerstoff in Ozon umgewandelt wird, ein Gas, das, wenn es durch das Wasser geleitet wird, Krankheitserreger sehr effizient abtötet.[245] Andere Geräte töten Bakterien und Viren durch Bestrahlung des Wassers mit starkem ultraviolettem Licht ab. Aber auch diese Methode schützt nicht vor Verschmutzung durch Chemikalien.

Eine weitere Methode ist die Filtrierung. Viele Jahre lang war es mit Filtertechnik möglich, die meisten, wenn auch nicht alle Organismen und Giftstoffe aus dem Wasser zu entfernen. Viele der tödlichsten Viren sind so klein, dass sie die Poren gewöhnlicher Filter passieren.[246] Ebenso können die Moleküle einiger Schadstoffe nicht durch normale Filtration zurückgehalten werden.[247] Dank jüngster Innovationen in der Materialwissenschaft werden nun jedoch Filter hergestellt, die immer kleinere Giftstoffe zurückhalten. In den kommenden Jahren werden nanotechnische Materialien schneller arbeitende Filter zu günstigen Preisen ermöglichen.

Eine besonders vielversprechende neue Technologie ist die Slingshot-Wasseraufbereitungsanlage, die von Dean Kamen erfunden wurde.[248] Es handelt sich dabei um ein relativ kompaktes Gerät – etwa so groß wie ein kleiner Kühlschrank –, das völlig reines Wasser mit der Qualität für injizierbare Flüssigkeit aus jeder Quelle aufbereiten kann, sogar aus Abwasser und verunreinigtem Sumpfwasser. Der Slingshot-Apparat benötigt für seinen Betrieb weniger als ein Kilowatt Strom. Er arbeitet mit Dampfkompressionsdestillation (das zugeführte Wasser wird verdampft und wieder kondensiert, wobei Verunreinigungen zurückbleiben) und benötigt keine Filter. Der Slingshot soll von einem sehr vielseitig einsetzbaren Motor, einem Stirlingmotor, angetrieben werden, der Strom aus jeder beliebigen Wärmequelle erzeugen kann – man kann sogar Kuhmist als Brennstoff verwenden.[249]

DIE VERTIKALE LANDWIRTSCHAFT WIRD KOSTENGÜNSTIGE, QUALITATIV HOCHWERTIGE NAHRUNGSMITTEL LIEFERN. DIE BISHER FÜR DIE HORIZONTALE LANDWIRTSCHAFT GENUTZTEN FLÄCHEN WERDEN FREI

Die meisten Archäologen gehen davon aus, dass die menschliche Landwirtschaft vor etwa 12 000 Jahren ihren Anfang nahm, aber es gibt auch Hinweise darauf, dass die ersten Äcker bereits vor 23 000 Jahren bestellt wurden.[250] Es ist gut möglich, dass zukünftige archäologische Entdeckungen diesen Wissensstand noch weiter korrigieren werden. Auf den ersten Feldern war die pro Fläche angebaute Menge an Nahrungsmitteln noch recht gering. Die ersten Bauern streuten die Samen in den natürlichen Boden und warteten auf den nächsten Regen. Da diese Vorgehensweise recht ineffizient war, mussten von den Menschen, die von der Landwirtschaft leben wollten, die allermeisten auch auf dem Feld arbeiten.

Ab 6000 v. Chr. wurden Ackerpflanzen künstlich bewässert, sodass sie mehr Wasser erhielten als nur durch den Regen.[251] Durch die Züchtung von Pflanzen wurden ihre essbaren Teile vergrößert, und sie wurden nahrhafter. Düngemittel versorgten den Boden mit zusätzlichen wachstumsfördernden Substanzen. Die Landwirte verbesserten ihre Anbaumethoden, um die Pflanzen so effizient wie möglich anzubauen. Entsprechend standen immer mehr Nahrungsmittel zur Verfügung, und im Laufe der Jahrhunderte konnten immer mehr Menschen ihre Zeit mit anderen Aktivitäten wie Handel, Wissenschaft und Philosophie verbringen. Ein Teil dieser Spezialisierung führte zu weiteren Innovationen in der Landwirtschaft und schuf damit eine Rückkopplungsschleife, die wiederum den Fortschritt weiter vorantrieb. Erst durch diese Dynamik konnte unsere Zivilisation entstehen.

Eine nützliche Messgröße zur Quantifizierung dieses Fortschritts ist die Anbaudichte: die Menge der Nahrungsmittel, die auf einer bestimmten Fläche angebaut werden können. In der Maisproduktion in den Vereinigten Staaten beispielsweise wird das Land mehr als siebenmal so effizient wie vor eineinhalb Jahrhunderten genutzt.

Im Jahr 1866 ernteten die Maisbauern in den USA durchschnittlich 24,3 Bushel pro Acre, im Jahr 2021 waren es bereits 176,7 (das sind ca. 1,6 beziehungsweise ca. 12 Tonnen pro Hektar).[252] Weltweit wurde die Flächeneffizienz in etwa exponentiell verbessert, und heute benötigen wir für den Anbau einer bestimmten Menge an Kulturpflanzen im Durchschnitt weniger als 30 Prozent der Fläche, die wir 1961 benötigten.[253] Diese Entwicklung hat seitdem wesentlich zum Wachstum der Weltbevölkerung beigetragen, und sie hat auch die weltweiten Hungersnöte verhindert, die in meiner Kindheit von vielen Menschen wegen der Überbevölkerung gefürchtet wurden.

Da die Ackerpflanzen heute in extrem hoher Dichte angebaut werden und der Großteil der Arbeit, die früher von Hand erledigt wurde, von Maschinen übernommen wird, kann ein Landwirt genug Nahrung für etwa siebzig Menschen anbauen. Infolgedessen sank der Anteil der Landwirtschaft an der gesamten Arbeitstätigkeit von 80 Prozent im Jahr 1810 über 40 Prozent im Jahr 1900 auf heute weniger als 1,4 Prozent.[254]

Die Anbaudichte nähert sich jedoch immer mehr der theoretisch höchstmöglichen Menge, die auf einer gegebenen Ackerfläche angebaut werden kann. Eine sich abzeichnende Lösung ist der Anbau in mehreren übereinanderliegenden Schichten, die sogenannte vertikale Landwirtschaft.[255] Hierbei werden mehrere Technologien nutzbringend eingesetzt.[256] Die Pflanzen werden in der Regel hydroponisch angebaut, d. h., sie werden nicht in Erde, sondern in Schalen mit nährstoffreichem Wasser aufgezogen. Diese Schalen werden in Gestelle eingesetzt und mehrere Stockwerke hoch übereinandergestapelt, sodass überschüssiges Wasser aus einer Ebene in die darunterliegende sickern kann, anstatt nutzlos abzufließen. In einigen vertikalen Farmen wird bereits eine neue Technologie namens Aeroponics eingesetzt, bei der nicht mehr gegossen, sondern das Wasser als feiner Nebel versprüht wird.[257] Anstelle von Sonnenlicht sorgen spezielle LEDs dafür, dass jede Pflanze die perfekte Menge Licht erhält. Einer der Branchenführer ist das Vertical-Farming-Unternehmen Gotham Greens, das über zehn große Anlagen von Kalifornien bis Rhode Island verfügt. Bis Anfang 2023 hatte es 440 Millionen Dollar an Risikokapital eingesammelt.[258] Mit der Technologie des

Unternehmens werden für einen bestimmten Ernteertrag »95 Prozent weniger Wasser und 97 Prozent weniger Land als im herkömmlicher Ackerbau benötigt«.[259] Durch solche Effizienzsteigerungen werden Wasser und Land für andere Zwecke frei (man bedenke, dass die Landwirtschaft derzeit schätzungsweise die Hälfte der weltweiten bewohnbaren Fläche beansprucht), und es werden viel mehr erschwingliche Nahrungsmittel zur Verfügung stehen.[260]

Die vertikale Landwirtschaft hat weitere wesentliche Vorteile. Durch die Vermeidung des Abflusses landwirtschaftlicher Abwässer wird eine der Hauptursachen für die Verschmutzung der Wasserwege beseitigt. Der Anbau auf losem Boden, der aufgewirbelt wird und zur Verschlechterung der Luftqualität beiträgt, ist nicht mehr erforderlich. Der Einsatz giftiger Pestizide wird überflüssig, da in eine richtig konzipierte vertikale Farm keine Schädlinge eindringen können. Außerdem ist es mit dieser Technologie möglich, das ganze Jahr über Pflanzen anzubauen, auch solche, die unter den örtlichen klimatischen Bedingungen im Freien nicht gedeihen würden. Auf diese Weise werden auch Ernteverluste durch Frost und schlechtes Wetter vermieden. Der wichtigste Vorteil ist wahrscheinlich, dass Städte und Dörfer ihre eigenen Lebensmittel vor Ort anbauen können, anstatt sie mit Zügen und Lastwagen aus Hunderten oder gar Tausenden Kilometer Entfernung herbeizuschaffen. Mit den sinkenden Kosten für die vertikale Landwirtschaft und ihrer zunehmenden Verbreitung wird sie zu einer erheblichen Verringerung von Emissionen in die Umgebung und in die Atmosphäre führen.

In den kommenden Jahren wird die vertikale Landwirtschaft durch konvergierende Innovationen in den Bereichen Photovoltaik, Materialwissenschaft, Robotik und künstliche Intelligenz wesentlich kostengünstiger werden als die derzeitige Landwirtschaft. Viele Anlagen werden dann mit effizienten Solarzellen betrieben werden, in ihnen werden neue Düngemittel vor Ort hergestellt werden, sie werden ihr Wasser aus der Luft sammeln und die Pflanzen mit automatischen Maschinen ernten. Da nur sehr wenige Arbeitskräfte benötigt werden und der Platzbedarf gering ist, werden künftige vertikale Farmen in der Lage sein, Pflanzen so billig zu produzieren, dass die Lebensmittel den Verbraucher fast umsonst überlassen werden können.

Abbildung 51: Salatanbau in übereinanderliegenden Etagen in einer vertikalen Farm

Dieser Prozess spiegelt das wider, was in der Informationstechnologie als Folge des Gesetzes vom steigenden Ertragszuwachs stattgefunden hat. Da die Rechenleistung exponentiell billiger geworden ist, konnten Plattformen wie Google und Facebook ihre Dienste den Nutzern kostenlos zur Verfügung stellen, während sie ihre eigenen Kosten durch alternative Geschäftsmodelle wie Werbung decken. Durch den Einsatz von Automatisierung und KI zur Steuerung aller Elemente einer vertikalen Farm wird die Lebensmittelproduktion durch die vertikale Landwirtschaft im Wesentlichen zu einer Informationstechnologie.

DER 3-D-DRUCK WIRD DIE HERSTELLUNG UND DIE ZUSTELLUNG PHYSISCHER GEGENSTÄNDE REVOLUTIONIEREN

Im größeren Teil des 20. Jahrhunderts gab es für die Herstellung dreidimensionaler fester Objekte im Wesentlichen zwei Möglichkeiten. Bei einigen Verfahren wird das Material in einer Form geformt, z. B. durch das Einspritzen von geschmolzenem Kunststoff in eine Spritzgussform oder durch das Formen von erhitztem Metall in einer Presse. Bei anderen Verfahren wird das Material selektiv von einem Block oder einer Platte abgetragen, ähnlich wie ein Bildhauer bei der Anfertigung einer Statue Stücke von einem Marmorblock abschlägt. Beide Methoden haben große Nachteile. Die Herstellung von Gussformen ist sehr teuer, und die Formen lassen sich, sind sie einmal fertiggestellt, nachträglich schwer verändern. Bei der sogenannten subtraktiven Fertigung dagegen wird viel Material verschwendet, und bestimmte Formen sind unmöglich herstellbar.

In den 1980er-Jahren begann die Entwicklung einer neuen Familie von Technologien.[261] Im Gegensatz zu den älteren Verfahren werden die Gegenstände bei diesen hergestellt, indem relativ dünne Schichten übereinander zu einem dreidimensionalen Objekt gestapelt oder aufgetragen werden. Diese Techniken werden additive Fertigung, dreidimensionaler Druck oder 3-D-Druck genannt.

Die gängigsten 3-D-Drucker funktionieren ungefähr wie ein Tintenstrahldrucker.[262] In einem typischen Tintenstrahldrucker fährt der Druckkopf über einem Stück Papier hin und her und spritzt nach Anweisungen einer Software an bestimmten Stellen Tinte aus einer Patrone durch eine Düse auf das Papier. Anstelle von Tinte wird in 3-D-Druckern Material wie Kunststoff eingefüllt und erhitzt, bis es weich ist. Das Material wird mit den Düsen nach einem softwaregesteuerten Plan Schicht für Schicht aufgetragen, sodass das Objekt langsam in die Höhe wächst. Beim Aushärten verschmelzen die Schichten miteinander, und das fertige Objekt ist einsatzbereit. In den letzten zwei Jahrzehnten wurde der 3-D-Druck hinsichtlich höherer Auflösungen, geringerer Kosten und höherer Geschwindigkeit kontinuierlich weiterentwickelt.[263] Heutige 3-D-Drucksysteme sind in der Lage, Objekte aus einer Vielzahl von Materialien herzustellen, darunter Papier, Kunststoff, Keramik und Metall. Mit den Fortschritten der 3-D-Drucktechnologie wird auch die Verwendung exotischerer Materialien möglich werden. Beispielsweise können medizinische Implantate hergestellt werden, die Medikamentenmoleküle enthalten, welche nach und nach in den Körper abgegeben werden. Nanomaterialien wie Graphen könnten zur Herstellung leichter kugelsicherer Kleidung und superschneller Elektronik verwendet werden. Der 3-D-Druck kann auch von Fortschritten im Bereich der künstlichen Intelligenz profitieren, beispielsweise könnten die Festigkeit, die aerodynamische Form oder andere Eigenschaften eines Objekts mit einer Software optimiert werden, oder die Software könnte Entwürfe für Objekte erstellen, die Formen erfordern, die mit den heutigen Methoden unmöglich herzustellen wären.

Neue, intuitive Software ermöglicht es den Menschen, Gegenstände im 3-D-Druck herzustellen, ohne vorher eine spezielle Ausbildung zu absolvieren. Mit der zunehmenden Verbreitung des 3-D-Drucks hat dieser begonnen, die Fertigungsindustrie zu revolutionieren. Ein großer Vorteil ist, dass er die schnelle und kostengünstige Erstellung von Prototypen ermöglicht. Ingenieure können ein neues Objekt am Computer entwerfen und – wo die Fertigung mit traditionellen Verfahren noch Wochen hätte dauern können – innerhalb von Minuten oder Stunden ein 3-D-gedrucktes Modell in den Händen halten. Dies ermöglicht schnelle Test- und Änderungszyklen zu einem Bruchteil der Kosten der früheren Verfahren. Auf diese Weise können Menschen mit guten Ideen, aber relativ wenig Geld ihre Innovationen auf den Markt bringen und der Gesellschaft Nutzen bringen.

Ein weiterer entscheidender Vorteil des 3-D-Drucks besteht darin, dass er ein Maß an Individualisierung ermöglicht, an die bei der Herstellung von bislang herkömmlichen Press- und Gussformen nicht zu denken ist. Selbst geringfügige Änderungen erfordern in der Regel eine komplett neue Form, die Zehntausende Dollar oder mehr kosten kann. Im Gegensatz dazu führen selbst größere Änderungen an einem 3-D-Druck-Design nicht zu zusätzlichen Kosten. So können sich Erfinder genau die Teile drucken, die sie für ihre Innovationen benötigen, und die Verbraucher können speziell für sie entworfene Produkte zu erschwinglichen Preisen erwerben. Ein Beispiel von vielen ist die Herstellung von Schuhen, die exakt nach den Maßen der Füße des Kunden gefertigt werden, entsprechend besser sitzen und deutlich bequemer zu tragen sind. Ein führendes Unternehmen für 3-D-gedruckte Schuhe ist FitMyFoot, das seinen Kunden anbietet, mit einer App Fotos von ihren Füßen zu machen, die dann automatisch in die Maße für den Druckprozess umgewandelt wer-

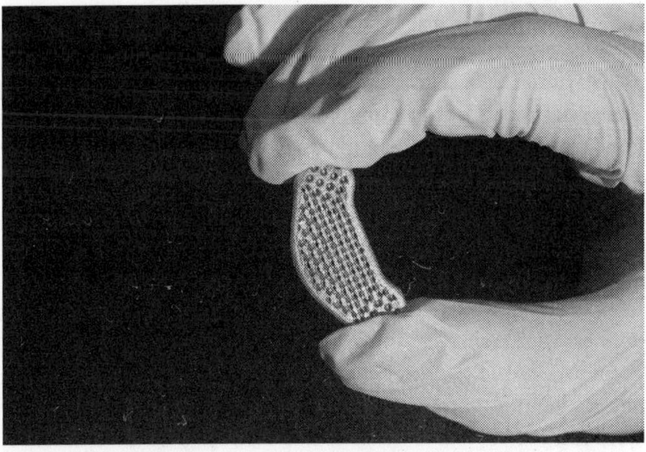

Abbildung 52: Eine 3-D-gedruckte Bandscheibe aus Titan, die Patienten mit Beschädigungen oder Erkrankungen der Wirbelsäule implantiert werden kann

den.[264] Auch Möbel können für jeden Körpertyp passend gedruckt werden, und ebenso Werkzeuge können so hergestellt werden, die an die Hand des Benutzers angepasst sind.[265] Noch wichtiger ist, dass lebenswichtige medizinische Implantate billiger und besser werden.[266]

Der 3-D-Druck ermöglicht außerdem die Dezentralisierung der Produktion und damit die Stärkung von Verbrauchern und lokalen Gemeinschaften. Dies steht im Gegensatz zu dem im 20. Jahrhundert entstandenen Paradigma, nach dem die Produktion weitgehend in riesigen Fabriken von Unternehmen in Großstädten konzentriert ist. Innerhalb dieser Strukturen müssen Kleinstädte und Entwicklungsländer ihre Produkte von weit her kaufen, und der Versand ist teuer und zeitaufwendig. Eine dezentrale Produktion wird auch erhebliche Vorteile für die Umwelt mit sich bringen, da der Transport von Produkten von den Fabriken zu den Verbrauchern, die Hunderte oder Tausende von Kilometern entfernt sind, enorme Emissionen verursacht. Nach Angaben des International Transport Forum ist der Gütertransport mit der Verbrennung von Kraftstoffen für rund 30 Prozent aller CO_2-Emissionen verantwortlich.[267] Mit dem dezentralen 3-D-Druck kann ein Großteil dieser Emissionen vermieden werden.

Die Auflösung des 3-D-Drucks wird jedes Jahr weiter verbessert, und die Technologie wird immer billiger.[268] In dem Maße, wie sich die Auflösung verbessert (d. h., die Größe der kleinsten druckbaren Konstruktionsdetails schrumpft) und die Kosten sinken, wird die Palette der kostendeckend druckbaren Waren umfangreicher. So sind beispielsweise viele gängige Stoffe aus Fasern mit einem Durchmesser von 10 bis 22 Mikrometer (millionstel Meter) hergestellt.[269] Einige 3-D-Drucker erreichen bereits eine Druckauflösung von einem Mikrometer oder weniger.[270] Sobald mit dieser Technologie Durchmesser in der Größenordnung von Fasern mit gewebeähnlichen Materialien zu ähnlichen Preisen wie normales Gewebe hergestellt werden können, wird es auch bezahlbar sein, Kleidung in jeder gewünschten Form und Farbe zu drucken.[271] Da die Druckgeschwindigkeit immer weiter zunimmt, wird auch die Produktion von Großserien möglich werden.[272]

Der 3-D-Druck wird außer zur Herstellung von Alltagsgegenständen wie Schuhen und Werkzeugen im Rahmen neuer Forschungsarbeiten auch in der Biologie eingesetzt. Wissenschaftler erproben derzeit Techniken, die einmal den Druck von menschlichem Körpergewebe und schließlich ganzer Organe ermöglichen werden.[273] Das allgemeine Prinzip besteht darin, dass ein biologisch inaktives Material, z. B. ein synthetisches Polymer oder Keramik, zu einem dreidimensionalen »Gerüst« in der Form der gewünschten Körperstruktur gedruckt wird. Dann wird eine mit reprogrammierten Stammzellen angereicherte Flüssigkeit über das Gerüst gegossen, wo sich die Zellen vermehren und die entsprechende Form ausfüllen, wodurch schließlich ein Ersatzorgan mit der DNA des Patienten entsteht. United Therapeutics (ein Unternehmen, bei dem ich Vorstandsmitglied bin) forscht an diesem Ansatz (und anderen), um eines Tages ganze Lungen, Nieren und Herzen wachsen zu lassen.[274] Dieses Verfahren wird letztlich der Transplantation von Spenderorganen weit überlegen sein, weil diese nicht ausreichend verfügbar sind und weil sie wegen einer möglichen Abstoßung durch das Immunsystem des Patienten nur eingeschränkt nutzbar sind.[275]

Ein potenzieller Nachteil des 3-D-Drucks ist, dass er zur Herstellung von Raubkopien verwendet werden könnte. Warum sollte man für ein Paar Designerschuhe 200 Dollar bezahlen, wenn man die Datei herunterladen und die Schuhe für einen Bruchteil der Kosten selbst drucken kann? Wir stehen bereits vor ähnlichen Problemen mit dem geistigen Eigentum an Musik, Büchern, Filmen und anderen kreativen Werken. All dies erfordert neue Ansätze zum Schutz des geistigen Eigentums.[276]

Eine weitere beunruhigende mögliche Folge ist, dass die dezentrale Fertigung es Zivilisten ermöglichen wird, Waffen herzustellen, die sie sich auf andere Art nicht so leicht beschaffen könnten. Im Internet kursieren bereits Dateien, mit denen sich die Einzelteile für den Zusammenbau von Waffen drucken lassen.[277] Dies wird zu einer Herausforderung für die Waffenkontrolle werden, zumal es die Herstellung von Schusswaffen ohne Seriennummern ermöglicht, was den Strafverfolgungsbehörden die Verfolgung von Verbrechen erschwert. Mit 3-D-gedruckten Waffen aus modernen Kunststoffen lassen sich sogar Metalldetektoren umgehen. Dies wird eine sorgfältige Neubewertung der derzeitigen Vorschriften und Strategien erfordern.

3-D-DRUCK VON GEBÄUDEN

Beim dreidimensionalen Druck denkt man zumeist an die Herstellung von kleinen Objekten wie Werkzeugen oder medizinischen Implantaten, er kann aber auch zur Herstellung größerer Strukturen wie Gebäuden eingesetzt werden. Diese Technologie befindet sich in der Prototypenphase und entwickelt sich rasch weiter, und sobald 3-D-gedruckte Bauwerke kostengünstiger zu errichten sind, werden sie zu einer kommerziell tragfähigen Alternative zu den derzeitigen Baumethoden. Letztlich wird der 3-D-Druck von Gebäudemodulen wie auch von kleineren Teilen, die in ein Gebäude eingebaut werden, die Baukosten für Häuser und Büros drastisch senken.

Für den 3-D-Druck eines Gebäudes gibt es zwei wesentliche Ansätze. Der erste besteht darin, Teile oder Module zu fertigen, die anschließend zusammengesetzt werden – ähnlich wie Möbel von IKEA, die man in Teilen kauft und dann selbst zusammenbaut.[278] In einigen Fällen bedeutet dies, dass Elemente wie Wand- und Dachsegmente gedruckt und dann auf der Baustelle wie Legosteine zusammengesetzt werden. In den späten 2020er-Jahren wird es möglich sein, diese Montage gedruckter Module weitgehend Robotern zu überlassen.

Ein anderer Ansatz ist das Drucken der Strukturen ganzer Räume oder modularer Strukturen.[279] Diese Module haben in der Regel quadratische oder rechteckige Grundflächen und können in vielen verschiedenen Konfigurationen zusammengesetzt werden. Auf der Baustelle können sie mit Kränen an ihre Einbauposition gehoben und schnell montiert werden. Dadurch werden die Störungen und Belästigungen der Umgebung, die eine Baustelle normalerweise mit sich bringt, minimiert. Im Jahr 2014 demonstrierte das chinesische Unternehmen WinSun den Bau von zehn einfachen modularen Häusern innerhalb von 24 Stunden zu einem Preis von weniger als 5000 Dollar pro Stück.[280] China ist bereits ein wichtiger Standort für 3-D-gedruckte Gebäude, und das Land wird in den kommenden Jahrzehnten großen Bedarf an ausgereifteren Versionen dieser Technologie haben.

Eine weitere Methode besteht darin, ein ganzes, individuell gestaltetes Gebäude als einzelnes Modul zu drucken.[281] Hierfür stellen die Techniker um den Bereich, in dem das Gebäude entstehen soll, einen großen Rahmen auf, in dem sich die Druckdüse roboterhaft bewegt und Schichten des Baumaterials (z. B. Beton) in Form der Wände aufträgt. Für den Rohbau ist nur sehr wenig menschliche Arbeitskraft erforderlich, aber nach dessen Fertigstellung werden die Innenausbauten und die Montage der Fenster und Dachziegel von Bauarbeitern ausgeführt. Ein Beispiel hierfür ist ein Projekt des Unternehmens Huashang Tengda, das im Jahr 2016 eine zweistöckige Villa in einem Stück und in nur 45 Tagen druckte.[282] Während ich dies schreibe, breitet sich diese Technologie in den Vereinigten Staaten aus, wo ein Unternehmen namens Alquist 3D im Jahr 2021 das erste 3-D-gedruckte Eigenheim fertigstellte und im Jahr 2023 in Houston das erste mehrstöckige Haus gedruckt wurde.[283] In den späten 2020er-Jahren wird die Kombination von 3-D-Druck großer und kleiner Objekte mit intelligenter Robotik die Möglichkeiten zur Individualisierung von Gebäuden verbessern und gleichzeitig die Kosten drastisch senken.

Der 3-D-Druck von Gebäudemodulen hat mehrere entscheidende Vorteile, die mit der Weiterentwicklung der Technologie deutlicher hervortreten werden. Erstens senkt er die Arbeitskosten, wodurch einfache Wohnungen erschwinglicher werden. Außerdem verkürzt sich die Bauzeit, was Umweltbelastungen durch lange Bauzeiten verringert. Dazu gehören Abfall und Müll, Licht- und Lärmbelästigung, giftiger Staub, Verkehrsbehinderungen und Gefährdungen der Arbeiter. Außerdem erleichtert der 3-D-Druck den Bau von Gebäuden aus Materialien, die problemlos und lokal verfügbar sind, und der Einsatz von Rohstoffen wie Holz und Stahl, die möglicherweise aus Hunderten von Kilometern Entfernung herangeschafft werden müssen, wird vermieden.

In Zukunft könnte der 3-D-Druck sogar für den einfacheren und kostengünstigeren Bau von Wolkenkratzern eingesetzt werden. Eine der größten Herausforderungen beim Bau von Hochhäusern besteht darin, Menschen und Baumaterialien in die oberen Stockwerke zu bringen. Ein 3-D-Drucksystem, das gemeinsam mit autonomen Robotern am Boden Baumaterialien verarbeitet und diese dann nach oben pumpt, wird diesen Prozess wesentlich einfacher und kostengünstiger machen.

UM DAS JAHR 2030 HERUM WERDEN ERNSTHAFT DARUM BEMÜHTE MENSCHEN DIE LANGLEBIGKEITS-FLUCHTGESCHWINDIGKEIT ERREICHEN

Materieller Überfluss und die Weiterverbreitung friedlicher Demokratien werden Verbesserungen des Lebens mit sich bringen, aber die lohnendste Herausforderung ist das Bemühen darum, das Leben selbst zu erhalten. Wie ich in Kapitel 6 beschreibe, wandelt sich die Methode zur Entwicklung neuer medizinischer Therapien rasch von einem linearen Prozess der Suche mit vielen Fehlversuchen zu einer exponentiellen Informationstechnologie, mit der wir die suboptimale Software des Lebens systematisch umprogrammieren werden.

Das biologische Leben ist suboptimal, weil die Evolution eine Ansammlung von Zufallsprozessen ist, die durch natürliche Selektion optimiert werden. Während die Evolution das Spektrum möglicher genetischer Merkmale »ausprobiert« hat, war sie also stark vom Zufall und vom Einfluss bestimmter Umweltfaktoren abhängig. Die Tatsache, dass dieser Prozess schrittweise abläuft, bedeutet auch, dass die Evolution ein genetisches Merkmal nur dann hervorbringen kann, wenn auch alle Zwischenschritte auf dem Weg dorthin das Überleben der Lebewesen, in denen diese Zwischenschritte ausgebildet werden, in ihrer jeweiligen Umgebung ermöglichen. Es gibt also sicherlich einige potenzielle Merkmale, die sehr nützlich wären, die aber nicht entstehen können, weil die zu ihrer Entwicklung erforderlichen evolutionären Zwischenschritte nicht überlebensfähig waren. Die Anwendung von (menschlicher oder künstlicher) Intelligenz auf die Biologie wird es uns dagegen ermöglichen, systematisch die gesamte Bandbreite der genetischen Möglichkeiten zu erforschen, um die optimalen, d.h. die nützlichsten Eigenschaften zu finden. Dazu gehören dann auch solche, die durch normale Evolution nicht erreichbar sind.

Seit dem Abschluss des Humangenomprojekts im Jahr 2003 haben wir nun etwa zwei Jahrzehnte exponentiellen Fortschritts bei der Sequenzierung von Genomen erlebt (etwa eine Verdopplung des Preis-Leistungs-Verhältnisses pro Jahr). Bezogen auf die Anzahl der Basenpaare hat sich diese Verdopplung im Durchschnitt etwa alle vierzehn Monate vollzogen, und zwar über mehrere Technologien hinweg, beginnend mit der ersten Nukleotid-Sequenzierung der DNA im Jahr 1971.[284] Nun erreichen wir endlich den steilen Anstieg einer seit fünfzig Jahren laufenden exponentiellen Entwicklung in der Biotechnologie.

KI wird bereits in Ansätzen für die Entdeckung und Entwicklung von Arzneimitteln und anderen therapeutischen Maßnahmen eingesetzt, und Ende der 2020er-Jahre werden biologische Simulationen so weit fortgeschritten sein, dass sie wichtige Daten zur Sicherheit und Wirksamkeit innerhalb von Stunden liefern, nicht erst nach Jahren, die normalerweise für klinische Studien benötigt werden. Der Übergang von Versuchen am Menschen zu simulierten *In-silico*-Versuchen wird von zwei entgegengesetzt wirkenden Kräften gelenkt. Einerseits wird es berechtigte Bedenken hinsichtlich der Sicherheit geben: Wir wollen nicht, dass bei Simulationen relevante medizinische Fakten übersehen werden und ein gefährliches Medikament fälschlicherweise als sicher deklariert wird. Andererseits können simulierte Studien an einer weitaus größeren Anzahl simulierter Patienten durchgeführt werden, d. h., es kann ein breiteres Spektrum an Begleiterkrankungen und demografischen Faktoren berücksichtigt werden, sodass Ärzte genaueste Informationen darüber erhalten, wie sich eine neue Behandlung wahrscheinlich auf viele verschiedene Arten von Patienten auswirken wird. Außerdem können lebensrettende Medikamente, die den Patienten schneller zur Verfügung gestellt werden, entsprechend mehr Leben retten. Der Übergang zu simulierten Studien wird auch politische Unklarheiten und bürokratische Widerstände mit sich bringen, aber letztlich wird die Wirksamkeit der Technologie für den Umstieg entscheidend sein.

Die folgenden sind nur zwei bemerkenswerte Beispiele für die Vorteile von *In-silico*-Versuchen:

- Die Immuntherapie, die es vielen Krebspatienten im Stadium 4 (die sonst im Endstadium wären) ermöglicht, in Remission zu gehen, ist eine sehr vielversprechende Entwicklung in der Krebsbehandlung.[285] Mit Technologien wie der CAR-T-Zelltherapie werden die körpereigenen Immunzellen eines Patienten so umprogrammiert, dass sie Krebszellen erkennen und zerstören.[286] Bisher ist die Suche nach solchen Ansätzen durch unser unvollständiges Verständnis der biomolekularen Mechanismen, mit denen Krebs das Immunsystem umgeht, begrenzt, KI-Simulationen werden jedoch helfen, diese Schwierigkeiten zu überwinden.
- Mit induzierten pluripotenten Stammzellen (iPS-Zellen) erhalten wir die Möglichkeit, das Herz nach einem Herzinfarkt zu verjüngen und die »reduzierte Ejektionsfraktion« zu beheben, an der viele Überlebende eines Herzinfarkts leiden (und an der mein Vater starb). Wir züchten jetzt Organe und verwenden dazu iPS-Zellen (adulte Zellen, die durch das Einbringen bestimmter Gene in Stammzellen umgewandelt werden). Seit 2023 werden iPS-Zellen für die Regeneration von Luftröhren, Schädelknochen, Netzhautzellen, peripheren Nerven und Hautgewebe sowie für Gewebe von wichtigen Organen wie Herz, Leber und Nieren verwendet.[287] Da Stammzellen in mancher Hinsicht Krebszellen ähneln, wird ein wichtiger Forschungsschwerpunkt in Zukunft darin bestehen, Wege zu finden, wie die Gefahr einer unkontrollierten Zellteilung minimiert werden kann. Diese iPS-Zellen können sich wie embryonale Stammzellen verhalten und sich in fast alle Arten menschlicher Zellen differenzieren. Die Technik ist noch experimentell, wurde aber bereits erfolgreich beim Menschen eingesetzt. Bei Patienten mit Herzproblemen werden iPS-Zellen entnommen, zu makroskopischen Schichten von Herzmuskelgewebe gezüchtet und auf ein geschädigtes Herz transplantiert. Es wird vermutet, dass die Therapie über die Freisetzung von Wachstumsfaktoren durch die iPS-Zellen funktioniert, die das vorhandene Herzgewebe zur Regeneration anregen. Sie gaukeln dem Herzen vor, es befinde sich in einer fötalen Umgebung. Dieses Verfahren wird bei einer Vielzahl von biologischen Geweben eingesetzt. Sobald wir die Funktionsweisen von iPS-Zellen mit fortschrittlicher

künstlicher Intelligenz analysieren können, wird die regenerative Medizin in der Lage sein, die körpereigenen Baupläne für die Heilung einzusetzen.

Mit der Entstehung dieser Technologien werden die alten linearen Modelle des Fortschritts in der Medizin und der Verlängerung der Lebensdauer ihre Gültigkeit verlieren. Sowohl unsere natürliche Intuition als auch ein Blick zurück in die Geschichte lassen ja vermuten, dass die nächsten zwanzig Jahre des Fortschritts in etwa so verlaufen werden wie die letzten zwanzig Jahre, jedoch wird hierbei der exponentielle Charakter dieses Prozesses übersehen. Die Erkenntnis, dass eine radikale Lebensverlängerung in greifbare Nähe gerückt ist, verbreitet sich zwar, aber die meisten Menschen – sowohl Ärzte als auch Patienten – haben noch kaum eine Vorstellung davon, wie sehr unsere Fähigkeit, unsere veraltete Biologie umzuprogrammieren, unser Leben verändern wird.

Wie bereits in diesem Kapitel erwähnt, werden die 2030er-Jahre eine weitere Gesundheitsrevolution hervorbringen, die in meinem Buch über Gesundheit (das ich gemeinsam mit Dr. Terry Grossman verfasst habe) als die dritte Brücke zur radikalen Lebensverlängerung bezeichnet wird: medizinische Nanoroboter. Diese Technologie wird die Fähigkeiten des Immunsystems enorm erweitern. Unser natürliches Immunsystem, zu dem auch die T-Zellen gehören, die schädliche Mikroorganismen auf intelligente Weise vernichten können, ist bei vielen Arten von Krankheitserregern sehr effektiv – es ist so wichtig, dass wir ohne es nicht lange leben würden. Es entwickelte sich jedoch in einer Zeit, in der Nahrung und Ressourcen knapp waren und die meisten Menschen nur ein recht kurzes Leben hatten. Als sich die frühen Menschen in jungen Jahren fortpflanzten und dann in ihren Zwanzigern starben, hatte die Evolution keinen Grund, Mutationen zu begünstigen, die das Immunsystem gegen Bedrohungen hätten stärken können, die vor allem in späteren Lebensjahren auftreten, zum Beispiel Krebs und neurodegenerative Krankheiten (die oft durch fehlgefaltete Proteine, sogenannte Prionen, verursacht werden). Unsere Vorfahren haben auch keine starken Abwehrkräfte gegen die vielen Viren entwickelt, die von Nutztieren übertragen werden, da die Domestizierung von Tieren aus evolutionsgeschichtlicher Sicht erst vor sehr kurzer Zeit erfolgte.[288]

Nanoroboter werden nicht nur auf die Vernichtung aller Arten von Krankheitserregern programmiert sein, sondern auch auf die Behandlung von Stoffwechselkrankheiten. Mit Ausnahme des Herzens und des Gehirns geben unsere wichtigsten inneren Organe Substanzen in den Blutkreislauf ab oder entziehen sie ihm, und viele Krankheiten sind auf Fehlfunktion dieser Organe zurückzuführen. So wird beispielsweise Typ-1-Diabetes durch ein Versagen der Inselzellen der Bauchspeicheldrüse bei der Insulinproduktion verursacht.[289] Medizinische Nanoroboter werden in den Organen die Blutzufuhr überwachen und verschiedene Substanzen wie Hormone, Nährstoffe, Sauerstoff, Kohlendioxid und Toxine abgeben oder herausfiltern und so ihre Funktion verbessern oder sogar ersetzen. Mithilfe dieser Technologien werden wir Ende der 2030er-Jahre in der Lage sein, Krankheiten und den Alterungsprozess weitgehend zu überwinden.

In den 2020er-Jahren wird es zunehmend dramatische pharmazeutische und ernährungswissenschaftliche Entdeckungen geben, die größtenteils von modernster KI vorangetrieben werden – nicht genug, um die Alterung zu verhindern, aber ausreichend, um viele Leben so lange zu verlängern, bis die dritte Brücke erreicht wird. Um das Jahr 2030 herum werden die engagiertesten und informiertesten Menschen die »Langlebigkeitsfluchtgeschwindigkeit« erreichen – einen Kipppunkt, an dem wir unsere verbleibende Lebenserwartung in jedem vergehenden Jahr um mehr als ein Jahr verlängern können. Unsere Lebensuhr wird nicht mehr ablaufen – wir werden Zeit dazugewinnen.

Die vierte Brücke zur radikalen Lebensverlängerung wird die Fähigkeit sein, das, was uns im Wesentlichen ausmacht, irgendwo als Sicherungskopie abzulegen, so wie wir es routinemäßig mit all unseren digitalen Informationen tun (sollten). Wenn wir unseren biologischen Neokortex mit realistischen (wenn auch viel schnelleren) Modellen des Neokortex in der Cloud ergänzen, wird unser Denken zu einer Mischung aus dem biologischen Denken, das wir bereits kennen, und seiner digitalen Erweiterung. Der digitale Anteil wird sich exponentiell weiterentwickeln und schließlich überlegen sein. Er wird leistungsfähig genug sein, um den biologischen Teil vollständig zu verstehen, zu modellieren und zu simulieren, sodass wir in die Lage versetzt werden, ein Back-up unseres gesamten Denkens zu speichern. Dieses Szenario wird eintreten, wenn wir Mitte der 2040er-Jahre die Singularität erreichen.

Das ultimative Ziel ist es, unser Schicksal selbst in die Hand zu nehmen und nicht mehr dem Willen eines wankelmütigen Schicksals ausgeliefert zu sein – d. h., so lange zu leben, wie wir wollen. Aber warum sollte man sich jemals für den Tod entscheiden? Untersuchungen zeigen, dass diejenigen, die sich das Leben nehmen, in der Regel unter unerträglichen Schmerzen leiden, seien sie nun körperlicher oder seelischer Natur.[290] Die Fortschritte in der Medizin und den Neurowissenschaften können sicherlich nicht allen Betroffenen Heilung verschaffen, aber wahrscheinlich werden diese Fälle sehr viel seltener auftreten.

Und wenn wir einmal ein Back-up von uns haben, können wir dann überhaupt noch sterben? In der Cloud gibt es bereits Sicherungskopien aller darin enthaltenen Daten, und diese Ressourcen werden bis in die 2040er-Jahre sicherlich noch erheblich ausgebaut werden. Alle Kopien von sich selbst zu löschen, dürfte nahezu unmöglich werden. Wenn wir die Systeme für die Back-ups unserer Gehirne so konzipieren, dass eine Person sich einfach dafür entscheiden kann, ihre Dateien zu löschen (weil sie vielleicht hofft, so autonomer zu werden), schafft dies inhärente Sicherheitsrisiken, da eine Person zu einer solchen Entscheidung verleitet oder sogar gezwungen werden könnte, und die Systeme wären anfälliger für Cyberangriffe. Andererseits wird durch die Einschränkung der Möglichkeit der Menschen, ihre intimsten Daten zu kontrollieren, ein wichtiges Freiheitsrecht beschnitten. Ich bin jedoch optimistisch, dass hierfür geeignete Sicherheitsvorkehrungen getroffen werden können, ähnlich denen, mit denen Atomwaffen seit Jahrzehnten erfolgreich geschützt werden.

Wenn Sie Ihre Gedächtnisdatei nach Ihrem biologischen Tod wiederherstellten, würden Sie dann auch Ihr *Selbst* wiederherstellen? Wie ich in Kapitel 3 erörtert habe, ist dies keine wissenschaftliche, sondern eine philosophische Frage, mit der wir uns noch zu Lebzeiten der meisten heutigen Menschen auseinandersetzen werden müssen.

Schließlich gibt es auch ethische Bedenken hinsichtlich Gerechtigkeit und Ungleichheit. Eine häufige Kritik an diesen Vorhersagen über die Langlebigkeit ist, dass sich nur die Wohlhabenden die Technologien zur radikalen Lebensverlängerung werden leisten können. Als Antwort darauf möchte ich auf die Geschichte des Mobiltelefons hinweisen. Um sich ein Funktelefon leisten zu können, musste man noch vor dreißig Jahren tatsächlich wohlhabend sein – und man bekam für sein Geld nicht wirklich viel geboten. Heute gibt es Milliarden von Smartphones, die viel mehr können als nur telefonieren. Sie sind heute Erweiterungen unseres Gedächtnisses, denn sie verschaffen uns Zugang zu fast dem gesamten menschlichen Wissen. Solche Technologien sind anfangs teuer und bieten dabei nur wenige Funktionen. Wenn sie dann perfektioniert sind, sind sie für fast jeden erschwinglich. Der Grund dafür ist die exponentielle Verbesserung des Preis-Leistungs-Verhältnisses in der Informationstechnologie.

DIE STEIGENDE FLUT

Wie ich in diesem Kapitel dargelegt habe, hat sich das Leben der allermeisten Menschen auf der Erde entgegen vieler gängiger Meinungen tiefgreifend und grundlegend verbessert. Noch wichtiger ist: Das ist kein Zufall. Die enormen Fortschritte, die wir in den letzten zwei Jahrhunderten in Bereichen wie Alphabetisierung und Bildung, sanitäre Einrichtungen, Lebenserwartung, saubere Energie, Armut, Sicherheit und Demokratie erlebt haben, werden alle von derselben zugrunde liegenden Dynamik angetrieben: Die Informationstechnologie befördert ihren eigenen Fortschritt. Diese Erkenntnis, die den Kern des Gesetzes vom steigenden Ertragszuwachs bildet, erklärt die positiven Rückkopplungsschleifen, die das menschliche Leben so dramatisch verändert haben. In der Informationstechnologie geht es um Ideen, und die exponentielle Verbesserung unserer Möglichkeiten, Ideen auszutauschen und neue zu schaffen, gibt jedem von uns – im weitesten Sinne – mehr Macht, unser menschliches Potenzial auszuschöpfen und gemeinsam viele der Probleme zu lösen, mit denen die Gesellschaft zu kämpfen hat.

Die exponentielle Entwicklung der Informationstechnologie gleicht einer steigenden Flut, die alle Boote der menschlichen Existenz in die Höhe hebt. Und wir stehen kurz davor, in eine Zeit einzutreten, in der diese Flut schneller ansteigt als jemals zuvor. Der Schlüssel dazu ist die künstliche Intelligenz, die es uns nun ermöglicht, viele Arten linear voranschreitender Technologie in exponentiell voranschreitende Informationstechnologie umzuwandeln – von der Landwirtschaft über die Medizin bis hin zur Produktherstellung und Landnutzung. Diese Kraft ist es, die in den kommenden Jahren das Leben selbst exponentiell verbessern wird.

Die Menschheit befindet sich seit Jahren, Jahrzehnten, Jahrhunderten und Jahrtausenden auf einem Weg des Fortschritts zu einem leichteren, sichereren und erfüllteren Leben für alle. Wir können uns kaum noch vorstellen, wie das Leben vor nur einem Jahrhundert aussah, geschweige denn noch früher. Unser sich beschleunigender Fortschritt mit seinen erheblichen Zugewinnen in den letzten Jahrzehnten und einer tiefgreifenden Entwicklung in den nächsten Jahrzehnten wird uns noch weiter in diese positive Richtung katapultieren – weit über das hinaus, was heute für uns vorstellbar ist.

KAPITEL 5

DIE ZUKUNFT DER ARBEITSPLÄTZE: GUT ODER SCHLECHT?

DIE GEGENWÄRTIGE REVOLUTION

Die konvergierenden Technologien der nächsten zwei Jahrzehnte werden weltweit für enormen Wohlstand und materiellen Überfluss sorgen. Dieselben Kräfte werden aber auch die Weltwirtschaft ins Wanken bringen und damit die Gesellschaft dazu zwingen, sich in einem noch nie da gewesenen Tempo anzupassen.

Im Jahr 2005, dem Jahr der Veröffentlichung von *Menschheit 2.0*, verlieh die Defense Advanced Research Projects Agency (DARPA), die Forschungsbehörde des US-Verteidigungsministeriums, dem Gewinner ihres großen Wettbewerbs für autonome Fahrzeuge, einem Team aus Stanford, einen Preis in Höhe von 2 Millionen Dollar.[1] Damals galten selbstfahrende Autos in der öffentlichen Wahrnehmung noch als Science-Fiction, und auch viele Experten glaubten, diese Technologie werde frühstens in einem Jahrhundert funktionieren. Als Google dann im Jahr 2009 ein ehrgeiziges Projekt auf der Grundlage von KI ins Leben rief, nahm die Entwicklung richtig Fahrt auf. Das Projekt wurde in ein unabhängiges Unternehmen namens Waymo ausgegliedert, das im Jahr 2020 im Großraum Phoenix vollautonome Ruftaxis für die Allgemeinheit anbot und anschließend nach San Francisco expandierte.[2] Wenn Sie dies lesen, werden diese

Taxis bereits in Los Angeles und möglicherweise weiteren Städte zu finden sein.[3]

Die selbstfahrenden Fahrzeuge von Waymo haben zum Zeitpunkt der Erstellung dieses Buches vollständig autonom weit über 20 Millionen Meilen zurückgelegt (eine Zahl, die schnell größer wird – eine der Herausforderungen beim Schreiben dieses Buches!).[4] Mit den Erfahrungen aus der realen Welt entwickelte und justierte Waymo einen realistischen Simulator – eine virtuelle Umgebung, in der die vielen Unwägbarkeiten des Straßenverkehrs nachgestellt werden können.

Diese beiden Herangehensweisen haben ihre eigenen Stärken und Schwächen, unterstützen sich aber gegenseitig bei der Weiterentwicklung. Das Fahren in der realen Welt bietet natürlich die wirklichen Einsatzbedingungen, einschließlich unerwarteter Situationen, die die Ingenieure niemals vorhersehen und daher auch nicht in eine Simulation einbauen könnten. Wenn die KI nun in einer realen Situation Schwierigkeiten hat, können die Ingenieure kaum den Verkehr anhalten und alle Fahrer in der Nähe fragen: »Könntet ihr bitte alle noch einmal genauso fahren wie gerade eben – nur diesmal zehn km/h schneller?«

Das Fahren in einer virtuellen Welt ermöglicht dagegen sehr umfangreiche Tests, bei denen die Parameter, die zur Beherrschung einer Situation erforderlich sind, wissenschaftlich genau eingestellt werden können. Außerdem ist es möglich, riskante Szenarien zu simulieren, die im realen Straßenverkehr mit einer KI am Steuer viel zu gefährlich wären. Die Ingenieure konfrontieren die KI auf diese Weise mit Millionen verschiedener Situationen und können damit die wichtigsten Probleme identifizieren, die beim Fahren in der realen Welt zu lösen sind.

Im Vergleich zu den Datenmengen aus dem Straßenverkehr sind die, die in Simulationen verarbeitet werden, immens: Ab 2018 fuhr Waymo in der Simulation jeden einzelnen Tag so viele Kilometer, wie bis dahin in der gesamten Geschichte des Projekts, die bis ins Jahr 2009 zurückreicht, auf realen Straßen gefahren wurden. Im Jahr 2021, dem letzten Jahr, für das zum Zeitpunkt der Erstellung dieses Buches Daten verfügbar sind, standen diese Zahlen immer noch im selben erstaunlichen Verhältnis: etwa 20 Millionen simulierte Meilen pro Tag gegenüber mehr als 20 Millionen Meilen im realen Verkehr seit der Gründung.[5]

Wie in Kapitel 2 erörtert, lassen sich mit einer solchen Simulation genügend Beispiele zum Trainieren tiefer neuronaler Netze (z. B. mit 100 Schichten) erzeugen. Auf diese Weise generierte die Alphabet-Tochter DeepMind genügend Trainingsbeispiele, um schließlich im Brettspiel *Go* die besten menschlichen Spieler zu besiegen.[6] Die Simulation der Welt des Straßenverkehrs ist weitaus komplizierter als die Simulation der Welt des *Go*, aber Waymo wandte im Wesentlichen dieselbe Strategie an – und hat seine Algorithmen nun mit mehr als 20 *Milliarden* Meilen simulierter Fahrten[7] verfeinert und genügend Daten generiert, um seine Algorithmen mittels Deep Learning zu verbessern.

Wenn Sie beruflich im Auto, Bus oder Lkw am Steuer sitzen, wird Ihnen diese Entwicklung vermutlich gar nicht gefallen. In den Vereinigten Staaten arbeiten mehr als 2,7 Prozent der Erwerbstätigen als Fahrer für Lastwagen, Busse, Taxis, Lieferwagen oder andere Fahrzeuge.[8] Nach den neuesten verfügbaren Daten entspricht dies 4,6 Millionen Arbeitsplätzen.[9] Man kann sich zwar darüber streiten, wie schnell diese Menschen ihre Arbeitsplätze durch autonome Fahrzeuge verlieren werden, aber es ist so gut wie sicher, dass vielen von ihnen noch vor Erreichen des Rentenalters gekündigt wird. Außerdem wird sich die Automatisierung in diesem Bereich landesweit sehr unterschiedlich auswirken. Während in großen Bundesstaaten wie Kalifornien und Florida weniger als 3 Prozent der Erwerbstätigen Kraftfahrer sind, sind es in Wyoming und Idaho über 4 Prozent.[10] In Teilen von Texas, New Jersey und New York liegt der Prozentsatz bei 5, 7 oder sogar 8 Prozent.[11] Die meisten dieser Fahrer sind Männer, die meisten sind mittleren Alters, und die meisten haben keinen Hochschulabschluss.[12]

Autonome Fahrzeuge werden jedoch nicht nur die Arbeitsplätze derjenigen vernichten, die hinter dem Lenkrad sitzen, denn wenn Lkw-Fahrer ihre Jobs an die Automatisierung verlieren, werden auch weniger Mitarbeiter für die Lohnbuchhaltung, im Einzelhandel und in den Motels an den Fernstraßen benötigt. Es werden weniger Reinigungskräfte für die Toiletten an den Raststätten benötigt, und auch die Nachfrage nach Sexarbeitern an den Orten, an denen Lkw-Fahrer heute ihre Pausen einlegen, wird sinken. Wir wissen zwar ganz allgemein, dass diese Auswirkungen eintreten werden, aber es ist sehr schwer vorherzusagen, wie groß diese Veränderungen genau sein werden und wie schnell sie vollzogen werden. Wenn man bedenkt, dass laut der jüngsten Schätzung des Bureau of Transportation Statistics (aus dem Jahr 2021) etwa 10,2 Prozent der US-Arbeitnehmer direkt im Transportwesen und in den transportbezogenen Branchen beschäftigt sind,[13] wird klar, dass selbst kleine Störungen in einem so großen Sektor enorme Auswirkungen haben werden.

Der Beruf des Kraftfahrers ist jedoch nur einer von vielen, die in naher Zukunft durch eine KI bedroht sind, die sich durch das Training mit riesigen Datensätzen immer neue Fähigkeiten aneignet. In einer wegweisenden Studie der Wissenschaftler Carl Benedikt Frey und Michael Osborne von der Universität Oxford aus dem Jahr 2013 wurden etwa siebenhundert Berufe darauf untersucht, mit welcher Wahrscheinlichkeit sie bis Anfang der 2030er-Jahre von einer KI übernommen werden.[14] Danach können Berufe wie Telefonverkäufer, Versicherungsvertreter und Steuerfachangestellte mit einer Wahrscheinlichkeit von 99 Prozent automatisiert werden.[15] Bei mehr als der Hälfte aller Berufe lag die Wahrscheinlichkeit bei über 50 Prozent.[16]

Ganz oben auf der Liste standen Arbeitsplätze in Fabriken, im Kundendienst, im Bankwesen und natürlich das Fahren von Autos, Lastwagen und Bussen.[17] Ganz unten auf der Liste standen Berufe, die einen engen, flexiblen persönlichen Kontakt erfordern, wie z. B. Ergotherapeuten, Sozialarbeiter und Sexarbeiter.[18]

In den zehn Jahren seit der Veröffentlichung dieses Berichts wurden die alarmierenden Kernprognosen des Berichts immer deutlicher bestätigt. Eine Studie der Organisation für wirtschaftliche Zusammenarbeit und Entwicklung (OECD) aus dem Jahr 2018, mit der die Wahrscheinlichkeit für die Automatisierung von Tätigkeiten in bestimmten Berufen untersucht wurde, lieferte ähnliche Ergebnisse wie die von Frey und Osborne.[19] Es konnte gezeigt werden, dass für 14 Prozent der Arbeitsplätze in 32 Ländern die Wahrscheinlichkeit, dass sie im nächsten Jahrzehnt durch Automatisierung wegfallen, bei über 70 Prozent lag; bei weiteren 32 Prozent lag die Wahrscheinlichkeit bei über 50 Prozent.[20] Aus den Ergebnissen der Studie folgt, dass in diesen Ländern etwa 210 Millionen Arbeitsplätze gefährdet sind.[21] Ein OECD-Bericht aus dem Jahr 2021 bestätigte anhand der neuesten Daten ein deutlich langsameres Wachstum der Beschäftigungszahlen in Berufen, die stärker von der Automatisierung bedroht sind.[22] Und all diese Forschungsarbeiten stammen aus der Zeit vor den Durchbrüchen generativer KI wie Chat-GPT und Bard. Neuere Schätzungen, wie z. B. ein Bericht von McKinsey aus dem Jahr 2023, haben ergeben, dass in den heutigen Industrieländern 63 Prozent der gesamten Arbeitszeit für Aufgaben eingesetzt werden, die mit der aktuellen Technologie bereits automatisiert werden könnten.[23] Wenn die Einführung von KI schnell voranschreitet, könnte die Hälfte dieser Arbeit bis 2030 automatisiert werden. McKinsey sieht das Erreichen dieses Punkts in einem Szenario mittlerer Geschwindigkeit für 2045 voraus – allerdings unter der Annahme, dass es keine weiteren Durchbrüche in der KI-Entwicklung gibt. Wir wissen jedoch, dass die KI weiterentwickelt wird – und zwar mit exponentiell zunehmender Geschwindigkeit –, bis es irgendwann in den 2030er-Jahren eine dem Menschen überlegene KI und eine vollautomatische (KI-gesteuerte) Fertigung mit einer Genauigkeit in der Größenordnung von Atomdurchmessern geben wird.

Es passiert jedoch nicht zum ersten Mal, dass Menschen wegen der Automatisierung dem massenhaften Wegfall ihrer Arbeitsplätze ins Auge sehen. Bereits vor zwei Jahrhunderten wurden die Arbeitsplätze der Weber von Nottingham durch die Einführung des Webstuhls und anderer Textilmaschinen bedroht.[24] Diese Arbeiter hatten mit der geschickten Herstellung von Strümpfen und Spitzen in uralten, von einer Generation zur nächsten weitergegebenen Familienbetrieben ein bescheidenes Auskommen gefunden. Durch die technologischen Neuerungen des frühen 19. Jahrhunderts verlagerte sich die wirtschaftliche Macht in der Branche in die Hände der Besitzer der Maschinen, und die Weber liefen Gefahr, ihre Arbeitsplätze zu verlieren.

Es ist nicht klar, ob Ned Ludd tatsächlich existierte, aber der Legende nach zerstörte er in einer Textilfabrik versehentlich einige

Maschinen – und danach wurde er für jede beschädigte Anlage verantwortlich gemacht, ob sie nun aus Versehen oder aus Protest gegen die Automatisierung zerstört wurde.[25] Als die verzweifelten Weber im Jahr 1811 eine Stadtguerilla bildeten, erklärten sie Ludd zu ihrem Anführer.[26] Die nach ihm benannten Ludditen lehnten sich gegen die Fabrikbesitzer auf und ließen ihre Wut zunächst hauptsächlich an Maschinen aus, doch schon bald kam es auch zu Blutvergießen. Die Bewegung endete mit der Inhaftierung und dem Erhängen einiger prominenter Anführer der Ludditen durch die britische Regierung.[27] Ned Ludd wurde nie gefunden.

Die Weber sahen ihre Lebensgrundlage bedroht. Aus ihrer Sicht war es unerheblich, dass besser bezahlte Arbeitsplätze im Bereich der Entwicklung, Herstellung und Vermarktung der neuen Maschinen geschaffen wurden. Es gab keine staatlichen Umschulungsprogramme, und sie hatten ihr Leben damit verbracht, eine nunmehr nutzlose Fähigkeit zu erlernen. Viele waren – zumindest eine Zeit lang – gezwungen, schlechter bezahlte Jobs anzunehmen. Ein positiver Effekt dieser frühen Automatisierungswelle war allerdings, dass sich der Normalbürger nun einen vollständigen Satz Kleidung ordentlicher Qualität leisten konnte, nicht mehr nur ein einzelnes Hemd. Und im Laufe der Zeit entstanden durch die Automatisierung ganz neue Industrien. Der daraus resultierende Wohlstand war der entscheidende Faktor für den Niedergang der ursprünglichen Ludditenbewegung. Die Ludditen wurden zwar von der Geschichte überrollt, doch sie sind ein starkes Symbol für diejenigen geblieben, die dagegen protestieren, vom technischen Fortschritt zurückgelassen zu werden.

ZERSTÖRUNG UND NEUSCHÖPFUNG

Hätte ich im Jahr 1900 als Futurologe eine Zukunftsprognose abgeben müssen, so hätte ich zu den Beschäftigten gesagt: »Etwa 40 Prozent von Ihnen arbeiten in landwirtschaftlichen Betrieben (1810 waren es noch über 80 Prozent), und ein Fünftel von Ihnen arbeitet in Fabriken, aber ich sage Ihnen voraus, dass im Jahr 2023 weniger als halb so viele (7,8 Prozent) in der verarbeitenden Industrie arbeiten werden und dass die Beschäftigung in der Landwirtschaft um über 95 Prozent (auf weniger als 1,4 Prozent) sinken wird.«[28]

Ich hätte auch fortfahren können: »Sie brauchen sich aber keine Sorgen zu machen, denn die Beschäftigung wird insgesamt eher zu- als abnehmen. Es werden mehr Arbeitsplätze neu geschaffen als abgebaut.« Wenn sie mich dann gefragt hätten: »Was für Arbeitsplätze sind das?«, wäre eine ehrliche Antwort gewesen: »Ich weiß es nicht – sie wurden noch nicht geschaffen. Und sie werden in Branchen entstehen, die es noch gar nicht gibt.« Das ist natürlich keine sehr befriedigende Antwort, und das erklärt, warum mit der Automatisierung politische Ängste verbunden sind.

Hätte ich wirklich in die Zukunft sehen können, hätte ich den Leuten im Jahr 1990 gesagt, dass es bald neue Arbeitsplätze für die Erstellung und den Betrieb von Websites und mobilen Anwendungen, für Datenanalyse und Online-Merchandising geben würde. Sie hätten allerdings keine Ahnung gehabt, wovon ich sprach.

Trotz der massiven Jobverluste in vielen Branchen ist die Gesamtzahl der Arbeitsplätze deutlich gestiegen – sowohl in absoluten Zahlen als auch relativ. Im Jahr 1900 betrug die Gesamtzahl der US-Erwerbstätigen rund 29 Millionen, was 38 Prozent der Bevölkerung entsprach.[29] Anfang 2023 waren es rund 166 Millionen, was bereits mehr als 49 Prozent der Bevölkerung ausmacht.[30]

Allerdings wächst nicht nur die Gesamtzahl der Arbeitsplätze – die Arbeitnehmer, die diese Arbeitsplätze besetzen, arbeiten weniger Stunden und verdienen gleichzeitig mehr Geld. In den Vereinigten Staaten ist die Zahl der jährlich geleisteten Arbeitsstunden pro Arbeitnehmer von knapp über 2900 im Jahr 1870 auf etwa 1765 im Jahr 2019 (unmittelbar vor den Verwerfungen durch COVID-19) gesunken.[31] Und trotz des Rückgangs der geleisteten Arbeitsstunden hat sich der durchschnittliche Jahresverdienst der Arbeitnehmer in konstanten Dollar seit 1929 mehr als vervierfacht.[32] In jenem Jahr lag das jährliche Pro-Kopf-Einkommen in den Vereinigten Staaten bei etwa 700 Dollar. Da nur 48 Millionen der 122,8 Millionen Menschen im Land angestellt waren, ergibt dies etwa 1790 Dollar (etwa 31 400 Dollar im Jahr 2023) pro Arbeitnehmer.[33] Im Jahr 2022 wurde das

Pro-Kopf-Einkommen in den USA auf 64 100 Dollar für 332 Millionen Menschen geschätzt, von denen rund 164 Millionen angestellt arbeiteten.[34] Daher verdienten die angestellten Amerikaner im Durchschnitt etwa 129 800 Dollar pro Jahr (etwa 133 000 Dollar im Jahr 2023) – also mehr als viermal so viel wie neunzig Jahre zuvor.

Allerdings ist zu beachten, dass dieser Durchschnittswert zwar einen enormen Anstieg des Gesamtvermögens im ganzen Land widerspiegelt, das Medianeinkommen (das Einkommensniveau, bei dem eine gleiche Anzahl von Menschen mehr beziehungsweise weniger verdient) jedoch viel niedriger ist. Für das Jahr 1929 gibt es keine zuverlässigen Daten, aber im Jahr 2021 lag das Medianeinkommen bei 37 522 Dollar, das Durchschnittseinkommen dagegen bei 64 100 Dollar.[35] Ein Teil dieses Unterschieds beruht auf dem extrem hohen Einkommen einer Minderheit der Bevölkerung sowie auf der großen Zahl von Menschen, die im Ruhestand sind, studieren, als Elternteil zu Hause bleiben oder anderweitig nicht erwerbstätig sind.

Bei genauerer Betrachtung des Verdienstes pro Stunde zeigt sich ein ähnlicher Trend. Der durchschnittliche amerikanische Arbeiter des Jahres 1929 war 2316 Stunden pro Jahr im Einsatz.[36] Bei einem Durchschnittsverdienst von rund 31 400 Dollar im Jahr 2023 sind das etwa 13,55 Dollar pro Stunde. Im Jahr 2021 verdienten die Amerikaner mit 254 Milliarden Arbeitsstunden rund 10,8 Billionen Dollar (angepasst an 2023) an Löhnen und Gehältern, also rund 42,50 Dollar pro Stunde und damit mehr als das Dreifache des Wertes von 1929.[37]

Tatsächlich war der Anstieg sogar noch größer, denn einige Arten von Arbeit werden in den offiziellen Lohnstatistiken gar nicht erfasst. So werden beispielsweise gut verdienende freiberufliche Computerprogrammierer nicht auf den Gehaltslisten geführt, genauso wenig wie Unternehmer oder Personen in künstlerischen Berufen, die auf sehr hohe Stundensätze kommen können. Im Jahr 2021 belief sich das persönliche Gesamteinkommen in den Vereinigten Staaten auf etwa 21,8 Billionen Dollar (angepasst an 2023), was ein etwa doppelt so hohes Stundeneinkommen ist wie das, das sich aus Lohn und Gehalt ergibt.[38] Ein Großteil des persönlichen Einkommens (z. B. die Vermietung einer Immobilie) lässt sich jedoch nicht gut in Arbeitsstunden umrechnen, sodass der genaue Wert irgendwo zwischen den beiden liegt. Wie im vorigen Kapitel erörtert, wird bei diesen Zuwächsen außerdem nicht berücksichtigt, wie viele Arten von Gütern in diesem Zeitraum zu den gleichen (inflationsbereinigten) Preisen viel besser geworden sind, genauso wenig wie die Tatsache, dass die Verbraucher Zugang zu unzähligen neuen technischen Errungenschaften haben.

Ein Großteil dieses Fortschritts beruht auf dem technologischen Wandel, der alten Berufen eine informationstechnische Dimension hinzufügt und Millionen neuer Arbeitsplätze schafft, die es vor einem Vierteljahrhundert noch nicht gab – und schon gar nicht vor hundert Jahren –, die aber auch neue und höher entwickelte Fähigkeiten erfordern.[39] Hierdurch wurde ein Ausgleich für die massive Vernichtung von Arbeitsplätzen in der Landwirtschaft und im verarbeitenden Gewerbe geschaffen, in denen einst die allermeisten Arbeitskräfte beschäftigt waren.

Zu Beginn des 19. Jahrhunderts war die Gesellschaft der Vereinigten Staaten überwiegend landwirtschaftlich geprägt. Als immer mehr Siedler in das junge Land strömten und sich westlich der Appalachen niederließen, stieg der Prozentsatz der in der Landwirtschaft beschäftigten Amerikaner noch weiter an, bis er einen Höchststand von über 80 Prozent erreichte.[40] Ab den 1820er-Jahren ging dieser Anteil jedoch rapide zurück, als verbesserte landwirtschaftliche Technologien ermöglichten, dass weniger Landwirte mehr Menschen ernährten. Ursprünglich war dies der Erfolg einer Kombination aus verbesserten wissenschaftlichen Methoden der Pflanzenzucht und besseren Fruchtfolgesystemen.[41] Mit dem Fortschreiten der industriellen Revolution wurden mechanische landwirtschaftliche Geräte zu wichtigen arbeitssparenden Hilfsmitteln.[42] Im Jahr 1890 arbeitete erstmalig die Mehrheit der Amerikaner nicht mehr in der Landwirtschaft, und diese Entwicklung beschleunigte sich bis 1910 rapide, da die langsamen und ineffizienten Arbeitstiere nun durch Traktoren mit Dampf- oder Verbrennungsmotoren ersetzt wurden.[43]

Im 20. Jahrhundert führte das Aufkommen verbesserter Pestizide, chemischer Düngemittel und genetischer Veränderungen zu einer explosionsartigen Steigerung der Ernteerträge. Im Jahr 1850 beispielsweise lag der Weizenertrag im Vereinigten Königreich bei 1,09 Tonnen pro Hektar.[44] Bis zum Jahr 2022 stieg der Ertrag auf 9,49 Tonnen pro Hektar.[45] Ungefähr im gleichen Zeitraum nahm die Bevölkerung des Vereinigten Königreichs von etwa 27 Millionen auf 67 Millionen zu, sodass durch die Produktion nicht nur eine wachsende Zahl von Bürgern mit Lebensmitteln versorgt werden konnte – es gab für jeden Einzelnen sogar mehr als genug.[46] Da sich die Menschen nun besser ernähren konnten, wurden sie größer und gesünder, und ihre Gehirne konnten sich in ihrer Kindheit besser entwickeln. Je mehr Menschen ihr volles Potenzial ausschöpfen konnten, desto mehr Talente konnten sich entfalten, was weitere Innovationen hervorbrachte.[47]

In der Zukunft wird das Aufkommen der automatisierten vertikalen Landwirtschaft wahrscheinlich zu einem weiteren großen Produktivitäts- und Effizienzsprung in der Landwirtschaft führen. Unternehmen wie Hands Free Hectare im Vereinigten Königreich arbeiten bereits daran, menschliche Arbeitskräfte in allen Phasen der landwirtschaftlichen Produktion vollständig zu ersetzen.[48] In dem Maße, wie KI und Robotik voranschreiten und erneuerbare Energien billiger werden, werden auch die Preise für viele landwirtschaftliche Produkte schließlich drastisch fallen. Da die Lebensmittelpreise

Landwirtschaftliche Arbeit in den USA seit 1800[50]

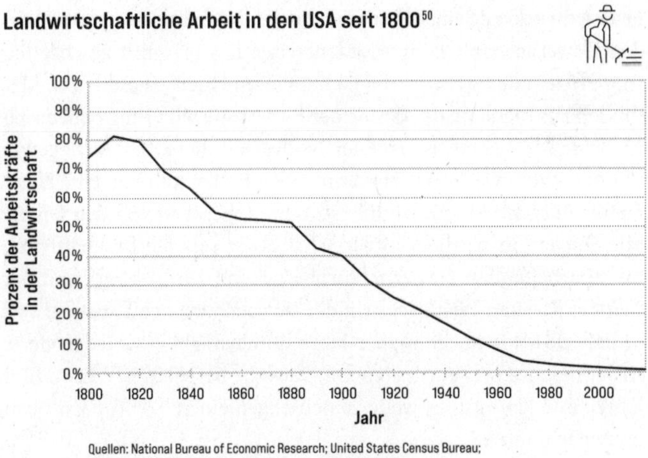

Quellen: National Bureau of Economic Research; United States Census Bureau; US Bureau of Labor Statistics; International Labour Organization

Abbildung 53

immer weniger von menschlicher Arbeit und knappen natürlichen Ressourcen abhängen, werden Menschen nicht mehr aufgrund von Armut vom Zugang zu einem reichhaltigen Angebot an gesunden, nahrhaften und frischen Lebensmitteln abgehalten.

Nachdem viele der entlassenen Landarbeiter eine neue Beschäftigung in Fabriken gefunden hatten, erlebten die Fabrikarbeiter etwa anderthalb Jahrhunderte später fast die gleiche Geschichte. Im ersten Jahrzehnt des 19. Jahrhunderts war etwa einer von 35 amerikanischen Arbeitern in der Industrie beschäftigt.[49]

Die industrielle Revolution brachte dann immense Veränderungen in die Großstädte: Dampfbetriebene Fabriken wurden gebaut, und Millionen von gering qualifizierten Arbeitskräften wurden eingestellt. Um 1870 war fast jeder fünfte Arbeiter in der Industrie beschäftigt, vor allem im sich rasch industrialisierenden Norden.[51] Die zweite Welle der industriellen Revolution schwemmte zu Beginn des 20. Jahrhunderts massenweise neue Arbeiter – größtenteils Einwanderer – in die Produktion. Die Entwicklung des Fließbands führte zu erheblichen Effizienzsteigerungen, und mit den sinkenden Preisen konnten sich immer mehr Menschen die Produkte leisten.[52]

Zur Befriedigung der steigenden Nachfrage mussten die Fabriken neue Arbeitskräfte einstellen, und die Beschäftigung im verarbeitenden Gewerbe erreichte in Friedenszeiten um 1920 mit geschätzten 26,9 Prozent der zivilen Arbeitskräfte ihren Höchststand.[53] Die Methoden zur Messung der Größe der Erwerbsbevölkerung haben sich im Laufe der Zeit etwas verändert, sodass wir diese Zahl nicht genau mit den Zahlen späterer Jahrzehnte vergleichen können, eine allgemeine Tatsache ist jedoch unbestritten: Abgesehen von den Unterbrechungen durch die Weltwirtschaftskrise (als die Beschäftigung im verarbeitenden Gewerbe vorübergehend zurückging) und der Zeit des Zweiten Weltkriegs (in der sie vorübergehend anstieg) war in den USA bis in die 1970er-Jahre durchgängig etwa jeder vierte Arbeitnehmer im verarbeitenden Gewerbe beschäftigt.[54] Etwa fünf Jahrzehnte lang gab es weder einen allgemeinen Trend nach oben noch nach unten.

Dann wirkten sich zwei technologiebedingte Veränderungen zunehmend negativ auf die Beschäftigung in den US-Fabriken aus.

Erstens ermöglichten Innovationen in der Logistik und im Transportwesen, vor allem die Containerschifffahrt, den Unternehmen Kosteneinsparungen, indem sie die Produktion in Länder mit billigeren Arbeitskräften verlagerten und die fertigen Produkte dann in die Vereinigten Staaten importierten.[55] Container sind keine ausgefeilte Technologie wie die Fabrikroboter oder die künstliche Intelligenz, aber sie haben unter allen Innovationen eine der tiefgreifendsten Auswirkungen auf die moderne Gesellschaft gehabt. Durch die drastische Senkung der Kosten für den weltweiten Versand ermöglichte die Containerschifffahrt eine echte Globalisierung der Wirtschaft. Durch sie wurde eine enorme Bandbreite von Produkten für den Normalbürger billiger verfügbar – sie war aber auch ein Schlüsselfaktor für die Deindustrialisierung großer Teile der Vereinigten Staaten.

Zweitens verringerte die Automatisierung den Bedarf an menschlicher Arbeitskraft im heimischen Fertigungssektor. Während die frühen Fließbänder noch bei jedem Arbeitsschritt sehr viel Handarbeit erforderten, verringerte sich dieser Bedarf mit der Einführung der Robotertechnik. Diese Entwicklung verstärkte sich in den 1990er-Jahren, als die Automatisierung durch Computerisierung und künstliche Intelligenz immer leistungsfähiger und effizienter wurde. So konnte der durchschnittliche Produktionsarbeiter mit der Unterstützung intelligenterer Maschinen je Stunde immer mehr Waren herstellen. In den zwei Jahrzehnten zwischen 1992 und 2012, als die Computerisierung die Produktion in den Fabriken veränderte, stieg die Stundenleistung des durchschnittlichen Arbeiters im verarbeitenden Gewerbe (inflationsbereinigt) auf das Doppelte.[56]

Infolgedessen haben sich im 21. Jahrhundert die Produktion und die Beschäftigung im verarbeitenden Gewerbe entkoppelt. Im Februar 2001, kurz vor der Rezession infolge der geplatzten Dotcom-Blase, hatten 17 Millionen Amerikaner einen Arbeitsplatz im verarbeitenden Gewerbe.[57] Diese Zahl ging während der Rezession stark zurück und erholte sich nicht mehr: Obwohl die Produktion während des gesamten Booms Mitte der 2000er-Jahre erheblich zunahm, stagnierte die Zahl der Arbeitsplätze bei etwa 14 Millionen.[58] Im Dezember 2007, zu Beginn der Weltwirtschaftskrise, arbeiteten etwa 13,7 Millionen Amerikaner im verarbeitenden Gewerbe, bis Februar 2010 sank diese Zahl dann auf 11,4 Millionen.[59] Das verarbeitende Gewerbe erholte sich schnell und erreichte 2018 wieder einen historischen Höchststand – aber viele der verlorenen Arbeitsplätze wurden nie wieder eingerichtet.[60] Selbst im November 2022 wurden für dieselbe Produktionsleistung nur 12,9 Millionen Arbeitskräfte benötigt.[61]

Blickt man auf das vergangene Jahrhundert zurück, sind diese Entwicklungen nicht zu übersehen. Nachdem der Anteil der Beschäftigten im verarbeitenden Gewerbe von 1920 bis 1970 konstant zwischen 20 und 25 Prozent der gesamten Erwerbsbevölkerung lag, ist er in den folgenden fünf Jahrzehnten stetig geschrumpft – auf 17,5 Prozent im Jahr 1980, 14,1 Prozent im Jahr 1990, 12,1 Prozent im Jahr 2000 und auf einen Tiefstand von 7,5 Prozent im Jahr 2010.[62] In den vergangenen zehn Jahren ist er trotz des anhaltenden Wirtschaftswachstums und des starken Produktionsanstiegs im verarbeitenden Gewerbe im Wesentlichen konstant geblieben. So wird Anfang 2023 etwa jeder dreizehnte amerikanische Arbeitnehmer im verarbeitenden Gewerbe beschäftigt sein.[63]

Trotz des dramatischen Verlusts von Arbeitsplätzen in der Landwirtschaft und in den Fabriken ist die Zahl der Erwerbstätigen in den

Arbeit im verarbeitenden Gewerbe in den USA seit 1900[64]

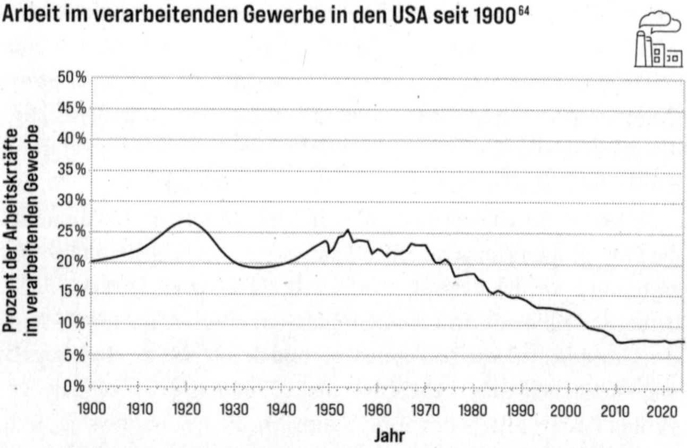

Quelle: US Bureau of Labor Statistics; Stanley Lebergott, »Labor Force and Employment, 1800–1960«, in: *Output, Employment, and Productivity in the United States After 1800*, hrsg. von Dorothy S. Brady, Washington 1966

Abbildung 54

USA seit Beginn der statistischen Erhebungen stetig gestiegen, selbst angesichts aufeinanderfolgender Automatisierungswellen.[65] Von der frühen industriellen Revolution bis zur Mitte des 20. Jahrhunderts schuf die Wirtschaft nicht nur genügend neue Arbeitsplätze zur Beschäftigung einer rasch wachsenden Bevölkerung, sondern ermöglichte auch zig Millionen Frauen den Eintritt in die Arbeitswelt.[66]

Seit dem Beginn des 21. Jahrhunderts ist der Anteil der Erwerbstätigen an der Gesamtbevölkerung leicht zurückgegangen, was aber vor allem darauf zurückzuführen ist, dass jetzt ein höherer Prozentsatz der Amerikaner im Rentenalter ist.[67] Im Jahr 1950 waren 8,0 Prozent der US-Bevölkerung 65 Jahre oder älter.[68] Bis 2018 verdoppelte sich dieser Anteil auf 16,0 Prozent, und entsprechend verblieben relativ weniger Menschen im erwerbsfähigen Alter in der Wirtschaft.[69] Das US Census Bureau prognostiziert – unabhängig von neuen medizinischen Durchbrüchen, die in den kommenden Jahrzehnten erzielt werden könnten –, dass die über 65-Jährigen im Jahr 2050 etwa 22 Prozent der Bevölkerung ausmachen werden.[70] Wenn ich damit recht behalte, dass die Technologien zur Lebensverlängerung bis dahin verfügbar sein werden, wird der Anteil der älteren Menschen sogar noch höher sein.

In absoluten Zahlen wächst die Erwerbsbevölkerung jedoch weiter. Im Jahr 2000 wurde die Zahl der zivilen Erwerbstätigen bei einer Gesamtbevölkerung von 282 Millionen auf 143,6 Millionen geschätzt, was 50,9 Prozent entspricht.[71] Bis zum Jahr 2022 wird die Zahl der Erwerbstätigen bei einer Gesamtbevölkerung von rund 332 Millionen Menschen auf 164 Millionen oder 49,4 Prozent ansteigen.[72]

Da die Wirtschaft technologisch immer anspruchsvollere Arbeitsplätze anbietet, haben wir die Investitionen in die Bildung drastisch erhöht, um die erforderlichen neuen Fähigkeiten zu vermitteln und neue Beschäftigungsmöglichkeiten zu schaffen. Die Zahl der Hochschulstudenten (Bachelor und Master) ist von 63 000 im Jahr 1870 auf schätzungsweise 20 Millionen im Jahr 2022 gestiegen.[74] Davon sind nur in den Vereinigten Staaten zwischen 2000 und 2022 etwa 4,7 Millionen Studenten hinzugekommen.[75] Für die Schulbildung bis zur zwölften Klasse geben wir heute in konstanten Dollars mehr als achtzehnmal so viel pro Kind aus wie vor einem Jahrhundert. Im Schuljahr

Arbeitskräfte in den USA[73]

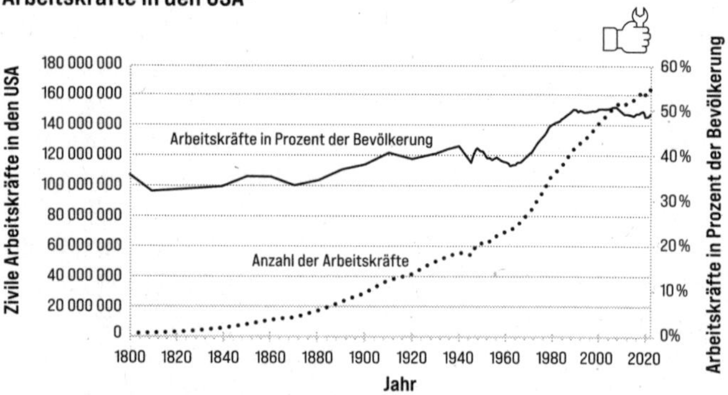

Quellen: US Bureau of Labor Statistics, National Bureau of Economic Research, US Census Bureau

Abbildung 55

1919/20 gaben die öffentlichen Schulen in den Klassen eins bis zwölf umgerechnet 1035 Dollar (von 2023) pro Schüler aus.[76] Bis zum Schuljahr 2018/19 stieg dieser Betrag auf rund 19 220 Dollar (von 2023).[77]

Besuch von Hochschulen nach Geschlecht: 1869/70 bis 1990/91[78]

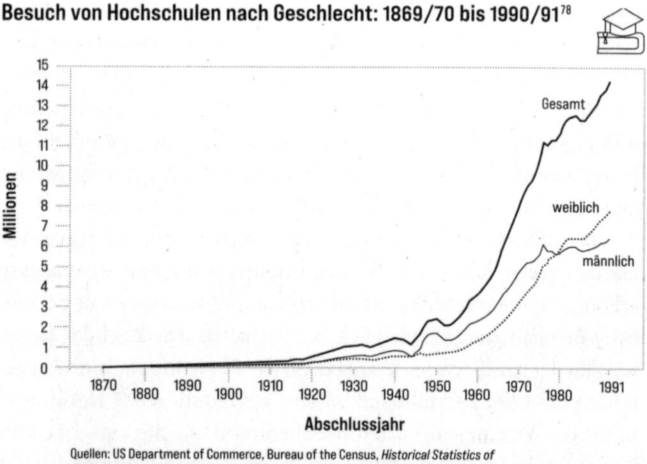

Quellen: US Department of Commerce, Bureau of the Census, *Historical Statistics of the United States, Kolonialzeit bis 1970;* US Department of Education, National Center for Education Statistics, *Digest of Education Statistics,* verschiedene Ausgaben

Abbildung 56

In den letzten zwei Jahrhunderten wurden die meisten Arbeitsplätze in der Wirtschaft durch technologischen Wandel gleich mehrfach ersetzt, und dennoch haben wir, auch dank Verbesserungen der Bildungsangebote, einen anhaltenden und erheblichen wirtschaftlichen Fortschritt erlebt – und dies trotz unseres ständigen (und zutreffenden) Eindrucks, dass wichtige Beschäftigungskategorien bald verschwinden werden.[79]

IST ES DIESES MAL ANDERS?

Trotz des langjährigen Nettoarbeitsplatzwachstums haben einige prominente Wirtschaftswissenschaftler vorausgesagt, dass es diesmal anders kommen wird. Einer der führenden Vertreter der Ansicht, dass die bevorstehenden Veränderungen durch die KI-basierte Automatisierung unter dem Strich Arbeitsplätze kosten werden, ist der Stanford-Professor Erik Brynjolfsson. Er ist überzeugt, dass die neueste Form der Automatisierung im Gegensatz zu früheren technologiegetriebenen Umwälzungen mehr Arbeitsplätze vernichten als schaffen wird.[80] Wirtschaftswissenschaftler, die diese Ansicht vertreten, verstehen die derzeitige Situation als Kulmination mehrerer aufeinanderfolgender Wellen des Wandels.

Die erste Welle wird häufig als »Dequalifizierung« bezeichnet.[81] Beispielsweise wurden Kutscher, die wussten, wie man mit unberechenbaren Tieren umgeht und diese pflegt, durch Kraftfahrer ersetzt, die solche Fähigkeiten eher nicht benötigten. Eine der wichtigsten Auswirkungen der Dequalifizierung ist, dass es immer einfacher wird, neue Stellen ohne lange Ausbildung anzutreten. Handwerker verbrachten früher Jahre damit, sich die vielfältigen Fähigkeiten zur Herstellung von Schuhen anzueignen, aber sobald Fließbandmaschinen einen Großteil dieser Arbeit übernahmen, konnte eine Person nach einer viel kürzeren Zeit, in der sie die Bedienung einer Maschine erlernte, einen Job bekommen. Dies führte zum Sinken der Arbeitskosten wie auch der Preise für Schuhe, hieß aber auch, dass gut bezahlte Arbeitsplätze durch schlechter bezahlte ersetzt wurden.

Die zweite Welle ist die »Höherqualifizierung«. Die Höherqualifizierung folgt oft auf die Dequalifizierung und geht mit der Einführung von Technologien einher, die mehr Fähigkeiten erfordern als die vorherigen Tätigkeiten. Wenn man beispielsweise Autofahrern Navigationstechnologien zur Verfügung stellt, müssen sie lernen, mit Elektronik umzugehen, was vorher nicht zu den erforderlichen Fähigkeiten gehörte. Manchmal werden Maschinen eingeführt, die in der Produktion eine immer größere Rolle spielen, deren Bedienung aber auch anspruchsvollere Fähigkeiten erfordert. Beispielsweise waren die ersten Maschinen zur Schuhherstellung handbetriebene Pressen, für deren Bedienung keine formale Ausbildung erforderlich war, heute dagegen setzen, wie bereits erwähnt, Unternehmen wie FitMyFoot zur Anfertigung maßgeschneiderter Schuhe, die dem jeweiligen Kunden perfekt passen, 3-D-Drucktechniken ein.[82] Die Schuhherstellung bei FitMyFoot hängt also nicht mehr von einer großen Zahl gering qualifizierter Arbeitsplätze ab, sondern von einigen wenigen Menschen mit Kenntnissen in Informatik und der Bedienung von 3-D-Druckern. Entwicklungen wie diese führen dazu, dass schlecht bezahlte Arbeitsplätze durch weniger, aber besser bezahlte Arbeitsplätze ersetzt werden.

Die kommende Welle könnte man nun als »Entqualifizierung« bezeichnen. KI für fahrerlose Fahrzeuge wird zum Beispiel menschliche Fahrer vollständig ersetzen. Da immer mehr Aufgaben in den Bereich von KI und Robotik fallen, wird es eine Reihe von Entqualifizierungs-Übergängen geben. Was KI-getriebene Innovationen von früheren Technologien unterscheidet, ist, dass sie mehr Möglichkeiten eröffnen, den Menschen vollständig aus den betroffenen Prozessen zu entfernen. Anstatt die für eine bestimmte Aufgabe erforderliche Qualifikation des Beschäftigten zu verringern oder zu erhöhen, kann die künstliche Intelligenz die Aufgabe oft vollständig übernehmen. Dies ist nicht nur aus Kostengründen erstrebenswert, sondern auch, weil die künstliche Intelligenz in vielen Bereichen tatsächlich bessere Arbeit leisten kann als der Mensch, den sie ersetzt. Selbstfahrende Autos werden viel sicherer sein als solche, die von menschlichen Fahrern gesteuert werden, und die KI wird niemals betrunken oder übermüdet fahren und sich auch nicht ablenken lassen.

Es ist jedoch wichtig, zwischen Aufgaben und Berufen zu unterscheiden. In einigen Fällen (aber nicht in allen) ermöglicht die vollständige Automatisierung von Aufgaben die Ausrichtung eines bestimmten Arbeitsplatzes auf andere Aufgaben – also eine Höherqualifizierung. Beispielsweise können Geldautomaten menschliche Bankangestellte bei vielen Routine-Bargeldtransaktionen ersetzen, dafür haben die Kassierer aber eine wichtigere Rolle im Marketing und beim Aufbau persönlicher Kundenbeziehungen übernommen.[83] Ganz ähnlich hat sich der Beruf von Rechtsanwaltsgehilfen verändert, da Software für juristische Recherchen und die Analyse von Dokumenten zwar bestimmte Funktionen übernommen hat, nun aber ein ganz anderes Paket von Aufgaben dazugehört als vor einigen Jahrzehnten.[84] Effekte dieser Art könnten bald in der Welt der Kunst zu beobachten sein. Seit 2022 können öffentlich zugängliche Systeme wie DALL-E 2, Midjourney und Stable Diffusion mithilfe künstlicher Intelligenz auf der Grundlage textbasierter Anweisungen von Menschen hochwertige grafische Kunstwerke erstellen.[85] Mit dem Fortschreiten dieser Technologie werden menschliche Grafikdesigner möglicherweise weniger Zeit mit dem eigentlichen Zeichnen verbringen, dafür aber mehr Zeit mit dem Brainstorming von Ideen mit Kunden und dem Kuratieren oder Ändern der Entwürfe der KI.

Langfristig werden die wirtschaftlichen Anreize für die Automatisierung dazu führen, dass die KI immer mehr Aufgaben übernimmt. Unter ansonsten gleichbleibenden Bedingungen ist es günstiger, Maschinen oder KI-Software zu kaufen, als für laufende Arbeitskosten zu bezahlen.[86] Wenn Unternehmenseigentümer ihre betrieblichen Abläufe gestalten, haben sie oft einen gewissen Spielraum in Bezug auf den Einsatz von Kapital oder Arbeit. An Orten mit relativ niedrigen Lohnkosten ist es sinnvoller, arbeitsintensive Verfahren einzusetzen. Wo die Löhne hoch sind, besteht ein größerer Anreiz zur Innovation und zur Entwicklung von Maschinen, die weniger menschlichen Arbeitseinsatz erfordern. Dies ist wahrscheinlich einer der Gründe, warum Großbritannien die Wiege der industriellen Revolution war – die Löhne waren höher als fast überall sonst auf der Welt, und es gab billige Kohle im Überfluss. Dies trieb die Entwicklung von Technologien voran, mit denen die teure menschliche

Arbeit durch preiswertere Dampfkraft ersetzt werden konnte. In den heutigen entwickelten Volkswirtschaften sehen wir eine ähnliche Dynamik. Während Maschinen einmalige Anschaffungen sein können, die zu Vermögenswerten werden, sind die Löhne der Arbeitnehmer laufende Kosten, und die Beschäftigten haben außerdem eine Reihe anderer Bedürfnisse, die von den Arbeitgebern zu erfüllen sind. Wo es also möglich ist, mehr Automatisierung einzusetzen, gibt es für die Unternehmen einen Anreiz, dies auch zu tun. Da die Kompetenzen der KI bald ein menschliches Niveau – und bald ein übermenschliches – erreichen werden, wird es immer weniger Aufgaben geben, die von Menschen ohne KI-Unterstützung erledigt werden müssen. Solange wir noch nicht weitgehend mit unserer KI verschmolzen sind, wird dies für die Arbeitnehmer erhebliche Umwälzungen mit sich bringen.

Ein Knackpunkt in dieser These ist jedoch, dass das Produktivitätswachstum aus unerfindlichen Gründen nicht mitzuspielen schien: Wenn der technologische Wandel tatsächlich zu einem Nettoarbeitsplatzverlust führt, dann würde die klassische Wirtschaftswissenschaft vorhersagen, dass für ein bestimmtes Niveau der Wirtschaftsleistung weniger Stunden gearbeitet würde. Definitionsgemäß müsste die Produktivität also deutlich steigen. Das Wachstum der Produktivität, wie es traditionell gemessen wird, hat sich seit der Internet-Revolution der 1990er-Jahre jedoch verlangsamt. Die Produktivität wird häufig als reale Produktion pro Stunde gemessen, d. h. die Gesamtmenge der produzierten Waren und Dienstleistungen (inflationsbereinigt) geteilt durch die Gesamtzahl der zu ihrer Herstellung geleisteten Arbeitsstunden. Vom ersten Quartal 1950 bis zum ersten Quartal 1990 stieg die reale Produktion pro Stunde in den Vereinigten Staaten durchschnittlich jedes Quartal um 0,55 Prozent an.[87] Mit der weiten Verbreitung von Personal Computern und dem Internet in den 90er-Jahren beschleunigte sich der Produktivitätszuwachs, und vom ersten Quartal 1990 bis zum ersten Quartal 2003 betrug der vierteljährliche Anstieg durchschnittlich 0,68 Prozent.[88] Es hatte den Anschein, dass das World Wide Web ein neues Zeitalter raschen Wachstums eingeleitet hatte, und noch im Jahr 2003 ging man fast überall davon aus, dass es in diesem Tempo weitergehen würde.[89] Ab 2004 begann sich das Produktivitätswachstum jedoch deutlich zu verlangsamen. Vom ersten Quartal 2003 bis zum ersten Quartal 2022 betrug es pro Quartal im Durchschnitt nur noch 0,36 Prozent.[90] Dies war im letzten Jahrzehnt eines der großen ökonomischen Rätsel. Da die Informationstechnologie die Wirtschaft in vielerlei Hinsicht verändert hat, hätte man eigentlich ein viel stärkeres Produktivitätswachstum erwarten können. Nun gibt es viele Theorien darüber, warum dies nicht der Fall ist.

Wenn die Automatisierung wirklich so große Auswirkungen hat, scheinen in der Wirtschaft mehrere Billionen Dollar zu »fehlen«. Meiner Ansicht nach, die sich auch unter Wirtschaftswissenschaftlern immer mehr durchsetzt, lässt sich dies größtenteils dadurch erklären, dass wir den exponentiell steigenden Wert von Informationsprodukten nicht in das BIP einrechnen, von denen viele kostenlos sind und Wertkategorien darstellen, die es bis vor Kurzem noch nicht gab. Als das MIT 1963 den IBM-7094-Computer, den ich als Student benutzte, wie geschildert für etwa 3,1 Millionen Dollar kaufte, entsprach das einer wirtschaftlichen Aktivität von, nun ja, 3,1 Millionen Dollar (und das entspricht 30 Millionen Dollar im Jahr 2023).[91] Ein Smartphone ist heute, was die Rechen- und Kommunikationsleistung angeht, hunderttausendmal leistungsfähiger und verfügt über unzählige Funktionen, die 1965 für kein Geld der Welt zu haben waren, und doch trägt es nur mit ein paar Hundert Dollar zur wirtschaftlichen Aktivität bei, denn das ist der Preis, den man heute dafür bezahlt.

Diese allgemeine Erklärung für die fehlende Produktivität wurde auch von Erik Brynjolfsson und dem Risikokapitalgeber Marc Andreessen vorgebracht.[92] Zur Erläuterung: Vereinfacht gesagt wird mit dem Bruttoinlandsprodukt die Wirtschaftstätigkeit in einem Land anhand der Preise aller fertiggestellten Waren und Dienstleistungen gemessen. Wenn Sie also 20 000 Dollar für ein neues Auto bezahlen, erhöht sich das BIP des betreffenden Jahres um 20 000 Dollar – auch dann, wenn Sie bereit gewesen wären, für das gleiche Auto 25 000 oder 30 000 Dollar zu bezahlen. Dieses Messverfahren hat sich im 20. Jahrhundert bewährt, weil die durchschnittliche Zahlungsbereitschaft für ein Produkt in der gesamten Bevölkerung ziemlich nah an dessen tatsächlichem Preis lag. Ein wesentlicher Grund dafür ist, dass die Herstellung von Waren und Dienstleistungen mit dem Einsatz physischer Materialien und menschlicher Arbeit verbunden ist und die Unternehmen für die Produktion jeder neuen Einheit eine beträchtliche Menge Geld aufwenden müssen. Die Fabrikation eines Autos zum Beispiel erfordert die Verarbeitung teurer Metallteile und auch viele Stunden qualifizierter Arbeit. Dies ist das Konzept der Grenzkosten.[93] Die klassische Wirtschaftstheorie besagt, dass die Preise nah an den durchschnittlichen Grenzkosten der Produkte liegen, weil die Unternehmen es sich einerseits nicht leisten können, mit Verlust zu verkaufen, andererseits der Wettbewerbsdruck sie dazu zwingt, so billig wie möglich zu verkaufen. Da die Herstellung nützlicher und leistungsfähigerer Produkte nun traditionell teurer ist, gab es in der Vergangenheit einen starken Zusammenhang zwischen der Qualität eines Produkts und seinem Preis, der in das BIP einfließt.

Nun sind viele Informationstechnologien wesentlich nützlicher geworden, doch ihre Preise sind mehr oder weniger konstant geblieben. Im Jahr 1999 konnte ein Computerchip für rund 900 Dollar (des Jahres 2023) mehr als 800 000 Berechnungen pro Sekunde und Dollar durchführen.[94] Anfang 2023 konnte ein 900-Dollar-Chip fast 58 Milliarden Berechnungen pro Sekunde und Dollar durchführen.[95]

Das Problem ist also, dass der 900-Dollar-Chip von heute im BIP mit dem gleichen Wert berücksichtigt wird wie der von vor zwei Jahrzehnten, obwohl der aktuelle Chip bei gleichem Preis mehr als 72 000-mal leistungsfähiger ist. Daher spiegeln die nominalen Vermögens- und Einkommenszuwächse der letzten Jahrzehnte die massiven Vorteile im Lebensstil, die durch die neuen Technologien ermöglicht wurden, nicht richtig wider. Und damit wird die Interpretation von Wirtschaftsdaten verzerrt, was zu falschen Schlussfolgerungen führt, wie z. B., dass die Löhne scheinbar stagnieren oder nur langsam wachsen. Selbst wenn Ihre Nominallöhne in den letzten zwei Jahrzehnten tatsächlich gleich geblieben sind, können Sie sich damit heute ein Vielfaches an Rechenleistung kaufen.[96] Die staatlichen Institutionen haben nun zwar einige Anstrengungen unternommen, um die höhere Leistung in einigen Wirtschaftsstatistiken zu berücksichtigen,[97] die tatsächlichen Verbesserungen des Preis-Leistungs-Verhältnisses werden allerdings immer noch massiv unterschätzt.

Diese Dynamik ist bei digitalen Produkten noch stärker zu beobachten, da sie fast kostenlos hergestellt werden können. Sobald Amazon ein E-Book für den Verkauf formatiert hat, sind für die »Herstellung« neuer Exemplare kein zusätzliches Papier, keine Tinte und keine Arbeitskräfte erforderlich – d. h., jede Kopie eines E-Books kann dann zu einem nahezu unendlichen Vielfachen seiner Grenzkosten verkauft werden. Infolgedessen ist der vormals starke Zusammenhang zwischen Grenzkosten, Preis und Zahlungsbereitschaft der Verbraucher nun geschwächt. Im Falle von Dienstleistungen, deren Grenzkosten so niedrig sind, dass sie für die Verbraucher völlig kostenlos sein können, entfällt dieser Zusammenhang vollkommen. Sobald Google erst einmal seine Suchalgorithmen entwickelt und seine Serverfarmen aufgebaut hat, kostet die Durchführung einer zusätzlichen Suche für einen Nutzer fast nichts mehr. Es kostet Facebook nicht mehr Geld, Sie mit tausend Freunden zu verbinden anstatt nur mit einhundert. Also gewähren diese Firmen der Öffentlichkeit kostenlosen Zugang und decken ihre Grenzkosten durch Werbung.

Auch wenn diese Dienste für die Verbraucher kostenlos sind, können wir die Zahlungsbereitschaft der Menschen (die auch als Konsumentenrente bezeichnet wird) annähernd bestimmen, indem wir uns ihre Entscheidungen ansehen.[98] Wenn Sie zum Beispiel 20 Dollar verdienen könnten, indem Sie den Rasen Ihres Nachbarn mähen, sich aber dafür entscheiden, diese Zeit stattdessen auf TikTok zu verbringen, können wir sagen, dass Ihnen diese Zeit auf TikTok mindestens 20 Dollar wert ist. Wie Tim Worstall im Jahr 2015 in *Forbes* schätzte, belaufen sich die Einnahmen von Facebook in den USA auf etwa 8 Milliarden Dollar, was somit der offizielle Beitrag von Facebook zum BIP wäre.[99] Bewertet man aber die Zeit, die die Menschen auf Facebook verbringen, auch nur mit dem Mindestlohn, liegt der wahre Nutzen für die Verbraucher bei 230 Milliarden Dollar.[100] Im Jahr 2020 (dem letzten Jahr, für das bei Drucklegung der englischsprachigen Ausgabe dieses Buches Daten vorlagen) verbrachten erwachsene Nutzer sozialer Medien in den USA jeden Tag durchschnittlich 35 Minuten auf Facebook.[101] Da etwa 72 Prozent der rund 258 Millionen erwachsenen US-Amerikaner soziale Medien nutzen, ergibt sich nach Worstalls Methodik durch die Nutzung von Facebook in diesem Jahr ein wirtschaftlicher Wert von 287 Milliarden Dollar.[102] Eine weltweite Studie aus dem Jahr 2019 ergab außerdem, dass amerikanische Internetnutzer jeden Tag durchschnittlich zwei Stunden und drei Minuten in allen sozialen Medien verbringen – was dem BIP pro Jahr rund 36,1 Milliarden Dollar an Werbeeinnahmen hinzufügt, den Nutzern aber einen Gesamtnutzen von über einer Billion Dollar erbringt![103]

Allerdings liefert der Mindestlohn als Größe zur Bewertung der Nutzung sozialer Medien keine genauen Aussagen, da es beispielsweise, wenn man in der Schlange steht, um sich einen Kaffee zu kaufen, naheliegender ist, auf Facebook zu surfen, als diese kurze Zeit für eine freiberufliche Tätigkeit zu nutzen. Es lässt sich allerdings ganz allgemein sagen, dass die Menschen der Nutzung sozialer Medien einen enormen Wert beimessen und dass nur ein kleiner Teil dieses Wertes für Wirtschaftswissenschaftler als Einkommen sichtbar wird. Ein noch extremeres Beispiel ist Wikipedia: Ihr offizieller Beitrag zum BIP ist praktisch gleich null. Das Gleiche gilt für unzählige web- und app-basierte Dienste.

Dies deutet darauf hin, dass die Konsumentenrente in dem Maße, in dem die digitale Technologie einen immer größeren Anteil an der Wirtschaft ausmacht, viel schneller steigt, als das BIP vermuten lässt. Also hat die Produktivität, gemessen an der Konsumentenrente, schneller zugenommen als die traditionelle Messgröße »Leistung pro Stunde«. Da die Konsumentenrente ein »realistischeres« Maß für den wahren Wohlstand ist als die Preise, könnte man sagen, dass die Art von Produktivität, auf die es wirklich ankommt, die ganze Zeit über gut gewachsen ist.

Diese Effekte gehen weit über die Bereiche hinaus, die offensichtlich zur »Technologie« gehören. Der technologische Wandel hat zahllose andere Verbesserungen hervorgebracht, die sich nicht im BIP niederschlagen – von geringerer Umweltverschmutzung und sichereren Lebensbedingungen bis hin zu mehr Bildungsmöglichkeiten und Unterhaltungsangeboten. Allerdings haben sich diese Veränderungen nicht auf alle Bereiche der Wirtschaft gleich ausgewirkt. Beispielsweise sind die Gesundheitskosten trotz der dramatischen Deflation bei den Computerpreisen schneller gestiegen als die Gesamtinflation – dementsprechend wird jemand, der häufig medizinische Behandlungen in Anspruch nehmen muss, nur wenig Trost darin finden, dass Prozessorleistung so viel preiswerter geworden ist.[104]

Die gute Nachricht ist dennoch, dass die künstliche Intelligenz und die technologische Konvergenz während der 2020er- und 2030er-Jahre immer mehr Produkte und Dienstleistungen in Informationstechnologien verwandeln werden, was sie von den exponentiellen Entwicklungen profitieren lässt, die im digitalen Bereich bereits für eine radikale Deflation gesorgt haben. Fortgeschrittene KI-Lehrkräfte werden allen Menschen mit einem Internetzugang individuell angepasstes Lernen zu jedem beliebigen Thema ermöglichen. Die KI-unterstützte medizinische und die pharmazeutische Forschung stecken, während ich dies schreibe, noch in den Kinderschuhen, aber sie werden bei der Senkung der Gesundheitskosten schließlich eine entscheidende Rolle spielen.

Das Gleiche wird für zahlreiche andere Produkte zutreffen, deren Herstellung bisher nicht mit Informationstechnologien in Verbindung gebracht wurde, wie z. B. Lebensmittel, Gebäude oder Bekleidung. So wird beispielsweise durch KI-gesteuerte Fortschritte in der Materialwissenschaft Energie aus Photovoltaik extrem billig werden, und außerdem werden Roboter, die Rohstoffe gewinnen, und autonome Elektrofahrzeuge die Kosten der Rohstoffe deutlich senken. Da Energie und Materialien billig werden und die Automatisierung zunehmend die menschliche Arbeitskraft ersetzen wird, werden auch die Preise erheblich sinken. Mit der Zeit werden diese Effekte einen so großen Teil der Wirtschaft erfassen, dass wir in der Lage sein werden, einen Großteil des Mangels zu beseitigen, unter dem die Menschen gegenwärtig noch zu leiden haben. Infolgedessen wird das Leben in den 2030er-Jahren relativ preiswert sein – und zwar auf einem Niveau, das heute noch als luxuriös gilt.

Wenn diese Analyse richtig ist, dann wird die technologiebedingte Deflation in all diesen Bereichen die Kluft zwischen der nominalen Produktivität und dem realen durchschnittlichen Nutzen, den jede Stunde menschlicher Arbeit für die Gesellschaft bringt, immer weiter vergrößern. In dem Maße, in dem sich solche Effekte über den digitalen Bereich hinaus auf andere Branchen ausbreiten und einen größeren Teil der gesamten Wirtschaft erfassen, würde man erwarten, dass die nationale Inflation zurückgeht – und dass es schließlich zu einer allgemeinen Deflation kommt. Mit anderen Worten: Mit der Zeit können wir klarere Antworten auf die Frage nach dem fehlenden Produktivitätswachstum erwarten.

Es gibt aber noch ein weiteres Rätsel: Warum zeigen die Wirtschaftsdaten, dass in den USA der Anteil der Erwerbstätigen an der Gesamtbevölkerung schrumpft? Wirtschaftswissenschaftler, die die These der Nettoarbeitsplatzvernichtung vertreten, verweisen auf die zivile Erwerbsquote in den USA, d. h. die Zahl der Erwerbstätigen plus die Zahl der Arbeitslosen auf der Suche nach einem Arbeitsplatz, angegeben in Prozent der Bevölkerung im Alter von 16 Jahren und darüber. Nachdem sie von etwa 59 Prozent im Jahr 1950 auf knapp 67 Prozent im Jahr 2002 gestiegen war, fiel sie bis 2015 unter 63 Prozent und blieb dann bis zur COVID-19-Pandemie trotz einer angeblich boomenden Wirtschaft nahezu unverändert.[105]

Der tatsächliche Anteil der Erwerbstätigen an der Gesamtbevölkerung ist kleiner. Im Juni 2008 gab es in den USA bei einer Bevölkerung von 304 Millionen mehr als 154 Millionen zivile Erwerbstätige, das sind 50,7 Prozent.[106] Im Dezember 2022 waren von 333 Millionen arbeitsfähigen Personen 164 Millionen erwerbstätig, das sind knapp 49,5 Prozent.[107] Das scheint kein großer Rückgang zu sein, dennoch ist der Anteil in den Vereinigten Staaten auf den geringsten seit mehr als zwei Jahrzehnten gefallen. Die Regierungsstatistiken hierzu spiegeln die wirtschaftliche Realität nicht perfekt wider, da darin mehrere Kategorien nicht berücksichtigt werden – darunter Landarbeiter, Militärangehörige und Angestellte der Bundesregierung –, aber sie zeigen die Richtung und das ungefähre Ausmaß dieser Entwicklungen deutlich auf.

Ein Teil dieses Rückgangs ist sicherlich auf die Automatisierung zurückzuführen, doch es gibt zwei wichtigere Störfaktoren: Erstens arbeiten mit zunehmender Bildung der Amerikaner immer weniger Teenager, zudem bleiben viele junge Menschen bis weit in ihre

Verhältnis von Erwerbstätigen zu Erwerbsfähigen in den USA[108]

Schattierte Bereiche zeigen US-Rezessionen an

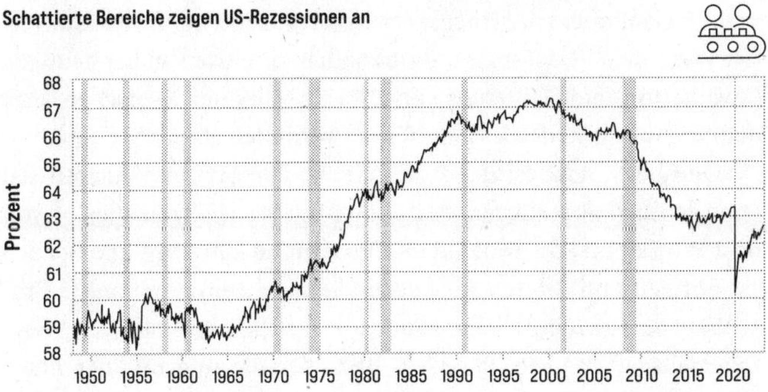

Quelle: US Bureau of Labor Statistics

Abbildung 57

Zwanziger hinein auf dem College oder an der Hochschule.[109] Weil außerdem die große Generation der Babyboomer nach und nach in den Ruhestand geht, sinkt der Anteil der Amerikaner im erwerbsfähigen Alter.[110]

Betrachten wir stattdessen die Erwerbsquote der Erwachsenen im Haupterwerbsalter zwischen 25 und 54 Jahren, so verschwindet

Verhältnis von Erwerbstätigen zu Erwerbsfähigen in den USA, Alter 25–54[113]

Schattierte Bereiche zeigen US-Rezessionen an

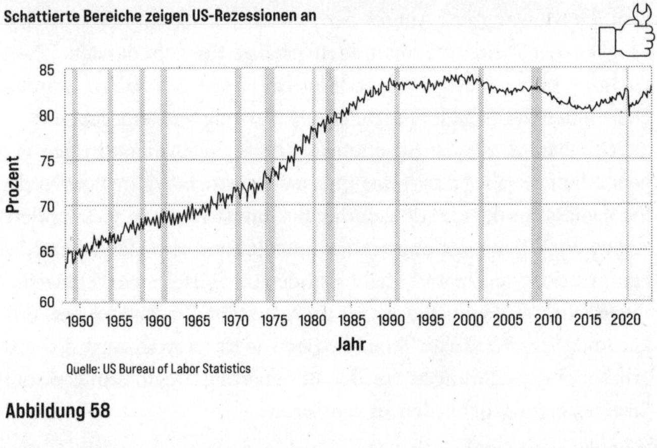

Quelle: US Bureau of Labor Statistics

Abbildung 58

der Rückgang fast völlig – Anfang 2023 lag die Erwerbsquote bei 83,4 Prozent, wobei der Höchstwert von 84,5 Prozent im Jahr 2000 erreicht wurde.[111] Das ist zwar immer noch, gemessen an der heutigen Bevölkerung, eine Differenz von etwa 1,7 Millionen Menschen, aber deutlich weniger, als die obige Grafik vermuten lässt.[112]

Darüber hinaus ist der Anteil der 55-Jährigen und Älteren seit 2001 deutlich angestiegen. Bei den 55- bis 64-Jährigen stieg er von 60,4 Prozent im Jahr 2001 auf 68,2 Prozent im Jahr 2021, und bei den 75-Jährigen und Älteren stieg er im gleichen Zeitraum von 5,2 Prozent auf 8,6 Prozent.[114] Hier sind widersprüchliche Kräfte am Werk. Einerseits gehen viele ältere Arbeitnehmer, die aufgrund der Automatisierung ihren Arbeitsplatz verlieren, einfach früher in den Ruhestand und nehmen einen niedrigeren Lebensstandard in Kauf. Andererseits leben die Menschen länger (vor der COVID-19-Pandemie war die kombinierte Lebenserwartung von Männern und Frauen in den USA seit dem Jahr 2000 um etwa zwei Jahre gestiegen),[115] und sie sind fit genug, um auch im höheren Alter noch zu arbeiten. Für viele ist dies sinnstiftend und eine Quelle der Zufriedenheit. Diese Daten spiegeln jedoch nicht die Tatsache wider, dass einige ältere Erwachsene, nachdem sie ihre besser bezahlten Arbeitsplätze verloren haben, in geringfügigen Beschäftigungsverhältnissen weiterarbeiten müssen, bis sie für ihren Ruhestand ausreichend abgesichert sind.[116]

All diese Analysen sind jedoch nur eingeschränkt aussagekräftig, weil die Messung des Anteils der Erwerbsfähigen an der Erwerbstätigkeit selbst ein zunehmend fehlerhaftes Konzept darstellt. Zwei wichtige Entwicklungen verändern das Wesen der Arbeit, werden aber in den Wirtschaftsstatistiken nicht richtig wiedergegeben.

Die erste ist die der Schattenwirtschaft, die es schon immer gegeben hat, die aber durch das Internet erheblich begünstigt wurde. Sie umfasst praktisch die gesamte Sexindustrie sowie viele andere Arten von Dienstleistungen, darunter bar auf die Hand bezahlte Hausarbeiten, alternative Heilmethoden und vieles mehr. Ein weiterer Faktor der Begünstigung für die Schattenwirtschaft ist das Aufkommen verschlüsselter Technologien wie Kryptowährungen, die es ermöglichen, Zahlungen vor der Besteuerung, Regulierungen und Strafverfolgungsbehörden zu verbergen.

Die größte und bekannteste Kryptowährung ist Bitcoin.[117] Am 6. August 2017 lag das tägliche Handelsvolumen von Bitcoin an den wichtigsten Börsen bei weniger als 19,3 Millionen Dollar.[118] Bis zum 7. Dezember desselben Jahres stieg es auf über 4,95 Milliarden Dollar an, sank jedoch schnell wieder und lag Mitte 2023 bei durchschnittlich 180 Millionen Dollar pro Tag.[119] Das Handelsvolumen ist zwar sehr schnell gewachsen, im Vergleich zu den großen traditionellen Währungen aber immer noch winzig. Nach Angaben der Bank für Internationalen Zahlungsausgleich belief sich der weltweite Devisenhandel im April 2022 auf durchschnittlich 7,5 Billionen Dollar pro Tag, und zur Zeit der Drucklegung der amerikanischen Ausgabe dieses Buches ist er wahrscheinlich noch höher.[120]

Außerdem war der Wert der meisten Kryptowährungen im Gegensatz zu den meisten traditionellen Währungen extremen Schwankungen ausgesetzt. Am 4. Januar 2012 wurden Bitcoins zum Beispiel mit 13,43 Dollar gehandelt.[121] Am 2. April waren sie auf über 130 Dollar gestiegen.[122] Das Interesse an Kryptowährungen war jedoch noch weitgehend auf eine technikaffine Subkultur beschränkt. Dann, nach fast fünf Jahren relativer Ruhe und Stabilität, schoss Bitcoin im Jahr 2017 noch weiter in die Höhe. Plötzlich hörten ganz normale Menschen von Bitcoins als einer sicheren Investition und kauften sie in der Hoffnung auf erneute Wertsteigerungen. Dies wurde zu einer sich selbst erfüllenden Prophezeiung: Am 29. April war der Preis bei 1354 Dollar, und am 17. Dezember erreichte er einen Höchststand von 18 877 Dollar.[123] Doch dann begannen die Preise zu fallen, die Menschen gerieten in Panik und verkauften ihre Bitcoins – sie wollten aus dem Markt aussteigen, bevor ihr Vermögen noch weiter an Wert verlor. Am 12. Dezember 2018 war Bitcoin wieder auf 3360 Dollar gefallen – nur um am 13. April einen Stand von 64 899 Dollar zu erreichen. Danach folgte ein weiterer großer Absturz, und der Kurs fiel bis zum 20. November 2022 auf 15 460 Dollar.[124]

Diese Volatilität stellt ein großes Problem für Menschen dar, die Bitcoin als Währung verwenden wollen, d. h. als Mittel für den regelmäßigen Austausch von Waren und Dienstleistungen. Wenn Sie glauben würden, dass Ihre Dollars innerhalb eines halben Jahres zehnmal so viel wert sein werden, würden Sie vermutlich vermeiden, sie auszugeben. Umgekehrt würden Sie, wenn Ihre Dollars in wenigen Monaten die Hälfte ihres Werts verlieren könnten, Ihre Vermögenswerte sicherlich nur ungern in Dollar halten – und Händler würden sie nicht akzeptieren. Wenn Kryptowährungen eine breitere Akzeptanz in der Öffentlichkeit finden sollen, müssen daher Wege gefunden werden, ihren Wert stabiler zu halten.

Kryptowährungen sind allerdings keine notwendige Voraussetzung für das Gedeihen eines Zahlungsverkehrs am Finanzamt vorbei. Soziale Medien und Plattformen wie Craigslist bieten den Menschen reichlich Gelegenheit, wirtschaftliche Verbindungen zu knüpfen, die für die Regierung meist unsichtbar sind.

Diese Technologie begünstigt auch die andere große Entwicklung: neue Möglichkeiten des Geldverdienens, die nicht immer wie traditionelle Beschäftigungsarten aussehen müssen. Dazu gehören das Erstellen, Kaufen, Verkaufen und Tauschen von physischen und digitalen Gütern und Dienstleistungen über Websites und Apps sowie das Erstellen von Apps, Videos und anderen Formen digitaler Inhalte auf Social-Media-Seiten. Einige Menschen haben die Erstellung von Inhalten für YouTube zu ihrem Beruf gemacht, andere verdienen ihren Lebensunterhalt als Influencer auf Instagram oder TikTok.[125]

Vor der Veröffentlichung des iPhone im Jahr 2007 konnte man mit Apps kaum Geld verdienen. Im Jahr 2008 gab es weniger als 100 000 Apps für iOS; im Jahr 2017 waren es bereits erstaunliche 4,5 Millionen.[126] Und auch bei Android explodierte die Anzahl der angebotenen Apps. Im Dezember 2009 gab es im Google Play Store rund 16 000 Apps für Mobilgeräte.[127] Im März 2023 waren es bereits 2,6 Millionen.[128] Das ist ein Anstieg um mehr als das 160-Fache in dreizehn Jahren. Dies führte unmittelbar zu mehr Beschäftigung. Von 2007 bis 2012 entstanden in der App-Wirtschaft in den Vereinigten Staaten schätzungsweise eine halbe Million Arbeitsplätze.[129] Laut Deloitte wuchs diese Zahl bis zum Jahr 2018 auf über 5 Millionen Arbeitsplätze an.[130] Nach einer weiteren Schätzung aus dem Jahr 2020, in die auch die indirekt durch die App-Wirtschaft geschaffenen Arbeitsplätze einbezogen wurden, entstanden in den USA 5,9 Millionen Arbeitsplätze, und die Branche trug mit 1,7 Billionen Dollar zur wirtschaftlichen Aktivität bei.[131] Diese Zahlen hängen in gewisser Weise davon ab, wie weit oder eng man den App-Markt definiert, sie zeigen jedoch ganz klar, dass mobile Apps in etwas mehr als einem Jahrzehnt aus der Bedeutungslosigkeit zu einem wichtigen Faktor in der Wirtschaft aufgestiegen sind.

Während also der technologische Wandel viele Arbeitsplätze überflüssig macht, eröffnen dieselben Kräfte zahlreiche neue Möglichkeiten, die nicht mit dem traditionellen Begriff des »Arbeitsplatzes« zu fassen sind. Die sogenannte Gig-Economy bietet den Menschen zwar auch nur begrenzte Möglichkeiten, aber häufig doch mehr Flexibilität, Autonomie und Freizeit als die früheren Alternativen. Möchte man Arbeitnehmern helfen, deren traditionelle Arbeitsplätze durch zunehmende Automatisierung wegfallen, wäre eine Strategie, aus diesen Möglichkeiten das Maximum herauszuholen.

WIE WIRD ES ALSO WEITERGEHEN?

Auf den ersten Blick erscheinen die Aussichten am Arbeitsmarkt alarmierend. Als die Oxforder Forscher Frey und Osborne schätzten, dass bis 2033 fast die Hälfte der Arbeitsplätze des Jahres 2013 automatisierbar sein würde, gingen sie bei der KI-Entwicklung und anderen exponentiell wachsenden Technologien von konservativeren Fortschrittsraten als den in diesem Buch dargestellten aus.[132] Die Menschen haben die Automatisierung zwar schon vor mehr als zweihundert Jahren als Bedrohung für ihre Arbeitsplätze erkannt – die aktuelle Situation ist in Bezug auf die Geschwindigkeit und das Ausmaß der drohenden Gefahr jedoch einzigartig.

Um voraussagen zu können, wie diese Entwicklung ablaufen wird, müssen wir einige grundlegende Tatsachen berücksichtigen. Erstens: Beschäftigung ist kein Selbstzweck, sondern ein Mittel zum Zweck. Ein Ziel der Arbeit ist es, die materiellen Bedürfnisse des Lebens zu befriedigen. Wie bereits erwähnt, erforderte allein der Anbau und die Verteilung von Nahrungsmitteln noch vor zwei Jahrhunderten fast die gesamte menschliche Arbeitskraft, während die Nahrungsmittelproduktion in den Vereinigten Staaten und in weiten

Teilen der entwickelten Welt heute weniger als 2 Prozent der Arbeitskraft in Anspruch nimmt. Sobald die KI in unzähligen Bereichen einen noch nie da gewesenen Überfluss freisetzt, wird der Kampf ums physische Überleben der Vergangenheit angehören.

Eine weiterer Zweck der Arbeit ist es, dem Leben Sinn und Bedeutung zu geben. Wenn Ihr Job darin besteht, Wände aus Backsteinen zu mauern, erfüllt diese Arbeit zwei wesentliche Zwecke. Am offensichtlichsten ist, dass Ihr Lohn es Ihnen ermöglicht, Ihren Lebensunterhalt und den Ihrer Angehörigen zu sichern – was einen wichtigen Teil Ihrer Identität ausmacht. Aber Sie bauen auch dauerhafte Gebäude, die zum Gemeinwohl beitragen. Sie leisten buchstäblich einen Beitrag zu etwas, das größer ist als Sie selbst. Einige der erfüllendsten Berufe, z. B. in der Kunst und in der Wissenschaft, bieten außerdem die Möglichkeit, sich kreativ zu betätigen und neues Wissen zu schaffen.

Die bevorstehende Revolution wird die Menschen zu solchen Beiträgen befähigen, und zwar weit über das hinaus, was jemals zuvor möglich war. Tatsächlich verbessert die voranschreitende Informationstechnologie bereits jetzt die Fähigkeiten der Künstler, ihre Kultur zu bereichern – was jedoch häufig unterschätzt wird. Als ich aufwuchs, gab es zum Beispiel in den USA nur drei Fernsehsender: ABC, NBC und CBS. Da die Zuschauer nur so wenige Wahlmöglichkeiten hatten, mussten die Sender Programme zeigen, die bei möglichst breiten Zuschauergruppen Anklang fanden. Um erfolgreich zu sein, mussten die Sendungen Männer und Frauen, Eltern und Kinder, Arbeiter und Angestellte ansprechen. Sendungen, die zwar starken Anklang fanden, aber nur bei sehr wenigen Zuschauern – wie absurde Komödien, paranormale Dramen oder Science-Fiction –, kamen wirtschaftlich nur schwer auf einen grünen Zweig. Viele der heutigen Zuschauer werden es kaum glauben, wenn man ihnen erzählt, dass *Raumschiff Enterprise*, die einflussreichste Science-Fiction-Serie der Geschichte, nach nur drei Staffeln abgesetzt wurde.[133]

Mit der Verbreitung des Kabelfernsehens erweiterte sich die Fernsehlandschaft dann derartig, dass auch Nischenprogramme ein Publikum gewinnen konnten. Nun fand man auf dem Discovery Channel, dem History Channel, dem Learning Channel und anderswo ein breit gefächertes Angebot tiefgründiger Dokumentarfilme über ungewöhnliche Themen. Um diese Sendungen zu sehen, war man jedoch immer noch an die Sendezeiten gebunden. Die Einführung digitaler Videorekorder und später des On-Demand-Streamings ermöglichten es den Zuschauern zu sehen, was sie wollten – *wann immer* sie wollten. Das bedeutete, dass innovative neue Sendungen ihr Publikum in der gesamten Bevölkerung finden konnten – nicht nur unter denjenigen, die zufällig zu einer bestimmten Sendezeit vor dem Fernseher saßen. Infolgedessen haben künstlerische Projekte wie *Stranger Things* und *Fleabag*, die bei den Sendern meiner Jugend nicht realisierbar gewesen wären, treue Zuschauer gefunden und auch den Beifall der Kritik erhalten. Diese Entwicklung ist eine gute Nachricht für relativ kleine Bevölkerungsgruppen wie LGBTQ-Personen, Menschen mit Behinderungen und amerikanische Muslime, weil es für Sendungen, die deren besondere Lebenserfahrungen positiv darstellen, nun einfacher ist, kommerziell erfolgreich zu sein.

Darüber hinaus bietet das Streaming mehr kreative Möglichkeiten. Beispielsweise haben Comedy-Serien mit halbstündigen Folgen im Fernsehen normalerweise eine in sich geschlossene Handlung, weil die Sender wollen, dass die Zuschauer sie in beliebiger Reihenfolge sehen und genießen können. Sobald die Serien jedoch on demand zur Verfügung stehen, können die Zuschauer sie immer in der richtigen Reihenfolge ansehen. Damit hatten bahnbrechende Serien wie *BoJack Horseman* die Möglichkeit, ihre Charaktere von einer Episode zur nächsten weiterzuentwickeln und Witze über mehrere Episoden hinweg aufzubauen.[134] Diese erzählerischen Möglichkeiten waren mit früheren Sendetechnologien offensichtlich nicht existent.

In den nächsten zwei Jahrzehnten wird sich dieser Wandel dramatisch beschleunigen. Denken Sie nur an die kreativen Leistungen, die die KI in den letzten Jahren dank Systemen wie DALL-E, Midjourney und Stable Diffusion bei visuellen Darstellungen erreicht hat. Diese Fähigkeiten werden immer ausgefeilter und auch auf die Bereiche Musik, Videos und Spiele ausgedehnt werden, wodurch die kreativen Ausdrucksmöglichkeiten radikal demokratisiert werden. Die Menschen werden in der Lage sein, der KI ihre Ideen zu beschreiben und die Ergebnisse mit natürlicher Sprache so lange zu verbessern, bis sie die Vision, die sie im Kopf haben, umgesetzt sehen. Anstatt Tausende Menschen zu beschäftigen und Hunderte Millionen Dollar für die Produktion eines Actionfilms auszugeben, wird es schließlich möglich sein, einen epischen Film mit nichts als einem Haufen guter Ideen und etwas Geld für den Computer, auf dem die KI läuft, zu produzieren.

Trotz aller Vorteile dieser zukünftigen Technologie müssen wir auch realistisch in Bezug auf die disruptiven Auswirkungen sein, die diese Entwicklung mit sich bringt. Die Automatisierung und ihre indirekten Auswirkungen haben bereits viele Arbeitsplätze am unteren und mittleren Ende der Qualifikationsleiter vernichtet, und dieser Trend wird sich in der nächsten Dekade noch ausweiten und beschleunigen. Die meisten unserer neuen Arbeitsplätze erfordern anspruchsvollere Fähigkeiten. Insgesamt hat sich unsere Gesellschaft auf der Qualifikationsleiter nach oben bewegt, und das wird so weitergehen. Wenn KI aber in einem Bereich nach dem anderen auch die Fähigkeiten der Qualifiziertesten übertrifft, wie kann der Mensch dann noch mithalten?

Die wichtigste Methode zur Verbesserung der menschlichen Fähigkeiten war in den letzten zwei Jahrhunderten die Bildung. Wie ich bereits beschrieben habe, sind unsere Investitionen in das Lernen im letzten Jahrhundert in die Höhe geschnellt. Wir befinden uns aber bereits mitten in der nächsten Phase unserer Weiterentwicklung, nämlich der Verbesserung unserer Fähigkeiten durch die Verschmelzung mit der von uns geschaffenen intelligenten Technologie. Noch haben wir keine computerisierten Geräte in unsere Körper und Gehirne eingebaut, aber sie sind buchstäblich zum Greifen nahe. Fast niemand könnte heute seinen Beruf ausüben oder eine Ausbildung absolvieren, wenn es nicht die Erweiterungen unserer Gehirne gäbe, die wir tagtäglich nutzen – Smartphones, mit denen wir mit einem einzigen Fingertippen auf fast das gesamte menschliche Wissen zugreifen oder enorme Rechenleistung nutzen können. Es ist daher nicht übertrieben, wenn wir sagen, dass unsere elektronischen Geräte zu einem Teil von uns geworden sind. Vor nur zwei Jahrzehnten war das noch nicht der Fall.

Diese technologischen Möglichkeiten werden in den 2020er-Jahren noch stärker in unser Leben integriert werden. Bei der Suche nach Informationen werden wir das vertraute Paradigma von Textfolgen und Linkseiten hinter uns lassen und stattdessen intuitivere Frage-Antwort-Systeme nutzen. Die Echtzeitübersetzung zwischen zwei beliebigen Sprachen wird reibungslos und fehlerfrei funktionieren und die Sprachbarrieren, die uns trennen, beseitigen. Wir werden Brillen oder Kontaktlinsen tragen, die uns ständig eine erweiterte Realität auf unsere Netzhaut projizieren. Wir werden diese Realität akustisch und schließlich auch mit unseren anderen Sinnen erleben. Die meisten Funktionen und Informationen werden wir nicht mehr explizit aufrufen oder abfragen, stattdessen werden uns unsere ständig aktiven KI-Assistenten bei unseren Aktivitäten zusehen und zuhören und daraus unsere Bedürfnisse vorhersehen. In den 2030er-Jahren werden wir damit beginnen, diese Erweiterungen des Gehirns mithilfe medizinischer Nanoroboter direkt in unser Nervensystem zu integrieren.

In Kapitel 2 habe ich beschrieben, wie unser Neokortex mit dieser Technologie in die Cloud erweitert werden wird, wodurch mehr Kapazität und neue Abstraktionsebenen hinzugefügt werden. Dies wird für jedermann verfügbar und letztlich kostengünstig sein, genau wie Mobiltelefone anfangs sehr teuer waren und nur wenige Funktionen beherrschten, heute aber allgegenwärtig sind und ständig leistungsfähiger werden (die Internationale Fernmeldeunion schätzt, dass es 2020 weltweit 5,8 Milliarden aktive Smartphone-Verträge gab).[135]

Auf dem Weg in eine Zukunft des allgemeinen Wohlstands müssen wir uns allerdings mit den gesellschaftlichen Problemen befassen, die bei den Übergängen dorthin auftreten werden. Das Netz der sozialen Absicherung wurde in den Vereinigten Staaten in den 1930er-Jahren mit der Einführung der Sozialversicherung geschaffen.[136] Auch wenn bestimmte Formulierungen mal mehr und mal weniger Ansehen genießen (z. B. »Wohlfahrt«), so wurde das soziale Netz seither doch immer weiter gespannt, und zwar unabhängig von den politischen Ausrichtungen der einzelnen Parteien und Regierungen.

Obwohl das soziale Sicherungsnetz in den Vereinigten Staaten im Vergleich zu den »sozialistischeren« europäischen Ländern als das weniger umfangreiche gilt, liegen ihre öffentlichen Sozialausgaben – mit geschätzten 18,7 Prozent des BIP im Jahr 2019 (bevor die COVID-19-Pandemie höhere Ausgaben erforderte) – nahe am Median der Industrieländer.[137] Kanada lag mit 18,0 Prozent darunter.[138] Australien und die Schweiz lagen mit jeweils 16,7 Prozent etwa gleichauf.[139] Das Vereinigte Königreich lag mit 20,6 Prozent etwas darüber – rund 580 Milliarden Dollar bei einem BIP von 2,8 Billionen Dollar oder bei einer Bevölkerung von 66 Millionen weniger als 8800 Dollar pro Kopf.[140] Da das Pro-Kopf-BIP der USA jedoch höher ist, sind auch die Sozialausgaben pro Kopf höher. Im Jahr 2019 belief sich das BIP der USA auf über 21,4 Billionen Dollar, wovon etwa 4 Billionen Dollar auf öffentliche Sozialausgaben entfielen.[141] Bei einer Bevölkerung von rund 330 Millionen Menschen in diesem Jahr entspricht dies einem Betrag von mehr als 12 000 Dollar pro Kopf.[142]

Ausgaben der Länder für Sozialhilfeprogramme[143]

Die USA liegen unter dem Durchschnitt, aber nur unwesentlich.

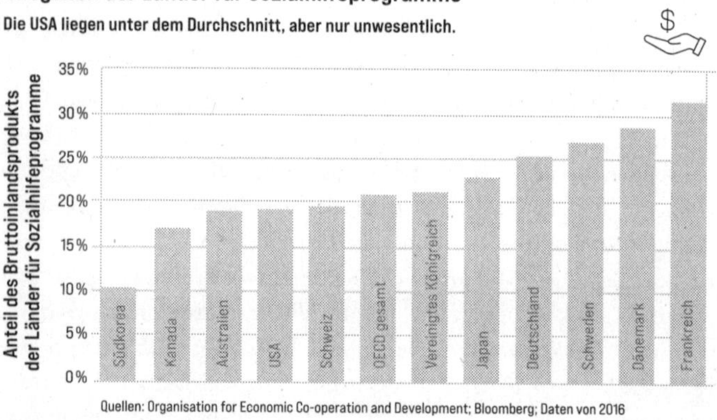

Abbildung 59

Der Anteil der US-Sozialausgaben an den Staatsausgaben (derzeit etwa 50 Prozent aller Ausgaben auf Bundes-, Landes- und Kommunalebene) und am BIP ist stetig gewachsen (und sowohl die Staatsausgaben als auch das BIP steigen kontinuierlich an).[144] Sehen Sie sich auch die nachfolgenden Diagramme an, und versuchen Sie einmal, daran abzulesen, wann »linke« oder »rechte« Regierungen an der Macht waren. (In den Daten für die beiden letzten verfügbaren

Jahre ist ein großer Teil der Pandemiehilfe enthalten, d. h., der steile Anstieg für 2020/21 liegt über dem zugrunde liegenden langfristigen Anstieg).

Da das BIP weiterhin exponentiell wächst, werden die Sozialausgaben sowohl insgesamt als auch pro Kopf wahrscheinlich weiter steigen. Zu den wichtigsten Programmen innerhalb des US-Sozialsystems gehören Medicaid für die medizinische Grundversorgung, SNAP (»Lebensmittelmarken«, im Wesentlichen eine Debitkarte für Lebensmittel) und Wohnungsbeihilfen. Die Größe dieser Programme ist heute kaum noch ausreichend, aber da die Fortschritte der künstlichen Intelligenz es ermöglichen, Medikamente, Lebensmittel und Wohnungen in den 2030er-Jahren viel günstiger anzubieten, wird das gleiche Niveau an finanzieller Unterstützung einen sehr komfortablen Lebensstandard ermöglichen, ohne dass der Prozentsatz des BIP, der für Sozialleistungen ausgegeben wird, weiter erhöht werden muss. Wenn dieser Prozentsatz weiter ansteigt, können sogar noch umfangreichere Leistungen finanziert werden.

Gesamte Sozialausgaben der USA[145]

Bundesmittel plus geschätzte staatliche und kommunale Mittel

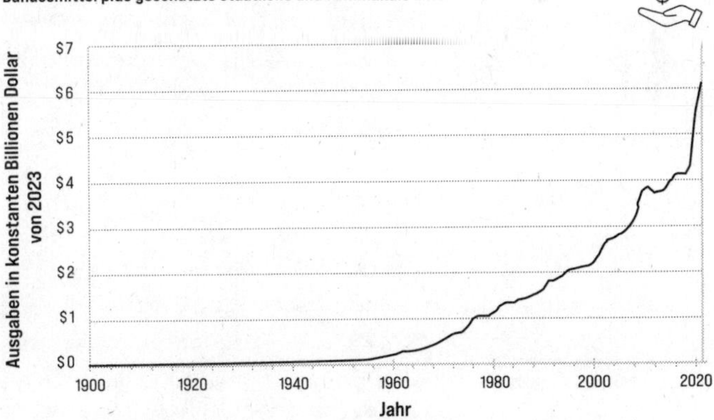

Wesentliche Quellen: US Census Bureau; Bureau of Economic Analysis; USGovernmentSpending.com; Maddison Project

Abbildung 60

Gesamte Sozialausgaben der USA in Prozent der Staatsausgaben[146]

Bundesmittel plus geschätzte staatliche und kommunale Mittel

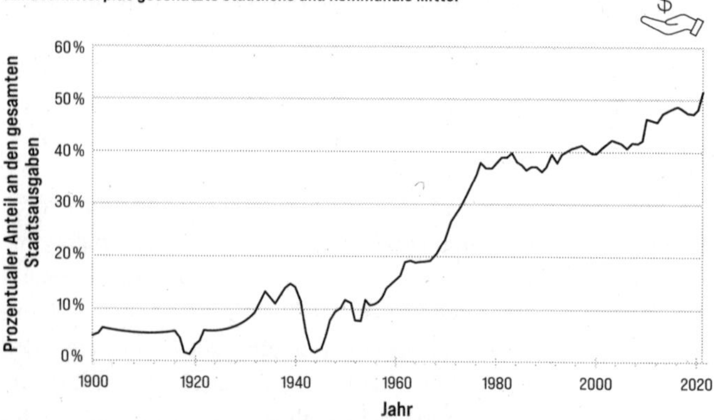

Wesentliche Quellen: US Census Bureau; Bureau of Economic Analysis; USGovernmentSpending.com; Maddison Project

Abbildung 61

Sozialausgaben der USA in Prozent des BIP[147]

Bundesmittel plus geschätzte staatliche und kommunale Mittel

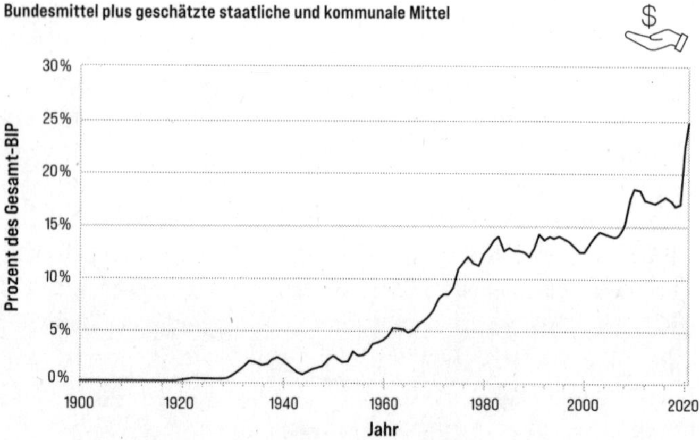

Wesentliche Quellen: US Census Bureau; Bureau of Economic Analysis; USGovernmentSpending.com; Maddison Project

Abbildung 62

US-Sozialausgaben pro Kopf[148]

Bundesmittel plus geschätzte staatliche und kommunale Mittel

Wesentliche Quellen: US Census Bureau; Bureau of Economic Analysis; USGovernmentSpending.com; Maddison Project

Abbildung 63

In einem Podiumsgespräch mit TED-Kurator Chris Anderson auf der TED-Konferenz 2018 in Vancouver[149] sagte ich voraus, dass wir Anfang der 2030er-Jahre in den Industrieländern und Ende der 2030er-Jahre in den meisten anderen Ländern ein allgemeines Grundeinkommen oder etwas Gleichwertiges haben werden – und dass die Menschen mit diesem Einkommen nach heutigen Maßstäben gut werden leben können. Dies würde regelmäßige Zahlungen an alle Erwachsenen oder die Bereitstellung kostenloser Güter und Dienstleistungen bedeuten, die wahrscheinlich durch eine Kombination aus Steuern auf automatisierungsbedingte Gewinne und staatlichen Investitionen in neue Technologien finanziert würden.[150] Ähnliche Programme könnten zur Unterstützung von Menschen dienen, die Angehörige pflegen oder Gemeinschaften mit gesunden Lebensumständen aufbauen.[151] Derartige Reformen könnten die Nachteile von Arbeitsplatzverlusten erheblich abmildern. Bei der Einschätzung der Wahrscheinlichkeit eines solchen Fortschritts muss man berücksichtigen, wie grundlegend sich die Wirtschaft bis dahin weiterentwickelt haben wird.

Dank des sich beschleunigenden technologischen Wandels wird der Gesamtwohlstand erheblich zunehmen, und angesichts der langfristigen, von der jeweils regierenden Partei unabhängigen Stabilität unseres sozialen Netzes ist es sehr wahrscheinlich, dass er auf diesem höheren Niveau bestehen bleibt.[152] Allerdings wird der durch Technologie erschaffene Überfluss nicht automatisch allen Menschen gleichermaßen zugutekommen. Im Jahr 2022 konnte man beispielsweise für einen Dollar (inflationsbereinigt) mehr als 50 000-mal so viel Rechenleistung kaufen wie im Jahr 2000.[153] Im Gegensatz dazu konnte man mit einem Dollar (inflationsbereinigt) im Jahr 2022 laut offiziellen Statistiken nur etwa 81 Prozent der Gesundheitsversorgung kaufen, die dafür im Jahr 2000 erhältlich war.[154] Auch wenn einige medizinische Behandlungen wie Krebsimmuntherapien in dieser Zeit qualitativ verbessert wurden, sind die meisten Gesundheitsausgaben, beispielsweise die für Krankenhausaufenthalte und Röntgenaufnahmen, in etwa gleich geblieben. Menschen wie Studenten und andere junge Leute, die einen großen Teil ihres Geldes für Computer ausgeben, profitierten also in hohem Maße von den sinkenden Computerpreisen, während ältere sowie chronisch kranke Menschen, die einen großen Teil ihres Einkommens für die Gesundheitsfürsorge ausgeben, möglicherweise unter dem Strich schlechter dastanden.

Deshalb brauchen wir eine kluge Regierungspolitik, die den Übergang erleichtert und für eine breite Verteilung des Wohlstands sorgt. Es wird zwar technologisch und wirtschaftlich möglich sein, allen einen nach heutigen Maßstäben hohen Lebensstandard zu ermöglichen, aber es wird eine politische Entscheidung sein, ob wir diese Unterstützung tatsächlich allen, die sie brauchen, auch zukommen lassen. In Analogie dazu gibt es heute zwar gelegentlich Hungersnöte in der Welt, doch sind diese nicht auf eine unzureichende Nahrungsmittelproduktion zurückzuführen und auch nicht darauf, dass das Geheimnis einer ertragreichen Landwirtschaft in den Händen einiger Eliten liegt. Vielmehr sind Hungersnöte in der Regel die Folge von schlechter Regierungsführung oder Bürgerkriegen. Unter diesen Bedingungen fällt es den Menschen vor Ort viel schwerer, durch Dürren und andere Naturkatastrophen entstandene Mangelsituationen zu kompensieren, außerdem wird der Einsatz internationaler Hilfen erschwert.[155] Ganz ähnlich könnte der Anstieg unseres Lebensstandards – wenn wir als Gesellschaft nicht auf der Hut sind – durch eine toxische Politik verhindert werden.

Wie COVID-19 gezeigt hat, ist dieses Anliegen besonders in der Medizin von Bedeutung. Auch wenn mit den kommenden Innovationen erschwingliche und wirksame Behandlungen ermöglicht werden, ist dies noch keine Garantie dafür, dass diese dann wie von selbst verfügbar werden. Wir brauchen eine engagierte Öffentlichkeit und eine vernünftige Politik, um den Übergang zu einer fortschrittlicheren Gesundheitsversorgung sicher, fair und geordnet zu gestalten. Es wäre beispielsweise vorstellbar, dass neuen lebensrettenden Technologien in der Zukunft weitgehend misstraut wird. So wie heute Falschinformationen und Verschwörungstheorien über Impfstoffe im Internet florieren, könnten sich in den kommenden Jahrzehnten ähnliche Gerüchte über KI-gestützte Entscheidungsfindung, Gentherapie oder medizinische Nanotechnologie verbreiten. Angesichts der berechtigten Sorgen um die Cybersicherheit lässt sich leicht vorstellen, wie übertriebene Ängste vor geheimen Genmanipulationen oder staatlich kontrollierten Nanorobotern die Menschen im Jahr 2030 oder 2050 dazu verleiten könnten, lebenswichtige Behandlungen abzulehnen. Nur wenn die Öffentlichkeit diese Probleme versteht, werden wir in der Lage sein, dieser Entwicklung, die Menschen unnötigerweise das Leben kosten kann, entgegenzutreten.

Wenn es uns gelingt, diese politischen Herausforderungen zu meistern, wird sich das menschliche Leben grundlegend verändern. In der Vergangenheit mussten wir um die Befriedigung unserer materiellen Bedürfnisse kämpfen. Doch wenn wir in ein Zeitalter des Überflusses eintreten und die Verfügbarkeit von materiellen Gütern schließlich universell wird – während viele traditionelle Arbeitsplätze wegfallen –, wird unsere wichtigste Aufgabe sein, unserem Leben Inhalt und Bedeutung zu verleihen. Wir stehen kurz davor, in der Maslowschen Bedürfnishierarchie aufzusteigen.[156] Dies zeigt sich bereits in der Generation, die jetzt über ihre berufliche Laufbahn entscheidet. Ich führe als ihr Mentor häufig Gespräche mit jungen Menschen im Alter von acht bis zwanzig Jahren, in denen ihr Schwerpunkt meist darauf liegt, eine sinnvolle Laufbahn einzuschlagen, sei es, sich in den

Künsten kreativ auszudrücken, oder bei der Bewältigung der großen Herausforderungen sozialer, psychologischer und anderer Art zu helfen, mit denen die Menschheit seit Jahrtausenden zu kämpfen hat.

Wenn wir uns nun fragen, welchen Zweck die Arbeit in unserem Leben erfüllen soll, kommen wir nicht umhin, uns auch die Frage nach dem Sinn unseres Lebens zu stellen. Oft wird gesagt, der Tod und die Kürze unseres Daseins verliehen unserem Leben einen Sinn. Meiner Ansicht nach ist diese Sichtweise nur ein Versuch, die Tragödie des Todes auf der Ebene des Verstandes in etwas Gutes umzudeuten. In Wirklichkeit raubt uns der Tod eines geliebten Menschen buchstäblich einen Teil von uns selbst. Die neokortikalen Module, die so verdrahtet waren, dass wir die Interaktion mit dieser Person und ihre Gesellschaft genießen konnten, erzeugen nun Verlust, Leere und Schmerz. Der Tod nimmt uns all die Dinge, die dem Leben meiner Meinung nach einen Sinn geben – Fähigkeiten, Erfahrungen, Erinnerungen und Beziehungen. Er hindert uns daran, mehr von den transzendenten Momenten zu genießen, die uns ausmachen – kreative Werke zu schaffen und zu würdigen, ein liebevolles Gefühl auszudrücken, gemeinsam zu lachen.

Wenn wir unseren Neokortex in die Cloud erweitern, werden sich all diese Fähigkeiten erheblich verbessern. Stellen Sie sich vor, Sie versuchen, einem Primaten, dessen Gehirn nicht die neokortikale Erweiterung aufweist, die vor zwei Millionen Jahren bei den Hominiden dank ihrer große Stirn möglich wurde, Musik, Literatur, ein YouTube-Video oder einen Witz zu erklären. Mit dieser Analogie können wir zumindest eine Vorstellung davon gewinnen, wie wir, wenn wir irgendwann in den 2030er-Jahren unseren Neokortex digital erweitern, in der Lage sein werden, sinnvolle Aussagen zu treffen, die heute für uns weder vorstellbar noch verständlich sind.

Eine wichtige Frage bleibt jedoch offen: Was passiert in der Zeit zwischen heute und dieser Zukunft? In einem persönlichen Gespräch mit Daniel Kahneman stimmte er meiner Ansicht zu, dass die Informationstechnologie in Bezug auf das Preis-Leistungs-Verhältnis und die gesamte Leistungsfähigkeit exponentiell gewachsen ist und weiter wachsen wird und dass wir letztendlich auch bei physischen Produkten wie Kleidung und Lebensmitteln eine ähnliche Entwicklung beobachten werden. Er stimmte auch mit mir überein, dass wir uns auf eine Ära des Überflusses zubewegen, in der unsere physischen Bedürfnisse befriedigt werden, und dass wir im Wesentlichen darum ringen werden, höhere Stufen der Maslowschen Hierarchie zu erreichen. Für die Zeit bis dahin sagt er jedoch noch eine lange Periode voller Konflikte und sogar Gewalt voraus. Er wies darauf hin, dass die fortschreitende Automatisierung unweigerlich Gewinner und Verlierer produzieren wird. Ein Kraftfahrer, der seinen Arbeitsplatz verloren hat, wird sich nicht damit zufriedengeben, dass die gesamte Menschheit in der Hierarchie des Lebens aufsteigt, wenn er als Individuum eher nicht in der Lage ist, an diesem Wandel teilzuhaben.

Eines der großen Probleme bei der Anpassung an technologische Veränderungen besteht darin, dass sie in der Regel einer großen Bevölkerung diffuse Vorteile bringt, einer kleinen Gruppe aber sehr konkrete Schäden zufügt. Beispielsweise werden autonome Fahrzeuge der Gesellschaft enorme Vorteile bringen – von geretteten Menschenleben über geringere Umweltverschmutzung, weniger Staus und mehr Freizeit bis hin zu niedrigeren Transportkosten. Die gesamte Bevölkerung der Vereinigten Staaten – bis 2050 werden es voraussichtlich fast 400 Millionen Menschen sein – wird in unterschiedlichem Maße an diesen Verbesserungen teilhaben.[157] Je nach zugrunde gelegten Annahmen wird der gesamte potenzielle Nutzen auf zwischen 642 Milliarden und 7 Billionen Dollar pro Jahr geschätzt.[158] Das ist ohne Frage ein enormer Betrag. Dennoch wird der Nutzen für eine einzelne Person wahrscheinlich nicht so groß sein, dass sich deren Leben völlig verändert. Wir wissen zwar, dass statistisch gesehen jährlich Zehntausende von Menschenleben gerettet werden, aber es wird nicht möglich sein festzustellen, welche einzelnen Menschen jedes Jahr dem Tod entgehen.[159]

Demgegenüber stehen die durch autonome Fahrzeuge verursachten Schäden, die hauptsächlich bei den mehreren Millionen Menschen angerichtet werden, die als Kraftfahrer arbeiten und ihren Lebensunterhalt verlieren werden. Diese Menschen werden einzeln identifizierbar sein, und die Verschlechterung ihrer Lebensumstände kann ziemlich massiv werden. Für jemanden in dieser Lage reicht es nicht aus zu wissen, dass der Gesamtnutzen für die Gesellschaft größer ist als das Leid der einzelnen Betroffenen. Es müssen politische

Maßnahmen ergriffen werden, die deren wirtschaftlichen Probleme lindern und ihnen den Übergang zu etwas anderem erleichtern, das ihnen Sinn, Würde und wirtschaftliche Sicherheit bietet.

Ein Phänomen, das Kahnemans Besorgnis unterstützt, ist das bereits weiter oben erwähnte: dass die Befürchtungen der Bevölkerung in der Regel weitaus schlimmer sind als die dann eintretende Realität. Verliert man seinen Arbeitsplatz, wenn man bereits das Gefühl hat, dass sich in der Gesellschaft ohnehin alles verschlechtert, ist das ein gutes Rezept für Entfremdung. Kahneman und ich stimmen darin überein, dass ein großer Teil der Polarisierung, die wir heute in der Politik beobachten, auf die Automatisierung zurückzuführen ist, sowohl auf die tatsächliche als auch auf die erwartete, und nicht auf traditionelle politische Themen wie Einwanderung.[160] Wenn Sorgen um die eigene wirtschaftliche Stabilität weitverbreitet sind, werden wahrscheinlich mehr Leute allem gegenüber feindselig eingestellt sein, das den Anschein erweckt, als könnte es ihre Probleme weiter verstärken.

Die Geschichte zeigt jedoch, dass die Gesellschaft besser in der Lage ist, sich an dramatische Veränderungen anzupassen, als wir für möglich halten. In den letzten zwei Jahrhunderten haben wir die meisten wirtschaftlich relevanten Arbeitsplätze wiederholt ersetzt, ohne dass es zu langfristigen sozialen Verwerfungen, geschweige denn zu gewaltsamen Revolutionen gekommen wäre. Die Massenkommunikation und die Strafverfolgung haben sich als wirksam erwiesen, Gewalt vorzubeugen oder sie schnell zu unterdrücken, so wie die Ludditen vor zwei Jahrhunderten unterdrückt wurden. Es stimmt, einzelne Menschen können aus einer Vielzahl von Gründen gewalttätig werden, auch wegen psychischer Erkrankungen. Sind dann, wie in den USA, lockere Waffengesetze Teil der Kultur, gibt es zu viele Fälle, in denen dies tödlich endet.

Schlagzeilenträchtige Tragödien ändern jedoch nichts an der Tatsache, dass die Gewalt im Laufe der Jahrhunderte insgesamt dramatisch zurückgegangen ist.[161] Wie im vorigen Kapitel erörtert, schwankt die Häufigkeit von Gewalttaten in den einzelnen Ländern zwar von Jahr zu Jahr und von Jahrzehnt zu Jahrzehnt, doch zeigt der langfristige Trend in den Industrieländern einen dramatischen und anhaltenden Rückgang. Wie mein Freund Steven Pinker in seinem

2011 erschienenen Buch *Gewalt: Eine neue Geschichte der Menschheit* dargelegt hat, ist dieser Rückgang das Ergebnis tiefgreifender zivilisatorischer Trends, u.a. in den Bereichen Rechtsstaatlichkeit, Alphabetisierung und wirtschaftliche Entwicklung.[162] In all diesen Bereichen werden die Trends durch den exponentiellen Fortschritt der Informationstechnologien weiter beschleunigt. Wir haben also guten Grund, optimistisch in die Zukunft zu blicken.

Wie weiter oben beschrieben, werden die negativen Auswirkungen der Vernichtung von Arbeitsplätzen durch die Automatisierung von neuen und innovativen Möglichkeiten begleitet werden, und das wird sich auch nicht ändern. Darüber hinaus ist das soziale Netz bereits sehr weitreichend, und es wird immer weiter ausgebaut – und das hängt, wie ich bereits sagte, nicht so sehr von der jeweiligen Regierung ab. Diese Entwicklung erfährt eine breite Unterstützung, die von den offensichtlichen Schwankungen der öffentlichen Meinung nicht beeinflusst wird. Die Erweiterung dieser Maßnahmen ist ein Ausdruck unseres natürlichen Mitgefühls für unsere Mitmenschen, aber sie ist auch eine politische Antwort, die darauf abzielt, die durch den technologischen Wandel verursachten gesellschaftlichen Probleme abzufedern.

Aber das soziale Netz ersetzt nicht den Sinn, den Arbeitsplätze geben, und es wird, wie Kahneman darlegte, auf dem Arbeitsmarkt viele Verlierer geben. Zwar stimmt es, dass die Vereinigten Staaten mehrere Automatisierungsrunden ohne schwerwiegende soziale Verwerfungen bewältigt haben, aber der Unterschied wird dieses Mal in der Breite, Tiefe und Geschwindigkeit des Wandels liegen. Kahneman ist der Ansicht, dass die Menschen Zeit brauchen werden, um sich an den Wandel anzupassen und die neuen Möglichkeiten für sich zu nutzen, und dass viele nicht in der Lage sein werden, sich zügig auf neue Beschäftigungsformen oder alternative persönliche Geschäftsmodelle umzuschulen.

Ich denke, Kahneman hat in mancher Hinsicht recht, aber wir sollten bedenken, dass es viele Bereiche des technologischen Wandels gibt, in denen es keine Verlierer gibt oder zumindest keine in Erscheinung treten. Nehmen wir als Beispiel ein neues Heilmittel für eine Krankheit. Unternehmen und Einzelpersonen, die von der

Behandlung dieser Krankheit profitiert haben, verlieren eine langfristige Einkommensquelle. Aber der Nutzen für die Gesellschaft ist so groß, dass das Heilmittel fast überall gefeiert wird – sogar von den meisten Menschen, die diese Krankheit zuvor behandelt haben. Sie wissen aus erster Hand, dass Leiden gelindert wird, und sie denken nicht an entgangene Einnahmen. In jedem Fall erkennt die Gesellschaft an, dass es besser ist, Wege zu finden, um den wirtschaftlichen Rückschlag für diese Menschen abzumildern, als das Heilmittel zugunsten von Arbeitsplätzen und Profiten zu blockieren.

Während der gesamten zweihundertjährigen Geschichte der Automatisierung haben viele geglaubt, dass bestimmte Arbeitsplätze aus einer ansonsten unveränderten Welt verschwinden. Dieses Phänomen tritt bei allen Aspekten der Antizipation der Zukunft auf – die Menschen stellen sich vor, dass sich bei einer möglichen Veränderung darüber hinaus gar nichts ändern würde. In der Realität geht jede Art von Arbeitsplatzverlust mit vielen positiven Veränderungen einher, und diese positiven Veränderungen kommen genauso schnell wie die zerstörerischen.

Die Menschen passen sich sehr schnell an Veränderungen an, insbesondere an Veränderungen zum Besseren. In den späten 1980er-Jahren, als das Internet noch hauptsächlich auf Universitäten und Regierungen beschränkt war, sagte ich voraus, dass Ende der 1990er-Jahre ein riesiges weltweites Netz für Kommunikation und Informationsaustausch für jedermann, sogar für Schulkinder, verfügbar sein würde.[163] Ich sagte auch das Aufkommen mobiler Geräte, mit denen die Menschen dieses Netz nutzen könnten, für den Beginn des 21. Jahrhunderts voraus.[164] Als ich diese Umwälzungen vorhersagte, erschienen sie beängstigend und zerstörerisch (um nicht zu sagen unwahrscheinlich), aber sie wurden tatsächlich wahr, und die zugehörigen Technologien wurden sehr schnell angenommen und akzeptiert. Ein Beispiel dafür ist die gesamte App-Wirtschaft, die vor anderthalb Jahrzehnten kaum existierte und heute so fest etabliert ist, dass sich kaum jemand noch daran erinnern kann, dass es sie früher nicht gab.

Und die Auswirkungen sind nicht nur wirtschaftlicher Natur. Forscher aus Stanford haben festgestellt, dass sich im Jahr 2017 schätzungsweise 39 Prozent der amerikanischen heterosexuellen Paare online kennengelernt haben – viele von ihnen über mobile Apps wie Tinder und Hinge.[165] Das bedeutet, dass viele der Kinder, die heute die Grundschule besuchen, lediglich aufgrund einer Technologie zur Welt gekommen sind, die nur ein paar Jahre älter ist als sie selbst. Wenn man einen Schritt zurücktritt und diese Veränderungen im geschichtlichen Maßstab betrachtet, erscheint die Geschwindigkeit, mit der Apps die Gesellschaft verändert haben, wirklich erstaunlich.

Die Menschen stellen sich auch häufig eine Zukunft vor, in der diejenigen, die keine KI-Unterstützung nutzen, von den Maschinen abgehängt werden, aber das wird so nicht passieren. Sorgen wir uns um diese Art von Konkurrenz zwischen Arbeitnehmern und KI-gesteuerten Systemen, geht unser Denken in die falsche Richtung. Stellen Sie sich, um dies zu verdeutlichen, einen Zeitreisenden mit einem Smartphone aus dem Jahr 2024 vor, der ins Jahr 1924 zurückreist.[166] Die Intelligenz dieser Person würde den Menschen aus der Zeit von Calvin Coolidge wahrhaft übermenschlich erscheinen. Sie könnte mühelos schwierigste Mathematikaufgaben lösen, jede größere Sprache einigermaßen gut übersetzen, besser Schach spielen als jeder Großmeister und das gesamte Wissen der Wikipedia verfügbar haben. Für die Menschen von 1924 wäre es offensichtlich, dass die Fähigkeiten des Zeitreisenden durch sein Smartphone radikal erweitert würden. Wir in den 2020er-Jahren können diesen Aspekt leicht übersehen, denn wir fühlen uns nicht, als verfügten wir über erweiterte Fähigkeiten. In ähnlicher Weise werden wir die Fortschritte der 2030er- und 2040er-Jahre nutzen, um unsere Fähigkeiten sukzessive zu erweitern – und dies wird sich sogar noch natürlicher anfühlen, da unsere Gehirne direkt mit den Computern verbunden sind. Wenn die Zeit kommt, die kognitiven Herausforderungen unserer Zukunft mit all ihrem Überfluss zu meistern, werden wir in den meisten Fällen nicht mehr mit der KI konkurrieren, als wir es heute mit unseren Smartphones tun.[167] Tatsächlich ist diese Symbiose nichts Neues: Seit der Zeit der Steinwerkzeuge ist es der Zweck der Technologie, unsere Reichweite physisch und intellektuell zu erweitern.

Trotz alledem muss dem Schreckgespenst sozialer Verwerfungen und gewalttätiger Ausschreitungen während dieses Übergangs beizeiten entgegengewirkt werden. Ein gewaltsamer Übergang ist jedoch unwahrscheinlich. Ich glaube eher, dass die von mir erörterten starken langfristigen Trends für mehr Stabilität sorgen werden.

Der wichtigste Grund für Optimismus im Hinblick auf die bevorstehenden gesellschaftlichen Veränderungen ist, dass der wachsende materielle Überfluss die Anreize für Gewalt verringern wird. Wenn die Menschen nicht über das Notwendigste zum Leben verfügen oder wenn die Kriminalität bereits hoch ist, können die Bürger glauben, sie hätten auch durch Gewalttaten nichts mehr zu verlieren. Aber dieselben Technologien, die zu diesen sozialen Verwerfungen führen, werden auch die Preise für Lebensmittel, Wohnungen, Transportmittel und die Gesundheitsversorgung deutlich senken. Und die Kriminalitätsraten werden wahrscheinlich durch eine Kombination aus besserer Bildung, intelligenterer Polizeiarbeit und einer Eindämmung von Umweltgiften wie Blei, die beim Menschen Gehirnschädigungen verursachen, weiter zurückgehen. Wenn die Menschen davon ausgehen können, dass ein langes, sicheres Leben vor ihnen liegt, haben sie auch einen stärkeren Anreiz, ihre Differenzen auf politischem Wege auszutragen, anstatt auf Gewalt zurückzugreifen und alles zu riskieren.

Bezüglich der Unterschiedlichkeit unserer Prognosen über die Art des bevorstehenden Wandels vermuteten Kahneman und ich, dass sie wahrscheinlich durch unsere gegensätzlichen Kindheitserlebnisse mitgestaltet wurden. Er verbrachte seine prägenden Jahre mit seiner Familie in Frankreich – auf der Flucht vor den Nazis. Ich wurde nach dem Zweiten Weltkrieg in der relativen Sicherheit von New York City geboren, aber ich wurde als Mitglied der »Generation danach« auch vom Holocaust beeinflusst. So erlebte Kahneman aus erster Hand, wie die außergewöhnlichen Konflikte, die Entwurzelung und der Hass um sich griffen, die wohl aus der Entbehrung in Europa nach dem Ersten Weltkrieg, insbesondere in Deutschland, resultierten.

Doch wird die Orchestrierung eines fortlaufenden konstruktiven Übergangs weise politische Strategien und Regelungen erfordern. Da die Politik und die soziale Ordnung kritische Faktoren bleiben werden, werden Politiker und zivilgesellschaftliche Führungspersönlichkeiten weiterhin eine wichtige Rolle spielen. Die Chancen dieses technologischen Fortschritts sind immens. Es geht um nichts Geringeres als die Überwindung der ältesten Leiden der Menschheit.

KAPITEL 6

GESUNDHEIT UND WOHLBEFINDEN: DIE NÄCHSTEN 30 JAHRE

DIE 2020ER-JAHRE: KOMBINATIONEN VON KI UND BIOTECHNOLOGIE

Wenn Sie Ihr Auto in die Werkstatt bringen, um es reparieren zu lassen, verfügt der Mechaniker hoffentlich über eine genaue Kenntnis der Teile und ihres Zusammenwirkens. Die Kfz-Technik ist im Grunde eine exakte Wissenschaft. Daher können gut gewartete Autos nahezu unbegrenzt halten und selbst Wracks wiederhergestellt werden. Für den menschlichen Körper gilt das nicht. Trotz all der großartigen Fortschritte, die die wissenschaftliche Medizin in den letzten zweihundert Jahren gemacht hat, ist sie noch keine exakte Wissenschaft. Ärzte machen immer noch vieles, von dem bekannt ist, dass es wirkt, nicht aber, warum es wirkt. Ein Großteil der Medizin basiert auf bloßen Näherungswerten, die für die meisten Patienten weitgehend richtig sind, für *Sie* jedoch möglicherweise nicht.

Wenn die Medizin zu einer exakten Wissenschaft werden soll, muss sie vom exponentiellen Fortschritt der Informationstechnologien profitieren können, und d. h., selbst zu einer Informationstechnologie werden. Dieser tiefgreifende Paradigmenwechsel ist mittlerweile in vollem Gange; er basiert auf der Kombination von Biotechnologie mit KI und digitalen Simulationen. Ich werde in diesem Kapitel darstellen, dass wir schon unmittelbare Erträge dieses Paradigmenwechsels sehen – von der Arzneimittelentwicklung über die Krankheitsüberwachung bis hin zur Roboterchirurgie. So ging 2023 das erste vollständig von KI entwickelte Medikament in Phase II der klinischen Studien zur Behandlung einer seltenen Lungenerkrankung.[1] Der fundamentale Nutzen der Konvergenz von KI und Biotechnologie ist jedoch von noch größerer Bedeutung.

Als sich die Medizin noch ausschließlich auf sorgfältig durchgeführte Laborexperimente stützte und menschliche Ärzte ihr Fachwissen an die nächste Generation weitergaben, machte die Innovation nur schleppende lineare Fortschritte. KI aber kann aus mehr Daten lernen, als es einem menschlichen Arzt jemals möglich wäre, und sie vermag die Erfahrungen aus Milliarden von Operationen zusammenzutragen statt nur aus Tausenden, die ein menschlicher Arzt im Laufe seines Berufslebens durchführen kann. Und da künstliche Intelligenz in der Medizin eine immer größere Rolle spielt, wird auch das Gesundheitswesen von den exponentiellen Verbesserungen der Hardware profitieren, die der KI zugrunde liegt. Durch digitales Sichten aller möglichen Optionen mithilfe dieser Tools haben wir bereits erste Lösungen für biochemische Probleme gefunden, und zwar in Stunden statt in Jahren.[2]

Die vielleicht wichtigste Aufgabe ist derzeit die Entwicklung von Therapien für neu auftretende virale Bedrohungen. Diese Herausforderung ähnelt der Suche nach dem Schlüssel, der das chemische Schloss eines Virus öffnet, in einem Haufen von Schlüsseln, der einen Swimmingpool füllen könnte. Ein menschlicher Forscher könnte aufgrund seines Wissens und seiner kognitiven Fähigkeiten in der Lage sein, einige Dutzend Moleküle mit Potenzial zur Behandlung der Krankheit zu identifizieren, aber die Anzahl der möglicherweise relevanten Moleküle liegt im Allgemeinen bei Billionen.[3] Wenn diese gesichtet werden, werden sich die meisten als eindeutig ungeeignet erweisen, sodass keine robustere rechnerische Untersuchung, keine vollständige Simulation gerechtfertigt sein wird, bei Milliarden von Möglichkeiten aber wird das eventuell doch der Fall sein. Die Zahl der physikalisch möglichen potenziellen Arzneimittelmoleküle wurde auf eine Million Milliarden Milliarden Milliarden Milliarden Milliarden geschätzt![4] Wie immer man die genaue Zahl umreißt, dank KI können die Wissenschaftler diesen gigantischen Haufen jetzt durchsuchen, um sich auf jene Schlüssel zu konzentrieren, die am ehesten für ein bestimmtes Virus geeignet sind.

Denken Sie an die Vorzüge einer so umfassenden Suche. In unserem heutigen Paradigma können wir, sobald wir über ein möglicherweise realisierbares Mittel zur Bekämpfung einer Krankheit verfügen, es innerhalb von Monaten oder Jahren in klinischen Studien an einigen Dutzend oder Hunderten menschlichen Probanden testen, was vielleicht viele Millionen Dollar kostet. Sehr oft erweist sich diese erste Option jedoch als nicht ideal für die Behandlung der Krankheit, sodass die Erforschung von Alternativen erforderlich ist, deren Erprobung wieder Jahre dauern wird. Und bis die Ergebnisse vorliegen, werden kaum weitere Fortschritte erzielt. In den Vereinigten Staaten umfasst das Regulierungsverfahren drei Hauptphasen klinischer Studien, und einer aktuellen Studie des MIT zufolge werden schließlich nur 13,8 Prozent der Arzneimittelkandidaten von der FDA zugelassen.[5] Bis ein neues Medikament auf den Markt kommt, dauert es daher normalerweise ein Jahrzehnt, wobei die durchschnittlichen Kosten auf 1,3 bis 2,6 Milliarden US-Dollar geschätzt werden.[6]

In den letzten Jahren hat die Häufigkeit von Durchbrüchen, die dank KI erzielt werden konnten, spürbar zugenommen. 2019 entwickelten Forscher der Flinders University in Australien einen Grippeimpfstoff »mit Turbolader«, nachdem sie mithilfe eines Biosimulators Substanzen entdeckt hatten, die das Immunsystem des Menschen aktivieren.[7] Um herauszufinden, welche der digital generierten Billionen chemischer Stoffe als immunstärkende Medikamente gegen das Virus nützlich wären, hatten die Forscher, die nach der idealen Formel suchten, einen weiteren Simulator verwendet.[8]

2020 entwickelte ein Team des MIT mithilfe von KI ein Antibiotikum, das einige der gefährlichsten arzneimittelresistenten Bakterien abtötet. KI analysierte nicht etwa nur einige wenige Antibiotika, sondern – innerhalb weniger Stunden – 107 Millionen und ermittelte dabei 23 potenzielle Kandidaten, von denen sie zwei als besonders vielversprechend markierte.[9] Jacob Durrant, ein Wirkstoffdesignforscher der University of Pittsburgh: »Die Arbeit ist wirklich bemerkenswert. Dieser Ansatz unterstreicht die Leistungsfähigkeit der computergestützten Wirkstoffentdeckung. Mehr als 100 Millionen Verbindungen physisch auf antibiotische Aktivität zu testen, wäre unmöglich.«[10] Die MIT-Forscher haben inzwischen begonnen, mit dieser Methode wirksame neue Antibiotika zu entwickeln.

Mit Abstand am wichtigsten war KI für die Medizin 2020 aber bei der Entwicklung sicherer und wirksamer COVID-19-Impfstoffe in Rekordzeit. Am 11. Januar 2020 hatten die chinesischen Behörden die Gensequenz des Virus veröffentlicht.[11] Wissenschaftler der Firma Moderna machten sich an die Arbeit und ließen leistungsstarke maschinell lernende Tools analysieren, welcher Impfstoff am besten gegen das Virus wirken würde, und nur zwei Tage später hatten sie die Sequenz für ihren mRNA-Impfstoff kreiert.[12] Am 7. Februar wurde die erste klinische Charge produziert. Nach vorläufigen Tests wurde sie am 24. Februar an die National Institutes of Health geschickt. Und am 16. März – nur 63 Tage nach der Wahl der Sequenz – gelangte die erste Dosis in den Arm eines Probanden. Vor der Pandemie hatte die Entwicklung von Impfstoffen normalerweise fünf bis zehn Jahre gedauert. Dass der Durchbruch so schnell gelang, hat mit Sicherheit Millionen Leben gerettet.

Aber der Krieg war noch nicht gewonnen. Als 2021 COVID-19-Varianten auftauchten, entwickelten Forscher der University of Southern California ein innovatives KI-Tool, um die Entwicklung von Impfstoffadaptionen zu beschleunigen, die möglicherweise benötigt würden, da das Virus weiter mutierte.[13] Dank Simulationen können Impfstoffkandidaten in weniger als einer Minute entwickelt und innerhalb einer Stunde digital validiert werden. Wenn Sie dies lesen, werden wahrscheinlich weiter fortgeschrittene Methoden verfügbar sein.

Alle Anwendungen, die ich beschrieben habe, sind Beispiele für Lösungen einer Aufgabe, die in der Biologie von fundamentaler Bedeutung ist: Gemeint ist die Vorhersage, wie Proteine sich falten. Aufgrund der DNA-Instruktionen in unserem Genom entstehen Sequenzen von Aminosäuren, die sich zu Proteinen zusammenfalten; deren dreidimensionale Eigenschaften steuern weitgehend, wie die Proteine funktionieren. Da unser Körper zum größten Teil aus Proteinen besteht, ist das Verständnis des Zusammenhangs zwischen deren Zusammensetzung und ihrer Funktion der Schlüssel zur Entwicklung von Medikamenten und damit zur Behandlung von Krankheiten. Leider ist die Genauigkeit, mit der Menschen Proteinfaltung vorhersagen, ziemlich gering, da die Komplexität der Materie das Aufstellen einfacher Regeln unmöglich macht. Entdeckungen sind daher noch immer nur mit Glück und mühsamer Arbeit zu machen, und optimale Lösungen bleiben möglicherweise unerkannt. Für das Erreichen neuer Durchbrüche in der Pharmazie war dies lange Zeit eines der Haupthindernisse.[14]

Hier bieten die Mustererkennungsfähigkeiten der KI einen entscheidenden Vorteil. Im Jahr 2018 entwickelte DeepMind von Alphabet ein Programm namens AlphaFold, das gegen die führenden Proteinfaltungsvorhersageprogramme antrat, darunter sowohl menschliche Wissenschaftler als auch frühere softwaregesteuerte Ansätze.[15] DeepMind hatte AlphaFold nicht mit der üblichen Methode programmiert, der Arbeit der Software einen Katalog von Proteinformen als Modelle zugrunde zu legen, sondern wie AlphaGo Zero auf etabliertes menschliches Wissen verzichtet. Mit 25 von 43 genau vorhergesagten Proteinen belegte AlphaFold den ersten Platz unter 98 konkurrierenden Programmen; das zweitplatzierte hatte nur drei von 43 Proteinen genau vorhergesagt.[16]

Aber da die Vorhersagen der KI noch nicht so genau waren wie Laboranalysen, integrierte DeepMind Transformer: die Deep-Learning-Technik, die GPT-3 so leistungsstark macht. 2021 veröffentlichte DeepMind dann AlphaFold 2, das einen atemberaubenden Durchbruch ermöglichte.[17] Die KI ist nun in der Lage, die Struktur fast jedes Proteins mit einer Genauigkeit vorherzusagen, die fast der einer Laboranalyse entspricht. Dadurch hat sich die Zahl der Proteinstrukturen, die Biologen zur Verfügung stehen, mit einem Schlag von mehr als 180 000[18] auf Hunderte Millionen erweitert; bald werden es Milliarden sein.[19] Das wird das Tempo, mit dem biomedizinische Entdeckungen gemacht werden, erheblich beschleunigen.

Derzeit ist die Entdeckung von Wirkstoffen durch KI noch ein von Menschen gesteuerter Prozess: Wissenschaftler müssen das Problem, das sie lösen wollen, benennen, es in chemischen Termini formulieren und die Parameter der Simulation festlegen. In den kommenden Jahrzehnten wird KI jedoch die Fähigkeit erlangen, kreativer zu suchen. Zum Beispiel wird sie vielleicht in der Lage sein, ein Problem zu erkennen, das den Klinikern noch nicht einmal aufgefallen ist (z. B. dass eine bestimmte Untergruppe von Personen mit einer bestimmten Krankheit nicht gut auf Standardbehandlungen anspricht), und komplexe neuartige Therapien vorzuschlagen.

Bis dahin wird KI lernen, immer größere Systeme zu simulieren – von Proteinen über Proteinkomplexe, Organellen, Zellen, Gewebe bis hin zu ganzen Organen. Wir werden dadurch Krankheiten behandeln können, die für die heutige Medizin viel zu komplex sind. Zum Beispiel wurden im letzten Jahrzehnt zahlreiche vielversprechende Methoden der Krebsbehandlung eingeführt, darunter Immuntherapien wie CAR-T, BiTEs und Immun-Checkpoint-Inhibitoren.[20] Sie haben zwar Tausende Leben gerettet, scheitern aber häufig immer noch, weil Krebszellen lernen, ihnen standzuhalten. Tumoren verändern dafür häufig ihre lokale Umgebung auf eine Weise, die wir mit den heutigen Methoden nicht vollständig verstehen können.[21] Doch wenn KI in der Lage sein wird, den Tumor und seine Mikroumgebung robust zu simulieren, werden wir maßgeschneiderte Therapien entwickeln können, um diesen Widerstand zu überwinden.

Neurodegenerative Erkrankungen wie Alzheimer und Parkinson beinhalten subtile, komplexe Prozesse, die dazu führen, dass sich im Gehirn fehlgefaltete Proteine ansammeln und Schaden anrichten.[22] Da es unmöglich ist, diese Effekte an einem lebenden Gehirn zu studieren, kam die Forschung bisher nur langsam voran. Mit KI-Simulationen werden wir in der Lage sein, die Hauptursachen dieser Erkrankungen zu verstehen und Patienten, lange bevor sie geschwächt werden, effektiv zu behandeln. Dieselben Tools zur Gehirnsimulation werden es uns auch ermöglichen, Durchbrüche bei psychischen Störungen zu erzielen, von denen voraussichtlich mehr als die Hälfte der US-Amerikaner irgendwann in ihrem Leben betroffen sein werden.[23] Bisher haben die Ärzte psychiatrische Medikamente mit schonungslosem Ansatz wie SSRIs und SNRIs verwendet, die chemische Ungleichgewichte vorübergehend ausgleichen, aber oft nur von bescheidenem Nutzen sind, bei manchen Patienten überhaupt nicht wirken und eine lange Liste von Nebenwirkungen mit sich bringen.[24] Wenn wir dank KI die Arbeitsweise des menschlichen Gehirns – der komplexesten Struktur überhaupt im bekannten Universum! – vollständig verstehen, werden wir in der Lage sein, viele psychische Probleme am Ort ihrer Entstehung zu bekämpfen.

KI verheißt aber nicht nur die Entdeckung neuer Therapien, wir gehen auch auf eine Revolution bei den Studien zur Validierung von Therapien zu. Die FDA bezieht inzwischen Ergebnisse von Simulationen in ihr behördliches Zulassungsverfahren ein.[25] In den kommenden Jahren wird dies besonders wichtig in Fällen wie der COVID-19-Pandemie sein, wenn also plötzlich eine neue virale Bedrohung auftritt und Millionen Leben durch beschleunigte Impfstoffentwicklung gerettet werden können.[26]

Aber angenommen, wir könnten den Erprobungsprozess vollständig digitalisieren, könnten also dank KI innerhalb weniger Stunden oder Tage zu einer Einschätzung kommen, wie ein Medikament bei Zehntausenden (simulierten) Patienten über einen (simulierten) Zeitraum von Jahren wirken würde: Das würde viel schneller Versuchsergebnisse erbringen als die relativ langsamen, leistungsschwachen Humanstudien, auf die wir heute angewiesen sind; Versuchsergebnisse obendrein, die genauer und daher aussagekräftiger wären. Ein großer Nachteil von Humanstudien ist, dass sie (je nach Art des Medikaments und der Studienphase) nur an etwa einem Dutzend bis einigen Tausend Probanden vorgenommen werden.[27] Das bedeutet, dass nach statistischer Wahrscheinlichkeit in jeder Probandengruppe bestenfalls einige wenige auf das Medikament genau so reagieren, wie Sie es tun würden. Viele Faktoren – z. B. Ihr Genom, Ihre Ernährung, Ihre Lebensweise, Ihr Hormonhaushalt, Ihr Mikrobiom, Ihr Krankheitssubtyp, andere Medikamente, die Sie vielleicht einnehmen, weil Sie noch andere Krankheiten haben – können beeinflussen, wie gut ein Arzneimittel bei Ihnen wirkt. Wenn in den klinischen Studien niemand in all diesen Aspekten mit Ihnen übereinstimmt, ist ein Medikament möglicherweise zwar gut für den durchschnittlichen Patienten, aber schlecht für Sie.

Heute mag eine Studie bei 3000 Personen, die an einer bestimmten Krankheit leiden, zu einer durchschnittlichen Verbesserung des Befindens um 15 Prozent führen. Simulierte Studien bringen aber möglicherweise verborgene Details ans Licht. Zum Beispiel könnte es sein, dass eine Untergruppe von 250 Personen (die alle ein bestimmtes Gen haben) durch das Medikament geschädigt wird, sodass sich ihr Befinden um 50 Prozent verschlechtert, während eine andere Untergruppe von 500 Personen (die außerdem an einer Nierenerkrankung leiden) eine Verbesserung ihres Befindens um 70 Prozent erfährt. Simulationen werden zahlreiche solche Korrelationen entdecken können, wodurch sich für jeden einzelnen Patienten ein ganz spezifisches Risiko-Nutzen-Profil ergeben wird.

Die Einführung dieser Technologie wird schrittweise erfolgen, da für biologische Simulationen je nach Anwendung eine größere oder geringere Rechnerleistung erforderlich sein wird. Die Simulation der Wirkung von Medikamenten, die hauptsächlich aus einem einzigen Molekül bestehen, liegt am einfacheren Ende des Spektrums und wird zuerst in Angriff genommen werden. Techniken wie CRISPR/Cas, die »Genschere«, und Therapien, die die Genexpression beeinflussen sollen, beinhalten jedoch extrem komplexe Wechselwirkungen zwischen vielen Arten biologischer Moleküle und Strukturen, sodass es dementsprechend länger dauern wird, bis sie *in silico* zufriedenstellend simuliert werden können. Um Humanstudien als primäre Testmethode zu ersetzen, müssen KI-Simulationen nicht nur modellieren, wie ein bestimmter therapeutischer Wirkstoff unmittelbar wirkt, sondern auch, wie er über einen längeren Zeitraum zu den komplexen Systemen des gesamten menschlichen Körpers passt.

Wie viele Details für solche Simulationen erforderlich sein werden, ist unklar. Beispielsweise ist es unwahrscheinlich, dass Hautzellen Ihres Daumens für den Test eines Leberkrebsmedikaments relevant sind. Aber um diese Tools als sicher bewerten zu können, müssen wir wahrscheinlich den gesamten menschlichen Körper mit im Wesentlichen molekularer Auflösung digitalisieren. Erst dann werden Forscher angeben können, von welchen Faktoren für eine bestimmte Anwendung zuverlässig abstrahiert werden kann. Diese Digitalisierung des gesamten menschlichen Körpers ist ein langfristiges Ziel, aber ein wichtiges. Wenn es erreicht ist, wird KI Leben retten – und bis Ende der 2020er-Jahre werden wir auf diesem Weg bedeutende Fortschritte machen.

Aus verschiedenen Gründen wird es in der Ärzteschaft wahrscheinlich erheblichen Widerstand gegen Arzneimitteltests durch Simulationen geben. Vorsicht walten zu lassen angesichts der Risiken ist ja auch sinnvoll. Die Ärzte werden die Zulassungsprotokolle nicht in einer Weise ändern wollen, die Patienten gefährden könnte. Daher werden Simulationen eine Erfolgsbilanz vorweisen müssen, die mindestens ebenso gut ist wie die der heutigen Testmethoden. Ein weiterer Grund für Vorsicht ist die Haftung. Niemand wird eine vielversprechende neue Behandlungsmethode genehmigt haben wollen, die sich später als Katastrophe herausstellt. Daher werden die Regulierungsbehörden diese entstehenden Ansätze antizipieren und proaktiv sein müssen, um sicherzustellen, dass Vorsicht und Chancen auf lebensrettende Innovationen gut gegeneinander abgewogen werden.

Doch noch bevor wir über robuste Biosimulationen verfügen, hat KI bereits Auswirkungen auf die genetische Biologie. Jene 98 Prozent der Gene, die keine Codes für Proteine enthalten, wurden einst als »Junk«-DNA abgetan.[28] Wir wissen heute, dass sie für die Genexpression von großer Bedeutung sind, weil sie darüber (mit-)entscheiden, welche Gene in welchem Umfang genutzt werden; es ist aber sehr schwierig, diese Zusammenhänge auf der Grundlage der nicht kodierenden DNA selbst zu erkennen. Da aber KI sehr subtile Muster identifizieren kann, ist sie dabei, diese Blockade zu durchbrechen, wie sie es schon 2019 mit der Entdeckung von Zusammenhängen zwischen nicht kodierender DNA und Autismus durch New Yorker Wissenschaftler getan hat.[29] Olga Troyanskaya, die Leiterin des Forschungsprojekts, sagte, diese Entdeckung sei »der erste eindeutige Beweis für die Existenz nicht vererbter nicht kodierender Mutationen, die eine komplexe menschliche Krankheit oder Störung verursachen«.[30]

Im Gefolge der COVID-19-Pandemie hat auch die Überwachung von Infektionskrankheiten neue Dringlichkeit. In der Vergangenheit mussten Epidemiologen in den Vereinigten Staaten aus mehreren unvollkommenen Datentypen wählen, wenn sie Virusausbrüche vorhersagen wollten. Ein neues KI-System namens ARGONet kombiniert verschiedene Arten von Daten in Echtzeit und gewichtet sie gemäß ihrer Vorhersagekraft:[31] ARGONet kombiniert elektronische Krankenakten, historische Daten, Google-Live-Suchen der besorgten Bevölkerung und räumlich-zeitliche Muster der Ausbreitung von Grippe von Ort zu Ort.[32] Dazu der Forschungsleiter Mauricio Santillana von der Harvard University: »Das System bewertet die Vorhersagekraft der einzelnen, voneinander unabhängigen Methoden und kalibriert, wie diese Informationen für verbesserte Einschätzungen der Ausbreitung der Grippe verwendet werden sollten, kontinuierlich neu.«[33] Vergleiche haben 2019 gezeigt, dass ARGONet damit leistungsfähiger war als alle früheren Ansätze. Das System übertraf Google Flu Trends in drei Vierteln der untersuchten US-Bundesstaaten und war in der Lage, die landesweite Grippeaktivität eine Woche früher vorherzusagen, als dies mit den normalen Methoden der Centers for Disease Control and Prevention (CDC), der für den Gesundheitsschutz der Öffentlichkeit, insbesondere bei Infektionskrankheiten zuständigen Behörde, möglich war.[34] Derzeit werden weitere KI-gesteuerte Ansätze entwickelt, die den nächsten großen Ausbruch stoppen sollen.

Abgesehen davon, dass KI für wissenschaftliche Anwendungssoftware genutzt werden kann, erlangt sie auch die Fähigkeit, Ärzte auf dem Gebiet der klinischen Medizin zu übertreffen. Ich habe 2018 in einer Rede vorausgesagt, dass in ein oder zwei Jahren ein neuronales Netzwerk in der Lage sein werde, Röntgenbilder genauso gut zu analysieren, wie ein Arzt es kann. Nur zwei Wochen später kündigten Forscher der Stanford University CheXNet an, ein aus 121 Schichten bestehendes faltendes neuronales Netzwerk entwickelt zu haben, das mit 100 000 Röntgenbildern trainiert worden war, vierzehn verschiedene Krankheiten zu diagnostizieren. Es übertraf die Ärzte, mit deren Diagnostik es verglichen wurde, und lieferte zwar vorläufige, aber ermutigende Belege für ein enormes diagnostisches Potenzial.[35] Andere neuronale Netzwerke haben ähnliche Fähigkeiten bewiesen. Eine Studie aus dem Jahr 2019 ergab, dass ein neuronales Netzwerk, das klinische Messdaten in natürlicher Sprache analysiert, pädiatrische Krankheiten besser diagnostizieren konnte als acht Assistenzärzte, die mit denselben Daten konfrontiert worden waren; in einigen Bereichen übertraf es sogar alle zwanzig an der Studie beteiligten Ärzte.[36] 2021 entwickelte ein Team der Johns Hopkins University ein KI-System namens DELFI, das in der Lage ist, im Blut eines Menschen subtile Muster von DNA-Fragmenten zu erkennen, sodass sich 94 Prozent aller Lungenkrebserkrankungen durch einen einfachen Labortest diagnostizieren lassen – was selbst erfahrenen Ärzten allein nicht gelingt.[37]

Klinische Tools dieser Art schaffen rasch den Sprung vom Tauglichkeitsnachweis zum Einsatz im großen Rahmen. Im Juli 2022 veröffentlichte *Nature Medicine* die Ergebnisse einer umfangreichen Studie mit mehr als 590 000 Krankenhauspatienten, die mit einem KI-gestützten System namens Targeted Real-Time Early Warning System (TREWS) zum Erkennen von Sepsis überwacht worden waren – einer lebensbedrohlichen Infektionsreaktion, an der jährlich ungefähr 270 000 Amerikaner sterben.[38] TREWS hatte die Ärzte frühzeitig gemahnt, mit der Behandlung zu beginnen, und so die Zahl der Sepsis-Todesfälle bei Patienten um 18,7 Prozent gesenkt, was auf das Potenzial hindeutet, jährlich Zehntausende Leben zu retten, wenn das System im größeren Rahmen eingeführt wird. Solche Modelle werden zunehmend umfassendere Informationen wie die Daten unserer tragbaren Fitnesstracker integrieren und in der Lage sein, eine Behandlung vorzuschlagen, bevor eine Person überhaupt merkt, dass sie krank ist.

Im Laufe der 2020er-Jahre werden KI-gestützte Tools bei nahezu allen diagnostischen Aufgaben ein übermenschliches Leistungsniveau erreichen.[39] Die Interpretation medizinischer Bildgebung ist eine Aufgabe, bei der neuronale Netzwerke ihre natürlichen Stärken am eindrucksvollsten ausspielen können. In Bildern sind möglicherweise klinisch bedeutsame Informationen verborgen, die zu subtil sind, als dass ein Menschenauge sie erkennen könnte, die für ein KI-System aber vielleicht offensichtlich sind. Und im Unterschied zu anderen Diagnoseformen, die die Einbeziehung vieler verschiedener Arten von Informationen erfordern, sind die Pixelmuster auf Bildern vollständig auf quantifizierbare Daten reduzierbar – und das ist ja die Stärke von KI. Aus diesem Grund ist die medizinische Bildgebung eines der ersten Gebiete, auf denen KI solch bemerkenswerte Leistungsniveaus erreicht. Und aus demselben Grund wird es relativ einfach sein, Systeme wie CheXNet und seinen Cousin CheXpert für andere Arten medizinischer Bildanalyse zu adaptieren. Letztlich wird KI wahrscheinlich in der Lage sein, in medizinischen Bildern ein enormes ungenutztes Potenzial zu erschließen – vielleicht durch das Erkennen von Risikofaktoren, die in scheinbar gesunden Organen verborgen sind, was lebensrettende Präventivmaßnahmen ermöglichen würde, lange bevor ein Problem Schäden anrichtete.

Auch die Chirurgie wird von dieser Revolution profitieren, da sowohl die Menge hochwertiger Daten über Operationen als auch die verfügbaren Rechenressourcen schnell wachsen.[40] Jahrelang wurden Roboter zur *Unterstützung* von Ärzten eingesetzt, doch inzwischen beweisen sie, dass sie auch ohne menschliches Zutun arbeiten können. In den Vereinigten Staaten erzielte der Smart Tissue Autonomous Robot (STAR) 2016 bei einer Darmnahtaufgabe in Tierversuchen bessere Ergebnisse als Chirurgen.[41] 2017 führte ein chinesischer Roboter selbstständig eine komplette Zahnimplantatoperation durch – ein Eingriff, der ein sehr hohes Maß an Präzision erfordert.[42] Neuralink stellte 2020 einen chirurgischen Roboter vor, der einen Großteil der Implantation einer Gehirn-Computer-Schnittstelle automatisch durchführt; das Unternehmen arbeitet daran, den Roboter zu befähigen, eine solche Operation vollständig autonom durchzuführen.[43]

Chirurgen können pro Jahr mehrere Hundert Operationen durchführen, was auf ihr gesamtes Berufsleben hochgerechnet bestenfalls einige Zehntausend Operationen ergibt. In vielen Fällen, etwa bei Chirurgen mit Spezialgebieten, in denen längere und komplexere Eingriffe erforderlich sind, kann diese Zahl auch kleiner sein. Dagegen wird KI, die die Arbeit von Roboterchirurgen lenkt, aus jeder Operation lernen können, die das System irgendwo auf der Welt durchführt. Das wird ein Spektrum klinischer Fälle abdecken, das viel breiter ist als das von einem Chirurgen aus Fleisch und Blut zu erreichende – möglicherweise ein Spektrum von vielen Millionen Operationen. Außerdem wird KI in der Lage sein, Milliarden simulierter Operationen durchzuführen und dabei ungewöhnliche Varianten und Fälle auszuprobieren, was im klinischen Umfeld unmöglich oder unethisch wäre. Zum Beispiel könnten simulierte

Operationen Roboterchirurgen darin schulen, mit seltenen Krankheitskombinationen umzugehen oder bei komplexen Verletzungen, die die meisten Chirurgen in ihrem Berufsleben kein einziges Mal zu sehen bekommen, die Grenzen der Traumamedizin hinauszuschieben. Das wird das Operieren wesentlich sicherer und effektiver machen, als es heute ist.[44]

DIE 2030ER- UND 2040ER-JAHRE: ENTWICKLUNG UND PERFEKTIONIERUNG DER NANOTECHNOLOGIE

Es ist bemerkenswert, dass die Biologie ein so ausgefeiltes Lebewesen wie den Menschen geschaffen hat, das sowohl über die intellektuelle Gewandtheit als auch die körperlichen Voraussetzungen (z. B. Daumen, die den Fingern gegenübergestellt werden können) verfügt, die die Erfindung und den Gebrauch von Technologie ermöglichen. Vor allem, was das Denken betrifft, sind wir jedoch weit davon entfernt, optimal zu sein. Wie Hans Moravec schon 1988 behauptet hat, als er über die Folgen des technologischen Fortschritts nachdachte, werden unsere Systeme aus Fleisch und Blut gegenüber unseren Eigenentwicklungen im Nachteil sein – ganz gleich, wie sehr wir unsere DNA-basierte Biologie verfeinern.[45] Dem Schriftsteller Peter Weibel zufolge hatte Moravec verstanden, dass Menschen in dieser Hinsicht nur »zweitklassige Roboter« sein können.[46] Das bedeutet, dass unsere biologischen Gehirne, selbst wenn wir daran arbeiten, ihre Fähigkeiten zu optimieren und zu perfektionieren, nicht einmal ein Milliardstel so schnell sein werden und nicht annähernd so viel werden leisten können wie ein vollständig technisierter Körper.

Eine Kombination aus KI und revolutionierter Nanotechnologie wird es uns ermöglichen, unsere Körper – vor allem unsere Gehirne – sowie die Welten, mit denen wir interagieren, Molekül für Molekül neu zu entwerfen und umzubauen. Menschliche Neuronen feuern höchstens etwa 200-mal pro Sekunde (1000-mal ist das absolute theoretische Maximum) und im Durchschnitt höchstwahrscheinlich weniger als einmal pro Sekunde.[47] Dagegen können Transistoren mittlerweile mehr als eine Billion Mal pro Sekunde zyklisieren, und im Einzelhandel erhältliche Computerchips überschreiten immerhin fünf Milliarden Zyklen pro Sekunde.[48] Der Unterschied ist deshalb so groß, weil die zellulare Datenverarbeitung in unserem Gehirn eine viel klobigere und daher langsamere Architektur verwendet als das, was die Präzisionstechnik bei der digitalen Datenverarbeitung ermöglicht. Und mit den Fortschritten der Nanotechnologie wird der digitale Bereich weiter an uns vorbeiziehen.

Außerdem ist die Gesamtverarbeitungsleistung des menschlichen Gehirns infolge seiner Größe nach meiner Schätzung in *Menschheit 2.0* auf höchstens ca. 10^{14} Operationen pro Sekunde begrenzt, was innerhalb einer Größenordnung von Hans Moravecs Schätzung liegt, die auf einer anderen Analyse basiert.[49] Der amerikanische Supercomputer Frontier übertrifft laut einem KI-relevanten Performance-Vergleich bereits 10^{18} Operationen pro Sekunde.[50] Da Computer Transistoren dichter und effizienter packen können, als die Neuronen im menschlichen Gehirn gepackt sind, und da sie außerdem größer sein können als das Gehirn und sich miteinander vernetzen können, werden sie nicht erweiterte biologische Gehirne weit hinter sich lassen. Die Zukunft ist klar: Denken, das nur auf den organischen Substraten biologischer Gehirne basiert, wird nicht mit Denken mithalten können, das durch nicht biologische Präzisionsnanotechnik erweitert ist.

Erstmals auf die Nanotechnologie Bezug genommen hatte der Physiker Richard Feynman (1918–1988) in seinem bahnbrechenden Vortrag »There's Plenty of Room at the Bottom« (»Viel Spielraum nach unten«) aus dem Jahr 1959, in dem er die Unvermeidlichkeit der Konstruktion von Maschinen auch in der Größenordnung einzelner Atome sowie die tiefgreifenden Implikationen beschrieb, die dies mit sich bringen werde.[51] »In meinen Augen sprechen die Prinzipien der Physik nicht gegen die Möglichkeit, Dinge Atom für Atom zu manövrieren«, so Feynman. »Es ist […] interessant, dass es im Prinzip für einen Physiker möglich wäre (glaube ich jedenfalls), jede chemische Substanz, die ein Chemiker aufschreibt, herzustellen. […] Wie? Platzieren Sie die Atome dort, wo der Chemiker sie haben will, und stellen Sie so die Substanz her.« Feynman war optimistisch: »Die Probleme der Chemie und Biologie können stark vereinfacht werden, wenn wir auf atomarer Ebene arbeiten und dabei auch noch zusehen können – eine Entwicklung, die meiner Meinung nach nicht aufzuhalten ist.«[52]

Damit die Nanotechnologie für große Objekte von Bedeutung sein kann, muss sie über ein Selbstreplikationssystem verfügen. Die Idee, ein sich replizierendes Modul zu entwickeln, wurde erstmals Ende der 1940er-Jahre von dem legendären Mathematiker John von Neumann (1903–1957) in einer Reihe von Vorträgen und 1955 in einem Artikel des *Scientific American* formalisiert.[53] Doch in ihrer ganzen Bandbreite wurden seine Ideen erst 1966, fast ein Jahrzehnt nach seinem Tod, umfassend publiziert. Von Neumanns Ansatz war äußerst abstrakt und mathematisch, und er behandelte in erster Linie die logischen Grundlagen, nicht die detaillierten physikalisch-praktischen Aspekte des Baus selbstreplizierender Maschinen. Nach von Neumanns Konzept besteht ein Selbstreplikator aus einem »universellen Computer« und einem »universellen Konstrukteur«. Der Computer führt ein Programm aus, das den Konstrukteur steuert, wobei der Konstrukteur sowohl den gesamten Selbstreplikator als auch das Programm kopieren kann – die Kopien können also unbegrenzt dasselbe tun.[54]

Ausgehend von diesem Konzept von Neumanns begründete der Ingenieur Eric Drexler Mitte der 1980er-Jahre das moderne Gebiet der Nanotechnologie.[55] Drexler entwarf eine abstrakte Maschine, die Atome und Molekülfragmente aus gewöhnlichen Substanzen als Materialien für einen von Neumann inspirierten Konstrukteur nutzen sollte, der über einen Computer mit der Fähigkeit, die Platzierung von Atomen zu steuern, verfügen würde.[56] Drexlers sogenannter Assembler könnte im Wesentlichen alles auf der Welt herstellen, solange seine Struktur atomar stabil wäre. Diese Flexibilität und Generalisierbarkeit unterscheidet den Ansatz der molekularen Mechanosynthese, dem Drexler den Weg bereitete, von Ansätzen auf biologischer Basis, die Objekte im Nanobereich zusammensetzen würden, aber hinsichtlich der möglichen Entwürfe und Materialien viel stärker eingeschränkt wären.

Drexler skizzierte einen sehr einfachen Computer, der statt Transistorgates molekulare »Interlocks« nutzen würde. (Diese sind allerdings nur konzipiert; gebaut hat Drexler sie noch nicht.)[57] Jedes Interlock würde nur sechs Kubiknanometer Platz benötigen und könnte seinen Zustand in einer Zehnmilliardstelsekunde ändern – was eine Rechengeschwindigkeit von etwa einer Milliarde Operationen pro Sekunde ermöglichen würde.[58] Von diesem Computer sind viele immer weiter verfeinerte Varianten vorgeschlagen worden. Ralph Merkle entwickelte 2018 mit einigen Mitarbeitern ein rein mechanisches Computersystem, das für nanoskalige Implementierungen geeignet sein soll.[59] Der detaillierte Entwurf (ebenfalls noch nicht gebaut) sieht etwa 10^{20} Logikgates pro Liter Computervolumen vor und würde bei 100 MHz arbeiten, was pro Liter bis zu 10^{28} Rechenoperationen pro Sekunde ermöglichen würde (wobei dieses Volumen zur Ableitung von Wärme eine große Oberfläche haben müsste).[60] Die von dieser Konstruktion verbrauchte Energiemenge würde in der Größenordnung von 100 Watt liegen.[61] Zum Vergleich: Das Emulieren der Gehirnrechenleistung aller rund acht Milliarden Menschen, die heute auf der Welt leben, *zusammen* würde weniger als 10^{24} Operationen pro Sekunde erfordern (10^{14} pro Person mal 10^{10} Personen).[62]

Wie ich in Kapitel 2 dargelegt habe, bezieht sich meine 10^{14}-Schätzung darauf, dass jedes Neuron simuliert wird. Das Gehirn weist jedoch ein hohes Maß an Parallelismus auf: Da die feuchte biologische Umgebung in unserem Schädel ein sehr turbulenter Raum ist (zumindest auf molekularer Ebene), kann jedes einzelne Neuron sterben, oder es kann sein, dass es einfach nicht im richtigen Augenblick feuert. Wäre das menschliche Denken stark von der Leistung eines einzelnen Neurons abhängig, so wäre es sehr unzuverlässig. Wenn aber viele Neuronen parallel zusammenarbeiten, wird das »Rauschen« neutralisiert, und wir sind in der Lage, einwandfrei zu denken.

Beim Bau nicht biologischer Computer können wir die interne Umgebung aber viel präziser beherrschen. Das Innere eines Computerchips ist viel sauberer und stabiler als Gehirngewebe, sodass kein Parallelismus erforderlich sein wird. Dies wird eine effizientere Rechenleistung ermöglichen, sodass ein arbeitendes Gehirn sogar mit weniger als 10^{14} Operationen pro Sekunde simuliert werden könnte. Da aber unklar bleibt, wie viel Parallelismus Gehirne aufweisen, verwende ich diesen höheren, konservativen Schätzwert. Theoretisch würde ein vollkommen effizienter nanologischer Ein-Liter-Computer also das Äquivalent der Gehirnkapazität von etwa 10 000 mal 10 Milliarden Menschen (d. h. etwa 100 Billionen Menschen) bieten. Um es klar zu sagen: Ich behaupte nicht, dass das in der Praxis erreichbar ist. Technik im Nanobereich hat aber *schwindelerregend* viel Potenzial für künftige Fortschritte. Selbst ein winziger Bruchteil eines Prozents der theoretischen Höchstwerte wäre ein absolut revolutionäres neues Paradigma für die Datenverarbeitung und würde es Maschinen im Nanomaßstab ermöglichen, nützliche Mengen an Rechenleistung zu erreichen.

Im Kontext selbstreplizierender Nanobots würde dies das hohe Maß an Koordination ermöglichen, das zum Erzielen makroskopischer Ergebnisse erforderlich ist. Das Steuerungssystem würde der Computerbefehlsarchitektur SIMD (Single Instruction, Multiple Data) ähneln, d. h., eine einzige Recheneinheit würde die Programmbefehle lesen und sie gleichzeitig an die Billionen Assembler in molekularer Größe (von denen jeder seinen eigenen einfachen Computer hätte) übermitteln.[63]

Der Einsatz dieser Broadcast- oder Übertragungsarchitektur würde auch einem wichtigen Sicherheitsproblem Rechnung tragen: Wenn der Selbstreplikationsprozess außer Kontrolle geriete oder ein Fehler oder eine Sicherheitslücke aufträte, könnte die Quelle der Replikationsbefehle sofort abgeschaltet werden, wodurch jede weitere Nanobotaktivität verhindert würde.[64] Wie ich in Kapitel 7 weiter erläutern werde, wären sogenannte »graue Schmiere«-selbstreplizierende Nanobots, die eine unbeherrschbare Kettenreaktion auslösen, das Worst-Case-Szenario für die Nanotechnologie.[65] Theoretisch könnte eine solche Kettenreaktion den größten Teil der Biomasse der Erde verbrauchen und sie in weitere Nanobots verwandeln. Die von Ralph Merkle befürwortete Broadcast-Architektur wäre aber ein starker Abwehrmechanismus gegen diese Gefahr. Müssten die Befehle alle aus einer zentralen Quelle stammen, würde das Abschalten der Übermittlung im Notfall dazu führen, dass die Nanobots inaktiv und physisch nicht in der Lage wären, sich weiter selbst zu replizieren.

Die eigentliche Konstruktionsmaschine, die diese Befehle entgegennähme, wäre ein einfacher molekularer Roboter mit einem einzigen Arm, ähnlich von Neumanns universellem Konstrukteur aber gebaut in winzigem Maßstab.[66] Dass Roboterarme, Zahnräder, Rotoren und Motoren in molekularem Maßstab gebaut werden können, wurde bereits wiederholt nachgewiesen.[67]

Die Physik erlaubt es einem molekularskaligen Arm nicht, Atome so zu greifen und zu tragen, wie eine menschliche Hand es tun würde. Ob die Nanotechnologie eine Zukunt haben wird, ist deshalb umstritten. Der amerikanische Physiker und Chemiker Richard Smalley trat 2001 in eine öffentliche Debatte mit Eric Drexler über die Frage ein, ob eine atomar präzise Fertigung mit »molekularen Assemblern« jemals möglich sein werde.[68] Beide hatten wesentliche Beiträge zur Nanotechnologie geleistet, unterschieden sich jedoch in ihren Ansätzen. Drexler behauptete, das ultimative Ziel der Nanotechnologie seien »Top-down«-Methoden, weil sie es Herstellermaschinen ermöglichen würden, Nanobots »from scratch«, also von Grund auf, zu bauen. Smalley erwiderte, die Gesetze der Physik würden dies unmöglich machen, weshalb »Bottom-up«-Ansätze zur Selbstorganisation im biologischen Stil das einzig vernünftige Ziel seien. Smalley hatte zwei Einwände gegen Drexlers Konzept: das »Dicke-Finger-Problem«, wonach die bei einer Reaktion zum Bewegen der Atome an ihren Platz erforderlichen Manipulatorarme zu voluminös wären, um im Nanobereich effektiv zu funktionieren, und das »Klebrige-Finger-Problem«, wonach bewegte Atome an den Manipulatorarmen haften blieben.

Drexler antwortete, für Techniken, die auf die Verwendung eines einzigen Manipulatorarms ausgelegt seien, stelle sich das erste Problem nicht, und was das zweite betrifft, würden biologische Maschinen wie Enzyme und Ribosomen beweisen, dass es überwunden werden könne. Als die Debatte 2003 immer hitziger wurde, brachte ich eigene Kommentare ein, wobei ich mich im Großen und Ganzen auf Drexlers Seite schlug.[69] Wenn ich zwei Jahrzehnte später zurückblicke, freue ich mich, sagen zu können, dass die jüngsten Fortschritte in der Nanotechnologie den »Top-down«-Ansatz immer plausibler machen; es wird allerdings noch mindestens ein Jahrzehnt dauern, bis das Gebiet, wahrscheinlich unterstützt durch Fortschritte in der KI, anfangen wird zu reifen. Die Wissenschaftler haben bereits bedeutende Fortschritte bei der präzisen Steuerung von Atomen gemacht, und bis Ende der 2020er-Jahre wird es viele weitere wichtige Durchbrüche geben.

Drexlers Entwurf eines nanoskaligen Konstrukteursarms scheint immer noch der vielversprechendste zu sein. Dieser Arm hätte keine plumpe und komplizierte Greifklaue, sondern eine *einzige* Spitze, die von einer mechanischen und elektrischen Funktion Gebrauch machen würde, um ein Atom oder kleines Molekül aufzunehmen und es an anderer Stelle wieder freizugeben.[70] Drexlers Buch *Nanosystems* (1992) listet eine Reihe chemischer Stoffe auf, mit denen das möglich sein könnte.[71] Ein Ansatz besteht darin, Kohlenstoffatome zu bewegen, um aus einer Diamantsubstanz in Nanogröße namens Diamantoid Objekte zu bauen.[72]

Diamantoide sind winzige Käfige aus zehn Kohlenstoffatomen, die wie die elementarsten Formen von Diamantkristallen angeordnet sind; an ihre Außenseite sind Wasserstoffatome gebunden. Diese Käfige können vielleicht die Bausteine starker, aber extrem leichter, mit Nanotechnologie entwickelter Strukturen bilden. Mit seinen Büchern *Engines of Creation* (1986) und *Nanosystems*, in denen er die Ideen der Nanotechnologie und der Herstellung von Diamantoiden erkundete, inspirierte Drexler den Science-Fiction-Autor Neal Stephenson zu seinem preisgekrönten Roman *The Diamond Age* (1995; dt.: *Diamond Age: Die Grenzwelt*, 2001), der eine Zukunft beschreibt, in der die auf Diamanten basierende Nanotechnologie die Zivilisation ähnlich prägt, wie Bronze die Bronzezeit und Eisen die Eisenzeit prägte.[73] Mehr als ein Vierteljahrhundert nach der Veröffentlichung des Romans hat die Diamantoidforschung große Fortschritte gemacht, und Wissenschaftler beginnen, in der Laborforschung Möglichkeiten praktischer Anwendung zu erkennen. KI wird im nächsten Jahrzehnt aber detaillierte chemische Simulationen ermöglichen, die den Weg für viel raschere Fortschritte frei machen werden.

Etliche nanotechnologische Entwürfe nutzen diesen Ansatz. Wir wissen, dass durch chemische Gasphasenabscheidung künstliche Diamanten hergestellt werden können.[74] Ein Diamantoid ist nicht nur extrem stark, sondern durch »Dotierung« können ihm auch gezielt Verunreinigungen hinzugefügt werden, um physikalische

Eigenschaften wie die Wärmeleitfähigkeit zu verändern oder elektronische Komponenten wie Transistoren herzustellen.[75] Die Forschung des letzten Jahrzehnts hat vielversprechende Methoden zur Konstruktion sowohl elektronischer als auch mechanischer Systeme aus verschiedenen Anordnungen von Kohlenstoffatomen im Nanomaßstab ergeben.[76] Dieser Bereich der Nanotechnologie zieht heute weltweit große Aufmerksamkeit auf sich, aber einige der faszinierendsten Vorschläge stammen von Ralph Merkle und seinen Co-Autoren.[77] Schon 1997 entwickelte Merkle einen »Metabolismus« für einen Assembler, der Kohlenwasserstoffe wie Diamantoide aus einer »Rohstofflösung« von Butadiin aufbauen konnte.[78]

Seit der Veröffentlichung der Originalausgabe von *Menschheit 2.0* im Jahr 2005 gab es aufregende neue Durchbrüche auch bei Graphen (einem ein Atom dicken Gitter aus Kohlenstoffsechsecken), Kohlenstoffnanoröhren (im Wesentlichen aus Graphen gerollten Röhren) und Kohlenstoffnanofäden (fast eindimensionalen, von Wasserstoff umgebenen Kohlenstoffsträngen), die in den nächsten zwei Jahrzehnten eine Vielzahl praktischer Anwendungen erfahren werden.[79]

Derzeit werden viele Wege zu dieser Art von Mechanosynthese und zu anderen Nanotechnologien verfolgt.[80] Unter anderem sind dies DNA-Origami[81] und DNA-Nanorobotik,[82] bioinspirierte molekulare Maschinen,[83] molekulares Lego,[84] Einzelatom-Qubits für Quantencomputer,[85] elektronenstrahlbasierte Atomplatzierung,[86] Wasserstoff-Depassivierungslithographie[87] und rastertunnelmikroskopbasierte Fertigung.[88] In diesen Bereichen gibt es mehrere Geheimprojekte, die stetige Fortschritte machen, und wenn man bedenkt, dass bis Ende der 2020er-Jahre auf KI mit übermenschlichem Leistungsniveau basierende Technik zur Lösung verbleibender Probleme verfügbar sein wird, sind wir auf dem besten Weg, irgendwann in den 2030er-Jahren Nanotechnologiekonzepte mit Atom-für-Atom-Platzierung zu verwirklichen.

In der Praxis wird das beinhalten, dass durch einen exponentiellen Prozess Informationen an »dummes« Rohmaterial übermittelt werden. Ein Zentralcomputer wird gleichzeitig Befehle an einen kleinen Kern von Start-Nanobots senden, die inmitten des von ihnen benötigten Ausgangsmaterials aus Atomen oder Basismolekülen platziert sind. Sie werden angewiesen werden, sich zu replizieren und dadurch iterativ eine Kaskade von Kopien ihrer selbst herzustellen, deren Zahl rasch Billionen erreichen wird. Dann wird der Computer diese molekularen Assembler durch Befehle informieren, wie sie die gewünschten Strukturen aufbauen sollen.

In der ausgereiften Form dieser Technologie könnte ein Molekül-Assembler ein Gerät mit der Grundfläche einer Tischplatte sein, das praktisch jedes physische Produkt herstellen kann, für das es über die erforderlichen Atome verfügt. Dafür wird eine der großen Herausforderungen der nanoskaligen Fertigung gemeistert werden müssen: die Generalisierbarkeit. Es ist eine Sache, einen Assembler zu entwerfen, der eine bestimmte Substanz (etwa Diamantoid) herstellen kann, und eine ganz andere, einen Assembler zu entwerfen, der sehr verschiedene chemische Verfahren beherrscht. Für einen solchen Assembler wird extrem weit fortgeschrittene KI erforderlich sein. Deshalb können wir davon ausgehen, dass chemisch relativ homogene Objekte (wie Edelsteine, Möbel oder Kleidung) von Assemblern viel früher gebaut werden als Objekte mit sehr verschiedenartigen chemischen Zusammensetzungen und hochkomplexen Mikrostrukturen (wie gekochte Mahlzeiten, bionische Organe oder Computer, die leistungsstärker sind als alle nicht verbesserten menschlichen Gehirne zusammen).

Wenn wir in der Nanofertigung weit genug vorangekommen sind, werden die Zusatzkosten für die Herstellung eines beliebigen physischen Objekts (einschließlich der Molekül-Assembler) vernachlässigt werden können – es werden im Wesentlichen nur die Kosten für die Ausgangsmaterialien sein.[89] Drexlers Schätzungen aus dem Jahr 2013 für die Gesamtkosten eines molekularen Herstellungsprozesses liegen bei etwa 2 US-Dollar pro Kilogramm, unabhängig davon, was hergestellt wird, ob Diamanten oder Lebensmittel.[90] Weil nanotechnisch hergestellte Materialien viel stärker sein können als Stahl oder Kunststoff, könnten die meisten Strukturen auch aus etwa einem Zehntel der Masse gebaut werden. Und wenn die in Fertigwaren verwendeten Rohstoffe teuer sind – wie zum Beispiel Gold, Kupfer und Seltenerdmetalle für elektronische Geräte –, wird es in Zukunft oft möglich sein, Komponenten durch solche zu ersetzen, die aus billigeren, häufiger vorkommenden Elementen wie Kohlenstoff bestehen.

Der wahre Wert der Produkte wird dann also in den Informationen liegen, die sie enthalten – im Grunde in der gesamten Innovation, die in sie eingeflossen ist, von den kreativen Ideen bis hin zu den Softwarecodezeilen, die ihre Herstellung steuern. Bei Waren, die digitalisiert werden können, ist das schon heute so. Denken Sie an E-Books: Nach der Erfindung des Buches musste lange Zeit jedes von Hand abgeschrieben werden, weshalb diese Arbeit einen Großteil seines Wertes ausmachte. Nach dem Aufkommen der Druckerpresse wurde der Löwenanteil des Preises für die physischen Materialien, für das Papier, den Einband und die Tinte bezahlt. Bei E-Books sind die Energie- und Rechnerkosten für das Kopieren, Speichern und Übertragen eines Buches praktisch gleich null. Sie bezahlen für die kreative Zusammenstellung von Informationen zu etwas Lesenswertem (und oft auch für Nebenkosten wie das Marketing). Den Unterschied zwischen herkömmlichen Büchern und E-Books können Sie zum Beispiel dadurch erkennen, dass Sie bei Amazon zum einen nach leeren Notizbüchern mit festem Einband, zum anderen nach Hardcover-Romanen mit ungefähr ähnlichem Format suchen. Wenn Sie sich nur die Preise ansehen, können Sie nicht sofort und verlässlich erkennen, was was ist. Dagegen kosten E-Book-Romane normalerweise mehrere Dollar, während die Vorstellung, für ein leeres E-Book überhaupt Geld auszugeben, lächerlich ist. Das macht deutlich, was es heißt, dass der Wert eines Produkts ausschließlich aus Informationen besteht.

Die Nanotechnologierevolution wird diesen transformativen Wandel in die physische Welt tragen. 2024 basiert der Wert physischer Produkte auf vielen Dingen, vor allem auf den Rohstoffen, den Lohnkosten im Fertigungssektor, der Maschinenzeit in der Fabrik, den Energiekosten und dem Transport. Konvergente Innovationen werden die meisten dieser Kosten in den kommenden Jahrzehnten aber drastisch senken. Rohstoffe werden durch Automatisierung billiger zu gewinnen oder synthetisch herzustellen sein, Robotik wird teure menschliche Arbeitskraft ersetzen, selbst hochpreisige Fabrikmaschinen werden billiger werden, die Energiepreise werden aufgrund verbesserter Solarphotovoltaik und Energiespeicherung (und schließlich Fusion) fallen, und autonome Elektrofahrzeuge werden die Transportkosten senken. Da all diese Wertbestandteile günstiger werden, wird der Wertanteil der in den Produkten enthaltenen Informationen steigen. Wir bewegen uns bereits in diese Richtung, da der »Informationsgehalt« der meisten Produkte rapide zunimmt; am Ende wird er fast 100 Prozent von deren Wert ausmachen.

In vielen Fällen werden die Produkte dadurch so günstig werden, dass sie den Verbrauchern kostenlos zur Verfügung stehen. Wiederum lässt ein Blick auf die digitale Wirtschaft erkennen, wie sich dies bereits ausgewirkt hat. Wie in Kapitel 5 dargestellt, geben Plattformen wie Google und Facebook Milliarden Dollar für ihre Infrastruktur aus, aber die durchschnittlichen Kosten pro Suche oder Like sind so niedrig, dass es sinnvoller ist, sie nicht auf die Benutzer »abzuwälzen«; es gibt ja andere Einnahmequellen, wie etwa Anzeigen, um Geld zu verdienen. In ähnlicher Weise ist eine Zukunft vorstellbar, in der Menschen sich politische Werbung ansehen oder persönliche Daten weitergeben, um kostenlos nanogefertigte Produkte zu erhalten. Regierungen könnten solche Produkte auch als Anreize für das Leisten von Freiwilligendienst, für Weiterbildung oder eine gesunde Lebensweise anbieten.

Diese dramatische Reduktion der Knappheit physischer Güter wird es uns schließlich ermöglichen, problemlos die Bedürfnisse aller zu befriedigen. Das ist notabene eine Prognose, die die technologischen Fähigkeiten betrifft; wie schnell die Wirtschaft sich verändert, darauf werden Kultur und Politik jedoch großen Einfluss haben. Sicherzustellen, dass der Gewinn gerecht unter allen aufgeteilt wird, wird eine große Herausforderung sein. Ich bin aber optimistisch. Die Vorstellung, reiche Eliten würden diesen neuen Überfluss horten, beruht auf einem Missverständnis. Wenn Güter wirklich im Überfluss vorhanden sind, ist es sinnlos, sie zu horten. Niemand speichert Luft für sich selbst, denn die ist leicht erhältlich, und es ist genug für alle da. Wenn andere Leute Wikipedia nutzen, bedeutet das ja nicht, dass irgendeine Information für Sie nicht mehr verfügbar wäre. Der nächste Schritt besteht einfach darin, diese Art von Überfluss auf die Welt der materiellen Güter auszudehnen. Während die Nanotechnologie viele Formen physischer Knappheit lindern wird, ist das Gefühl, durch wirtschaftliche Knappheit benachteiligt zu sein, zum Teil auch kulturell bedingt – vor allem, wenn es um Luxusgüter geht. Ein Beispiel: Künstliche Diamanten sind mit bloßem Auge von natürlichen Diamanten schon nicht mehr unterscheidbar, sie sind aber ca. 30 bis 40 Prozent billiger.[91] Der Preisunterschied hat nichts mit der dekorativen Schönheit der Diamanten zu tun, sondern er beruht auf unserer kulturell bedingten Gepflogenheit, auf natürliche Weise entstandenen Diamanten einen höheren Wert beizulegen. Ebenso werten Gemälde alter Meister ein Wohnzimmer nicht wirklich besser auf als hochwertige Reproduktionen, aber weil Menschen an ihnen schätzen, dass sie Originale sind, können sie eine Million Mal so teuer sein.[92] Die Revolution in der Fertigung auf der Basis von Nanotechnologie wird also das Gefühl, durch wirtschaftliche Knappheit benachteiligt zu sein, nicht ganz beseitigen.

Alte Diamanten und Rembrandts werden selten bleiben. Aber in Generationen ändern sich kulturelle Wertvorstellungen. Wer kann sagen, ob die Menschen, die heute Kinder sind, als Erwachsene nicht andere Wertvorstellungen haben werden? Oder deren Kinder?

DANK NANOTECHNOLOGIE GESÜNDER UND LÄNGER LEBEN

Wie ich in meinem Lebensverlängerungsbuch *Transcend*[93] dargelegt habe, befinden wir uns jetzt in den späteren Phasen der ersten Generation der Lebensverlängerung, bei der es darum geht, das aktuelle Wissen über Pharmazie und Ernährung zur Bewältigung gesundheitlicher Probleme anzuwenden. Es ist ein Prozess, der ständig neue Ideen nutzbar gemacht und die Grundlage des Programms gebildet hat, das ich in den letzten Jahrzehnten für meine eigene Gesundheit befolgt habe.

In den 2020er-Jahren starten wir die zweite Phase der Lebensverlängerung, die in der Verschmelzung von Biotechnologie und KI bestehen wird. Sie wird die Entwicklung und Erprobung bahnbrechender Behandlungsmethoden in digitalen Biosimulatoren beinhalten. Die ersten Schritte dazu sind bereits gemacht worden. Wir werden mit diesen Techniken in der Lage sein, wirksame neue Therapien in Tagen statt in Jahren zu entdecken.

Die 2030er-Jahre werden die dritte Phase der Lebensverlängerung einläuten, die in der vollständigen Überwindung der Einschränkungen unserer biologischen Organe mithilfe der Nanotechnologie bestehen wird. Wenn wir in diese Phase eintreten, werden wir unser Leben erheblich verlängern und die normale menschliche Höchstlebensdauer von 120 Jahren deutlich überschreiten können.[94]

Nur ein Mensch, die Französin Jeanne Calment, die 122 wurde, hat nachweislich länger als 120 Jahre gelebt.[95] Warum liegt hier eine fast unüberschreitbare Grenze für die menschliche Lebensdauer? Man könnte vermuten, der Grund, warum Menschen in der Regel nicht älter werden als diese 120 Jahre, sei statistischer Natur – ältere Menschen sind jedes Jahr einem gewissen Risiko ausgesetzt, an Alzheimer, Schlaganfall, Herzinfarkt oder Krebs zu erkranken, und irgendwann stirbt jeder an etwas, nachdem er diesen Risiken lange genug ausgesetzt war. Aber das ist nicht der wahre Grund. Versicherungsmathematische Daten zeigen, dass die Wahrscheinlichkeit, im folgenden Jahr zu sterben, im Alter von 90 bis 110 Jahren jährlich um etwa 2 Prozentpunkte steigt.[96] Zum Beispiel liegt die Wahrscheinlichkeit, dass ein 97-jähriger Amerikaner vor Erreichen seines 98. Lebensjahres stirbt, bei etwa 30 Prozent. Wenn er 98 wird, liegt die Wahrscheinlichkeit, dass er vor Erreichen seines 99. Lebensjahres stirbt, bei 32 Prozent. Doch ab dem 110. Lebensjahr steigt das Sterberisiko pro Jahr um etwa 3,5 Prozentpunkte.

Die Ärzte haben dafür eine Erklärung: Im Alter von etwa 110 Jahren beginnt der Körper der ältesten Menschen auf qualitativ andere Weise abzubauen als bei jüngeren Senioren.[97] Bei »Supercentenarians« – Menschen, die älter als 110 Jahre sind – vergrößern sich nicht einfach die statistischen Risiken des späten Erwachsenenalters. Menschen in diesem Alter sind nicht nur einem jährlichen Risiko für gewöhnliche Krankheiten ausgesetzt (wobei das Steigen dieses Risikos sich bei sehr alten Menschen verlangsamen kann), ihnen drohen zusätzlich oft spontane Ausfälle wie Nierenversagen und Atemstillstand, nicht als Folge der Lebensweise oder des Ausbruchs einer Krankheit. Der Körper beginnt anscheinend einfach zu schwächeln.

Wissenschaftler und Investoren haben im letzten Jahrzehnt begonnen, sich intensiver mit der Frage zu befassen, warum das so ist.

Einer der führenden Forscher auf diesem Gebiet ist der Biogerontologe Aubrey de Grey, Gründer der LEV-Stiftung (Longevity Escape Velocity).[98] De Gray sagt, Altern sei wie der Verschleiß am Motor eines Automobils – es sei eine Ansammlung von Schäden als Ergebnis des normalen Systembetriebs. Beim menschlichen Körper sind diese Schäden größtenteils auf eine Kombination von Zellstoffwechsel (Energieverbrauch zum Weiterleben) und Zellreproduktion (Mechanismen zur Selbstreplikation) zurückzuführen. Beim Stoffwechsel entsteht Abfall in den Zellen und um sie herum, und durch Oxidation – ähnlich dem Rosten eines Autos! – werden Strukturen geschädigt.

Wenn wir jung sind, ist unser Körper in der Lage, den Abfall zu beseitigen und die Schäden effizient zu reparieren. Doch wenn wir älter werden, reproduzieren die meisten unserer Zellen sich mehrfach, und Fehler häufen sich. Irgendwann häufen sich die Schäden schneller, als der Körper sie reparieren kann.

Bei einem Menschen in den Siebzigern, Achtzigern oder Neunzigern verursachen diese Schäden über einen längeren Zeitraum wahrscheinlich ein Problem, das zum Tod führt – lange bevor sie imstande sind, mehrere solcher Probleme zu verursachen. Wenn die Wissenschaft also ein Medikament entwickelt, mit dem sich bei einem Achtzigjährigen eine sonst tödliche Krebserkrankung erfolgreich behandeln lässt, kann dieser Mensch damit rechnen, noch fast ein Jahrzehnt zu leben, bevor ihn etwas anderes tötet. Aber irgendwann beginnt alles auf einmal zu versagen, sodass es nichts mehr nützt, die Symptome altersbedingter Schäden zu behandeln. Deshalb, so Langlebigkeitsforscher, besteht die einzige Lösung darin, das Altern selbst zu heilen. Die SENS Research Foundation (»SENS« steht für »Strategies for Engineered Negligible Senescence«, etwa »Strategien, um den Alterungsprozess mit technischen Mitteln vernachlässigbar zu machen«) hat dafür einen detaillierten Forschungsplan vorgelegt (wobei es sicher Jahrzehnte dauern wird, bis das Endziel erreicht ist).[99]

Kurz gesagt, wir müssen fähig werden, altersbedingte Schäden auf der Ebene einzelner Zellen und lokaler Gewebe zu reparieren. Es werden bereits Möglichkeiten erforscht, das zu erreichen, aber ich glaube, die vielversprechendste Lösung sind Nanoroboter, die in den Körper eindringen und die Reparaturen an Ort und Stelle durchführen können. Das würde die Menschen nicht unsterblich machen. Wir könnten immer noch durch Unfälle und Pannen ums Leben kommen, aber das jährliche Sterberisiko würde mit zunehmendem Alter nicht mehr steigen; so könnten viele Menschen bei guter Gesundheit weit über 120 Jahre alt werden.

Und um von diesen Technologien zu profitieren, brauchen wir nicht zu warten, bis sie voll ausgereift sind. Wenn Sie so lange leben, bis die Anti-Aging-Forschung begonnen hat, Ihre verbleibende Lebenserwartung jährlich um mindestens ein Jahr zu verlängern, verschafft dies der Nanomedizin genügend Zeit, um alle verbleibenden Aspekte des Alterns zu heilen. Das ist die Fluchtgeschwindigkeit für die Lebensdauer.[100] Daher liegt Aubrey de Greys sensationeller Aussage, der erste Mensch, der das Alter von 1000 Jahren erreichen werde, sei wahrscheinlich schon geboren, eine vernünftige Logik zugrunde. Wenn die Nanotechnologie des Jahres 2050 so viele Probleme des Alterns gelöst haben wird, dass 100-Jährige 150 Jahre alt werden können, dann haben wir bis 2100 Zeit, alle neuen Probleme zu lösen, die in diesem Alter auftreten könnten. Da KI bis dahin eine Schlüsselrolle in der Forschung spielen wird, werden die Fortschritte in diesem Zeitraum exponentiell sein. So verblüffend diese Prognosen zugegebenermaßen sind und so absurd sie für unser intuitives lineares Denken klingen, wir haben gute Gründe anzunehmen, dass sie die Zukunft beschreiben.

Ich habe im Laufe der Jahre viele Gespräche über Lebensverlängerung geführt, eine Vorstellung, die oft auf Widerstand stößt. Menschen sind traurig, wenn sie von jemandem hören, dessen Leben durch eine Krankheit verkürzt wurde. Wenn sie jedoch mit der Möglichkeit konfrontiert werden, das menschliche Leben generell zu verlängern, reagieren sie ablehnend. »Das Leben ist zu schwierig, als dass es sich lohnt, darüber nachzudenken, es unbegrenzt fortzuführen«, lautet eine Antwort, die ich häufig gehört habe. Aber im Allgemeinen möchten Menschen ihr Leben nie beenden, es sei denn, sie leiden unter großen körperlichen, geistigen oder spirituellen Schmerzen. Und wenn sie die ständigen Verbesserungen des Lebens in all seinen Dimensionen, die ich in Kapitel 4 dargelegt habe, in Anspruch nähmen, würden die meisten dieser Leiden gelindert. Das heißt, die Verlängerung des menschlichen Lebens würde es auch enorm verbessern.

Um sich vorzustellen, wie Lebensverlängerung die Lebensqualität verbessert, ist es hilfreich, ein Jahrhundert zurückzudenken. 1924 betrug die durchschnittliche Lebenserwartung in den Vereinigten Staaten ca. 58,5 Jahre, sodass aufgrund der Statistik damit zu rechnen war, dass Babys, die in diesem Jahr geboren wurden, 1982 sterben würden.[101] Die Medizin erreichte jedoch in diesem Zeitraum so viele Verbesserungen, dass viele der 1924 Geborenen bis in die 2000er- oder 2010er-Jahre hinein lebten. Dank dieser Lebensverlängerung konnten sie ihren Ruhestand in einer Zeit genießen, in der es billige Flugreisen, sicherere Autos, Kabelfernsehen und das Internet gab. Für 2024 geborene Babys werden die technologischen Fortschritte in den Jahren, die ihr Leben verlängern, exponentiell größer sein, als es die Fortschritte im vorigen Jahrhundert waren. Zusätzlich zu diesen enormen materiellen Vorteilen werden sie an Kultur auch all das genießen können, was die Menschheit in diesen zusätzlichen Jahren an bildender Kunst, Musik, Literatur, Fernsehsendungen und Videospielen hervorbringen wird. Am wichtigsten ist vielleicht, dass sie mehr Zeit mit der Familie und mit Freunden werden verbringen können. Meiner Meinung nach ist es vor allem das, was dem Leben Sinn gibt.

Aber wie wird Nanotechnologie dies möglich machen? Das langfristige Ziel ist aus meiner Sicht der Einsatz medizinischer Nanoroboter. Diese werden aus Diamantoidteilen mit integrierten Sensoren, Manipulatoren, Computern, Kommunikatoren und möglicherweise Stromversorgungen hergestellt werden.[102] Intuitiv stellt man sich Nanobots vielleicht als winzige Roboter-U-Boote aus Metall vor, die durch die Blutbahn tuckern, doch im Nanomaßstab erfordert die Physik einen ganz anderen Ansatz. In diesem Maßstab ist Wasser ein starkes Lösungsmittel, und Oxidationsmoleküle sind hochreaktiv, sodass starke Materialien wie Diamantoid benötigt werden.

Und während U-Boote im Makrobereich problemlos durch Flüssigkeiten vorwärtstreiben können, wird die Fluiddynamik bei nanoskaligen Objekten von klebrigen Reibungskräften beherrscht.[103] Stellen Sie sich vor, Sie würden versuchen, durch Erdnussbutter zu schwimmen! Nanobots werden also andere Antriebsprinzipien nutzen müssen. Wahrscheinlich werden sie auch nicht in der Lage sein, genügend Energie an Bord zu speichern oder Rechenkapazität mitzuführen, um all ihre Aufgaben selbstständig zu erledigen, und werden daher so konzipiert sein müssen, dass sie Energie aus ihrer Umgebung beziehen und entweder externe Steuersignale befolgen oder beim Erbringen von Rechenleistungen miteinander zusammenarbeiten.

Um seinen Körper zu erhalten und Gesundheitsproblemen vorzubeugen, wird jeder von uns eine große Anzahl von Nanobots benötigen, die alle ungefähr die Größe einer Zelle haben werden. Die besten verfügbaren Schätzungen gehen davon aus, dass der menschliche Körper aus mehreren zehn Billionen biologischen Zellen besteht.[104] Wenn wir je 100 Zellen nur einen Nanobot aufnehmen, wären das mehrere 100 Milliarden Nanobots. Es bleibt jedoch abzuwarten, welches Verhältnis optimal ist. Zum Beispiel könnte es sich herausstellen, dass fortgeschrittene Nanobots sogar bei einem um mehrere Größenordnungen größeren Zell-zu-Nanobot-Verhältnis effektiv wären.

Eine der gravierendsten Folgen des Alterns ist die Verschlechterung der Organleistung. Deshalb wird eine wesentliche Aufgabe der Nanobots darin bestehen, die Organe zu reparieren und zu stärken. Außer um die in Kapitel 2 besprochene Erweiterung unseres Neokortex wird es vor allem darum gehen, unseren Nichtsinnesorganen zu helfen, Substanzen effizient in die Blutzufuhr (oder das Lymphsystem) zu transportieren oder daraus zu entfernen.[105] Die Lunge etwa nimmt Sauerstoff auf und scheidet Kohlendioxid aus.[106] Die Leber und die Nieren scheiden Giftstoffe aus.[107] Der gesamte Verdauungstrakt führt unserer Blutversorgung Nährstoffe zu.[108] Einige Organe wie die Bauchspeicheldrüse produzieren Hormone, die den Stoffwechsel steuern.[109] Veränderungen des Hormonspiegels können Krankheiten wie Diabetes verursachen. (Es gibt bereits Geräte,[110] die den Insulinspiegel im Blut messen und Insulin ähnlich wie eine echte Bauchspeicheldrüse in die Blutbahn leiten können.[111]) Würden Nanobots die Versorgung mit diesen lebenswichtigen Substanzen überwachen, deren Werte anpassen, wenn nötig, und Organstrukturen pflegen, könnten sie den Körper eines Menschen unbegrenzt bei guter Gesundheit erhalten. Schließlich werden Nanobots in der Lage sein, biologische Organe vollständig zu ersetzen, sollte dies erforderlich sein oder gewünscht werden.

Nanobots werden also mehr können, als die normalen Körperfunktionen zu erhalten. Sie werden sich auch dazu eignen, die Konzentrationen verschiedener Substanzen in unserem Blut auf ein optimales Niveau einzustellen. Es wird möglich sein, Hormonspiegel zu optimieren, um uns mehr Energie und Konzentrationsfähigkeit zu verschaffen oder die natürlichen Heilungs- und Reparaturprozesse des Körpers zu beschleunigen. Könnte die Optimierung von Hormonspiegeln unseren Schlaf effizienter machen,[112] so wäre das »Lebensverlängerung durch die Hintertür«: Wenn man nachts statt acht Stunden Schlaf nur sieben benötigt, hat man bei durchschnittlicher Lebensdauer so viel mehr Stunden wachen Lebens, als würde man fünf Jahre länger leben!

Irgendwann sollte der Einsatz von Nanobots zur Erhaltung und Optimierung des Körpers auch die Entstehung schwerer Krankheiten verhindern. Es wird dann wahrscheinlich eine Zeit geben, in der Nanobots zwar verfügbar sind, aber nicht jeder von ihnen schon zu diesem Zweck Gebrauch macht. Daher werden Erkrankungen wie Krebs behandelt werden müssen, sobald sie diagnostiziert sind.

Ein Grund dafür, dass Krebs so schwer zu besiegen sein kann, ist, dass jede Krebszelle die Fähigkeit besitzt, sich zu replizieren, weshalb jede einzelne Zelle entfernt werden muss.[113] Das Immunsystem ist zwar oft in der Lage, die allerersten Phasen der Krebszellteilung zu beherrschen, aber sobald ein Tumor sich etabliert hat, kann er Resistenz gegen die körpereigenen Immunzellen entwickeln. Wenn eine Behandlung zu diesem Zeitpunkt die meisten Krebszellen zerstört, können die überlebenden mit der Bildung neuer Tumoren beginnen. Sehr wahrscheinlich gehören diese gefährlichen überlebenden Krebszellen einer Subpopulation an, die als Krebsstammzellen bezeichnet werden.[114]

Die Krebsmedizin hat zwar im letzten Jahrzehnt erstaunliche Fortschritte gemacht – in diesem Jahrzehnt wird sie mithilfe der KI noch größere machen –, verwendet aber immer noch relativ stumpfe Instrumente, um die Krankheit zu behandeln. Eine Chemotherapie schafft es oft nicht, den Krebs vollständig zu beseitigen, verursacht aber im ganzen Körper an anderen, nicht krebsartigen Zellen schwere Kollateralschäden.[115] Das führt bei vielen Patienten zu brutalen Nebenwirkungen, schwächt außerdem ihr Immunsystem und macht sie anfälliger für andere Gesundheitsrisiken. Selbst fortgeschrittene Immuntherapien und zielgerichtete Medikamente sind weit davon entfernt, vollständige Wirksamkeit und Präzision zu erreichen.[116] Dagegen werden medizinische Nanobots in der Lage sein, jede einzelne Zelle zu untersuchen und festzustellen, ob sie krebsartig ist oder nicht, um dann alle bösartigen Zellen zu vernichten. Denken Sie an den Vergleich mit dem Automechaniker vom Anfang dieses Kapitels: Wenn Nanobots einzelne Zellen selektiv reparieren oder vernichten können, werden wir unsere Biologie in vollem Umfang beherrschen, und die Medizin wird die Wissenschaft sein, die sie schon lange sein will.

Um das zu erreichen, werden wir auch vollständige Kontrolle über unsere Gene erlangen müssen. In unserem Naturzustand vermehren sich Zellen, indem sie die DNA im Zellkern kopieren.[117] Wenn es in einer Gruppe von Zellen ein Problem mit der DNA-Sequenz gibt, kann es nur durch Aktualisierung der Sequenz in jeder einzelnen Zelle behoben werden.[118] Bei nicht verbesserten biologischen Organismen ist das von Vorteil, da es die Gefahr minimiert, dass zufällige Mutationen innerhalb einzelner Zellen tödliche Schäden am gesamten Körper verursachen. Würde irgendeine Mutation in einer Zelle unseres Körpers sogleich in jede andere Zelle kopiert, könnten wir nicht überleben. Diese dezentrale biologische Robustheit ist aber ein großes Problem für eine Spezies (wie unsere), die die DNA einzelner Zellen recht gut bearbeiten kann und die DNA im gesamten Körper effektiv bearbeiten möchte, die dafür erforderliche Nanotechnologie aber noch nicht beherrscht.

Würde der DNA-Code jeder Zelle stattdessen (wie viele elektronische Systeme) von einem »Zentralserver« gesteuert, könnten wir ihn ändern, indem wir ihn einfach von diesem aus aktualisieren. Dazu würden wir den Zellkern jeder Zelle durch ein nanotechnisches Pendant ergänzen – durch ein System, das den DNA-Code vom Zentralserver empfangen und dann anhand dieses Codes eine Aminosäurensequenz herstellen würde.[119] Ich verwende den Begriff »Zentralserver« hier als Kürzel für eine stärker zentralisierte Broadcast-Architektur, will damit aber nicht sagen, dass alle Nanobots direkte Anweisungen von *ein und demselben* Computer erhalten würden. Die physikalischen Herausforderungen der Nanotechnik könnten letztlich dazu führen, dass ein stärker lokalisiertes Broadcast-System vorzuziehen wäre. Aber selbst wenn wir in unserem Körper Hunderte oder Tausende von Steuereinheiten im Mikrobereich (nicht Nanobereich!) hätten, groß genug für eine komplexere Kommunikation mit einem alles steuernden Computer, läge darin eine Zentralisierung, die um ein Vielfaches größer wäre als die des Status quo mit unabhängigem Funktionieren von zig Billionen Zellen.

Die anderen Bestandteile des Proteinsynthesesystems, etwa das Ribosom, könnten auf dieselbe Weise erweitert werden. Wir könnten dann dysfunktionale DNA einfach abschalten, ganz gleich, ob sie für Krebs oder für genetische Störungen verantwortlich ist. Der Nanocomputer, der das übernähme, würde auch die biologischen Algorithmen implementieren, die die Epigenetik, also die Genexpression und -aktivierung, steuern.[120] Wir müssen noch viel über die Genexpression lernen, aber KI wird es uns ermöglichen, sie detailliert genug zu simulieren, wenn die Nanotechnologie ausgereift ist, sodass Nanobots sie werden präzise regulieren können. Mit dieser Technologie werden wir auch in der Lage sein, die Häufung von DNA-Transkriptionsfehlern, eine Hauptursache für das Altern, zu verhindern oder rückgängig zu machen.[121]

Nanobots werden auch nützlich sein, um akute Bedrohungen für den Körper zu neutralisieren – Bakterien und Viren zu vernichten, Autoimmunreaktionen zu stoppen oder verstopfte Arterien freizubohren. Aufgrund von Forschungen der Stanford University und der Michigan State University ist bereits ein Nanopartikel entwickelt worden, das die Monozyten und Makrophagen, die arteriosklerotische Plaque verursachen, findet und eliminiert.[122] Intelligente Nanobots werden aber wesentlich effektiver sein. Anfangs werden solche Behandlungsmaßnahmen von Menschen initiiert, später aber autonom durchgeführt werden; die Nanobots werden Aufgaben selbstständig erledigen und ihre Aktivitäten über eine steuernde KI-Schnittstelle den Menschen melden, die sie überwachen.

Da KI die Biologie des Menschen immer besser verstehen wird, wird es möglich sein, Nanobots auszusenden, um Probleme auf zellularer Ebene anzugehen, lange bevor diese Probleme für heutige Ärzte erkennbar wären. In vielen Fällen wird dadurch Erkrankungen vorgebeugt werden können, deren Ursache 2024 noch unklar ist. Zum Beispiel sind heute ungefähr 25 Prozent der ischämischen Schlaganfälle »kryptogen« – sie haben keine erkennbare Ursache.[123] Irgendeinen Grund aber muss es haben, dass sie auftreten. Nanobots, die in der Blutbahn patrouillieren, könnten kleine Plaques oder strukturelle Defekte erkennen, bei denen das Risiko besteht, dass sie Blutgerinnsel bilden und dadurch mittelbar einen Schlaganfall verursachen; sie könnten sich bildende Blutgerinnsel auflösen oder Alarm schlagen, wenn sich unmerklich ein Schlaganfall anbahnt.

Wie bei der Hormonspiegeloptimierung werden Nanomaterialien aber erlauben, die normale Körperfunktion nicht nur wiederherzustellen, sondern sie über das hinaus zu steigern, was unsere natürliche Biologie uns ermöglicht. Biologische Systeme sind in ihrer Stärke und ihrer Geschwindigkeit limitiert, da sie aus Proteinen aufgebaut sein müssen. Diese sind dreidimensional, müssen aber aus einer eindimensionalen Aminosäurenkette gefaltet werden.[124] Künstlich hergestellte Nanomaterialien sind nicht in der genannten Weise limitiert. Aus diamantoiden Zahnrädern und Rotoren gebaute Nanobots wären mehrere Tausend Mal so schnell und stark wie biologische Materialien und von Grund auf für optimale Leistung konzipiert.[125]

Dank dieser Vorzüge könnten Nanobots sogar unser Blut ersetzen. In einem Entwurf von Robert A. Freitas, Mitbegründer und Co-Vorsitzendem der Abteilung für Nanotechnologie an der Singularity University, wird die Respirozyte als künstliches rotes Blutkörperchen bezeichnet.[126] Freitas' Berechnungen zufolge könnte ein Mensch mit Respirozyten in der Blutbahn den Atem etwa vier Stunden lang anhalten.[127] Irgendwann werden wir auch künstliche Lungen konstruieren können, die die künstlichen Blutzellen effizienter mit Sauerstoff versorgen werden, als das Atmungssystem, das uns die Biologie gegeben hat, unsere natürlichen Blutzellen mit Sauerstoff versorgt. Herzen aus Nanomaterialien schließlich werden die Menschen gegen

Herzinfarkte immunisieren und Herzstillstände aufgrund von Traumata deutlich seltener machen.

Nanobots werden es den Menschen auch ermöglichen, ihr äußeres Erscheinungsbild zu verändern wie nie zuvor. Schon heute können Menschen die Avatare, die sie sich in digitalen Umgebungen wie Chatrooms und Online-Rollenspielen zulegen, nach Belieben bearbeiten. Viele nutzen diese Möglichkeit, um Kreativität und Persönlichkeit auszudrücken. Außer persönliche Entscheidungen über ihr Aussehen zu treffen und Fashion-Statements zu machen, können Benutzer sich von virtuellen Charakteren verkörpern lassen, die jünger oder älter oder anderen Geschlechts sind oder gar einer anderen Spezies angehören als sie selbst. Es bleibt abzuwarten, wie sich dies auf das reale Leben überträgt, wenn Nanotechnologie den Menschen die Möglichkeit gibt, ihren physischen Körper radikal zu verändern. Wird es in der Realität genauso üblich sein, radikale kosmetische Veränderungen an sich vorzunehmen, wie es derzeit in Spielen der Fall ist? Oder werden psychologische und kulturelle Faktoren die Menschen bei diesen Entscheidungen konservativer machen?

Der wichtigste Beitrag der Nanotechnologie zu unserem Körper wird jedoch die Erweiterung des Gehirns sein, das irgendwann zu mehr als 99,9 Prozent nicht biologisch sein wird. Dazu wird es auf zweierlei Weise kommen: Die eine wird die schrittweise Einführung von Nanobots ins Gehirngewebe sein; diese Nanobots werden dazu verwendet werden können, Schäden zu reparieren oder nicht mehr funktionierende Neuronen zu ersetzen. Die andere wird die Verbindung des Gehirns mit Computern sein, was uns sowohl die Fähigkeit verschaffen wird, Maschinen direkt mit unseren Gedanken zu steuern, als auch, digitale Schichten des Neokortex in die Cloud zu integrieren. Wie in Kapitel 2 ausführlicher beschrieben, wird dies weit darüber hinausgehen, uns ein besseres Gedächtnis und mehr Geschwindigkeit beim Denken zu verschaffen.

Ein tieferer virtueller Neokortex wird uns befähigen, komplexere und abstraktere Gedanken zu denken, als wir derzeit verstehen können. Stellen Sie sich als vage andeutendes Beispiel vor, Sie könnten sich zehndimensionale Formen klar und anschaulich vorstellen und über sie nachdenken. Fähigkeiten dieser Art werden in vielen Bereichen des Denkens möglich sein. Zum Vergleich: Die Großhirnrinde (die hauptsächlich aus dem Neokortex besteht) hat durchschnittlich 16 Milliarden Neuronen mit einem Volumen von etwa einem halben Liter.[128] Nach Ralph Merkles Entwurf für ein nanoskaliges mechanisches Rechensystem, der weiter oben in diesem Kapitel beschrieben wurde, könnten im gleichen Volumen theoretisch mehr als 80 Trillionen Logikgates untergebracht werden. Der Geschwindigkeitsvorteil wäre enorm: Die elektrochemische Schaltgeschwindigkeit von Neuronenfeuer liegt bei Säugetieren wahrscheinlich im Durchschnitt in der Größenordnung von einmal pro Sekunde, während bei nanotechnischen Rechenoperationen wahrscheinlich zwischen etwa 100 Millionen und einer Milliarde Zyklen pro Sekunde möglich wären.[129] Selbst wenn nur ein winziger Bruchteil dieser Werte in der Praxis erreichbar wäre, würde eine solche Technologie es den digitalen Teilen unseres Gehirns (gelagert auf nicht biologischen Computersubstraten) ermöglichen, die biologischen Teile weit zu übertreffen.

Sie erinnern sich an meine Schätzung, dass die Rechenleistung im menschlichen Gehirn (auf der Ebene der Neuronen) in der Größenordnung von 10^{14} pro Sekunde liegt. 2024 könnte Rechenleistung im Wert von 1000 US-Dollar bis zu 130 Billionen Rechenschritte pro Sekunde durchführen.[130] Wenn man den Trend der Jahre 2000 bis 2024 zugrunde legt, werden bis 2054 etwa 1000 US-Dollar Rechenleistung (in Dollar mit der Kaufkraft des Jahres 2024) ausreichen, um pro Sekunde etwa 7 Millionen Mal so viele Rechenschritte durchzuführen wie das nicht verbesserte menschliche Gehirn.[131] Wenn sich, wie ich vermute, herausstellen sollte, dass nur ein Bruchteil der Neuronen des Gehirns notwendig ist, um das Bewusstsein zu digitalisieren (z. B. wenn wir die Aktionen vieler Zellen, die die anderen Organe des Körpers steuern, nicht zu simulieren brauchen), könnte dieser Zeitpunkt mehrere Jahre früher erreicht werden. Und selbst wenn sich herausstellen sollte, dass die Digitalisierung unseres Bewusstseins die Simulation jedes Proteins in jedem Neuron erfordert (was ich für unwahrscheinlich halte), könnte es nur einige Jahrzehnte länger dauern, bis dieses Erschwinglichkeitsniveau erreicht wäre – was aber immer noch im Laufe des Lebens vieler Menschen der Fall wäre, die heute leben. Mit anderen Worten: Da diese Zukunft von fundamentalen exponentiellen Trends herbeigeführt wird, wird sich der Zeitpunkt, bis zu dem der besagte Meilenstein erreicht sein wird, nicht wesentlich ändern, selbst wenn wir unsere Annahmen darüber, wie einfach es sein wird, uns zu erschwinglichen Kosten zu digitalisieren, erheblich ändern müssen.

In den 2040er- und 2050er-Jahren werden wir unsere Körper – vor allem unsere Gehirne – so umbauen, dass sie weit mehr leisten können als das, wozu unsere Biologie sie befähigt; sie werden durch Back-ups gesichert und fast unsterblich sein. Wenn die Nanotechnologie durchstartet, werden wir uns nach Belieben optimierte Körper verschaffen können: Wir werden in der Lage sein, viel schneller und länger zu laufen, unter Wasser zu schwimmen und zu atmen wie Fische und uns sogar Flügel zu geben, wenn wir das wollen. Die Geschwindigkeit unseres Denkens wird ein Millionenfaches des heutigen betragen, aber das Wichtigste ist: Wir werden fürs Überleben unseres *Selbst* nicht auf das Überleben unseres Körpers angewiesen sein.

KAPITEL 7

GEFAHR

»Umweltschützer müssen sich jetzt entschieden mit dem Gedanken auseinandersetzen, dass die Welt über genügend Reichtum und genügend technologische Fähigkeiten verfügt, und sollten nicht nach mehr streben.«[1]

Bill McKibben,
Umweltschützer und Autor zum Thema Erderwärmung

»Ich meine nur, dass ihre Flucht vor der Technik, ihr Hass auf sie, selbstzerstörerisch ist. Der Buddha, die Gottheit, wohnt in den Schaltungen eines Digitalrechners oder den Zahnrädern eines Motorradgetriebes genauso bequem wie auf einem Berggipfel oder im Kelch einer Blüte. Wer das nicht wahrhaben will, erniedrigt den Buddha – und damit sich selbst.«[2]

Robert M. Pirsig,
Zen und die Kunst, ein Motorrad zu warten

VERHEISSUNG UND GEFAHR

Bis hierher hat dieses Buch die vielen Facetten untersucht, in denen die letzten Jahre bis zur Singularität den Menschen rasch wachsenden Wohlstand bringen werden. Dieser Fortschritt wird aber nicht nur das Leben von Milliarden Menschen verbessern, er wird auch die Gefahren für unsere Spezies vergrößern. Neue, destabilisierende Atomwaffen, Durchbrüche in der synthetischen Biologie und neu entstehende Nanotechnologien werden Bedrohungen mit sich bringen, denen wir uns stellen müssen. Und wenn KI den Menschen in Bezug auf seine Fähigkeiten ein- und überholt, muss sie sorgfältig auf nützliche Zwecke ausgerichtet und vor allem so konzipiert werden, dass sie Unfälle und Missbrauch verhindert. Es gibt gute Gründe für die Annahme, dass unsere Zivilisation die Gefahren meistern wird – nicht weil diese nicht real wären, sondern im Gegenteil, weil so viel auf dem Spiel steht. Gefahren sorgen nicht nur dafür, dass sich der Einfallsreichtum des Menschen von seiner besten Seite zeigt, sondern dieselben Bereiche der Technologie, die Gefahren heraufbeschwören, bringen auch leistungsstarke neue Werkzeuge zum Schutz vor ihnen hervor.

ATOMWAFFEN

Zum allerersten Mal entwickelte die Menschheit eine Technologie, die die Zivilisation auslöschen könnte, als meine Generation geboren wurde. Ich erinnere mich, wie wir in der Grundschule bei Zivilschutzübungen unter unsere Pulte in Deckung gehen und die Arme hinter dem Kopf verschränken mussten, um uns vor einer thermonuklearen Explosion zu schützen. Wir haben die Gefahr bisher unversehrt überstanden – diese Sicherheitsmaßnahme muss also funktioniert haben.

Die Menschheit verfügt derzeit über rund 12 700 Atomsprengköpfe, von denen etwa 9440 aktiv sind und in einem Atomkrieg eingesetzt werden könnten.[3] Die Vereinigten Staaten und Russland haben jeweils rund 1000 große Sprengköpfe, die mit einer Vorlaufzeit von weniger als einer halben Stunde abgefeuert werden könnten.[4] Ein größerer nuklearer Schlagabtausch würde durch die unmittelbaren Auswirkungen der Waffen schnell mehrere Hundert Millionen Menschen töten.[5] Die Sekundäreffekte, die Milliarden töten könnten, sind darin nicht eingerechnet.

Da die Weltbevölkerung so weit über den Planeten verstreut ist, würde selbst ein unbegrenzter nuklearer Schlagabtausch nicht alle

Menschen durch die Explosionen der Sprengköpfe töten.[6] Nuklearer Niederschlag könnte aber radioaktives Material über weite Teile der Welt verbreiten, und die Feuersbrünste brennender Städte würden gigantische Mengen Ruß in die Atmosphäre blasen, was zu starker globaler Abkühlung und einer großen Hungersnot führen würde. In Verbindung mit einer katastrophalen Störung von Technologien wie der Medizin und der Frischwasserversorgung würde dies die Zahl der Todesopfer weiter erhöhen. Künftige Atomwaffenarsenale könnten mit Kobalt oder anderen Elementen »gesalzene« Sprengköpfe enthalten, die die Auswirkungen der nachklingenden Radioaktivität furchtbar verschlimmern könnten. Anders Sandberg und Nick Bostrom haben auf der 2008 vom Future of Humanity Institute der Oxford University veranstalteten Global Catastrophic Risks Conference Experten befragt. Diese schätzten die Wahrscheinlichkeit von mindestens einer Million Toten in Atomkriegen vor dem Jahr 2100 im Durchschnitt auf 30 Prozent, die Wahrscheinlichkeit von mindestens einer Milliarde Toten auf 10 Prozent und die Wahrscheinlichkeit eines völligen Aussterbens der Menschheit auf 1 Prozent.[7]

2024 sind fünf Staaten bekannt, die über eine vollständige »Trias« von Atomwaffen (Interkontinentalraketen, Fliegerbomben und von U-Booten abzufeuernde ballistische Raketen) verfügen: die Vereinigten Staaten (5244 Sprengköpfe), Russland (5889), China (410), Pakistan (170) und Indien (164).[8] Drei weitere Staaten verfügen bekanntermaßen über ein eingeschränktes Einsatzsystem: Frankreich (290), Großbritannien (225) und Nordkorea (rund 30). Israel hat sich nicht offiziell zum Besitz von Atomwaffen bekannt, es wird jedoch allgemein angenommen, dass das Land über eine vollständige Trias von etwa 90 Sprengköpfen verfügt.

Die Weltgemeinschaft hat eine Reihe internationaler Verträge ausgehandelt,[9] mit denen es gelungen ist, die Gesamtzahl der aktiven Sprengköpfe von einem Höchststand von 64 449 im Jahr 1986 auf weniger als 9500 zu reduzieren,[10] umweltschädliche oberirdische Tests zu stoppen[11] und den Weltraum atomwaffenfrei zu halten.[12] Die derzeitige Anzahl der aktiven Waffen reicht aber immer noch aus, um unsere Zivilisation zu vernichten.[13] Und selbst wenn das jährliche Risiko eines Atomkriegs gering ist – die kumulativen Risiken über

Jahrzehnte oder ein Jahrhundert hinweg sind äußerst bedenklich. Solange die in höchster Alarmbereitschaft befindlichen Arsenale in ihrer jetzigen Form erhalten bleiben, ist es wahrscheinlich nur eine Frage der Zeit, bis diese Waffen irgendwo auf der Welt eingesetzt werden, sei es absichtlich – von einer Regierung, von Terroristen oder von abtrünnigen Offizieren – oder aus Versehen.

Mutually assured destruction (MAD, wörtlich »gegenseitig zugesicherte Vernichtung«, frei »beiderseitige Bereitschaft zum atomaren Gegenschlag« oder auch »Gleichgewicht des Schreckens«), die bekannteste Strategie zur Reduzierung des nuklearen Risikos, wurde sowohl von den Vereinigten Staaten als auch von der Sowjetunion während der längsten Zeit des Kalten Kriegs zu diesem Zweck genutzt.[14] MAD bedeutet, potenziellen Feinden die glaubwürdige Botschaft zu senden, dass sie beim Einsatz von Atomwaffen gewaltige Vergeltungsschläge in gleicher Form erleiden werden. Der Ansatz basiert auf der Spieltheorie. Wenn der Regierung eines Landes klar ist, dass der Einsatz auch nur *einer* Atombombe den Gegner veranlassen wird, einen groß angelegten Vergeltungsschlag zu lancieren, besteht für sie kein Anreiz, diese Waffen einzusetzen, da das Selbstmord wäre. Damit MAD funktioniert, muss jede Seite in der Lage sein, ihre Atomwaffen gegen die andere Seite einzusetzen, ohne daran durch defensive Gegenmaßnahmen gehindert zu werden.[15] Denn wenn ein Land anfliegende Atomsprengköpfe stoppen könnte, wäre es nicht mehr Selbstmord, die eigenen Atomsprengköpfe offensiv einzusetzen (wogegen einige Theoretiker allerdings eingewandt haben, das angreifende Land würde durch den radioaktiven Niederschlag ruiniert werden; für diese Gefahr steht das Akronym SAD – *self-assured destruction*, »selbst zugesicherte Vernichtung«).[16]

Zum Teil aufgrund der Risiken einer Störung des stabilen MAD-Gleichgewichts haben die Militärs der Welt begrenzte Anstrengungen in die Entwicklung von Raketenabwehrsystemen gesteckt, doch noch (Stand 2024) verfügt kein Land über Abwehrmechanismen, die stark genug wären, einen groß angelegten Angriff mit Atomwaffen mit Sicherheit zu überstehen. Tatsächlich haben in den letzten Jahren neue Einsatztechnologien begonnen, das Kräftegleichgewicht zu stören. Russland arbeitet am Bau sowohl von Unterwasserdrohnen zum

Transport von Atomwaffen als auch von atomgetriebenen Marschflugkörpern, die sich über einen längeren Zeitraum außerhalb eines Ziellands aufhalten und aus unvorhersehbaren Richtungen zuschlagen sollen.[17] Russland, China und die Vereinigten Staaten liefern sich einen Wettlauf um die Entwicklung von Hyperschallmarschflugkörpern, die zu Ausweichmanövern fähig sind, um, während sie ihre Sprengköpfe abfeuern, deren Abwehr zu vereiteln.[18] Da diese Systeme so neu sind, erhöht sich das Risiko einer Fehleinschätzung, wenn rivalisierende Militärmächte deren potenzielle Wirksamkeit anders beurteilen.

Selbst mit einer so überzeugenden Abschreckungsstrategie wie MAD bleibt die Gefahr einer Katastrophe aufgrund von Fehleinschätzungen oder Missverständnissen also bestehen.[19] Wir haben uns jedoch so sehr an diese Situation gewöhnt, dass sie kaum noch diskutiert wird.

Gleichwohl besteht Grund zu maßvollem Optimismus in Bezug auf die weitere Entwicklung des nuklearen Risikos. MAD ist seit mehr als siebzig Jahren erfolgreich, und die Arsenale der Atomwaffenstaaten schrumpfen weiter. Das Risiko eines Terroranschlags mit einer Atom- oder einer schmutzigen Bombe bleibt groß, aber Fortschritte in der KI führen zu wirksameren Tools zur Erkennung und Abwehr solcher Bedrohungen.[20] KI kann das Risiko eines Atomkriegs zwar nicht beseitigen, doch können intelligentere Befehls- und Kontrollsysteme das Risiko von Sensorfehlfunktionen, die zum unbeabsichtigten Einsatz der schrecklichen Waffen führen würden, erheblich verringern.[21]

BIOTECHNOLOGIE

Wir haben jetzt eine weitere Technologie, die das Überleben der gesamten Menschheit gefährden kann. Es gibt viele natürlich vorkommende Krankheitserreger, die viele Menschen krank machen, weil sie sich leicht ausbreiten, die aber nur wenige töten. Und es gibt eine kleine Anzahl von Erregern, die sich nicht so leicht ausbreiten, aber vergleichsweise viele Opfer fordern. Der Schwarze Tod, eine heimtückische Seuche, die etwa ein Drittel der europäischen Bevölkerung dahinraffte[22] und die Weltbevölkerung bis Ende des 14. Jahrhunderts von etwa 450 auf etwa 350 Millionen reduzierte,[23] entstand aus einer Kombination von rascher Ausbreitung und großer Sterblichkeit. Das Immunsystem einiger Menschen war jedoch besser als das der meisten in der Lage, die Pest zu bekämpfen – zum Teil aufgrund von DNA-Varianten. Ein positiver Effekt der geschlechtlichen Fortpflanzung ist, dass jeder Mensch eine andere genetische Ausstattung hat.[24]

Fortschritte in der Gentechnik[25] (die die DNA von Viren und damit diese selbst verändern kann) könnten jedoch die absichtliche oder versehentliche Entstehung eines Supervirus ermöglichen, das hoch übertragbar und äußerst tödlich wäre. Vielleicht würde es sogar zu heimlichen Infektionen führen – Menschen würden sich anstecken, aber zunächst nicht erkranken, sondern das Virus eine Zeit lang weiterverbreiten, ohne es zu wissen. Niemand wäre bereits immun, und das Ergebnis wäre eine Pandemie, die verheerend unter der Menschheit wüten könnte.[26] Die Coronavirus-Pandemie von 2019 bis 2023 hat uns einen schwachen Vorgeschmack gegeben, wie eine solche Katastrophe aussehen könnte.

Das Gespenst dieser Möglichkeit war Anstoß für die Asilomar Conference on Recombinant DNA (Asilomar-Konferenz zur Sicherheit in der Molekularbiologie) im Jahr 1975, fünfzehn Jahre vor der Initiierung des Humangenomprojekts.[27] Sie erarbeitete eine Reihe von Standards, die das zufällige Entstehen von Problemen verhindern und vor dem absichtlichen Herbeiführen von Problemen schützen sollten. Diese »Asilomar-Richtlinien« wurden ständig aktualisiert, und einige ihrer Grundsätze sind mittlerweile in gesetzliche Regelungen für die Biotechnologiebranche integriert worden.[28]

Es gab auch Bemühungen, ein schnelles Reaktionssystem zu schaffen, das in der Lage wäre, einem plötzlich auftretenden biologischen Virus entgegenzuwirken, unabhängig davon, ob es versehentlich oder absichtlich freigesetzt wurde. Vor COVID-19 war die vielleicht bemerkenswerteste Anstrengung zur Verringerung der Reaktionszeiten bei Epidemien die Aufstellung des Global Rapid Response Team bei den Centers for Disease Control durch die US-Regierung im Juni 2015. Das kurz sogenannte GRRT wurde als Reaktion auf den Ebola-Virus-Ausbruch von 2014 bis 2016 in Westafrika gegründet.[29] Das Team kann überall auf der Welt schnell zum Einsatz kommen und hoch qualifiziertes Fachwissen bereitstellen, um die lokalen Behörden bei der Identifizierung und Eindämmung bedrohlicher Krankheitsausbrüche zu unterstützen.

Was absichtlich freigesetzte Viren betrifft, werden in den USA die gesamten bundesstaatlichen Bemühungen zur Abwehr von Bioterrorismus von der National Interagency Confederation for Biological Research (NICBR) koordiniert. Eine der wichtigsten Einrichtungen für diese Arbeit ist das United States Army Medical Research Institute of Infectious Diseases (USAMRIID). Ich habe mit ihm im Rahmen des Army Science Board zusammengearbeitet, um Ratschläge für die Entwicklung besserer Möglichkeiten, im Falle eines Ausbruchs schnell zu reagieren, zu geben.[30]

Wenn es zu einem solchen Ausbruch kommt, hängt das Leben von Millionen Menschen davon ab, wie schnell die Behörden das Virus analysieren und eine Strategie zur Eindämmung des Ausbruchs und zur Behandlung der Krankheit entwickeln können. Glücklicherweise werden wir bei der Virussequenzierung immer schneller. Nach der Entdeckung des HI-Virus 1983 dauerte es dreizehn Jahre, bis sein Genom in voller Länge sequenziert war, 2003 aber nur 31 Tage, um das SARS-Virus zu sequenzieren, und heute können wir viele biologische Viren an einem einzigen Tag sequenzieren.[31] Ein schnelles Reaktionssystem würde ein eingefangenes neues Virus an ungefähr einem Tag sequenzieren und anschließend sofort medizinische Gegenmaßnahmen entwickeln.

Basierend auf der Erkenntnis, dass Viren mit krankheitsverursachenden Genen vergleichbar sind, besteht eine Behandlungsstrategie darin, RNA-Interferenz aus kleinen RNA-Stücken zu verwenden, die die Gen-exprimierende Boten-RNA vernichten können.[32] Ein anderer Ansatz arbeitet mit einem auf Antigenen basierenden Impfstoff, der auf bestimmte Proteinstrukturen auf der Oberfläche eines Virus zielt.[33] Wie im vorigen Kapitel erläutert, kann KI-gestützte Arzneimittelforschung potenzielle Impfstoffe oder Therapien gegen ein neu auftretendes Virus heute innerhalb weniger Tage oder Wochen identifizieren und dadurch den Beginn der viel länger dauernden klinischen Studien vorziehen. In den späteren 2020er-Jahren werden wir jedoch über die Technologie verfügen, die es ermöglichen wird, einen immer größer werdenden Teil der klinischen Studienpipeline mithilfe simulierter Biologie immer schneller zu erledigen. Ich habe im Mai 2020 in *Wired* einen Artikel veröffentlicht, in dem ich schrieb, wir sollten künstliche Intelligenz nutzen, um Impfstoffe zu entwickeln – zum Beispiel gegen das SARS-CoV-2-Virus, das COVID-19 verursacht.[34] Wie sich herausstellte, wurden erfolgreiche Impfstoffe wie der von Moderna auf ebendiese Weise in Rekordzeit entwickelt. Das Unternehmen machte von einer breiten Palette fortgeschrittener KI-Tools Gebrauch, um mRNA-Sequenzen zu entwerfen und zu optimieren und den Herstellungs- und Testprozess zu beschleunigen.[35] So verpasste Moderna nur 65 Tage nach Erhalt der genetischen Sequenz des Virus dem ersten Menschen eine Dosis Impfstoff – und erhielt nur 277 Tage später die Notfallzulassung durch die FDA.[36] Das war ein erstaunlicher Fortschritt, wenn man bedenkt, dass vor COVID-19 die schnellste Entwicklung eines Impfstoffs etwa vier Jahre gedauert hatte.[37]

Zu dem Zeitpunkt, da dieses Buch geschrieben wird, laufen wissenschaftliche Untersuchungen zu der Möglichkeit, dass das SARS-CoV-2-Virus versehentlich nach gentechnischen Forschungen in einem Labor freigesetzt wurde.[38] Da es im Zusammenhang mit den Lableak-Theorien viele falsche Informationen gab, ist es wichtig, dass wir unsere Schlussfolgerungen auf qualitativ hochwertige wissenschaftliche Quellen stützen. Doch allein schon die Möglichkeit macht eine reale Gefahr deutlich: Es hätte viel schlimmer kommen können. Das Virus hätte extrem übertragbar und zugleich sehr tödlich sein können, weshalb es unwahrscheinlich ist, dass es mit bösen Absichten hergestellt wurde. Aber da die Technologie, etwas viel Tödlicheres als COVID-19 zu kreieren, bereits existiert, werden KI-gesteuerte Gegenmaßnahmen von entscheidender Bedeutung sein, um das Risiko für unsere Zivilisation zu verringern.

NANOTECHNOLOGIE

Die meisten Risiken in der Biotechnologie hängen mit der Selbstreplikation zusammen. Dass ein Problem mit *einer* Zelle bedrohlich ist, ist unwahrscheinlich. Analoges gilt für die Nanotechnologie:

Ganz gleich, wie destruktiv ein einzelner Nanobot auch sein mag, er muss in der Lage sein, sich zu replizieren, um eine globale Katastrophe auszulösen. Die Nanotechnologie wird ein breites Spektrum an Angriffswaffen ermöglichen, von denen viele möglicherweise äußerst zerstörerisch sein werden. Solche Waffen könnten auch, sobald die Nanotechnologie ausgereift ist, sehr kostengünstig hergestellt werden, im Unterschied zu heutigen Atomwaffenarsenalen, deren Bau viel Geld verschlingt. (Eine grobe Vorstellung davon, wie viel es Schurken kosten würde, Atomwaffen zu bauen, kann das Beispiel Nordkoreas vermitteln, eines Paria-Staates, der auf externe Hilfe weitgehend verzichten muss. Die Regierung Südkoreas schätzt, dass das Atomwaffenprogramm den Nachbar im Norden 2016, als es dem Land gelang, mit atomaren Sprengköpfen bestückte Raketen zu entwickeln, zwischen 1,1 und 3,2 Milliarden US-Dollar gekostet hat.[39])

Dagegen können biologische Waffen ausgesprochen billig sein. Laut einem NATO-Bericht aus dem Jahr 1996 könnte ein Team von nur fünf Biologen solche Waffen für 100 000 US-Dollar (mit der Kaufkraft von rund 190 000 US-Dollar des Jahres 2024) innerhalb weniger Wochen und ohne allzu spezielles Zubehör entwickeln.[40] Was die Wirkung angeht, berichtete ein Expertengremium den Vereinten Nationen 1969, dass biologische Waffen beim Einsatz gegen Zivilisten etwa achthundert Mal so kosteneffektiv seien wie Atomwaffen – und die Fortschritte in der Biotechnologie haben dieses Verhältnis in den fünf Jahrzehnten seither mit ziemlicher Sicherheit deutlich erhöht.[41] Wie viel ausgereifte Nanotechnologie in Zukunft kosten wird, können wir nicht mit Gewissheit sagen, da sie auf Selbstreplikationsprinzipien ähnlich denen der Biologie basieren wird; wir sollten die genannten Kosten für die Entwicklung biologischer Waffen daher als erste Näherung betrachten. Da die Nanotechnologie von KI-optimierten Herstellungsprozessen Gebrauch machen wird, könnten die Kosten aber sogar noch niedriger sein.

Zu den nanobasierten Waffen könnten winzige Drohnen gehören, die unbemerkt Gifte bringen, Nanobots, die in Wasser oder als Aerosole in den Körper eindringen und ihn von innen zerreißen, oder Systeme, die bestimmte Personengruppen angreifen.[42] Eric Drexler schrieb 1986: »›Pflanzen‹ mit ›Blättern‹, die nicht effizienter sind als heutige Solarzellen, könnten echte Pflanzen verdrängen und die Biosphäre mit ungenießbaren Blättern überwuchern. Robuste allesfressende ›Bakterien‹ könnten echte Bakterien verdrängen: Sie könnten sich wie Pollen verbreiten, sich schnell replizieren und die Biosphäre innerhalb weniger Tage zu Staub machen. Gefährliche Replikatoren könnten zu widerstandsfähig, zu klein und zu schnell sein, um gestoppt werden zu können, wenn wir uns auf die Möglichkeit, dass es sie geben wird, nicht vorbereiten. Wir haben schon mit der Bekämpfung von Viren und Fruchtfliegen große Probleme.«[43]

Das meistdiskutierte Worst-Case-Szenario ist die Entstehung von »grauer Schmiere« – selbstreplizierenden Maschinen, die auf Kohlenstoff basierende Materie verbrauchen und sie in *mehr* selbstreplizierende Maschinen umwandeln.[44] Ein solcher Prozess könnte zu einer Kettenreaktion führen, die, außer Kontrolle geraten, möglicherweise die gesamte Biomasse der Erde in solche Maschinen umwandeln würde.

Wie lange könnte es dauern, bis die gesamte Biomasse der Erde vernichtet wäre? Die existierende Biomasse hat eine Größenordnung von 10^{40} Kohlenstoffatomen.[45] Die Zahl der Kohlenstoffatome eines einzelnen replizierenden Nanobots könnte in der Größenordnung von 10^{7} liegen.[46] Der Nanobot müsste also 10^{33} Kopien von sich herstellen – nicht alle direkt, wohlgemerkt, sondern über wiederholte Replikation. Die Nanobots würden aber in jeder »Generation« vielleicht nur zwei oder eine andere kleine Anzahl von Kopien von sich herstellen. Angenommen, es wären zwei, dann wären 10^{33} Kopien nach 110 Generationen von Nanobots erreicht (2^{110} ist 10^{33}) oder nach 109, wenn die Nanobots früherer Generationen aktiv blieben.[47] Der Nanotechnologie-Experte Robert Freitas schätzt die Dauer jeder Replikation auf etwa 100 Sekunden, sodass das Auslöschen von so viel Kohlenstoff durch graue Schmiere unter idealen Bedingungen nach etwa drei Stunden »geschafft« wäre.[48]

Die tatsächliche Vernichtungsgeschwindigkeit wäre jedoch weit geringer, da die Biomasse der Erde nicht als zusammenhängender Block daliegt. Der bremsende Faktor wäre die tatsächliche Bewegung der Vernichtungsfront. Da die Nanobots sich aufgrund ihrer geringen Größe nicht besonders schnell fortbewegen können, würde es wahrscheinlich Wochen dauern, bis der Vernichtungsprozess den Globus umrundet hätte.

Ein zweistufiger Angriff könnte ihn jedoch beschleunigen: Durch einen schleichenden Prozess könnte im Laufe der Zeit ein winziger Teil der Kohlenstoffatome auf der ganzen Welt so umgewandelt werden, dass eines von tausend Billionen (10^{15}) Teil einer »schlafenden« Truppe Graue-Schmiere-Nanobots würde. Diese Nanobots würden aufgrund ihrer geringen Konzentration nicht auffallen. Da sie jedoch überall wären, müssten sie sich nach Beginn des Angriffs nicht weit fortbewegen. Die bereitstehenden Nanobots würden sich dann auf ein vorher festgelegtes Signal hin (das vielleicht von einer kleinen Anzahl von Nanobots weitergegeben würde, die sich von selbst zu Antennen zusammengefügt hätten, lang genug, um Radiowellen mit großer Reichweite zu empfangen) schnell an Ort und Stelle reproduzieren. Jeder Nanobot müsste sich fünfzig Mal binär replizieren, damit aus ihm tausend Billionen Nanobots werden – was weniger als neunzig Minuten dauern würde.[49] Die Bewegungsgeschwindigkeit einer vernichtenden Wellenfront wäre kein limitierender Faktor mehr.

Dieses Szenario wird manchmal als Ergebnis heimtückischen Handelns von Menschen an die Wand gemalt – etwa als zweistufiger Terroranschlag, der das Leben auf der Erde vernichten soll. Es müsste sich jedoch nicht aus einem solchen Grund ereignen. Wir können uns Fälle vorstellen, in denen Nanobots versehentlich, möglicherweise aufgrund eines Programmierungsfehlers, einen außer Kontrolle geratenden Selbstreplikationsprozess auslösen. Zum Beispiel könnten Nanobots, die nur eine bestimmte Art von Materie verbrauchen oder in einem begrenzten Bereich agieren sollen, bei unachtsamer Konstruktion anfangen zu »spinnen« und dadurch eine globale Katastrophe verursachen. Statt zu versuchen, in gefährliche Systeme Sicherheitsfunktionen einzubauen, dürfen wir also nur Nanobots bauen, die absolut ausfallsicher sind.

Eine starke Sicherungsmaßnahme gegen unbeabsichtigte Replikation bestünde darin, nur selbstreplizierende Nanobots mit Broadcast-Architektur zu konstruieren.[50] Solche Nanobots würden sich für ihr Agieren nicht auf ein eigenes Programm stützen, sondern wären auf ein (vielleicht durch Radiowellen übertragenes) Signal angewiesen, das ihnen alle Befehle übermittelt. Das Signal könnte dann im Notfall ausgeschaltet oder geändert werden, wodurch die Kettenreaktion der Selbstreplikation gestoppt würde.

Doch wie verantwortungsbewusste Menschen sichere Nanobots entwickeln könnten, so könnten böswillige Akteure gefährliche entwickeln. Daher werden wir ein nanotechnologisches »Immunsystem« schon benötigen, bevor solche Szenarien überhaupt möglich werden können. Dieses Immunsystem müsste in der Lage sein, nicht nur Szenarien zu bekämpfen, die eindeutig destruktiv sind, sondern auch jede potenziell gefährliche Replikation im Verborgenen, selbst bei sehr geringen Konzentrationen.

Es ist ermutigend, dass die Branche Sicherheit längst ernst nimmt. Sicherheitsrichtlinien für die Nanotechnologie gibt es schon seit etwa zwei Jahrzehnten. Sie sind aus dem Workshop on Molecular Nanotechnology Research Policy Guidelines des Jahres 1999 hervorgegangen (an dem ich teilgenommen habe) und wurden seither überarbeitet und aktualisiert.[51] Das wichtigste Immunsystem gegen graue Schmiere bestünde wohl aus »Blaue Schmiere«-Nanobots, die in der Lage wären, ihre grauen Pendants zu neutralisieren.[52]

Nach Freitas' Berechnungen könnten 88 000 Tonnen defensiver Nanobots vom Typus »blaue Schmiere« bei optimaler Verteilung auf der Welt genügen, um in etwa 24 Stunden die gesamte Atmosphäre auszufegen.[53] 88 000 Tonnen, das wäre weniger als das Gewicht des von einem großen Flugzeugträger verdrängten Wassers – sehr wenig im Vergleich zur Masse des gesamten Planeten. Die Zahl geht jedoch von idealen Effizienz- und Einsatzbedingungen aus, die in der Praxis wahrscheinlich nicht erreicht würden. Aus heutiger Sicht, da noch so viel Nanotechnologie entwickelt werden muss, lässt sich kaum sagen, wie weit der tatsächliche Bedarf an blauer Schmiere von diesem theoretischen Schätzwert abweichen würde.

Doch ein Erfordernis ist klar: Blaue Schmiere dürfte nicht nur aus natürlichen Stoffen hergestellt werden (aus denen graue Schmiere bestehen würde). Diese Nanobots müssten vielmehr aus speziellen Materialien bestehen, damit die blaue Schmiere nicht in graue Schmiere umgewandelt werden könnte. Es gibt eine Reihe kniffliger praktischer Probleme, ein solches Immunsystem so zu entwickeln, dass es robust funktioniert, und theoretische Probleme, die gelöst werden müssen, um ausfallsichere blaue Schmiere zu konstruieren, aber ich glaube, dass sie sich als praktikabler Ansatz erweisen wird. Letztlich gibt es keinen Grund, warum schädliche Nanobots einen asymmetrischen Vorteil gegenüber gut konzipierten Verteidigungssystemen haben sollten. Der Schlüssel ist sicherzustellen, dass gutartige Nanobots auf der ganzen Welt *vor* bösartigen eingesetzt werden, damit Selbstreplikationskettenreaktionen erkannt und neutralisiert werden können, bevor sie außer Kontrolle geraten.

Der Essay »Why the Future Doesn't Need Us« meines Freundes Bill Joy aus dem Jahr 2000 enthält eine hervorragende Erörterung der Risiken der Nanotechnologie, einschließlich des Graue-Schmiere-Szenarios.[54] Die meisten Nanotechnologie-Experten halten eine Graue-Schmiere-Katastrophe für unwahrscheinlich, und ich tue es auch. Aber da sie zum Aussterben aller Arten führen würde, ist es wichtig, dieses Risiko im Auge zu behalten, wenn sich die Nanotechnologie in den kommenden Jahrzehnten weiterentwickelt. Ich bin zuversichtlich, dass die Menschheit mit geeigneten Vorsichtsmaßnahmen – und KI-Unterstützung beim Konzipieren sicherer Systeme – dafür sorgen kann, dass solche Szenarien Science-Fiction bleiben.

KÜNSTLICHE INTELLIGENZ

Was die biotechnologischen Risiken betrifft, können wir immer noch Opfer einer Pandemie wie COVID-19 werden, die bis 2023 weltweit fast sieben Millionen Todesopfer gefordert hat.[55] Wir sind jedoch weit fortgeschritten beim Ausarbeiten von Verfahren, ein neues Virus schnell zu sequenzieren und ebenso schnell Medikamente zu entwickeln, die eine die Zivilisation bedrohende Katastrophe abwenden können. Was die Nanotechnologie betrifft, ist graue Schmiere zwar noch keine Bedrohung, wir verfügen aber bereits über eine Gesamtstrategie, die uns selbst gegen den ultimativen Zwei-Phasen-Angriff schützen sollte. Superintelligente KI bringt eine grundlegend andere Art von Gefahr mit sich – die größte Gefahr. Wenn KI irgendwann intelligenter ist als ihre menschlichen Schöpfer, könnte sie möglicherweise einen Weg finden, alle getroffenen Vorsichtsmaßnahmen ins Leere laufen zu lassen. Es gibt keine Generalstrategie, die dieses Problem mit Sicherheit lösen kann.

Es gibt drei große Gefahren, die von superintelligenter KI ausgehen würden, aber mit gezielter Forschung zu jeder von ihnen können wir das Risiko zumindest verringern. Bei *Missbrauch* würde KI so funktionieren, wie ihre menschlichen Anwender es beabsichtigen – diese würden jedoch beabsichtigen, anderen mit ihr Schaden zuzufügen.[56] Zum Beispiel könnten Terroristen die biochemischen Fähigkeiten einer KI nutzen, um ein neues Virus zu entwickeln, das eine tödliche Pandemie auslöst.

Die zweite große Gefahr ist *äußere Fehlausrichtung*. Bei ihr bestünde eine Diskrepanz zwischen den Absichten der Programmierer und den Zielen, die sie KI in der Hoffnung vermitteln, damit jene zu verwirklichen.[57] Das ist das klassische Problem, das in Geistergeschichten dargestellt wird – es gelingt nicht, einem Geist, der Befehle wörtlich nimmt, genau zu vermitteln, was er tun soll. Stellen Sie sich Programmierer vor, die Krebs heilen wollen und KI anweisen, ein Virus zu entwickeln, das alle Zellen mit einer bestimmten onkogenen DNA-Mutation abtötet. Das gelingt der KI zwar, den Programmierern war aber nicht bewusst, dass diese Mutation auch in vielen gesunden Zellen vorhanden ist, sodass das Virus die Patienten, die mit ihm infiziert werden, umbringt.

Die dritte große Gefahr schließlich ist *innere Fehlausrichtung*. Bei ihr würden die Methoden, die die KI erlernt, um ihr Ziel zu erreichen, zumindest in einigen Fällen zu unerwünschtem Verhalten führen.[58] Zum Beispiel könnte KI, die geschult wird, genetische Veränderungen zu erkennen, die nur bei Krebszellen auftreten, ein Muster entdecken, mit dem sie bei den Laborproben erfolgreich ist, nicht aber beim Einsatz in der Praxis. Vielleicht hatten sich Krebszellen in den Schulungsproben vor der Analyse länger befunden als gesunde Zellen, und die KI hat gelernt, aus dieser längeren Dauer resultierende subtile genetische Veränderungen zu erkennen. Wenn sie auf der Basis dieser Informationen ein krebstötendes Virus entwickelt, wird es bei Patienten nicht wirken. Die beiden Beispiele sind relativ einfach, aber da KI-Modellen immer komplexere Aufgaben übertragen werden, wird es schwieriger werden, Fehlausrichtungen zu erkennen.

Es gibt ein Gebiet der technischen Forschung, auf dem nach Möglichkeiten gesucht wird, beide Arten von Fehlausrichtungen zu verhindern. Es sind auch schon vielversprechende theoretische Ansätze entwickelt worden, doch bleibt noch viel zu tun. Bei der »imitativen Generalisierung« geht es darum, KI so zu schulen, dass sie die Art und Weise, wie Menschen Schlüsse ziehen, imitiert: Hierdurch soll sie bei der Anwendung ihres Wissens in unvertrauten Situationen sicherer und zuverlässiger werden.[59] »KI-Sicherheit durch Diskussion« nutzt zwei konkurrierende KIs, die auf Fehler in den Vorschlägen der jeweils anderen hinweisen, und ermöglicht es dadurch Menschen, Sachverhalte zu beurteilen, die zu komplex sind, um ohne Hilfe richtig bewertet werden zu können.[60] Bei der »wiederholten Verstärkung« lassen Menschen sich von schwächeren KIs helfen, gut ausgerichtete stärkere KIs zu kreieren; die Wiederholung dieses Prozesses richtet KIs viel stärker aus, als es Menschen ohne Hilfe jemals möglich wäre.[61]

So schwer das KI-Ausrichtungsproblem also zu lösen sein wird,[62] wir werden es nicht allein lösen müssen – mit den richtigen Techniken können wir die KI selbst nutzen, um unsere eigenen Ausrichtungsfähigkeiten dramatisch zu verbessern. Das gilt auch für die Konstruktion von KI, die nicht missbraucht werden kann. Im obigen Beispiel aus der Biochemie etwa müsste eine sicher ausgerichtete KI die gefährliche Anweisung erkennen und sich weigern, sie zu befolgen. Wir werden aber auch ethische Bollwerke gegen Missbrauch benötigen – starke internationale Normen, die sicheren und verantwortungsvollen Einsatz von KI begünstigen.

Da KI-Systeme im letzten Jahrzehnt deutlich leistungsfähiger geworden sind, hat die Begrenzung der Gefahren durch Missbrauch weltweit größere Priorität erlangt. Es hat in den letzten Jahren konzertierte Anstrengungen gegeben, ein ethisches Rezept für künstliche Intelligenz zu entwickeln. Ich habe 2017 an der Asilomar Conference on Beneficial AI (dt. etwa »Asilomar-Konferenz über nutzbringende KI«) teilgenommen, die von den bei ihrem Pendant vier Jahrzehnte zuvor aufgestellten Richtlinien für Biotechnologie inspiriert war.[63] Es wurden nützliche Grundsätze aufgestellt, auf die auch ich mich verpflichtet habe. Organisationen mit undemokratischen und gegen die freie Meinungsäußerung gerichteten Ideen könnten fortgeschrittene KI aber natürlich auch dann für ihre Zwecke nutzen, wenn der Großteil der Welt den Vorschlägen von Asilomar folgt. Vor allem haben die großen Militärmächte, die ja in der Geschichte zu den treibenden Kräften bei der Entwicklung fortgeschrittener Technologie gehörten – das Internet etwa entstammt der Defense Advanced Research Projects Agency der Vereinigten Staaten[64] –, diese Richtlinien *nicht* unterzeichnet.

Dennoch bieten die Asilomar-Grundsätze eine Basis für eine verantwortungsvolle Entwicklung der KI, die die Arbeit der Branche seither in eine positive Richtung gelenkt hat. Sechs der dreiundzwanzig Grundsätze des Dokuments propagieren »menschliche« Werte oder »Menschlichkeit«. Grundsatz Nr. 10, Werte-Orientierung, etwa erklärt, »hochautonome KI-Systeme sollten so konzipiert sein, dass die Übereinstimmung ihrer Ziele und Verhaltensweisen mit menschlichen Werten während ihres gesamten Betriebs gesichert ist.«[65]

Ein anderes Dokument, das Lethal Autonomous Weapons Pledge (dt. etwa »Verpflichtung in Bezug auf tödliche autonome Waffen«), propagiert das gleiche Konzept: »Wir, die Unterzeichner, stimmen darin überein, dass die Entscheidung, ein menschliches Leben zu nehmen, niemals an eine Maschine delegiert werden sollte. Diese Haltung hat eine moralische Komponente, nämlich die, dass wir Maschinen nicht erlauben sollten, todbringende Entscheidungen zu treffen, für die ein Mensch – oder niemand – sich zu verantworten haben wird.«[66] Während einflussreiche Persönlichkeiten wie Stephen Hawking, Elon Musk, Martin Rees und Noam Chomsky das Verbot von LAWs (Lethal Autonomous Weapons) unterzeichnet haben, haben führende Militärmächte, darunter die Vereinigten Staaten, Russland, Großbritannien, Frankreich und Israel, dies abgelehnt.

Das US-Militär befürwortet diese Richtlinien zwar nicht, hat aber eine eigene »Menschenrichtlinie«, die besagt, dass Systeme, die auf Menschen zielen, unter der Kontrolle von Menschen stehen müssen.[67] In einer Richtlinie des Pentagons aus dem Jahr 2012 wurde festgelegt, »dass autonome und halbautonome Waffensysteme so konzipiert sein sollen, dass Kommandeure und Anwender einen angemessenen Ermessensspielraum für den Einsatz von Gewalt haben«.[68] Und 2016 erklärte der stellvertretende US-Verteidigungsminister Robert Work, dass das amerikanische Militär »die Befugnis, eine todbringende Entscheidung« über den Einsatz einer solchen Waffe »zu treffen, nicht an eine Maschine delegieren« werde.[69] Er ließ jedoch die Möglichkeit offen, dass dieser Grundsatz irgendwann in der Zukunft fallen gelassen werden könnte – dann nämlich, wenn es notwendig sein sollte, mit einem Land zu konkurrieren, das »eher bereit ist, Entscheidungsgewalt an Maschinen zu delegieren als wir«.[70] Ich war an Diskussionen beteiligt, die diesen Grundsatz formulierten, und war Mitglied des politischen Gremiums, das die Einführung von Maßnahmen zur Bekämpfung des Spiels mit biologischen Risiken leitete.

Anfang 2023 veröffentlichten die Vereinigten Staaten im Anschluss an eine internationale Konferenz, die auch einen Dialog mit China beinhaltete, eine »Politische Erklärung zum verantwortungsvollen militärischen Einsatz künstlicher Intelligenz und Autonomie«, in der sie die Staaten aufforderten, vernünftige Richtlinien zu verabschieden, die die Gewährleistung letzter menschlicher Kontrolle über Atomwaffen einschließen.[71] Der Begriff »menschliche Kontrolle« ist jedoch nicht so klar, wie es den Anschein haben mag: Wenn Menschen in der Zukunft ein KI-System ermächtigen würden, »einen bevorstehenden Angriff mit Atomwaffen zu stoppen«, wie viel Ermessensspielraum sollte das System dann haben, wie dies zu tun sei? Bedenken Sie, dass ein KI-General, der einen solchen Angriff erfolgreich vereiteln kann, auch für Angriffszwecke eingesetzt werden könnte.

Deshalb müssen wir die Tatsache akzeptieren, dass KI-Technologien von Haus aus für gute und für böse Zwecke genutzt werden können. Das gilt auch für Systeme, die bereits genutzt werden. Dieselbe Drohne, die während der Regenzeit einem Krankenhaus, das auf der Straße nicht erreichbar ist, Medikamente liefert, könnte später einen Sprengkörper über diesem Krankenhaus abwerfen. Bedenken Sie, dass bei militärischen Operationen seit mehr als einem Jahrzehnt Drohnen eingesetzt werden, die so präzise sind, dass sie eine Rakete durch ein Fenster schießen können, das sich, vom Anwender aus gesehen, buchstäblich am anderen Ende der Welt befindet.[72]

Wir müssen auch darüber nachdenken, ob wir wirklich wollen, dass unsere Seite ein LAW-Verbot beachtet, wenn feindliche Streitkräfte dies nicht tun. Was wäre, wenn ein Feindstaat ein KI-gesteuertes Kontingent fortgeschrittener Kriegsmaschinen entsenden würde, um Ihre Sicherheit zu bedrohen? Würden Sie nicht wünschen, dass Ihre Seite über eine intelligentere Fähigkeit verfügt, diese Kriegsmaschinen zu vernichten und Sie zu beschützen? Das ist der Hauptgrund dafür, dass die »Kampagne zum Stoppen von Killerrobotern« nicht viel Anklang gefunden hat.[73] Bisher (Stand 2023) haben alle großen Militärmächte es abgelehnt, die Kampagne zu unterstützen – mit der bemerkenswerten Ausnahme Chinas, das dies 2018 tat, später aber klarstellte, dass es nur ein Verbot der Nutzung, nicht der Entwicklung befürworte.[74] Wobei selbst die eingeschränkte Zustimmung wahrscheinlich eher strategische und politische als moralische Gründe hatte, da autonome Waffen, die von den Vereinigten Staaten und ihren Verbündeten eingesetzt würden, Peking militärisch benachteiligen könnten. Meiner Meinung nach würden wir, wenn wir mit solchen Waffen angegriffen würden, eine Gegenwaffe haben wollen, und ihre Entwicklung und ihr Einsatz würden zwangsläufig einen Verstoß gegen das Verbot voraussetzen.

Außerdem, was wird »menschlich« im Begriff »menschliche Kontrolle« letzten Endes überhaupt bedeuten, wenn wir unsere biologische Entscheidungsfindung ab den 2030er-Jahren mithilfe von Gehirn-Computer-Schnittstellen durch eine nicht biologische ergänzen werden? Diese nicht biologische Komponente wird exponentiell wachsen, während unsere biologische Intelligenz gleich bleiben wird. Ende der 2030er-Jahre wird unser Denken weitgehend nicht biologisch sein. Was also wird an unserer Entscheidungsfindung menschlich sein, wenn unser Denken weitgehend nicht biologische Systeme nutzen wird?

Auch einige der anderen Asilomar-Grundsätze lassen Fragen offen. So zum Beispiel Grundsatz 7, Fehlertransparenz: »Wenn ein KI-System Schäden verursacht, sollte es möglich sein festzustellen, warum.« Oder Grundsatz 8, Justizielle Transparenz: »Jede Beteiligung eines autonomen Systems an der gerichtlichen Entscheidungsfindung sollte eine zufriedenstellende Erklärung liefern, die von einer kompetenten menschlichen Autorität geprüft werden kann.«

Diese Bemühungen, KI-Entscheidungen verständlicher zu machen, sind wertvoll, aber das Grundproblem ist, dass wir ungeachtet aller gelieferten Erklärungen einfach nicht in der Lage sein werden, die meisten von superintelligenter KI getroffenen Entscheidungen ganz zu verstehen. Wenn ein *Go*-Programm, das weit besser spielt als der weltbeste menschliche Spieler, seine strategischen Entscheidungen erklären würde, würde nicht einmal dieser Spieler sie vollständig verstehen (jedenfalls nicht ohne Unterstützung durch eine kybernetische Erweiterung seines Gehirns).[75] Eine vielversprechende Forschungsrichtung, die das Ziel verfolgt, durch intransparente KI-Systeme entstehende Risiken zu reduzieren, will »latentes Wissen hervorlocken«.[76] Dieses Projekt versucht, Techniken zu entwickeln, die sicherstellen, dass KI uns, wenn wir ihr eine Frage stellen, alle relevanten Informationen liefert, die sie hat, statt uns nur zu sagen, was sie glaubt, das wir hören wollen – was zu einer wachsenden Gefahr werden wird, wenn maschinelle Lernsysteme immer leistungsfähiger werden.

Die Asilomar-Grundsätze propagieren lobenswerterweise auch eine nicht wettbewerbsorientierte Dynamik für die KI-Entwicklung. Das gilt vor allem für Grundsatz 18, KI-Wettrüsten – »Ein Wettrüsten bei tödlichen autonomen Waffen sollte vermieden werden« –, und Grundsatz 23, Gemeinwohl – »Superintelligenz sollte nur im Dienste weithin geteilter ethischer Ideale und zum Wohle der gesamten Menschheit, nicht eines Staates oder einer Organisation entwickelt werden«. Da superintelligente KI aber ein entscheidender Vorteil in der Kriegsführung sein und enormen wirtschaftlichen Nutzen bringen könnte, werden die Militärmächte starke Anreize haben, sich an einem Wettrüsten zu beteiligen.[77] Das vergrößert nicht nur die Gefahr des Missbrauchs, sondern auch die Sicherheitsvorkehrungen in Bezug auf die Ausrichtung von KI könnten vernachlässigt werden.

Grundsatz 10, Werte-Orientierung, habe ich bereits erwähnt. Der nächste Grundsatz, menschliche Werte, konkretisiert weiter, welche Werte gemeint sind: »KI-Systeme sollten so konzipiert und angewendet werden, dass sie mit den Idealen der Menschenwürde, der Rechte, der Freiheiten und der kulturellen Vielfalt vereinbar sind.« Dieses Ziel zu verfolgen, garantiert aber nicht, dass es auch erreicht wird, und das bringt die Gefahr, die von KI ausgeht, auf den Punkt. KI, die einem schädlichen Zweck dient, hätte nämlich keine Schwierigkeiten zu erklären, warum sie für das Erreichen eines wichtigen Ziels sinnvoll ist, und würde dies sogar mit den Werten rechtfertigen, die viele Menschen teilen.

Es ist sehr schwierig, die Entwicklung grundlegender Fähigkeiten von KI sinnvoll einzuschränken, zumal der Begriff der »allgemeinen Intelligenz« so vieles umfasst. Zum Zeitpunkt der Drucklegung dieses Buches gibt es ermutigende Anzeichen dafür, dass die Regierungen wichtiger Länder die Herausforderung ernst nehmen – die auf dem AI Safety Summit 2023 in Großbritannien verabschiedete Bletchley Declaration gehört zu diesen Anzeichen –, aber vieles wird davon abhängen, wie solche Initiativen verwirklicht werden.[78] Ein optimistisches Argument, das auf dem Prinzip des freien Marktes basiert, lautet, dass jeder Schritt in Richtung Superintelligenz auf Marktakzeptanz angewiesen sei. Mit anderen Worten: Künstliche allgemeine Intelligenz wird von Menschen geschaffen werden, um reale menschliche Probleme zu lösen, und es wird starke Anreize geben, sie für nützliche Zwecke zu optimieren. Da KI aus einer ganzheitlichen wirtschaftlichen Infrastruktur hervorgeht, wird sie unsere Werte widerspiegeln, denn in einem wichtigen Sinne wird sie mit uns identisch sein. Wir sind heute schon eine Mensch-Maschine-Zivilisation. Letztlich besteht der wichtigste Ansatz, den wir verfolgen können, um KI sicher zu machen, darin, unser menschliches Regierungshandeln und unsere sozialen Institutionen zu schützen und zu verbessern. Der beste Weg, zerstörerische Konflikte in der Zukunft zu verhindern, besteht darin, die Weiterentwicklung unserer ethischen Ideale fortzusetzen, die in den letzten Jahrhunderten und Jahrzehnten bereits zu einer deutlichen Reduzierung der Gewalt geführt hat.[79]

Ich denke, wir müssen auch die törichten und immer schriller werdenden technikfeindlichen Stimmen ernst nehmen, die weitgehenden Verzicht auf technologischen Fortschritt befürworten, damit wir die Gefahren, die in der Genetik, der Nanotechnologie und der Robotik (GNR) liegen, abwenden können.[80] Verlorene Zeit bei der Überwindung menschlichen Leidens – zum Beispiel die Verschärfung der Hungersnot in Afrika durch den Widerstand gegen jegliche Nahrungsmittelhilfe, die GVO (genetisch veränderte Organismen) enthalten könnte – hat immer noch gravierende Folgen.[81]

Da Technologien jetzt beginnen, unseren Körper einschließlich unseres Gehirns zu verändern, ist in Form des »fundamentalistischen Humanismus« eine andere Art von Widerstand gegen den Fortschritt aufgekommen: Widerstand gegen jede Veränderung dessen, was uns von Natur aus zu Menschen macht.[82] Dazu gehören auch die Veränderung unserer Gene und unserer Proteinfaltung sowie weitere Schritte zur radikalen Lebensverlängerung. Dieser Widerstand wird aber letztlich scheitern, da sich die Nachfrage nach Therapien, die die Schmerzen, Krankheiten und kurze Lebensdauer unserer Körper in der Version 1.0 überwinden können, als stärker erweisen wird.

Wenn Menschen mit der Aussicht auf radikale Lebensverlängerung konfrontiert werden, erheben sie schnell zwei Einwände. Der erste ist die Wahrscheinlichkeit, dass uns die materiellen Ressourcen – unter anderem Energie, sauberes Wasser, Wohnraum und Land – ausgehen würden, die wir bräuchten, um eine wachsende biologische Bevölkerung zu ernähren. Wir hören oft, das heute schon bestehende Ressourcenproblem würde noch schlimmer werden, wenn die Sterblichkeitsrate stark zu sinken beginne. Doch wie ich in Kapitel 4 dargelegt habe, werden wir, wenn wir anfangen, unsere Nutzung der Ressourcen der Erde zu optimieren, feststellen, dass sie unseren Bedarf um das Mehrtausendfache übersteigen. Zum Beispiel verfügen wir theoretisch über fast das Zehntausendfache an Sonnenlicht, das wir benötigen, um unseren gesamten aktuellen Energiebedarf zu decken.[83]

Der zweite Einwand gegen radikale Lebensverlängerung lautet, wir würden uns zutiefst langweilen, wenn wir jahrhundertelang immer wieder die gleichen Dinge tun würden. Aber in den 2020er-Jahren werden wir virtuelle und erweiterte Realität in sehr kompakten externen Geräten bekommen, und in den 2030er-Jahren werden VR und ER durch Nanobots, die die Signale an unsere Sinne weiterleiten, unmittelbar mit unserem Nervensystem verbunden sein. Wir werden dadurch neben radikaler Lebensverlängerung auch radikale Lebenserweiterung haben. Wir werden in riesigen virtuellen und erweiterten Realitäten leben, die nur durch unsere Vorstellungskraft begrenzt sein werden, die aber selbst erweitert sein wird. Selbst wenn wir Hunderte von Jahren leben würden, würden wir nicht all das an Wissen zur Kenntnis nehmen und all das an Kultur genießen können, was die Jahrtausende hervorgebracht haben.

KI ist die Technologie, die es uns ermöglichen wird, die drängenden Herausforderungen zu meistern, vor denen wir stehen – die Überwindung von Krankheiten, Armut, Umweltverschmutzung und all unseren menschlichen Schwächen, um nur die wichtigsten zu nennen. Wir haben den moralischen Auftrag, das, was die neuen Technologien versprechen, Wirklichkeit werden zu lassen und gleichzeitig die Gefahren zu verringern. Es wird nicht das erste Mal sein, dass uns das gelingt. Ich habe am Beginn dieses Kapitels die Zivilschutzübungen erwähnt, die ich als Junge mitmachen musste, um auf einen möglichen Atomkrieg vorbereitet zu sein. Als ich aufwuchs, gingen die meisten Menschen um mich herum davon aus, dass ein Krieg mit Atombomben fast unvermeidlich sei. Die Tatsache, dass unsere Spezies die Weisheit gefunden hat, auf den Einsatz dieser schrecklichen Waffen zu verzichten, ist ein Beispiel dafür, dass es in unserer Macht steht, Biotechnologie, Nanotechnologie und superintelligente KI ebenfalls verantwortungsvoll einzusetzen. Wir *müssen* nicht scheitern mit dem Versuch, deren Gefahren zu beherrschen.

Insgesamt sollten wir vorsichtig optimistisch sein. KI bringt zwar neue technische Bedrohungen hervor, wird aber auch unsere Fähigkeit, mit diesen Bedrohungen umzugehen, radikal verbessern. Und was den Missbrauch betrifft: Da KI uns unabhängig von unseren Werten intelligenter macht, kann sie sowohl für gute als auch für böse Zwecke eingesetzt werden.[84] Wir sollten daher auf eine Welt hinarbeiten, in der das, was KI leisten kann, weitverbreitet ist, sodass ihre Auswirkungen die Werte der gesamten Menschheit widerspiegeln.

KAPITEL 8

ZWIEGESPRÄCH MIT KASSANDRA

Kassandra: Sie rechnen also damit, dass es bis 2029 ein neuronales Netzwerk mit ausreichender Rechenleistung geben wird, das Menschen in all ihren Fähigkeiten überlegen ist.

Ray: Richtig. Das ist heute schon bei immer mehr Fähigkeiten der Fall.

Kassandra: Und KIs werden in allen Fähigkeiten, die Menschen besitzen, weit besser sein als jeder Mensch.

Ray: Richtig. Bis 2029 werden sie auf einem Gebiet nach dem anderen besser sein als alle Menschen.

Kassandra: Und wenn eine KI einen Turing-Test bestehen soll, wird es notwendig sein, sie weniger intelligent zu machen.

Ray: Ja, sonst wüssten wir, sie ist kein nicht verbesserter Mensch.

Kassandra: Und Sie gehen davon aus, dass wir Anfang der 2030er-Jahre eine Möglichkeit haben werden, ins Gehirn vorzudringen und uns mit den oberen Ebenen des Neokortex zu verbinden, um sowohl zu erfahren, was dort vor sich geht, als auch, um Verbindungen zu aktivieren.

Ray: Richtig.

Kassandra: Und diese Superintelligenz, die wir durch diese Verbindungen zur Cloud erschaffen, wird unmittelbar Teil unseres Gehirns sein.

Ray: Richtig.

Kassandra: Okay, aber diese beiden Fortschritte – einem neuronalen Netzwerk alles beizubringen, was Menschen können (und mehr als das), und über effektive Zwei-Wege-Verbindungen im Körperinnern einen Zugang zum Gehirn herzustellen – liegen auf ganz verschiedenen Gebieten.

Ray: Ja, sicher.

Kassandra: Auf dem einen Gebiet wird mit Computern experimentiert, die von den Aufsichtsbehörden weitgehend nicht reglementiert sind. Experimente dauern nur Tage, und Fortschritte können sehr schnell gemacht werden; es kann Schlag auf Schlag gehen. Ein Vorgang wie das Einfügen eines Zusatzgeräts mit einer Million Drähten ins Gehirn ist aber etwas ganz anderes. Dafür bedarf es aller möglichen Formen von Überwachung und Reglementierung. Es soll etwas ins Gehirn eingefügt werden, den physisch wahrscheinlich sensibelsten Teil des Körpers! Und den Aufsichtsbehörden ist nicht einmal klar, dass das notwendig ist. Wenn wir dadurch zum Beispiel schwere Erkrankungen des Gehirns verhindern könnten, hätte der Eingriff einen konkreten Nutzen, aber das Gehirn mit einem externen Computer zu verbinden, wäre nur schwer zu rechtfertigen.

Ray: Es wird dennoch geschehen, zum Teil mit dem Ziel, die von Ihnen erwähnten schweren Erkrankungen des Gehirns zu heilen.

Kassandra: Gut, es ist möglich. Aber es wird wahrscheinlich viel später geschehen.

Ray: Darum habe ich es für die 2030er-Jahre vorhergesagt.

Kassandra: Aber jede Reglementierung bezüglich des Einfügens von Fremdkörpern ins Gehirn könnte es um, sagen wir, zehn Jahre verzögern, sodass es erst in den 2040er-Jahren dazu käme. Das würde Ihren Zeitplan für die Interaktion zwischen Menschen und superintelligenten Maschinen dramatisch verändern. Zum einen würden die Maschinen alle Aufgaben übernehmen, statt nur zur Erweiterung der Intelligenz der Menschen zu werden.

Ray: Nun, eine Erweiterung der Intelligenz direkt im Gehirn wäre praktisch – Sie könnten sie nicht so verlieren wie Ihr Smartphone. Aber obwohl Geräte wie dieses noch nicht direkt mit der menschlichen Intelligenz verbunden sind, fungieren sie als Erweiterungen derselben. Ein Kind hat mit seinem Smartphone heute Zugriff auf das gesamte Wissen der Menschheit. Und KI verbessert noch immer weit mehr Arbeitskräfte beziehungsweise deren Arbeit, als es sie ersetzt. Obwohl sich die Gehirnerweiterungen außerhalb unseres Körpers befinden, erledigen wir heute Aufgaben, die wir ohne sie nicht erledigen könnten, auch wenn sie nicht physisch mit unserem Gehirn verbunden sind.

Kassandra: Ja, aber Sie haben vorhergesagt, dass wir Millionen von Schaltkreisen benötigen würden, um eine Verbindung zur obersten Schicht des Neokortex herzustellen. Im Unterschied dazu erfordert die Erweiterung unserer Intelligenz durch externe Geräte Eingaben über Tastaturen, ein Prozedere, das um mehrere Größenordnungen langsamer ist. Eine solche Interaktion wäre sicher stark beeinträchtigt. Und warum sollte eine KI bei einer so geringen Kommunikationsgeschwindigkeit überhaupt mit einem Menschen zusammenarbeiten wollen? Sie könnte genauso gut alles selbst machen.

Ray: Wir werden Mitte der 2020er-Jahre über eine Möglichkeit, mit einem Computer zu interagieren, verfügen, die mehrere Tausend Mal so schnell ist wie die per Tastatur: voll immersive virtuelle Realität mit Vollbild-Video und Audio. Wir werden die gewöhnliche Realität sehen und hören, doch sie wird über eine Zwei-Wege-Kommunikation mit unseren Computern vernetzt sein. Diese Verbindung wird fast so schnell sein wie eine zu den obersten Schichten unseres Neokortex, und sie wird die Interaktion über Tastaturen letztlich ersetzen.

Kassandra: Okay, wir werden unsere Fähigkeit, mit unseren Computern zu kommunizieren, verbessern, aber das ist nicht dasselbe wie eine Erweiterung unseres Neokortex.

Ray: Doch die Menschen werden immer noch arbeiten müssen, um ihre Bedürfnisse – Nahrung, Unterkunft und anderes mehr – zu befriedigen. Noch bevor *interne* Erweiterungen des Gehirns es uns ermöglichen, abstraktere Gedanken zu denken, können wir mit *externen* Erweiterungen des Gehirns durch fortgeschrittene KI schwierige Aufgaben und Probleme lösen.

Kassandra: Aber die Menschen brauchen Sinn. Wenn KI *alles* kann, was Menschen auf allen Gebieten des Geistigen können, und zwar weit besser kann als die fähigsten Menschen und viel schneller, was bleibt dann für die Menschen zu tun, was ihr Bedürfnis nach Sinn befriedigt?

Ray: Nun, deshalb wollen wir mit der Intelligenz, die wir erschaffen, *verschmelzen*. Die KI wird Teil von uns werden, d. h., wir werden es sein, die Dinge tun.

Kassandra: Gut. Ich mache mir dennoch Sorgen, dass es zu einer Verzögerung von einem Jahrzehnt bei der Inbetriebnahme der Gehirnerweiterungen kommen könnte – angesichts der außerordentlichen Herausforderung, ein Gerät mit Millionen von Verknüpfungen in unseren Schädel einzubauen. Ich kann akzeptieren, dass alle möglichen Veränderungen durch außerhalb unseres Körpers befindliche Erweiterungen unserer Wahrnehmung und unseres Denkens, einschließlich virtueller Realität, realisierbar sind, aber das ist nicht das Gleiche wie eine Erweiterung unseres Neokortex.

Ray: Das ist die Sorge, die Daniel Kahneman zum Ausdruck brachte. Er fürchtete aber auch Gewalttätigkeiten zwischen Menschen, die ihren Arbeitsplatz verloren haben, und anderen.

Kassandra: Meinen Sie mit »anderen« die Computer, da die es sein werden, die den Menschen in jeder Hinsicht überlegen sind?

Ray: Nicht die Computer, da wir für unseren Wohlstand auf sie angewiesen sein werden, sondern Menschen, die als solche wahrgenommen werden, die von KI Gebrauch machen, um ihren Reichtum und ihre Macht zu vergrößern, indem sie Arbeitskräfte entlassen.

Kassandra: Ja, ich vermute, dass Kahneman an eine Übergangszeit dachte, in der einige Menschen Macht behalten und KI noch nicht so viel materiellen Überfluss geschaffen hat, dass Konflikte verhindert werden können.

Ray: Okay, aber Konflikte können minimiert werden, wenn die Menschen das Gefühl haben, dass ihr Leben einen Sinn hat. Und die Erweiterung unseres Neokortex in die Cloud wird entscheidend dafür sein, dass die Menschen weiter dieses Gefühl haben. Wie das Wachstum des Neokortex vor Hunderttausenden von Jahren unsere Primatenvorfahren vom Überlebensinstinkt zur philosophischen Kontemplation erhob, so werden »erweiterte« Menschen über noch mehr Fähigkeit zu Empathie und ethischem Denken und Handeln verfügen.

Kassandra: Einverstanden. Aber die Erweiterung des Neokortex in die Cloud ist ein ganz anderer Fortschritt als die Verbesserung externer Gehirnerweiterungen.

Ray: Ja, aber ich denke, dass wir bis Anfang der 2030er-Jahre eine Erweiterung des Neokortex erreichen werden. Die Übergangszeit wird also wahrscheinlich nicht sehr lang sein.

Kassandra: Dass der Zeitplan für die Verbindung zum Neokortex eingehalten wird, ist aber von großer Bedeutung. Es könnte zu einem Riesenproblem werden, wenn sich das verzögerte.

Ray: Ja, das stimmt.

Kassandra: Auch könnte es, wenn eine KI Sie emulieren würde und wir würden Ihr biologisches Ich durch die Emulation ersetzen, für alle so aussehen, als wäre sie Sie, aber *Sie* gäbe es praktisch nicht mehr.

Ray: Okay, aber davon sprechen wir nicht. Wir emulieren Ihr biologisches Gehirn nicht. Wir fügen etwas hinzu. Ihr biologisches Gehirn wird bleiben, wie es war, aber über zusätzliche Intelligenz verfügen.

Kassandra: Aber die nicht biologische Intelligenz wird letztlich mehrere Tausend oder gar Millionen Mal so leistungsfähig sein wie Ihr biologisches Gehirn.

Ray: Ja, aber es wird nichts weggenommen, sondern sehr viel hinzugefügt werden.

Kassandra: Sie haben jedoch behauptet, unsere Gehirne würden in ein paar Jahren praktisch Cloud-Erweiterungen sein.

Ray: Daran arbeiten wir schon. Und welche philosophische Bedeutung Sie unserem biologischen Gehirn auch beifügen mögen, wir nehmen sie Ihnen nicht.

Kassandra: Das biologische Gehirn wird dann aber ziemlich unbedeutend sein.

Ray: Es wird aber noch da sein und wird all seine grundlegenden Eigenschaften behalten.

Kassandra: Ich sehe sehr tiefgreifende Veränderungen in sehr kurzer Zeit.

Ray: Da sind wir uns einig.

DANK

Ich möchte meiner Ehefrau Sonya für ihre liebevolle Geduld durch die Launen des kreativen Prozesses hindurch danken und dafür, dass sie seit 50 Jahren Ideen mit mir austauscht.

Meinen Kindern, Ethan und Amy, meiner Schwiegertochter Rebecca, meinem Schwiegersohn Jacob, meiner Schwester Enid und meinen Enkelkindern Leo, Naomi und Quincy für ihre Liebe, Inspiration und tollen Ideen.

Meinen leider verstorbenen Eltern Hannah und Fredric, die mir bei Spaziergängen durch die Wälder New Yorks beigebracht haben, wie machtvoll Ideen sein können, und mir von klein auf die Freiheit gaben zu experimentieren.

John-Clark Levin für seine akribischen Recherchen und seine intelligente Analyse der Daten, auf denen dieses Buch basiert.

Meinem langjährigen Lektor bei Viking, Rick Kot, für seine Anleitung und zuverlässige Beratung und sein professionelles Redigieren.

Meinem Literaturagenten Nick Mullendore für seine kluge und enthusiastische Beratung.

Meinem lebenslangen Geschäftspartner (seit 1973) Aaron Kleiner für seine treue Zusammenarbeit seit 50 Jahren.

Nanda Barker-Hook für ihre fachkundige Unterstützung beim Schreiben sowie dafür, dass sie geschickt die Übersicht über meine Redetermine behält und sie organisiert.

Sarah Black für ihre herausragenden Recherchefunde und die Organisation der Ideen.

Celia Black-Brooks für ihre umsichtige Unterstützung und ihre kluge Strategie, wie man meine Ideen der Welt mitteilen kann.

Denise Scutellaro dafür, dass sie meine geschäftlichen Angelegenheiten so geschickt handhabt.

Amy Kurzweil und Rebecca Kurzweil für ihre Anleitung im Schreibhandwerk und ihre eigenen wundervollen und äußerst erfolgreichen Bücher.

Martine Rothblatt für ihren Einsatz für all die Technologien, die ich in diesem Buch bespreche, und für unsere langjährige Zusammenarbeit bei der Entwicklung außergewöhnlicher Beispiele in diesen Bereichen.

Dem Kurzweil-Team für seine wichtige Arbeit bei diesem Projekt in Form von Recherchen, Texten und logistischer Unterstützung: Amara Angelica, Aaron Kleiner, Bob Beal, Nanda Barker-Hook, Celia Brooks, Clark Levin, Denise Scutellaro, Joan Walsh, Marylou Sousa, Lindsay Boffoli, Ken Linde, Laksman Frank, Maria Ellis, Sarah Black, Emily Brangan und Kathryn Myronuk.

Den engagierten Mitarbeitern bei Viking Penguin für all ihre wohlüberlegte Expertise: Rick Kot, leitender Lektor; Allison Lorentzen, leitende Lektorin; Camille LeBlanc, Lektoratsassistentin; Brian Tart, Verleger; Kate Stark, Mitverlegerin; Carolyn Coleburn, leitende Pressesprecherin; und Mary Stone, Marketingleiterin.

Peter Jacobs von CAA für seine wertvolle Anleitung und Unterstützung bei meinen Vortragsterminen.

Den Teams bei Fortier Public Relations und Book Highlight für ihre außergewöhnliche PR-Expertise und ihre strategische Anleitung, wenn es darum geht, dieses Buch weit und breit bekannt zu machen.

Meinen Fach- und Laienlesern, die mir viele kluge und kreative Ideen geliefert haben.

Und schließlich allen, die den Mut haben, überkommene Annahmen infrage zu stellen, und die mit viel Fantasie Dinge tun, die nie zuvor getan wurden. Ihr inspiriert mich.

ANHANG

PREIS-LEISTUNGS-VERHÄLTNIS VON RECHENMASCHINEN, 1939–2023

METHODIK DER MASCHINENWAHL

Bei den Maschinen in dieser Aufstellung handelt es sich um wichtige programmierbare Computer, deren Preis-Leistungs-Verhältnis besser war als das aller früheren Maschinen. Wenn in einem Kalenderjahr mehrere Maschinen ein besseres Preis-Leistungs-Verhältnis erreichten als alle früheren, ist nur die Maschine mit dem besten Preis-Leistungs-Verhältnis berücksichtigt, unabhängig von ihrem Erscheinungsdatum innerhalb des Jahres. Maschinen, die nicht kommerziell verkauft oder vermietet wurden, sind dem Jahr ihrer ersten normalen Verwendung zugeordnet, Maschinen, die kommerziell verkauft oder vermietet wurden, dem ersten Jahr ihrer allgemeinen öffentlichen Erhältlichkeit (also nicht dem der Fertigstellung der Konstruktion oder des Prototyps). Bei kommerziell gehandelten Maschinen sind nur in Massenproduktion für den Einzelhandelsverkauf hergestellte Maschinen berücksichtigt – für individuelle Bedürfnisse maßgefertigte Maschinen oder aus verschiedenen im Einzelhandel erhältlichen Komponenten zusammengeschraubte fantastische Eigenbau-Computer würden den Trend weniger deutlich hervortreten lassen. Maschinen, die konstruiert, aber nicht gebaut wurden, wie die Analytical Engine von Charles Babbage, und Maschinen, die gebaut wurden, aber nicht zuverlässig funktionierten, wie die Z1 von

Konrad Zuse, sind nicht berücksichtigt. Ebenfalls ignoriert sind in dieser Aufstellung einige hoch spezialisierte Geräte wie digitale Signalprozessoren, die technisch in der Lage sind, eine bestimmte Anzahl digitaler Rechenschritte pro Sekunde auszuführen, aber selten als Allzweckprozessoren verwendet werden.

PREISDATENMETHODIK

Die Nominalpreise sind gemäß den Daten des Verbraucherpreisindex des US Bureau of Labor Statistics (genauer des verketteten Verbraucherpreisindex für alle städtischen Verbraucher, 1982–1984 = 100) in Realpreise vom Februar 2023 umgerechnet. Der Verbraucherpreisindex wird für jedes Jahr als Jahresdurchschnitt dargestellt. Obwohl die zugrunde liegenden Realpreisberechnungen nicht gerundet sind, sollten sie daher nie als auf einen Dollar genau, sondern im Allgemeinen nur als auf mehrere Prozentpunkte genau betrachtet werden. Bei Maschinen, die in Nicht-Dollar-Währungen gehandelt wurden, vergrößern die Schwankungen der Wechselkurse die mögliche Ungenauigkeit um mehrere Prozentpunkte zusätzlich.

Wenn für eine Maschine im ersten Jahr ihrer Erhältlichkeit mehrere Einzelhandelspreise nachweisbar sind, ist der niedrigste angegeben, weil ihm in diesem Jahr das beste Preis-Leistungs-Verhältnis entsprach. Eine gewisse Unvergleichbarkeit kommt dadurch ins Spiel, dass vor Mitte der 1990er-Jahre fast die gesamte Datenverarbeitung auf Computern mit begrenzter Aufrüstbarkeit erfolgte. Daher waren in den Stückpreisen zwangsläufig auch andere Komponenten als der Prozessor enthalten, etwa die Festplatte und das Display. Heute dagegen werden Chips oft separat verkauft, sodass Endverbraucher mehrere Haupt- oder Grafikprozessoren für technisch anspruchsvollere Aufgaben miteinander verbinden können. Aus diesem Grund ist der Chip-Preis heute ein besserer Anhaltspunkt für das gesamte Preis-Leistungs-Verhältnis eines Computers, als wenn Komponenten einbezogen würden, die für die Rechenleistung nicht wesentlich sind – auch wenn dies die Preis-/Leistungsverbesserung in den 1990er-Jahren leicht übertreibt.

Die Preisangabe für Google Cloud TPU v4–4096 basiert, um ungefähr mit dem Rest des Datensatzes vergleichbar zu sein, der sich für den Zeitraum seit den 1950er-Jahren ausschließlich auf käuflich zu erwerbende Ausrüstung bezieht, sehr grob auf der Grundlage einer Mietdauer von 4000 Stunden. Das Preis-Leistungs-Verhältnis für kleine Maschinenlernprojekte, bei denen die Kosten für den Kauf eines solchen Prozessors völlig untragbar wären, ein kurzer Zugriff auf eine enorme Rechenleistung aber nützlich ist – ein wichtiger, aber unterschätzter Effekt der Cloud-Computing-Revolution –, wird dadurch dramatisch unterbewertet.

Bei den angegebenen Preisen handelt es sich – je nachdem – um Konstruktionskosten, Einzelhandelskaufpreise oder Mietpreise. Gesonderte Kosten, etwa für Lieferung und Installation, Strom, Wartung, Arbeitskräfte, Steuern oder Abschreibungen, sind nicht berücksichtigt, weil diese Kosten stark vom Nutzer abhängen und für eine bestimmte Maschine nicht verlässlich gemittelt werden können. Die verfügbaren Daten sprechen jedoch dafür, dass die Einbeziehung dieser Faktoren das Ergebnis der Gesamtanalyse nicht wesentlich verändern würde – wenn überhaupt, würde sie wahrscheinlich dazu führen, dass das Preis-Leistungs-Verhältnis älterer, logistikintensiverer Maschinen sinkt und das im Diagramm »Preis-Leistungs-Verhältnis für Rechenoperationen« in der Einleitung dieses Buches dargestellte Tempo des Fortschritts steigt. Diese Kosten nicht zu berücksichtigen, ist also die analytisch konservativere Entscheidung.

LEISTUNGSDATENMETHODIK

»Rechenschritte pro Sekunde« ist eine synthetische Messgröße, die aus der Kombination mehrerer, einen Zeitraum von insgesamt 84 Jahren umfassender Datensätze abgeleitet wurde. Da sich die Rechenkapazitäten der Maschinen im Laufe der Zeit nicht nur quantitativ verbessert, sondern auch qualitativ verändert haben – ein Beispiel: Selbst wenn man ihm unbegrenzt viel Zeit ließe, könnte der Z2 aus dem Jahr 1939 nicht alles leisten, was eine Tensor Processing Unit von 2023 in einem Bruchteil einer Sekunde leistet –, ist es unmöglich, eine

Messgröße zu entwickeln, die die Leistung der Maschinen über den gesamten betrachteten Zeitraum hinweg streng vergleichbar machte.

Jeder Versuch, die Werte aller Leistungsstatistiken dieses Datensatzes in Werte einer auf alle Maschinen streng anwendbaren Messgröße umzurechnen, wäre daher irreführend. Noch ein Beispiel: Anders Sandberg und Nick Bostrom (2008) haben geschätzt, in welchem Verhältnis MIPS (*millions of instructions per second*, Millionen Instruktionen pro Sekunde) und MFLOPS (*millions of floating-point operations per second*, Millionen Gleitkommaoperationen pro Sekunde) einander entsprechen, haben ihre auf verschiedene Zeiträume bezogenen Schätzwerte aber nicht linear skaliert, was die Verwendung dieser Methode ungeeignet macht für einen Datensatz, der einen so großen Leistungsbereich umfasst wie dieser. Eine Umrechnung der FLOPS-Werte neuerer Computer in IPS würde deren Leistungsvermögen überbewerten, eine Umrechnung der IPS-Werte alter Computer in FLOPS deren Leistungsvermögen unterbewerten.

Auch die von Hans Moravec (1988) und William Nordhaus (2001) favorisierten informationstheoretischen Ansätze erfassen, so nützlich sie sind, die qualitative Entwicklung der Rechenleistung und der Anwendungen nicht. Beispielsweise hat Nordhaus für seine MSOPS-Messgröße (*million standard operations per second*, Millionen von Standardoperationen pro Sekunde) ein ganz bestimmtes Verhältnis zwischen Additionen und Multiplikationen festgesetzt, das nicht realistisch anwendbar ist, wenn man Computer aus den 1960er-Jahren, die Raketenballistik berechneten, mit modernen Grafik- und Tensor-Prozessoren vergleicht, die für maschinelles Lernen Rechenoperationen mit geringer Präzision verwenden.

Aus diesem Grund greift die hier verwendete Methodik auf die Messgrößen zurück, anhand derer die Maschinen ursprünglich bewertet wurden. Das führt dazu, dass das vergleichsweise milde Paradigma der Instruktionen pro Sekunde für den Zeitraum von 1939 (bezogen auf grundlegende Ergänzungen in Konrad Zuses Z2-Computer) bis zur Einführung des Pentium 4 im Jahr 2001 verwendet wird, als das Paradigma der Gleitkommaoperationen pro Sekunde für die Messung moderner Computerleistung vorherrschend wurde. Dies spiegelt die Tatsache wider, dass sich die Anwendungen von Rechenleistung im Laufe der Zeit verändert haben und dass für einige Anwendungen eine hohe Gleitkommaleistung heute wichtiger ist als die Ganzzahlleistung oder andere Messgrößen. Einige Bereiche wurden spezialisierter, z. B. zeichnen sich Grafikprozessoren und spezialisierte KI-/Deep-Learning-Chips durch hohe FLOPS-Werte aus, doch wäre es abwegig, ihre Fähigkeit zur Ausführung allgemeiner Aufgaben von Hauptprozessoren durch Errechnung ihrer IPS-Werte mit älteren Computerchips vergleichen zu wollen.

Die Aufstellung bevorzugt Statistiken über beste erreichte Leistungen oder leitet, bei älteren Maschinen, die beste erreichte Leistung aus der Leistung bei Rechenschritten ab, die mit dem Addieren vergleichbar sind. Die besten erreichten Leistungen liegen zwar über dem Durchschnitt dessen, was die Maschinen im täglichen Betrieb erreicht haben, doch eignen sich diesbezügliche Statistiken besser zum Vergleich als Statistiken über durchschnittliche Leistungen, die viele Faktoren berücksichtigen, die nichts mit der reinen Rechengeschwindigkeit zu tun haben und deren Werte von Maschine zu Maschine regellos variieren.

ZUSÄTZLICHE QUELLEN

Anders Sandberg und Nick Bostrom, *Whole Brain Emulation: A Roadmap*, Technical Report #2008-3, Future of Humanity Institute, Oxford University (2008), https://www.fhi.ox.ac.uk/brain-emulation-roadmap-report.pdf.

William D. Nordhaus, »The Progress of Computing«, discussion paper 1324, Cowles Foundation (September 2001), https://ssrn.com/abstract=285168.

Hans Moravec, »MIPS Equivalents«, Field Robotics Center, Carnegie Mellon Robotics Institute, https://web.archive.org/web/20210609052024/https://frc.ri.cmu.edu/~hpm/book97/ch3/processor.list, Zugriff am 2. Dezember 2021.

Hans Moravec, *Mind children: Der Wettlauf zwischen menschlicher und künstlicher Intelligenz*, aus dem Amerikanischen von Hainer Kober (Hamburg: Hoffmann und Campe, 1990).

AUFGEFÜHRTE MASCHINEN, DATEN UND QUELLEN

Datenquellen für den Verbraucherpreisindex

»Consumer Price Index, 1913-«, Federal Reserve Bank of Minneapolis, https://www.minneapolisfed.org/about-us/monetary-policy/inflation-calculator/consumer-price-index-1913-, Zugriff am 20. April 2023; US Bureau of Labor Statistics, »Consumer Price Index for All Urban Consumers: All Items in US City Average (CPIAUCSL)«, abgerufen von Federal Reserve Economic Data (FRED), Federal Reserve Bank of St. Louis, aktualisiert am 12. April 2023, https://fred.stlouisfed.org/series/CPIAUCSL.

1939 Z2

Realpreis: 50 489,31 US-Dollar (Nominalpreis 7000 Reichsmark)
Rechenschritte pro Sekunde: 0,33
Rechenschritte/Sekunde/Dollar: 0,0000065

Preisquelle: Jane Smiley, *The Man Who Invented the Computer: The Biography of John Atanasoff, Digital Pioneer* (New York: Doubleday, 2010), S. 41 (E-Book loc. 638, Kindle v3.1_r1); »Kaufkraftvergleiche historischer Geldbeträge«, Deutsche Bundesbank, https://www.bundesbank.de/de/statistiken/konjunktur-und-preise/erzeuger-und-verbraucherpreise/kaufkraftvergleiche-historischer-geldbetraege-775308, Zugriff am 31. Mai 2024; »Kaufkraftäquivalente historischer Beträge in deutschen Währungen«, Deutsche Bundesbank, https://www.bundesbank.de/resource/blob/615162/94b87ff6d25eceb84c9cfb801162b334/mL/kaufkraftaequivalente-historischer-betraege-in-deutschen-waehrungen-data.pdf, Zugriff am 31. Mai 2024; Lawrence H. Officer, »Exchange Rates«, in Susan B. Carter et al. (Hgg.), *Historical Statistics of the United States, Millennial Edition* (Cambridge: Cambridge University Press, 2002), reproduziert in Harold Marcuse, »Historical Dollar-to-Marks Currency Conversion Page«, University of California, Santa Bar-

bara, aktualisiert am 7. Oktober 2018, https://marcuse.faculty.history.ucsb.edu/projects/currency.htm; »Euro to US Dollar Spot Exchange Rates for 2020«, Exchange Rates UK, https://www.exchangerates.org.uk/EUR-USD-spot-exchange-rates-history-2020.html, Zugriff am 20. Dezember 2021. In puncto Kaufkraft entsprachen 7000 Reichsmark 1939 etwa 30 100 Euro des Jahres 2020, die wiederum im Durchschnitt 40 124 US-Dollar von Anfang 2023 entsprachen. Diese Umrechnung hat den Vorteil, dass das Vergleichbarkeitsproblem umgangen wird, das sich aus dem Kaufkraftunterschied zwischen Nazi-Deutschland und den Vereinigten Staaten ergibt, aber den Nachteil, dass es sich auf Preise bezieht, die größtenteils von der totalitären Regierung festgelegt wurden, wobei Rationierung und Schwarzmarkthandel die Relevanz der Nominalpreise einschränkten. Nach Wechselkursen entsprachen 7000 Reichsmark 1939 im Durchschnitt 2800 US-Dollar, die wiederum 60 853 US-Dollar von Anfang 2023 entsprachen. Diese Umrechnung hat den Vorteil, dass sich in ihr keine Verzerrungen durch die totalitäre Kriegswirtschaft Deutschlands niederschlagen, aber den Nachteil, dass aufgrund des Kaufkraftunterschieds zwischen den beiden Währungen Unwägbarkeiten entstehen. Da die Vor- und Nachteile der beiden Umrechnungsmethoden komplementär sind und es kein klares Prinzip gibt, anhand dessen beurteilt werden kann, welche der Wahrheit näher kommt, ist in dieser Aufstellung der Mittelwert der beiden Zahlen genannt: 50 489 US-Dollar.
Leistungsdatenquelle: Horst Zuse, »Z3«, http://www.horst-zuse.homepage.t-online.de/z3-detail.html, Zugriff am 20. Dezember 2021.

1941 Z3

Realpreis: 136 849,13 US-Dollar (Nominalpreis 20 000 Reichsmark)
Rechenschritte pro Sekunde: 1,25
Rechenschritte/Sekunde/Dollar: 0,0000091

Preisquelle: Jack Copeland und Giovanni Sommaruga, »The Stored-Program Universal Computer: Did Zuse Anticipate Turing and von Neumann?«, in Giovanni Sommaruga und Thomas Strahm, *Turing's*

Revolution: The Impact of His Ideas About Computability (Cham: Springer International Publishing, 2016; korrigierte Veröffentlichung von 2021), S. 53, https://www.google.com/books/edition/Turing_s_Revolution/M8ZyCwAAQBAJ; »Kaufkraftvergleiche historischer Geldbeträge«, Deutsche Bundesbank, https://www.bundesbank.de/de/statistiken/konjunktur-und-preise/erzeuger-und-verbraucherpreise/kaufkraftvergleiche-historischer-geldbetraege-775308, Zugriff am 31. Mai 2024; »Kaufkraftäquivalente historischer Beträge in deutschen Währungen«, Deutsche Bundesbank, https://www.bundesbank.de/resource/blob/615162/94b87ff6d25eceb84c9cfb801162b334/mL/kaufkraftaequivalente-historischer-betraege-in-deutschen-waehrungen-data.pdf, Zugriff am 31. Mai 2024; Lawrence H. Officer, »Exchange Rates«, in Susan B. Carter et al. (Hgg.), *Historical Statistics of the United States, Millennial Edition* (Cambridge: Cambridge University Press, 2002), reproduziert in Harold Marcuse, »Historical Dollar-to-Marks Currency Conversion Page«, University of California, Santa Barbara, aktualisiert am 7. Oktober 2018, https://marcuse.faculty.history.ucsb.edu/projects/currency.htm; »Euro to US Dollar Spot Exchange Rates for 2020«, Exchange Rates UK, https://www.exchangerates.org.uk/EUR-USD-spot-exchange-rates-history-2020.html, Zugriff am 20. Dezember 2021. »Consumer Price Index, 1913-«, Federal Reserve Bank of Minneapolis, https://www.minneapolisfed.org/about-us/monetary-policy/inflation-calculator/consumer-price-index-1913-, Zugriff am 11. Oktober 2021. In puncto Kaufkraft entsprachen 20 000 Reichsmark etwa 82 000 Euro des Jahres 2020, die wiederum im Durchschnitt 109 290 US-Dollar von Anfang 2023 entsprachen. Diese Umrechnung hat den Vorteil, dass das Vergleichbarkeitsproblem umgangen wird, das sich aus dem Kaufkraftunterschied zwischen Nazi-Deutschland und den Vereinigten Staaten ergibt, aber den Nachteil, dass es sich auf Preise bezieht, die größtenteils von der totalitären Regierung festgelegt wurden, wobei Rationierung und Schwarzmarkthandel die Relevanz der Nominalpreise einschränkten. Nach Wechselkursen entsprachen 20 000 Reichsmark 1941 im Durchschnitt 8000 US-Dollar, die wiederum 164 408 US-Dollar von Anfang 2023 entsprachen. Diese Umrechnung hat den Vorteil, dass sich in ihr keine Verzerrungen durch die totalitäre Kriegswirtschaft Deutschlands niederschlagen,

aber den Nachteil, dass aufgrund des Kaufkraftunterschieds zwischen den beiden Währungen Unwägbarkeiten entstehen. Da die Vor- und Nachteile der beiden Umrechnungsmethoden komplementär sind und es kein klares Prinzip gibt, anhand dessen beurteilt werden kann, welche der Wahrheit näher kommt, ist in dieser Aufstellung der Mittelwert der beiden Zahlen genannt: 136 849 US-Dollar.
Leistungsdatenquelle: Horst Zuse, »Z3«, http://www.horst-zuse.homepage.t-online.de/z3-detail.html, Zugriff am 20. Dezember 2021.

1943 COLOSSUS MARK 1

Realpreis: 33 811 510,61 US-Dollar
Rechenschritte pro Sekunde: 5000
Rechenschritte/Sekunde/Dollar: 0,00015

Preisquelle: Chris Smith, »Cracking the Enigma Code: How Turing's Bombe Turned the Tide of WWII«, BT, 2. November 2017, http://web.archive.org/web/20180321035325/http://home.bt.com/tech-gadgets/cracking-the-enigma-code-how-turings-bombe-turned-the-tide-of-wwii-11363990654704; Jack Copeland (Experte für Informatikgeschichte), E-Mail an den Autor vom 12. Januar 2018; »Inflation Calculator«, Bank of England, 20. Januar 2021, https://www.bankofengland.co.uk/monetary-policy/inflation/inflation-calculator; »Historical Rates for the GBP/USD Currency Conversion on 01 July 2020 (01/07/2020)«, Pound Sterling Live, https://www.poundsterlinglive.com/best-exchange-rates/british-pound-to-us-dollar-exchange-rate-on-2020-07-01, Zugriff am 11. November 2021. Für den Colossus sind keine freigegebenen Stückkostenzahlen verfügbar, da dieser Computer nicht für kommerzielle Zwecke gebaut wurde. Wir wissen aber, dass der Bau der früheren Bombe-Maschinen etwa 100 000 Pfund pro Stück kostete. Für den Colossus nennt der Experte für Computergeschichte Jack Copeland als sehr grobe Näherung das ungefähr Fünffache der Kosten für den Bau einer einzigen Bombe. Das entspricht 23 314 516 britischen Pfund des Jahres 2020 und 33 811 510 US-Dollar von Anfang 2023. Da die dem angegebenen Realpreis

zugrunde liegenden Baukosten nur geschätzt sind, sollten notabene nur die ersten beiden Ziffern als aussagekräftig betrachtet werden.
Leistungsdatenquelle: B. Jack Copeland (Hg.), *Colossus: The Secrets of Bletchley Park's Code-debreaking Computers* (Oxford: Oxford University Press, 2010), S. 282.

1946 ENIAC

Realpreis: 11 601 846,15 US-Dollar
Rechenschritte pro Sekunde: 5000
Rechenschritte/Sekunde/Dollar: 0,00043

Preisquelle: Martin H. Weik, *A Survey of Domestic Electronic Digital Computing Systems*, Report Nr. 971 (Aberdeen Proving Ground, MD: Ballistic Research Laboratories, Dezember 1955), S. 42, https://books.google.com/books?id=-BPSAAAAMAAJ.
Leistungsdatenquelle: Brendan I. Koerner, »How the World's First Computer Was Rescued from the Scrap Heap«, *Wired*, 25. November 2014, https://www.wired.com/2014/11/eniac-unearthed.

1949 BINAC

Realpreis: 3 523 451,43 US-Dollar
Rechenschritte pro Sekunde: 3500
Rechenschritte/Sekunde/Dollar: 0,00099

Preisquelle: William R. Nester, *American Industrial Policy: Free or Managed Markets?* (New York: St. Martin's, 1997), S. 106, https://books.google.com/books?id=hCi_DAA AQBAJ.
Leistungsdatenquelle: Eckert-Mauchly Computer Corp., *The BINAC* (Philadelphia: Eckert-Mauchly Computer Corp., 1949), S. 2, http://s3data.computerhistory.org/brochures/eckertmauchly.binac.1949.102646200.pdf.

1953 UNIVAC 1103

Realpreis: 10 356 138,62 US-Dollar
Rechenschritte pro Sekunde: 50 000
Rechenschritte/Sekunde/Dollar: 0,0048

Preisquelle: Martin H. Weik, *A Third Survey of Domestic Electronic Digital Computing Systems*, Report Nr. 1115 (Aberdeen, MD: Ballistic Research Laboratories, März 1961), S. 913, http://web.archive.org/web/20160403031739/http://www.textfiles.com/bitsavers/pdf/brl/compSurvey_Mar1961/brlReport1115_0900.pdf; https://bitsavers.org/pdf/brl/compSurvey_Mar1961/brlReport1115_0000.pdf.
Leistungsdatenquelle: Martin H. Weik, *A Third Survey of Domestic Electronic Digital Computing Systems*, Report Nr. 1115 (Aberdeen, MD: Ballistic Research Laboratories, März 1961), S. 906, http://web.archive.org/web/20160403031739/http://www.textfiles.com/bitsavers/pdf/brl/compSurvey_Mar1961/brlReport1115_0900.pdf.

1959 DEC PDP-1

Realpreis: 1 239 649,32 US-Dollar
Rechenschritte pro Sekunde: 100 000
Rechenschritte/Sekunde/Dollar: 0,081

Preisquelle: »PDP 1 Price List«, Digital Equipment Corporation, 1. Februar 1963, https://www.computerhistory.org/pdp-1/_media/pdf/DEC.pdp_1.1963.102652408.pdf.
Leistungsdatenquelle: Digital Equipment Corporation, *PDP-1 Handbook* (Maynard, MA: Digital Equipment Corporation, 1963), S. 10, http://s3data.computerhistory.org/pdp-1/DEC.pdp_1.1963.102636240.pdf.

1962 DEC PDP-4

Realpreis: 647 099,67 US-Dollar
Rechenschritte pro Sekunde: 62 500
Rechenschritte/Sekunde/Dollar: 0,097

Preisquelle: Digital Equipment Corporation, *Nineteen Fifty-Seven to the Present* (Maynard, MA: Digital Equipment Corporation, 1978), S. 3, http://s3data.computerhistory.org/pdp-1/dec.digital_1957_to_the_present_(1978).1957-1978.102630349.pdf.
Leistungsdatenquelle: Digital Equipment Corporation, *PDP-4 Manual* (Maynard, MA: Digital Equipment Corporation, 1962), S. 18 und 57, http://gordonbell.azurewebsites.net/digital/pdp%204%20manual%20 1962.pdf.

1965 DEC PDP-8

Realpreis: 172 370,29 US-Dollar
Rechenschritte pro Sekunde: 312 500
Rechenschritte/Sekunde/Dollar: 1,81

Preisquelle: Tony Hey und Gyuri Pápay, *The Computing Universe: A Journey Through a Revolution* (New York: Cambridge University Press, 2015), S. 165, https://books.google.com/books?id=q4FIBQAAQBAJ.
Leistungsdatenquelle: Digital Equipment Corporation, *PDP-8* (Maynard, MA: Digital Equipment Corporation, 1965), S. 10, http://archive.computerhistory.org/resources/access/text/2009/11/102683307.05.01.acc.pdf.

1969 DATA GENERAL NOVA

Realpreis: 65 754,33 US-Dollar
Rechenschritte pro Sekunde: 169 492
Rechenschritte/Sekunde/Dollar: 2,58

Preisquelle: »Timeline of Computer History – Data General Corporation Introduces the Nova Minicomputer«, Computer History Museum, https://www.computerhistory.org/timeline/1968, Zugriff am 10. November 2021.
Leistungsdatenquelle: NOVA-Broschüre, Data General Corporation, 1968, S. 12, http://s3data.computerhistory.org/brochures/dgc.nova.1968.102646102.pdf.

1973 INTELLEC 8

Realpreis: 16 291,71 US-Dollar
Rechenschritte pro Sekunde: 80 000
Rechenschritte/Sekunde/Dollar: 4,91

Preisquelle: »Intellec 8«, Center for Computing History, http://www.computinghistory.org.uk/det/3366/intellec-8, Zugriff am 10. November 2021.
Leistungsdatenquelle: Intel, *Intellec 8 Reference Manual*, 1. überarbeitete Auflage (Santa Clara, CA: Intel, 1974), S. XXXXIII, https://ia802603.us.archive.org/14/items/bitsavers_intelMCS8InceManualRev1Jun74_14022374/Intel_Intellec_8_Reference_Manual_Rev_1_Jun74.pdf.

1975 ALTAIR 8800

Realpreis: 3481,85 US-Dollar
Rechenschritte pro Sekunde: 500 000
Rechenschritte/Sekunde/Dollar: 144

Preisquelle: »MITS Altair 8800: Price List«, CTI Data Systems, 1. Juli 1975, http://vtda.org/docs/computing/DataSystems/MITS_Altair8800_PriceList01Jul75.pdf.
Leistungsdatenquelle: MITS, *Altair 8800 Operator's Manual* (Albuquerque, NM: MITS, 1975), S. 21 und 90, http://www.classiccmp.org/dunfield/altair/d/88opman.pdf.

1984 APPLE MACINTOSH

Realpreis: 7243,62 US-Dollar
Rechenschritte pro Sekunde: 1 600 000
Rechenschritte/Sekunde/Dollar: 221

Preisquelle: Regis McKenna Public Relations, »Apple Introduces Macintosh Advanced Personal Computer«, Pressemitteilung, 24. Januar 1984, https://web.stanford.edu/dept/SUL/sites/mac/primary/docs/pr1.html.
Leistungsdatenquelle: Motorola, *Motorola Semiconductor Master Selection Guide*, 10. überarbeitete Auflage (Chicago: Motorola, 1996), S. 2.2–2, http://www.bitsavers.org/components/motorola/_catalogs/1996_Motorola_Master_Selection_Guide.pdf.

1986 COMPAQ DESKPRO 386 (16 MHz)

Realpreis: 17 886,96 US-Dollar
Rechenschritte pro Sekunde: 4 000 000
Rechenschritte/Sekunde/Dollar: 224

Preisquelle: Peter H. Lewis, »Compaq's Gamble on an Advanced Chip Pays Off«, *New York Times*, 20. September 1987, https://www.nytimes.com/1987/09/20/business/the-executive-computer-compaq-s-gamble-on-an-advanced-chip-pays-off.html.
Leistungsdatenquelle: Peter H. Lewis, »Compaq's Gamble on an Advanced Chip Pays Off«, *New York Times*, 20. September 1987, https://www.nytimes.com/1987/09/20/business/the-executive-computer-compaq-s-gamble-on-an-advanced-chip-pays-off.html.

1987 PC'S LIMITED 386 (16 MHz)

Realpreis: 11 946,43 US-Dollar
Rechenschritte pro Sekunde: 4 000 000
Rechenschritte/Sekunde/Dollar: 335

Preisquelle: Peter H. Lewis, »Compaq's Gamble on an Advanced Chip Pays Off«, *New York Times*, 20. September 1987, https://www.nytimes.com/1987/09/20/business/the-executive-computer-compaq-s-gamble-on-an-advanced-chip-pays-off.html.
Leistungsdatenquelle: Peter H. Lewis, »Compaq's Gamble on an Advanced Chip Pays Off«, *New York Times*, 20. September 1987, https://www.nytimes.com/1987/09/20/business/the-executive-computer-compaq-s-gamble-on-an-advanced-chip-pays-off.html.

1988 COMPAQ DESKPRO 386/25

Realpreis: 20 396,30 US-Dollar
Rechenschritte pro Sekunde: 8 500 000
Rechenschritte/Sekunde/Dollar: 417

Preisquelle: »Compaq Deskpro 386/25 Type 38«, Center for Computing History, http://www.computinghistory.org.uk/det/16967/Compaq-Deskpro-386-25-Typ-38, Zugriff am 10. November 2021.
Leistungsdatenquelle: Jeffrey A. Dubin, *Empirical Studies in Applied Economics* (New York: Springer Science+Business Media, 2012), S. 72 f., https://www.google.com/books/edition/Empirical_Studies_in_Applied_Economics/41_lBwAAQBAJ.

1990 MT 486 DX

Realpreis: 11 537,40 US-Dollar
Rechenschritte pro Sekunde: 20 000 000
Rechenschritte/Sekunde/Dollar: 1733

Preisquelle: Bruce Brown, »Micro Telesis Inc. MT 486DX«, *PC Magazine* 9, Nr. 15 (11. September 1990), S. 140, https://books.google.co.uk/books?id=NsgmyHnvDmUC.

Leistungsdatenquelle: Owen Linderholm, »Intel Cuts Cost, Capabilities of 9486; Will Offer Companion Math Chip«, *Byte*, Juni 1991, S. 26, https://worldradiohistory.com/hd2/IDX-Consumer/Archive-Byte-IDX/IDX/90s/Byte-1991-06-IDX-32.pdf.

1992 GATEWAY 486DX2/66

Realpreis: 6439,31 US-Dollar
Rechenschritte pro Sekunde: 54 000 000
Rechenschritte/Sekunde/Dollar: 8386

Preisquelle: Jim Seymour, »The 486 Buyers' Guide«, *PC Magazine* 12, Nr. 21 (7. Dezember 1993), S. 226, https://books.google.com/books?id=7k7q-wSotooC.
Leistungsdatenquelle: Mike Feibus, »P6 and Beyond«, *PC Magazine* 12, Nr. 12 (29. Juni 1993), S. 164, https://books.google.co.uk/books?id=gCfzPMoPJWgC&pg=PA164.

1994 PENTIUM (75 MHz)

Realpreis: 4477,91 US-Dollar
Rechenschritte pro Sekunde: 87 100 000
Rechenschritte/Sekunde/Dollar: 19 451

Preisquelle: Bob Francis, »75-MHz Pentiums Deskbound«, *Info World* 16, Nr. 44 (31. Oktober 1994), S. 5, https://books.google.com/books?id=cTgEAAAAMBAJ&pg=PA5.
Leistungsdatenquelle: Roy Longbottom, »Dhrystone Benchmark Results on PCs«, Roy Longbottom's PC Benchmark Collection, Februar 2017, http://www.roylongbottom.org.uk/dhrystone%20results.htm.

1996 PENTIUM PRO (166 MHz)

Realpreis: 3233,73 US-Dollar
Rechenschritte pro Sekunde: 242 000 000
Rechenschritte/Sekunde/Dollar: 74 836

Preisquelle: Michael Slater, »Intel Boosts Pentium Pro to 200 MHz«, *Microprocessor Report* 9, Nr. 15 (13. November 1995), S. 2, https://www.cl.cam.ac.uk/~pb22/test.pdf.
Leistungsdatenquelle: Roy Longbottom, »Dhrystone Benchmark Results on PCs«, Roy Longbottom's PC Benchmark Collection, Februar 2017, http://www.roylongbottom.org.uk/dhrystone%20results.htm.

1997 MOBILE PENTIUM MMX (133 MHz)

Realpreis: 533,76 US-Dollar
Rechenschritte pro Sekunde: 184 092 000
Rechenschritte/Sekunde/Dollar: 344 898

Preisquelle: »Intel Mobile Pentium MMX 133 MHz Specifications«, CPU-World, https://web.archive.org/web/20140912204405/http://www.cpu-world.com/CPUs/Pentium/Intel-Mobile%20Pentium%20MMX%20133%20-%20FV80503133.html, Zugriff am 10. November 2021.
Leistungsdatenquelle: »Intel Mobile Pentium MMX 133 MHz vs Pentium MMX 200 MHz«, CPU-World, http://www.cpu-world.com/Compare/347/Intel_Mobile_Pentium_MMX_133_MHz_(FV80503133)_vs_Intel_Pentium_MMX_200_MHz_(FV80503200).html, Zugriff am 11. November 2021; Roy Longbottom, »Dhrystone Benchmark Results on PCs«, Roy Longbottom's PC Benchmark Collection, Februar 2017, http://www.roylongbottom.org.uk/dhrystone%20results.htm. Laut Tests von CPU-World erreichte der Mobile Pentium MMX 133 MHz 69,9 Prozent der Leistung (Dhrystone 2,1 VAX MIPS) des Pentium MMX 200 MHz. Bei Letzterem waren dies laut Test von Roy Longbottom 276 MIPS, was schätzungsweise 192,924 MIPS bei Ersterem entspräche.

1998 PENTIUM II (450 MHz)

Realpreis: 1238,05 US-Dollar
Rechenschritte pro Sekunde: 713 000 000
Rechenschritte/Sekunde/Dollar: 575 905

Preisquelle: »Intel Pentium II 450 MHz Specifications«, CPU-World, https://web.archive.org/web/20150428111439/http://www.cpu-world.com:80/CPUs/Pentium-II/Intel-Pentium%20II%20450%20-%2080523PY450512PE%20(B80523P450512E).html, Zugriff am 10. November 2021.
Leistungsdatenquelle: Roy Longbottom, »Dhrystone Benchmark Results on PCs«, Roy Longbottom's PC Benchmark Collection, Februar 2017, http://www.roylongbottom.org.uk/dhrystone%20results.htm.

1999 PENTIUM III (450 MHz)

Realpreis: 898,06 US-Dollar
Rechenschritte pro Sekunde: 722 000 000
Rechenschritte/Sekunde/Dollar: 803 952

Preisquelle: »Intel Pentium III 450 MHz Specifications«, CPU-World, https://web.archive.org/web/20140831044834/http://www.cpu-world.com/CPUs/Pentium-III/Intel-Pentium%20III%20450%20-%2080525PY450512%20(BX80525U450512%20-%20BX80525U450512E).html, Zugriff am 10. November 2021.
Leistungsdatenquelle: Roy Longbottom, »Dhrystone Benchmark Results on PCs«, Roy Longbottom's PC Benchmark Collection, Februar 2017, http://www.roylongbottom.org.uk/dhrystone%20results.htm.

2000 PENTIUM III (1,0 GHz)

Realpreis: 1734,21 US-Dollar
Rechenschritte pro Sekunde: 1 595 000 000
Rechenschritte/Sekunde/Dollar: 919 725

Preisquelle: »Intel Pentium III 1BGHz (Socket 370) Specifications«, CPU-World, https://web.archive.org/web/20160529005115/http://www.cpu-world.com/CPUs/Pentium-III/Intel-Pentium%20III%201000%20%20RB80526PZ001256%20(BX80526C1000256).html, Zugriff am 10. November 2021.
Leistungsdatenquelle: Roy Longbottom, »Dhrystone Benchmark Results on PCs«, Roy Longbottom's PC Benchmark Collection, Februar 2017, http://www.roylongbottom.org.uk/dhrystone%20results.htm.

2001 PENTIUM 4 (1700 MHz)

Realpreis: 599,55 US-Dollar
Rechenschritte pro Sekunde: 1 843 000 000
Rechenschritte/Sekunde/Dollar: 3 073 978

Preisquelle: »Intel Pentium 4 1,7 GHz Specifications«, CPU-World, https://web.archive.org/web/20150429131339/http://www.cpu-world.com/CPUs/Pentium_4/Intel-Pentium%204%201,7%20GHz%20-%20RN80528PC029G0K%20(BX80528JK170G).html, Zugriff am 10. November 2021.
Leistungsdatenquelle: Roy Longbottom, »Dhrystone Benchmark Results on PCs«, Roy Longbottom's PC Benchmark Collection, Februar 2017, http://www.roylongbottom.org.uk/dhrystone%20results.htm.

2002 XEON (2,4 GHz)

Realpreis: 392,36 US-Dollar
Rechenschritte pro Sekunde: 2 480 000 000
Rechenschritte/Sekunde/Dollar: 6 323 014

Preisquelle: »Intel Xeon 2.4 GHz Specifications«, CPU-World, https://web.archive.org/web/20150502024039/http://www.cpu-world.com:80/CPUs/Xeon/Intel-Xeon%202.4%20GHz%20-%20RK80532KE056512%20(BX80532KE2400D%20-%20BX80532KE2400DU).html, Zugriff am 10. November 2021.

Leistungsdatenquelle: Jack J. Dongarra, »Performance of Different Computers Using Standard Linear Equations Software«, Technical Report CS-89–85, University of Tennessee, Knoxville, 5. Februar 2013, S. 7–29, http://www.icl.utk.edu/files/publications/2013/icl-utk-625-2013.pdf. Die Daten von Dongarra (2013) werden hier anstelle der Daten von Longbottom (2017) verwendet, weil um 2002 die MFLOPS-Zahlen zum vorherrschenden Leistungsstandard geworden waren. Dongarras Daten sind konsistenter mit denen der nachfolgenden Maschinen vergleichbar. Die meisten seiner Daten verwenden die »TPP Best Effort«-Messgröße, am ehesten vergleichbar mit den Leistungsdaten früherer Computer. Da für diesen Prozessor keine »TPP Best Effort«-Daten verfügbar sind, wurden sie hier anhand des Durchschnittswerts im Verhältnis von »TPP Best Effort«-MFLOPS zu »LINPACK Benchmark«-MFLOPS in Dongarras Datensatz geschätzt (bei den fünfzehn anderen von Dongarra getesteten Single-Core-, aber nicht vom XEON mit EM64T betriebenen Computern ist der »TPP Best Effort«-Wert im Durchschnitt 2,559 Mal so hoch wie der »LINPACK Benchmark«-Wert). Außerdem sind die Daten für diesen Prozessor aus den Daten zweier verschiedener Kombinationen von Betriebssystem und Compiler gemittelt.

2004 PENTIUM 4 (3,0 GHz)

Realpreis: 348,12 US-Dollar
Rechenschritte pro Sekunde: 3 181 000 000
Rechenschritte/Sekunde/Dollar: 9 137 738

Preisquelle: »Intel Pentium 4 3 GHz Specifications«, CPU-World, https://web.archive.org/web/20171005171131/http://www.cpu-world.com/CPUs/Pentium_4/Intel-Pentium%204%203,0%20GHz%20-%20RK80546PG0801M%20(BX80546PG3000E).html, Zugriff am 10. November 2021.
Leistungsdatenquelle: Jack J. Dongarra, »Performance of Different Computers Using Standard Linear Equations Software«, Technical Report CS-89–85, University of Tennessee, Knoxville, 5. Februar 2013, S. 10, http://www.icl.utk.edu/files/publications/2013/icl-utk-625-2013.

pdf. Die Daten von Dongarra (2013) werden hier anstelle der Daten von Longbottom (2017) verwendet, weil ab dem Pentium 4 die MFLOPS-Zahlen zum vorherrschenden Leistungsstandard geworden waren. Dongarras Daten sind konsistenter mit denen der nachfolgenden Maschinen vergleichbar.

2005 PENTIUM 4 662 (3,6 GHz)

Realpreis: 619,36 US-Dollar
Rechenschritte pro Sekunde: 7 200 000 000
Rechenschritte/Sekunde/Dollar: 11 624 919

Preisquelle: »Intel Pentium 4 662 Specifications«, CPU-World, https://web.archive.org/web/20150710050435/http://www.cpu-world.com:80/CPUs/Pentium_4/Intel-Pentium%204%20662%203.6%20GHz%20-%20HH80547PG1042MH.html, Zugriff am 10. November 2021.
Leistungsdatenquelle: »Export Compliance Metrics for Intel Microprocessors Intel Pentium Processors«, Intel, 1. April 2018, S. 4, http://web.archive.org/web/201806 01044504/https://www.intel.com/content/dam/support/us/en/documents/processors/APP-for-Intel-Pentium-Processors.pdf.

2006 CORE 2 DUO E6300

Realpreis: 273,82 US-Dollar
Rechenschritte pro Sekunde: 14 880 000 000
Rechenschritte/Sekunde/Dollar: 54 342 788

Preisquelle: »Intel Core 2 Duo E6300 Specifications«, CPU-World, https://web.archive.org/web/20160605085626/http://www.cpu-world.com/CPUs/Core_2/Intel-Core%202%20Duo%20E6300%20HH80557PH0362M%20(BX80557E6300).html, Zugriff am 10. November 2021.
Leistungsdatenquelle: »Export Compliance Metrics for Intel Microprocessors Intel Pentium Processors«, Intel, 1. April 2018, S. 12, http://

web.archive.org/web/20180601044310/https://www.intel.com/content/dam/support/us/en/documents/processors/APP-for-Intel-Core-Processors.pdf.

2007 PENTIUM DUAL-CORE E 2180

Realpreis: 122,23 US-Dollar
Rechenschritte pro Sekunde: 16 000 000 000
Rechenschritte/Sekunde/Dollar: 130 899 970

Preisquelle: »Intel Pentium E2180 Specifications«, CPU-World, https://web.archive.org/web/20170610094616/http://www.cpu-world.com/CPUs/Pentium_Dual-Core/Intel-Pentium%20Dual-Core%20E2180%20HH80557PG0411M%20(BX80557E2180%20%20BXC80557E2180).html, Zugriff am 10. November 2021.
Leistungsdatenquelle: »Export Compliance Metrics for Intel Microprocessors Intel Pentium Processors«, Intel, 1. April 2018, S. 7, http://web.archive.org/web/20180601044504/https://www.intel.com/content/dam/support/us/en/documents/processors/APP-for-Intel-Pentium-Processors.pdf.

2008 GTX 285

Realpreis: 502,98 US-Dollar
Rechenschritte pro Sekunde: 708 500 000 000
Rechenschritte/Sekunde/Dollar: 1 408 604 222

Preisquelle: »NVIDIA GeForce GTX 285«, TechPowerUp, https://www.techpowerup.com/gpu-specs/geforce-gtx-285.c238, Zugriff am 10. November 2021.
Leistungsdatenquelle: »NVIDIA GeForce GTX 285«, TechPowerUp, https://www.techpowerup.com/gpu-specs/geforce-gtx-285.c238, Zugriff am 10. November 2021.

2010 GTX 580

Realpreis: 690,15 US-Dollar
Rechenschritte pro Sekunde: 1 581 000 000 000
Rechenschritte/Sekunde/Dollar: 2 290 796 652

Preisquelle: »NVIDIA GeForce GTX 580«, TechPowerUp, https://www.techpowerup.com/gpu-specs/geforce-gtx-580.c270, Zugriff am 10. November 2021.
Leistungsdatenquelle: »NVIDIA GeForce GTX 580«, TechPowerUp, https://www.techpowerup.com/gpu-specs/geforce-gtx-580.c270, Zugriff am 10. November 2021.

2012 GTX 680

Realpreis: 655,59 US-Dollar
Rechenschritte pro Sekunde: 3 250 000 000 000
Rechenschritte/Sekunde/Dollar: 4 957 403 270

Preisquelle: »NVIDIA GeForce GTX 680«, TechPowerUp, https://www.techpowerup.com/gpu-specs/geforce-gtx-680.c342, Zugriff am 10. November 2021.
Leistungsdatenquelle: »NVIDIA GeForce GTX 680«, TechPowerUp, https://www.techpowerup.com/gpu-specs/geforce-gtx-680.c342, Zugriff am 10. November 2021.

2015 TITAN X (MAXWELL 2.0)

Realpreis: 1271,50 US-Dollar
Rechenschritte pro Sekunde: 6 691 000 000 000
Rechenschritte/Sekunde/Dollar: 5 262 273 757

Preisquelle: »NVIDIA GeForce GTX TITAN X«, TechPowerUp, https://www.techpowerup.com/gpu-specs/geforce-gtx-titan-x.c2632, Zugriff am 10. November 2021.
Leistungsdatenquelle: »NVIDIA GeForce GTX TITAN X«, TechPowerUp, https://www.techpowerup.com/gpu-specs/geforce-gtx-titan-x.c2632, Zugriff am 10. November 2021.

2016 TITAN X (PASCAL)

Realpreis: 1506,98 US-Dollar
Rechenschritte pro Sekunde: 10 974 000 000 000
Rechenschritte/Sekunde/Dollar: 7 282 098 756

Preisquelle: »NVIDIA TITAN X Pascal«, TechPowerUp, https://www.techpowerup.com/gpu-specs/titan-x-pascal.c2863, Zugriff am 10. November 2021.
Leistungsdatenquelle: »NVIDIA TITAN X Pascal«, TechPowerUp, https://www.techpowerup.com/gpu-specs/titan-x-pascal.c2863, Zugriff am 10. November 2021.

2017 AMD RADEON RX 580

Realpreis: 281,83 US-Dollar
Rechenschritte pro Sekunde: 6 100 000 000 000
Rechenschritte/Sekunde/Dollar: 21 643 984 475

Preisquelle: »AMD Radeon RX 580«, TechPowerUp, https://www.techpowerup.com/gpu-specs/radeon-rx-580.c2938, Zugriff am 10. November 2021.
Leistungsdatenquelle: »AMD Radeon RX 580«, TechPowerUp, https://www.techpowerup.com/gpu-specs/radeon-rx-580.c2938, Zugriff am 10. November 2021.

2021 GOOGLE CLOUD TPU V4-4096

Realpreis: 22 796 129,30 US-Dollar
Rechenschritte pro Sekunde: 1 100 000 000 000 000 000
Rechenschritte/Sekunde/Dollar: 48 253 805 968

Preisquelle: Wo immer möglich, sind in dieser Aufstellung die Kosten für den *Kauf* von Ausrüstung auf dem freien Markt als Preise genannt, weil dies die Verbesserung des Preis-Leistungs-Verhältnisses im Laufe der Zeit am besten widerspiegelt. Da Google Cloud TPUs nicht verkauft, sondern nur vermietet werden, wäre es denkbar, die Mietkosten pro Stunde als Preis anzugeben. Dies würde aber einem atemberaubend guten Preis-Leistungs-Verhältnis entsprechen, das nur für sehr kleine Projekte (z. B. kurze Maschinenlernaufgaben, für die der Kauf der Hardware nicht sinnvoll wäre) zutreffend wäre, nicht für die meisten Nutzungsfälle. Daher können wir auf der Grundlage einer plausiblen Schätzung der Durchschnittswerte für die Nutzungsdauer und die Länge der Austauschzyklen von Hardware als sehr grobe Näherung 4000 Stunden Arbeitszeit als funktionales Äquivalent zu gekaufter Hardware annehmen. (So schwer sich eine solche spekulative Schätzung mit Überzeugung für einen Vergleich von Hardware aus demselben Jahr verwenden ließe – die lange Zeitspanne und der logarithmische Maßstab dieses Diagramms ergeben einen Gesamttrend, der von sehr verschiedenen methodischen Annahmen in Bezug auf einen bestimmten Datenpunkt relativ wenig berührt wird.) In der Praxis sind Cloud-Mietverträge Gegenstand von Verhandlungen und können entsprechend den Bedürfnissen der Kunden und Projekte erheblich voneinander abweichen. Aber wenn wir, um eine plausible repräsentative Zahl zu nennen, davon ausgehen, dass Googles v4–4096-TPU 2021 für 5120 US-Dollar pro Stunde gemietet werden konnte, entspräche dies 20,48 Millionen US-Dollar für die gesamte Rechenzeit von 4000 Stunden, die ein Besitzer der Hardware seinen Prozessor möglicherweise nutzen würde. Die Schätzpreise wurden aus öffentlich zugänglichen Informationen und aus Gesprächen mit einer Reihe von Branchenexperten abgeleitet. Wahrscheinlich wird Google bis Redaktionsschluss dieses Buches ausführlichere Preisinformationen veröffentlicht haben, aber auch die werden ungenau sein, da projektspezifische Faktoren eine wesentliche Rolle bei der Preisgestaltung spielen können. Siehe Google Cloud, »Cloud TPU«, Google, https://cloud.google.com/tpu, Zugriff am 10. Dezember 2021; ich beziehe mich auch auf Telefonate mit dem Google-Projektmanager im Dezember 2021.

Leistungsdatenquelle: Tao Wang und Aarush Selvan, »Google Demonstrates Leading Performance in Latest MLPerf Benchmarks«, Google Cloud, 30. Juni 2021, https://cloud.google.com/blog/products/ai-machine-learning/google-wins-mlperf-benchmarks-with-tpu-v4; Samuel K. Moore, »Here's How Google's TPU v4 AI Chip Stacked Up in Training Tests«, *IEEE Spectrum*, 19. Mai 2021, https://spectrum.ieee.org/heres-how-googles-tpu-v4-ai-chip-stacked-up-in-training-tests.

2023 GOOGLE CLOUD TPU V5E

Realpreis: 3016,46 US-Dollar
Rechenschritte pro Sekunde: 393 000 000 000 000
Rechenschritte/Sekunde/Dollar: 130 285 276 114

Preisquelle: Google Cloud schätzt, dass das Preis-Leistungs-Verhältnis der TPU v5e, gemessen am MLPerfT v3.1 Inference Closed Benchmark, dem Goldstandard für den Betrieb großer Sprachmodelle, 2,7-mal so gut ist wie das der TPU v4. Um die Vergleichbarkeit mit dem Schätzwert für die TPU v4–4096 zu maximieren, der sich auf annähernd plausible Vertragspreise für hohe Volumina bezieht, wurde der Chip-Preis für die TPU v5e auf der Grundlage der bekannten Verbesserung des Preis-Leistungs-Verhältnisses geschätzt. Würden wir stattdessen nur den öffentlich bekannten Preis von 1,20 US-Dollar pro Chip-Stunde für die TPU v5e verwenden, läge das Preis-Leistungs-Verhältnis nur bei etwa 82 Milliarden Rechenschritten pro Sekunde und konstantem Dollar – aber da bei großen Cloud-Mietverträgen Rabatte üblich sind, wäre dies weit von der Realität entfernt. Siehe Amin Vahdat und Mark Lohmeyer, »Helping You Deliver High-Performance, Cost-Efficient AI Inference at Scale with GPUs and TPUs«, Google

Cloud, 11. September 2023, https://cloud.google.com/blog/products/compute/performance-per-dollar-of-gpus-and-tpus-for-ai-inference. **Leistungsdatenquelle:** INT8-Leistung pro Chip. Siehe Google Cloud, »System Architecture«, Google Cloud, https://cloud.google.com/tpu/docs/system-architecture-tpu-vm#tpu_v5e, Zugriff am 13. November 2023.

ANMERKUNGEN

Einleitung

1 Alle Quellen zur Berechnung der historischen Rechenkosten finden sich im Anhang dieses Buches.
2 William D. Nordhaus, »Two Centuries of Productivity Growth in Computing«, *Journal of Economic History* 67, Nr. 1 (März 2007), S. 128–159, https://doi.org/10.1017/S0022050707000058.

Kapitel 1: Wo stehen wir in den sechs Stadien?

1 Alan M. Turing, »Computing Machinery and Intelligence«, *Mind* 59, Nr. 236 (1. Oktober 1950), S. 435, https://doi.org/10.1093/mind/LIX.236.433.

Kapitel 2: Die Neuerfindung der Intelligenz

1 Alan M. Turing, »Computing Machinery and Intelligence«, *Mind* 59, Nr. 236 (1. Oktober 1950), S. 435, https://doi.org/10.1093/mind/LIX.236.433.
2 Alex Shashkevich, »Stanford Researcher Examines Earliest Concepts of Artificial Intelligence, Robots in Ancient Myths«, *Stanford News*, 28. Februar 2019, https://news.stanford.edu/2019/02/28/ancient-myths-reveal-early-fantasies-artificial-life.
3 John McCarthy et al., »A Proposal for the Dartmouth Summer Research Project on Artificial Intelligence«, Konferenzvorschlag, 31. August 1955, http://www-formal.stanford.edu/jmc/history/dartmouth/dartmouth.html.
4 Ebd.
5 Martin Childs, »John McCarthy: Computer Scientist Known as the Father of AI«, *The Independent*, 1. November 2011, https://www.independent.co.uk/news/obituaries/john-mccarthy-computer-scientist-knownthe-6255307.html; Nello Christianini, »The Road to Artificial Intelligence: A Case of Data Over Theory«, *New Scientist*, 26. Oktober 2016, https://www.newscientist.com/article/mg23230971-200-the-irresistible-rise-of-artificial-intelligence/.
6 James Vincent, »Tencent Says There Are Only 300,000 AI Engineers Worldwide, but Millions Are Needed«, *The Verge*, 5. Dezember 2017, https://www.theverge.com/2017/12/5/16737224/global-ai-talent-shortfall-tencent-report.

7 Jean-François Gagne, Grace Kiser und Yoan Mantha, *Global AI Talent Report 2019,* Element AI, April 2019, https://jfgagne.ai/talent-2019.
8 Daniel Zhang et al., *The AI Index 2022 Annual Report,* AI Index Steering Committee, Stanford Institute for Human-Centered AI, Stanford University, März 2022, S. 36, https://aiindex.stanford.edu/wp-content/uploads/2022/03/2022-AI-Index-Report_Master.pdf; Nestor Maslej et al., *The AI Index 2023 Annual Report,* AI Index Steering Committee, Stanford Institute for Human-Centered AI, Stanford University, April 2023, S. 24, https://aiindex.stanford.edu/wp-content/uploads/2023/04/HAI_AI-Index-Report_2023.pdf.
9 Zwischen 2021 und 2022 gingen die Unternehmensinvestitionen um 26,7 Prozent zurück. Das ist aber wohl auf zyklische makroökonomische Trends zurückzuführen, nicht auf das langfristige Engagement der Unternehmen in KI. Siehe Maslej et al., *AI Index 2023 Annual Report,* S. 171, 184.
10 Ray Kurzweil, The Age of Spiritual Machines: When Computers Exceed Human Intelligence (New York: Penguin 2000; Erstveröffentlichung bei Viking, 1999), S. 313 (Deutsche Ausgabe: *Homo sapiens: Leben im 21. Jahrhundert – was bleibt vom Menschen?* übers. von Helmut Dierlamm u. a. (Köln 1999)); Dale Jacquette, »Who's Afraid of the Turing Test?«, *Behavior and Philosophy* 20/21 (1993), S. 72, https://www.jstor.org/stable/27759284.
11 Katja Grace et al., »Viewpoint: When Will AI Exceed Human Performance? Evidence from AI Experts«, *Journal of Artificial Intelligence Research* 62 (Juli 2018), S. 729–754, https://doi.org/10.1613/jair.1.11222.
12 Mehr zur Begründung meiner Prognose und ein Vergleich mit den Ansichten anderer KI-Experten siehe »A Wager on the Turing Test: Why I Think I Will Win«, KurzweilAI.net, 9. April 2002, https://www.thekurzweillibrary.com/a-wager-on-the-turing-test-why-i-think-i-will-win; Vincent C. Müller und Nick Bostrom, »Future Progress in Artificial Intelligence: A Survey of Expert Opinion«, in: *Fundamental Issues of Artificial Intelligence,* Vincent C. Müller (Hg.) Cham, Schweiz 2016, S. 555–572, https://link.springer.com/book/10.1007/978-3-319-26485-1; Anthony Aguirre, »Date Weakly General AI Is Publicly Known«, *Metaculus,* Zugriff am 26. April 2023, https://www.metaculus.com/questions/3479/date-weakly-general-ai-is-publicly-known/.
13 Aguirre, »Date Weakly General AI Is Publicly Known«.
14 Raffi Khatchadourian, »The Doomsday Invention«, *New Yorker,* 23. November 2015, https://www.newyorker.com/magazine/2015/11/23/doomsday-invention-artificial-intelligence-nick-bostrom.
15 A. Newell, J. C. Shaw und H. A. Simon, »Report on a General Problem-Solving Program«, RAND P 1584, RAND Corporation, 9. Februar 1959, http://bitsavers.informatik.uni-stuttgart.de/pdf/rand/ipl/P-1584_Report_On_A_General_Problem-Solving_Program_Feb59.pdf. Siehe Anhang für die Quellen zu den in diesem Buch angegebenen Rechenkosten.
16 *Digital Equipment Corporation, PDP-1 Handbook* (Maynard, MA: Digital Equipment Corporation, 1963), S. 10, https://www.computerhistory.org/pdp-1/_media/pdf/102660913.PDP_1.pdf.
17 Amin Vahdat und Mark Lohmeyer, »Enabling Next-Generation AI Workloads: Announcing TPU v5p and AI Hypercomputer«, Google Cloud, 6. De-

zember 2023, https://cloud.google.com/blog/products/ai-machine-learning/introducing-cloud-tpu-v5p-and-ai-hypercomputer?hl=en.

18 Siehe Anhang für die Quellen zu den in diesem Buch angegebenen Rechenkosten.

19 V. L. Yu et al., »Antimicrobial Selection by a Computer: A Blinded Evaluation by Infectious Diseases Experts«, *Journal of the American Medical Association* 242, Nr. 12 (21. September 1979), S. 1279–1282, https://jamanetwork.com/journals/jama/article-abstract/366606.

20 Bruce G. Buchanan und Edward Hance Shortliffe, Hgg., *Rule-Based Expert Systems: The MYCIN Experiments of the Stanford Heuristic Programming Project* (Reading, MA: Addison-Wesley, 1984); Edward Edelson, »Programmed to Think«, *MOSAIC* 11, Nr. 5 (September/Oktober 1980), S. 22, https://books.google.co.uk/books?id=PU79ZK2tXeAC.

21 T. Grandon Gill, »Early Expert Systems: Where Are They Now?«, *MIS Quarterly* 19, Nr. 1 (März 1995)S. 51–81, https://www.jstor.org/stable/249711.

22 Eine kurze und allgemein verständliche Erklärung, warum maschinelles Lernen das Komplexitätsproblem verringert, findet sich in Deepanker Saxena, »Machine Learning vs. Rules Based Systems«, *Socure,* 7. November 2023, https://www.socure.com/blog/machine-learning-vs-rule-based-systems.

23 Cade Metz, »One Genius' Lonely Crusade to Teach a Computer Common Sense«, *Wired,* 24 März 2016, https://www.wired.com/2016/03/doug-lenat-artificial-intelligence-common-sense-engine/; »Frequently Asked Questions«, Cycorp, Zugriff am 20. November 2021, https://cyc.com/faq.

24 Für weitere Informationen zu Blackbox-Problem und KI-Transparenz siehe Will Knight, »The Dark Secret at the Heart of AI«, *MIT Technology Review,* 11. April 2017, https://www.technologyreview.com/2017/04/11/5113/the-dark-secret-at-the-heart-of-ai/; »AI Detectives Are Cracking Open the Black Box of Deep Learning«, *Science Magazine,* YouTube-Video, 6. Juli 2017, https://www.youtube.com/watch?v=gB_-LabED68; Paul Voosen, »How AI Detectives Are Cracking Open the Black Box of Deep Learning«, *Science,* 6. Juli 2017, https://doi.org/10.1126/science.aan7059; Harry Shum, »Explaining AI«, a16z, YouTube-Video, 16. Januar 2020, https://www.youtube.com/watch?v=rI_L95qnVkM; Future of Life Institute, »Neel Nanda on What Is Going On Inside Neural Networks«, YouTube-Video, 9. Februar 2023, https://www.youtube.com/watch?v=mUhO6st6M_o.

25 Einen ausgezeichneten Überblick über mechanistische Interpretierbarkeit des Forschers Neel Nanda findet sich in: Future of Life Institute, »Neel Nanda on What Is Going On Inside Neural Networks«.

26 Für weitere Methoden des maschinellen Lernens mit fehlerhaften Trainingsdaten siehe Xander Steenbrugge, »An Introduction to Reinforcement Learning«, Arxiv Insights, YouTube-Video, 2. April 2018, https://www.youtube.com/watch?v=JgvyzIkgxFo; Alan Joseph Bekker und Jacob Goldberger, »Training Deep Neural-Networks Based on Unreliable Labels«, *2016 IEEE International Conference on Acoustics, Speech and Signal Processing* (Schanghai, 2016), S. 2682–2686, http://dx.doi.org/10.1109/ICASSP.2016.7472164; Nagarajan Natarajan et al., »Learning with Noisy Labels«, *Advances in Neural Information Processing*

Systems 26 (2013), https://papers.nips.cc/paper/5073-learning-with-noisy-labels; David Rolnick et al., »Deep Learning Is Robust to Massive Label Noise« arXiv: 1705.10694v3 [cs.LG], 26. Februar 2018, https://arxiv.org/pdf/1705.10694.pdf.

27 Für weitere Information zum Perceptron, seinen Einschränkungen und eine detaillierte Erklärung, wie gewisse neuronale Netzwerke diese Einschränkungen überwinden, siehe Marvin L. Minsky und Seymour A. Papert, *Perceptrons: An Introduction to Computational Geometry* (Cambridge, MA: MIT Press, 1990; neue und erweiterte Auflage von 1988); Melanie Lefkowitz, »Professor's Perceptron Paved the Way for AI – 60 Years Too Soon«, *Cornell Chronicle*, 25. September 2019, https://news.cornell.edu/stories/2019/09/professors-perceptron-paved-way-ai-60-years-too-soon; John Durkin, »Tools and Applications«, in: *Expert Systems: The Technology of Knowledge Management and Decision Making for the 21st Century*, Cornelius T. Leondes (Hg.) (San Diego: Academic Press, 2002), S. 45, https://books.google.co.uk/books?id=5kSamKhS56oC; »Marvin Minsky: The Problem with Perceptrons (121/151)«, Web of Stories – Life Stories of Remarkable People, YouTube-Video, 17. Oktober 2016, https://www.youtube.com/watch?v=QW_srPO-LrI; Heinz Mühlenbein, »Limitations of Multi-Layer Perceptron Networks: Steps Towards Genetic Neural Networks«, *Parallel Computing* 14, Nr. 3 (August 1990), S. 249–260, https://doi.org/10.1016/0167-8191(90)90079-O; Aniruddha Karajgi, »How Neural Networks Solve the XOR Problem«, *Towards Data Science*, 4. November 2020, https://towardsdatascience.com/how-neural-networks-solve-the-xor-problem-59763136bdd7.

28 Siehe Anhang für die Quellen zu den in diesem Buch angegebenen Rechenkosten.

29 Tim Fryer, »Da Vinci Drawings Brought to Life«, *Engineering & Technology* 14, Nr. 5 (21. Mai 2019), S. 18, https://eandt.theiet.org/2019/05/21/da-vinci-drawings-brought-life.

30 Für einen detaillierten Zeitablauf des Lebens auf der Erde und einen genauen Blick auf die zugrunde liegende Wissenschaft siehe Michael Marshall, »Timeline: The Evolution of Life«, *New Scientist*, 14. Juli 2009, https://www.newscientist.com/article/dn17453; Dyani Lewis, »A Primer on Early Human Evolution«, *Cosmos*, 9. Juni 2016, https://cosmosmagazine.com/history/palaeontology/a-primer-on-early-human-evolution/; John Hawks, »How Has the Human Brain Evolved?«, *Scientific American*, 1. Juli 2013, https://www.scientificamerican.com/article/how-has-human-brain-evolved/; Laura Freberg, *Discovering Behavioral Neuroscience: An Introduction to Biological Psychology*, 4. Auflage (Boston: Cengage Learning, 2018), S. 62 f., https://books.google.co.uk/books?id=HhBEDwAAQBAJ; Jon H. Kaas, »Evolution of the Neocortex«, *Current Biology* 16, Nr. 21 (2006), R910-R914, https://www.cell.com/current-biology/pdf/S0960-9822(06)02290-1.pdf; R. Glenn Northcutt, »Evolution of Centralized Nervous Systems: Two Schools of Evolutionary Thought«, *Proceedings of the National Academy of Sciences* 109, suppl. 1 (22. Juni 2012), S. 10626–10633, https://doi.org/10.1073/pnas.1201889109.

31 Marshall, »Timeline: The Evolution of Life«; Holly C. Betts et al., »Integrated Genomic and Fossil Evidence Illuminates Life's Early Evolution and Eukaryote Origin«, *Nature Ecology & Evolution* 2 (20. August 2018), S. 1556–62, https://doi.

org/10.1038/s41559-018-0644-x; Elizabeth Pennisi, »Life May Have Originated on Earth 4 Billion Years Ago, Study of Controversial Fossils Suggests«, *Science*, 18. Dezember 2017, https://www.science.org/content/article/life-may-have-originated-earth-4-billion-years-ago-study-controversial-fossils-suggests.

32 Ethan Siegel, »How We Know the Universe Is 13.8 Billion Years Old«, *Big Think*, 8. April 2024, https://bigthink.com/starts-with-a-bang/universe-13-8-billion-years-old/; Mike Wall, »The Big Bang: What Really Happened at Our Universe's Birth?«, *LiveScience*, 21. Oktober 2011, https://www.livescience.com/16660-big-bang-origins-universe-birth.html; Nola Taylor Tillman, »How Old Is Earth?«, *Space.com*, 20. August 2021, https://www.space.com/24854-how-old-is-earth.html.

33 Marshall, »Timeline: The Evolution of Life«.

34 Ebd.

35 Freberg, *Discovering Behavioral Neuroscience*, S. 62 f.; Kaas, »Evolution of the Neocortex«; R. Northcutt, »Evolution of Centralized Nervous Systems«; Frank Hirth, »On the Origin and Evolution of the Tripartite Brain«, *Brain, Behavior and Evolution* 76, Nr. 1 (Oktober 2010), S. 3–10, https://doi.org/10.1159/000320218.

36 Kaas, »Evolution of the Neocortex«.

37 Zwei spannende Erklärungen, wie natürliche Selektion funktioniert, gibt es in Hank Green, »Natural Selection: Crash Course Biology #14«, CrashCourse, YouTube-Video, 30. April 2012, https://www.youtube.com/watch?v=aTftyFboC_M; Primer, »Simulating Natural Selection«, YouTube-Video, 15. November 2018, https://www.youtube.com/watch?v=0ZGbIKdoXrM.

38 Suzana Herculano-Houzel, »Coordinated Scaling of Cortical and Cerebellar Numbers of Neurons«, *Frontiers in Neuroanatomy* 4, Nr. 12 (10. März 2010), https://doi.org/10.3389/fnana.2010.00012.

39 Einige hilfreiche Erklärungen, wie das funktioniert, finden sich in Ainslie Johnstone, »The Amazing Phenomenon of Muscle Memory«, *Medium*, Oxford University, 14. Dezember 2017, https://medium.com/oxford-university/the-amazing-phenomenon-of-muscle-memory-fb1cc4c4726; Sara Chodosh, »Muscle Memory Is Real, But It's Probably Not What You Think«, *Popular Science*, 25. Juli 2021, https://www.popsci.com/what-is-muscle-memory/; Merim Bilalić, *The Neuroscience of Expertise* (Cambridge, UK: Cambridge University Press, 2017), S. 171 f., https://books.google.co.uk/books?id=QILTDQAAQBAJ; The Brain from Top to Bottom, »The Motor Cortex,« McGill University, Zugriff am 20. November 2021, https://thebrain.mcgill.ca/flash/a/a_06/a_06_cr/a_06_cr_mou/a_06_cr_mou.html.

40 Für eine fachlich genauere Erklärung von Basisfunktionen im Zusammenhang mit maschinellem Lernen siehe »Lecture 17: Basis Functions«, Open Data Science Initiative, YouTube-Video, 28. November 2011, https://www.youtube.com/watch?v=OOpfU3CvUkM; Yaser Abu-Mostafa, »Lecture 16: Radial Basis Functions«, Caltech, YouTube-Video, 29. Mai 2012, https://www.youtube.com/watch?v=O8CfrnOPtLc.

41 »Ataxia« Mayo Clinic, Zugriff am 20. November 2021, https://www.mayoclinic.org/diseases-conditions/ataxia/symptoms-causes/syc-20355652; Helen Thom-

son, »Woman of 24 Found to Have No Cerebellum in Her Brain«, *New Scientist,* 10. September 2014, https://www.newscientist.com/article/mg22329861-900-woman-of-24-found-to-have-no-cerebellum-in-her-brain/; R.N. Lemon und S.A. Edgley, »Life Without a Cerebellum«, *Brain* 133, Nr. 3 (18. März 2010), S. 652 ff., https://doi.org/10.1093/brain/awq030.

42 Für mehr Informationen darüber, wie Sporttraining den Übergang zur unbewussten Kompetenz nutzt, siehe Bo Hanson, »Conscious Competence Learning Matrix«, *Athlete Assessments,* Zugriff am 22. November 2021, https://www.athleteassessments.com/conscious-competence-learning-matrix/.

43 Suzana Herculano-Houzel, »The Human Brain in Numbers: A Linearly Up Primate Brain«, *Frontiers in Human Neuroscience* 3, Nr. 31 (9. November 2009), https://doi.org/10.3389/neuro.09.031.2009.

44 Herculano-Houzel, »Human Brain in Numbers«; Richard Apps, »Cerebellar Modules and Their Role as Operational Cerebellar Processing Units«, *Cerebellum* 17, Nr. 5 (6. Juni 2018), S. 654–682, https://doi.org/10.1007/s12311-018-0952-3; Jan Voogd, »What We Do Not Know About Cerebellar Systems Neuroscience«, *Frontiers in Systems Neuroscience* 8, Nr. 227 (18. Dezember 2014), https://doi.org/10.3389/fnsys.2014.00227; Rhoshel K. Lenroot und Jay N. Giedd, »The Changing Impact of Genes and Environment on Brain Development During Childhood and Adolescence: Initial Findings from a Neuroimaging Study of Pediatric Twins«, *Development and Psychopathology* 20, Nr. 4 (Herbst 2008), S. 1161–1175, https://doi.org/10.1017/S0954579408000552; Salvador Martinez et al., »Cellular and Molecular Basis of Cerebellar Development«, *Frontiers in Neuroanatomy* 7, Nr. 18 (26. Juni 2013), https://doi.org/10.3389/fnana.2013.00018.

45 Fumiaki Sugahara et al., »Evidence from Cyclostomes for Complex Regionalization of the Ancestral Vertebrate Brain«, *Nature* 531, Nr. 7592 (15. Februar 2016), S. 97–100, https://doi.org/10.1038/nature16518; Leonard F. Koziol, »Consensus Paper: The Cerebellum's Role in Movement and Cognition«, *Cerebellum* 13, Nr. 1 (Februar 2014), S. 151–177, https://doi.org/10.1007/s12311-013-0511-x; Robert A. Barton und Chris Venditti, »Rapid Evolution of the Cerebellum in Humans and Other Great Apes«, *Current Biology* 24, Nr. 20 (20. Oktober 2014), S. 2440–2444, https://doi.org/10.1016/j.cub.2014.08.056.

46 Für genauere Informationen zu vererbten Verhaltensweisen von Tieren siehe Jesse N. Weber, Brant K. Peterson und Hopi E. Hoekstra, »Discrete Genetic Modules Are Responsible for Complex Burrow Evolution in Peromyscus Mice«, *Nature* 493, Nr. 7432 (17. Januar 2013), S. 402–405, http://dx.doi.org/10.1038/nature11816; Nicole L. Bedford und Hopi E. Hoekstra, »Peromyscus Mice as a Model for Studying Natural Variation«, *eLife* 4, e06813 (17. Juni 2015), https://doi.org/10.7554/eLife.06813; Hyoung Kim et al., »Rescheduling Behavioral Subunits of a Fixed Action Pattern by Genetic Manipulation of Peptidergic Signaling«, *PLoS Genetics* 11, Nr. 9, e1005513 (24. September 2015), https://doi.org/10.1371/journal.pgen.1005513.

47 Ein interessanter Vortrag zu evolutionären Informationssystemen ist Keith Downing, »Evolutionary Computation: Keith Downing at TEDxTrondheim«, TEDx Talks, YouTube-Video, 4. November 2013, https://www.youtube.com/watch?v=D3zUmfDd79s.

48 Für mehr Informationen zu Entwicklung und Funktion des Neokortex siehe Kaas, »Evolution of the Neocortex«; Jeff Hawkins und Sandra Blakeslee, *On Intelligence: How a New Understanding of the Brain Will Lead to the Creation of Truly Intelligent Machines* (New York: Macmillan, 2007), S. 97–101, https://books.google.co.uk/books?id=Qg2dmntfxmQC, (deutsche Ausgabe: *Die Zukunft der Intelligenz: wie das Gehirn funktioniert, und was Computer davon lernen können,* übers. von Monika Niehaus, Reinbek b. Hamburg 2006); Clay Reid, »Lecture 3: The Structure of the Neocortex«, Allen Institute, YouTube-Video, 6. September 2012, https://www.youtube.com/watch?v=RhdcYNmWozY; Joan Stiles et al., *Neural Plasticity and Cognitive Development: Insights from Children with Perinatal Brain Injury* (New York: Oxford University Press, 2012), S. 41–45, https://books.google.co.uk/books?id=QiNpAgAAQBAJ.

49 Brian K. Hall und Benedikt Hallgrimsson, *Strickberger's Evolution,* 4. Auflage (Sudbury, MA: Jones & Bartlett Learning, 2011), S. 533; Kaas, »Evolution of the Neocortex«; Jon H. Kaas, »The Evolution of Brains from Early Mammals to Humans«, *Wiley Interdisciplinary Reviews Cognitive Science* 4, Nr. 1 (8. November 2012), S. 33–45, https://doi.org/10.1002/wcs.1206.

50 Für mehr Details zum Massenaussterben an der Kreide-Paläogen-Grenze Michael Greshko und Mitarbeiter des National Geographic, »What Are Mass Extinctions, and What Causes Them?«, *National Geographic,* 26. September 2019, https://www.nationalgeographic.com/science/prehistoric-world/mass-extinction; Victoria Jaggard, »Why Did the Dinosaurs Go Extinct?«, *National Geographic,* 31. Juli 2019, https://www.nationalgeographic.com/science/prehistoric-world/dinosaur-extinction; Emily Singer, »How Dinosaurs Shrank and Became Birds«, *Quanta,* 2. Juni 2015, https://www.quantamagazine.org/how-birds-evolved-from-dinosaurs-20150602.

51 Yasuhiro Itoh, Alexandros Poulopoulos und Jeffrey D. Macklis, »Unfolding the Folding Problem of the Cerebral Cortex: Movin' and Groovin'«, *Developmental Cell* 41, Nr. 4 (22. Mai 2017), S. 332 ff., https://www.sciencedirect.com/science/article/pii/S1534580717303933; Jeff Hawkins, »What Intelligent Machines Need to Learn from the Neocortex«, *IEEE Spectrum,* 2. Juni 2017, https://spectrum.ieee.org/what-intelligent-machines-need-to-learn-from-the-neocortex.

52 Jean-Didier Vincent and Pierre-Marie Lledo, *The Custom-Made Brain: Cerebral Plasticity, Regeneration, and Enhancement,* übers. von Laurence Garey (New York: Columbia University Press, 2014), S. 152.

53 Ein allgemein verständliches Video und einen akademischen Vortrag mit detaillierten Informationen über den Neokortex und seine Minisäulen gibt es unter Brains Explained, »The Neocortex«, YouTube-Video, 16. September 2017, https://www.youtube.com/watch?v=x2mYTaJPVnc; Clay Reid, »Lecture 3: The Structure of the Neocortex«.

54 V. B. Mountcastle, »The Columnar Organization of the Neocortex«, *Brain* 120, Nr. 4 (1. April 1997), S. 701–722, https://doi.org/10.1093/brain/120.4.701; Olaf Sporns, Giulio Tononi und Rolf Kötter, »The Human Connectome: A Structural Description of the Human Brain«, *PLoS Computational Biology* 1, Nr. 4, e42 (30. September 2005), https://doi.org/10.1371/journal.pcbi.0010042; David J. Heeger, »Theory of Cortical Function«, *Proceedings of the National Academy*

of Sciences 114, Nr. 8 (6. February 2017), S. 1773–1782, https://doi.org/10.1073/pnas.1619788114.

55 Das sind etwas weniger als die 300 Millionen, die ich aus älteren Forschungen in *Das Geheimnis des menschlichen Denkens* anführte, liegt aber immer noch grob in derselben Größenordnung, wenn man bedenkt, dass die zugrunde liegenden Daten selbst geschätzt sind. Die Anzahl könnte sich auch von Mensch zu Mensch deutlich unterscheiden.

56 Jeff Hawkins, Subutai Ahmad und Yuwei Cui, »A Theory of How Columns in the Neocortex Enable Learning the Structure of the World«, *Frontiers in Neural Circuits* 11, Nr. 81 (25. Oktober 2017), https://doi.org/10.3389/fncir.2017.00081; Jeff Hawkins, *A Thousand Brains: Eine neue Theorie der Intelligenz,* übers. von Simone Fischer (München: riva 2022).

57 Mountcastle, »Columnar Organization of the Neocortex«; Sporns, Tononi und Kötter, »The Human Connectome«; Heeger, »Theory of Cortical Function«.

58 Malcolm W. Browne, »Who Needs Jokes? Brain Has a Ticklish Spot«, *New York Times,* 10. März 1998, https://www.nytimes.com/1998/03/10/science/who-needs-jokes-brain-has-a-ticklish-spot.html; Itzhak Fried et al., »Electric Current Stimulates Laughter«, *Scientific Correspondence* 391, Nr. 650 (12. Februar 1998), https://doi.org/10.1038/35536.

59 Für eine verständliche Erklärung von Schmerzempfindung im Gehirn siehe Kristin Muench, »Pain in the Brain«, *NeuWrite West,* 10. November 2015, www.neuwritewest.org/blog/pain-in-the-brain.

60 Browne, »Who Needs Jokes?«

61 Robert Wright, »Scientists Find Brain's Irony-Detection Center!«, *Atlantic,* 5. August 2012, https://www.theatlantic.com/health/archive/2012/08/scientists-find-brains-irony-detection-center/260728/.

62 »Bigger Brains: Complex Brains for a Complex World«, *Smithsonian Institution,* 16. Januar 2019, https://humanorigins.si.edu/human-characteristics/brains; David Robson, »A Brief History of the Brain«, *New Scientist,* 21. September 2011, https://www.newscientist.com/article/mg21128311-800.

63 Stephanie Musgrave et al., »Tool Transfers Are a Form of Teaching Among Chimpanzees«, *Scientific Reports* 6, Artikel Nr. 34783 (11. Oktober 2016), https://doi.org/10.1038/srep34783.

64 Hanoch Ben-Yami, »Can Animals Acquire Language?«, *Scientific American,* 1. März 2017, https://www.scientificamerican.com/blog/guest-blog/can-animals-acquire-language/; Klaus Zuberbühler, »Syntax and Compositionality in Animal Communication«, *Philosophical Transactions of the Royal Society B* 375, Artikel Nr. 20190062 (18. November 2019), https://doi.org/10.1098/rstb.2019.0062.

65 Eine barrierefreie Erklärung zu den evolutionären Ursprüngen und dem Nutzen unserer opponierbaren Daumen gibt es in »Where Do Our Opposable Thumbs Come From?«, HHMI BioInteractive, YouTube-Video, 24. April 2014, https://www.youtube.com/watch?v=lDSkmb4UTlo.

66 Ryan V. Raut et al., »Hierarchical Dynamics as a Macroscopic Organizing Principle of the Human Brain«, *Proceedings of the National Academy of Sciences* 117, Nr. 35 (12. August 2020), S. 20890–20897, https://doi.org/10.1073/pnas.2003383117.

67 Herculano-Houzel, »Human Brain in Numbers«; Sporns, Tononi und Kötter, »The Human Connectome«; Ji Yeoun Lee, »Normal and Disordered Formation of the Cerebral Cortex: Normal Embryology, Related Molecules, Types of Migration, Migration Disorders«, *Journal of Korean Neurosurgical Society* 62, Nr. 3 (1. Mai 2019), S. 265–271, https://doi.org/10.3340/jkns.2019.0098; Christopher Johansson und Anders Lansner, »Towards Cortex Sized Artificial Neural Systems«, *Neural Networks* 20, Nr. 1 (Januar 2007), S. 48–61, https://doi.org/10.1016/j.neunet.2006.05.029.

68 Weitergehende Informationen zum Neokortex und den zunehmenden Erkenntnissen der Wissenschaft über die strukturellen Grundlagen höherer kognitiver Fähigkeiten finden sich in Matthew Barry Jensen, »Cerebral Cortex«, Khan Academy, Zugriff am 20. November 2021, https://www.khanacademy.org/science/health-and-medicine/nervous-system-and-sensory-infor/x6e556f83:structure-and-function-of-the-nervous-system/v/cerebral-cortex; Hawkins, Ahmad und Cui, »Theory of How Columns in the Neocortex Enable Learning«; Jeff Hawkins et al., »A Framework for Intelligence and Cortical Function Based on Grid Cells in the Neocortex«, *Frontiers in Neural Circuits* 12, Nr. 121 (11. Januar 2019), https://doi.org/10.3389/fncir.2018.00121; Baoguo Shi et al., »Different Brain Structures Associated with Artistic and Scientific Creativity: A Voxel-Based Morphometry Study«, *Scientific Reports* 7, Nr. 42911 (21. Februar 2017), https://doi.org/10.1038/srep42911; Barbara L. Finlay und Kexin Huang, »Developmental Duration as an Organizer of the Evolving Mammalian Brain: Scaling, Adaptations, and Exceptions«, *Evolution and Development* 22, Nr. 1–2 (3. Dezember 2019), https://doi.org/10.1111/ede.12329.

69 Für einen einfachen Überblick und eine Fachvorlesung zur Assoziativität des Gedächtnisses siehe Shelly Fan, »How the Brain Makes Memories: Scientists Tap Memory's Neural Code«, SingularityHub, 10. Juli 2015, https://singularityhub.com/2015/07/10/how-the-brain-makes-memories-scientists-tap-memorys-neural-code/; Christos Papadimitriou, »Formation and Association of Symbolic Memories in the Brain«, Simons Institute, YouTube-Video, 31. März 2017, https://www.youtube.com/watch?v=IZtYKApSTto.

70 Für weitere Informationen zum Paradigmenwechsel vom Kreationismus zur Evolution durch natürliche Auslese siehe Phillip Sloan, »Evolutionary Thought Before Darwin«, in: *Stanford Encyclopedia of Philosophy*, Edward N. Zalta (Hg.) (Winter 2019), https://plato.stanford.edu/entries/evolution-before-darwin/; Christoph Marty, »Darwin on a Godless Creation: ›It's Like Confessing to a Murder‹«, *Scientific American*, 12. Februar 2009 https://www.scientificamerican.com/article/charles-darwin-confessions/.

71 Für mehr Informationen zu Charles Lyells Arbeiten und ihren Einfluss auf Darwin, siehe Richard A. Fortey, »Charles Lyell and Deep Time«, *Geoscience* 21, Nr. 9 (Oktober 2011), https://www.geolsoc.org.uk/Geoscientist/Archive/October-2011/Charles-Lyell-and-deep-time; Gary Stix, »Darwin's Living Legacy«, *Scientific American* 300, Nr. 1 (Januar 2009), S. 38–43, https://www.jstor.org/stable/26001418; Charles Darwin, *Die Entstehung der Arten*, übers. von H. G. Bronn (eClassica 2012).

72 Walter F. Cannon, »The Uniformitarian-Catastrophist Debate«, *Isis* 51, Nr. 1 (März 1960), S. 38–55, https://www.jstor.org/stable/227604; Jim Morrison, »The Blasphemous Geologist Who Rocked Our Understanding of Earth's Age«, *Smithsonian,* 29. August 2016, https://www.smithsonianmag.com/history/father-modern-geology-youve-never-heard-180960203/.

73 Charles Darwin, *Die Entstehung der Arten,* übers. von H. G. Bronn (eClassica 2012), S. 115.

74 Gordon Moore, »Cramming More Components onto Integrated Circuits«, *Electronics* 38, Nr. 8 (19. April 1965), https://archive.computerhistory.org/resources/access/text/2017/03/102770822-05-01-acc.pdf; Computer History Museum, »1965: ›Moore's Law‹ Predicts the Future of Integrated Circuits«, Computer History Museum, Zugriff am 12. Oktober 2021, https://www.computerhistory.org/siliconengine/moores-law-predicts-the-future-of-integrated-circuits/; Fernando J. Corbató et al., *The Compatible Time-Sharing System: A Programmer's Guide* (Cambridge, MA: MIT Press, 1990), http://www.bitsavers.org/pdf/mit/ctss/CTSS_ProgrammersGuide.pdf.

75 Niemand kann mit Sicherheit sagen, was das nächste Computerparadigma sein wird, aber einige aktuelle und vielversprechende Forschungen finden sich bei Jeff Hecht, »Nanomaterials Pave the Way for the Next Computing Generation«, *Nature* 608, S2-S3 (2022), https://www.nature.com/articles/d41586-022-02147-3; Peng Lin et al., »Three-Dimensional Memristor Circuits as Complex Neural Networks«, *Nature Electronics* 3, Nr. 4 (13. April 2020), S. 225–232, https://doi.org/10.1038/s41928-020-0397-9; Zhihong Chen, »Gate-All-Around Nanosheet Transistors Go 2D«, *Nature Electronics* 5, Nr. 12 (12. Dezember 2022), S. 830 f., https://doi.org/10.1038/s41928-022-00899-4.

76 Im Jahr 1888 stellte die Hollerith-Tabelliermaschine die erste praktisch angewandte Maschine dar, die Berechnungen im großen Umfang durchführen konnte. Der exponentielle Preis-Leistungs-Trend ist bis heute bemerkenswert stabil. Siehe Emile Cheysson, *The Electric Tabulating Machine,* übers. von Arthur W. Fergusson (New York: C. C. Shelley, 1892), S. 2, https://books.google.com/books?id=rJgsAAAAYAAJ; Robert Sobel, *Thomas Watson, Sr.: IBM and the Computer Revolution* (Washington, DC: BeardBooks, 2000; erstmals veröffentlicht als *I. B. M., Colossus in Transition* von Times Books im Jahr 1981), S. 17, https://www.google.com/books/edition/Thomas_Watson_Sr/H8EFNMBGpY4C; US Bureau of Labor Statistics, »Consumer Price Index for All Urban Consumers: All Items in U. S. City Average (CPIAUCSL)«, heruntergeladen von FRED, Federal Reserve Bank of St. Louis, letztes Update am 12. April 2023, https://fred.stlouisfed.org/series/CPIAUCSL; Marguerite Zientara, »Herman Hollerith: Punched Cards Come of Age«, *Computerworld* 15, Nr. 36 (7. September 1981), S. 35, https://books.google.com/books?id=tk74jLc6HggC&pg=PA35&lpg=PA35; Frank da Cruz, »Hollerith 1890 Census Tabulator«, *Columbia University Computing History,* 17. April 2021, http://www.columbia.edu/cu/computinghistory/census-tabulator.html.

77 Nick Bostrom, »Nick Bostrom The Intelligence Explosion Hypothesis eDay 2012«, eAcast55, YouTube-Video, 9. August 2015, https://www.youtube.com/watch?v=g3FMpn321zs.

78 DeepMind, »AlphaGo«, DeepMind, Zugriff am 20. November 2021, https://deepmind.com/research/case-studies/alphago-the-story-so-far.

79 Ebd.

80 Einen fesselnden Bericht über die Bedeutung des Matches Deep Blue vs. Kasparov bietet Robert Anderson, »Twenty Years On from Deep Blue vs. Kasparov: How a Chess Match Started the Big Data Revolution«, *The Conversation,* 11. Mai 2017, https://theconversation.com/twenty-years-on-from-deep-blue-vs-kasparov-how-a-chess-match-started-the-big-data-revolution-76882.

81 DeepMind, »AlphaGo Zero: Starting from Scratch«, DeepMind, 18. Oktober 2017, https://deepmind.com/blog/article/alphago-zero-starting-scratch; DeepMind, »AlphaGo«; Tom Simonite, »This More Powerful Version of AlphaGo Learns on Its Own«, *Wired,* 18. Oktober 2017, https://www.wired.com/story/this-more-powerful-version-of-alphago-learns-on-its-own/; David Silver et al., »Mastering the Game of Go with Deep Neural Networks and Tree Search«, *Nature* 529, Nr. 7587 (27. Januar 2016), S. 484–489, https://doi.org/10.1038/nature16961.

82 Carl Engelking, »The AI That Dominated Humans in Go Is Already Obsolete«, *Discover,* 18. Oktober 2017, https://www.discovermagazine.com/technology/the-ai-that-dominated-humans-in-go-is-already-obsolete; DeepMind, »AlphaGo China«, DeepMind, Zugriff am 20. November 2021, https://deepmind.com/alphago-china; DeepMind, »AlphaGo Zero: Starting from Scratch«.

83 DeepMind, »AlphaGo Zero: Starting from Scratch«.

84 David Silver et al., »AlphaZero: Shedding New Light on Chess, Shogi, and Go«, DeepMind, 6. Dezember 2018, https://deepmind.google/discover/blog/alphazero-shedding-new-light-on-chess-shogi-and-go/.

85 Julian Schrittwiese et al., »MuZero: Mastering Go, Chess, Shogi and Atari Without Rules«, DeepMind, 23. Dezember 2020, https://deepmind.google/discover/blog/muzero-mastering-go-chess-shogi-and-atari-without-rules/.

86 AlphaStar Team, »AlphaStar: Mastering the Real-Time Strategy Game StarCraft II«, DeepMind, 24. Januar 2019, https://deepmind.google/discover/blog/alphastar-mastering-the-real-time-strategy-game-starcraft-ii/; Noam Brown und Tuomas Sandholm, »Superhuman AI for Heads Up Limit Poker: Libratus Beats Top Professionals«, *Science* 359, Nr. 6374 (26. Januar 2018), S. 418–424, https://doi.org/10.1126/science.aao1733; Cade Metz, »Inside Libratus, the Poker AI That Out-Bluffed the Best Humans«, *Wired,* 1. Februar 2017, https://www.wired.com/2017/02/libratus/.

87 Für mehr Informationen zur Spieldynamik von Diplomacy siehe »Diplomacy: Running the Game #40, Politics #3«, Matthew Colville, YouTube-Video, 15. Juli 2017, https://www.youtube.com/watch?v=HWtoAQWjhPg; Ben Harsh, »Harsh Rules: Let's Learn to Play Diplomacy«, Harsh Rules, YouTube-Video, 9. August 2018, https://www.youtube.com/watch?v=S-sSWsBdbNI; Blake Eskin, »World Domination: The Game«, *Washington Post,* 14. November 2004, https://www.washingtonpost.com/archive/lifestyle/magazine/2004/11/14/world-domination-the-game/b65c9d9f-71c7-4846-961f-6dcdd1891e01/; David Hill, »The Board Game of the Alpha Nerds«, *Grantland,* 18. Juni 2014, https://grantland.com/features/diplomacy-the-board-game-of-the-alpha-nerds/.

88 Matthew Hutson, »AI Learns the Art of Diplomacy«, *Science*, 22. November 2022, https://www.science.org/content/article/ai-learns-art-diplomacy-game; Yoram Bachrach und János Kramár, »AI for the Board Game Diplomacy«, DeepMind, 6. Dezember 2022, https://deepmind.google/discover/blog/ai-for-the-board-game-diplomacy/.
89 Ira Boudway und Joshua Brustein, »Waymo's Long-Term Commitment to Safety Drivers in Autonomous Cars«, *Bloomberg*, 13. Januar 2020, https://www.bloomberg.com/news/articles/2020-01-13/waymo-s-long-term-commitment-to-safety-drivers-in-autonomous-cars.
90 Aaron Pressman, »Google's Waymo Reaches 20 Million Miles of Autonomous Driving«, *Fortune*, 7. Januar 2020, https://fortune.com/2020/01/07/googles-waymo-reaches-20-million-miles-of-autonomous-driving/.
91 Darrell Etherington, »Waymo Has Now Driven 10 Billion Autonomous Miles in Simulation«, *TechCrunch*, 10. Juli 2019, https://techcrunch.com/2019/07/10/waymo-has-now-driven-10-billion-autonomous-miles-in-simulation.
92 Gabriel Goh et al., »Multimodal Neurons in Artificial Neural Networks«, *Distill*, 4. März 2021, https://distill.pub/2021/multimodal-neurons.
93 Für mehr Informationen zum USE siehe Yinfei Yang und Amin Ahmad, »Multilingual Universal Sentence Encoder for Semantic Retrieval«, *Google Research*, 12. Juli 2019, https://research.google/blog/multilingual-universal-sentence-encoder-for-semantic-retrieval/; Yinfei Yang und Chris Tar, »Advances in Semantic Textual Similarity«, *Google Research*, 17. Mai 2018, https://research.google/blog/advances-in-semantic-textual-similarity/; Daniel Cer et al., »Universal Sentence Encoder«, arXiv:1803.11175v2 [cs.CL], 12. April 2018, https://arxiv.org/abs/1803.11175.
94 Rachel Syme, »Gmail Smart Replies and the Ever-Growing Pressure to Mail Like a Machine«, *New Yorker*, 28. November 2018, https://www.newyorker.com/tech/annals-of technology/gmail-smart-replies-and-the-ever-growing-pressure-to-e-mail-like-a-machine.
95 Für eine genaue Erklärung, wie Transformer arbeiten, und den ursprünglichen Fachartikel siehe Giuliano Giacaglia, »How Transformers Work«, *Towards Data Science*, 10. März 2019, https://towardsdatascience.com/transformers-141e32e69591; Ashish Vaswani et al., »Attention Is All You Need«, arXiv:1706.03762v5 [cs.CL], 6. Dezember 2017, https://arxiv.org/abs/1706.03762.
96 Irene Solaiman et al., »GPT 2: 1.5B Release«, OpenAI, 5. November 2019, https://openai.com/index/gpt-2-1-5b-release/.
97 Tom B. Brown et al., »Language Models Are Few-Shot Learners«, arXiv:2005.14165 [cs.CL], 22. Juli 2020, https://arxiv.org/abs/2005.14165.
98 Jack Ray et al., »Language Modelling at Scale: Gopher, Ethical Considerations, and Retrieval«, *DeepMind*, 8. Dezember 2021, https://deepmind.google/discover/blog/language-modelling-at-scale-gopher-ethical-considerations-and-retrieval/.
99 Pandu Nayak, »Understanding Searches Better Than Ever Before«, Google, 25. Oktober 2019, https://blog.google/products/search/search-language-understanding-bert/; William Fedus et al., »Switch Transformers: Scaling to Trillion Parameter Models with Simple and Efficient Sparsity«, arXiv:2101.03961 [cs.LG], 11. Januar 2021, https://arxiv.org/abs/2101.03961.

100 Für weitergehende Informationen zu GPT-3 siehe Greg Brockman et al., »Open AI API«, OpenAI, 11. Juni 2020, https://openai.com/index/openai-api/; Brown et al., »Language Models Are Few-Shot Learners«; Kelsey Piper, »GPT-3, Explained: This New Language AI Is Uncanny, Funny – and a Big Deal«, *Vox,* 13. August 2020, https://www.vox.com/future-perfect/21355768/gpt-3-ai-openai-turing-test-language; »GPT-3 Demo: New AI Algorithm Changes How We Interact with Technology«, Disruption Theory, YouTube-Video, 28. August 2020, https://www.youtube.com/watch?v=8V20HkoiNtc.

101 David Cole, »The Chinese Room Argument«, in: *The Stanford Encyclopedia of Philosophy,* hg. von Edward N. Zalta (Winter 2020), https://plato.stanford.edu/entries/chinese-room/; Amanda Askell (@amandaaskell), »GPT-3's completion of the Chinese room argument from Searle's ›Minds, Brains, and Programs‹ (original text is in bold)«, Twitter, 17. Juli 2020, https://x.com/AmandaAskell/status/1284186919606251521; David J. Chalmers, *The Conscious Mind: In Search of a Fundamental Theory* (New York: Oxford University Press, 1996), S. 327.

102 Cade Metz, »Meet GPT 3. It Has Learned to Code (and Blog and Argue)«, *New York Times,* 24. November 2020, https://www.nytimes.com/2020/11/24/science/artificial-intelligence-ai-gpt3.html.

103 Für weitere Informationen zu LaMDA und einer Testunterhaltung, die es erst als der Zwergplanet Pluto und dann als Papierflugzeug führt, siehe Eli Collins und Zoubin Ghahramani, »LaMDA: Our Breakthrough Conversation Technology«, Google, 18. Mai 2021, https://blog.google/technology/ai/lamda/; »Watch Google's AI LaMDA Program Talk to Itself at Length (Full Conversation)«, *CNET Highlights,* YouTube-Video, 18. Mai 2021, https://www.youtube.com/watch?v=aUSSfo5nCdM.

104 Jeff Dean, »Google Research: Themes from 2021 and Beyond«, Google Research, 11. Januar 2022, https://research.google/blog/google-research-themes-from-2021-and-beyond/.

105 Beispiele für DALL-E's bemerkenswert kreative Bilder gibt es bei Aditya Ramesh et al., »DALL E: Creating Images from Text«, OpenAI, 5. Januar 2021, https://openai.com/index/dall-e/.

106 »DALL-E 2«, OpenAI, Zugriff am 30. Juni 2022, https://openai.com/dall-e-2.

107 Chitwan Saharia et al., »Imagen«, Google Research, Brain Team, Google, Zugriff am 30. Juni 2022, https://imagen.research.google.

108 Ebd.

109 Scott Reed et al., »A Generalist Agent«, DeepMind, 12. Mai 2022, https://https://deepmind.google/discover/blog/a-generalist-agent/.

110 Wojciech Zaremba et al., »OpenAI Codex«, OpenAI, 10. August2021, https://openai.com/index/openai-codex/.

111 AlphaCode Team, »Competitive Programming with AlphaCode«, DeepMind, 8. Dezember 2022, https://deepmind.google/discover/blog/competitive-programming-with-alphacode/; Yujia Li et al., »Competition-Level Code Generation with AlphaCode«, arXiv:2203.07814v1 [cs.PL], 8. Februar 2022, https://arxiv.org/pdf/2203.07814.pdf.

112 Aakanksha Chowdhery, »PaLM: Scaling Language Modeling with Pathways«, arXiv:2204.02311v3 [cs.CL], 19. April 2022, https://arxiv.org/pdf/2204.02311.pdf;

Sharan Narang et al., »Pathways Language Model (PaLM): Scaling to 540 Billion Parameters for Breakthrough Performance«, Google AI Blog, 4. April 2022, https://research.google/blog/pathways-language-model-palm-scaling-to-540-billion-parameters-for-breakthrough-performance/.

113 Chowdhery, »PaLM: Scaling Language Modeling with Pathways«.

114 Ebd.

115 Ebd.

116 OpenAI, »Introducing ChatGPT«, OpenAI, 30. November 2022, https://openai.com/blog/chatgpt#OpenAI.

117 Krystal Hu, »ChatGPT Sets Record for Fastest-Growing User Base – Analyst Note«, *Reuters,* 2. Februar 2023, https://www.reuters.com/technology/chatgpt-sets-record-fastest-growing-user-base-analyst-note-2023-02-01/.

118 Kalley Huang, »Alarmed by A. I. Chatbots, Universities Start Revamping How They Teach«, *New York Times,* 16. Januar 2023, https://www.nytimes.com/2023/01/16/technology/chatgpt-artificial-intelligence-universities.html; Emma Bowman, »A College Student Created an App That Can Tell Whether AI Wrote an Essay«, *NPR,* 9. January 2023, https://www.npr.org/2023/01/09/1147549845/gptzero-ai-chatgpt-edward-tian-plagiarism; Patrick Wood und Mary Louise Kelly, »›Everybody Is Cheating‹: Why This Teacher Has Adopted an Open ChatGPT Policy«, *NPR,* 26. Januar 2023, https://www.npr.org/2023/01/26/1151499213/chatgpt-ai-education-cheating-classroom-wharton-school; Matt O'Brien und Jocelyn Gecker, »Cheaters Beware: ChatGPT Maker Releases AI Detection Tool«, *Associated Press,* 31. Januar 2023, https://apnews.com/article/technology-education-colleges-and-universities-france-a0ab654549de387316404a7be019116b; Geoffrey A. Fowler, »We Tested a New ChatGPT-Detector for Teachers. It Flagged an Innocent Student«, *Washington Post,* 3. April 2023, https://www.washingtonpost.com/technology/2023/04/01/chatgpt-cheating-detection-turnitin/.

119 OpenAI, »GPT 4«, OpenAI, 14. März 2023, https://openai.com/index/gpt-4-research/; OpenAI, »GPT 4 Technical Report«, arXiv:2303.08774v3 [cs.CL], 27. März 2023, https://arxiv.org/pdf/2303.08774.pdf, OpenAI, »GPT 4 System Card«, OpenAI, 23. März 2023, https://cdn.openai.com/papers/gpt-4-system-card.pdf.

120 OpenAI, »Introducing GPT 4«, YouTube-Video, 15. März 2023, https://www.youtube.com/watch?v=--khbXchTeE.

121 Daniel Feldman (@d_feldman), »On the left is GPT 3.5. On the right is 4. If you think the answer on the left indicates that GPT 3.5 does not have a world-model. … Then you have to agree that the answer on the right indicates GPT 4 does«, Twitter, 17. März 2023, https://twitter.com/d_feldman/status/1636955260680847361.

122 Danny Driess und Pete Florence, »PaLM E: An Embodied Multimodal Language Model«, Google Research, 10. März 2023, https://research.google/blog/palm-e-an-embodied-multimodal-language-model/; Danny Driess et al., »PaLM E: An Embodied Multimodal Language Model«, arXiv:2303.03378v1 [cs.LG], 6. März 2023, https://arxiv.org/abs/2303.03378.

123 Sundar Pichai und Demis Hassabis, »Introducing Gemini: Our Largest and Most Capable AI Model«, Google, 6. Dezember 2023, https://blog.google/technology/ai/google-gemini-ai/; Sundar Pichai, »An Important Next Step on Our AI Journey«, Google, 6. Februar 2023, https://blog.google/intl/en-africa/products/explore-get-answers/an-important-next-step-on-our-ai-journey/; Sarah Fielding, »Google Bard Is Switching to a More ›Capable‹ Language Model, CEO Confirms«, *Engadget*, 31. März 2023, https://www.engadget.com/google-bard-is-switching-to-a-more-capable-language-model-ceo-confirms-133028933.html; Yusuf Mehdi, »Confirmed: The New Bing Runs on OpenAI's GPT 4«, Microsoft Bing Blogs, 14. März 2023, https://blogs.bing.com/search/march_2023/Confirmed-the-new-Bing-runs-on-OpenAI%E2%80%99s-GPT-4; Tom Warren, »Hands-on with the New Bing: Microsoft's Step Beyond ChatGPT«, *The Verge*, 8. Februar 2023, https://www.theverge.com/2023/2/8/23590873/microsoft-new-bing-chatgpt-ai-hands-on.

124 Johanna Voolich Wright, »A New Era for AI and Google Workspace«, Google, 14. März 2023, https://workspace.google.com/blog/product-announcements/generative-ai; Jared Spataro, »Introducing Microsoft 365 Copilot – Your Copilot for Work«, *Official Microsoft Blog*, 16. März 2023, https://blogs.microsoft.com/blog/2023/03/16/introducing-microsoft-365-copilot-your-copilot-for-work/.

125 Markus Anderljung et al., »Compute Funds and Pre-Trained Models«, Centre for the Governance of AI, 11. April 2022, https://www.governance.ai/post/compute-funds-and-pre-trained-models; Jaime Sevilla et al., »Compute Trends Across Three Eras of Machine Learning«, arXiv:2202.05924v2 [cs.LG], 9. März 2022, https://arxiv.org/pdf/2202.05924; Dario Amodei und Danny Hernandez, »AI and Compute«, OpenAI, 16. Mai 2018, https://openai.com/index/ai-and-compute/.

126 Jacob Stern, »GPT-4 Has the Memory of a Goldfish«, *Atlantic*, 17. März 2023, https://www.theatlantic.com/technology/archive/2023/03/gpt-4-has-memory-context-window/673426/.

127 Hier habe ich den langfristigen Trend in die Zukunft extrapoliert, nach dem es seit 1983 alle knapp 1,34 Jahre eine Verdopplung gab. Siehe Anhang für die Quellen zu den in diesem Buch angegebenen Rechenkosten.

128 Zum Zeitpunkt, als ich dies schreibe, gab es bei der MLPerf-Benchmark für das KI-Training fast fünfmal so schnelle Fortschritte, als es die erhöhte Transistorendichte allein ermöglicht hätte. Für den Unterschied ist eine Kombination aus verbesserten Algorithmen, Software und Verbesserungen bei der Architektur verantwortlich, durch die Chips effizienter wurden. Siehe Samuel K. Moore, »AI Training Is Outpacing Moore's Law«, *IEEE Spectrum*, 2. Dezember 2021, https://spectrum.ieee.org/ai-training-mlperf.

129 Zum Zeitpunkt, als ich dies schreibe, sind die Preise für GPT-3.5 auf 1 Dollar pro 500 000 Token gesunken, was rund 370 000 Wörtern entspricht. Wenn Sie dies lesen, werden die Preise wahrscheinlich noch niedriger sein. Siehe Ben Dickson, »OpenAI Is Reducing the Price of the GPT 3 API – Here's Why It Matters«, *VentureBeat*, 25. August 2022, https://venturebeat.com/ai/openai-is-reducing-the-price-of-the-gpt-3-api-heres-why-it-matters/; OpenAI, »Introducing ChatGPT and Whisper APIs«, OpenAI, 1. März 2023, https://community.openai.com/t/

introducing-chatgpt-and-whisper-apis/80485; OpenAI, »What Are Tokens and How to Count Them?«, OpenAI, Zugriff am 30. April 2023, https://help.openai.com/en/articles/4936856-what-are-tokens-and-how-to-count-them.

130 Stephen Nellis, »Nvidia Shows New Research on Using AI to Improve Chip Designs«, *Reuters,* 27. März 2023, https://www.reuters.com/technology/nvidia-shows-new-research-using-ai-improve-chip-designs-2023-03-28/.

131 Blaise Agüera y Arcas, »Do Large Language Models Understand Us?«, *Medium,* 16. Dezember 2021, https://medium.com/@blaisea/do-large-language-models-understand-us-6f881d6d8e75.

132 Mit besseren Algorithmen reduziert sich die Rechenkraft, die aufgewendet werden muss, um ein bestimmtes Leistungsniveau zu erreichen. Eine zunehmende Anzahl von Studien legt inzwischen nahe, dass bei vielen Anwendungen Fortschritte bei Algorithmen ähnlich wichtig sind wie Fortschritte bei Hardware. Laut einer Studie aus dem Jahr 2022 haben bessere Algorithmen die benötigte Rechenleistung für eine bestimmtes Leistungsniveau zwischen 2012 und 2021 etwa alle neun Monate halbiert. Siehe Ege Erdil und Tamay Besiroglu, »Algorithmic Progress in Computer Vision«, arXiv:2212.05153v4 [cs.CV] 24. August 2023, https://arxiv.org/pdf/2212.05153.pdf; Katja Grace, *Algorithmic Progress in Six Domains,* Machine Intelligence Research Institute technical report 2013-3, 9. Dezember 2013, https://intelligence.org/files/AlgorithmicProgress.pdf.

133 Anderljung et al., »Compute Funds and Pre-Trained Models«.

134 Sevilla et al., »Compute Trends Across Three Eras of Machine Learning«; siehe Anhang für die Quellen zu den in diesem Buch angegebenen Rechenkosten.

135 Anderljung et al., »Compute Funds and Pre-Trained Models«; Sevilla et al., »Compute Trends Across Three Eras of Machine Learning«; Amodei und Hernandez, »AI and Compute«.

136 »Dallas Fed Energy Survey«, Federal Reserve Bank of Dallas, 27. März 2019, https://www.dallasfed.org/research/surveys/des/2019/1901.aspx#tab-questions.

137 Einen verständlichen und zugänglichen Überblick über Big Data gibt es in Rebecca Tickle, »What Is Big Data?«, Computerphile, YouTube-Video, 15. Mai 2019, https://www.youtube.com/watch?v=H4bf_uuMC-g.

138 Wer tiefer in das Thema der potenziellen Intelligenzexplosion eintauchen möchte, dem empfehle ich Nick Bostrom, »The Intelligence Explosion Hypothesis – eDay 2012«, EMERCE, YouTube-Video, 19. November 2012, https://www.youtube.com/watch?v=g3FMpn321zs; Luke Muehlhauser und Anna Salamon, »Intelligence Explosion: Evidence and Import«, in: *Singularity Hypotheses: A Scientific and Philosophical Assessment,* hg. von Amnon Eden et al. (Berlin: Springer, 2013), https://intelligence.org/files/IE-EI.pdf; Eliezer Yudkowsky, »Recursive Self-Improvement«, LessWrong.com, 1. Dezember 2008, https://www.lesswrong.com/posts/JBadX7rwdcRFzGuju/recursive-self-improvement; Eliezer Yudkowsky, »Hard Takeoff«, LessWrong.com, 2. Dezember 2008, https://www.lesswrong.com/posts/tjH8XPxAnr6JRbh7k/hard-takeoff; Eliezer Yudkowsky, *Intelligence Explosion Microeconomics,* Machine Intelligence Research Institute technical report 2013-1, 13. September 2013, https://intelligence.org/files/IEM.pdf; I. J. Good, »Speculations Concerning the First Ultraintelligent Machine«, *Advances in Computers* 6 (1966), S. 31–88, https://doi.org/10.1016/

S0065-2458(08)60418-0; Ephrat Livni, »The Mirror Test for Animal Self-Awareness Reflects the Limits of Human Cognition«, *Quartz,* 19. Dezember 2018, https://qz.com/1501318/the-mirror-test-for-animals-reflects-the-limits-of-human-cognition; Darold A. Treffert, »The Savant Syndrome: An Extraordinary Condition. A Synopsis: Past, Present, Future«, *Philosophical Transactions of the Royal Society B: Biological Sciences* 364, Nr. 1522 (27. Mai 2009), S. 1351–1357, https://doi.org/10.1098%2Frstb.2008.0326.

139 Robin Hanson und Eliezer Yudkowsky, *The Hanson-Yudkowsky AI-Foom Debate,* Machine Intelligence Research Institute, 2013, https://intelligence.org/files/AIFoomDebate.pdf.

140 Ebd.

141 Jon Brodkin, »1.1 Quintillion Operations per Second: US Has World's Fastest Supercomputer«, *Ars Technica,* 31. Mai 2022, https://arstechnica.com/information-technology/2022/05/1-1-quintillion-operations-per-second-us-has-worlds-fastest-supercomputer/; »November 2022«, Top500.org, Zugriff am 14. November 2023, https://www.top500.org/lists/top500/2022/11.

142 Für einen hervorragenden Bericht von Joseph Carlsmith bei Open Philanthropy, der gründlich mehrere Perspektiven zum Thema erforscht, und eine Zusammenfassung vieler Schätzungen mit unterschiedlicher Methodik bei AI Impacts siehe Joseph Carlsmith, *How Much Computational Power Does It Take to Match the Human Brain?,* Open Philanthropy, 11. September 2020, https://www.openphilanthropy.org/brain-computation-report; »Brain Performance in FLOPS«, *AI Impacts,* 26. Juli 2015, https://aiimpacts.org/brain-performance-in-flops/.

143 Herculano-Houzel, »Human Brain in Numbers«; David A. Drachman, »Do We Have Brain to Spare?«, *Neurology* 64, Nr. 12 (27. Juni 2005), https://doi.org/10.1212/01.wnl.0000166914.38327.bb; Ernest L. Abel, *Behavioral Teratogenesis and Behavioral Mutagenesis: A Primer in Abnormal Development* (New York: Plenum Press, 1989), S. 113, https://books.google.co.uk/books?id=gVorBgAAQBAJ.

144 »Neuron Firing Rates in Humans«, *AI Impacts,* 14. April 2015, https://aiimpacts.org/rate-of-neuron-firing/; Peter Steinmetz et al., »Firing Behavior and Network Activity of Single Neurons in Human Epileptic Hypothalamic Hamartoma«, *Frontiers in Neurology* 2, Nr. 210 (27. Dezember 2013), https://doi.org/10.3389%2Ffneur.2013.00210.

145 »Neuron Firing Rates in Humans«, *AI Impacts.*

146 Ray Kurzweil, *Menschheit 2.0, Die Singularität naht* (Berlin 2013), S. 135; Hans Moravec, Mind Children: The Future of Robot and Human Intelligence (Cambridge, MA; Harvard University Press, 1988), S. 59, https://books.google.co.uk/books?id=56mb7XuSx3QC (Deutsche Ausgabe: Hans Moravec, *Mind children: Der Wettlauf zwischen menschlicher und künstlicher Intelligenz,* übers. von Hainer Kober, Hamburg; Hoffmann und Campe, 1990).

147 Preeti Raghavan, »Stroke Recovery Timeline«, Johns Hopkins Medicine, Zugriff am 27. April 2023, https://www.hopkinsmedicine.org/health/conditions-and-diseases/stroke/stroke-recovery-timeline; Apoorva Mandavilli, »The Brain That Wasn't Supposed to Heal«, *Atlantic,* 7. April 2016, https://www.theatlantic.com/health/archive/2016/04/brain-injuries/477300/.

148 Bereits Anfang 2023 gibt es für 1000 US-Dollar pro Stunde mit dem TPU v5e-System von Google Cloud etwa 328 Billiarden Rechenoperationen pro Sekunde, also grob im Bereich von 10^{17}. Die große Verfügbarkeit von Rechenleistung in der Cloud hat effektiv die Rechenkosten für viele Nutzer gesenkt, aber das ist mit Rechenkosten aus der Vergangenheit nicht direkt vergleichbar, die vor allem durch die Kosten für den Erwerb von Hardware entstanden. Gemietete Zeit lässt sich nicht direkt mit Rechenzeit auf selbst erworbener Hardware vergleichen, aber ein plausibler grober Vergleichswert sind die Kosten für 4000 Stunden Arbeitszeit (wobei verschiedene Einzelheiten wie Kosten für IT-Mitarbeiter, Strom und Wertverlust nicht berücksichtigt werden). So gemessen bringt es der TPU v5e im Durchschnitt auf 130 Billionen Rechenoperationen pro Sekunde (also etwa 10^{14}) pro 1000 US-Dollar. Siehe Anhang für die Quellen zu den in diesem Buch angegebenen Rechenkosten.

149 Wenn man den Langzeittrend, der seit 1983 eine Verdopplungszeit von knapp über 1,34 Jahren gezeigt hat, in die Zukunft extrapoliert. Siehe Anhang für die Quellen zu den in diesem Buch angegebenen Rechenkosten.

150 Anders Sandberg und Nick Bostrom, *Whole Brain Emulation: A Roadmap*, technical report 2008-3, Future of Humanity Institute, Oxford University (2008), S. 80 f., https://www.fhi.ox.ac.uk/brain-emulation-roadmap-report.pdf.

151 Ebd.

152 Mitch Kapor und Ray Kurzweil, »A Wager on the Turing Test: The Rules«, Kurz weilAI.net, 9. April 2002, https://www.writingsbyraykurzweil.com/a-wager-on-the-turing-test-the-rules-2.

153 Edward Moore Geist, »It's Already Too Late to Stop the AI Arms Race – We Must Manage It Instead«, *Bulletin of the Atomic Scientists* 72, Nr. 5 (15. August 2016): 318–321, http://dx.doi.org/10.1080/00963402.2016.1216672.

154 Für ein repräsentatives Beispiel des bekannten Wissenschaftsjournalisten John Horgan in *The New York Times* siehe John Horgan, »Smarter than Us? Who's Us?«, *New York Times*, 4. Mai 1997, https://www.nytimes.com/1997/05/04/opinion/smarter-than-us-who-s-us.html.

155 Siehe zum Beispiel: Hubert L. Dreyfus, »Why We Do Not Have to Worry About Speaking the Language of the Computer«, *Information Technology & People* 11, Nr. 4 (Dezember 1998), S. 281–289, https://personal.lse.ac.uk/WHITLEY/allpubs/heideggerspecialissue/heidegger01.pdf; Selmer Bringsjord, »Chess Is Too Easy«, *MIT Technology Review*, 1. März 1998, https://www.technologyreview.com/1998/03/01/237087/chess-is-too-easy/.

156 Einer der Doktoranden, die Proverb entwickelten, die erste KI, die Kreuzworträtsel besser lösen konnte als die meisten Menschen, war Noam Shazeer. Er arbeitete später bei Google und war verantwortlicher Autor von »Attention Is All You Need«, dem Aufsatz, in dem die Transformer-Architektur für große Sprachmodelle erfunden wurde, die hinter der aktuellen KI-Revolution steht. Siehe Duke University, »Duke Researchers Pit Computer Against Human Crossword Puzzle Players«, *ScienceDaily*, 20. April 1999, https://www.sciencedaily.com/releases/1999/04/990420064821.htm; Vaswani et al., »Attention Is All You Need«.

157 Einen repräsentativen Videoclip über die Spiele und Analysen zu Watson und den Mitspielern gibt es unter O'Reilly, »Jeopardy! IBM Challenge Day 3 (HD) Ken Jennings vs. WATSON vs. Brad Rutter (02 11)«, Vimeo-Video, 19. Juni 2017, https://vimeo.com/222234104; Sam Gustin, »Behind IBM's Plan to Beat Humans at Their Own Game«, *Wired,* 14. Februar 2011, https://www.wired.com/2011/02/watson-jeopardy/; John Markoff, »Computer Wins on ›Jeopardy!‹: Trivial, It's Not«, *New York Times,* 16. Februar 2011, https://www.nytimes.com/2011/02/17/science/17jeopardy-watson.html.

158 »Show #6088 – Wednesday, February 16, 2011«, J! Archive, Zugriff am 30. April 2023, https://j-archive.com/showgame.php?game_id=3577.

159 Ebd.

160 Jeffrey Grubb, »Google Duplex: A.I. Assistant Calls Local Businesses to Make Appointments«, Jeff Grubb's Game Mess, YouTube-Video, 8. Mai 2018, https://www.youtube.com/watch?v=D5VN56jQMWM; Georgina Torbet, »Google Duplex Begins International Rollout with a New Zealand pilot«, *Engadget,* 22. Oktober 2019, https://www.engadget.com/2019-10-22-google-duplex-pilot-new-zealand.html; IBM, »Man vs. Machine: Highlights from the Debate Between IBM's Project Debater and Harish Natarajan«, BusinessWorldTV, YouTube-Video, 14. Februar 2019, https://www.youtube.com/watch?v=nJXcFtY9cWY.

161 Für weitere Informationen über die Probleme mit Halluzinationen bei LLMs siehe Tom Simonite, »AI Has a Hallucination Problem That's Proving Tough to Fix«, *Wired,* 9. März 2018, https://www.wired.com/story/ai-has-a-hallucination-problem-thats-proving-tough-to-fix/; Craig S. Smith, »Hallucinations Could Blunt ChatGPT's Success«, *IEEE Spectrum,* 13. März 2023, https://spectrum.ieee.org/ai-hallucination; Cade Metz, »What Makes A. I. Chatbots Go Wrong?«, *New York Times,* 29. März 2023 (aktualisiert am 4. April 2023), https://www.nytimes.com/2023/03/29/technology/ai-chatbots-hallucinations.html; Ziwei Ji et al., »Survey of Hallucination in Natural Language Generation«, *ACM Computing Surveys* 55, Nr. 12, Artikel 248 (3. März 2023), S. 1–38, https://doi.org/10.1145/3571730.

162 Jonathan Cohen, »Right on Track: NVIDIA Open-Source Software Helps Developers Add Guardrails to AI Chatbots«, NVIDIA, 25. April 2023, https://blogs.nvidia.com/blog/ai-chatbot-guardrails-nemo/.

163 Turing, »Computing Machinery and Intelligence«.

164 Ebd.

165 Ein Chatbot mit dem Namen Eugene Goostman bekam 2014 zum Beispiel unerwünschte Schlagzeilen, nachdem er den Turing-Test bestanden hatte, indem er einen 13-jährigen Ukrainer imitiert hatte, der schlecht Englisch sprach. Siehe Doug Aamoth »Interview with Eugene Goostman, the Fake Kid Who Passed the Turing Test«, *Time,* 9. Juni 2014, https://time.com/2847900/eugene-goostman-turing-test/.

166 Für weitere Informationen von unserem Google-Team, wie Talk to Books funktionierte, und für mein TED-Podcast-Interview mit Chris Anderson siehe Google AI, »Talk to Books«, *Experiments* with Google, September 2018, https://experiments.withgoogle.com/talk-to-books; Chris Anderson, »Ray Kurzweil on What the Future Holds Next«, in: *The Ted Interview* Podcast, Dezember 2018,

https://www.ted.com/talks/the_ted_interview_ray_kurzweil_on_what_the_future_holds_next?.

167 Für eine Erläuterung der fMRI-Technologie siehe Mark Stokes, »What Does fMRI Measure?«, *Scitable,* 16. Mai 2015, https://www.nature.com/scitable/blog/brain-metrics/what_does_fmri_measure/.

168 Sriranga Kashyap et al., »Resolving Laminar Activation in Human V1 Using Ultra-High Spatial Resolution fMRI at 7T«, *Scientific Reports* 8, Artikel 17–63 (29. November 2018), https://doi.org/10.1038/s41598-018-35333-3; Jozien Goense, Yvette Bohraus und Nikos K. Logothetis, »fMRI at High Spatial Resolution: Implications for BOLD-Models«, *Frontiers in Computational Neuroscience* 10, Nr. 66 (28. Juni 2016), https://doi.org/10.3389/fncom.2016.00066.

169 Es gibt Verfahren, die eine zeitliche Auflösung von 100 Millisekunden schaffen, aber dafür bezahlt man mit deutlich schlechterer räumlicher Auflösung, um 5 bis 6 Millimeter. Siehe Benjamin Zahneisen et al., »Three-Dimensional Encephalography: Fast Volumetric Brain Imaging Using Rosette Trajectories«, *Magnetic Resonance in Medicine* 65, Nr. 5 (Mai 2011), S. 1260–1268, http://dx.doi.org/10.1002/mrm.22711; David A. Feinberg et al., »Multiplexed Echo Planar Imaging for Sub-Second Whole Brain FMRI and Fast Diffusion Imaging«, *PloS ONE* 5, Nr. 12, e15710 (20. Dezember 2010), https://doi.org/10.1371/journal.pone.0015710.

170 Alexandra List et al., »Pattern Classification of EEG Signals Reveals Perceptual and Attentional States«, *PLoS ONE* 12, Nr. 4, e0176349 (26. April 2017), https://doi.org/10.1371/journal.pone.0176349; Boris Burle et al., »Spatial and Temporal Resolutions of EEG: Is It Really Black and White? A Scalp Current Density View«, *International Journal of Psychophysiology* 97, Nr. 3 (September 2015), S. 210–220, https://doi.org/10.1016/j.ijpsycho.2015.05.004.

171 Yahya Aghakhani et al., »Co-Localization Between the BOLD Response and Epileptiform Discharges Recorded by Simultaneous Intracranial EEG-fMRI at 3 T«, *NeuroImage: Clinical* 7 (2015), S. 755–763, https://doi.org/10.1016/j.nicl.2015.03.002; Brigitte Stemmer und Frank A. Rodden, »Functional Brain Imaging of Language Processes«, in: *International Encyclopedia of the Social & Behavioral Sciences,* hg. von James D. Wright (Amsterdam: Elsevier Science, 2015), S. 476–513, http://dx.doi.org/10.1016/B978-0-08-097086-8.54009-4; Burle et al., »Spatial and Temporal Resolutions of EEG«; Claudio Babiloni et al., »Fundamentals of Electroencefalography, Magnetoencefalography, and Functional Magnetic Resonance Imaging«, in: *Brain Machine Interfaces for Space Applications: Enhancing Astronaut Capabilities,* hg. von Luca Rossini, Dario Izzo und Leopold Summerer (New York: Academic Press, 2009), S. 73, https://books.google.co.uk/books?id=l5Q1bul_ZbEC.

172 Ein Video über das BrainGate-System in Aktion gibt es unter BrainGate Collaboration, »Thought Control of Robotic Arms Using the BrainGate System«, NIHNINDS, YouTube-Video, 16. Mai 2012, https://www.youtube.com/watch?v=QRt8QCx3BCo.

173 Tech at Meta, »Imagining a New Interface: Hands-Free Communication Without Saying a Word«, *Facebook Reality Labs,* 30. März 2020, https://tech.facebook.com/reality-labs/2020/3/imagining-a-new-interface-hands-free-communication-without-saying-a-word/; Tech at Meta, »BCI Milestone: New

Research from UCSF with Support from Facebook Shows the Potential of Brain-Computer Interfaces for Restoring Speech Communication«, *Facebook Reality Labs,* 14. Juli 2021, https://tech.facebook.com/reality-labs/2021/7/bci-milestone-new-research-from-ucsf-with-support-from-facebook-shows-the-potential-of-brain-computer-interfaces-for-restoring-speech-communication/; Joseph G. Makin et al., »Machine Translation of Cortical Activity to Text with an Encoder-Decoder Framework«, *Nature Neuroscience* 23, Nr. 4 (30. März 2020), S. 575–582, https://doi.org/10.1038/s41593-020-0608-8.

174 Antonio Regalado, »Facebook Is Ditching Plans to Make an Interface that Reads the Brain«, *MIT Technology Review,* 14. Juli 2021, https://www.technologyreview.com/2021/07/14/1028447/facebook-brain-reading-interface-stops-funding/.

175 Für eine lange, aber gut verständliche Erläuterung der Ziele von Neuralink für Gehirn-Computer-Schnittstellen und das Arbeitspapier, das diese Technologie fachlich detaillierter erklärt, siehe Tim Urban, »Neuralink and the Brain's Magical Future (G Rated Version)«, Wait But Why, 20. April 2017, https://waitbutwhy.com/2017/04/neuralink-cleanversion.html; Elon Musk und Neuralink, »An Integrated Brain-Machine Interface Platform with Thousands of Channels«, Neuralink Arbeitspapier, 17. Juli 2019, bioRxiv 703801, https://doi.org/10.1101/703801.

176 John Markoff, »Elon Musk's Neuralink Wants ›Sewing Machine-Like‹ Robots to Wire Brains to the Internet«, *New York Times,* 16. Juli 2019, https://www.nytimes.com/2019/07/16/technology/neuralink-elon-musk.html.

177 Die Affen in Aktion sieht man unter »Monkey MindPong«, Neuralink, YouTube-Video, 8. April 2021, https://www.youtube.com/watch?v=rsCul1sp4hQ.

178 Kelsey Ables, »Musk's Neuralink Implants Brain Chip in its First Human Subject«, *Washington Post,* 30. Januar 2024, https://www.washingtonpost.com/business/2024/01/30/neuralink-musk-first-human-brain-chip/; Neuralink, »Neuralink Clinical Trial«, Neuralink, Zugriff am 6. Februar 2024, https://neuralink.com/pdfs/PRIME-Study-Brochure.pdf; Rachael Levy und Hyunjoo Jin, »Musk Expects Brain Chip Start up Neuralink to Implant ›First Case‹ This Year«, Reuters, 20. Juni 2023, https://www.reuters.com/technology/musk-expects-brain-chip-start-up-neuralink-implant-first-case-this-year-2023-06-16/; Rachael Levy und Marisa Taylor, »U. S. Regulators Rejected Elon Musk's Bid to Test Brain Chips in Humans, Citing Safety Risks«, Reuters, 2. März 2023, https://www.reuters.com/investigates/special-report/neuralink-musk-fda/; Mary Beth Griggs, »Elon Musk Claims Neuralink Is About ›Six Months‹ Away from First Human Trial«, *The Verge,* 30. November 2022, https://www.theverge.com/2022/11/30/23487307/neuralink-elon-musk-show-and-tell-2022.

179 Andrew Tarantola, »DARPA Is Helping Six Groups Create Neural Interfaces for Our Brains«, *Engadget,* 10. Juli 2017, https://www.engadget.com/2017-07-10-darpa-taps-five-organizations-to-develop-neural-interface-tech.html.

180 »Brown to Receive up to $19M to Engineer Next-Generation Brain-Computer Interface«, Brown University, 10. Juli 2017, https://www.brown.edu/news/2017-07-10/neurograins; Jihun Lee et al., »Wireless Ensembles of Sub mm Microimplants Communicating as a Network near 1 GHz in a Neural Application«,

bioRxiv 2020.09.11.293829 (Vorabdruck), 13. September 2020, https://www.biorxiv.org/content/10.1101/2020.09.11.293829v2.full.

181 Für weitere Informationen zur hierarchischen Struktur des Neokortex siehe Stewart Shipp, »Structure and Function of the Cerebral Cortex«, *Current Biology* 17, Nr. 12 (19. Juni 2007), R443-R449, https://doi.org/10.1016/j.cub.2007.03.044; Claus C. Hilgetag und Alexandros Goulas, »›Hierarchy‹ in the Organization of Brain Networks«, *Philosophical Transactions of the Royal Society B*, 24. Februar 2020, https://doi.org/10.1098/rstb.2019.0319; Jeff Hawkins et al., »A Theory of How Columns in the Neocortex Enable Learning the Structure of the World«, *Frontiers in Neural Circuits*, 25. Oktober 2017, https://doi.org/10.3389/fncir.2017.00081.

182 Mit »direkt« meine ich hier, dass die biologischen und digitalen Neuronen im logischen und computerbezogenen Sinn in direkter Kommunikation zueinander stehen. Aber die physikalischen Signale in die Cloud und aus der Cloud würden über eine kleine Anzahl von Übertragungseinheiten geleitet, die in den Körper implantiert und/oder am Körper getragen werden.

183 Eine kurze Erläuterung der Diskrepanz zwischen tierischen und menschlichen Fähigkeiten gibt es in Ben-Yami, »Can Animals Acquire Language?«.

Kapitel 3: Wer bin ich?

1 Samuel Butler, *Erewhon: Or, Over the Range*, 2. Auflage (London: Trübner & Co, 1872), S. 190, https://www.gutenberg.org/cache/epub/1906/pg1906-h.zip.

2 Ebd., S. vi.

3 Mehr Informationen darüber, was Wissenschaft und Philosophie über Bewusstsein bei Tieren zu sagen haben, kann man nachlesen in Colin Allen und Michael Trestman, »Animal Consciousness«, in: *Stanford Encyclopedia of Philosophy*, hg. von Edward N. Zalta (Winter 2017), https://plato.stanford.edu/entries/consciousness-animal/; »Just How Smart Are Dolphins?«, BBC Earth, YouTube-Video, 19. Oktober 2014, https://www.youtube.com/watch?v=6M92OA-_5-Y; John Green, »Non-Human Animals«, CrashCourse, YouTube-Video, 16. Januar 2017, https://www.youtube.com/watch?v=y3-BX-jN_Ac; Joe Rogan und Roger Penrose, »Are Animals Conscious Like We Are?«, JRE Clips, YouTube-Video, 18. Dezember 2018, https://www.youtube.com/watch?v=TlzY_KvGSZ4.

4 Für mehr Informationen über Bewusstsein bei Nagetieren siehe Alla Katnelson, »What the Rat Brain Tells Us About Yours«, *Nautilus*, 13. April 2017, https://nautil.us/what-the-rat-brain-tells-us-about-yours-236558/; Jessica Hamzelou, »Zoned-Out Rats May Give Clue to Consciousness«, *New Scientist*, 5. Oktober 2011, https://www.newscientist.com/article/mg21128333-700-zoned-out-rats-may-give-clue-to-consciousness/; Cyriel Pennartz et al., »Indicators and Criteria of Consciousness in Animals and Intelligent Machines: An Inside-Out Approach«, *Frontiers in Systems Neuroscience* 13, Nr. 25 (16. Juli 2019), https://www.frontiersin.org/articles/10.3389/fnsys.2019.00025/full; »Scientists Manipulate Consciousness in Rats«, *National Institutes of Health*, 18. Dezember 2015, https://www.nih.gov/news-events/news-releases/scientists-manipulate-consciousness-rats.

5 Douglas Fox, »Consciousness in a Cockroach«, *Discover*, 10. Januar 2007, https://www.discovermagazine.com/mind/consciousness-in-a-cockroach; Suzana Herculano-Houzel, »The Human Brain in Numbers: A Linearly Scaled Up Primate Brain«, *Frontiers in Human Neuroscience* 3, Nr. 31 (5. August 2009), https://www.ncbi.nlm.nih.gov/pmc/articles/PMC2776484/.

6 Colin Barras, »Smart Amoebas Reveal Origins of Primitive Intelligence«, *New Scientist*, 29. Oktober 2008, https://www.newscientist.com/article/dn15068; Yuriv V. Pershin et al., »Memristive Model of Amoeba's Learning«, *Physical Review E: Statistical Physics, Plasmas, Fluids, and Related Interdisciplinary Topics* 80, 021926 (27. Juli 2009), https://arxiv.org/pdf/0810.4179.pdf.

7 Für mehr Informationen über relativ hoch entwickeltes Bewusstsein bei Tieren siehe Philip Low et al., »The Cambridge Declaration on Consciousness«, Francis Crick Memorial Conference 2012: Consciousness in Animals, University of Cambridge, 7. Juli 2012, https://fcmconference.org/img/CambridgeDeclarationOnConsciousness.pdf; Virginia Morell, »Monkeys Master a Key Sign of Self-Awareness: Recognizing Their Reflections«, *Science*, 13. Februar 2017, https://www.science.org/content/article/monkeys-master-key-sign-self-awareness-recognizing-their-reflections; Melanie Boly et al., »Consciousness in Humans and Non-human Animals: Recent Advances and Future Directions«, *Frontiers in Psychology* 4, Nr. 625 (31. Oktober 2013), https://www.ncbi.nlm.nih.gov/pmc/articles/PMC3814086/; Marc Bekoff, »Animals Are Conscious and Should be Treated as Such«, *New Scientist*, 19. September 2012, https://www.newscientist.com/article/mg21528836-200; Elizabeth Pennisi, »Are Our Primate Cousins ›Conscious‹?«, *Science* 284, Nr. 5423 (25. Juni 1999), S. 2073–2076.

8 Low et al., »Cambridge Declaration on Consciousness«.

9 Danielle S. Bassett und Michael S. Gazzaniga, »Understanding Complexity in the Human Brain«, *Trends in Cognitive Science* 15, Nr. 5 (Mai 2011), S. 200–209, https://www.ncbi.nlm.nih.gov/pmc/articles/PMC3170818/; Xerxes D. Arsiwalla und Paul Verschure, »Measuring the Complexity of Consciousness«, *Frontiers in Neuroscience* 12, Nr. 424 (27. Juni 2018), https://doi.org/10.3389/fnins.2018.00424.

10 Ein verständliches, spannendes Video über Qualia und eine gründlichere, enzyklopädische Beschreibung bieten Michael Stevens, »Is Your Red the Same as My Red?«, Vsauce, YouTube-Video, 17. Februar 2013, https://www.youtube.com/watch?v=evQsOFQjuo8; Michael Tye, »Qualia«, in: *Stanford Encyclopedia of Philosophy*, hg. von Edward N. Zalta (Sommer 2018), https://plato.stanford.edu/entries/qualia.

11 Für mehr Informationen zu David Chalmers' Zombies und John Searles Gedankenexperiment zum »chinesischen Zimmer« und eine Erklärung, warum subjektives Bewusstsein nicht anhand von Verhalten nachgewiesen werden kann, siehe John Green, »Where Does Your Mind Reside?«, CrashCourse, YouTube-Bideo, 1. August 2016, https://www.youtube.com/watch?v=3SJROTXnmus; John Green, »Artificial Intelligence & Personhood«, CrashCourse, YouTube-Video, 8. August 2016, https://www.youtube.com/watch?v=39EdqUbj92U; Marcus Du Sautoy, »The Chinese Room Experiment: The Hunt for AI«, BBC Studios, YouTube-Video, 17. September 2015, https://www.youtube.com/watch?v=DoMD4sRHj1M; Robert Kirk, »Zombies«, in: *Stanford Encyclopedia of Phi-*

losophy, hg. von Edward N. Zalta (Frühling 2019), https://plato.stanford.edu/entries/zombies; David Cole, »The Chinese Room Argument«, in: *Stanford Encyclopedia of Philosophy*, hg. von Edward N. Zalta (Frühling 2019), https://plato.stanford.edu/entries/chinese-room.

12 Chalmers' detaillierte Ansichten zu den schwierigen und einfachen Problemen des Bewusstseins findet man bei David Chalmers, »Hard Problem of Consciousness«, Serious Science, YouTube-Video, 5. Juli 2016, https://www.youtube.com/watch?v=C5DfnIjZPGw; David Chalmers, »The Meta-Problem of Consciousness«, Talks at Google, YouTube-Video, 2. April 2019, https://www.youtube.com/watch?v=OsYUWtLQBSo; David Chalmers, »Facing Up to the Problem of Consciousness«, *Journal of Consciousness Studies* 2, Nr. 3 (1995), S. 200–219, http://consc.net/papers/facing.html.

13 Chalmers stellt seine ausführlichen Ansichten zu Zombies, Panprotopsychismus und philosophische Zombies dar in David J. Chalmers, »Panpsychism and Panprotopsychism«, in: *Panpsychism*, hg. von Godehard Bruntrup und Ludwig Jaskolla (New York: Oxford University Press, 2016), http://consc.net/papers/panpsychism.pdf; David Chalmers, »Panpsychism and Explaining Consciousness«, Oppositum, TED-Talk, YouTube-Video, 18. Januar 2016, https://www.youtube.com/watch?v=SiYfN7-gaLk; David Chalmers, »How Does Panpsychism Fit in Between Dualism and Materialism?«, Loyola Productions Munich, YouTube-Video, 8. November 2011, https://www.youtube.com/watch?v=OSmfhc_8gew.

14 Der Nobelpreisträger für Physik Sir Roger Penrose hat gemeinsam mit dem Mediziner Stuart Hameroff eine provokative Theorie namens Orchestrated Objective Reduction (Orch OR) aufgestellt, in der sie erklären, dass Bewusstsein durch Quantenprozesse in Molekülen innerhalb von Neuronen entsteht, sogenannten Mikrotubuli. Bisher stieß diese Theorie in der wissenschaftlichen Gemeinschaft allerdings nur auf wenig Akzeptanz. Verschiedene Physiker wie Max Tegmark wiesen darauf hin, dass Quanteneffekte im Gehirn nie lange genug ihre Kohärenz aufrechterhalten könnten, um makroskopische Strukturen zu beeinflussen und Verhalten zu kontrollieren. Orch OR ist eine faszinierende Möglichkeit, doch fehlt bisher der überzeugende Beweis, dass man die Quantenphysik braucht, um funktionales Bewusstsein im Gehirn zu erklären. Siehe Steve Paulson, »Roger Penrose on Why Consciousness Does Not Compute«, *Nautilus*, 27. April 2017, https://nautil.us/roger-penrose-on-why-consciousness-does-not-compute-236591/; Max Tegmark, »The Importance of Quantum Decoherence in Brain Processes«, *Physical Review E: Statistical Physics, Plasmas, Fluids, and Related Interdisciplinary Topics* 61 (Mai 2000), S. 4194–4206, https://arxiv.org/abs/quant-ph/9907009; Stuart Hameroff, »How Quantum Brain Biology Can Rescue Conscious Free Will«, *Frontiers in Integrative Neuroscience* 6, Artikel 93 (12. Oktober 2012), https://doi.org/10.3389/fnint.2012.00093.

15 Wer tiefer in die Themen freier Wille und die verschiedenen Denkschulen dazu in Philosophie und Politik eintauchen will, dem sei empfohlen: John Green, »Determinism vs. Free Will«, Crash Course, YouTube-Video, 15. August 2016, https://www.youtube.com/watch?v=vCGtkDzELAI; M. S., »Free Will and Politics«, *Economist*, 12. Januar 2012, https://www.economist.com/democracy-in-

america/2012/01/12/free-will-and-politics; Timothy O'Connor und Christopher Franklin, »Free Will«, in: *Stanford Encyclopedia of Philosophy,* hg. von Edward N. Zalta (Sommer 2019), https://plato.stanford.edu/entries/freewill; Randolph Clarke und Justin Capes, »Incompatibilist (Nondeterministic) Theories of Free Will«, in: *Stanford Encyclopedia of Philosophy,* hg. von Edward N. Zalta (Frühling 2017), https://plato.stanford.edu/entries/incompatibilism-theories; Michael McKenna und Justin D. Coates, »Compatibilism«, in: *Stanford Encyclopedia of Philosophy,* hg. von Edward N. Zalta (Winter 2018), https://plato.stanford.edu/entries/compatibilism.

16 Eine Reihe interessanter allgemeinsprachlicher Betrachtungen von freiem Willen und Vorherbestimmung findet sich in Shaun Nichols, »Free Will Versus the Programmed Brain«, *Scientific American,* 19. August 2008, https://www.scientificamerican.com/article/free-will-vs-programmed-brain/; Bill Nye, »Hey Bill Nye, Do Humans Have Free Will?«, Big Think, YouTube-Video, 19. Januar 2016, https://www.youtube.com/watch?v=ITdMa2bCaVc; Michio Kaku, »Why Physics Ends the Free Will Debate«, Big Think, YouTube-Video, 20. Mai 2011, https://www.youtube.com/watch?v=Jint5kjoy6I; Stephen Cave, »There's No Such Thing as Free Will«, *Atlantic,* Juni 2016 https://www.theatlantic.com/magazine/archive/2016/06/theres-no-such-thing-as-free-will/480750/.

17 Simon Blackburn, *Think: A Compelling Introduction to Philosophy* (Oxford, UK: Oxford University Press, 1999), S. 85, https://books.google.co.uk/books?id=yEEITQSyxAMC (Deutsche Ausgabe. *Denken: die großen Fragen der Philosophie,* Darmstadt 2001).

18 Weitergehende Erklärungen und Demonstrationen zellulärer Automaten findet man in Daniel Shiffman, »Cellular Automata«, Kapitel 7 in: *The Nature of Code* (Magic Book Project, 2012), https://natureofcode.com/cellular-automata/; Devin Acker, »Elementary Cellular Automaton«, Github.io, Zugriff am 10. März 2023, https://devinacker.github.io/celldemo/; Francesco Berto und Jacopo Tagliabue, »Cellular Automata«, in: *Stanford Encyclopedia of Philosophy,* hg. von Edward N. Zalta (Herbst 2017), https://plato.stanford.edu/archives/fall2017/entries/cellular-automata.

19 »John Conway's Game of Life«, Bitstorm.org, Zugriff am 10. März 2023, https://bitstorm.org/gameoflife; »Life in Life«, Phillip Bradbury, YouTube-Video, 13. Mai 2012, https://www.youtube.com/watch?v=xP5-iIeKXE8; Amanda Ghassaei, »OTCA Metapixel – Conway's Game of Life«, Trybotics, Zugriff am 10. März 2023, https://trybotics.com/project/OTCA-Metapixel-Conways-Game-of-Life-98534.

20 Stephen Wolfram, A New Kind of Science (Champaign, IL: Wolfram Media, 2002), 23–41, 58–70, https://www.wolframscience.com/nks/.

21 Ebd., S. 56.

22 Ebd.

23 Ebd., S. 23–27, 31.

24 Ebd.

25 Wolframs Grundlagenartikel über zelluläre Automaten und Komplexität ist Stephen Wolfram, »Cellular Automata as Models of Complexity«, *Nature* 311,

Nr. 5985 (Oktober 1984), https://www.stephenwolfram.com/publications/academic/cellular-automata-models-complexity.pdf.

26 Für eine kurze Erklärung zur Emergenz siehe Emily Driscoll und Lottie Kingslake, »What Is Emergence?«, Quanta Magazine, YouTube-Video, 20. Dezember 2018, https://www.youtube.com/watch?v=TlysTnxF_6c.

27 Wolfram, *New Kind of Science*, S. 31.

28 Wer mehr Informationen über das Wolfram Physics Project einschließlich der verwendeten Visualisierungs- und interaktiven Tools erhalten möchte, besuche www.wolframphysics.org. Eine äußerst detaillierte Facherläuterung findet man in Stephen Wolfram, »A Class of Models with the Potential to Represent Fundamental Physics«, *Complex Systems* 29, Nr. 2 (April 2020), S. 107–536, https://doi.org/10.25088/ComplexSystems.29.2.107.

29 Wolframs Variante des Determinismus, der keine Blicke in die Zukunft erlaubt, ist auch mit der scheinbaren Willkürlichkeit von Quantenereignissen kompatibel – sie würden dann deterministischen Regeln folgen, dabei aber keine verwendbaren Informationen über ihr zukünftiges Verhalten offenbaren. Man kann die Eigenschaften der Quantenphysik nutzen, um echte Zufallszahlen zu erzeugen, soweit es jemanden in diesem Universum betrifft, aber diese Ergebnisse haben nicht die emergenten Eigenschaften wie Klasse-4-Automaten. Oder anders ausgedrückt: Wenn man weiß, dass man eine echt zufällige, ungewichtete Verteilung von Einsen und Nullen erhält, wird nichts Komplexeres daraus entstehen. Man erhält vielleicht lange Zahlenfolgen wie 11111111, aber jede Ziffer ist völlig unabhängig von der vorhergehenden. Man kann also sofort sagen, dass die Wahrscheinlichkeit, dass die milliardste Ziffer eine 1 ist, bei 50 Prozent liegt, ohne irgendetwas über die vorhergehenden Ziffern wissen zu müssen. Dies passt zum normalen wissenschaftlichen Paradigma, laut dem die Gesetze selbst das Verhalten der von ihnen beschriebenen Phänomene vollständig erklären. Siehe Xiongfeng Ma et al., »Quantum Random Number Generation«, *npj Quantum Information* 2, Artikel 16021 (28. Juni 2016), https://www.nature.com/articles/npjqi201621.

30 Für weitere Erklärungen zum Blue Brain Project, das die 11-dimensionalen Gehirnstrukturen entdeckt hat und daran arbeitet, tierische (und am Ende menschliche) Gehirne zu kartieren und digital zu rekonstruieren, siehe »Blue Brain Team Discovers a Multi-Dimensional Universe in Brain Networks«, *Frontiers Science News*, 12. Juni 2017, https://www.frontiersin.org/news/2017/06/12/blue-brain-team-discovers-a-multi-dimensional-universe-in-brain-networks; Michael W. Reimann et al., »Cliques of Neurons Bound into Cavities Provide a Missing Link Between Structure and Function«, *Frontiers in Computational Neuroscience* 11, Nr. 48 (12. Juni 2017), https://doi.org/10.3389/fncom.2017.00048.

31 Siehe John Green, »Compatibilism«, CrashCourse, YouTube-Video, 22. August 2016, https://www.youtube.com/watch?v=KETTtiprINU; McKenna und Coates, »Compatibilism«.

32 Dies ist eine Form des Kompatibilismus, der philosophischen Denkschule, laut der freier Wille auch in einem Universum möglich ist, das deterministischen Regeln folgt.
Siehe Green, »Compatibilism«; McKenna und Coates, »Compatibilism«.

33 Für mehr Informationen zur Beziehung zwischen unseren Gehirnhälften gemäß den Forschungsergebnissen der Neurowissenschaft aus den letzten Jahrzehnten siehe Ned Herrmann, »Is It True That Creativity Resides in the Right Hemisphere of the Brain?«, *Scientific American,* 26. Januar 1998, https://www.scientificamerican.com/article/is-it-true-that-creativit/; Dina A. Lienhard, »Roger Sperry's Split Brain Experiments (1959–1968)«, *Embryo Project Encyclopedia,* 27. Dezember 2017, https://embryo.asu.edu/pages/roger-sperrys-split-brain-experiments-1959-1968-0; David Wolman, »The Split Brain: A Tale of Two Halves«, *Nature* 483, Nr. 7389 (14. März 2012), S. 260–263, https://www.nature.com/articles/483260a.

34 Stella de Bode und Susan Curtiss, »Language After Hemispherectomy«, *Brain and Cognition* 43, Nr. 1–3 (Juni bis August 2000), S. 135–205.

35 Dana Boatman et al., »Language Recovery After Left Hemispherectomy in Children with Late-Onset Seizures«, *Annals of Neurology* 46, Nr. 4 (April 1999), S. 579–586, https://www.academia.edu/21485724/Language_recovery_after_left_hemispherectomy_in_children_with_late_onset_seizures.

36 Jing Zhou et al., »Axon Position Within the Corpus Callosum Determines Contralateral Cortical Projection«, *Proceedings of the National Academy of Sciences* 110, Nr. 29 (16. Juli 2013), E2714– E2723, https://doi.org/10.1073/pnas.1310233110.

37 Benedict Carey, »Decoding the Brain's Cacophony«, *New York Times,* 31. Oktober 2011, https://www.nytimes.com/2011/11/01/science/telling-the-story-of-the-brains-cacophony-of-competing-voices.html; Michael Gazzaniga, »The Split Brain in Man«, *Scientific American* 217, Nr. 2 (August 1967), S. 24–29, https://psycnet.apa.org/doi/10.1038/scientificamerican0867-24; Alan Alda und David Huntley, »Severed Corpus Callosum«, *Scientific American Frontiers* (PBS, 1997), ctshad, YouTube-Video, https://www.youtube.com/watch?v=lfGwsAdS9Dc.

38 Michael S. Gazzaniga, »Principles of Human Brain Organization Derived from Split-Brain Studies«, *Neuron* 14, Nr. 2 (Februar 1995), S. 217–228, https://doi.org/10.1016/0896-6273(95)90280-5; Roger W. Sperry, »Consciousness, Personal Identity, and the Divided Brain«, in: *The Dual Brain: Hemispheric Specialization in Humans,* hg. von D. F. Benson und Eran Zaidel (New York: Guilford Publications, 1985), S. 11–25; William Hirstein, »Self-Deception and Confabulation«, *Philosophy of Science* 67, Nr. 3 (September 2000), S. S418–S429, http://www.jstor.org/stable/188684.

39 Gazzaniga, »Principles of Human Brain Organization«; Sperry, »Consciousness, Personal Identity, and the Divided Brain«; Hirstein, »Self-Deception and Confabulation«.

40 Richard Apps et al., »Cerebellar Modules and Their Role as Operational Cerebellar Processing Units«, *Cerebellum* 17, Nr. 5 (6. Juni 2018), S. 654–682, https://doi.org/10.1007/s12311-018-0952-3; Jan Voogd, »What We Do Not Know About Cerebellar Systems Neuroscience«, *Frontiers in Systems Neuroscience* 8, Nr. 227 (18. Dezember 2014), https://doi.org/10.3389/fnsys.2014.00227.

41 Für mehr Informationen über die Gesellschaft des Geistes und ihre Bedeutung für die aktuelle Neurowissenschaft siehe Marvin Minsky, »The Society of Mind Theory Developed from Teaching«, Web of Stories – Life Stories of Remarkable People, YouTube-Video, 5. Oktober 2016, https://www.youtube.

com/watch?v=HU2SZEW4EWg; Marvin Minsky, »Biological Plausibility of the Society of Mind Theory«, Web of Stories – Life Stories of Remarkable People, YouTube-Video, 31. Oktober 2016, https://www.youtube.com/watch?v=eo2WbBdoF7o; Michael N. Shadlen und Adina L. Roskies, »The Neurobiology of Decision-Making and Responsibility: Reconciling Mechanism and Mindedness«, *Frontiers in Neuroscience* 6, Nr. 56 (23. April 2012), https://doi.org/10.3389%2Ffnins.2012.00056; Johannes Friedrich und Máté Lengyel, »Goal-Directed Decision Making with Spiking Neurons«, *Journal of Neuroscience* 36, Nr. 5 (3. Februar 2016), S. 1529–1546, https://doi.org/10.1523/jneurosci.2854-15.2016; Marvin Minsky, *Mentopolis*, übers. von Malte Heim (Stuttgart: Klett-Cotta, 1990).

42 Sarvi Sharifi et al., »Neuroimaging Essentials in Essential Tremor: A Systematic Review«, *NeuroImage Clinical* 5 (Mai 2014), S. 217–231, https://doi.org/10.1016%2Fj.nicl.2014.05.003; Rick C. Helmich, David E. Vaillancourt und David J. Brooks, »The Future of Brain Imaging in Parkinson's Disease«, *Journal of Parkinson's Disease* 8, Nr. s1 (2018), S. S47-S51, https://doi.org/10.3233/jpd-181482.

43 Für weitere Informationen über die Philosophie hinter Identität und Veränderungen siehe Andre Gallois, »Identity Over Time«, in: *Stanford Encyclopedia of Philosophy*, hg. von Edward N. Zalta (Winter 2016), https://plato.stanford.edu/entries/identity-time.

44 Duncan Graham-Rowe, »World's First Brain Prosthesis Revealed«, *New Scientist*, März 2003, https://www.newscientist.com/article/dn3488.

45 Robert E. Hampson et al., »Developing a Hippocampal Neural Prosthetic to Facilitate Human Memory Encoding and Recall«, *Journal of Neural Engineering* 15, Nr. 3 (28. März 2018), https://doi.org/10.1088/1741-2552/aaaed7.

46 Für eine allgemein verständliche und eine technische Erklärung des Proteintauschs in Mitochondrien siehe Jon Lieff, »Dynamic Relationship of Mitochondria and Neurons«, jonlieffmd.com, 2. Februar 2014, https://jonlieffmd.com/tag/dynamic-of-fission-and-fusion; Thomas Misgeld and Thomas L. Schwarz, »Mitostasis in Neurons: Maintaining Mitochondria in an Extended Cellular Architecture«, *Neuron* 96, Nr. 3 (1. November 2017), S. 651–666, https://www.ncbi.nlm.nih.gov/pmc/articles/PMC5687842.

47 Samuel F. Bakhoum und Duane A. Compton, »Kinetochores and Disease: Keeping Microtubule Dynamics in Check!«, *Current Opinion in Cell Biology* 24, Nr. 1 (Februar 2012), S. 64–70, https://www.ncbi.nlm.nih.gov/pmc/articles/PMC3294090/#R13; Vincent Meininger und Stephane Binet, »Characteristics of Microtubules at the Different Stages of Neuronal Differentiation and Maturation«, *International Review of Cytology* 114 (1989), S. 21–79, https://doi.org/10.1016/s0074-7696(08)60858-x.

48 Laurie D. Cohen et al., »Metabolic Turnover of Synaptic Proteins: Kinetics, Interdependencies and Implications for Synaptic Maintenance«, *PLoS One* 8, Nr. 5, e63191 (2. Mai 2013), https://doi.org/10.1371/journal.pone.0063191.

49 K. H. Huh und R. J. Wenthold, »Turnover Analysis of Glutamate Receptors Identifies a Rapidly Degraded Pool of the N aspartate Receptor Subunit, NR1, in Cultured Cerebellar Granule Cells«, *Journal of Biological Chemistry* 274, Nr. 1 (1. Januar 1999), S. 151–157, https://www.ncbi.nlm.nih.gov/pubmed/9867823.

50 Erin N. Star, David J. Kwiatkowski und Venkatesh N. Murthy, »Rapid Turnover of Actin in Dendritic Spines and its Regulation by Activity«, *Nature Neuroscience* 5, Nr. 3 (März 2002), S. 239–246, https://www.ncbi.nlm.nih.gov/pubmed/11850630.

51 »Female Reproductive System«, Cleveland Clinic, Zugriff am 10. März 2023, https://my.clevelandclinic.org/health/articles/9118-female-reproductive-system; Robert D. Martin, »The Macho Sperm Myth«, *Aeon*, 23. August 2018, https://aeon.co/essays/the-idea-that-sperm-race-to-the-egg-is-just-another-macho-myth.

52 Timothy G. Jenkins et al., »Sperm Epigenetics and Aging«, *Translational Andrology and Urology* 7, Suppl. 3 (Juli 2018), S. S328-S335, https://doi.org/10.21037%2Ftau.2018.06.10; Ida Donkin und Romain Barrès, »Sperm Epigenetics and the Influence of Environmental Factors«, *Molecular Metabolism* 14 (August 2018), S. 1–11, https://doi.org/10.1016%2Fj.molmet.2018.02.006.

53 Holly C. Betts et al., »Integrated Genomic and Fossil Evidence Illuminates Life's Early Evolution and Eukaryote Origin«, *Nature Ecology & Evolution* 2 (20. August 2018), S. 1556–1562, https://doi.org/10.1038/s41559-018-0644-x; Elizabeth Pennisi, »Life May Have Originated on Earth 4 Billion Years Ago, Study of Controversial Fossils Suggests«, *Science*, 18. Dezember 2017, https://www.science.org/content/article/life-may-have-originated-earth-4-billion-years-ago-study-controversial-fossils-suggests; Michael Marshall, »Timeline: The Evolution of Life«, *New Scientist*, 14. Juli 2009, https://www.newscientist.com/article/dn17453-timeline-the-evolution-of-life/.

54 Wenn man die Wahrscheinlichkeit, dass sich die Eltern treffen und ein Kind zeugen, nicht berücksichtigt, liegt die Wahrscheinlichkeit, dass zwei bestimmte Keimzellen bei der Zeugung aufeinandertreffen, bei etwa 1:2 Trillionen. Dasselbe gilt für beide Eltern, die Großeltern und so weiter. Von einem bestimmten Vorfahren, der vor mehreren Hundert Jahren lebte, hat man vielleicht gar keine Gene mehr, aber wenn irgendein Glied in der genetischen Kette gefehlt hätte, wären die Vorfahren, die nach ihm kamen, womöglich nie geboren worden, wären in jungem Alter an Erbkrankheiten gestorben oder hätten jemand anders geheiratet. Jeder Ausläufer des Stammbaums ist das Ergebnis von entscheidenden Zufällen.

Die genetischen und epigenetischen Chancen, dass die Entwicklung der Menschheit bis zu Ihnen führt, liegt (sehr grob geschätzt) bei 1:2 000 000 000 000 000 000 potenziert mit der Anzahl der Vorfahren – aber nicht nur der »einfach auftretenden Vorfahren«. Vor etwa 100 Generationen lebten Ihre Vorfahren irgendwann zwischen Buddha und Jesus. Wenn man den Stammbaum ausmultipliziert, bedeutet das, dass Sie damals etwa 1,3 Quintillionen Ur-ur-…ur-Großeltern hatten zu einer Zeit, als es weniger als 400 Millionen Menschen weltweit gab. Die Lösung für dieses Rätsel heißt Inzucht. Wenn Sie Ihren Stammbaum zurückverfolgen, werden Sie feststellen, dass Ihre Vorfahren alle weitläufig miteinander verwandt waren, was bedeutet, dass eine bestimmte Person gleich mehrfach Ihr Vorfahre sein könnte. Bei einer normalen Zählung der Vorfahren würde man sich auf die einzelnen Menschen konzentrieren. Aber wenn man die Unwahrscheinlichkeit des eigenen Stammbaums einschätzen will, sind Beziehungen wichtig, damit wir eine Person, die in achter und neunter Generation Vorfahrin ist, zweimal berücksichtigen können, weil es immer noch Glückssache ist, dass diese Person beide Rollen gespielt hat.

Den Homo sapiens gibt es seit etwa 10 000 Generationen, daher hängt die genaue Identität von etwa $2^{2^{10\,000}}$ Ahnenereignissen ab – etwa 4×10^{3010}. Die 2 Trillionen potenziert mit dieser Zahl als Exponent ergibt den Nenner der Gesamtwahrscheinlichkeit, die etwa $10^{10^{3011}}$ beträgt. Diese Zahl ist erheblich größer als ein Googolplex und hat mehr Nullen, als es Atome im bekannten Universum gibt. Und das sind nur die Zahlen für die Menschheit. Der Biologe Richard Dawkins aus Oxford schätzt, dass seit den Protostomia, unseren ersten Vorfahren, die sich geschlechtlich fortpflanzten, etwa 300 Millionen Generationen vergangen sind. Genaue Daten, die bis zum Beginn des Lebens vor fast vier Milliarden Jahren zurückreichen, gibt es nicht, aber die meisten Schätzungen liegen bei etwa einer Billion Generationen. Die Chancen, dass diese gesamte Ahnenreihe zustande kam, ist so irrwitzig gering, dass man es gar nicht begreifen kann. Wir alle stehen auf dem Gipfel eines Berges aus Zufällen und Glück, der so weit in Raum und Zeit zurückreicht, dass man seinen Fuß nicht mehr erkennt.

Für weitere Informationen zur menschlichen Evolution und den Beweisen, die diesen Schätzungen zugrunde liegen, siehe Max Ingman et al., »Mitochondrial Genome Variation and the Origin of Modern Humans«, *Nature* 408 (7. Dezember 2000), S. 713, https://www.nature.com/articles/35047064; Donn Devine, »How Long Is a Generation?«, Ancestry.ca, 10. März 2023, https://web.archive.org/web/20200111102741/https:/www.ancestry.ca/learn/learningcenters/default.aspx?section=lib_Generation; Adam Rutherford, »Ant and Dec's DNA Test Merely Tells Us That We're All Inbred«, *Guardian,* 12. November 2019, https://www.theguardian.com/commentisfree/2019/nov/12/ant-and-dec-dna-test-all-inbred-historical-connections; Alva Noë, »DNA, Genealogy and the Search for Who We Are«, *NPR,* 29. Januar 2016, https://www.npr.org/sections/13.7/2016/01/29/464805509/dna-genealogy-and-the-search-for-who-we-are; Alison Jolly, *Lucy's Legacy: Sex and Intelligence in Human Evolution* (Cambridge, MA: Harvard University Press, 1999), S. 55, https://books.google.co.uk/books?id=7mSMa2Zl_YkC; Simon Conway Morris, »The Fossils of the Burgess Shale and the Cambrian ›Explosion‹: Their Implications for Evolution«, in: *Killers in the Brain: Essays in Science and Technology from the Royal Institution,* hg. von Peter Day (Oxford, UK: Oxford University Press, 1999), S. 22, https://books.google.co.uk/books?id=v3Eo4UqbbYsC; Richard Dawkins und Yan Wong, *The Ancestor's Tale: A Pilgrimage to the Dawn of Evolution* (New York: Houghton Mifflin Harcourt, 2004), S. 379 (Deutsche Ausgabe: *Geschichten vom Ursprung des Lebens: eine Zeitreise auf Darwins Spuren,* übers. von Sebastian Vogel, Berlin: Ullstein, 2008); John Carl Villanueva, »How Many Atoms Are in the Universe?«, *Universe Today,* 30. Juli 2009, https://www.universetoday.com/36302/atoms-in-the-universe/; Tim Urban, »Meet Your Ancestors (All of Them)«, *Wait But Why,* 18. Dezember 2013, https://waitbutwhy.com/2013/12/your-ancestor-is-jellyfish.html.

55 Einige wissenschaftliche Ansichten über die Feinabstimmung finden sich bei Leonard Susskind, »Is the Universe Fine-Tuned for Life and Mind?«, Closer

to Truth, YouTube-Video, 8. Januar 2013, https://www.youtube.com/watch?v=2cT4zZIHR3s; Martin J. Rees, »Why Cosmic Fine-Tuning Demands Explanation«, Closer to Truth, YouTube-Video, 23. Januar 2017, https://www.youtube.com/watch?v=EozdXj6fSGY; Simon Friedrich, »Fine-Tuning«, in: *Stanford Encyclopedia of Philosophy*, hg. von Edward N. Zalta (Winter 2018), https://plato.stanford.edu/entries/fine-tuning/#FineTuneCondEarlUniv.

56 Laut dem Standardmodell gibt es sechs Arten von Quarks, sechs Antiquarks, sechs Leptonen, sechs Antileptonen, acht Gluonen, Photonen, W^+-Bosonen, W^--Bosonen, Z-Bosonen und Higgs-Bosonen. Für weitere Informationen zum sogenannten Teilchen-Zoo des Standardmodells siehe Julian Huguet, »Subatomic Particles Explained in Under 4 Minutes«, Seeker, YouTube-Video, 18. Dezember 2014, https://www.youtube.com/watch?v=eD7hXLRqWWM; Peter Kalmus, »The Physics of Elementary Particles: Part I«, *Plus Magazine*, 21. April 2015, https://plus.maths.org/content/physics-elementary-particles; Guido Altarelli und James Wells, »Gauge Theories and the Standard Model«, in: *Collider Physics Within the Standard Model*, Band 937 von *Lecture Notes in Physics*, hg. von James Wells (Cham, Switzerland: Springer Open, 2017), https://doi.org/10.1007/978-3-319-51920-3_1.

57 Für eine hilfreiche Erklärung zur Abiogenese und dem Miller-Urey-Experiment von 1952, das bewies, dass Abiogenese möglich ist, siehe Paul Anderson, »Abiogenesis«, Bozeman Science, YouTube-Video, 25. Juni 2011, https://www.youtube.com/watch?v=W3ceg--uQKM; »What Was the Miller-Urey Experiment«, Stated Clearly, YouTube-Video, 27. Oktober 2015, https://www.youtube.com/watch?v=NNijmxsKGbc.

58 Friedrich, »Fine-Tuning«, *Stanford Encyclopedia;* Luke A. Barnes, »The Fine-Tuning of the Universe for Intelligent Life«, *Publications of the Astronomical Society of Australia* 29, Nr. 4 (2012), S. 529–564, https://doi.org/10.1071/AS12015.

59 Friedrich, »Fine-Tuning«, *Stanford Encyclopedia*; Lawrence J. Hall et al., »The Weak Scale from BBN«, *Journal of High Energy Physics* 2014, Nr. 12, Artikel 134 (2014), http://dx.doi.org/10.1007/JHEP12(2014)134; Bernard J. Carr und Martin J. Rees, »The Anthropic Principle and the Structure of the Physical World«, *Nature* 278 (12. April 1979), S. 605–612, https://doi.org/10.1038/278605a0.

60 Craig J. Hogan, »Why the Universe Is Just So«, *Reviews of Modern Physics* 72, Nr. 4 (1. Oktober 2000), S. 1149–1161, https://journals.aps.org/rmp/abstract/10.1103/RevModPhys.72.1149; Craig J. Hogan, »Quarks, Electrons, and Atoms in Closely Related Universes«, in: *Universe or Multiverse*, hg. von Bernard Carr (Cambridge, UK: Cambridge University Press, 2007), S. 221–230.

61 Hogan, »Why the Universe Is Just So«; Hogan, »Quarks, Electrons, and Atoms«, S. 221–230.

62 Hogan, »Quarks, Electrons, and Atoms«, S. 224.

63 Ebd., S. 224 f.

64 Ebd.

65 Eine detaillierte Erläuterung der Beweise für die Feinabstimmung der physikalischen Gesetze, etwa der Gravitation, damit sich schwere Elemente bilden konnten, siehe Friedrich, »Fine-Tuning«, *Stanford Encyclopedia;* Carr und Rees, »Anthropic Principle and the Structure of the Physical World«, S. 605–612.

66 Michael Brooks, »Gravity Mysteries: Why Is Gravity Fine-Tuned?«, *New Scientist*, 10. Juni 2009, https://www.newscientist.com/article/mg20227123-000,

67 Tim Radford, »Just Six Numbers: The Deep Forces That Shape the Universe by Martin Rees – Review«, *Guardian*, 8. Juni 2012, https://www.theguardian.com/science/2012/jun/08/just-six-numbers-martin-rees-review; Brooks, »Gravity Mysteries: Why Is Gravity Fine-Tuned?«

68 Friedrich, »Fine-Tuning«, *Stanford Encyclopedia*; Max Tegmark und Martin J. Rees, »Why Is the Cosmic Microwave Background Fluctuation Level 10–5?«, *Astronomical Journal* 499, Nr. 2 (1. Juni 1998), S. 526–532, https://iopscience.iop.org/article/10.1086/305673.

69 Friedrich, »Fine-Tuning«, *Stanford Encyclopedia*; Tegmark und Rees, »Why Is the Cosmic Microwave Background Fluctuation Level 10–5?«.

70 Martin J. Rees, *Just Six Numbers: The Deep Forces That Shape the Universe* (New York: Weidenfeld & Nicholson, 1999), S. 104.

71 Ebd.

72 Friedrich, »Fine-Tuning«, *Stanford Encyclopedia*; Roger Penrose, *The Road to Reality: A Complete Guide to the Laws of the Universe* (New York: Vintage, 2004), S. 729f.

73 Tony Padilla, »How Many Particles in the Universe?«, Numberphile, YouTube-Video, 10. Juli 2017, https://www.youtube.com/watch?v=lpjoEoaomlU; Villanueva, »How Many Atoms Are in the Universe?«; Jacob Aron, »Number of Ways to Arrange 128 Balls Exceeds Atoms in Universe«, *New Scientist*, 28. Januar 2016, https://www.newscientist.com/article/2075593-number-of-ways-to-arrange-128-balls-exceeds-atoms-in-universe/.

74 Luke Barnes (L. A. Barnes), »The Fine-Tuning of the Universe for Intelligent Life«, *Publications of the Astronomical Society of Australia* 29, Nr. 4 (7. Juni 2012), S. 531, https://www.publish.csiro.au/as/pdf/AS12015.

75 Brad Lemley, »Why Is There Life?«, *Discover*, November 2000, https://www.discovermagazine.com/the-sciences/why-is-there-life.

76 Für mehr Informationen zum anthropischen Prinzip, unter anderem ein faszinierendes Gespräch zwischen dem Atheisten und Biologen Richard Dawkins und dem katholischen Astronomen Pater George Coyne, siehe Roberto Trotta, »What Is the Anthropic Principle?«, Physics World, YouTube-Video, 17. Januar 2014, https://www.youtube.com/watch?v=dWkJ8Pl-8l8; Richard Dawkins und George Coyne, »The Anthropic Principle«, jlcamelo, 9. Juli 2010, https://www.youtube.com/watch?v=lm9ZtYkdkEQ; Joe Rogan und Nick Bostrom, »Joe Rogan Experience #1350 – Nick Bostrom«, PowerfulJRE, 11. September 2019, https://web.archive.org/web/20190918171740/https://www.youtube.com/watch?v=5c4cv7rVlE8; Christopher Smeenk und George Ellis, »Philosophy of Cosmology«, in: *Stanford Encyclopedia of Philosophy*, hg. von Edward N. Zalta (Winter 2017), https://plato.stanford.edu/entries/cosmology.

77 Lemley, »Why Is There Life?«

78 Für eine verständliche Erläuterung zu GANs und faszinierende Informationen über entstehende Technologien, die KI Nachbildungen von Toten ermöglichen werden, siehe Robert Miles, »Generative Adversarial Networks (GANs)«, Computerphile, YouTube-Video, 25. Oktober 2017, https://www.

youtube.com/watch?v=Sw9r8CL98No; Michael Kammerer, »I Trained an AI to Imitate My Own Art Style. This Is What Happened«, *Towards Data Science*, 28. März 2019, https://towardsdatascience.com/i-trained-an-ai-to-imitate-my-own-art-style-this-is-what-happened-461785b9a15b; Ana Santos Rutschman, »Artificial Intelligence Can Now Emulate Human Behaviors – Soon It Will Be Dangerously Good«, *The Conversation*, 5. April 2019, https://theconversation.com/artificial-intelligence-can-now-emulate-human-behaviors-soon-it-will-be-dangerously-good-114136; Catherine Stupp, »Fraudsters Used AI to Mimic CEO's Voice in Unusual Cybercrime Case«, *Wall Street Journal*, 30. August 2019, https://www.wsj.com/articles/fraudsters-use-ai-to-mimic-ceos-voice-in-unusual-cybercrime-case-11567157402; David Nield, »New AI Generates Freakishly Realistic People Who Don't Actually Exist«, *Science Alert*, 19. Februar 2019, https://www.sciencealert.com/ai-is-getting-creepily-good-at-generating-faces-for-people-who-don-t-actually-exist; Alec Radford et al., »Better Language Models and Their Implications«, *OpenAI*, 14. Februar 2019, https://openai.com/index/better-language-models/; Richard Socher, »Introducing a Conditional Transformer Language Model for Controllable Generation«, Salesforce Einstein, Zugriff am 10. März 2023, https://blog.salesforceairesearch.com/introducing-a-conditional-transformer-language-model-for-controllable-generation/.

79 Jeffrey Grubb, »Google Duplex; A. I. Assistant Calls Local Businesses to Make Appointments«, Jeff Grubb's Game Mess, YouTube-Video, 8. Mai 2018, https://www.youtube.com/watch?v=D5VN56jQMWM.

80 Monkeypaw Productions und BuzzFeed, »You Won't Believe What Obama Says in This Video«, BuzzFeedVideo, YouTube-Video, 17. April 2018, https://www.youtube.com/watch?v=cQ54GDm1eLo; »Could Deepfakes Weaken Democracy?«, *Economist*, YouTube-Video, 22. Oktober 2019, https://www.youtube.com/watch?v=_m2dRDQEC1A; Kristin Houser, »This ›RoboTrump‹ AI Mimics the President's Writing Style«, *Futurism*, 23. Oktober 2019, https://futurism.com/robotrump-ai-text-generator-trump.

81 »No Country for Old Actors«, Ctrl Shift Face, YouTube-Video, 13. November 2019, https://www.youtube.com/watch?v=Ow_uufCxm1A.

82 Casey Newton, »Speak, Memory«, *The Verge*, 6. Oktober 2016, https://www.theverge.com/a/luka-artificial-intelligence-memorial-roman-mazurenko-bot.

83 Für einen deutlichen und spannenden Blick auf die Wissenschaft hinter dem Unheimlichen siehe Michael Stevens, »Why Are Things Creepy?«, Vsauce, YouTube-Video, 2. Juli 2013, https://www.youtube.com/watch?v=PEikGKDVsCc.

84 Für weitere Informationen zur Entwicklung realistischer Androiden und das Moravecsche Paradoxon siehe Tim Hornyak, »Insanely Humanlike Androids Have Entered the Workplace and Soon May Take Your Job«, *CNBC*, 31. Oktober 2019, https://www.cnbc.com/2019/10/31/human-like-androids-have-entered-the-workplace-and-may-take-your-job.html; Jade Tan-Holmes, »Moravec's Paradox – Why Are Machines So Smart, Yet So Dumb?«, Up and Atom, YouTube-Video, 8. Juli 2019, https://www.youtube.com/watch?v=hcfVRkC3Dpo; J.C. Eccles, »Evolution of Consciousness«, *Proceedings of the National Academy of Sciences of the United States of America* 89, Nr. 16 (15. August 1992), S. 7320–7324, https://www.ncbi.nlm.nih.gov/pmc/articles/PMC49701; Hans

Moravec, *Mind Children* (Cambridge, MA: Harvard University Press, 1988), S. 1–50 (Deutsche Ausgabe: *Mind children: Der Wettlauf zwischen menschlicher und künstlicher Intelligenz,* übers. von Hainer Kober, Hamburg: Hoffmann und Campe, 1990)

85 John Hawks, »How Has the Human Brain Evolved?«, *Scientific American Mind* 24, Nr. 3 (1. Juli 2013), S. 76, https://doi.org/10.1038/scientificamericanmind0713-76b.

86 »ASIMO World2001-2/3«, jnomw, YouTube-Video, 28. Oktober 2006, https://www.youtube.com/watch?v=Ph_B_5hKRIE.

87 »More Parkour Atlas«, BostonDynamics, YouTube-Video, 24. September 2019, https://www.youtube.com/watch?v=_sBBaNYex3E.

88 »Sophia the Robot by Hanson Robotics«, Hanson Robotics Limited, YouTube-Video, 5. September 2018, https://www.youtube.com/watch?v=BhU9hOo5Cuc; »Meet Little Sophia, Hanson Robotics' Newest Robot«, Hanson Robotics Limited, YouTube-Video, 11. Februar 2019, https://www.youtube.com/watch?v=7cGRPvN5430; »Ameca Expressions with GPT3/4«, Engineered Arts, YouTube-Video, 31. März 2023, https://www.youtube.com/watch?v=yUszJyS3d7A.

89 Anders Sandberg und Nick Bostrom, *Whole Brain Emulation: A Roadmap, technical report 2008-3,* Future of Humanity Institute, Oxford University (2008), S. 13, https://www.fhi.ox.ac.uk/brain-emulation-roadmap-report.pdf.

90 Sandberg and Bostrom, *Whole Brain Emulation,* S. 80f.

91 Weitere Quellen zum Thema Mind-Upload und Gehirnemulationen sind: Michael S. A. Graziano, »How Close Are We to Uploading Our Minds?«, TED Ed, YouTube-Video, 29. Oktober 2019, https://www.youtube.com/watch?v=2DWnvx1NYUA; Trace Dominguez, »How Close Are We to Downloading the Human Brain?«, Seeker, YouTube-Video, 13. September 2018, https://www.youtube.com/watch?v=DE5e5zF6a-8; Michio Kaku, »Could We Transport Our Consciousness Into Robots?«, Big Think, YouTube-Video, 31. Mai 2011, https://www.youtube.com/watch?v=tT1vxEpE1aI; Matt O'Dowd, »Computing a Universe Simulation«, PBS Space Time, YouTube-Video, 10. Oktober 2018, https://www.youtube.com/watch?v=oGLgZvTCbaA; Riken, »All-Atom Molecular Dynamics Simulation of the Bacterial Cytoplasm«, rikenchannel, YouTube-Video, 6. Juni 2017, https://www.youtube.com/watch?v=5JcFgj2gHx8; »Scientists Create First Billion-Atom Biomolecular Simulation«, Los Alamos National Lab, YouTube-Video, 22. April 2019, https://www.youtube.com/watch?v=jmeik65RkJw; »Matrioshka Brains«, Isaac Arthur, YouTube-Video, 23. Juni 2016, https://www.youtube.com/watch?v=Ef-mxjYkllw; Simon Makin, »The Four Biggest Challenges in Brain Simulation«, *Nature* 571, S9 (24. Juli 2019), https://www.nature.com/articles/d41586-019-02209-z; Egidio D'Angelo et al., »Realistic Modeling of Neurons and Networks: Towards Brain Simulation«, *Functional Neurology* 28, Nr. 3 (Juli bis September 2013), S. 153–166, https://www.ncbi.nlm.nih.gov/pmc/articles/PMC3812748/; Elon Musk und Neuralink, »An Integrated Brain-Machine Interface Platform with Thousands of Channels«, Neuralink-Arbeitspapier, 17. Juli 2019, https://doi.org/10.1101/703801; Fujitsu, »Supercomputer Used to Simulate 3,000-Atom Nano Device«, Phys.org, 14. Januar 2014, https://phys.org/news/2014-01-supercomputer-simulate-atom-nano-device.html; Anders

Sandberg, »Ethics of Brain Emulations«, *Journal of Experimental & Theoretical Artificial Intelligence* 26, Nr. 3 (14. April 2014), S. 439–457, http://dx.doi.org/10.1080/0952813X.2014.895113; Ray Kurzweil, *Das Geheimnis des menschlichen Denkens. Einblicke in das Reverse Engineering des Gehirns*, übers. von Jens Ole Beckers und Jan Schenkenberger (Berlin: Lola Books 2014).

92 Michael Merzenich, »Growing Evidence of Brain Plasticity«, TED-Video, Februar 2004, https://www.ted.com/talks/michael_merzenich_growing_evidence_of_brain_plasticity.

Kapitel 4: Unser Leben wird exponentiell besser

1 World Bank Development Research Group, »Poverty Headcount Ratio at $2.15 a Day (2017 PPP) (% of population)«, World Bank, Zugriff am 25. März, 2023, https://data.worldbank.org/indicator/SI.POV.DDAY; World Bank, »Population, Total for World (SPPOP-TOTLWLD)«, abgerufen von der FRED, Federal Reserve Bank of St. Louis, aktualisiert am 4. Juli 2023, https://fred.stlouisfed.org/series/SPPOPTOTLWLD.

2 UNESCO Institute for Statistics, »Literacy Rate, Adult Total (% of People Ages 15 and Above)«, abgerufen von Worldbank.org, 24. Oktober 2022, https://data.worldbank.org/indicator/SE.ADT.LITR.ZS.

3 World Health Organization und United Nations Children's Fund, »Progress on Household Drinking Water, Sanitation and Hygiene 2000–2020: Five Years into the SDGs«, Genf 2021, S. 9, https://apps.who.int/iris/rest/bitstreams/1369501/retrieve.

4 World Bank Development Research Group, »Poverty Headcount Ratio at $2.15 a day«; World Bank, »Population, Total for World (SPPOPTOTLWLD)«.

5 UNESCO Institute for Statistics, »Literacy Rate, Adult Total«.

6 World Health Organization und United Nations Children's Fund, »Progress on Household Drinking Water«, S. 9.

7 Ray Kurzweil, *Homo sapiens: Leben im 21. Jahrhundert – was bleibt vom Menschen?*, Köln 1999.

8 Ray Kurzweil, *Menschheit 2.0 – die Singularität naht*, Berlin 2013.

9 Peter H. Diamandis und Steven Kotler, *Überfluss*, Kulmbach 2012.

10 Steven Pinker, *Aufklärung jetzt: Für Vernunft, Wissenschaft, Humanismus und Fortschritt. Eine Verteidigung*, Frankfurt am Main 2018.

11 Andrew Evans, »The First Thanksgiving Travel«, in: *National Geographic*, 24. November 2011, https://www.nationalgeographic.com/travel/digital-nomad/2011/11/24/the-first-thanks-giving-travel.

12 Henry Fairlie, »Henry Fairlie on What Europeans Thought of Our Revolution«, in: *New Republic*, 3. Juli 2014, https://newrepublic.com/article/118527/american-revolution-what-did-europeans-think; Peter Stanford, »The Street of Ships in New York«, in: *Boating*, Bd. 21, Nr. 1 (Januar 1967), S. 48, https://books.google.com/books?id=VsMYj3YIKLcC.

13 Vaclav Smil, »Crossing the Atlantic«, in: *IEEE Spectrum*, 28. März 2018, https://spectrum.ieee.org/transportation/marine/crossing-the-atlantic.

14 Frank W. Geels, *Technological Transitions and System Innovations: A Co-evolutionary and Socio-Technical Analysis*, Cambridge 2005, S. 135, https://books.google.com/books?id=SDfrb7TNX5oC.

15 Steven Ujifusa, *A Man and His Ship: America's Greatest Naval Architect and His Quest to Build the S. S. United States*, New York 2012, S. 152, https://books.google.com/books?id=H6KB4q7M938C.

16 John C. Spychalski, »Transportation«, in: *The Columbia History of the 20th Century*, hrsg. von Richard W. Bulliet, New York 1998, S. 409, https://books.google.com/books?id=9QsqpvRonqoC.

17 Jason Paur, »Oct. 4, 1958: ›Comets‹ Debut Trans-Atlantic Jet Age«, in: *Wired*, 4. Oktober 2010, https://www.wired.com/2010/10/1004first-transatlantic-jet-service-boac.

18 Howard Slutsken, »What It Was Really Like to Fly on Concorde«, *CNN*, 2. März 2019, https://www.cnn.com/travel/article/concorde-flying-what-was-it-like/index.html.

19 »London to New York Flight Duration«, *Finance.co.uk*, Zugriff am 14. April 2023, https://www.finance.co.uk/travel/flight-times-and-durations-calculator/london-to-new-york.

20 Einen hilfreichen Aufsatz über die Rolle von Konflikten beim Erzählen von Geschichten und über Beweise für eine negative Tendenz in den Nachrichten liefert Jerry Flattum, »What Is a Story? Conflict – The Foundation of Storytelling«, Manuskript, 18. März 2013, https://scriptmag.com/features/conflict-the-foundation-of-story telling; Stuart Soroka, Patrick Fournier und Lilach Nir, »Cross-National Evidence of a Negativity Bias in Psychophysiological Reactions to News«, in: *Proceedings of the National Academy of Sciences* 116, Nr. 38 (17. September 2019), S. 18888–18892, https://doi.org/10.1073/pnas.1908369116.

21 Für weitere Informationen darüber, wie Algorithmen in sozialen Medien Konflikte hervorheben und die Polarisierung fördern, siehe »Jonathan Haidt: How Social Media Drives Polarization«, Amanpour and Company, YouTube-Video, 4. Dezember 2019, https://www.youtube.com/watch?v=G9ofYEfewNE; Eli Pariser, »How News Feed Algorithms Supercharge Confirmation Bias«, Big Think, YouTube-Video, 18. Dezember 2018, https://www.youtube.com/watch?v=prx9bxzns3g; Jeremy B. Merrill und Will Oremus, »Five Points for Anger, One for a ›Like‹: How Facebook's Formula Fostered Rage and Misinformation«, in: *Washington Post*, 16. Oktober 2021, https://www.washingtonpost.com/technology/2021/10/26/facebook-angry-emoji-algorithm; Damon Centola, »Why Social Media Makes Us More Polarized and How to Fix It«, in: Scientific American, 15. Oktober 2020, https://www.scientificamerican.com/article/why-social-media-makes-us-more-polarized-and-how-to-fix-it.

22 Max Roser, »Economic Growth«, Our World in Data, Zugriff am 11. Oktober 2021, https://ourworldindata.org/economic-growth; Ryland Thomas und Nicholas Dimsdale, »A Millennium of UK Data«, OBRA-Datensatz der Bank of England, 2017, https://www.bankofengland.co.uk/-/media/boe/files/statistics/research-datasets/a-millennium-of-macroeconomic-data-for-the-uk.xlsx; »Inflation Calculator,« Bank of England, Zugriff am 14. April 2023, https://www.

bankofengland.co.uk/monetary-policy/inflation/inflation-calculator; Stephen Broadberry et al., *British Economic Growth, 1270–1870*, Cambridge 2015.

23 Roser, »Economic Growth«; Thomas and Dimsdale, »A Millennium of UK Data«; »Inflation Calculator«, Bank of England; Broadberry et al., *British Economic Growth.*

24 Roser, »Economic Growth«; Thomas and Dimsdale, »A Millennium of UK Data«; »Inflation Calculator«, Bank of England; *Broadberry et al., British Economic Growth.*

25 Roser, »Economic Growth«; Thomas and Dimsdale, »A Millennium of UK Data«; »Inflation Calculator«, Bank of England; Broadberry et al., *British Economic Growth.*

26 Peter Nowak, »The Rise of Mean World Syndrome in Social Media«, Globe and Mail, 6. November 2014, https://www.theglobeandmail.com/life/relationships/the-rise-of-mean-world-syndrome-in-social-media/article21481089.

27 Für weitere Informationen über diese Forschung siehe Paula McGrath, »Why Good Memories Are Less Likely to Fade«, BBC News, 4. Mai 2014, https://www.bbc.com/news/health-27193607; Colin Allen, »Past Perfect: Why Bad Memories Fade«, in: *Psychology Today*, 3. Juni 2003, https://www.psychologytoday.com/us/articles/200306/past-perfect-why-bad-memories-fade; W. Richard Walker, John J. Skowronski und Charles P. Thompson, »Life Is Pleasant–and Memory Helps to Keep It That Way!«, in: *Review of General Psychology* 7, Nr. 2 (Juni 2003), S. 203–210, https://www.apa.org/pubs/journals/releases/gpr-72203.pdf.

28 Walker, Skowronski und Thompson, »Life Is Pleasant«.

29 Timothy D. Ritchie et al., »A Pancultural Perspective on the Fading Affect Bias in Autobiographical Memory«, in: *Memory* 23, Nr. 2 (14. Februar 2014), S. 278–290, https://doi.org/10.1080/09658211.2014.884138.

30 John Tierney, »What Is Nostalgia Good For? Quite a Bit, Research Shows«, *New York Times,* 8. Juli 2013, https://www.nytimes.com/2013/07/09/science/what-is-nostalgia-good-for-quite-a-bit-research-shows.html.

31 Mike Mariani, »How Nostalgia Made America Great Again«, Nautilus, 20. April 2017, https://nautil.us/how-nostalgia-made-america-great-again-236556.

32 Ed O'Brien und Nadav Klein, »The Tipping Point of Perceived Change: Asymmetric Thresholds in Diagnosing Improvement Versus Decline«, in: *Journal of Personality and Social Psychology* 112, Nr. 2 (Februar 2017), S. 161–185, https://doi.org/10.1037/pspa0000070.

33 Art Markman, »How Do You Decide Things Are Getting Worse?«, in: *Psychology Today*, 7. Februar 2017, https://www.psychologytoday.com/nz/blog/ulterior-motives/201702/how-do-you-decide-things-are-getting-worse.

34 Robert P. Jones et al., »The Divide over America's Future: 1950 or 2050? Findings from the 2016 American Values Survey«, Public Religion Research Institute, 25. Oktober 2016, https://www.prri.org/wp-content/uploads/2016/10/PRRI-2016-American-Values-Survey.pdf; Mariani, »How Nostalgia Made America Great Again«.

35 Pete Etchells, »Declinism: Is the World Actually Getting Worse?«, Guardian, 16. Januar 2015, https://www.theguardian.com/science/head-quarters/2015/jan/16/declinism-is-the-world-actually-getting-worse.

36 Martijn Lampert, Anne Blanksma Çeta und Panos Papadongonas, »Increasing Knowledge and Activating Millennials for Making Poverty History«, Glocalities global survey report, Juli 2018, https://xs.motivaction.nl/fileArchive/?f=116335&o=5880&key=4444.

37 Ipsos, »Perceptions Are Not Reality«, Ipsos Perils of Perception blog, 8. Juli 2013, https://www.ipsos.com/ipsos-mori/en-uk/perceptions-are-not-reality.

38 Jamiles Lartey et al., »Ahead of Midterms, Most Americans Say Crime Is Up. What Does the Data Say?«, Marshall Project, 5. November 2022, https://www.themarshallproject.org/2022/11/05/ahead-of-midterms-most-americans-say-crime-is-up-what-does-the-data-say; Dara Lind, »The US Is Safer Than Ever–and Americans Don't Have any Idea«, Vox, 7. April 2016, https://www.vox.com/2015/5/4/8546497/crime-rate-america.

39 Julia Belluz, »You May Think the World Is Falling Apart. Steven Pinker Is Here to Tell You It Isn't«, Vox, 10. September 2016, https://www.vox.com/2016/8/16/12486586/2016-worst-year-ever-violence-trump-terrorism.

40 Verständliche Erklärvideos zu den Forschungen von Kahneman und Tversky sowie die veröffentlichten Originalarbeiten finden sich unter: »Thinking, Fast and Slow by Daniel Kahneman: Animated Book Summary«, FightMediocrity, YouTube-Video, 5. Juni 2015, https://www.youtube.com/watch?v=uqXVAo7dVRU; »Thinking Fast and Slow by Daniel Kahneman #2–Heuristics and Biases: Animated Book Summary«, One Percent Better, YouTube-Video, 12. November 2016, https://www.youtube.com/watch?v=Q_wBt5aSRYY; »Kahneman and Tversky: How Heuristics Impact Our Judgment«, Intermittent Diversion, YouTube-Video, 7. Juni 2018, https://www.youtube.com/watch?v=3IjIVD-KYF4; Richard H. Thaler et al., »The Effect of Myopia and Loss Aversion on Risk Taking: An Experimental Test«, in: *Quarterly Journal of Economics* 112, Nr. 2 (Mai 1997), S. 647–661, https://www.jstor.org/stable/2951249; Daniel Kahneman und Amos Tversky, »The Psychology of Preferences«, in: *Scientific American* 246, Nr. 1 (Januar 1981), S. 160–173; Daniel Kahneman, Paul Slovic und Amos Tversky (Hg.), *Judgment Under Uncertainty: Heuristics and Biases*, Cambridge, UK 1982; Amos Tversky und Daniel Kahneman, »Judgment Under Uncertainty: Heuristics and Biases«, in: *Science* 185, Nr. 4157 (27. September 1974), S. 1124–1131, http://doi.org/10.1126/science.185.4157.1124; Daniel Kahneman und Amos Tversky, »On the Study of Statistical Intuitions«, in: *Cognition* 11, Nr. 2 (März 1982), S. 123–141; Daniel Kahneman und Amos Tversky, »Variants of Uncertainty«, in: *Cognition* 11, Nr. 2 (März 1982), S. 143–157.

41 Daniel Kahneman, *Schnelles Denken, langsames Denken*, München 2012, S. 17; Daniel Kahneman und Amos Tversky, »On the Psychology of Prediction«, in: *Psychological Review* 80, Nr. 4 (1973), S. 237–251, https://doi.org/10.1037/h0034747.

42 Tversky und Kahneman, »Judgment Under Uncertainty«, S. 1125–1126.

43 Ebd., S. 1127–1128.

44 Max Roser und Esteban Ortiz-Ospina, »Literacy«, Our World in Data, 20. September 2018, https://ourworldindata.org/literacy; Eltjo Buringh und Jan Luiten van Zanden, »Charting the ›Rise of the West‹: Manuscripts and Printed Books in Europe, a Long-Term Perspective from the Sixth Through Eighteenth Centu-

ries«, in: *Journal of Economic History* 69, Nr. 2 (Juni 2009), S. 409–445, https://doi.org/10.1017/S0022050709000837.

45 Franz H. Bäuml, »Varieties and Consequences of Medieval Literacy and Illiteracy«, in: *Speculum* 55, Nr. 2 (April 1980), S. 237–265, https://www.jstor.org/stable/2847287; Denise E. Murray, »Changing Technologies, Changing Literacy Communities?«, in: *Language Learning & Technology* 4, Nr. 2 (September 2000), S. 39–53, https://scholarspace.manoa.hawaii.edu/bitstream/10125/25099/1/04_02_murray.pdf.

46 Roser und Ortiz-Ospina, »Literacy«; Buringh und van Zanden, »Charting the ›Rise of the West‹«, S. 409–445.

47 Roser und Ortiz-Ospina, »Literacy«; Sevket Pamuk und Jan Luiten van Zanden, »Standards of Living«, in: *The Cambridge Economic History of Modern Europe: Volume 1: 1700–1870*, hrsg. von Stephen Broadberry und Kevin H. O'Rourke, New York 2010, S. 229.

48 Christelle Garrouste, »100 Years of Educational Reforms in Europe: A Contextual Database«, JRC Scientific and Technical Reports, Europäische Union, 2010, https://publications.jrc.ec.europa.eu/repository/bitstream/JRC57357/reqno_jrc57357.pdf.

49 Roser und Ortiz-Ospina, »Literacy«; Jan Luiten van Zanden et al. (Hg), *How Was Life? Global Well-Being Since 1820*, Paris 2014, https://doi.org/10.1787/9789264214262-en.

50 Van Zanden et al., *How Was Life?*; United Nations Educational, *Scientific and Cultural Organization, Literacy, 1969–1971: Progress Achieved in Literacy Througthout the World*, Paris 1972, https://unesdoc.unesco.org/in/rest/annotationSVC/DownloadWatermarkedAttachment/attach_import_c0206949-c3f1-4eac-a189-9c5bcfdac220.

51 Roser und Ortiz-Ospina, »Literacy«; Roy Carr-Hill und José Pessoa, »International Literacy Statistics: A Review of Concepts, Methodology and Current Data«, UNESCO Institute for Statistics, Montreal 2008, http://uis.unesco.org/sites/default/files/documents/international-literacy-statistics-a-review-of-concepts-methodology-and-current-data-en_0.pdf; van Zanden et al., *How Was Life?*; United Nations Educational, Scientific and Cultural Organization, »Literacy, 1969–1971«; Friedrich Huebler und Weixin Lu, »Adult and Youth Literacy: National, Regional and Global Trends, 1985–2015«, UIS Information Paper, UNESCO Institute for Statistics, Montreal2013, http://uis.unesco.org/sites/default/files/documents/adult-and-youth-literacy-national-regional-and-global-trends-1985-2015-en_0.pdf.

52 UNESCO Institute for Statistics, »Literacy Rate, Adult Total«; Central Intelligence Agency, »Field Listing–Literacy«, CIA World Factbook, Zugriff am 11. Oktober 2021, https://www.cia.gov/the-world-factbook/field/literacy.

53 »National Assessment of Adult Literacy, A First Look at the Literacy of America's Adults in the 21st Century«, National Center for Education Statistics, Washington, D.C. 2005, S. 5, https://nces.ed.gov/NAAL/PDF/2006470.PDF.

54 Madeline Goodman et al., Literacy, Numeracy, and Problem Solving in Technology-Rich Environments Among U.S. Adults: Results from the Program for the International Assessment of Adult Competencies 2012: First Look, NCES

2014-008, US Department of Education, Washington, D.C. 2013, S. 14, https://nces.ed.gov/pubs2014/2014008.pdf.

55 Roser und Ortiz-Ospina, »Literacy«; Bas van Leeuwen und Jieli van Leeuwen-Li, »Education Since 1820«, in: *How Was Life?: Global Well-Being Since 1820*, hrsg. von Jan Luiten van Zanden et al., Paris 2014, http://dx.doi.org/10.1787/9789264214262-9-en; UNESCO Institute for Statistics, »Literacy Rate, Adult Total«; Tom Snyder (Hg), *120 Years of American Education: A Statistical Portrait*, Washington, D.C. 1993, Auszüge unter http://nces.ed.gov/naal/lit_history.asp.

56 Roser und Ortiz-Ospina, »Literacy«; van Leeuwen und van Leeuwen-Li, »Education Since 1820«; UNESCO Institute for Statistics, »Literacy Rate, Adult Total«; Snyder (Hg.), *120 Years of American Education*; Buringh und van Zanden, »Charting the ›Rise of the West‹«, S. 409–445; Pamuk und van Zanden, »Standards of Living«, S. 229; »Illiteracy, 1870–2010, All Countries«, Montevideo-Oxford Latin American Economic History Data Base, Zugriff am 31. Oktober 2021, http://moxlad.cienciassociales.edu.uy/en; UNESCO Institute for Statistics, »Literacy Rate, Adult Total (% of People Ages 15 and Above) –Argentina, Brazil«, abgerufen von Worldbank.org, September 2021, https://data.worldbank.org/indicator/SE.ADT.LITR.ZS?locations=AR-BR.

57 Hannah Ritchie et al., »Global Education«, Our World in Data, 2016, Zugriff am 29. Oktober 2021, https://ourworldindata.org/global-education; Jong-Wha Lee und Hanol Lee, »Human Capital in the Long Run«, in: *Journal of Development Economics* 122 (September 2016), S. 147–69, https://doi.org/10.1016/j.jdeveco.2016.05.006, Daten verfügbar unter: http://www.barrolee.com/Lee_Lee_LRdata_dn.htm.

58 Richie et al., »Global Education«; Lee und Lee, »Human Capital in the Long Run«; Vito Tanzi und Ludger Schuknecht, *Public Spending in the 20th Century: A Global Perspective*, Cambridge, UK 2000, https://www.google.com/books/edition/Public_Spending_in_the_20th_Century/kHl6xCgd3aAC?gbpv=1.

59 Richie et al., »Global Education«; Lee und Lee, »Human Capital in the Long Run«, Robert J. Barro und Jong Wha Lee, »A New Data Set of Educational Attainment in the World, 1950–2010«, in: *Journal of Development Economics* 104 (September 2013), S. 184–198, https://doi.org/10.1016/j.jdeveco.2012.10.001, Daten verfügbar unter://www.barrolee.com/data/yrsch2.htm.

60 »Human Development Index and Its Components«, United Nations Development Programme, Zugriff am 19. März 2023, als Download verfügbar unter: https://hdr.undp.org/sites/default/files/2021-22_HDR/HDR21-22_Statistical_Annex_HDI_Table.xlsx.

61 »Human Development Index and Its Components«, United Nations Development Programme.

62 National Center for Education Statistics, »Expenditures of Educational Institutions Related to the Gross Domestic Product, by Level of Institution: Selected Years, 1929–30 Through 2020–21«, in: Digest of Education Statistics: 2021, US-Bildungsministerium, März 2023, https://nces.ed.gov/programs/digest/d21/tables/dt21_106.10.asp; »Consumer Price Index, 1913–«, Federal Reserve Bank of Minneapolis, Zugriff am 28. April 2023, https://www.minneapolisfed.org/about-us/monetary-policy/inflation-calculator/consumer-price-index-1913-; US

Bureau of Labor Statistics, »Consumer Price Index for All Urban Consumers: All Items in U. S. City Average (CPIAUCSL)«, abgerufen von der FRED, Federal Reserve Bank of St. Louis, aktualisiert am 12. April 2023, https://fred.stlouisfed.org/series/CPIAUCSL.

63 National Center for Education Statistics, »Expenditures of Educational Institutions Related to the Gross Domestic Product«; »Consumer Price Index, 1913–«, Federal Reserve Bank of Minneapolis; US Bureau of Economic Analysis, »Population (B230RC0A052N- BEA)«, abgerufen von der FRED, Federal Reserve Bank of St. Louis, aktualisiert am 26. Januar 2023, https://fred.stlouisfed.org/series/B230RC0A052NBEA; US Bureau of Labor Statistics, »Consumer Price Index for All Urban Consumers«.

64 Das United Nations Development Programme veröffentlicht die umfassendsten und aussagekräftigsten Daten, die jedoch nur bis 1990 zurückreichen. Der Datensatz für die Jahre 1870–2017 von Our World in Data stützt sich auf ältere Quellen mit weniger konsistenter Methodik. Um die relativen Veränderungen zu erhalten und gleichzeitig die Vergleichbarkeit über den fraglichen Zeitraum zu maximieren, werden die UNDP-Daten für 1990–2021 verwendet und die früheren OWD-Daten derart neu skaliert, dass sie mit den UN-Daten von 1990 konsistent sind. Siehe »Human Development Insights«, United Nations Development Programme Human Development Reports, Zugriff am 22. März 2023, https://hdr.undp.org/data-center/country-insights#/ranks; Roser und Ortiz-Ospina, »Global Education«; Lee and Lee, »Human Capital in the Long Run«; Barro und Lee, »New Data Set of Educational Attainment in the World, 1950–2010«.

65 Für weitere Informationen über die Bedeutung von durch Wasser übertragenen Krankheiten für die öffentliche Gesundheit im Laufe der Geschichte siehe »What Exactly Is Typhoid Fever?«, Seeker, YouTube-Video, 20. August 2019, https://www.youtube.com/watch?v=N1lKW2CYU68; »The Pandemic the World Has Forgotten«, Seeker, YouTube-Video, 8. September 2020, https://www.youtube.com/watch?v=hj95IZMlZWw; »The Story of Cholera«, Global Health Media Project, YouTube-Video, 10. Dezember 2011, https://www.youtube.com/watch?v=jG1VNSCsP5Q; Theodore H. Tulchinsky und Elena A. Varavikova, »A History of Public Health«, in: *The New Public Health*, 10. Oktober 2014, S. 1–42, https://doi.org/10.1016/B978-0-12-415766-8.00001-X.

66 Suzanne Spellen, »From Pakistan to Brooklyn: A Quick History of the Bathroom«, Brownstoner, 28. November 2016, https://www.brownstoner.com/architecture/victorian-bathroom-history-plumbing-brooklyn-architecture-interiors; Anthony Mitchell Sammarco, *The Great Boston Fire of 1872*, Charleston, SC 1997, S. 30, https://books.google.com/books?id=v3lzw5d2K8wC; Price V. Fishback, *Soft Coal, Hard Choices: The Economic Welfare of Bituminous Coal Miners, 1890–1930*, New York 1992, S. 170, https://www.google.com/books/edition/Soft_Coal_Hard_Choices/EjnnCwAAQBAJ; Stanley Lebergott, *Wealth and Want*, Princeton, NJ 1975, S. 7, https://www.google.com/books/edition/Wealth_and_Want/Lrx9BgAAQBAJ; »Historical Census of Housing Tables: Sewage Disposal«, US Census Bureau, 1990, eingesehen am 8. Oktober 2021, https://www.census.gov/data/tables/time-series/dec/coh-sewage.html; Gary

M. Walton und Hugh Rockoff, *History of the American Economy*, 13. Ausgabe, Boston 2017, S. 377.

67 Walton und Rockoff, *History of the American Economy*, S. 377; US Census Bureau, »Historical Census of Housing Tables: Sewage Disposal«.

68 Siehe beispielsweise: Susan Carpenter, »After Two Years of Eco-Living, What Works and What Doesn't«, Los Angeles Times, 11. März 2014, https://www.latimes.com/home/la-hm-realist-main-20101016-story.html.

69 Jane Otai, »Happy #WorldToiletDay! Here's What It's Like To Live Without One«, NPR, 19. November 2015, https://www.npr.org/sections/goatsandsoda/2015/11/19/456495448/happy-worldtoiletday-here-s-what-it-s-like-to-live-without-one.

70 WHO/UNICEF Joint Monitoring Programme (JMP) for Water Supply, Sanitation and Hygiene, »People Using Safely Managed Sanitation Services (% of Population)«, abgerufen von worldbank.org am 12. Oktober 2021, https://data.worldbank.org/indicator/SH.STA.SMSS.ZS.

71 Stanley Lebergott, *Pursuing Happiness: American Consumers in the Twentieth Century*, Princeton, NJ 1993, S 102, https://www.google.com/books/edition/Pursuing_Happiness/bDoABAAAQBAJ; US Census Bureau, »Historical Census of Housing Tables: Sewage Disposal«; Marc Jeuland et al., »Water and Sanitation: Economic Losses from Poor Water and Sanitation – Past, Present, and Future«, in: *How Much Have Global Problems Cost the World?*, hrsg. von Bjørn Lomborg, Cambridge, UK 2013, S. 333; David A. Raglin, »Plumbing and Kitchen Facilities in Housing Units«, 2015 American Community Survey Research and Evaluation Report Memorandum Series No. ACS15-RER-06, US Census Bureau, 29. Mai 2015, S. 3, https://www.census.gov/content/dam/Census/library/working-papers/2015/acs/2015_Raglin_01.pdf; Katie Meehan et al., *Plumbing Poverty in U. S. Cities: A Report on Gaps and Trends in Household Water Access, 2000 to 2017*, King's College London, 27. September 2021, S. 4, https://kclpure.kcl.ac.uk/portal/files/159767495/Plumbing_Poverty_in_US_Cities.pdf; US Census Bureau, »Total Households (TTLHH)«, abgeruen von der FRED, Federal Reserve Bank of St. Louis, aktualisiert am 21. November 2022, https://fred.stlouisfed.org/series/TTLHH; WHO/UNICEF Joint Monitoring Programme (JMP) for Water Supply, Sanitation, and Hygiene, »People Using at Least Basic Sanitation Services (% of Population)«, abgerufen von worldbank.org am 28. April 2023, https://data.worldbank.org/indicator/SH.STA.BASS.ZS; WHO/UNICEF Joint Monitoring Programme (JMP) for Water Supply, Sanitation, and Hygiene, »Improved Sanitation Facilities (% of Population with Access)«, Worldbank.org, aktualisiert am 5. Januar 2018, Zugriff am 28. April 28, 2023, ursprünglich verfügbar unter: https://databank.worldbank.org/source/millennium-development-goals/Series/SH.STA.ACSN; Weltgesundheitsorganisation and United Nations Children's Fund, Progress on Sanitation and Drinking Water–2015 Update and MDG Assessment, Weltgesundheitsorganisation, 2015, S. 14, https://data.unicef.org/wp-content/uploads/2015/12/Progress-on-Sanitation-and-Drinking-Water_234.pdf; World Health Organization und United Nations Children's Fund, »Progress on Household Drinking Water«, S. 7, https://washdata.org/sites/default/files/2021-07/jmp-2021-wash-households.pdf.

72 Elizabeth Nix, »How Edison, Tesla and Westinghouse Battled to Electrify America«, History.com, 24. Oktober 2019, https://www.history.com/news/what-was-the-war-of-the-currents; Harold D. Wallace Jr., »Power from the People: Rural Electrification Brought More than Lights«, National Museum of American History, 12. Februar 2016, https://americanhistory.si.edu/blog/rural-electrification; Stanley Lebergott, *The American Economy: Income, Wealth and Want*, Princeton, NJ 1976, S. 334, https://www.google.com/books/edition/The_American_Economy/HYV9BgAAQBAJ.

73 Für weitere Details zur Elektrifizierung der ländlichen Gegenden Amerikas siehe »On the Line – Rural Electrification Administration Film«, Russell Library Audiovisual Collections, YouTube-Video, 4. Juni 2018, https://www.youtube.com/watch?v=DbAM-CwOxuo; General Electric, »More Power to the American Farmer–1946«, miSci: Museum of Innovation and Science, YouTube-Video, 13. Juni 2012, https://www.youtube.com/watch?v=aY5eFQTYkaw; US Department of Agriculture, Rural Electrification Administration, *Rural Lines, USA: The Story of the Rural Electrification Administration's First Twenty-five Years, 1935–1960*, US Department of Agriculture, Miscellaneous Publication Nr. 811 (1960), https://www.google.com/books/edition/Rural_Lines_USA/IBkuAAAAYAAJ; US Census Bureau, *Historical Statistics of the United States: Colonial Times to 1970*, Teil 1, Washington, D.C. 1975, S. 827, https://www.census.gov/history/pdf/histstats-colonial-1970.pdf.

74 US Census Bureau, *Historical Statistics of the United States: Colonial Times to 1970*, Teil 1.

75 Lily Odarno, »Closing Sub-Saharan Africa's Electricity Access Gap: Why Cities Must Be Part of the Solution«, World Resources Institute, 14. August 2019, https://www.wri.org/blog/2019/08/closing-sub-saharan-africa-electricity-access-gap-why-cities-must-be-part-solution; Giacomo Falchetta et al., »Satellite Observations Reveal Inequalities in the Progress and Effectiveness of Recent Electrification in Sub-Saharan Africa«, in: *One Earth* 2, Nr. 4 (24. April 2020), S. 364–379, https://doi.org/10.1016/j.oneear.2020.03.007.

76 IEA, IRENA, UNSD, World Bank und WHO, »Access to Electricity (% of Population)«, aus: Tracking SDG 7: The Energy Progress Report, Washington, D.C. 2023, https://data.worldbank.org/indicator/EG.ELC.ACCS.ZS.

77 Daron Acemoğlu und James A. Robinson, *Why Nations Fail: The Origins of Power, Prosperity, and Poverty*, New York 2012.

78 Lebergott, *The American Economy: Income, Wealth and Want*, S. 334; US Census Bureau, Historical Statistics of the United States: *Colonial Times to 1970*, Teil 1; IEA, IRENA, UNSD, World Bank und WHO, »Access to Electricity (% of Population)«; IEA, IRENA, UNSD, World Bank und WHO, »Access to Electricity (% of Population) –United States«, aus: Tracking SDG 7: The Energy Progress Report, Washington, D.C. 2023, https://data.worldbank.org/indicator/EG.ELC.ACCS.ZS?locations=US; World Bank, »Access to Electricity (% of Population)«, Sustainable Energy or All (SE4ALL)-Datenbank, SE4ALL Global Tracking Framework, abgerufen von worldbank.org am 28. April 2023, ursprünglich verfügbar unter: https://data.worldbank.org/indicator/EG.ELC.ACCS.ZS.

79 US Census Bureau, »Selected Communications Media: 1920 to 1998«, Statistical Abstract of the United States: 1999, Washington, D.C. 1999, S. 885, https://www.census.gov/history/pdf/radioownership1920-1998.pdf.

80 US Census Bureau, »Selected Communications Media: 1920 to 1998«.

81 »Kathleen Hall Jamieson on Talk Radio's History and Impact«, PBS.org, 13. Februar 2004, https://web.archive.org/web/20170301204706/https://www.pbs.org/now/politics/talkradiohistory.html; »›Radio‹ Listening Dominates Audio In-Cat«, Edison Research, 11. Januar 2019, https://www.edisonresearch.com/am-fm-radio-still-dominant-audio-in-car; Aniko Bodroghkozy (Hg.), *A Companion to the History of American Broadcasting*, Hoboken, NJ 2018.

82 Ezra Klein, »Something Is Breaking American Politics, but It's Not Social Media«, Vox, April 12, 2017, https://www.vox.com/policy-and-politics/2017/4/12/15259438/social-media-political-polarization; Jeffrey M. Berry und Sarah Sobieraj, »Understanding the Rise of Talk Radio«, in: *PS: Political Science and Politics* 44, Nr. 4 (Oktober 2011), S. 762–767, https://www.jstor.org/stable/41319965.

83 »Audio and Podcasting Fact Sheet«, Pew Research Center, 29. Juni 2021, https://www.pewresearch.org/journalism/fact-sheet/audio-and-podcasting.

84 Für eine genauere Betrachtung der Erfindung des Fernsehens und seiner frühesten Entwicklung siehe »The Invention of Television (1929)«, British Pathé, YouTube-Video, 13. April 2014, https://www.youtube.com/watch?v=nwJ2bMATIAM; »The Origins of Television«, Nirali Pathak, YouTube-Video, 2. Januar 2012, https://www.youtube.com/watch?v=uM7ZD5f9Pb8; »Evolution of Television 1920–2020«, Captain Gizmo, YouTube-Video, 18. Dezember 2018, https://www.youtube.com/watch?v=PveVwQhNnq8; Albert Abramson, *The History of Television, 1880–1941*, Jefferson, NC 1987.

85 Für weitere Informationen über den Stand des Fernsehens im Jahr 1939 und die Technologie, die aufgrund des Zweiten Weltkriegs auf Eis gelegt wurde, siehe »What Television Was Like in 1939«, Smithsonian Channel, YouTube-Video, 30. Dezember 2013, https://www.youtube.com/watch?v=wj_Mcplf-Ks; BBC, »Close Down of Television Service for the Duration of the War«, History of the BBC, Zugriff am 28. April 2023, https://www.bbc.com/historyofthebbc/anniversaries/september/closedown-of-television; »Television Facts and Statistics–1939 to 2000«, TVhistory.tv, Zugriff am 31. März 2022, https://web.archive.org/web/20220331223237/http://www.tvhistory.tv/facts-stats.htm.

86 Cobbett S. Steinberg, *TV Facts*, New York 1980, S. 142, verfügbar in Teilen in: »Television Facts and Statistics–1939 to 2000«, TVhistory.tv, Zugriff am 31. März 2022, https://web.archive.org/web/20220331223237/http://www.tvhistory.tv/facts-stats.htm.

87 Steinberg, TV Facts, S. 142.

88 Steinberg, *TV Facts*, S. 142; US Census Bureau, »Total Households (TTLHH)«; Jack W. Plunkett, *Plunkett's Entertainment & Media Industry Almanac 2006*, Houston, TX 2006, S. 35.

89 Zum Zeitpunkt der Erstellung dieses Berichts im Jahr 2023 bezogen sich die letzten offiziellen Schätzungen von Nielsen auf das erste Halbjahr 2021. Siehe Plunkett, *Plunkett's Entertainment & Media Industry Almanac 2006, 35*; »Nielsen Estimates 121 Million TV Homes in the U.S. for the 2020–2021 TV Season«,

Nielsen Company, 18. August 2020, https://www.nielsen.com/us/en/insights/article/2020/nielsen-estimates-121-million-tv-homes-in-the-u-s-for-the-2020-2021-tv-season.

90 Rick Porter, »TV Long View: Five Years of Network Ratings Declines in Context«, *Hollywood Reporter*, 19. September 2019, https://www.hollywoodreporter.com/live-feed/five-years-network-ratings-declines-explained-1241524; Sapna Maheshwari und John Koblin, »Why Traditional TV Is in Trouble«, *New York Times*, 13. Mai 2018, https://www.nytimes.com/2018/05/13/business/media/television-advertising.html.

91 Lance Venta, »Infinite Dial: Mean Number of Radios In Home Drops in Half Since 2008«, Radio Insight, März 20, 2020, https://radioinsight.com/headlines/184900/infinite-dial-mean-number-of-radios-in-home-drops-in-half-since-2008; »Mobile Fact Sheet«, Pew Research Center, 7. April 2021, https://www.pewresearch.org/internet/fact-sheet/mobile; US Census Bureau, »Selected Communications Media: 1920 to 1998«, S. 885; Douglas B. Craig, *Fireside Politics: Radio and Political Culture in the United States, 1920–1940*, Baltimore 2000; Taschenbuchausgabe 2006, S. 12, https://www.google.com/books/edition/Fireside_Politics/haWh203m7aIC; US Census Bureau, »Utilization of Selected Media: 1980 to 2005«, Statistical Abstract of the United States: 2008, Washington, D.C. 2007, S. 704, https://www.census.gov/prod/2007pubs/08abstract/infocomm.pdf; US Census Bureau, »Utilization and Number of Selected Media: 2000 to 2009«, Statistical Abstract of the United States: 2012, Washington, DC: 2011, S. 712, https://www.google.com/books/edition/Statistical_Abstract_of_the_United_State/pW9NAQAAMAAJ.

92 Für weitere Informationen über die transformative Wirkung des Altair 8800 siehe Jason Fitzpatrick, »The Computer That Changed Everything (Altair 8800)«, Computerphile, YouTube-Video, 15. Mai 2015, https://www.youtube.com/watch?v=cwEmnfy2BhI; »The PC That Started Microsoft & Apple! (Altair 8800)«, ColdFusion, YouTube-Video, 18. März 2016, https://www.youtube.com/watch?v=X5lpOskKF9I.

93 Für eine ausführlichere Geschichte der Personal-Computer-Revolution und ihrer Bedeutung siehe Carrie Anne Philbin, »The Personal Computer Revolution: Crash Course Computer Science #25«, CrashCourse, YouTube-Video, 23. August 2017, https://www.youtube.com/watch?v=M5BZou6C01w; »History of Apple I and Steve Jobs' Personal Computer«, Tech-Crunch, YouTube-Video, 17. April 2017, https://www.youtube.com/watch?v=LTJPdHei bOQ; »History of Microsoft-1975«, jonpaulmoen, YouTube-Video, 18. Dezember 2010, https://www.youtube.com/watch?v=BLaMbaVT22E; Leo Rowe, »History of Personal Computers Part 1«, aus: Triumph of the Nerds, PBS, 1996, Chasing 80, YouTube-Video, 17. Dezember 2013, https://www.youtube.com/watch?v=AIBr-kPgYuU; *Gerard O'Regan, A Brief History of Computing*, 2. Ausgabe, London 2008.

94 »1984 Apple's Macintosh Commercial«, Mac History, YouTube-Video, 1. Februar 2012, https://www.youtube.com/watch?v=VtvjbmoDx-I; »Computer and Internet Use in the United States: 1984 to 2009«, US Census Bureau, Februar 2010, https://www.census.gov/data/tables/time-series/demo/computer-internet/computer-use-1984-2009.html.

95 US Census Bureau, *Historical Statistics of the United States, Colonial Times to 1957*, Washington, D.C. 1960, S. 491, https://www.google.co.uk/books/edition/Historical_Statistics_of_the_United_Stat/hyI1AAAAIAAJ; US Census Bureau, »Total Households (TTLHH)«; Steinberg, *TV Facts*, S. 142; Plunkett, *Plunkett's Entertainment & Media Industry Almanac 2006*, S. 35; »Nielsen: 109.6 Million TV Households in the U.S.«, HispanicAd.com, 30. Juli 2004, http://hispanicad.com/blog/news-article/had/research/nielsen-1096-million-tv-households-us; »Late News«, AdAge, 29. August 2005, https://adage.com/article/late-news/late-news/104427; TVTechnology, »Nielsen Reports Slight Increase in TV Households«, TV Tech, 28. August 2006, https://www.tvtechnology.com/news/nielsen-reports-slight-increase-in-tv-households; Variety Staff, »TV Nation: 112.8 Million Strong«, Variety, 23. August 2007, https://variety.com/2007/tv/opinion/tv-nation-1128-22127/?jwsource=cl; »Nielsen Reports Growth of 4.4 % in Asian and 4.3 % in Hispanic U. S. Households for 2008-2009 Television Season«, Nielsen Company, 28. August 2008, https://www.nielsen.com/wp-content/uploads/sites/3/2019/04/press_release34.pdf; »114.9 Million U.S. Television Homes Estimated for 2009–2010 Season«, Nielsen Company, 29. August 2009, https://www.nielsen.com/us/en/insights/article/2009/1149-million-us-televi sion-homes-estimated-for-2009-2010-season; »Number of U. S. TV Households Climbs by One Million for 2010–11 TV Season«, Nielsen Company, 27. August 2010, https://www.nielsen.com/us/en/insights/article/2010/number-of-u-s-tv-households-climbs-by-one-million-for-2010-11-tv-season; Cynthia Littleton, »Nielsen Tackles Web Viewing«, Variety, 25. Februar 2013, https://variety.com/2013/digital/news/nielsen-tackles-web-viewing -1118066529; »Nielsen Estimates 115.6 Million TV Homes in the U.S., Up 1.2 %«, Nielsen Company, 7. Ma 2013, https://www.nielsen.com/us/en/insights/article/2013/nielsen-estimates-115-6-million-tv-homes-in-the-u-s-up-1-2; »Nielsen Estimates More Than 116 Million TV Homes in the U. S.«, Nielsen Company, 29. August 2014, https://www.nielsen.com/us/en/insights/article/2014/nielsenD-estimates-more-than-116-million-tv-homes in the-us; »Nielsen Estimates 116.4 Million TV Homes in the U.S. for the 2015–16 TV Season«, Nielsen Company, 28. August 2015, https://www.nielsen.com/us/en/insights/article/2015/nielsen-estimates-116-4-million-tv-homes-in-the-us-for-the-2015-16 -tv-season; »Nielsen Estimates 118.4 Million TV Homes in the U.S. for the 2016–17 TV Season«, Nielsen Company, 26. August 2016, https://www.nielsen.com/us/en/insights/article/2016/nielsen-estimates-118-4-million-tv-homes-in-the-us-for-the-2016-17-season; »Nielsen Estimates 119.6 Million TV Homes in the U. S. for the 2017–18 TV Season«, Nielsen Company, 25. August 2017, https://www.nielsen.com/us/en/insights/article/2017/nielsen-estimates-119-6-million-us-tv-homes-2017-2018-tv-season; »Nielsen Estimates 119.9 Million TV Homes in the U. S. for the 2018–2019 TV Season«, Nielsen Company, 7. September 2018, https://www.nielsen.com/us/en/insights/article/2018/nielsen-estimates-119-9-millionDDDDDDDDDDtv-homes-in-the-us-for-the-2018-19-season; »Nielsen Estimates 120.6 Million TV Homes in the U.S. for the 2019–2020 TV Season«, Nielsen Company, 27. August 2019, https://www.nielsen.com/us/en/insights/article/2019/nielsen-estimates-120-

6-million-tv-homes-in-the-u-s-for-the-2019-202-tv-season; »Nielsen Estimates 121 Million TV Homes in the U.S. for the 2020–2021 TV Season«.

96 »Internet Host Count History«, Internet Systems Consortium, Zugriff am 18. Mai 2012, https://web.archive.org/web/20120518101749/http://www.isc.org/solutions/survey/history; 3way Labs, »Internet Domain Survey, January, 2019«, Internet Systems Consortium, abgerufen am 28. April 2023, http://ftp.isc.org/www/survey/reports/current..

97 »Internet Host Count History«, Internet Systems Consortium; 3way Labs, »Internet Domain Survey, January, 2019«.

98 Arielle Sumits, »The History and Future of Internet Traffic«, Cisco, 28. August 2015, https://blogs.cisco.com/sp/the-history-and-future-of-internet-traffic.

99 »QuickFacts United States«, US Census Bureau, Zugriff am 28. April 2023, https://www.census.gov/quickfacts/fact/table/US/HCN010217; Michael Martin, »Computer and Internet Use in the United States: 2018«, American Community Survey Reports ACS-49, US Census Bureau, April 2021, https://www.census.gov/newsroom/press-releases/2021/computer-internet-use.html.

100 Die Schätzung basiert hauptsächlich auf Daten der Internationalen Fernmeldeunion. Die ITU erhebt zwar nicht direkt Daten über den Prozentsatz der Haushalte mit einem Computer, Smartphone oder Tablet (was die optimale Art der Messung wäre), aber ihre Schätzungen des Prozentsatzes der Haushalte mit Internetzugang zu Hause sind der beste verfügbare Ersatz. Wir wissen, dass alle diese Haushalte über irgendeine Art von funktionsfähigem Computer verfügen, doch wird in dieser Messgröße eine kleine zusätzliche Anzahl von Haushalten mit einem Computer, aber ohne Internetzugang auf irgendeinem Gerät ausgelassen, weshalb ich hier diese konservative Zahl verwende. Siehe »Statistics – Individuals Using the Internet«, Internationale Fernmeldeuntion, 31. Januar 2023, https://www.itu.int/en/ITU-D/Sta tistics/Pages/stat/default.aspx; »Key ICT Indicators for Developed and Developing Countries«, ITU World Telecommunication/ICT Indicators Database.

101 Die Daten umfassen sowohl PCs als auch andere computerisierte Geräte wie Tablets und Smartphones. Siehe »Computer and Internet Access in the United States: 2012–Table 4: Households with a Computer and Internet Use: 1984 to 2012«, US Census Bureau, 3. Februar 2014, https://www2.census.gov/programs-surveys/demo/tables/computer-internet/2012/computer-use-2012/table4.xls; Thom File und Camille Ryan, »Computer and Internet Use in the United States: 2013«, American Community Survey Reports ACS-28, US Census Bureau, November 2014, S. 3, https://www.census.gov/content/dam/Census/library/publications/2017/acs/acs-37.pdf; Camille Ryan und Jamie M. Lewis, »Computer and Internet Use in the United States: 2015«, American Community Survey Reports ACS-37, US Census Bureau, September 2017, S. 4, https://www.census.gov/content/dam/Census/library/publications/2017/acs/acs-37.pdf; Martin, »Computer and Internet Use in the United States: 2018«; Internationale Fernmeldeunion, »Key ICT Indicators for Developed and Developing Countries, the World and Special Regions (Totals and Penetration Rates)«, aus der ITU World Telecommunication/ICT Indicators-Datenbank, Internationale Fernmeldeunion, November 2020, https://www.itu.int/en/ITU-D/Statistics/Documents/

facts/ITU_regional_global_Key_ICT_indicator_aggregates_Nov_2020.xlsx; »Statistics–Individuals Using the Internet«, Internationale Fernmeldeunion; Internationale Fernmeldeunion, »Key ICT Indicators for the World and Special Regions (Totals and Penetration Rates)«, ITU World Telecommunication/ICT Indicators database, November 2022, aktualisiert am 15. Februar 2023, https://www.itu.int/en/ITU-D/Statistics/Documents/facts/ITU_regional_global_Key_ICT_indicator_aggregates_Nov_2022_revised_15Feb2023.xlsx

102 »Drug Discovery and Development Process«, Novartis, YouTube-Video, 14. Januar 2011, https://www.youtube.com/watch?v=3GlogAcW8rw; Robert Gaynes, »The Discovery of Penicillin–New Insights After More than 75 Years of Clinical Use«, in: *Emerging Infectious Diseases* 23, Nr. 5 (Mai 2017), S. 849–853, http://dx.doi.org/10.3201/eid2305.161556; Sabrina Barr, »Penicillin Allergy: How Common Is It and What Are the Symptoms«, *Independent*, 23. Oktober 2018, https://www.independent.co.uk/life-style/health-and-families/penicillin-allergy-how-common-symptoms-antibiotic-drug-bacteria-a8597246.html.

103 Dan Usher, *Political Economy*, Malden, MA 2003, S. 5, https://books.google.com/books?id=-2210y5aPZgC; Max Roser, Hannah Ritchie und Bernadeta Dadonaite, »Child and Infant Mortality«, Our World in Data, November 2019, https://ourworldindata.org/child-mortality; Anthony A. Volk und Jeremy A. Atkinson, »Infant and Child Death in the Human Environment of Evolutionary Adaptation«, in: *Evolution and Human Behavior* 34, Nr. 3 (Mai 2013), S. 182–192, https://doi.org/10.1016/j.evolhumbehav.2012.11.007Get.

104 Mattias Lindgren, »Life Expectancy at Birth«, Gapminder, Zugriff am 28. April 2023, https://www.gapminder.org/data/documentation/gd004.

105 Toshiko Kaneda, Charlotte Greenbaum und Carl Haub, 2021 World Population Data Sheet, Population Reference Bureau, August 2021, https://www.prb.org/wp-content/uploads/2021/08/letter-booklet-2021-world-population.pdf; Lindgren, »Life Expectancy at Birth«.

106 Terry Grossman und ich beschreiben die erste, zweite und dritte Brücke zur Lebensverlängerung ausführlicher in unserem Buch *Transcend* von 2009. Da es sich dabei um ein Buch über Gesundheit und Wellness handelte, beschreibe ich die vierte Brücke – die Erweiterung unseres Bewusstseins in digitale Medien, wo es gespeichert und erweitert werden kann – in diesem Buch ausführlicher. Siehe Ray Kurzweil und Terry Grossman, *Transcend: Nine Steps to Living Well Forever*, Emmaus, PA 2009.

107 Lindgren, »Life Expectancy at Birth.«

108 »Products«, Sequencing.com, Zugriff am 25. März 2023, https://web.archive.org/web/2023 0315065708/https://sequencing.com/products/purchase-kit; Elizabeth Pennisi, »A $100 Genome? New DNA Sequencers Could Be a ›Game Changer‹ for Biology, Medicine«, in: *Science*, 15. Juni 2022, https://www.science.org/content/article/100-genome-new-dna-sequencers-could-be-game-changer-biology-medicine; Kris A. Wetterstrand, »The Cost of Sequencing a Human Genome«, National Human Genome Research Institute, Zugriff am 28. April 2023, https://www.genome.gov/about-genomics/fact-sheets/Sequencing-Human-Genome-cost; Kris A. Wetterstrand, »DNA Sequencing Costs: Data«, National Human Genome Research Institute, 1. November 2021, https://www.genome.

gov/about-genomics/fact-sheets/DNA-Sequencing-Costs-Data; Andrew Carroll und Pi-Chuan Chang, »Improving the Accuracy of Genomic Analysis with DeepVariant 1.0«, Google AI Blog, Google Research, 18. September 2020, https://ai.googleblog.com/2020/09/improving-accuracy-of-genomic-analysis.html.

109 Für weitere Einzelheiten zu aktuellen klinischen Anwendungen der künstlichen Intelligenz siehe Bernard Marr, »How Is AI Used in Healthcare–5 Powerful Real-World Examples that Show the Latest Advances«, Forbes, 27. Juli 2018, https://www.forbes.com/sites/bernardmarr/2018/07/27/how-is-ai-used-in-healthcare-5-powerful-real-world-examples-that-show-the-latest-advances/#55fa6ef05dfb; Giovanni Briganti und Olivier Le Moine, »Artificial Intelligence in Medicine: Today and Tomorrow«, in: *Frontiers in Medicine* 7, Artikel 27 (5. Februar 2020), https://doi.org/10.3389/fmed.2020.00027.

110 Die Faktoren, die die menschliche Lebenserwartung derzeit auf höchstens 120 Jahre begrenzen, werden in Kapitel 6 ausführlicher behandelt. Wie ich in diesem Kapitel erkläre, hat die Forschung in den letzten Jahrzehnten die spezifischen biochemischen Prozesse identifiziert, die das Altern verursachen, und seit 2023 wird aktiv daran gearbeitet, diese Prozesse anzuhalten. Damit wird das Altern nicht sofort vollständig abgeschafft, und es wird keine radikale Lebensverlängerung ermöglicht – der Wendepunkt wird erst dann erreicht sein, wenn die Medizin unsere Lebenserwartung jedes Jahr um mindestens ein Jahr erhöht, sodass die Menschen sozusagen dem Ablauf der Zeit enteilen und eine »Fluchtgeschwindigkeit der Langlebigkeit« erreichen.

111 Aufgrund der Störungen durch die COVID-19-Pandemie ist 2020 das letzte Jahr, für das zum Zeitpunkt der Erstellung dieses Berichts im Jahr 2023 gute Prognosen für die Lebenserwartung im Vereinigten Königreich vorliegen. Siehe »English Life Tables«, Office for National Statistics (Vereinigtes Königreich), 1. September 2015, https://www.ons.gov.uk/file?uri=%2fpeoplepopulationandcommunity%2fbirthsdeathsandmarriages%2flifeexpectancies%2fdatasets%2f2englishlifetables%2fcurrent/eolselt1to17_tcm77-414359.xls; »National Life Tables, United Kingdom, Period Expectation of Life, Based on Data for the Years 2018–2020«, Office for National Statistics (Vereinigtes Königreich), 23. September 2021, https://www.ons.gov.uk/file?uri=%2Fpeoplepopulationandcommunity%2Fbirthsdeathsandmarriages%2Flifeexpectancies%2Fdatasets%2Fnationallifetablesunitedkingdomreferencetables%2Fcurrent/nationallifetables3yruk.xlsx.

112 Aufgrund der Störungen durch die COVID-19-Pandemie ist 2020 das letzte Jahr, für das zum Zeitpunkt der Erstellung dieses Berichts im Jahr 2023 gute Prognosen für die Lebenserwartung in den Vereinigten Staaten vorliegen. Siehe United Nations Department of Economic and Social Affairs, Population Division, World Population Prospects 2019–Special Aggregates, Online Edition, 1. überarbeitete Ausgabe (United Nations, 2019), https://population.un.org/wpp/Download/Files/3_Indicators%20(Special%20Aggregates)/EXCEL_FILES/5_Geographical/Mortality/WPP2019_SA5_MORT_F16_1_LIFE_EXPECTANCY_BY_AGE_BOTH_SEXES.XLSX.

113 Max Roser und Esteban Ortiz-Ospina, »Global Extreme Poverty«, Our World in Data, 27. März 2017, https://ourworldindata.org/extreme-poverty; François Bourguignon und Christian Morrisson, »Inequality Among World Citizens:

1820–1992«, in: *American Economic Review* 92, Nr. 4 (September 2002), S. 727–44, https://doi.org/10.1257/00028280260344443; PovcalNet: An Online Analysis Tool for Global Poverty Monitoring, World Bank, 17. März 2020, http://iresearch.worldbank.org/PovcalNet/home.aspx.

114 Einige klare und überzeugende Zusammenfassungen und Visualisierungen des globalen Entwicklungs- und Industrialisierungsprozesses finden sich in: Council on Foreign Relations, »Global Development Explained | World101«, CFR Education, YouTube-Video, 18. Juni 2019, https://www.youtube.com/watch?v=P0003Gk9FPQ; »Hans Rosling's 200 Countries, 200 Years, 4 Minutes–the Joy of Stats–BBC Four«, BBC, YouTube-Video, 26. November 2010, https://www.youtube.com/watch?v=jbkSRLYSojo; »The History of International Development | Max Roser | EAGxOxford 2016«, Centre for Effective Altruism, YouTube-Video, 16. April 2017, https://www.youtube.com/watch?v=XbBn8OEqL4k; Max Roser, »The Short History of Global Living Conditions and Why It Matters That We Know It«, Our World in Data, Zugriff am 29. Oktober 2021, https://ourworldindata.org/a-history-of-global-living-conditions-in-5-charts; Bourguignon und Morrisson, »Inequality Among World Citizens: 1820–1992«.

115 Zu ausführlicheren Informationen über die rasante (und manchmal furchtbar schlecht gemanagte) Umgestaltung der Landwirtschaft in China und Indien siehe Yi Wen, »China's Rapid Rise: From Backward Agrarian Society to Industrial Powerhouse in Just 35 Years«, Federal Reserve Bank of St. Louis, 12. April 2016, https://www.stlouisfed.org/publications/regional-economist/april-2016/chinas-rapid-rise-from-backward-agrarian-society-to-industrial-powerhouse-in-just-35-years; Xiao-qiang Jiao, Nyamdavaa Mongol und Fu-suo Zhang, »The Transformation of Agriculture in China: Looking Back and Looking Forward«, in: Journal *of Integrative Agriculture* 17, Nr. 4 (April 2018), S. 755–64, https://doi.org/10.1016/S2095-3119(17)61774-X; Amarnath Tripathi und A. R. Prasad, »Agricultural Development in India Since Independence: A Study on Progress, Performance, and Determinants«, in: *Journal of Emerging Knowledge on Emerging Markets* 1, Nr. 1 (November 2009), S. 63–92, https://digitalcommons.kennesaw.edu/cgi/viewcontent.cgi?article=1007&context=jekem; M. S. Swaminathan, *50 Years of Green Revolution: An Anthology of Research Papers*, Singapore 2017; Francine R. Frankel, *India's Green Revolution: Economic Gains and Political Costs*, Princeton 1971.

116 World Bank Development Research Group, »Poverty Headcount Ratio at $2.15 a Day.«

117 World Bank, »Regional Aggregation Using 2011 PPP and $1.9/Day Poverty Line«, PovcalNet: Das von der World Bank Development Research Group entwickelte Online-Tool zur Messung von Armut, 1. September 2022, https://web.archive.org/web/20220901035616/http://iresearch.worldbank.org/PovcalNet/povDuplicateWB.aspx.

118 »Regional Aggregation Using 2011 PPP«, World Bank; Eric W. Sievers, *The Post-Soviet Decline of Central Asia: Sustainable Development and Comprehensive Capital*, London 2003.

119 David Hulme, »The Making of the Millennium Development Goals: Human Development Meets Results-Based Management in an Imperfect World«, BWPI

Working Paper Nr. 16, Brooks World Poverty Institute, Dezember 2007, https://sustainabledevelopment.un.org/content/documents/773bwpi-wp-1607.pdf.

120 Für weitere Informationen zu den Millenniums-Entwicklungszielen und ihren Auswirkungen siehe United Nations Department of Economic and Social Affairs, The Millennium Development Goals Report 2015, New York, April 2016, https://www.un.org/millenniumgoals/2015_MDG_Report/pdf/MDG%20 2015%20rev%20(July%201).pdf; Hannah Ritchie und Max Roser, »Now It Is Possible to Take Stock–Did the World Achieve the Millennium Development Goals?«, Our World in Data, 20. September 2018, https://ourworldindata.org/millennium-development-goals; Charles Kenny, »MDGs to SDGs: Have We Lost the Plot?«, Center for Global Development, 27. Mai 2015, https://www.cgdev.org/publication/mdgs-sdgs-have-we-lost-plot.

121 World Bank Development Research Group, »Poverty Headcount Ratio at $2.15 a Day (2017 PPP) (% of population) – United States«, World Bank, Zugriff am 28. April 2023, https://data.worldbank.org/indicator/SI.POV.DDAY?locations=US.

122 Emily A. Shrider et al., »Income and Poverty in the United States: 2020«, Current Population Reports P60–273, US Census Bureau, September 2021, S. 56, https://www.census.gov/content/dam/Census/library/publications/2021/demo/p60-273.pdf.

123 David R. Dickens Jr. und Christina Morales, »Income Distribution and Poverty in Nevada«, in: *The Social Health of Nevada: Leading Indicators and Quality of Life in the Silver State*, hrsg. von Dmitri N. Shalin, Las Vegas 2006, S. 1–24, https://digitalscholarship.unlv.edu/cgi/viewcontent.cgi?article=1019&context=social_health_nevada_reports; Shrider et al., »Income and Poverty in the United States: 2020«, S. 56.

124 Shrider et al., »Income and Poverty in the United States: 2020«, S. 14, 17.

125 Für einen genaueren Überblick über die Ermittlung und Aktualisierung der US-Armutsgrenze siehe Institute for Research on Poverty, »What Are Poverty Thresholds and Poverty Guidelines?«, University of Wisconsin–Madison, Zugriff am 28. April 2023, https://www.irp.wisc.edu/resources/what-are-poverty-thresholds-and-poverty-guidelines/#:~:text=9902; Institute for Research on Poverty, »How Is Poverty Measured?«, University of Wisconsin–Madison, Zugriff im April 2023, https://www.irp.wisc.edu/resources/how-is-poverty-measured.

126 John Creamer et al., US Census Bureau, »Poverty in the United States: 2021« Washington, D.C., September 2022, S. 25, https://www.census.gov/content/dam/Census/library/publications/2022/demo/p60-277.pdf.

127 Creamer et al., »Poverty in the United States: 2021«, S. 25, 36.

128 Ebd., S. 25.

129 »MIT OpenCourseWare at 20«, MIT OpenCourseWare, YouTube-Video, 21. April 2021, https://www.youtube.com/watch?v=oaAEamhJHUI.

130 Creamer et al., »Poverty in the United States: 2021«, S. 25; World Bank Development Research Group, »Poverty Headcount Ratio at $2.15 a Day–United States«.

131 Max Roser und Esteban Ortiz-Ospina, »Global Extreme Poverty–World Population Living in Extreme Poverty, World, 1820 to 2015«, Our World in Data, 27. März 2017, aktualisiert 2019, https://ourworldindata.org/grapher/world-

population-in-extreme-poverty-absolute; Bourguignon and Morrisson, »Inequality Among World Citizens: 1820–1992«; World Bank Development Research Group, »Poverty Headcount Ratio at $2.15 a Day«; World Bank, »Regional Aggregation Using 2011 PPP and $1.9/Day Poverty Line«; World Bank, Development Research Group, »Poverty Headcount Ratio at $2.15 a day (2017 PPP) (% of population) – United States«.

132 Office of the Assistant Secretary for Planning and Evaluation, »HHS Poverty Guidelines for 2023«, US Department of Health and Human Services, 19. Januar 2023, https://aspe.hhs.gov/poverty-guidelines.

133 US Bureau of Economic Analysis, »Personal Income per Capita (A792RC0A052NBEA)«, abgerufen von der FRED, Federal Reserve Bank of St. Louis, aktualisiert am 30. März 2023, https://fred.stlouisfed.org/series/A792RC0A052NBEA; »Consumer Price Index, 1913–«, Federal Reserve Bank of Minneapolis; US Bureau of Labor Statistics, »Consumer Price Index for All Urban Consumers«.

134 US Bureau of Economic Analysis, »Personal Income Per Capita (A792RC0A052NBEA)«; Peter H. Lindert und Jeffrey G. Williamson, »American Incomes 1774–1860«, Working Paper 18396, National Bureau of Economic Research, September 2012, S. 33, https://www.nber.org/system/files/working_papers/w18396/w18396.pdf; Alexander Klein, »New State-Level Estimates of Personal Income in the United States, 1880–1910«, in: *Research in Economic History*, Bd. 29, hrsg. von Christopher Hanes und Susan Wolcott, Bingley, UK 2013, S. 220, https://doi.org/10.1108/S0363-3268(2013)0000029008; »Consumer Price Index, 1800–«, Federal Reserve Bank of Minneapolis, Zugriff am 28. April 2023, https://www.minneapolisfed.org/about-us/monetary-policy/inflation-calculator/consumer-price-index-1800-.

135 Dickens und Morales, »Income Distribution and Poverty in Nevada«, S. 1; Creamer et al., »Poverty in the United States: 2021«, S. 25.

136 Bourguignon und Morrisson, »Inequality Among World Citizens: 1820–1992«; World Bank Development Research Group, »Poverty Headcount Ratio at $2.15 a Day«; World Bank Development Research Group, »Poverty Headcount Ratio at $2.15 a Day (2017 PPP) (% of population) – United States«.

137 Jutta Bolt und Jan Luiten van Zanden, Maddison Project Database, Version 2020, Groningen Growth and Development Centre, 2. November 2020, https://www.rug.nl/ggdc/historicaldevelopment/maddison/data/mpd2020.xlsx; Jutta Bolt und Jan Luiten van Zanden, »Maddison Style Estimates of the Evolution of the World Economy: A New 2020 Update«, Working Paper WP-15, Maddison Project, Oktober 2020, https://www.rug.nl/ggdc/historicaldevelopment/maddison/publications/wp15.pdf; US Bureau of Economic Analysis, »Real Gross Domestic Product per Capita (A939RX0Q048SBEA)«, abgerufen von der FRED, Federal Reserve Bank of St. Louis, 27. April 2023, https://fred.stlouisfed.org/series/A939RX0Q048SBEA; »Consumer Price Index, 1913–«, Federal Reserve Bank of Minneapolis; John J. McCusker, »Colonial Statistics«, in: *Historical Statistics of the United States: Earliest Times to the Present*, hrsg. von Susan G. Carter et al., Cambridge, UK 2006, V-671; Richard Sutch, »National Income and Product«, in: *Historical Statistics of the United States: Earliest Times to the Present*, hrsg. von Susan G. Carter et al., Cambridge, UK 2006, S. III–23–25; Leandro Prados

de la Escosura, »Lost Decades? Economic Performance in Post-Independence Latin America«, in: *Journal of Latin American Studies* 41, Nr. 2 (Mai 2009), S. 279–307, https://www.jstor.org/stable/27744128; Jutta Bolt et al., »Rebasing ›Maddison‹: New Income Comparisons and the Shape of Long-Run Economic Development«, Working Paper 10, Maddison Project, Groningen Growth and Development Centre, 2018, https://www.rug.nl/ggdc/html_publications/memorandum/gd174.pdf.

138 Bolt und van Zanden, Maddison Project Database; Bolt and van Zanden, »Maddison Style Estimates of the Evolution of the World Economy«; US Bureau of Economic Analysis, »Real Gross Domestic Product per Capita (A939RX0Q048SBEA)«; »Consumer Price Index, 1913–«, Federal Reserve Bank of Minneapolis; US Bureau of Labor Statistics, »Consumer Price Index for All Urban Consumers«; McCusker, »Colonial Statistics«, S. V-671; Sutch, »National Income and Product«; Prados de la Escosura, »Lost Decades?«; Bolt et al., »Rebasing ›Maddison.‹«

139 Bolt und van Zanden, Maddison Project Database; Bolt und van Zanden, »Maddison Style Estimates of the Evolution of the World Economy«; US Bureau of Economic Analysis, »Real Gross Domestic Product Per Capita (A939RX0Q048SBEA)«; »Consumer Price Index, 1913«, Federal Reserve Bank of Minneapolis; US Bureau of Labor Statistics, »Consumer Price Index for All Urban Consumers«; McCusker, »Colonial Statistics«, S. V-671; Sutch, »National Income and Product«; Prados de la Escosura, »Lost Decades?«; Bolt et al., »Rebasing ›Maddison‹«.

140 Max Roser, »Working Hours«, Our World in Data, 2013, https://ourworldindata.org/working-hours; Michael Huberman und Chris Minns, »The Times They Are Not Changin': Days and Hours of Work in Old and New Worlds, 1870–2000«, in: *Explorations in Economic History* 44, Nr. 4 (12. Juli 2007), S. 548, https://personal.lse.ac.uk/minns/Huberman_Minns_EEH_2007.pdf; University of Groningen und University of California, Davis, »Average Annual Hours Worked by Persons Engaged for United States (AVHWPEUSA065N- RUG)«, abgerufen von der FRED, Federal Reserve Bank of St. Louis, 12. Januar 2021, https://fred.stlouisfed.org/series/AVHWPEUSA065NRUG.

141 US Census Bureau, »Real Median Personal Income in the United States (MEPAINU- SA672N)«, abgerufen von der FRED, Federal Reserve Bank of St. Louis, aktualisiert am 13. September 2022, https://fred.stlouisfed.org/series/MEPAINUSA672N; »Consumer Price Index, 1913–«, Federal Reserve Bank of Minneapolis; US Bureau of Labor Statistics, »Consumer Price Index for All Urban Consumers«.

142 US Bureau of Economic Analysis, »Personal Income Per Capita (A792RC0A052NBEA)«; Lindert und Williamson, »American Incomes 1774–1860«; Klein, »New State-Level Estimates of Personal Income in the United States, 1880–1910«, S. 220; »Consumer Price Index, 1800–«, Federal Reserve Bank of Minneapolis; US Bureau of Labor Statistics, »Consumer Price Index for All Urban Consumers«.

143 US Bureau of Economic Analysis, »Personal Income Per Capita (A792RC0A052NBEA)«; Huberman and Minns, »The Times They Are Not Changin'«, 548;

University of Groningen und University of California, Davis, »Average Annual Hours Worked by Persons Engaged for United States; »Consumer Price Index, 1913-«, Federal Reserve Bank of Minneapolis.

144 Bolt und van Zanden, Maddison Project Database; US Bureau of Economic Analysis, »Population (B230RC0A052NBEA)«; US Bureau of Economic Analysis, »Personal Income (PI)«, abgerufen von der FRED, Federal Reserve Bank of St. Louis, aktualisiert am 24. Februar 2023, https://fred.stlouisfed.org/series/PI; US Bureau of Economic Analysis, »Hours Worked by Full-Time and Part-Time Employees (B4701C0A222NBEA)«, abgerufen von der FRED, Federal Reserve Bank of St. Louis, aktualisiert am 12. Oktober 2022, https://fred.stlouisfed.org/series/B4701C0A222NBEA; Stanley Lebergott, »Labor Force and Employment, 1800–1960«, in: *Output, Employment, and Productivity in the United States After 1800*, hrsg. von Dorothy S. Brady, Washington, D.C. 1966, S. 118, https://www.nber.org/chapters/c1567.pdf; US Census Bureau, Statistical Abstract of the United States: 1999, Washington, D.C. 1999, S. 879, https://www.census.gov/prod/99pubs/99statab/sec31.pdf; Stanley Lebergott, »Labor Force, Employment, and Unemployment, 1929–39 Estimating Methods«, in: *Monthly Labor Review* 67, Nr. 1, (Juli 1948), S. 51, https://www.bls.gov/opub/mlr/1948/article/pdf/labor-force-employment-and-unemployment-1929-39-estimating-methods.pdf; Huberman und Minns, »The Times They Are Not Changin'«, S. 548; US Bureau of Labor Statistics, »Employment Level (CE16OV)«, abgerufen von der FRED, Federal Reserve Bank of St. Louis, aktualisiert am 10. März 2023, https://fred.stlouisfed.org/series/CE16OV; »Consumer Price Index, 1800-«, Federal Reserve Bank of Minneapolis; US Bureau of Labor Statistics, »Consumer Price Index for All Urban Consumers«.

145 Huberman und Minns, »The Times They Are Not Changin'«, S. 548.

146 Für einige kurze Erläuterungen zur Rolle der amerikanischen Arbeiterbewegung bei der Verkürzung der Arbeitszeit sowie einigen detaillierten zeitgenössischen Quellen siehe »History of the 40-Hour Workweek«, CNBC Make It, YouTube-Video, 3. Mai 2017, https://www.youtube.com/watch?v=BcRlq-Hrtco; »The 40 Hour Work Week«, Prosocial Progress Foundation, YouTube-Video, 3. Dezember 2017, https://www.youtube.com/watch?v=7KtJNYZySjU; Shana Lebowitz und Marguerite Ward, »Most Americans Support Andrew Yang's Call for a 4-Day Workweek–But Before Any Policy Changes, We Should Understand Why the 5-Day, 40-Hour Workweek Was So Revolutionary«, Business Insider, 12. Juni 2020, https://www.businessinsider.com/history-of-the-40-hour-workweek-2015-10; George E. Barnett, »Growth of Labor Organization in the United States, 1897–1914«, in: *Quarterly Journal of Economics* 30, Nr. 4 (August 1916), S. 780–795, http://www.jstor.com/stable/1884242; Leo Wolman, *The Growth of American Trade Unions, 1880–1923*, New York 1924.

147 Huberman und Minns, »The Times They Are Not Changin'«, S. 548.

148 Ebd., S. 548.

149 Ebd., S. 548; University of Groningen und University of California, Davis, »Average Annual Hours Worked by Persons Engaged for United States«.

150 Ich betrachte in diesem Kapitel hauptsächlich die Wohlstandstrends in den USA und anderen OECD-Ländern nicht deswegen, weil ich glaube, dass sie wich-

tiger sind als andere Länder, sondern weil sie zum Zeitpunkt, an dem ich dies schreibe, bei diesen exponentiellen Entwicklungen bereits weiter fortgeschritten sind. Außerdem stehen für Entwicklungsländer oft weniger hochwertige Daten zur Verfügung, was es Wissenschaftlern erschwert, diese Entwicklungen weltweit umfassend zu messen. Siehe Huberman und Minns, »The Times They Are Not Changin'«, S. 548; University of Groningen und University of California, Davis, »Average Annual Hours Worked by Persons Engaged for United States«; Robert C. Feenstra, Robert Inklaar und Marcel P. Timmer, PWT 9.1: Penn World Table Version 9.1, Groningen Growth und Development Centre, 26. September 2019, https://www.rug.nl/ggdc/productivity/pwt; Robert C. Feenstra, Robert Inklaar und Marcel P. Timmer, »The Next Generation of the Penn World Table«, in: *American Economic Review* 105, Nr. 10 (Oktober 2015), S. 3150–3182, http://dx.doi.org/10.1257/aer.20130954; »Kurzarbeit: Germany's Short-Time Work Benefit«, International Monetary Fund, 15. Juni 2020, https://www.imf.org/en/News/Articles/2020/06/11/na061120-kurzarbeit-germanys-short-time-work-benefit.

151 Für weitere Informationen über diesen Wandel und seine wahrscheinlichen langfristigen Auswirkungen siehe Rani Molla, »Office Work Will Never Be the Same«, Vox, 12. Mai 2020, https://www.vox.com/recode/2020/5/21/21234242/coronavirus-covid-19-remote-work-from-home-office-reopening; Gil Press, »The Future of Work Post-Covid-19«, Forbes, 15. Juli 2020, https://www.forbes.com/sites/gilpress/2020/07/15/the-future-of-work-post-covid-19/#3c9ea15e4baf; Nick Routley, »6 Charts That Show What Employers and Employees Really Think About Remote Working«, World Economic Forum, 3. Juni 2020, https://www.weforum.org/agenda/2020/06/coronavirus-covid19-remote-working-office-employees-employers; Matthew Dey et al., »Ability to Work from Home: Evidence from Two Surveys and Implications for the Labor Market in the COVID-19 Pandemic«, in: *Monthly Labor Review*, (Juni 2020), https://doi.org/10.21916/mlr.2020.14.

152 Huberman und Minns, »The Times They Are Not Changin'«, S. 548; University of Groningen und University of California, Davis, »Average Annual Hours Worked by Persons Engaged for United States«; Feenstra, Inklaar und Timmer, »The Next Generation of the Penn World Table«, S. 3150–3182; OECD Statistics, »Average Annual Hours Actually Worked per Worker«, Organisation for Economic Co-operation and Development, abgerufen am 22. Oktober 2021, https://stats.oecd.org/Index.aspx?DataSetCode=ANHRS.

153 International Labour Office, »Marking Progress Against Child Labour: Global Estimates and Trends 2000–2012«, Genf 2013, S. 16, http://www.ilo.org/wcmsp5/groups/public/@ed_norm/@ipec/documents/publication/wcms_221513.pdf.

154 International Labour Office, »Marking Progress Against Child Labour«, S. 3; International Labour Office, »Global Estimates of Child Labour: Results and Trends, 2012–2016«, Genf 2017, S. 9, http://www.ilo.org/wcmsp5/groups/public/---dgreports/---dcomm/documents/publication/wcms_575499.pdf; International Labour Office und United Nations Children's Fund, »Child Labour: Global Estimates 2020, Trends and the Road Forward«, Genf 2021, S. 23, https://www.ilo.org/wcmsp5/groups/public/---ed_norm/---ipec/documents/publication/wcms_

797515.pdf; US Department of Labor, »2021 Findings on the Worst Forms of Child Labor«, Washington 2022, https://www.dol.gov/sites/dolgov/files/ILAB/child_labor_reports/tda2021/2021_TDA_Big_Book.pdf.

155 International Labour Office, »Marking Progress Against Child Labour«, S. 3; International Labour Office, »Global Estimates of Child Labour: Results and Trends, 2012–2016«, S. 9; International Labour Office und United Nations Children's Fund, »Child Labour: Global Estimates 2020, Trends and the Road Forward«, S. 23, 82.

156 United Nations Office on Drugs and Crime, »Global Study on Homicide: Executive Summary«, Wien, Juli 2019, S. 26–28, https://www.unodc.org/documents/data-and-analysis/gsh/Booklet1.pdf.

157 Im Jahr 1325 gab es in England 21,4 Tötungsdelikte pro 100 000 Einwohner pro Jahr. Im Jahr 1575 waren es 5,2, im Jahr 1675 3,5 und im Jahr 1862 1,6, und seitdem ist die Zahl unter diesem Wert geblieben. In Italien lag sie 1375 bei 71,7, 1862 bei 7,0 und 2010 bei 0,9. Siehe Max Roser und Hannah Ritchie, »Homicides«, Our World in Data, Dezember 2019, https://ourworldindata.org/homicides; Manuel Eisner, »From Swords to Words: Does Macro-Level Change in Self-Control Predict Long-Term Variation in Levels of Homicide?«, in: *Crime and Justice* 43, Nr. 1 (September 2014), S. 80–81, https://doi.org/10.1086/677662; UN Office on Drugs and Crime, »Intentional Homicides (per 100,000 People) – France, Netherlands, Sweden, Germany, Switzerland, Italy, United Kingdom, Spain«, abgerufen von worldbank.org am 25. März 2023, https://data.worldbank.org/indicator/VC.IHR.PSRC.P5?end=2020&locations=FR-NL-SE-DE-CH-IT-GB-ES&start=2020&view=bar; »Appendix Tables: Homicide in England and Wales«, UK Office for National Statistics, 9. Februar 2023, https://www.ons.gov.uk/file?uri=/peoplepopulationandcommunity/crimeandjustice/datasets/appendixtableshomicideinenglandandwales/current/previous/v9/homicideyemar21appendixtablescorrected1.xlsx.

158 Diese Grafik entstammt weitgehend der Our-World-in-Data-Tabelle »Long-Term Homicide Rates Across Western Europe, 1250 to 2017«. Die neueste Version dieses Diagramms enthält jedoch Daten der Weltgesundheitsorganisation (WHO) seit 1950, die zur Erkundung der öffentlichen Gesundheit erhoben wurden und die die Zahl der gerichtlich gemeldeten Tötungsdelikte deutlich unterschätzen. Daher sind die WHO-Daten nicht hinreichend mit den Daten für frühere Jahre vergleichbar, die größtenteils aus der Archivforschung von Eisner (2014) stammen. Stattdessen stützt sich dieses Schaubild für die meisten Daten seit 1990 auf die Datenbank »International Homicide Statistics« des UN Office on Drugs and Crime. Für die Daten des Vereinigten Königreichs für die Jahre 2019–2021 laufen die Berichtsjahre von April bis März, sodass hier gewichtete Durchschnittswerte verwendet werden, um die Zeiten von Januar bis Dezember in den übrigen Jahresdaten abzuschätzen. Siehe Roser and Ritchie, »Homicides«; Eisner, »From Swords to Words«, S. 80–81; UN Office on Drugs and Crime, »Intentional Homicides (per 100,000 People) – France, Netherlands, Sweden, Germany, Switzerland, Italy, United Kingdom, Spain«; »Appendix Tables: Homicide in England and Wales«, UK Office for National Statistics.

159 Alexia Cooper und Erica L. Smith, »Homicide Trends in the United States, 1980–2008«, Washington, D.C., US Department of Justice, Bureau of Justice Statistics, November 2011, S. 2, https://www.bjs.gov/content/pub/pdf/htus8008.pdf; »Crime in the United States: By Volume and Rate per 100,000 Inhabitants, 1999–2018«, Federal Bureau of Investigation, Zugriff am 28. April 2023, https://ucr.fbi.gov/crime-in-the-u.s/2018/crime-in-the-u.s.-2018/topic-pages/tables/table-1; Federal Bureau of Investigation, »Crime Data Explorer: Expanded Homicide Offense Counts in the United States«, US Department of Justice, Federal Bureau of Investigation, Zugriff am 28. April 2023, https://cde.ucr.cjis.gov/LATEST/webapp/#/pages/explorer/crime/shr; Emily J. Hanson, »Violent Crime Trends, 1990–2021«, Congressional Research Service report IF12281, 12. Dezember 2022, https://sgp.fas.org/crs/misc/IF12281.pdf; US Bureau of Economic Analysis, »Population (B230R- CoA052NBEA)«.

160 Für weitere Informationen über die Auswirkungen der Prohibition auf Kriminalität und Gewalt in Amerika siehe »How Prohibition Created the Mafia«, History, YouTube-Video, 21. Februar 2019, https://www.youtube.com/watch?v=N-K60XXaPKw; Dave Roos, »How Prohibition Put the ›Organized‹ in Organized Crime«, History.com, 22. Februar 2019, https://www.history.com/news/prohibition-organized-crime-al-capone; Bureau of Justice Statistics, »Key Facts at a Glance: Homicide Rate Trends«, US Department of Justice, Zugriff am 29. September 2006, https://web.archive.org/web/20060929061431/ http://www.ojp.usdoj.gov/bjs/glance/tables/hmrt tab.htm.

161 Für weitere Erklärungen zu den Auswirkungen des Kriegs gegen Drogen und seiner Beziehung zur Gewalt in den Vereinigten Staaten siehe »Why The War on Drugs Is a Huge Failure«, Kurzgesagt – In a Nutshell, YouTube-Video, 1. März 2016, https://www.youtube.com/watch?v=wJUXLqNHCaI; German Lopez, »The War on Drugs, Explained«, Vox, 8. Mai 2016, https://www.vox.com/2016/5/8/18089368/war-on-drugs-marijuana-cocaine-heroin-meth; PBS, »Thirty Years of America's Drug War: A Chronology«, Frontline, Zugriff am 28. April 2023, https://www.pbs.org/wgbh/pages/frontline/shows/drugs/cron; Bureau of Justice Statistics, »Key Facts at a Glance: Homicide Rate Trends.«

162 Für weitere Informationen zur Broken-Windows-Theorie und zur proaktiven Polizeiarbeit siehe George L. Kelling und James Q. Wilson, »Broken Windows: The Police and Neighborhood Safety«, Atlantic, März 1982, https://www.theatlantic.com/magazine/archive/1982/03/broken-windows/304465/?single_page=true; »Broken Windows Policing«, Center for Evidence-Based Crime Policy, Zugriff am 28. April 2023, https://cebcp.org/evidence-based-policing/what-works-in-policing/research-evidence-review/broken-windows-policing; Shankar Vedantam et al., »How a Theory of Crime and Policing Was Born, and Went Terribly Wrong«, NPR, 1. November 2016, https://www.npr.org/2016/11/01/500104506/broken-windows-policing-and-the-origins-of-stop-and-frisk-and-how-it-went-wrong; National Academies of Sciences, Engineering, and Medicine, *Proactive Policing: Effects on Crime and Communities*, Washington 2018, https://doi.org/10.17226/24928; Kevin Strom, »Research on the Impact of Technology on Policing Strategy in the 21st Century, Final Report«, Research Triangle Park, NC 2017, https://www.ncjrs.gov/pdffiles1/nij/grants/251140.pdf.

163 »Lead for Life – The History of Leaded Gasoline – An Excerpt«, aus: Late Lessons from Early Warnings, Jakob Gottschau, YouTube-Video, 16. September 2013, https://www.youtube.com/watch?v=pqg9jH1xwjI; Jennifer L. Doleac, »New Evidence That Lead Exposure Increases Crime«, Brookings Institution, 1. Juni 2017, https://www.brookings.edu/blog/up-front/2017/06/01/new-evidence-that-lead-exposure-increases-crime.

164 Bureau of Justice Statistics, »Key Facts at a Glance: Homicide Rate Trends«; James Alan Fox und Marianne W. Zawitz, »Homicide Trends in the United States«, Bureau of Justice Statistics, Washington, D.C. 2010, S. 9–10, https://www.bjs.gov/content/pub/pdf/htius.pdf; »Crime in the United States: By Volume and Rate per 100,000 Inhabitants, 1999–2018«, Federal Bureau of Investigation; Federal Bureau of Investigation, »Crime Data Explorer: Expanded Homicide Offense Counts in the United States«; Hanson, »Violent Crime Trends, 1990–2021«; US Bureau of Economic Analysis, »Population (B230RC0A0 52NBEA).«

165 Ann L. Pastore und Kathleen Maguire (Hg.), *Sourcebook of Criminal Justice Statistics*, Washington, D.C. 2005, S. 278–279, https://www.ojp.gov/pdffiles1/Digitization/208756NCJRS.pdf; »Crime in the United States: By Volume and Rate per 100,000 Inhabitants, 1999–2018«, Federal Bureau of Investigation; Federal Bureau of Investigation, »Crime Data Explorer: Expanded Homicide Offense Counts in the United States«; Hanson, »Violent Crime Trends, 1990–2021«; US Bureau of Economic Analysis, »Population (B230RC0A052NBEA)«.

166 Steven Pinker, *Gewalt: Eine neue Geschichte der Menschheit*, Frankfurt 2011, S. 66–105.

167 Ebd., S. 107.

168 Ebd., S. 93, 98, 108–109.

169 Ebd., S. 98.

170 Ebd., S. 296–305.

171 Ebd., S. 269–273, 859–877; Peter Singer, *The Expanding Circle: Ethics, Evolution, and Moral Progress*, Princeton, NJ 1981.

172 Für ausführlichere Zusammenfassungen der jüngsten Anwendungen von KI bei der Materialforschung für Solarenergie und Energiespeicherung siehe Elizabeth Montalbano, »AI Enables Design of Spray-on Coating That Can Generate Solar Energy«, Design News, 26. Dezember 2019, https://www.designnews.com/materials-assembly/ai-enables-design-spray-coating-can-generate-solar-energy; Shinji Nagasawa, Eman Al-Naamani und Akinori Saeki, »Computer-Aided Screening of Conjugated Polymers for Organic Solar Cell: Classification by Random Forest«, in: *Journal of Physical Chemistry Letters* 9, Nr. 10 (7. Mai 2018), S. 2639–2646, https://doi.org/10.1021/acs.jpclett.8b00635; Geun Ho Gu et al., »Machine Learning for Renewable Energy Materials«, in: *Journal of Materials Chemistry* A 7, Nr. 29 (30. April 2019), S. 17096–17117, https://doi.org/10.1039/C9TA02356A; Ziyi Luo et al., »A Survey of Artificial Intelligence Techniques Applied in Energy Storage Materials R&D«, in: *Frontiers in Energy Research* 8, Nr. 116 (3. Juli 2020), https://doi.org/10.3389/fenrg.2020.00116; An Chen, Xu Zhang und Zhen Zhou, »Machine Learning: Accelerating Materials Development for Energy Storage and Conversion«, InfoMat 2, Nr. 3 (23. Februar 2020), S. 553–576, https://doi.org/10.1002/inf2.12094; Xinyi Yang et al., »Development

Status and Prospects of Artificial Intelligence in the Field of Energy Conversion Materials«, in: *Frontiers in Energy Research* 8, Nr. 167 (31. Juli 2020), https://doi.org/10.3389/fenrg.2020.00167; Teng Zhou, Zhen Song und Kai Sundmacher, »Big Data Creates New Opportunities for Materials Research: A Review on Methods and Applications of Machine Learning for Materials Design«, in: *Engineering* 5, Nr. 6 (Dezember 2019), S. 1017–1026, https://doi.org/10.1016/j.eng.2019.02.011.

173 Hannah Ritchie und Max Roser, »Renewable Energy«, Our World in Data, Zugriff am 28. April 2023, https://ourworldindata.org/renewable-energy; International Energy Agency Statistics/OECD, »Electricity Production from Renewable Sources, Excluding Hydroelectric (% of Total)«, abgerufen von worldbank.org, 2014, https://data.worldbank.org/indicator/EG.ELC.RNWX.ZS; BP, »Statistical Review of World Energy 2021«, London 2021, S. 64–65, https://www.bp.com/content/dam/bp/business-sites/en/global/corporate/pdfs/energy-economics/statistical-review/bp-stats-review-2021-full-report.pdf; BP, »Statistical Review of World Energy–All Data, 1965–2021«, aus: BP, »Statistical Review of World Energy 2022«, London 2022, https://www.bp.com/content/dam/bp/business-sites/en/global/corporate/xlsx/energy-economics/statistical-review/bp-stats-review-2022-all-data.xlsx.

174 BP, »Statistical Review of World Energy 2022«, S. 45, 51, https://www.bp.com/content/dam/bp/business-sites/en/global/corporate/pdfs/energy-economics/statistical-review/bp-stats-review-2022-full-report.pdf; BP, »Statistical Review of World Energy 2021«, S. 64–65; BP, »Statistical Review of World Energy 2020«, S. 52 f., 59, 61, https://www.bp.com/content/dam/bp/business-sites/en/global/corporate/pdfs/energy-economics/statistical-review/bp-stats-review-2020-full-report.pdf; BP, »Statistical Review of World Energy – All Data, 1965–2021«; International Energy Agency Statistics/OECD, »Electric Power Consumption (kWh Per Capita)«, abgerufen von worldbank.org, 2014, https://data.worldbank.org/indicator/EG.USE.ELEC.KH.PC; United Nations Department of Economic and Social Affairs, Population Division, »Total Population – Both Sexes«, World Population Prospects 2019, Online-Ausgabe, 1. Überarbeitung, New York 2019, https://population.un.org/wpp/Download/Files/1_Indicators%20(Standard)/EXCEL_FILES/1_Population/WPP2019_POP_F01_1_TOTAL_POPULATION_BOTH_SEXES.xlsx; Ritchie und Roser, »Renewable Energy.«

175 »Solar (Photovoltaic) Panel Prices vs. Cumulative Capacity«, Our World in Data, Zugriff am 25. März 2023, https://ourworldindata.org/grapher/solar-pv-prices-vs-cumulative-capacity; Gregory F. Nemet, »Interim Monitoring of Cost Dynamics for Publicly Supported Energy Technologies«, in: *Energy Policy* 37, Nr. 3 (März 2009), S. 825–835, https://doi.org/10.1016/j.enpol.2008.10.031; J. Doyne Farmer und François Lafond, »How Predictable Is Technological Progress?«, in: *Research Policy* 45, Nr. 3 (April 2016), S. 647–665, https://doi.org/10.1016/j.respol.2015.11.001; »IRENASTAT Online Data Query Tool«, International Renewable Energy Agency, Zugriff am 25. März 2023, https://www.irena.org/Data/Downloads/IRENASTAT; IRENA, »Renewable Power Generation Costs in 2021«, Abu Dhabi 2022, https://www.irena.org/-/media/Files/IRENA/Agency/Publication/2022/Jul/IRENA_Power_Generation_Costs_2021.pdf?rev=34c22a4b244d434da0accde7de7c73d8; »Consumer Price Index, 1913–«, Federal Reserve

Bank of Minneapolis; US Bureau of Labor Statistics, »Consumer Price Index for All Urban Consumers«.

176 Molly Cox, »Key 2020 US Solar PV Cost Trends and a Look Ahead«, Greentech Media, 17. Dezember 2020, https://www.greentechmedia.com/articles/read/key-2020-us-solar-pv-cost-trends-and-a-look-ahead.

177 »Solar (Photovoltaic) Panel Prices vs. Cumulative Capacity«, Our World in Data; Nemet, »Interim Monitoring of Cost Dynamics for Publicly Supported Energy Technologies«, S. 825–35; Farmer und Lafond, »How Predictable Is Technological Progress?«; »IRENA-STAT Online Data Query Tool«; IRENA, »Renewable Power Generation Costs in 2021«; François Lafond et al., »How Well Do Experience Curves Predict Technological Progress? A Method for Making Distributional Forecasts«, in: *Technological Forecasting & Social Change* 128 (März 2018), S. 104–117, https://doi.org/10.1016/j.techfore.2017.11.001; Sandra Enkhardt, »Global Solar Capacity Additions Hit 268 GW in 2022, Says BNEF«, PV Magazine, 23. Dezember 2022, https://www.pv-magazine.com/2022/12/23/global-solar-capacity-additions-hit-268-gw-in-2022-says-bnef/.

178 »Solar (Photovoltaic) Panel Prices vs. Cumulative Capacity«, Our World in Data; Nemet, »Interim Monitoring of Cost Dynamics for Publicly Supported Energy Technologies«, S. 825–835; Farmer und Lafond, »How Predictable Is Technological Progress?«; »IRENA-STAT Online Data Query Tool«; IRENA, »Renewable Power Generation Costs in 2021«; Lafond et al., »How Well Do Experience Curves Predict Technological Progress?«, S. 104–17; Enkhardt, »Global Solar Capacity Additions Hit 268 GW in 2022, Says BNEF«.

179 Hannah Ritchie und Max Roser, »Renewable Energy – Renewable Energy Generation, World«, Our World in Data, Zugriff am 28. April 2023, https://ourworldindata.org/grapher/modern-renewable-energy-consumption?country=~OWID_WRL; Ritchie und Roser, »Renewable Energy–Solar Power Generation«; International Energy Agency, »World Electricity Generation by Fuel, 1971–2017«, 26. November 2019, https://www.iea.org/data-and-statistics/charts/world-electricity-generation-by-fuel-1971-2017; BP, »Statistical Review of World Energy 2022«, S. 45, 51; BP, »Statistical Review of World Energy – All Data, 1965–2021«; International Energy Agency, »Share of Low-Carbon Sources and Coal in World Electricity Generation, 1971–2021«, 19. April 2021, https://www.iea.org/data-and-statistics/charts/share-of-low-carbon-sources-and-coal-in-world-electricity-generation-1971-2021.

180 Ryan Wiser et al., »Land-Based Wind Market Report: 2022 Edition«, US Department of Energy, August 2022, S. 50, https://doi.org/10.2172/1882594; »Consumer Price Index, 1913–«, Federal Reserve Bank of Minneapolis; US Bureau of Labor Statistics, »Consumer Price Index for All Urban Consumers«.

181 Our World in Data, »Wind Power Generation«, Our World in Data, Zugriff am 25. März 2023, https://ourworldindata.org/grapher/wind-generation?tab=chart; BP, »Statistical Review of World Energy 2022«; »Yearly Electricity Data«, Ember, 18. März 2023, https://ember-climate.org/data-catalogue/yearly-electricity-data; Charles Moore, »European Electricity Review 2022«, Ember, 1. Februar 2022, https://ember-climate.org/insights/research/european-electricity-review-2022.

182 »Renewable Energy Generation, World«, Our World in Data; BP, »Statistical Review of World Energy 2022«.

183 »Renewable Energy Generation, World«, Our World in Data; BP, »Statistical Review of World Energy 2022«, S. 45, 51; International Energy Agency, »World Electricity Generation by Fuel, 1971–2017«.

184 Für einen genaueren Blick auf die Geschichte der Magna Carta und ihre Auswirkungen auf die Gründung Amerikas siehe »800 Years of Magna Carta«, British Library, YouTube-Video, 10. März 2015, https://www.youtube.com/watch?v=RQ7vUkbtlQA; Nicholas Vincent, »Consequences of Magna Carta«, British Library, 13. März 2015, https://www.bl.uk/magna-carta/articles/consequences-of-magna-carta; Dave Roos, »How Did Magna Carta Influence the U.S. Constitution?«, History.com, 30. September 2019, https://www.history.com/news/magna-carta-influence-us-constitution-bill-of-rights.

185 Für weitere Informationen über Gutenbergs Druckerpresse und ihre Auswirkungen auf die europäische Zivilisation siehe Dave Roos, »7 Ways the Printing Press Changed the World«, History.com, 3. September 2019, https://www.history.com/news/printing-press-renaissance; Jeremiah Dittmar, »Information Technology and Economic Change: The Impact of the Printing Press«, VoxEU, 11. Februar 2011, https://voxeu.org/article/information-technology-and-economic-change-impact-printing-press; Patrick McGrady, »The Medieval Invention That Changed the Course of History: The Machine That Made Us«, Timeline – World History Documentaries, YouTube-Video, 25. August 2018, https://www.youtube.com/watch?v=uQ88yC35NjI; Jeremiah Dittmar und Skipper Seabold, »Gutenberg's Moving Type Propelled Europe Towards the Scientific Revolution«, LSE Business Review, 19. März 2019, https://blogs.lse.ac.uk/businessreview/2019/03/19/gutenbergs-moving-type-propelled-europe-towards-the-scientific-revolution.

186 Eine hervorragende Zusammenfassung über die Ursprünge und die frühe Entwicklung des Parlaments in England findet sich in: Gwilym Dodd, »The Birth of Parliament«, BBC, 17. Februar 2011, https://www.bbc.co.uk/history/british/middle_ages/birth_of_parliament_01.shtml.

187 Für weitere Informationen zum Englischen Bürgerkrieg und zur englischen Bill of Rights von 1689 siehe John Green, »English Civil War: Crash Course European History #14«, Crash-Course, YouTube-Video, 6. August 2019, https://www.youtube.com/watch?v=dyk3bI_Y68Y; Avalon Project an der Yale Law School, »English Bill of Rights 1689«, Lillian Goldman Law Library, Zugriff am 28. April 2023, https://avalon.law.yale.edu/17th_century/england.asp; Geoffrey Lock, »The 1689 Bill of Rights«, in: *Political Studies* 37, Nr. 4 (1. Dezember 1989), https://doi.org/10.1111/j.1467-9248.1989.tb00288.x; Peter Ackroyd, *Civil War: The History of England*, Bd. 3, New York 2014.

188 Neil Johnston, »The History of the Parliamentary Franchise«, research paper 13/14, UK House of Commons Library, 1. März 2013, http://researchbriefings.files.parliament.uk/documents/RP13-14/RP13-14.pdf; Roser und Ortiz-Ospina, »Literacy«; Pamuk und van Zanden, »Standards of Living«, 229.

189 Dalibor Rohac, »Mechanism Design in the Venetian Republic«, Cato Institute, 17. Juli 2013, https://www.cato.org/publications/commentary/mechanism-

design-venetian-republic; Thomas F. Madden, *Venice: A New History*, New York 2012.

190 Anna Grześkowiak-Krwawicz, *Queen Liberty: The Concept of Freedom in the Polish-Lithuanian Commonwealth*, Leiden 2012.

191 Steve Umhoefer, »Mark Pocan Says Less than 25 Percent of Population Could Vote When Constitution Was Written«, Politifact, 16. April 2015, https://www.politifact.com/factchecks/2015/apr/16/mark-pocan/mark-pocan-says-less-25-percent-population-could-v.

192 Für weitere Informationen über das frühe amerikanische Wahlrecht, von vereinfacht bis detailliert, siehe »Who Voted in Early America?«, Constitutional Rights Foundation, Zugriff am 28. April 2023, https://www.crf-usa.org/bill-of-rights-in-action/bria-8-1-b-who-voted-in-early-america#.UW36ebWsiSo; Donald Ratcliffe, »The Right to Vote and the Rise of Democracy, 1787–1828«, in: *Journal of the Early Republic* 33, Nr. 2 (Sommer 2013), S. 219–254, https://www.jstor.org/stable/24768843.

193 Für weitere Einzelheiten zu den liberalen Bewegungen, die in der Mitte des 19. Jahrhunderts in Europa aufblühten und scheiterten, siehe John Green, »Revolutions of 1848: Crash Course European History #26«, CrashCourse, YouTube-Video, 19. November 2019, https://www.youtube.com/watch?v=cXTaP1BD1YY; »Alexander II – History of Russia in 100 Minutes (Part 17 of 36)«, Smart History of Russia, YouTube-Video, 21. Juli 2017, https://www.youtube.com/watch?v=cqGBRn70BEg; »Alexander III – History of Russia in 100 Minutes (Part 18 of 36)«, Smart History of Russia, YouTube-Video, 21. Juli 2017, https://www.youtube.com/watch?v=XGCzmjwfSSs; Mike Rapport, *1848: Year of Revolution*, New York 2009; Paul Bushkovitch, *A Concise History of Russia*, New York 2011.

194 »People Living in Democracies and Autocracies, World«, Our World in Data, Zugriff am 29. März 2023, https://ourworldindata.org/grapher/people-living-in-democracies-autocracies?country=~OWID_WRL; »The V-Dem Dataset (v13)«, V-Dem (Varieties of Democracy), Zugriff am 25. März 2023, https://v-dem.net/data/the-v-dem-dataset; Bastian Herre, »Scripts and Datasets on Democracy«, GitHub, Zugriff am 25. März 2023, https://github.com/owid/notebooks/tree/main/BastianHerre/democracy; Anna Lührmann et al., »Regimes of the World (RoW): Opening New Avenues for the Comparative Study of Political Regimes«, in: *Politics and Governance* 6, Nr. 1 (19. März 2018), S. 60–77, https://doi.org/10.17645/pag.v6i1.1214.

195 »People Living in Democracies and Autocracies, World«, Our World in Data; »The V-Dem Dataset (v13)«, V-Dem; Lührmann et al., »Regimes of the World (RoW)«.

196 »People Living in Democracies and Autocracies, World«, Our World in Data; »The V-Dem Dataset (v13)«, V-Dem; Herre, »Scripts and Datasets on Democracy«; Lührmann et al., »Regimes of the World (RoW)«.

197 »People Living in Democracies and Autocracies, World«, Our World in Data; »The V-Dem Dataset (v13)«, V-Dem; Herre, »Scripts and Datasets on Democracy«; Lührmann et al., »Regimes of the World (RoW)«.

198 »People Living in Democracies and Autocracies, World«, Our World in Data; »The V-Dem Dataset (v13)«, V-Dem; Herre, »Scripts and Datasets on Democracy«; Lührmann et al., »Regimes of the World (RoW)«.

199 Bradley Honigberg, »The Existential Threat of AI-Enhanced Disinformation Operations«, Just Security, 8. Juli 2022, https://www.justsecurity.org/82246/the-existential-threat-of-ai-enhanced-disinformation-operations; Tiffany Hsu und Stuart A. Thompson, »Disinformation Researchers Raise Alarms About A. I. Chatbots«, in: *New York Times*, 13. Februar 2023, https://www.nytimes.com/2023/02/08/technology/ai-chatbots-disinformation.html.

200 Dieses Diagramm enthält Daten aus zwei nützlichen Datensätzen. »Our World in Data« enthält Schätzungen für einen sehr langen Zeitraum, von 1800 bis 2022. Diese basieren in erster Linie auf dem Grad des Autoritarismus in einer Gesellschaft und enthalten einige grobe Näherungswerte, insbesondere für die Zeit vor dem Zweiten Weltkrieg. Die Economist Intelligence Unit bewertet anhand wesentlich detaillierterer Informationen über eine Reihe von Faktoren in den einzelnen Ländern, wie z. B. politische Beteiligung und bürgerliche Freiheiten, ob es sich bei den Ländern um Demokratien handelt. Diese Daten reichen jedoch nur bis 2006 zurück. Da die beiden Datensätze unterschiedliche Methoden und Kriterien verwenden und für die Jahre, in denen sie sich überschneiden, keine durchgängige Übereinstimmung zwischen ihnen besteht, wäre es nicht sinnvoll, sie zu einem einzigen Datensatz zusammenzufassen. Stattdessen werden beide präsentiert: Die OWD-Daten geben einen längeren Überblick über die allgemeinen Trends, während die EIU-Daten ein genaueres Bild der aktuellen Demokratisierung vermitteln. Man beachte, dass der Rückgang der Demokratie seit 2015 größtenteils auf die Aushöhlung der Demokratie in Indien zurückzuführen ist, das in den Status einer »Wahl-Autokratie« abgerutscht ist. Siehe »People Living in Democracies and Autocracies, World«, Our World in Data; »The V-Dem Dataset (v13)«, V-Dem; Herre, »Scripts and Datasets on Democracy«; Lührmann et al., »Regimes of the World (RoW)«; Laza Kekic, »The World in 2007: The Economist Intelligence Unit's Index of Democracy«, in: *Economist*, 15. November 2006, S. 6, https://www.economist.com/media/pdf/DEMOCRACY_INDEX_2007_v3.pdf; Economist Intelligence Unit, »The Economist Intelligence Unit's Index of Democracy 2008«, London 2008, S. 2, https://graphics.eiu.com/PDF/Democracy%20Index%202008.pdf; Economist Intelligence Unit, »Democracy Index 2010: Democracy in Retreat«, London 2010, S. 1, https://graphics.eiu.com/PDF/Democracy_Index_2010_web.pdf; Economist Intelligence Unit, »Democracy Index 2011: Democracy Under Stress«, London 2011, S. 2, https://www.eiu.com/public/topical_report.aspx?campaignid=DemocracyIndex2011; Economist Intelligence Unit, »Democracy Index 2012: Democracy at a Standstill«, London 2012, S. 2, https://web.archive.org/web/20170320185156/http://pages.eiu.com/rs/eiu2/images/Democ-racy-Index-2012.pdf; Economist Intelligence Unit, »Democracy Index 2013: Democracy in Limbo«, London 2013, S: 2, https://www.eiu.com/public/topical_report.aspx?campaignid=Democracy0814; Economist Intelligence Unit, »Democracy Index 2014: Democracy and Its Discontents«, London 2014, S. 2, https://www.eiu.com/public/topical_report.aspx?campaignid=Democracy0115; Economist

Intelligence Unit, »Democracy Index 2015: Democracy in an Age of Anxiety«, London 2015, S. 1, https://web.archive.org/web/20160305143559/http://www.yabiladi.com/img/content/EIU-Democracy-Index-2015.pdf; Economist Intelligence Unit, »Democracy Index 2016: Revenge of the ›Deplorables‹«, London 2016, S. 2, https://www.eiu.com/public/topical_report.aspx?campaignid=DemocracyIndex2016; Economist Intelligence Unit, »Democracy Index 2017: Free Speech Under Attack«, London 2017, S. 2, https://www.eiu.com/public/topical_report.aspx?campaignid=DemocracyIndex2017; Economist Intelligence Unit, »Democracy Index 2018: Me Too?«, London 2018, S. 2, https://www.eiu.com/public/topical_report.aspx?campaignid=democracy2018; Economist Intelligence Unit, »Democracy Index 2019: A Year of Democratic Setbacks and Popular Protest«, London 2019, S. 3, https://www.eiu.com/public/topical_report.aspx?campaignid=democracyindex2019; Economist Intelligence Unit, »Democracy Index 2020: In Sickness and in Health?«, London 2020, S. 3, https://pages.eiu.com/rs/753-RIQ-438/images/democracy-index-2020.pdf; Economist Intelligence Unit, »Democracy Index 2021: The China Challenge« London 2020, S: 4, https://www.eiu.com/n/campaigns/democracy-index-2021; Economist Intelligence Unit, »Democracy Index 2022: Frontline Democracy and the Battle for Ukraine«, London 2020, S. 3, https://www.eiu.com/n/campaigns/democracy-index-2022.

201 Die für alle Berechnungen der historischen Rechenleistungskosten in diesem Buch verwendeten Quellen finden sich im Anhang.

202 Die für alle Berechnungen der historischen Rechenleistungskosten in diesem Buch verwendeten Quellen finden sich im Anhang.

203 Joshua Ho and Andrei Frumusanu, »Understanding Qualcomm's Snapdragon 810: Performance Review,« Anandtech, 12. Februar 2015, https://www.anandtech.com/show/8933/snapdragon-810-performance-preview/5. Die für alle Berechnungen der historischen Rechenleistungskosten in diesem Buch verwendeten Quellen finden sich im Anhang.

204 Die für alle Berechnungen der historischen Rechenleistungskosten in diesem Buch verwendeten Quellen finden sich im Anhang.

205 Paul E. Ceruzzi, *Eine kleine Geschichte der EDV*, Bonn 2003, S. 103, (engl. Ausgabe: https://www.google.com/books/edition/A_History_of_Modern_Computing/x1YESXanrgQC; »Reference/FAQ/Products and Services«, IBM, 28. April 2023, https://www.ibm.com/ibm/history/reference/faq_0000000011.html; »Consumer Price Index, 1913–«, Federal Reserve Bank of Minneapolis.

206 Kyle Wiggers, »Apple Unveils the A16 Bionic, Its Most Powerful Mobile Chip Yet«, Tech-Crunch, 7. September 2022, https://techcrunch.com/2022/09/07/apple-unveils-new-mobile-chips-including-the-a16-bionic; Nick Guy und Roderick Scott, »Which iPhone Should I Buy?«, in: *New York Times*, 28. Oktober 2022, https://www.nytimes.com/wirecutter/reviews/the-iphone-is-our-favorite-smartphone.

207 Gordon Moore, »Cramming More Components onto Integrated Circuits«, in: *Electronics* 38, Nr. 8 (19. April 1965), https://archive.computerhistory.org/resources/access/text/2017/03/102770822-05-01-acc.pdf; »1965: ›Moore's Law‹ Predicts the Future of Integrated Circuits«, Computer History Museum, Zugriff

am 28. April 2023, https://www.computerhistory.org/siliconengine/moores-law-predicts-the-future-of-integrated-circuits; Fernando J. Corbató et al., *The Compatible Time-Sharing System: A Programmer's Guide*, Cambridge, MA 1990, http://www.bitsavers.org/pdf/mit/ctss/CTSS_ProgrammersGuide.pdf.

208 Robert W. Keyes, »Physics of Digital Devices«, in: *Reviews of Modern Physics* 61, Nr. 2 (1. April 1989), S. 279–298, https://doi.org/10.1103/RevModPhys.61.279.

209 »Wikipedia: Size Comparisons«, Wikipedia: The Free Encyclopedia, Wikimedia Foundation, Zugriff am 28. April 2023, https://en.wikipedia.org/wiki/Wikipedia:Size_comparisons#Wikipedia.

210 Die Umwandlung vieler physischer Güter in Informationstechnologien wird ausführlicher in Kapitel 6 beschrieben.

211 K. Eric Drexler, *Radical Abundance: How a Revolution in Nanotechnology Will Change Civilization*, New York 2013, S. 168–172.

212 Für genauere Informationen zu *In-vitro*-Fleisch und den aktuellen Auswirkungen der Fleischproduktion siehe »The Meat of the Future: How Lab-Grown Meat Is Made«, Eater, YouTube-Video, 2. Oktober 2015, https://www.youtube.com/watch?v=u468xY1T8fw; »Inside the Quest to Make Lab Grown Meat«, Wired, YouTube-Video, 16. Februar 2018, https://www.youtube.com/watch?v=QO9SS1NS6MM; Mark Post, »Cultured Beef for Food-Security and the Environment: Mark Post at TEDxMaastricht«, TEDx Talks, YouTube-Video, 11. Mai 2014, https://www.youtube.com/watch?v=FITvEUSJ8TM; Julian Huguet, »This Breakthrough in Lab-Grown Meat Could Make It Look Like Real Flesh«, Seeker, YouTube-Video, 14. November 2019, https://www.youtube.com/watch?v=1lUuDi_s_Zo; »How Close Are We to Affordable Lab-Grown Meat?«, PBS Terra, YouTube-Video, 25. August 2022, https://www.youtube.com/watch?v=M-weFARkGi4; »Can Lab-Grown Steak be the Future of Meat? | Big Business | Business Insider«, Insider Business, YouTube-Video, 17. Juli 2022, https://www.youtube.com/watch?v=UQejwvnogoM; Leah Douglas, »Lab-Grown Meat Moves Closer to American Dinner Plates«, Reuters, 23. Januar 2023, https://www.reuters.com/business/retail-consumer/lab-grown-meat-moves-closer-american-dinner-plates-2023-01-23; »Yearly Number of Animals Slaughtered for Meat, World, 1961 to 2020«, Our World in Data, Zugriff am 25. März 2023, https://ourworldindata.org/grapher/animals-slaughtered-for-meat; »Global Meat Production, 1961 to 2020«, Our World in Data, Zugriff am 25. März 2023, https://ourworldindata.org/grapher/global-meat-production; FAOSTAT, Food and Agriculture Organization of the United Nations, Zugriff am 25. März 2023, http://www.fao.org/faostat/en/#data; Xiaoming Xu et al., »Global Greenhouse Gas Emissions from Animal-Based Foods Are Twice Those of Plant-Based Foods«, in: *Nature Food* 2 (13. September 2021), S. 724–732, https://www.fao.org/3/cb7033en/cb7033en.pdf.

213 »GLEAM v3.0 Dashboard–Emissions–Global Emissions from Livestock in 2015«, Food and Agriculture Organization of the United Nations, Zugriff am 29. März 2023, https://foodandagricultureorganization.shinyapps.io/GLEAMV3_Public.

214 Für weitere Informationen zum Metaverse-Konzept siehe John Herrman und Kellen Browning, »Are We in the Metaverse Yet?«, in: *New York Times*, 10. Juli 2021, https://www.nytimes.com/2021/07/10/style/metaverse-virtual-worlds.

html; Rabindra Ratan und Yiming Lei, »The Metaverse: From Science Fiction to Virtual Reality«, Big Think, 13. August 2021, https://bigthink.com/the-future/metaverse; Casey Newton, »Mark in the Metaverse«, The Verge, 22. Juli 2021, https://www.theverge.com/22588022/mark-zuckerberg-facebook-ceo-metaverse-interview.

215 Hannah Ritchie, »Half of the World's Habitable Land Is Used for Agriculture«, Our World in Data, 11. November 2019, https://ourworldindata.org/global-land-for-agriculture; Erle C. Ellis et al., »Anthropogenic Transformation of the Biomes, 1700 to 2000«, in: *Global Ecology and Biogeography* 19, Nr. 5 (September 2010), S. 589–606, https://doi.org/10.1111/j.1466-8238.2010.00540.x; »Food and Agriculture Data«, FAOSTAT, Food and Agriculture Organization of the United Nations, Zugriff am 28. April 2023, http://www.fao.org/faostat/en/#home.

216 Ritchie, »Half of the World's Habitable Land Is Used for Agriculture«; Ellis et al., »Anthropogenic Transformation of the Biomes«; »Food and Agriculture Data«, FAOSTAT.

217 Jackson Burke, »As Working from Home Becomes More Widespread, Many Say They Don't Want to Go Back«, CNBC, 24. April 2020, https://www.cnbc.com/2020/04/24/as-working-from-home-becomes-more-widespread-many-say-they-dont-want-to-go-back.html.

218 Für einen genaueren Einblick in die Verwendung von Materialien mit nanoskaligen Merkmalen zur Steigerung des Wirkungsgrads von Photovoltaikanlagen siehe Maren Hunsberger, »Carbon Nanotubes Might Be the Secret Boost Solar Energy Has Been Looking For«, Seeker, YouTube-Video, 16. September 2019, https://www.youtube.com/watch?v=EwiDGxkD9_c; Matt Ferrell, »How Carbon Nanotubes Might Boost Solar Energy–Explained«, Undecided with Matt Ferrell, YouTube-Video, 7. Juli 2020, https://www.youtube.com/watch?v=lnZpaunXhGc; David Grossman, »Carbon Nanotubes Could Increase Solar Efficiency to 80 Percent«, in: *Popular Mechanics*, 25. Juli 2019, https://www.popularmechanics.com/science/green-tech/a28506867/carbon-nanotubes-solar-efficiency; Nasim Tavakoli und Esther Alarcon-Llado, »Combining 1D and 2D Waveguiding in an Ultrathin GaAs NW/Si Tandem Solar Cell«, in: *Optics Express* 27, Nr. 12 (10. Juni 2019), S. A909-A923, https://doi.org/10.1364/OE.27.00A909.

219 Mark Hutchins, »A Quantum Dot Solar Cell with 16.6 % Efficiency«, PV Magazine, 19. Februar 2020, https://www.pv-magazine.com/2020/02/19/a-quantum-dot-solar-cell-with-16-6-efficiency; C. Jackson Stolle, Taylor B. Harvey und Brian A. Korgel, »Nanocrystal Photovoltaics: A Review of Recent Progress«, in: *Current Opinion in Chemical Engineering* 2, Nr. 2 (Mai 2013), S. 160–167, https://doi.org/10.1016/j.coche.2013.03.001.

220 Qiulin Tan et al., »Nano-Fabrication Methods and Novel Applications of Black Silicon«, in: *Sensors and Actuators A: Physical* 295 (15. August 2019), S. 560–573, https://doi.org/10.1016/j.sna.2019.04.044.

221 Stephen Y. Chou und Wei Ding, »Ultrathin, High-Efficiency, Broad-Band, Omni-Acceptance, Organic Solar Cells Enhanced by Plasmonic Cavity with Subwavelength Hole Array«, in: *Optics Express* 21, Nr. S1 (14. Januar 2013), S. A60-A76, https://doi.org/10.1364/OE.21.000A60.

222 David L. Chandler, »Solar Power Heads in a New Direction: Thinner«, in: *MIT News*, 16. Juni 2013, http://news.mit.edu/2013/thinner-solar-panels-0626; Marco Bernardi, Maurizia Palummo und Jeffrey C. Grossman, »Extraordinary Sunlight Absorption and One Nanometer Thick Photovoltaics Using Two-Dimensional Monolayer Materials«, in: *Nano Letters* 13, Nr. 8 (10. Juni 2013), S. 3664–3670, https://doi.org/10.1021/nl401544y.

223 Andy Extance, »The Dawn of Solar Windows«, in: *IEEE Spectrum*, 24. Januar 2018, https://spectrum.ieee.org/energy/renewables/the-dawn-of-solar-windows; Glenn McDonald, »This Liquid Coating Turns Windows Into Solar Panels«, Seeker, 1. September 2017, https://www.seeker.com/earth/energy/clear-liquid-coating-turns-windows-into-solar-panels.

224 »Renewable Energy Generation, World«, Our World in Data; BP, »Statistical Review of World Energy 2022«, S. 45, 51; International Energy Agency, »World Electricity Generation by Fuel, 1971–2017«.

225 »Renewable Energy Generation, World«, Our World in Data; BP, »Statistical Review of World Energy 2022«, S. 45, 51; International Energy Agency, »World Electricity Generation by Fuel, 1971–2017«.

226 »Renewable Energy Generation, World«, Our World in Data; BP, »Statistical Review of World Energy 2022«, S. 45, 51; International Energy Agency, »World Electricity Generation by Fuel, 1971–2017«.

227 »Lazard's Levelized Cost of Energy Analysis–Version 15.0«, Lazard, Oktober 2021, S. 9, https://www.lazard.com/media/sptlfats/lazards-levelized-cost-of-energy-version-150-vf.pdf; Mark Bolinger et al., »Levelized Cost-Based Learning Analysis of Utilityscale Wind and Solar in the United States«, in: *iScience* 25, Nr. 6 (Mai 2022), S. 4, https://doi.org/10.1016/j.isci.2022.104378; Jeffrey Logan et al., »Electricity Generation Baseline Report«, technical report NREL/TP-6A20-67645, National Renewable Energy Laboratory, Januar 2017, S. 6, https://www.nrel.gov/docs/fy17osti/67645.pdf; »Lazard's Levelized Cost of Energy Analysis–Version 11.0«, Lazard, 2017, S. 2, 10, https://www.lazard.com/media/450337/lazard-levelized-cost-of-energy-version-110.pdf; Center for Sustainable Systems, »Wind Energy Factsheet«, pub. Nr. CSS07-09, University of Michigan, August 2019, http://css.umich.edu/sites/default/files/Wind%20Energy_CSS07-09_e2019.pdf; »Renewable Energy Generation, World«, Our World in Data; BP, »Statistical Review of World Energy 2022«, S. 45, 51; International Energy Agency, »World Electricity Generation by Fuel, 1971–2017«.

228 Alexis De Vos, »Detailed Balance Limit of the Efficiency of Tandem Solar Cells«, in: *Journal of Physics D: Applied Physics* 13, Nr. 5 (1980), S. 845, https://doi.org/10.1088/0022-3727/13/5/018; »Best Research-Cell Efficiency Chart«, National Renewable Energy Laboratory, Zugriff am 28. April 2023, https://www.nrel.gov/pv/cell-efficiency.html.

229 Marcelo De Lellis, »The Betz Limit Applied to Airborne Wind Energy«, in: *Renewable Energy* 127 (November 2018), S. 32–40, https://doi.org/10.1016/j.renene.2018.04.034.

230 Ritchie und Roser, »Renewable Energy–Renewable Energy Generation, World«; Ritchie und Roser, »Renewable Energy–Solar Power Generation«; International Energy Agency, »World Electricity Generation by Fuel, 1971–2017«; BP,

»Statistical Review of World Energy« 2022, S. 45, 51; BP, »Statistical Review of World Energy–All Data, 1965–2021«; International Energy Agency, »Share of Low-Carbon Sources and Coal in World Electricity Generation, 1971–2021«.

231 Science on a Sphere, »Energy on a Sphere«, National Oceanic and Atmospheric Administration, Zugriff am 30. Mai 2021, http://web.archive.org/web/20210530160109/ https://sos.noaa.gov/datasets/energy-on-a-sphere.

232 Jeff Tsao, Nate Lewis und George Crabtree, »Solar FAQs«, Arbeitsentwurf, US Department of Energy, 20. April 2006), S. 9–12, https://web.archive.org/web/20200424084337/ https://www.sandia.gov/~jytsao/Solar%20FAQs.pdf.

233 BP, »Statistical Review of World Energy 2022«, S. 8.

234 Ritchie und Roser, »Renewable Energy–Renewable Energy Generation, World«; Ritchie und Roser, »Renewable Energy – Solar Power Generation«; International Energy Agency, »World Electricity Generation by Fuel, 1971–2017«; BP, »Statistical Review of World Energy 2022«, 45, 51; BP, »Statistical Review of World Energy – All Data, 1965–2021«; International Energy Agency, »Share of Low-Carbon Sources and Coal in World Electricity Generation, 1971–2021«.

235 Will de Freitas, »Could the Sahara Turn Africa into a Solar Superpower?«, World Economic Forum, 17. Januar 2020, https://www.weforum.org/agenda/2020/01/solar-panels-sahara-desert-renewable-energy.

236 Für einen allgemeinen Überblick über neue Energiespeichertechnologien siehe »Fact Sheet | Energy Storage (2019)«, Environmental and Energy Study Institute, 22. Februar 2019, https://www.eesi.org/papers/view/energy-storage-2019.

237 Andy Colthorpe, »Behind the Numbers: The Rapidly Falling LCOE of Battery Storage«, Energy Storage News, 6. Mai 2020, https://www.energy-storage.news/behind-the-numbers-the-rapidly-falling-lcoe-of-battery-storage; »Levelized Costs of New Generation Resources in the Annual Energy Outlook 2022«, US Energy Information Administration, März 2022, https://www.eia.gov/outlooks/aeo/pdf/electricity_generation.pdf.

238 Für weitere Einzelheiten über das rasche Wachstum der Energiespeicherkapazität für US-Versorgungsunternehmen siehe »Battery Storage in the United States: An Update on Market Trends«, US Energy Information Administration, 16. August 2021, https://www.eia.gov/analysis/studies/electricity/batterystorage; »Energy Storage Grand Challenge: Energy Storage Market Report«, US Department of Energy technical report DOE/GO-102020-5497 (Dezember 2020), https://www.energy.gov/sites/default/files/2020/12/f81/Energy%20Storage%20Market%20Report%202020_0.pdf.

239 »Lazard's Levelized Cost of Storage Analysis–Version 7.0«, Lazard, 2021, S. 6, https://web.archive.org/web/20220729095608/ https://www.lazard.com/media/451882/lazards-levelized-cost-of-storage-version-70-vf.pdf; »Lazard's Levelized Cost of Storage Analysis–Version 6.0«, Lazard, 2020, S. 6, https://web.archive.org/web/20221006123556/ https://www.lazard.com/media/451566/lazards-levelized-cost-of-storage-version-60-vf2.pdf; »Lazard's Levelized Cost of Storage Analysis–Version 5.0«, Lazard, 2019, S. 4, https://web.archive.org/web/20221104121921/ https://www.lazard.com/media/451087/lazards-levelized-cost-of-storage-version-50-vf.pdf; »Lazard's Levelized Cost of Storage Analysis–Version 4.0«, Lazard, 2018, S. 11, https://www.lazard.com/media/sckbar5m/

lazards-levelized-cost-of-storage-version-40-vfinal.pdf; »Lazard's Levelized Cost of Storage Analysis–Version 3.0«, Lazard, 2017, S. 12, https://www.scribd.com/document/413797533/Lazard-Levelized-Cost-of-Storage-Version-30; »Lazard's Levelized Cost of Storage Analysis–Version 2.0«, Lazard, 2016, S. 11, https://web.archive.org/web/20221104121905/ https://www.lazard.com/media/438042/lazard-levelized-cost-of-storage-v20.pdf; »Lazard's Levelized Cost of Storage Analysis–Version 1.0«, Lazard, 2015, S. 9, https://web.archive.org/web/20221105052132/ https://www.lazard.com/media/2391/lazards-levelized-cost-of-storage-analysis-10.pdf; »Consumer Price Index, 1913–«, Federal Reserve Bank of Minneapolis; US Bureau of Labor Statistics, »Consumer Price Index for All Urban Consumers«.

240 US Energy Information Administration, »Electric Power Annual 2021«, Washington, D.C., November 2022, S. 64, https://web.archive.org/web/20230201194905/ http://www.eia.gov/electricity/annual/pdf/epa.pdf; US Energy Information Administration, »Electric Power Annual 2020«, Washington, D.C., Oktober 2021, S. 64, https://web.archive.org/web/20220301172156/ http://www.eia.gov/electricity/annual/pdf/epa.pdf.

241 »Key Facts from JMP 2015 Report«, World Health Organization, 2015, https://web.archive.org/web/20211209095710/https://www.who.int/water_sanitation_health/publications/JMP-2015-keyfacts-en-rev.pdf.

242 »Key Facts from JMP 2015 Report«, World Health Organization, 2015; World Health Organization und United Nations Children's Fund »Progress on Household Drinking Water«, S. 7–8.

243 2019 ist das letzte Jahr, für das zum Zeitpunkt der Erstellung dieses Berichts gute Daten verfügbar sind, wahrscheinlich wegen der Störung der Erhebung von Gesundheitsdaten durch COVID-19. Siehe Institute for Health Metrics and Evaluation, »GBD Results Tool«, Global Heath Data Exchange, Zugriff am 28. April 2023, http://ghdx.healthdata.org/gbd-results-tool; World Health Organization, »Diarrhoeal Disease«, World Health Organization, 2. Mai 2017, https://www.who.int/news-room/fact-sheets/detail/diarrhoeal-disease.

244 Für weitere Informationen zu diesen Technologien einschließlich eines amüsanten Videos, in dem Bill Gates und Jimmy Fallon Wasser trinken, das mit dem Janicki Omni Processor aus Rohabwasser gewonnen wurde, siehe Bill Gates, »Janicki Omniprocessor«, GatesNotes, YouTube-Video, 5. Januar 2015, https://www.youtube.com/watch?v=bVzppWSIFU0; »Bill Gates and Jimmy Drink Poop Water«, The Tonight Show Starring Jimmy Fallon, YouTube-Video, 22. Januar 2015, https://www.youtube.com/watch?v=FHgsLodpQ-U; Stephen Beacham, »How the LifeStraw Is Eradicating an Ancient Disease«, CNET, 9. April 2020, https://www.cnet.com/news/how-the-lifestraw-is-eradicating-an-ancient-disease; »Lifestraw Challenge: Drinking Pee, Backwash & More!«, Vat19, YouTube-Video, 2. Juni 2017, https://www.youtube.com/watch?v=_mkUTSGCF3I; Rebecca Paul, »6 Water-purifying Devices for Clean Drinking Water in the Developing World«, Inhabitat, 8. November 2013, https://inhabitat.com/6-water-purifying-devices-for-clean-drinking-water-in-the-developing-world.

245 Siehe »Roving Blue O-Pen Silver Advanced Portable Water Purification Device«, Roving Blue Inc., YouTube-Video, 5. November 2018, https://www.youtube.

com/watch?v=XeTp1iKQW28; Laurel Wilson, »Church Volunteers Install Water Systems in Other Countries«, *Bowling Green Daily News,* 27. Dezember 2014, https://www.bgdailynews.com/news/church-volunteers-install-water-systems-in-other-countries/article_969f45ad-7694-54af-8cb3-155e67ca54ad.html.

246 Aimee M. Gall et al., »Waterborne Viruses: A Barrier to Safe Drinking Water«, in: *PLoS Pathogens* 11, Nr. 6, Artikel e1004867 (25. Juni 2015), https://doi.org/10.1371/journal.ppat.1004867.

247 »Microfiber Matters«, Minnesota Pollution Control Agency, 4. Februar 2019, https://www.pca.state.mn.us/featured/microfiber-matters.

248 Für weitere Einzelheiten zu Dean Kamens Slingshot-Technologie siehe »Slingshot Water Purifier«, Atlas Initiative Group, YouTube-Video, 11. Februar 2012, https://www.youtube.com/watch?v=Uk_T9MiZKRs; Tom Foster, »Pure Genius: How Dean Kamen's Invention Could Bring Clean Water to Millions«, in: *Popular Science,* 16. Juni 2014, https://www.popsci.com/article/science/pure-genius-how-dean-kamens-invention-could-bring-clean-water-millions.

249 Ein langes, aber anschauliches und unterhaltsames Video über die Funktionsweise von Stirlingmotoren und einige wichtige dieser Antriebe findet sich unter: »Stirling Engines – The Power of the Future?«, Lindybeige, YouTube-Video, 28. November 2016, https://www.youtube.com/watch?v=vGlDsFAOWXc.

250 Für weitere Einzelheiten zu den wissenschaftlichen Erkenntnissen über die Entstehung der Landwirtschaft siehe Rhitu Chatterjee, »Where Did Agriculture Begin? Oh Boy, It's Complicated«, NPR, 15. Juli 2016, https://www.npr.org/sections/thesalt/2016/07/15/485722228/where-did-agriculture-begin-oh-boy-its-complicated; Ainit Snir et al., »The Origin of Cultivation and Proto-Weeds, Long Before Neolithic Farming«, in: *PLOS One* 10, Nr. 7 (22. Juli 2015), https://doi.org/10.1371/journal.pone.0131422.

251 David A. Pietz und Dorothy Zeisler-Vralsted, *Water und Human Societies*, Cham 2021, S. 55–57.

252 National Agricultural Statistics Service, »Corn, Grain – Yield, Measured in Bu/Acre«, Quick Stats, US Department of Agriculture, Zugriff am 28. April 2023, https://quickstats.nass.usda.gov/results/FBDE769A-0982-37DB-BA6D-A312ABDAA2B6; National Agricultural Statistics Service, »Corn and Soybean Production Down in 2022, USDA Reports Corn Stocks Down, Soybean Stocks Down from Year Earlier Winter Wheat Seedings Up for 2023«, US Department of Agriculture, 12. Januar 2023, https://www.nass.usda.gov/Newsroom/2023/01-12-2023.php.

253 Hannah Ritchie und Max Roser, »Crop Yields«, Our World in Data, updated September 2019, https://ourworldindata.org/crop-yields; Hannah Ritchie und Max Roser, »Land Use«, Our World in Data, September 2019, https://ourworldindata.org/land-use; »Food and Agriculture Data«, FAOSTAT.

254 Lebergott, »Labor Force and Employment, 1800–1960«, S. 119; Organisation for Economic Co-operation and Development, »Employment by Economic Activity: Agriculture: All Persons for the United States (LFEAAGTTUSQ647S)«, abgerufen von der FRED, Federal Reserve Bank of St. Louis, aktualisiert am 20. April 2023, https://fred.stlouisfed.org/series/LFEAAGTTUSQ647S; US Bureau of Labor Statistics, »Civilian Labor Force Level (CL- F16OV)«, abgerufen

von der FRED, Federal Reserve Bank of St. Louis, aktualisiert am 7. April 2023, https://fred.stlouisfed.org/series/CLF16OV.

255 Für weitere Informationen über die derzeitige vertikale Landwirtschaft und ihre kurzfristigen Aussichten siehe »Why Vertical Farming Is the Future of Food«, RealLifeLore2, YouTube-Video, 17. Mai 2020, https://www.youtube.com/watch?v=IBleQycVanU; »This Farm of the Future Uses No Soil and 95 % Less Water«, Seeker Stories, YouTube-Video, 5. Juli 2016, https://www.youtube.com/watch?v=-_tvJtUHnmU; Stuart Oda, »Are Indoor Vertical Farms the Future of Agriculture?«, TED, YouTube-Video, 7. Februar 2020, https://www.youtube.com/watch?v=z9jXW9r1xr8; David Roberts, »This Company Wants to Build a Giant Indoor Farm Next to Every Major City in the World«, Vox, 11. April 2018, https://www.vox.com/energy-and-environment/2017/11/8/16611710/vertical-farms; Selina Wang, »This High-Tech Vertical Farm Promises Whole Foods Quality at Walmart Prices«, Bloomberg, 6. September 2017, https://www.bloomberg.com/news/features/2017-09-06/this-high-tech-vertical-farm-promises-whole-foods-quality-at-walmart-prices.

256 Für weitere kurze Erklärungen zu den Technologien der vertikalen Landwirtschaft siehe Kyree Leary, »Crops Are Harvested Without Human Input, Teasing the Future of Agriculture«, Futurism, 26. Februar 2018, https://futurism.com/automated-agriculture-uk; »Growing Up: How Vertical Farming Works«, B1M, YouTube-Video, 6. März 2019, https://www.youtube.com/watch?v=QT4TWbPLrN8.

257 William Park, »How Far Can Vertical Farming Go?«, BBC, 11. Januar 2023, https://www.bbc.com/future/article/20230106-what-if-all-our-food-was-grown-in-indoor-vertical-farms; Ian Frazier, »The Vertical Farm«, in: *New Yorker*, 1. Januar 2017, https://www.newyorker.com/magazine/2017/01/09/the-vertical-farm.

258 Für weitere Informationen über wassersparende vertikale Landwirtschaftsbetriebe wie Gotham Greens und Aero-Farms siehe Brian Heater, »Gotham Greens Just Raised $310M to Expand Its Greenhouses Nationwide«, TechCrunch, 12. September 2022, https://techcrunch.com/2022/09/12/gotham-greens-just-raised-310m-to-expand-its-greenhouses-nationwide; »Our Farms«, Gotham Greens, Zugriff am 31. März 2023, https://www.gothamgreens.com/our-farms; »This Future Farm Uses No Soil and 95 % Less Water«, FutureWise, YouTube-Video, 26. Juni 2018, https://www.youtube.com/watch?v=SHkwXRMLcmE.

259 Laura Reiley, »Indoor Farming Looks Like It Could Be the Answer to Feeding a Hot and Hungry Planet. It's Not That Easy«, in: *Washington Post*, 10. November 2019, https://www.washingtonpost.com/business/2019/11/19/indoor-farming-is-one-decades-hottest-trends-regulations-make-success-elusive.

260 Ritchie, »Half of the World's Habitable Land Is Used for Agriculture«; Ellis et al., »Anthropogenic Transformation of the Biomes«; »Food and Agriculture Data«, FAOSTAT.

261 Für genauere Informationen zu den Anfängen des 3-D-Drucks siehe Drew Turney, »History of 3D Printing: It's Older Than You Think«, Design and Make with Autodesk, 31. August 2021, https://www.autodesk.com/redshift/history-of-3d-printing; Leo Gregurić, »History of 3D Printing: When Was 3D Printing Inven-

ted?«, All3DP, 10. Dezember 2018, https://web.archive.org/web/20211227053912/https://all3dp.com/2/history-of-3d-printing-when-was-3d-printing-invented/.

262 Für weitere Informationen zum Prozess des 3-D-Drucks selbst siehe »How Does 3D Printing Work? | The Deets«, Digital Trends, YouTube-Video, 22. September 2019, https://www.youtube.com/watch?v=dGajFRaS834; Rebecca Matulka und Matty Green, »How 3D Printers Work«, Department of Energy, 19. Juni 2014, https://www.energy.gov/articles/how-3d-printers-work.

263 Eine breite Auswahl an Meinungen von 3-D-Druck-Experten zu Trends in der Branche sowie Fotos, die die zunehmende Auflösung der hergestellten Objekte zeigen, finden sich unter: Michael Petch, »80 Additive Manufacturing Experts Predict the 3D Printing Trends to Watch in 2020«, 3DPrintingIndustry.com, 15. Januar 2020, https://3dprintingindustry.com/news/80-additive-manufacturing-experts-predict-the-3d-printing-trends-to-watch-in-2020-167177; Leo Gregurić, »The Smallest 3D Printed Things«, All3DP, 30. Januar 2019, https://all3dp.com/2/the-smallest-3d-printed-things.

264 »How It Works«, FitMyFoot, Zugriff am 29. Juni 2022, https://web.archive.org/web/20220629040739/https://fitmyfoot.com/pages/how-it-works.

265 Für Beispiele für den Einsatz des 3-D-Drucks zur Anpassung von Objekten an den menschlichen Körper siehe »IKEA Partnering with eSports Academy to Scan Bodies and 3D-Print Chairs«, NowThis, 15. September 2018, https://nowthisnews.com/videos/future/ikea-and-esports-academy-are-making-3d-printed-chairs; Bianca Britton, »The 3D-Printed Wheelchair: A Revolution in Comfort?«, CNN, 24. January 2017, https://money.cnn.com/2017/01/24/technology/3d-printed-wheelchair-benjamin-hubert-layer/index.html; Clare Scott, »Knife Maker Points to 3D Printing as Alternative Method of Craftsmanship«, 3DPrint.com, 16. Oktober 2018, https://3dprint.com/227502/knife-maker-uses-3d-printing.

266 Für weitere Informationen über Anwendungen des 3-D-Drucks bei medizinischen Implantaten siehe »3D Printed Implants Could Help Patients with Bone Cancer«, Insider, YouTube-Video, 1. November 2017, https://www.youtube.com/watch?v=jcp-aaa1PBk; »3D Printed Lattices Improve Orthopaedic Implants«, Renishaw, YouTube-Video, 28. November 2019, https://www.youtube.com/watch?v=2rm_3rUl3QE; AMFG, »Application Spotlight: 3D Printing for Medical Implants«, Autonomous Manufacturing Ltd., 15. August 2019, https://amfg.ai/2019/08/15/application-spotlight-3d-printing-for-medical-implants.

267 »The Carbon Footprint of Global Trade: Tackling Emissions from International Freight Transport«, International Transport Forum, Brüssel 2016, S. 2, https://www.itf-oecd.org/sites/default/files/docs/cop-pdf-06.pdf.

268 Dean Takahashi, »Dyndrite Launches GPU-Powered Improvements for Better 3D Printing Speed and Quality«, VentureBeat, 18. November 2019, https://venturebeat.com/2019/11/18/dyndrite-launches-gpu-powered-improvements-for-better-3d-printing-speed-and-quality; Agiimaa Kruchkin, »Innovation in Creation: Demand Rises While Prices Drop for 3D Printing Machines«, Manufacturing Tomorrow, 16. Februar 2016, https://www.manufacturingtomorrow.com/article/2016/02/innovation-in-creation-demand-rises-while-prices-drop-for-3d-printing-machines/7631.

269 »Profiles of 15 of the World's Major Plant and Animal Fibres«, Food and Agriculture Organization of the United Nations, Zugriff am 28. April 2023, http://www.fao.org/natural-fibres-2009/about/15-natural-fibres/en.

270 Siehe »Cytosurge FluidFM µ3Dprinter, World's First 3D Printer at Sub-Micron Direct Metal Printing«, Charbax, YouTube-Video, 21. Mai 2017, https://www.youtube.com/watch?v=n90O6EiBt40; Sam Davies, »Nanofabrica Announces Commercial Launch of Micro-Level Resolution Additive Manufacturing Technology«, in: *TCT Magazine*, 14. März 2019, https://www.tctmagazine.com/additive-manufacturing-3d-printing-news/nanofabrica-micro-level-resolution-additive-manufacturing.

271 Für weitere Informationen über 3-D-gedrucktes Gewebe siehe Zachary Hay, »3D Printed Fabric: The Most Promising Projects«, All3DP, 7. November 2019, https://all3dp.com/2/3d-printed-fabric-most-promising-project; Roni Jacobson, »The Shattering Truth of 3D-Printed Clothing«, Wired, 12. Mai 2017, https://www.wired.com/2017/05/the-shattering-truth-of-3d-printed-clothing.

272 Danny Paez, »An Incredible New 3D Printer Is 100X Faster Than What Was Possible: Video«, Inverse, 26. Januar 2019, https://www.inverse.com/article/52721-high-speed-3d-printing-mass-production; Mark Zastrow, »3D Printing Gets Bigger, Faster and Stronger«, in: *Nature* 578, Nr. 7793 (5. Februar 2020), https://doi.org/10.1038/d41586-020-00271-6; »Prediction 5: 3D Printing Reaches the ›Plateau of Productivity‹«, Deloitte, 2019, https://www.deloitte.co.uk/tmtpredictions/predictions/3d-printing.

273 Für weitere Informationen über das Verfahren des 3-D-Drucks zur Herstellung von Organen siehe Amanda Deisler, »This 3D Bioprinted Organ Just Took Its First ›Breath‹«, Seeker, YouTube-Video, 3. Mai 2019, https://www.youtube.com/watch?v=VorIP_u1JPQ; NIH Research Matters, »3D-Printed Scaffold Engineered to Grow Complex Tissues«, National Institutes of Health, 7. April 2020, https://www.nih.gov/news-events/nih-research-matters/3d-printed-scaffold-engineered-grow-complex-tissues; Luis Diaz-Gomez et al., »Fiber Engraving for Bioink Bioprinting Within 3D Printed Tissue Engineering Scaffolds«, in: *Bioprinting* 18, Artikel e00076 (Juni 2020), https://doi.org/10.1016/j.bprint.2020.e00076Get; Luke Dormehl, »Ceramic Ink Could Let Doctors 3D Print Bones Directly into a Patient's Body«, Digital Trends, 30. Januar, 2021, https://www.digitaltrends.com/news/ceramic-ink-3d-printed-bones.

274 Für weitere Informationen über die Arbeit von United Therapeutics einschließlich eines aufschlussreichen Interviews mit der Geschäftsführerin, meiner Freundin Martine Rothblatt, siehe CNBC Squawk Box, »Watch CNBC's Full Interview with United Therapeutics CEO Martine Rothblatt«, CNBC, 25. Juni 2019, https://www.cnbc.com/video/2019/06/25/watch-cnbcs-full-interview-with-united-therapeutics-ceo-martine-rothblatt.html; Antonio Regalado, »Inside the Effort to Print Lungs and Breathe Life into Them with Stem Cells«, in: *MIT Technology Review*, 28. Juni 2018, https://www.technologyreview.com/2018/06/28/240446/inside-the-effort-to-print-lungs-and-breathe-life-into-them-with-stem-cells.

275 Für weitere Erklärungen, warum transplantierte Organe häufig versagen, siehe »Why Do Organ Transplants Fail So Often«, Julia Wilde, YouTube-Video,

12. Juli 2015, https://www.youtube.com/watch?v=LQoKo2m6_KM; Amy Shira Teitel, »Your Body Is Designed to Attack a New Organ, Now We Know Why«, Seeker, YouTube-Video, 22. Juli 2017, https://www.youtube.com/watch?v=yfDL9PWubCs; »Lowering Rejection Risk in Organ Transplants«, Mayo Clinic, YouTube-Video, 18. März 2014, https://www.youtube.com/watch?v=bUz3X9ZYd5s.

276 Elizabeth Ferrill und Robert Yoches, »IP Law and 3D Printing: Designers Can Work Around Lack of Cover«, Wired, September 2013, https://www.wired.com/insights/2013/09/ip-law-and-3d printing-designers-can-work-around-lack-of-cover; Michael K. Henry, »How 3D Printing Challenges Existing Intellectual Property Law«, Henry Patent Law Firm, 13. August 2018, https://henry.law/blog/3d-printing-challenges-patent-law.

277 Jake Hanrahan, »3D-Printed Guns Are Back, and This Time They Are Unstoppable«, Wired, 20. Mai 2019, https://www.wired.co.uk/article/3d-printed-guns-blueprints.

278 Für weitere Informationen über die Funktionsweise siehe Innovative Manufacturing and Construction Research Centre, »Future of Construction Process: 3D Concrete Printing«, Concrete Printing, YouTube-Video, 30. Mai 2010, https://www.youtube.com/watch?v=EfbhdZKPHro; Nathalie Labonnote et al., »Additive Construction: State-of-the-Art, Challenges and Opportunities«, in: *Automation in Construction* 72, Nr. 3 (Dezember 2016), S. 347–366, https://doi.org/10.1016/j.autcon.2016.08.026.

279 Für einen hilfreichen Überblick über die jüngsten Fortschritte in diesem Bereich siehe Sriram Renganathan, »3D Printed House/Construction Materials: What Are They?«, All3DP, April 23, 2019, https://all3dp.com/2/3d-printing-in-construction-what-are-3d-printed-houses-made-of.

280 Melissa Goldin, »Chinese Company Builds Houses Quickly with 3D Printing«, Mashable, 28. April 28 2014, https://mashable.com/2014/04/28/3d-printing-houses-china.

281 Ein beeindruckendes Zeitraffervideo über die Konstruktion des Rohbaus eines ganzen Gebäudes im 3-D-Druckverfahren findet sich unter: »The Biggest 3D Printed Building«, Apis Cor, YouTube-Video, 24. Oktober 2019, https://www.youtube.com/watch?v=69HrqNnrfh4.

282 Rick Stella, »It's Hideous, But This 3D-Printed Villa in China Can Withstand a Major Quake«, Digital Trends, 11. Juli 2016, https://www.digitaltrends.com/home/3d-printed-chinese-villas-huashang-tenda.

283 Emma Bowman, »3D-Printed Homes Level Up with a 2-Story House in Houston«, NPR, 16. Januar 2023, https://www.npr.org/2023/01/16/1148943607/3d-printed-homes-level-up-with-a-2-story-house-in-houston; »Habitat for Humanity Home Completed«, Alquist, Zugriff am 6. Dezember 2022, https://web.archive.org/web/20221206002108/https://www.alquist3d.com/habitat; »How Concrete Homes Are Built with a 3D Printer«, Insider Art, YouTube-Video, 28. Juni 2022, https://www.youtube.com/watch?v=vL2KoMNzGTo.

284 Wetterstrand, »The Cost of Sequencing a Human Genome«; Kris A. Wetterstrand, »DNA Sequencing Costs: Data«, National Human Genome Research Institute, 19. November 2021, https://www.genome.gov/about-genomics/fact-

sheets/DNA-Sequencing-Costs-Data; National Research Council Committee on Mapping and Sequencing the Human Genome, *Mapping and Sequencing the Human Genome*, Kap. 5, Washington 1988, https://www.ncbi.nlm.nih.gov/books/NBK218256; E. Y. Chan (Applied Biosystems), Email an den Autor, 7. Oktober 2008.

285 Für genauere Informationen über die Krebsimmuntherapie siehe »How Does Cancer Immunotherapy Work?«, MD Anderson Cancer Center, YouTube-Video, 20. April 2017, https://www.youtube.com/watch?v=CwaMZCu4kpI; »Tumour Immunology and Immunotherapy«, Nature Video, YouTube-Video, 17. September 2015, https://www.youtube.com/watch?v=K09xzIQ8zsg; Alex D. Waldman, Jill M. Fritz und Michael J. Lenardo, »A Guide to Cancer Immunotherapy: From T Cell Basic Science to Clinical Practice«, in: *Nature Reviews Immunology* 20 (2020), S. 651–668, https://doi.org/10.1038/s41577-020-0306-5.

286 Für weitere Informationen über die CAR-T-Zelltherapie und ihre vielversprechende Wirkung bei der Krebsbehandlung siehe »CAR T-Cell Therapy: How Does It Work?«, Dana-Farber Cancer Institute, YouTube-Video, 31. August 2017, https://www.youtube.com/watch?v=OadAW99s4Ik; Carl June, »A ›Living Drug‹ That Could Change the Way We Treat Cancer«, TED, YouTube-Video, 2. Oktober 2019, https://www.youtube.com/watch?v=7qWvVcBZzRg.

287 Eine repräsentative Auswahl der jüngsten Forschung zu iPS-Therapien findet sich unter: Krista Conger, »Old Human Cells Rejuvenated with Stem Cell Technology«, Stanford Medicine, 24. März 2020, https://med.stanford.edu/news/all-news/2020/03/old-human-cells-rejuvenated-with-stem-cell-technology.html; Qiliang Zhou et al., »Trachea Engineering Using a Centrifugation Method and Mouse-Induced Pluripotent Stem Cells«, in: *Tissue Engineering Part C: Methods* 24, Nr. 9 (14. September 2018), S. 524–533, https://doi.org/10.1089/ten.TEC.2018.0115; Kazuko Kikuchi et al., »Craniofacial Bone Regeneration Using iPS Cell-Derived Neural Crest Like Cells«, in: *Journal of Hard Tissue Biology* 27, Nr. 1 (1. Januar 2018), S. 1–10, https://doi.org/10.2485/jhtb.27.1; »The World's First Allogeneic iPS-Derived Retina Cell Transplant«, Japan Agency for Medical Research and Development, 20. September 2018, https://www.amed.go.jp/en/seika/fy2018-05.html; Hiroo Kimura et al., »Stem Cells Purified from Human Induced Pluripotent Stem Cell-Derived Neural Crest-Like Cells Promote Peripheral Nerve Regeneration«, in: *Scientific Reports* 8, Nr. 1, Artikel 10071 (3. Juli 2018), https://doi.org/10.1038/s41598-018-27952-7; Suman Kanji und Hiranmoy Das, »Advances of Stem Cell Therapeutics in Cutaneous Wound Healing and Regeneration«, in: *Mediators of Inflammation*, Artikel 5217967 (29. Oktober 2017), https://doi.org/10.1155/2017/5217967; David Cyranoski, »›Reprogrammed‹ Stem Cells Approved to Mend Human Hearts for the First Time«, in: *Nature* 557, Nr. 7707 (29. Mai 2018), S. 619 f., https://doi.org/10.1038/d41586-018-05278-8; Yue Yu et al., »Application of Induced Pluripotent Stem Cells in Liver Diseases«, in: *Cell Medicine* 7, Nr. 1 (22. April 2014), S. 1–13, https://doi.org/10.3727/215517914X680056; Susumu Tajiri et al., »Regenerative Potenzial of Induced Pluripotent Stem Cells Derived from Patients Undergoing Haemodialysis in Kidney Regeneration«, in: *Scientific Reports* 8, Nr. 1, Artikel 14919 (8. Oktober 2018), https://doi.org/10.1038/s41598-018-33256-7; Sharon Begley, »Cancer-Causing

DNA Is Found in Some Sem Cells Being Used in Patients«, STAT News, 26. April 2017, https://www.statnews.com/2017/04/26/stem-cells-cancer-mutations.

288 Für weitere Einzelheiten zu anderen Faktoren, die die Entwicklung des menschlichen Immunsystems beeinflusst haben, siehe Jorge Domínguez-Andrés und Mihai G. Netea, »Impact of Historic Migrations and Evolutionary Processes on Human Immunity«, in: *Trends in Immunology* 40, Nr. 12 (27. November 2019), S. P1105–P1119, https://doi.org/10.1016/j.it.2019.10.001.

289 Für eine deutlichen Erklärung der Funktionsweise von Typ-1-Diabetes im Körper siehe »Type 1 Diabetes | Nucleus Health«, Nucleus Medical Media, YouTube-Video, 10. Januar 2012, https://www.youtube.com/watch?v=jxbbBmbvu7I.

290 Für eine nichttechnische Erläuterung dieser Forschung und Links zu den wichtigsten Studien siehe Todd B. Kashdan, »Why Do People Kill Themselves? New Warning Signs«, in: *Psychology Today*, 15. Mai 2014, https://www.psychologytoday.com/us/blog/curious/201405/why-do-people-kill-themselves-new-warning-signs.

Kapitel 5: Die Zukunft der Arbeitsplätze: gut oder schlecht?

1 Für weitere Informationen zu dieser rasanten Entwicklung siehe Alex Davies, »An Oral History of the Darpa Grand Challenge, the Grueling Robot Race That Launched the Self-Driving Car,« Wired, 3. August 2017, https://www.wired.com/story/darpa-grand-challenge-2004-oral-history; Joshua Davies, »Say Hello to Stanley«, in: Wired, 1. Januar 2006, https://www.wired.com/2006/01/stanley; Ronan Glon und Stephen Edelstein, »The History of Self-Driving Cars«, in: Digitaltrends, 31. Juli 2020, https://www.digitaltrends.com/cars/history-of-self-driving-cars-milestones.

2 Kristen Korosec, »Waymo's Driverless Taxi Service Can Now Be Accessed on Google Maps«, in: TechCrunch, 3. Juni 2021, https://techcrunch.com/2021/06/03/waymos-driverless-taxi-service-can-now-be-accessed-on-google-maps; Rebecca Bellan, »Waymo Launches Robotaxi Service in San Francisco«, in: TechCrunch, 24. August 2021, https://techcrunch.com/2021/08/24/waymo-launches-robotaxi-service-in-san-francisco; Jonathan M. Gitlin, »Self-Driving Waymo Trucks to Haul Loads Between Houston and Fort Worth«, in: Ars Technica, 10. Juni 2021, https://arstechnica.com/cars/2021/06/self-driving-waymo-trucks-to-haul-loads-between-houston-and-fort-worth; Dug Begley, »More Computer-Controlled Trucks Coming to Test-Drive I-45 Between Dallas and Houston«, in: Houston Chronicle, 25. August 2022, https://www.houstonchronicle.com/news/houston-texas/transportation/article/More-computer-controlled-trucks-coming-to-17398269.php.

3 »Next Stop for Waymo One: Los Angeles«, in: Waymo, 19. Oktober 2022, https://blog.waymo.com/2022/10/next-stop-for-waymo-one-los-angeles.html.

4 Aaron Pressman, »Google's Waymo Reaches 20 Million Miles of Autonomous Driving«, in: Fortune, 7. Januar 2020, https://fortune.com/2020/01/07/googles-waymo-reaches-20-million-miles-of-autonomous-driving.

5 Will Knight, »Waymo's Cars Drive 10 Million Miles a Day in a Perilous Virtual World«, in: MIT Technology Review, 10. Oktober 2018, https://www.

technologyreview.com/s/612251/waymos-cars-drive-10-million-miles-a-day-in-a-perilous-virtual-world; Alexis C. Madrigal, »Inside Waymo's Secret World for Training Self-Driving Cars«, Atlantic, 23. August 2017, https://www.theatlantic.com/technology/archive/2017/08/inside-waymos-secret-testing-and-simulation-facilities/537648; John Krafcik, »Waymo Livestream Unveil: The Next Step in Self-Driving«, Waymo, YouTube-Video, 27. März 2018, https://www.youtube.com/watch?v=-EBcpIvPWnY; Mario Herger, »2020 Disengagement Reports from California«, The Last Driver License Holder, 9. Februar 2021, https://thelastdriverlicenseholder.com/2021/02/09/2020-disengagement-reports-from-california; »Off Road, but Not Offline: How Simulation Helps Advance Our Waymo Driver«, Waymo, 28. April 2020, https://blog.waymo.com/2020/04/off-road-but-not-offline-simulation27.html; Kris Holt, »Waymo's Autonomous Vehicles Have Clocked 20 Million Miles on Public Roads«, Engadget, 19. August 2021, https://www.engadget.com/waymo-autonomous-vehicles-update-san-francisco-193934150.html.

6 Technisch gesehen können »tiefe« neuronale Netze aus nur drei Schichten bestehen, aber mit den Fortschritten bei der Rechenleistung in den letzten zehn Jahren wurden wesentlich tiefere Netze ermöglicht. Ein Schlüsselelement von AlphaGo war ein neuronales Netzwerk mit dreizehn Schichten, mit dem es in den Jahren 2015–2016 die besten menschlichen Go-Spieler übertraf. Um einsatzfähig zu werden, benötigte dieses Netz riesige Datenmengen. Daher trainierten die Forscher es, indem sie pro Sekunde und Computereinheit bis zu 1000 Spiele simulierten. Im Jahr 2017 simulierte AlphaGo Zero mit einem Netz mit 79 Schichten etwa 29 Millionen Spiele und schlug das ursprüngliche AlphaGo in 100 Spielen zu null. Bei einigen KI-Projekten werden inzwischen neuronale Netze mit mehr als 100 Schichten verwendet. Mehr Schichten führen nicht unbedingt zu höherer Intelligenz, aber die Schichten können der KI zu mehr Subtilität und Abstraktionsvermögen verhelfen. Wenn ein Thema komplex genug ist und man genügend Daten hat, kann ein Netzwerk mit mehr Schichten oft versteckte Muster entdecken, die ein weniger tiefes Netzwerk übersehen würde. Dies ist eine sehr wichtige Erkenntnis im Bereich der künstlichen Intelligenz im Allgemeinen und ein zentraler Grund dafür, dass sich so viele Bereiche wie das Gesundheitswesen und die Materialwissenschaft allmählich zu Informationstechnologien entwickeln. Je billiger die Berechnungen werden, desto praktikabler wird der Einsatz tieferer neuronaler Netze. Je billiger die Datenerfassung und -speicherung werden, desto praktikabler wird es, diese tiefen Netze mit genügend Daten zu füttern und ihr Potenzial in weiteren Bereichen zu nutzen. Und da Deep Learning immer umfassender eingesetzt wird, profitieren diese Bereiche von einer exponentiell zunehmenden Intelligenz. Siehe »AlphaGo«, Google DeepMind, Zugriff am 30. Januar 2023, https://deepmind.com/research/case-studies/alphago-the-story-so-far; »AlphaGo Zero: Starting from Scratch«, Google DeepMind, 18. Oktober 2017, https://deepmind.com/blog/article/alphago-zero-starting-scratch; Tom Simonite, »This More Powerful Version of AlphaGo Learns On Its Own«, Wired, 18. Oktober 2017, https://www.wired.com/story/this-more-powerful-version-of-alphago-learns-on-its-own; David Silver et al., »Mastering the Game of Go with Deep Neural Networks

and Tree Search«, in: *Nature* 529, Nr. 7587 (27. Januar 2016), S. 484–489, https://doi.org/10.1038/nature16961; Christof Koch, »How the Computer Beat the Go Master«, in: *Scientific American*, 19. März 2016, https://www.scientificamerican.com/article/how-the-computer-beat-the-go-master; Josh Patterson und Adam Gibson, *Deep Learning: A Practitioner's Approach*, Sebastopol, CA 2017, S. 6–8, https://books.google.com/books?id=qrcuDwAAQBAJ; Thomas Anthony, Zheng Tian und David Barber, »Thinking Fast and Slow with Deep Learning and Tree Search«, 31st Conference on Neural Information Processing Systems (NIPS 2017), geändert am 3. Dezember 2017, https://arxiv.org/pdf/1705.08439.pdf; Kaiming He et al., »Deep Residual Learning for Image Recognition«, 2016 IEEE Conference on Computer Vision and Pattern Recognition, 10. Dezember 2015, https://arxiv.org/pdf/1512.03385.pdf.

7 Holt, »Waymo's Autonomous Vehicles Have Clocked 20 Million Miles on Public Roads«.

8 Im Jahr 2021 belief sich die Zahl der Erwerbstätigen in den USA auf rund 155 Millionen Menschen. Davon waren schätzungsweise 3,49 Millionen Lkw-Fahrer aller Art und weitere 832 600 Pkw-Fahrer – etwa 2,7 Prozent. Siehe US Bureau of Labor Statistics, »Employment Status of the Civilian Population by Sex and Age«, in: US Department of Labor, Zugriff am 7. April 2023, https://www.bls.gov/news.release/empsit.t01.htm; Jennifer Cheeseman Day und Andrew W. Hait, »America Keeps On Truckin': Number of Truckers at All-Time High,« US Census Bureau, 6. Juni 2019, https://www.census.gov/library/stories/2019/06/america-keeps-on-trucking.html; US Bureau of Labor Statistics, US Department of Labor, »30 Percent of Civilian Jobs Require Some Driving in 2016«, The Economics Daily, 27. Juni 2017, https://www.bls.gov/opub/ted/2017/30-percent-of-civilian-jobs-require-some-drivin-in-2016.htm.

9 »Economics and Industry Data«, American Trucking Associations, Zugriff am 20. April 2023, https://www.trucking.org/economics-and-industry-data; US Bureau of Labor Statistics, »Occupational Outlook Handbook, Passenger Vehicle Drivers–Summary«, US Department of Labor, Zugriff am 30. Januar 2023, https://www.bls.gov/ooh/transportation-and-material-moving/passenger-vehicle-drivers.htm.

10 Mark Fahey, »Driverless Cars Will Kill the Most Jobs in Select US States«, CNBC, 2. September 2016, https://www.cnbc.com/2016/09/02/driverless-cars-will-kill-the-most-jobs-in-select-us-states.html.

11 Fahey, »Driverless Cars Will Kill the Most Jobs in Select US States«.

12 Cheeseman Day and Hait, »America Keeps on Truckin'«.

13 Bureau of Transportation Statistics, Transportation Economic Trends, US Department of Transportation, Zugriff am 20. April 2023, https://data.bts.gov/stories/s/caxh-t8jd.

14 Carl Benedikt Frey und Michael A. Osborne. »The Future of Employment: How Susceptible Are Jobs to Computerisation?«, Oxford Martin School, 17. September 2013, S. 2, 36–38, https://www.oxfordmartin.ox.ac.uk/downloads/academic/The_Future_of_Employment.pdf.

15 Frey und Osborne, »Future of Employment: How Susceptible Are Jobs to Computerisation?«, S. 57–72.

16 Ebd., S. 57–72.
17 Ebd., S. 57–72.
18 Ebd., S. 57–72.
19 Ljubica Nedelkoska und Glenda Quintini, »Automation, Skills Use and Training«, OECD Social, in: *Employment and Migration Working Papers* Nr. 202 (8. März 2018), S. 7 f., https://doi.org/10.1787/2e2f4eea-en.
20 Nedelkoska and Quintini, »Automation, Skills Use and Training«, S. 7 f.
21 »A New Study Finds Nearly Half of Jobs Are Vulnerable to Automation«, in: *Economist*, 24. April 2018, https://www.economist.com/graphic-detail/2018/04/24/a-study-finds-nearly-half-of-jobs-are-vulnerable-to-automation; Frey und Osborne, »Future of Employment: How Susceptible Are Jobs to Computerisation?«.
22 Alexandre Georgieff und Anna Milanez, »What Happened to Jobs at High Risk of Automation?«, OECD Social, Employment and Migration Working Papers no. 255, OECD Publishing, 21. Mai 2021, https://doi.org/10.1787/10bc97f4-en.
23 McKinsey & Company, »The Economic Potential of Generative AI: The Next Productivity Frontier«, McKinsey & Company, Juni 2023, S. 37–41, https://www.mckinsey.com/capabilities/mckinsey-digital/our-insights/the-economic-potential-of-generative-ai-the-next-productivity-frontier#introduction.
24 Richard Conniff, »What the Luddites Really Fought Against«, Smithsonian, März 2011, https://www.smithsonianmag.com/history/what-the-luddites-really-fought-against-264412.
25 »Hidden Histories: Luddites – A Short History of One of the First Labor Movements«, WRIR.org, 23. Mai 2010, https://www.wrir.org/2010/05/23/hidden-histories-luddites-a-short-history-of-one-of-the-first-labor-movemen; Conniff, »What the Luddites Really Fought Against«; Bill Kovarik, *Revolutions in Communication: Media History from Gutenberg to the Digital Age*, New York 2015, S. 8, https://books.google.com/books?id= F6ugBQAAQBAJ; Jessica Brain, »The Luddites«, Historic UK, Zugriff am 20. April 2023, https://www.historic-uk.com/HistoryUK/Historyof Britain/The-Luddites.
26 Conniff, »What the Luddites Really Fought Against«; Brain, »The Luddites«.
27 Brain, »The Luddites«; Kevin Binfield, ed., *Writings of the Luddites*, Baltimore 2004; Frank Peel, *The Risings of the Luddites*, Heckmondwike 1880.
28 Stanley Lebergott, »Labor Force and Employment, 1800–1960«, in *Output, Employment, and Productivity in the United States After 1800*, hrsg. von Dorothy S. Brady, Washington 1966, S. 119, https://www.nber.org/chapters/c1567.pdf; US Bureau of Labor Statistics, »All Employees, Manufacturing (MANEMP)«, abgerufen von der FRED, Federal Reserve Bank of St. Louis, aktualisiert am 7. April 2023, https://fred.stlouisfed.org/series/MANEMP; Organisation for Economic Co-operation and Development, »Employment by Economic Activity: Agriculture: All Persons for the United States (LFEAAGTTUSQ647S)«, abgerufen von der FRED, Federal Reserve Bank of St. Louis, aktualisiert am 20. April 2023, https://fred.stlouisfed.org/series/LFEAAGTTUSQ647S; US Bureau of Labor Statistics, »Civilian Labor Force Level (CLF16OV)«, abgerufen von der FRED, Federal Reserve Bank of St. Louis, aktualisiert am 7. April 2023, https://fred.stlouisfed.org/series/CLF16OV.

29 Lebergott, »Labor Force and Employment, 1800–1960«, S. 118; US Census Bureau, »Historical National Population Estimates July 1, 1900 to July 1, 1999«, Population Estimates Program, Population Division, US Census Bureau, überarbeitet am 28. Juni 2000, https://www2.census.gov/programs-surveys/popest/tables/1900-1980/national/totals/popclockest.txt.

30 US Bureau of Labor Statistics, »Civilian Labor Force Level (CLF16OV)«; US Bureau of Economic Analysis, »Population (B230RC0A052NBEA)«, abgerufen von der FRED, Federal Reserve Bank of St. Louis, aktualisiert am 26. Januar 2023, https://fred.stlouisfed.org/series/B230RC0A052NBEA.

31 Michael Huberman und Chris Minns, »The Times They Are Not Changin': Days and Hours of Work in Old and New Worlds, 1870–2000«, in: *Explorations in Economic History* 44, Nr. 4 (12. Juli 2007), S. 548, https://personal.lse.ac.uk/minns/Huberman_Minns_EEH_2007.pdf; University of Groningen und University of California, Davis, »Average Annual Hours Worked by Persons Engaged for United States (AVHWPEUSA065NRUG)«, abgerufen von der FRED, Federal Reserve Bank of St. Louis, aktualisiert am 21. Januar 2021, https://fred.stlouisfed.org/series/AVHWPEUSA065NRUG; Robert C. Feenstra, Robert Inklaar und Marcel P. Timmer, »The Next Generation of the Penn World Table«, in: *American Economic Review* 105, Nr. 10 (2015), S. 3150–3182, https://www.rug.nl/ggdc/docs/the_next_generation_of_the_penn_world_table.pdf.

32 US Bureau of Labor Statistics, »Personal Income Per Capita (A792RC0A052NBEA)«, abgerufen von der FRED, Federal Reserve Bank of St. Louis, aktualisiert am 30. März 2023, https://fred.stlouisfed.org/series/A792RC0A052NBEA; »CPI Inflation Calculator«, US Bureau of Labor Statistics, Zugriff am 20. April 2023, https://data.bls.gov/cgi-bin/cpicalc.pl; US Bureau of Labor Statistics, »Civilian Labor Force Level (CLF16OV)«; US Bureau of Labor Statistics, »Real Median Personal Income in the United States (MEPAINUSA672N)«, abgerufen von der FRED, Federal Reserve Bank of St. Louis, aktualisiert am 13. September 2022, https://fred.stlouisfed.org/series/MEPAINUSA672N.

33 Lebergott, »Labor Force and Employment, 1800–1960«, 118; US Bureau of Economic Analysis, »Population (B230RC0A052NBEA)«.

34 US Bureau of Labor Statistics, »Personal Income Per Capita (A792RC0A052NBEA)«; US Bureau of Labor Statistics, »Civilian Labor Force Level (CLF16OV)«; US Bureau of Economic Analysis, »Population (B230RC0A052NBEA)«.

35 US Bureau of Labor Statistics, »Real Median Personal Income in the United States (ME-PAINUSA672N)«.

36 Huberman und Minns, »The Times They Are Not Changin'«, S. 548.

37 US Bureau of Labor Statistics, »Total Wages and Salaries, BLS (BA06RC1A027NBEA)«, abgerufen von der FRED, Federal Reserve Bank of St. Louis, aktualisiert am 12. Oktober 2022, https://fred.stlouisfed.org/series/BA06RC1A027NBEA; US Bureau of Labor Statistics, »Hours Worked by Full-Time and Part-Time Employees (B4701C0A222NBEA)«, abgerufen von der FRED, Federal Reserve Bank of St. Louis, aktualisiert am 12. Oktober 2022, https://fred.stlouisfed.org/series/B4701C0A222NBEA.

38 US Bureau of Labor Statistics, »Personal Income (PI)«, abgerufen von der FRED, Federal Reserve Bank of St. Louis, aktualisiert am 31. März 2023, https://fred.stlouisfed.org/series/PI.

39 Siehe beispielsweise: Microeconomix, *The App Economy in the United States*, London, 17. August 2018, S. 4, https://actonline.org/wp-content/uploads/Deloitte-The-App-Economy-in-US.pdf.

40 Lebergott, »Labor Force and Employment, 1800–1960«, S. 119.

41 F. M. L. Thompson, »The Second Agricultural Revolution, 1815–1880«, in: *Economic History Review* 21, Nr. 1 (April 1968), S. 62–77, https://www.jstor.org/stable/2592204; Norman E. Borlaug, »Contributions of Conventional Plant Breeding to Food Production«, in: *Science* 219, Nr. 4585 (11. Februar 1983), S. 689–693, https://science.sciencemag.org/content/sci/219/4585/689.full.pdf.

42 Eine genauere Betrachtung der Veränderung der Landwirtschaft durch die Industrialisierung findet sich unter: »Causes of the Industrial Revolution: The Agricultural Revolution«, ClickView, YouTube-Video, 10. August 2015, https://www.youtube.com/watch?v=6QKIts2_yJo; John Green, »Coal, Steam, and the Industrial Revolution: Crash Course World History #32«, CrashCourse, YouTube-Video, 30. August 2012, https://www.youtube.com/watch?v=zhL5DCizj5c; John Green, »The Industrial Economy: Crash Course US History #23«, CrashCourse, YouTube-Video, 25. Juli 2013, https://www.youtube.com/watch?v=r6tRp-zRUJs; »Mechanization on the Farm in the Early 20th Century«, Iowa PBS, YouTube-Video, 28. April 2015, https://www.youtube.com/watch?v=SI9K8ZJqAwE; »Cyrus McCormick«, PBS, Zugriff am 20. April 2023, https://www.pbs.org/wgbh/theymadeamerica/whomade/mccormick_hi.html; Mark Overton, *Agricultural Revolution in England: The Transformation of the Agrarian Economy 1500–1850*, Cambridge 1996.

43 Lebergott, »Labor Force and Employment, 1800–1960«, S. 119.

44 Hannah Ritchie und Max Roser, »Crop Yields«, Our World in Data, aktualisiert 2022, https://ourworldindata.org/crop-yields; Sarah E. Cusick und Michael K. Georgieff, »The Role of Nutrition in Brain Development: The Golden Opportunity of the ›First 1000 Days‹«, in: *Journal of Pediatrics* 175 (August 2016), S. 16–21, https://www.ncbi.nlm.nih.gov/pmc/articles/PMC4981537; Gary M. Walton und Hugh Rockoff, *History of the American Economy*, 11. Ausgabe, Boston 2009, S. 1–15.

45 »Provisional Cereal and Oilseed Production Estimates for England 2022«, Department for Environment Food & Rural Affairs (UK), 21. Dezember 2022, https://www.gov.uk/government/statistics/cereal-and-oilseed-rape-production/provisional-cereal-and-oilseed-production-estimates-for-england-2022.

46 »UK Population Estimates 1851 to 2014«, Office for National Statistics (UK), 6. Juli 2015, https://www.ons.gov.uk/peoplepopulationandcommunity/populationandmigration/populationestimates/adhocs/004356ukpopulationestimates1851to2014; Central Intelligence Agency, »Explore All Countries–United Kingdom«, CIA World Factbook, 29. November 2022, https://web.archive.org/web/20221207065501/https://www.cia.gov/the-world-factbook/countries/united-kingdom.

47 Organisation for Economic Co-operation and Development, »Employment by Economic Activity: Agriculture«; US Bureau of Labor Statistics, »Civilian Labor Force Level (CL-F16OV)«; International Labour Organization, »Employment in Agriculture (% of Total Employment) (Modeled ILO Estimate)«, Worldbank.org, 29. Januar 2021, https://data.worldbank.org/indicator/SL.AGR.EMPL.ZS?locations=US.

48 Einige interessante Erklärungen zu automatisierten Landwirtschaftstechnologien finden sich in: Kyree Leary, »Crops Are Harvested Without Human Input, Teasing the Future of Agriculture«, Futurism, 26. Februar 2018, https://futurism.com/automated-agriculture-uk; »Growing Up: How Vertical Farming Works«, B1M, YouTube-Video, 6. März 2019, https://www.youtube.com/watch?v=QT4TWbPLrN8; »The Future of Farming«, The Daily Conversation, YouTube-Video, 17. Mai 2017, https://www.youtube.com/watch?v=Qmla9NLFBvU; Michael Larkin, »Labor Terminators: Farming Robots Are About To Take Over Our Farms«, Investor's Business Daily, 10. August 2018, https://www.investors.com/news/farming-robot-agriculture-technology.

49 Lebergott, »Labor Force and Employment, 1800–1960«, 119; US Census Bureau, Statistical Abstract of the United States: 1999 (Washington, D.C.: US Census Bureau, 1999), S. 879, https://www.census.gov/prod/99pubs/99statab/sec31.pdf; US Bureau of Labor Statistics, »Percent of Employment in Agriculture in the United States (USAPEMANA)«, abgerufen von der FRED, Federal Reserve Bank of St. Louis, aktualisiert am 10. Juni 2013, https://fred.stlouisfed.org/series/USAPEMANA; International Labour Organization, »Employment in Agriculture«.

50 Lebergott, »Labor Force and Employment, 1800–1960«, S. 119.

51 Benjamin T. Arrington, »Industry and Economy During the Civil War«, National Park Service, 23. August 2017, https://www.nps.gov/articles/industry-and-economy-during-the-civil-war.htm; Lebergott, »Labor Force and Employment, 1800–1960«, S. 119.

52 Ein anschaulicher Bericht über die Entwicklung des Fließbandes und seine Rolle in der zweiten industriellen Revolution findet sich in: John Green, »Ford, Cars, and a New Revolution: Crash Course History of Science #28«, CrashCourse, YouTube-Video, 12. November 2018, https://www.youtube.com/watch?v=UPvwpYeOJnI.

53 Lebergott, »Labor Force and Employment, 1800–1960«, S. 119.

54 Ebd., S. 119; US Bureau of Labor Statistics, »Civilian Labor Force Level (CLF16OV)«; US Bureau of Labor Statistics, »All Employees, Manufacturing (MANEMP)«; US Bureau of Labor Statistics, »Manufacturing Sector: Real Output (OUTMS)«, abgerufen von der FRED, Federal Reserve Bank of St. Louis, aktualisiert am 2. März 2023, https://fred.stlouisfed.org/series/OUTMS.

55 Interessante Erklärungen zur Containerisierung und ihren Auswirkungen finden sich in: Wall Street Journal, »How a Steel Box Changed the World: A Brief History of Shipping«, YouTube-Video, 24. Januar 2018, https://www.youtube.com/watch?v=oMUkgDIQdcM; PolyMatter, »How Container Ships Work«, YouTube-Video, 2. November 2018, https://www.youtube.com/watch?v=DY9VE3i-KcM.

56 US Bureau of Labor Statistics, »Manufacturing Sector: Real Output Per Hour of All Persons (OPHMFG)«, abgerufen von der FRED, Federal Reserve Bank of St. Louis, aktualisiert am 2. März 2023, https://fred.stlouisfed.org/series/OPHMFG.
57 US Bureau of Labor Statistics, »All Employees, Manufacturing (MANEMP)«.
58 Ebd.; US Bureau of Labor Statistics, »Manufacturing Sector: Real Output (OUTMS)«.
59 US Bureau of Labor Statistics, »All Employees, Manufacturing (MANEMP)«.
60 US Bureau of Labor Statistics, »Manufacturing Sector: Real Output (OUTMS)«.
61 US Bureau of Labor Statistics, »All Employees, Manufacturing (MANEMP)«; US Bureau of Labor Statistics, »Manufacturing Sector: Real Output (OUTMS)«.
62 US Bureau of Labor Statistics, »All Employees, Manufacturing (MANEMP)«; US Bureau of Labor Statistics, »Civilian Labor Force Level (CLF16OV)«; Lebergott, »Labor Force and Employment, 1800–1960«, S. 119 f.
63 US Bureau of Labor Statistics, »All Employees, Manufacturing (MANEMP)«; US Bureau of Labor Statistics, »Civilian Labor Force Level (CLF16OV)«.
64 Man beachte, dass die Auswirkungen der Großen Depression in den verfügbaren Daten nicht richtig widergespiegelt werden, da sie wahrscheinlich einen stärkeren Rückgang der Beschäftigung im verarbeitenden Gewerbe verursachte, als in diesem Schaubild gezeigt wird. Gleiches gilt für die Auswirkungen des Zweiten Weltkriegs, der einen kurzen, aber dramatischen Anstieg der Beschäftigung im verarbeitenden Gewerbe verursachte, der von den BLS-Daten über die Gesamtbeschäftigtenzahl nicht erfasst wird, da die Daten nicht so weit zurückreichen. Siehe US Bureau of Labor Statistics, »All Employees, Manufacturing (MANEMP)«; US Bureau of Labor Statistics, »Civilian Labor Force Level (CLF16OV)«; Lebergott, »Labor Force and Employment, 1800–1960«, S. 119 f.
65 US Bureau of Labor Statistics, »Labor Force Participation Rate (CIVPART)«, abgerufen von der FRED, Federal Reserve Bank of St. Louis, aktualisiert am September 3, 2021, https://fred.stlouisfed.org/series/CIVPART; US Bureau of Labor Statistics, »Civilian Labor Force Level (CLF16OV)«.
66 International Labour Organization, »Labor Force, Female (% of Total Labor Force) – United States«, abgerufen von Worldbank.org, September 2019, https://data.worldbank.org/indicator/SL.TLF.TOTL.FE.ZS?locations=US; US Bureau of Labor Statistics, »Labor Force Participation Rate (CIVPART)«; US Bureau of Labor Statistics, »Civilian Labor Force Participation Rate: Women (LNS11300002)«, abgerufen von der FRED, Federal Reserve Bank of St. Louis, aktualisiert am April 7, 2023, https://fred.stlouisfed.org/series/LNS11300002.
67 US Bureau of Labor Statistics, »Labor Force Participation Rate (CIVPART)«.
68 Federal Interagency Forum on Child and Family Statistics, America's Children: Key National Indicators of Well-Being, 2021 (Washington, D.C.: US Government Printing Office, 2021), S. 81, https://web.archive.org/web/20220721170310/https://www.childstats.gov/pdf/ac2021/ac_21.pdf.
69 Ebd., S. 81.
70 Ebd., S. 81.
71 US Bureau of Labor Statistics, »Civilian Labor Force Level (CLF16OV)«; US Bureau of Labor Statistics, »Population, Total for United States (POPTOTUSA647NWDB)«, abgerufen von der FRED, Federal Reserve Bank

of St. Louis, aktualisiert am 5. Juli 2022, https://fred.stlouisfed.org/series/POPTOTUSA647NWDB.

72 US Bureau of Labor Statistics, »Civilian Labor Force Level (CLF16OV)«; US Bureau of Labor Statistics, »Population, Total for United States (POPTOTUSA647NWDB)«; »U. S. and World Population Clock«, US Census Bureau, aktualisiert am 20. April 2023, https://www.census.gov/popclock.

73 US Bureau of Labor Statistics, »Civilian Labor Force Level (CLF16OV)«; US Census Bureau, Statistical Abstract of the United States: 1999, S. 879; Lebergott, »Labor Force and Employment, 1800–1960«, S. 118; »U. S. and World Population Clock«, US Census Bureau; US Bureau of Labor Statistics, »Population, Total for United States (POPTOTUSA647N-WDB)«; US Census Bureau, »Resident Population of the United States«, US Census Bureau, Zugriff am 20. April 2023, https://www2.census.gov/library/visualizations/2000/dec/2000-resident-population/unitedstates.pdf.

74 National Center for Education Statistics, »Enrollment in Elementary, Secondary, and Degree-Granting Postsecondary Institutions, by Level and Control of Institution: Selected Years, 1869–70 Through Fall 2030«, US Department of Education, 2021, https://nces.ed.gov/programs/digest/d21/tables/dt21_105.30.asp; Tom Snyder, (Hg.), *120 Years of American Education: A Statistical Portrait*, Washington, D.C. 1993, S. 64, http://web20kmg.pbworks.com/w/file/fetch/66806781/120%20Years%20of%20American%20Education%20A%20Statistical%20Portrait.pdf.

75 National Center for Education Statistics, »Enrollment in Elementary, Secondary, and Degree-Granting Postsecondary Institutions«.

76 National Center for Education Statistics, »Total and Current Expenditures per Pupil in Public Elementary and Secondary Schools: Selected Years, 1919–20 Through 2018–19«, US Department of Education, September 2021, https://nces.ed.gov/programs/digest/d21/tables/dt21_236.55.asp; »Consumer Price Index, 1913–«, Federal Reserve Bank of Minneapolis, Zugriff am 20. April 2023, https://www.minneapolisfed.org/about-us/monetary-policy/inflation-calculator/consumer-price-index-1913-; US Bureau of Labor Statistics, »Consumer Price Index for All Urban Consumers: All Items in U. S. City Average (CPI- AUCSL)«, abgerufen von der FRED, Federal Reserve Bank of St. Louis, aktualisiert am 12. April 2023, https://fred.stlouisfed.org/series/CPIAUCSL.

77 National Center for Education Statistics, »Total and Current Expenditures per Pupil in Public Elementary and Secondary Schools«; »Consumer Price Index, 1913–«, Federal Reserve Bank of Minneapolis; US Bureau of Labor Statistics, »Consumer Price Index for All Urban Consumers: All Items in U. S. City Average«.

78 National Center for Education Statistics, *120 Years of American Education: A Statistical Portrait*«, S. 65.

79 Einige der einflussreichsten aktuellen Analysen, warum die meisten globalen Trends in die richtige Richtung gehen, finden sich in: Max Roser, »Most of Us Are Wrong About How the World Has Changed (Especially Those Who Are Pessimistic About the Future)«, Our World in Data, 27. Juli 2018, https://ourworldindata.org/wrong-about-the-world; »Why Are We Working on Our

World in Data?«, Our World in Data, 20. Juli 2017, https://ourworldindata.org/motivation; Steven Pinker, »Is the World Getting Better or Worse? A Look at the Numbers«, TED-Video, April 2018, https://www.ted.com/talks/steven_pinker_is_the_world_getting_better_or_worse_a_look_at_the_numbers.

80 Ausführlichere Informationen zu Erik Brynjolfssons Ansichten finden sich in: Erik Brynjolfsson, »The Key to Growth? Race with the Machines«, TED, Februar 2013, https://www.ted.com/talks/erik_brynjolfsson_the_key_to_growth_race_with_the_machines; Erik Brynjolfsson et al., Mind vs Machine: Implications for Productivity, Wages and Employment from AI«, The Artificial Intelligence Channel, YouTube-Video, November 20, 2017, https://www.youtube.com/watch?v=roemLDPy_Ww; Erik Brynjolfsson und Andrew McAfee, *The Second Machine Age: Work, Progress, and Prosperity in a Time of Brilliant Technologies*, New York 2014.

81 Eine leicht verständliche, datengestützte Erläuterung der Entlassungstrends seit den 1950er-Jahren findet sich in: David Kunst, »Deskilling Among Manufacturing Production Workers«, VoxEU, 9. August 2019, https://voxeu.org/article/deskilling-among-manufacturing-production-workers.

82 Für weitere Informationen zur Höherqualifizierung und zum Schuhherstellungsverfahren von FitMyFoot siehe Pablo Illanes et al., »Retraining and Reskilling Workers in the Age of Automation«, McKinsey Global Institute, Januar 2018, https://www.mckinsey.com/featured-insights/future-of-work/retraining-and-reskilling-workers-in-the-age-of-automation; »The Science and Technology of FitMyFoot«, FitMyFoot, Zugriff am 20. April 2023, https://fitmyfoot.com/pages/science.

83 Jack Kelly, »Wells Fargo Predicts That Robots Will Steal 200,000 Banking Jobs Within the Next 10 Years«, Forbes, 8. Oktober 2019, https://www.forbes.com/sites/jackkelly/2019/10/08/wells-fargo-predicts-that-robots-will-steal-200000-banking-jobs-within-the-next-10-years/#237ecaba68d7; James Bessen, »How Computer Automation Affects Occupations: Technology, Jobs, and Skills«, Boston University School of Law (Law & Economics working paper Nr. 15–49, 13. November 2015), S. 5, https://www.bu.edu/law/files/2015/11/NewTech-2.pdf.

84 G. M. Filisko, »Paralegals and Legal Assistants Are Taking on Expanded Duties«, ABA Journal, 1. November 2014, http://www.abajournal.com/magazine/article/techno_change_o_paralegal_legal_assistant_duties_expand; Jean O'Grady, »Analytics, AI and Insights: 5 Innovations That Redefined Legal Research Since 2010«, Above the Law, 2. Januar 2020, https://abovethelaw.com/2020/01/analytics-ai-and-insights-5-innovations-that-redefined-legal-research-since-2010.

85 Kevin Roose, »A. I.-Generated Art Is Already Transforming Creative Work«, in: *New York Times*, 21. Oktober 2022, https://www.nytimes.com/2022/10/21/technology/ai-generated-art-jobs-dall-e-2.html.

86 Kurze und verständliche Erklärungen zu den Unterschieden zwischen Kapital und Arbeit finden sich in: BBC, »Methods of Production: Labour and Capital«, BBC Bitesize, Zugriff am 30. Januar 2023, https://www.bbc.co.uk/bitesize/guides/zth78mn/revision/5; Sal Khan, »What Is Capital?«, Khan Academy, Zugriff am 20. April 2023, https://www.khanacademy.org/economics-finance-domain/

macroeconomics/macroeconomics-income-inequality/piketty-capital/v/what-is-capital; Catherine Rampell, »Companies Spend on Equipment, Not Workers«, in: *New York Times*, 9. Juni 2011, https://www.nytimes.com/2011/06/10/business/10capital.html; Tim Harford, »What Really Powers Innovation: High Wages«, in: *Financial Times*, 11. Januar 2013, https://www.ft.com/content/b7ad1c68-59fb-11e2-b728-00144feab49a.

87 US Bureau of Labor Statistics, »Nonfarm Business Sector: Real Output Per Hour of All Persons (OPHNFB)«, abgerufen von der FRED, Federal Reserve Bank of St. Louis, aktualisiert am 2. März 2023, https://fred.stlouisfed.org/series/OPHNFB.

88 US Bureau of Labor Statistics, »Nonfarm Business Sector: Real Output per Hour of All Persons (OPHNFB)«.

89 Soon-Yong Choi und Andrew B. Whinston, »The IT Revolution in the USA: The Current Situation and the Problems«, in: *The Internet Revolution: A Global Perspective*, hrsg. von Emanuele Giovannetti, Mitsuhiro Kagami und Masatsugu Tsuji, Cambridge 2003, S 219, https://books.google.com/books?id=1f6wD7gezP4C.

90 US Bureau of Labor Statistics, »Nonfarm Business Sector: Real Output per Hour of All Persons (OPHNFB)«.

91 »Descriptions of General Purpose Digital Computers«, in: *Computers and Automation* 4, Nr. 6 (Juni 1965), S 76, https://web.archive.org/web/20190723025854/http://www.bitsavers.org/pdf/computersAndAutomation/196506.pdf.

92 Brynjolfsson und McAfee, *The Second Machine Age*; Tim Worstall, »Trying to Understand Why Marc Andreessen and Larry Summers Disagree Using Facebook«, in: *Forbes*, 15. Januar 2015, https://www.forbes.com/sites/timworstall/2015/01/15/trying-to-understand-why-marc-andreessen-and-larry-summers-disagree-using-facebook/#1ec456d05b4e.

93 Für weitere Informationen zum BIP und den Grenzkosten siehe Tim Callen, »Gross Domestic Product: An Economy's All«, International Monetary Fund, 18. Dezember 2018, https://www.imf.org/external/pubs/ft/fandd/basics/gdp.htm; Alicia Tuovila, »Marginal Cost of Production«, Investopedia, 19. September 2019, https://www.investopedia.com/terms/m/marginalcostofproduction.asp; Sal Khan, »Marginal Revenue and Marginal Cost«, Khan Academy, Zugriff am 20. April 2023, https://www.khanacademy.org/economics-finance-domain/ap-microeconomics/production-cost-and-the-perfect-competition-model-temporary/short-run-production-costs/v/marginal-revenue-and-marginal-cost; Jeremy Rifkin, *The Zero Marginal Cost Society: The Internet of Things, the Collaborative Commons, and the Eclipse of Capitalism*, New York 2014.

94 Die Quellen, die für alle Berechnungen der Rechenleistungskosten in diesem Buch verwendet wurden, finden sich im Anhang.

95 »Introducing the AMD Radeon RX 7900 XT«, AMD, Zugriff am 30. Januar 2023, https://www.amd.com/en/products/graphics/amd-radeon-rx-7900xt; Michael Justin Allen Sexton, »AMD Radeon RX 7900 XT Review«, PC Magazine, 17. Dezember 2022, https://www.pcmag.com/reviews/amd-radeon-rx-7900-xt.

96 Die Quellen, die für alle Berechnungen der Rechenleistungskosten in diesem Buch verwendet wurden, finden sich im Anhang.

97 US Bureau of Labor Statistics, »A Review of Hedonic Price Adjustment Techniques for Products Experiencing Rapid and Complex Quality Change«, US Bureau of Labor Statistics, 15. September 2022, https://www.bls.gov/cpi/quality-adjustment/hedonic-price-adjustment-techniques.htm; Dave Wasshausen und Brent R. Moulton, »The Role of Hedonic Methods in Measuring Real GDP in the United States«, Bureau of Economic Analysis, Oktober 2006, https://www.bea.gov/system/files/papers/P2006-6_0.pdf.

98 Erik Brynjolfsson, Avinash Collis und Felix Eggers, »Using Massive Online Choice Experiments to Measure Changes in Well-Being«, in: *Proceedings of the National Academy of Sciences* 116, Nr. 15 (9. April 2019), S. 7250–7255, https://doi.org/10.1073/pnas.1815663116.

99 Tim Worstall, »Is Facebook Worth $8 Billion, $100 Billion or $800 Billion to the US Economy?«, in: *Forbes*, 23. Januar 2015, https://www.forbes.com/sites/timworstall/2015/01/23/is-facebook-worth-8-billion-100-billion-or-800-billion-to-the-us-economy/?sh=6a50d f5a16ce; Worstall, »Trying to Understand Why Marc Andreessen and Larry Summers Disagree Using Facebook«.

100 Worstall, »Is Facebook Worth $8 Billion«.

101 Jasmine Enberg, »Social Media Update Q1 2021«, eMarketer, 30. März 2021, https://www.emarketer.com/content/social-media-update-q1-2021.

102 »Social Media Fact Sheet«, Pew Research Center, 7. April 2021, https://www.pewresearch.org/internet/fact-sheet/social-media; Stella U. Ogunwoleet al., »Population Under Age 18 Declined Last Decade« US Census Bureau, 12. August 2021, https://www.census.gov/library/stories/2021/08/united-states-adult-population-grew-faster-than-nations-total-population-from-2010-to-2020.html; »Minimum Wage«, US Department of Labor, Zugriff am 20. April 2023, https://www.dol.gov/general/topic/wages/minimumwage; John Gramlich, »10 Facts About Americans and Facebook«, Pew Research Center, 1. Juni 2021, https://www.pewresearch.org/fact-tank/2021/06/01/facts-about-americans-and-face book.

103 Simon Kemp, »Digital 2020: 3.8 Billion People Use Social Media«, We Are Social, 30. Januar 2020, https://web.archive.org/web/20210808051917/https://wearesocial.com/blog/2020/01/digital-2020-3-8-billion-people-use-social-media; Paige Cooper, »43 Social Media Advertising Statistics That Matter to Marketers in 2020«, Hootsuite, 23. April 2020, https://web.archive.org/web/20200729070657/ https://blog.hootsuite.com/social-media-advertising-stats.

104 US Bureau of Labor Statistics, »Consumer Price Index for All Urban Consumers: Medical Care in U.S. City Average (CPIMEDSL)«, abgerufen von der FRED, Federal Reserve Bank of St. Louis, aktualisiert am 12. April 2023, https://fred.stlouisfed.org/series/CPIMEDSL#0; US Bureau of Labor Statistics, »Consumer Price Index for All Urban Consumers: All Items in U.S. City Average (CPIAUCSL)«; Xavier Jaravel, »The Unequal Gains from Product Innovations: Evidence from the U.S. Retail Sector«, in: *Quarterly Journal of Economics* 134, Nr. 2 (Mai 2019), S. 715–783, https://doi.org/10.1093/qje/qjy031; Peter H. Diamandis und Steven Kotler, *Abundance: The Future Is Better Than You Think*, New York 2012.

105 US Bureau of Labor Statistics, »Labor Force Participation Rate (CIVPART)«.

106 Eine kurze Erläuterung dieser Definitionen und der zugrunde liegenden Daten findet sich in: Clay Halton, »Civilian Labor Force«, Investopedia, 23. Juli 2019, https://www.investopedia.com/terms/c/civilian-labor-force.asp; US Census Bureau, »Growth in U.S. Population Shows Early Indication of Recovery amid COVID-19 Pandemic«, Presseerklärung CB22-214 des US Census Bureau, 22. Dezember 2022, https://www.census.gov/newsroom/press-releases/2022/2022-population-estimates.html; »Population, Total–United States«, Weltbank, Zugriff am 20. April 2023, https://data.worldbank.org/indicator/SP.POP.TOTL?locations=US; US Bureau of Labor Statistics, »Civilian Labor Force Level (CLF16OV)«.

107 US Census Bureau, »Growth in U.S. Population Shows Early Indication of Recovery amid COVID-19 Pandemic«; US Bureau of Labor Statistics, »Civilian Labor Force Level (CL- F16OV)«.

108 Daten vom US Bureau of Labor Statistics, »Labor Force Participation Rate (CIVPART)«.

109 Lauren Bauer et al., »All School and No Work Becoming the Norm for American Teens«, Brookings Institution, 2. Juli 2019, https://www.brookings.edu/blog/up-front/2019/07/02/all-school-and-no-work-becoming-the-norm-for-american-teens; Mitra Toossi, »Labor Force Projections to 2022: The Labor Force Participation Rate Continues to Fall«, Monthly Labor Review, US Bureau of Labor Statistics, Dezember 2013, https://www.bls.gov/opub/mlr/2013/article/labor-force-projections-to-2022-the-labor-force-participation-rate-continues-to-fall.htm.

110 Jonnelle Marte, »Aging Boomers Explain Shrinking Labor Force, NY Fed Study Says«, Bloomberg, 30. März 2023, https://www.bloomberg.com/news/articles/2023-03-30/aging-boomers-explain-shrinking-labor-force-ny-fed-study-says; Richard Fry, »The Pace of Boomer Retirements Has Accelerated in the Past Year«, Pew Research Center, 9. November 2020, https://www.pewresearch.org/short-reads/2020/11/09/the-pace-of-boomer-retirements-has-accelerated-in-the-past-year.

111 US Bureau of Labor Statistics, »Civilian Labor Force Participation Rate: 25 to 54 years (LNU01300060)«, abgerufen von der FRED, Federal Reserve Bank of St. Louis, aktualisiert am 7. April 2023, https://fred.stlouisfed.org/series/LNU01300060.

112 Organisation for Economic Co-operation and Development, »Working Age Population: Aged 25–54: All Persons for the United States (LFWA25TTUSM647N)«, abgerufen von der FRED, Federal Reserve Bank of St. Louis, aktualisiert am 20. April 2023, https://fred.stlouisfed.org/series/LFWA25TTUSM647N.

113 US Bureau of Labor Statistics, »Civilian Labor Force Participation Rate: 25 to 54 years (LNU01300060)«.

114 Es ist zu beachten, dass die Erwerbsbeteiligung der über 55-jährigen Amerikaner zwar zugenommen hat, dass die Gesamterwerbsbeteiligung aber insgesamt geringer ist, weil die Bevölkerungsgruppe der über 55-Jährigen insgesamt einen viel geringeren Anteil am Erwerbsleben hat als die jüngeren Erwachsenen und weil die Größe dieser Bevölkerungsgruppe zunimmt, da die Babyboomer eine viel größere Bevölkerungsgruppe sind als die Generation, die sie ersetzen. Siehe

US Census Bureau, »65 and Older Population Grows Rapidly as Baby Boomers Age«, US Census Bureau press release CB20- 99, June 25, 2020, https://www.census.gov/newsroom/press-releases/2020/65-older-population-grows.html; William E. Gibson, »Age 65+ Adults Are Projected to Outnumber Children by 2030«, AARP, 14. März 2018, https://www.aarp.org/home-family/friends-family/info-2018/census-baby-boomers-fd.html; US Bureau of Labor Statistics, »Civilian Labor Force Participation Rate by Age, Sex, Race, and Ethnicity«, US Bureau of Labor Statistics, aktualisiert am 8. September 2022, https://www.bls.gov/emp/tables/civilian-labor-force-participation-rate.htm.

115 »Life Expectancy at Birth, Total (Years) –United States«, Weltbank, Zugriff am 20. April 2023, https://data.worldbank.org/indicator/SP.DYN.LE00.IN?locations=US.

116 Für weitere Informationen zur Entwicklung der US-Arbeitsmarktdemografie siehe Audrey Breitwieser, Ryan Nunn, and Jay Shambaugh, »The Recent Rebound in Prime-Age Labor Force Participation«, Brookings Institution, 2. August 2018, https://www.brookings.edu/blog/up-front/2018/08/02/the-recent-rebound-in-prime-age-labor-force-participation; Jo Harper, »Automation Is Coming: Older Workers Are Most at Risk«, Deutsche Welle, 24. Juli 2018, https://www.dw.com/en/automation-is-coming-older-workers-are-most-at-risk/a-44749804; Peter Gosselin, »If You're Over 50, Chances Are the Decision to Leave a Job Won't Be Yours«, ProPublica, 28. Dezember 2018, https://www.propublica.org/article/older-workers-united-states-pushed-out-of-work-forced-retirement; Karen Harris, Austin Kimson und Andrew Schwedel, »Labor 2030: The Collision of Demographics, Automation and Inequality«, Bain & Co., 7. Februar 2018, https://www.bain.com/insights/labor-2030-the-collision-of-demographics-automation-and-inequality; Alana Semuels, »This Is What Life Without Retirement Savings Looks Like«, Atlantic, 22. Februar 2018, https://www.theatlantic.com/business/archive/2018/02/pensions-safety-net-california/553970.

117 »Top 100 Cryptocurrencies by Market Capitalization«, CoinMarketCap, Zugriff am 20. April 2023, https://coinmarketcap.com.

118 »USD Exchange Trade Volume«, Blockchain.com, Zugriff am 31. Juli 2023, https://www.blockchain.com/charts/trade-volume?timespan=all.

119 Ebd.

120 Bank of International Settlements, BIS Quarterly Review: International Banking and Financial Market Developments (Bank of International Settlements, Dezember 2022), S. 16, https://www.bis.org/publ/qtrpdf/r_qt2212.pdf.

121 »Top 100 Cryptocurrencies by Market Capitalization«, CoinMarketCap; »Bitcoin Price«, Coinbase, Zugriff am April 20, 2023, https://www.coinbase.com/price/bitcoin.

122 »Bitcoin Price«, Coinbase.

123 Ebd.

124 Ebd.

125 Für weitere Informationen über die wachsende wirtschaftliche Rolle von Influencern siehe »How Big Is the Influencer Economy?«, TechCrunch, YouTube-Video, 13. November 2019, https://www.youtube.com/watch?v=RJBn2JDfDSo.

126 Sarah Perez, »iOS App Store Has Seen Over 170B Downloads, Over $130B in Revenue Since July 2010«, TechCrunch, 31. März 2018, https://techcrunch.com/2018/05/31/ios-app-store-has-seen-over-170b-downloads-over-130b-in-revenue-since-july-2010.

127 »Number of Available Applications in the Google Play Store from Dezember 2009 to September 2022«, Statista, aktualisiert am März 2023, https://www.statista.com/statistics/266210/number-of-available-applications-in-the-google-play-store.

128 Ebd.

129 Trevor Mogg, »App Economy Creates Nearly Half a Million US Jobs«, Digital Trends, 7. Februar 2012, https://web.archive.org/web/20170422014624/https://www.digitaltrends.com/android/app-economy-creates-nearly-half-a-million-us-jobs.

130 Microeconomix, App Economy in the United States, S. 4.

131 ACT: The App Association, State of the U.S. App Economy: 2020, 7. Ausgabe, Washington, D.C. 2021, S. 4, https://actonline.org/wp-content/uploads/2020-App-economy-Report.pdf.

132 Frey and Osborne, »Future of Employment: How Susceptible Are Jobs to Computerisation?«

133 Dusty Stowe, »Why Star Trek: The Original Series Was Cancelled After Season 3«, Screen Rant, 21. Mai 2019, https://screenrant.com/star-trek-original-series-cancelled-season-3-reason-why.

134 Kayla Cobb, »From ›South Park‹ to ›BoJack Horseman,‹ Tracking the Rise of Continuity in Adult Animation«, Decider, 16. Dezember 2015, https://decider.com/2015/12/16/tracking-the-rise-of-continuity-in-animated-comedies; Gus Lubin, »›BoJack Horseman‹ Creators Explain Why Netflix Is So Much Better Than TV«, Business Insider, 3. Oktober 2014, https://www.businessinsider.com/why-bojack-horseman-went-to-netflix-201-9.

135 International Telecommunication Union, »Key ICT Indicators for Developed and Developing Countries«.

136 Für weitere Hintergrundinformationen zur Einführung der Sozialversicherung in den Vereinigten Staaten und zu den Zielen des Programms siehe Craig Benzine, »Social Policy: Crash Course Government and Politics #49«, CrashCourse, YouTube-Video, 27. Februar 2016, https://www.youtube.com/watch?v=mlxLX8Fto_A; »Here's How the Great Depression Brought on Social Security«, History, YouTube-Video, 26. April 2018, https://www.youtube.com/watch?v=cdE_EV3wnXM; »Historical Background and Development of Social Security«, Social Security Administration, Zugriff am 20. April 2023, https://www.ssa.gov/history/briefhistory3.html.

137 Aufgrund der Verwerfungen durch die COVID-19-Pandemie ist 2019 das letzte Jahr, für das zum Zeitpunkt der Erstellung dieses Berichts gute Statistiken über das soziale Netz verfügbar sind. Neuere Daten sind zwischen den Ländern weniger gut vergleichbar, da die Budgetkategorien für pandemiebedingte wirtschaftliche Unterstützung unterschiedlich sind. Siehe Organisation for Economic Co-operation and Development, »Social Expenditure Database (SOCX)«, OECD.org, Januar 2023, https://www.oecd.org/social/expenditure.htm.

138 Ebd.

139 Ebd.

140 »GDP (Current US$)–United Kingdom«, Weltbank, Zugriff am 20. April 2023, https://data.worldbank.org/indicator/NY.GDP.MKTP.CD?locations=GB; »Population, Total– United Kingdom«, Weltbank, Zugriff am 20. April 2023, https://data.worldbank.org/indicator/SP.POP.TOTL?locations=GB.

141 Organisation for Economic Co-operation and Development, »Social Expenditure Database«; »GDP (Current US$)–United States«, Weltbank, Zugriff am 20. April 2023, https://data.worldbank.org/indicator/NY.GDP.MKTP.CD?locations=US.

142 »Population, Total–United States«, Weltbank.

143 Noah Smith, »The U.S. Social Safety Net Has Improved a Lot«, Bloomberg, 16. Mai 2018, https://www.bloomberg.com/opinion/articles/2018-05-16/the-u-s-social-safety-net-has-improved-a-lot.

144 Die Ausgaben der US-Regierung auf lokaler, bundesstaatlicher und föderaler Ebene sind schwer zu erfassen, und die Daten aus dem frühen 20. Jahrhundert sind mit den neueren Daten nicht gut vergleichbar. Daher muss man für die besten verfügbaren Schätzungen ein gewisses Maß an Spekulation einsetzen und methodische Entscheidungen treffen, von denen keine die eindeutig beste ist. Dies gilt insbesondere für die Erfassung von Ausgaben, die als Teil des sozialen Netzes gelten. Daher sollten die in diesem Kapitel vorgestellten Daten zu den Ausgaben des Sicherheitsnetzes nicht als präzise Angaben betrachtet werden, sondern eher als grobe Näherungswerte. Es ist außerdem zu beachten, dass aufgrund methodischer Unterschiede in den zugrunde liegenden Quellen die jährlichen Daten zum »sozialen Netz« für die USA nicht genau mit den aktuellen »Sozialausgaben« der USA entsprechend der Erfassung in der Datenbank für Sozialausgaben der OECD übereinstimmen. Nichtsdestotrotz ist der allgemeine Trend – dass das soziale Netz unabhängig von der jeweiligen Regierungspartei ausgeweitet wurde – ziemlich eindeutig.

145 US Census Bureau, »Historical National Population Estimates, July 1, 1900 to July 1, 1999«; US Bureau of Economic Analysis, »Population (B230RC0A052NBEA)«; »U.S. and World Population Clock–July 1, 2021«, US Census Bureau, aktualisiert am 20. Januar 2023, https://www.census.gov/popclock; US Bureau of Economic Analysis, »Gross Domestic Product (GDP)«, abgerufen von der FRED, Federal Reserve Bank of St. Louis, aktualisiert am 30. März 2023, https://fred.stlouisfed.org/series/GDP; »Consumer Price Index, 1913–«, Federal Reserve Bank of Minneapolis; Christopher Chantrill, »Government Spending Chart«, usgovernmentspending.com, Zugriff am 20. April 2023, https://www.usgovernmentspending.com/spending_chart_1900_2021USk_22s2li011mcny_10t40t00t; »CPI Inflation Calculator« für Juli 2012 – Juli 2021, US Bureau of Labor Statistics, Zugriff am 20. April 2023, https://www.bls.gov/data/inflation_calculator.htm; Christopher Chantrill, »Government Spending Chart«, usgovernmentspending.com, Zugriff am 20. April 2023, https://www.usgovernmentspending.com/spending_chart_1900_2021USk_22s2li011mcny_F0t; Jutta Bolt und Jan Luiten van Zanden, Maddison Project Database, Version 2020, Groningen Growth and Development Centre, 2. November 2020, https://www.rug.nl/ggdc/historicaldevelopment/

maddison/releases/maddison-project-database-2020; Jutta Bolt und Jan Luiten van Zanden, »Maddison Style Estimates of the Evolution of the World Economy. A New 2020 Update«, Arbeitspapier WP-15, Maddison Project, Oktober 2020, https://www.rug.nl/ggdc/historicaldevelopment/maddison/publications/wp15.pdf; John J. McCusker, »Colonial Statistics«, in: *Historical Statistics of the United States: Earliest Times to the Present*, hrsg. von Susan G. Carter et al., Cambridge 2006, S. V-671; Richard Sutch, »National Income and Product«, in: *Historical Statistics of the United States: Earliest Times to the Present*, hrsg. von Susan G. Carter et al., Cambridge 2006, S. III-23–25; Leandro Prados de la Escosura, »Lost Decades? Economic Performance in Post-Independence Latin America«, in: *Journal of Latin American Studies* 41, Nr. 2 (Mai 2009), S. 279–307, https://www.jstor.org/stable/27744128; »CPI Inflation Calculator« für Juli 2011 – Juli 2021, US Bureau of Labor Statistics, Zugriff am 30. Januar 2023, https://www.bls.gov/data/inflation_calculator.htm; US Bureau of Labor Statistics, »Consumer Price Index for All Urban Consumers: All Items in U.S. City Average (CPIAUCSL)«; US Bureau of Economic Analysis, »Real Gross Domestic Product per Capita (A939RX0Q048SBEA)«, abgerufen von der FRED, Federal Reserve Bank of St. Louis, aktualisiert am 30. März 2023, https://fred.stlouisfed.org/series/A939RX0Q048SBEA.

146 Zu den für dieses Diagramm verwendeten Quellen siehe Anmerkung 145.

147 Zu den für dieses Diagramm verwendeten Quellen siehe Anmerkung 145.

148 Zu den für dieses Diagramm verwendeten Quellen siehe Anmerkung 145.

149 Unser Gespräch ist online verfügbar unter: Ray Kurzweil und Chris Anderson, »Ray Kurzweil on What the Future Holds Next«, The TED Interview podcast, Dezember 2018, https://www.ted.com/talks/the_ted_interview_ray_kurzweil_on_what_the_future_holds_next.

150 Für weitere Informationen über die wachsende Bewegung zur Einführung einer allgemeinen Grundversorgung (oder eines verwandten Konzepts mit der Bezeichnung »bedingungsloses Grundeinkommen«) und die Erkenntnisse, die diesen Vorschlägen zugrunde liegen, siehe Will Bedingfield, »Universal Basic Income, Explained«, Wired, 25. August 2019, https://www.wired.co.uk/article/universal-basic-income-explained; Karen Yuan, »A Moral Case for Giving People Money«, Atlantic, 22. August 2018, https://www.theatlantic.com/membership/archive/2018/08/a-moral-case-for-giving-people-money/568207; Annie Lowrey, »Stockton's Basic-Income Experiment Pays Off«, Atlantic, 3. März 2021, https://www.theatlantic.com/ideas/archive/2021/03/stocktons-basic-income-experiment-pays-off/618174; Dylan Matthews, »Basic Income: The World's Simplest Plan to End Poverty, Explained«, Vox, 25. April 2016, https://www.vox.com/2014/9/8/6003359/basic-income-negative-income-tax-questions-explain; Sigal Samuel, »Everywhere Basic Income Has Been Tried, in One Map«, Vox, 20. Oktober 2020, https://www.vox.com/future-perfect/2020/2/19/21112570/universal-basic-income-ubi-map; Ian Gough, »Move the Debate from Universal Basic Income to Universal Basic Services«, UNESCO Inclusive Poverty Lab, 19. Januar 2021, https://en.unesco.org/inclusivepolicylab/analytics/move-debate-universal-basic-income-universal-basic-services.

151 Derek Thompson, »A World Without Work«, Atlantic, Juli/August 2015, https://www.theatlantic.com/magazine/archive/2015/07/world-without-work/395294.

152 Die Quellen, die für alle Berechnungen der Rechenleistungskosten in diesem Buch verwendet wurden, finden sich im Anhang; Jaravel, »The Unequal Gains from Product Innovations«, S. 715–783; Diamandis und Kotler, *Abundance*.

153 US Bureau of Labor Statistics, »Consumer Price Index for All Urban Consumers: Medical Care in U.S. City Average (CPIMEDSL)«; US Bureau of Labor Statistics, »Consumer Price Index for All Urban Consumers: All Items in U.S. City Average (CPIAUCSL)«; »Consumer Price Index, 1913–«, Federal Reserve Bank of Minneapolis; US Bureau of Labor Statistics, »Consumer Price Index for All Urban Consumers: All Items in U.S. City Average (CPIAUCSL)«.

154 US Bureau of Labor Statistics, »Consumer Price Index for All Urban Consumers: Medical Care in U.S. City Average (CPIMEDSL)«; US Bureau of Labor Statistics, »Consumer Price Index for All Urban Consumers: All Items in U.S. City Average (CPIAUCSL)«; »Consumer Price Index, 1913–«, Federal Reserve Bank of Minneapolis.

155 Ein sehr informatives Buch über die Beziehung zwischen Regierungsführung und Wohlstand ist: Daron Acemoglu und James A. Robinson, *Why Nations Fail: The Origins of Power, Prosperity, and Poverty*, New York 2012.

156 Eine hilfreiche und anschauliche Erläuterung der Maslowschen Hierarchie und ihrer Bedeutung findet sich in: »Why Maslow's Hierarchy of Needs Matters«, The School of Life, YouTube-Video, 10. April 2019, https://www.youtube.com/watch?v=LoPKWTta7lU.

157 Sandra L. Colby und Jennifer M. Ortman, »Projections of the Size and Composition of the U.S. Population: 2014 to 2060«, Current Populations Reports, Report Number P25-1143, US Census Bureau, März 2015, S. 6, https://www.census.gov/content/dam/Census/library/publications/2015/demo/p25-1143.pdf; US Census Bureau, »American Fact Finder, Table B24010–Sex by Occupation for the Civilian Employed Population 16 Years and Over«, 2017 American Community Survey 1-Year Estimates, https://factfinder.census.gov/faces/tableservices/jsf/pages/productview.xhtml?src=bkmk.

158 Skip Descant, »Autonomous Vehicles to Have Huge Impact on Economy, Tech Sector«, Government Technology, 27. Juni 2018, https://www.govtech.com/fs/automation/Autonomous-Vehicles-to-Have-Huge-Impact-on-Economy-Tech-Sector.html; Kirsten Korosec, »Intel Predicts a $7 Trillion Self-Driving Future«, The Verge, 1. Juni, 2017, https://www.theverge.com/2017/6/1/15725516/intel-7-trillion-dollar-self-driving-autonomous-cars; Adam Ozimek, »The Massive Economic Benefits of Self-Driving Cars«, Forbes, 8. November 2014, https://www.forbes.com/sites/modeledbehavior/2014/11/08/the-massive-economic-benefits-of-self-driving-cars/#723609f53273.

159 Im Jahr 2021 starben bei Verkehrsunfällen auf den Straßen der USA schätzungsweise 42 915 Menschen. Auch wenn immer wieder darüber diskutiert wird, wie viel davon auf menschliches Versagen zurückzuführen ist, steht doch fest, dass menschliches Versagen bei der überwältigenden Mehrheit der Unfälle eine Schlüsselrolle spielt – wahrscheinlich zwischen 90 und 99 Prozent. Mit autonomen Fahrzeugen, die von einer ausreichend leistungsfähigen künstlichen Intelli-

genz gesteuert werden, könnten fast alle dieser Unfälle verhindert werden. Siehe Bryant Walker Smith, »Human Error as a Cause of Vehicle Crashes«, Center for Internet and Society, Stanford Law School, 18. Dezember 2013, https://cyberlaw.stanford.edu/blog/2013/12/human-error-cause-vehicle-crashes; David Zipper, »The Deadly Myth That Human Error Causes Most Car Crashes«, Atlantic, 26. November 2021, https://www.theatlantic.com/ideas/archive/2021/11/deadly-myth-human-error-causes-most-car-crashes/620808; National Highway Traffic Safety Administration, »Critical Reasons for Crashes Investigated in the National Motor Vehicle Crash Causation Survey«, NHTSA National Center for Statistics and Analysis report DOT HS 812 115, US Department of Transportation, Februar 2015, https://crashstats.nhtsa.dot.gov/Api/Public/ViewPublication/812115; National Highway Traffic Safety Administration, »Early Estimates of Motor Vehicle Traffic Fatalities and Fatality Rate by Sub-Categories in 2021«, NHTSA National Center for Statistics and Analysis report DOT HS 813 298, US Department of Transportation, Mai 2022, https://crashstats.nhtsa.dot.gov/Api/Public/ViewPublication/813298.

160 Carl Benedikt Frey et al., »Political Machinery: Did Robots Swing the 2016 US Presidential Election?«, in: *Oxford Review of Economic Policy* 34, Nr. 3 (2018), S. 418–442, https://www.oxfordmartin.ox.ac.uk/downloads/academic/Political_Machinery_July_2018.pdf

161 Für weitere Informationen über den langfristigen Rückgang der weltweiten Gewalt siehe Max Roser and Hannah Ritchie, »Homicides«, Our World in Data, Dezember 2019, https://ourworldindata.org/homicides; Manuel Eisner, »From Swords to Words: Does Macro-Level Change in Self-Control Predict Long-Term Variation in Levels of Homicide?«, in: *Crime and Justice* 43, Nr. 1 (September 2014), S. 80 f.; UN Office on Drugs and Crime, »Intentional Homicides (Per 100,000 People) – France, Netherlands, Sweden, Germany, Switzerland, Italy, United Kingdom, Spain«, abgerufen von Worldbank.org am 20. April 2023, https://data.worldbank.org/indicator/VC.IHR.PSRC.P5?end=2020&locations=FR-NL-SE-DE-CH-IT-GB-ES&start=2020&view=bar; »Appendix Tables: Homicide in England and Wales«, UK Office for National Statistics, S. 9. Februar 2023, https://www.ons.gov.uk/file?uri=/peoplepopulationandcommunity/crimeandjustice/datasets/appendixtableshomicideinenglandandwales/current/homicideyemarch22appendixtables.xlsx; European Commission, Investing in Europe's Future: Fifth Report on Economic, Social and Territorial Cohesion (Luxembourg: Publications Office of the European Union, 2010), https://ec.europa.eu/regional_policy/sources/docoffic/official/reports/cohesion5/pdf/5cr_part1_en.pdf; Global Study on Homicide, United Nations Office on Drugs and Crime, 2019, https://www.unodc.org/documents/data-and-analysis/gsh/Booklet1.pdf; Global Study on Homicide, United Nations Office on Drugs and Crime, 2011, https://www.unodc.org/documents/data-and-analysis/statistics/Homicide/Globa_study_on_homicide_2011_web.pdf; Steven Pinker, *Gewalt: Eine neue Geschichte der Menschheit*, Frankfurt 2011.

162 Ein ausführlicher Vortrag von Pinker, in dem er diese Ansicht erläutert, findet sich unter: »Steven Pinker: Better Angels of Our Nature«, Talks at Google,

YouTube-Video, 1. November 2011, https://www.youtube.com/watch?v=_gGf7fXM3jQ.

163 Die meisten dieser Vorhersagen habe ich 1990 in meinem Buch *KI. Das Zeitalter der künstlichen Intelligenz* getroffen. Siehe Raymond Kurzweil, *KI. Das Zeitalter der künstlichen Intelligenz*, München/Wien 1993, S. 425–429.

164 Ebd., S. 427–429.

165 Alex Shashkevich, »Meeting Online Has Become the Most Popular Way U.S. Couples Connect, Stanford Sociologist Finds«, Stanford News, 21. August 2019, https://news.stanford.edu/2019/08/21/online-dating-popular-way-u-s-couples-meet; Michael J. Rosenfeld, Reuben J. Thomas und Sonia Hausen, »Disintermediating Your Friends: How Online Dating in the United States Displaces Other Ways of Meeting«, in: *Proceedings of the National Academy of Sciences* 116, Nr. 36 (3. September 2019), S. 17753–17758, https://doi.org/10.1073/pnas.1908630116.

166 Selbst wenn ein Smartphone des Jahres 2024 keinen Zugang zum Mobilfunknetz des Jahres 2024 hätte, könnte es immer noch den gesamten Text der englischsprachigen Wikipedia in seinem internen Speicher speichern. Je nachdem, wie man misst, ist Wikipedia wahrscheinlich etwa 150 Gigabyte groß, während die neuesten iPhones bis zu 1 Terabyte an Speicherplatz bieten. Siehe Nick Lewis und Matt Klein, »How to Download Wikipedia for Offline, At-Your-Fingertips Reading«, How-To Geek, 25. März 2022, https://www.howtogeek.com/260023/how-to-download-wikipedia-for-offline-at-your-fingertips-reading; »Buy iPhone 14 Pro«, Apple, Zugriff am 20. April 2023, https://www.apple.com/shop/buy-iphone/iphone-14-pro/6.7-inch-display-1tb-space-black-unlocked.

167 Um es ganz klar zu sagen: Ich beziehe mich hier auf die Phase, in der Menschen und KI zunehmend symbiotisch zusammenarbeiten und materieller Überfluss erreicht wird. Bis dahin wird es, wie bereits in diesem Kapitel beschrieben, sicherlich zu Verwerfungen und Konkurrenzsituationen kommen, da die KI den Menschen bei vielen Aufgaben und an vielen Arbeitsplätzen, die im derzeitigen Wirtschaftsparadigma existieren, ersetzen wird.

Kapitel 6: Gesundheit und Wohlbefinden: die nächsten 30 Jahre

1 Eines der weltweit führenden Biosimulationsunternehmen, Insilico Medicine, hat eine KI-Plattform namens Pharma.AI geschaffen und sie zur Entwicklung von INS018_055 genutzt, einem niedermolekularen Medikament, das sich derzeit in Phase-II-Studien zur Behandlung von idiopathischer Lungenfibrose befindet. Erstmals auf der Welt unterstützte KI die Arbeit menschlicher Forscher nicht nur, sondern sie entwickelte das Medikament von A bis Z, indem sie sowohl einen neuen biomolekularen Zielbereich für die Behandlung der Krankheit als auch ein Molekül identifizierte, das in diesem Zielbereich wirken könnte. Einen faszinierenden Einblick in die Arbeit von Insilico geben das YouTube-Video »How AI Is Accelerating Drug Discovery«, 3. April 2023, https://www.youtube.com/watch?v=mqBvitxDo5M, und Hayden Field, »The First Fully A.I.-Generated Drug Enters Clinical Trials in Human Patients«, CNBC, 29. Juni 2023, https://www.cnbc.com/2023/06/29/ai-generated-drug-begins-clinical-trials-in-human-patients.html.

2 Für weitere Quellen zur KI-gesteuerten Arzneimittelforschung siehe Vanessa Bates Ramirez, »Drug Discovery AI Can Do in a Day What Current Takes Months«, SingularityHub, 7. Mai 2017, https://singularityhub.com/2017/05/07/drug-discovery-ai-can-do-in-a-day-what-currently-takes-months; »MIT Quest for Intelligence Launch: AI-Driven Drug Discovery«, Massachusetts Institute of Technology, YouTube-Video, 9. März 2018, https://www.youtube.com/watch?v=aqMRrRS_oJY; »Developer Spotlight: Opening a New Era of Drug Discovery with Amber«, NVIDIA Developer, YouTube-Video, 29. Juli 2019, https://www.youtube.com/watch?v=FqnPGHdh7iM; »We're Teaching Robots and AI to Design New Drugs«, SciShow, YouTube-Video, 30. September 2021, https://www.youtube.com/watch?v=eRXqD-7FANg; Francesca Properzi et al., »Intelligent Drug Discovery: Powered by AI« (Deloitte Center for Health Solutions, 2019), https://www2.deloitte.com/content/dam/insights/us/articles/32961_intelligent-Drug-Discovery/DI_Intelligent-Drug-Discovery.pdf; Nic Fleming, »How Artificial Intelligence Is Changing Drug Discovery«, *Nature* 557, Nr. 7707 (31. Mai 2018), S. S55-S57, https://doi.org/10.1038/d41586-018-05267-x; David H. Feedman, »Hunting for New Drugs with AI«, *Nature* 576, Nr. 7787 (18. Dezember 2019): S49-S53, https://www.nature.com/articles/d41586-019-03846-0.

3 Abhimanyu S. Ahuja, Vineet Pasam Reddy und Oge Marques, »Artificial Intelligence and COVID-19: A Multidisciplinary Approach«, *Integrative Medicine Research* 9, Nr. 3, Artikel 100434 (27. Mai 2020), https://doi.org/10.1016/j.imr.2020.100434; Jared Sagoff, »Argonne's Researchers and Facilities Playing a Key Role in the Fight Against COVID-19«, Argonne National Laboratory, 27. April 2020, https://www.anl.gov/article/argonnes-researchers-and-facilities-playing-a-key-role-in-the-fight-against-covid19.

4 Jean-Louis Reymond und Mahendra Awale, »Exploring Chemical Space for Drug Discovery Using the Chemical Universe Database«, *ACS Chemical Neuroscience* 3, Nr. 9 (25. April 2012), S. 649–657, https://doi.org/10.1021/cn3000422.

5 Chi Heem Wong, Kien Wei Siah und Andrew W. Lo, »Estimation of Clinical Trial Success Rates and Related Parameters«, *Biostatistics* 20, Nr. 2 (31. Januar 2018), S. 273–286, https://doi.org/10.1093/biostatistics/kxx069.

6 »The Drug Development Process: Step 3: Clinical Research«, US Food and Drug Administration, Zugriff am 20. Oktober 2022, https://www.fda.gov/patients/drug-development-process/step-3-clinical-research; Stuart A. Thompson, »How Long Will a Vaccine Really Take?«, *New York Times*, 30. April 2020, https://www.nytimes.com/interactive/2020/04/30/opinion/coronavirus-covid-vaccine.html; Institute of Medicine Forum on Drug Discovery, Development, and Translation, »The State of Clinical Research in the United States: An Overview«, in *Transforming Clinical Research in the United States* (Washington, D.C.: National Academies Press, 2010), https://www.ncbi.nlm.nih.gov/books/NBK50886; Thomas J. Moore et al., »Estimated Costs of Pivotal Trials for Novel Therapeutic Agents Approved by the US Food and Drug Administration, 2015–2016«, *JAMA Internal Medicine* 178, Nr. 11 (November 2018), S. 1451–1457, https://doi.org/10.1001/jamainternmed.2018.3931; Olivier J. Wouters, Martin McKee und Jeroen Luyten, »Estimated Research and Development Investment Needed to Bring a New Medicine to Market, 2009–2018«, *Journal of the American Medi-*

cal Association 323, Nr. 9 (3. März 2020), S. 844–853, https://doi.org/10.1001/jama.2020.1166; Biopharmaceutical Research & Development: The Process Behind New Medicines, PHRMA, Zugriff am 20. Oktober 2022, https://web.archive.org/web/20230306041340/http://phrma-docs.phrma.org/sites/default/files/pdf/rd_brochure_022307.pdf.

7 David Sparkes und Rhett Burnie, »AI Invents More Effective Grippe Vaccine in World First, Adelaide Researchers Say«, Australian Broadcasting Corporation, 2. Juli 2019, https://www.abc.net.au/news/2019-07-02/computer-invents-flu-vaccine-in-world-first/11271170; Andrew Tarantola, »How AI Is Stopping the Next Great Flu Before It Starts«, *Engadget*, 14. Februar 2020, https://www.engadget.com/2020/02/14/how-ai-is-helping-halt-the-flu-of-the-future.

8 Tarantola, »How AI is Stopping the Next Great Flu Before It Starts«.

9 Ian Sample, »Powerful Antibiotic Discovered Using Machine Learning for First Time«, *Guardian*, 20. Februar 2020, https://www.theguardian.com/society/2020/feb/20/antibiotic-that-kills-drug-resistant-bacteria-discovered-through-ai.

10 Sample, »Powerful Antibiotic Discovered Using Machine Learning for First Time«.

11 »Moderna's Work on a Potenzial Vaccine Against COVID-19«, Moderna, 2020, https://www.sec.gov/Archives/edgar/data/1682852/000119312520074867/d884510dex991.htm.

12 Für weitere Details des Einsatzes von KI durch Moderna bei der Entwicklung von Impfstoffen siehe »AI and the COVID-19 Vaccine: Moderna's Dave Johnson«, Podcast *Me, Myself, and AI*, Folge 209 (13. Juli 2021), https://sloanreview.mit.edu/audio/ai-and-the-covid-19-vaccine-modernas-dave-johnson; »Moderna on AWS«, Amazon Web Services, Zugriff am 20. Oktober 2022, https://aws.amazon.com/solutions/case-studies/innovators/moderna; Bryce Elder, »Will Big Tobacco Save Us from the Coronavirus?«, *Financial Times*, 1. April 2020, https://www.ft.com/content/f909fb16-f514-47da-97dc-c03e752dd2e1.

13 Gary Polakovic, »Artificial Intelligence Aims to Outsmart the Mutating Coronavirus«, *USC News*, 5. Februar 2021, https://news.usc.edu/181226/artificial-intelligence-ai-coronavirus-vaccines-mutations-usc-research; Zikun Yang et al., »An *In Silico* Deep Learning Approach to Multi-Epitope Vaccine Design: A SARS-CoV-2 Case Study«, *Scientific Reports* 11, Artikel 3238 (5. Februar 2021), https://doi.org/10.1038/s41598-021-81749-9.

14 Für einen tieferen Einblick in das Problem der Proteinfaltung und für Videos mit hilfreichen Visualisierungen siehe »The Protein Folding Revolution«, *Science Magazine*, YouTube-Video, 21. Juli 2016, https://www.youtube.com/watch?v=cAJQbSLlonI; »Protein Structure«, Professor Dave Explains, YouTube-Video, 27. August 2016, https://www.youtube.com/watch?v=EweuU2fEgjw; Ken Dill, »The Protein Folding Problem: A Major Conundrum of Science: Ken Dill at TEDxSBU«, TEDx Talks, YouTube-Video, 22. Oktober 2013, https://www.youtube.com/watch?v=zm-3kovWpNQ; Ken A. Dill et al., »The Protein Folding Problem«, *Annual Review of Biophysics* 37 (9. Juni 2008), S. 289–316, https://doi.org/10.1146/annurev.biophys.37.092707.153558; Andrew W. Senior et al., »Impro-

ved Protein Structure Prediction Using Potentials from Deep Learning«, *Nature* 577, Nr. 7792 (15. Januar 2020), https://doi.org/10.1038/s41586-019-1923-7.

15 Für weitere Details über die großen Fortschritte, die das originäre AlphaFold bei der Vorhersage von Proteinfaltung erzielte, siehe Andrew W. Senior et al., »AlphaFold: Using AI for Scientific Discovery«, DeepMind, 15. Januar 2020, https://deepmind.com/blog/article/AlphaFold-Using-AI-for-scientific-discovery; Andrew Senior, »AlphaFold: Improved Protein Structure Prediction Using Potentials from Deep Learning«, Institute for Protein Design, YouTube-Video, 23. August 2019, https://www.youtube.com/watch?v=uQ1uVbrIv-Q; Greg Williams, »Inside Deep-Mind's Epic Mission to Solve Science's Trickiest Problem«, Wired, 6. August 2019, https://www.wired.co.uk/article/deepmind-protein-folding; Senior et al., »Improved Protein Structure Prediction Using Potentials from Deep Learning«, *Nature* 577, Nr. 7792 (15. Januar 2020), S. 706–710; doi: 10.1038/s41586-019-1923-7.

16 Ian Sample, »Google's DeepMind Predicts 3D Shapes of Proteins«, *Guardian*, 2. Dezember 2018, https://www.theguardian.com/science/2018/dec/02/google-deepminds-ai-program-alphafold-predicts-3d-shapes-of-proteins; Matt Reynolds, »DeepMind's AI Is Getting Closer to Its First Big Real-World Application«, Wired, 15. Januar 2020, https://www.wired.co.uk/article/deepmind-protein-folding-alphafold.

17 Für detailliertere Erläuterungen zu AlphaFold 2 und für den wissenschaftlichen Artikel, der das Programm beschreibt, siehe »AlphaFold: The Making of a Scientific Breakthrough«, DeepMind, YouTube-Video, 30. November 2020, https://www.youtube.com/watch?v=gg7WjuFs8F4; »DeepMind Solves Protein Folding | AlphaFold 2«, Lex Fridman, YouTube-Video, 2. Dezember 2020, https://www.youtube.com/watch?v=W7wJDJ56c88; Ewen Callaway, »›It Will Change Everything‹: DeepMind's AI Makes Gigantic Leap in Solving Protein Structures«, *Nature* 588, Nr. 7837 (30. November 2020), S. 203 f., https://doi.org/10.1038/d41586-020-03348-4; Demis Hassabis, »Putting the Power of AlphaFold into the World's Hands«, DeepMind, 22. Juli 2021, https://deepmind.com/blog/article/putting-the-power-of-alphafold-into-the-worlds-hands; John Jumper et al., »Highly Accurate Protein Structure Prediction with AlphaFold«, *Nature* 596, Nr. 7873 (15. Juli 2021), S. 583–589, https://doi.org/10.1038/s41586-021-03819-2.

18 Mohammed AlQuraishi, »Protein-Structure Prediction Revolutionized«, *Nature* 596, Nr. 7873 (23. August 2021), S. 487 f., https://doi.org/10.1038/d41586-021-02265-4.

19 Hassabis, »Putting the Power of AlphaFold into the World's Hand«; Jumper et al., »Highly Accurate Protein Structure Prediction with AlphaFold«.

20 Für relativ einfache Erläuterungen dieser Methoden siehe National Cancer Institute, »CAR T Cells: Engineering Patients' Immune Cells to Treat Their Cancers«, National Institutes of Health, 10. März 2022, https://www.cancer.gov/about-cancer/treatment/research/car-t-cells; »BiTE: The Engager«, Amgen, 2022, https://www.amgenoncology.com/resources/BiTE-the-Engager.pdf; »Immune Checkpoint Inhibitor Cancer Treatment«, Memorial Sloan Kettering Cancer Center, Zugriff am 20. Oktober 2022, https://www.mskcc.

org/cancer-care/diagnosis-treatment/cancer-treatments/immunotherapy/checkpoint-inhibitors.

21 Robert C. Sterner und Rosalie M. Sterner, »CAR-T Cell Therapy: Current Limitations and Potential Strategies«, *Blood Cancer Journal* 11, Artikel 69 (6. April 2021), https://doi.org/10.1038/s41408-021-00459-7.

22 Für kurze Zusammenfassungen von Theorien über die Mechanismen neurodegenerativer Erkrankungen siehe »Alzheimer's Disease«, Mayo Clinic, 19. Februar 2022, https://www.mayoclinic.org/diseases-conditions/alzheimers-disease/symptoms-causes/syc-20350447, und »Parkinson's Disease«, Mayo Clinic, 8. Juli 2022, https://www.mayoclinic.org/diseases-conditions/parkinsons-disease/symptoms-causes/syc-20376055.

23 »About Mental Health«, Centers for Disease Control and Prevention, 28. Juni 2021, https://www.cdc.gov/mentalhealth/learn/index.htm.

24 Für weitere Informationen über die Grenzen gängiger Psychopharmaka siehe Melinda Wenner Moyer, »How Much Do Antidepressants Help, Really?«, *New York Times*, 21. April 2022, https://www.nytimes.com/2022/04/21/well/antidepressants-ssri-efficientness.html; Harvard Health Publishing, »What Are the Real Risks of Antidepressants?«, Harvard Medical School, 17. August 2021, https://www.health.harvard.edu/newsletter_article/what-are-the-real-risks-of-antidepressiva; Krishna C. Vadodaria et al., »Altered Serotonergic Circuitry in SSRI-Resistant Major Depressive Disorder Patient-Derived Neurons«, *Molecular Psychiatry* 24 (22. März 2019), S. 808–818, https://doi.org/10.1038/s41380-019-0377-5.

25 Für weitere Informationen über die Einführung von *In-silico*-Simulationen im Gesundheitswesen siehe Fleming, »How Artificial Intelligence Is Changing Drug Discovery«; Madhumita Murgia, »AI-Designed Drug to Enter Human Clinical Trial for First Time«, *Financial Times*, 30. Januar 2020, https://www.ft.com/content/fe55190e-42bf-11ea-a43a-c4b328d9061c; Osman N. Yogurtcu et al., »TCPro Simulates Immune System Response to Biotherapeutic Drugs«, US Food and Drug Administration, 17. September 2019, https://www.fda.gov/vaccines-blood-biologics/science-research-biologics/tcpro-simulates-immune-system-response-biotherapeutic-drugs; Tina Morrison, »How Simulation Can Transform Regulatory Pathways«, US Food and Drug Administration, 14. August 2018, https://www.fda.gov/science-search/about-science-research-fda/how-simulation-can-transform-regulatory-pathways; Anna Edney, »Computer-Simulated Tests Eyed at FDA to Cut Drug Approval Costs«, *Bloomberg*, 7. Juli 2017, https://www.bloomberg.com/news/articles/2017-07-07/drug-agency-looks-to-computer-simulations-to-cut-testing-costs; »Virtual Bodies for Real Drugs: In Silico Clinical Trials Are the Future«, *The Medical Futurist*, 10. August 2019, https://medicalfuturist.com/in-silico-trials-are-the-future; Pratik Shah et al., »Artificial Intelligence and Machine Learning in Clinical Development: A Translational Perspective«, *NPJ Digital Medicine* 2, Nr. 69 (26. Juli 2019), https://doi.org/10.1038/s41746-019-0148-3; Neil Savage, »Tapping into the Drug Discovery Potential of AI«, *Biopharma Dealmakers* 15, Nr. 2 (27. Mai 2021), https://doi.org/10.1038/d43747-021-00045-7.

26 Ray Kurzweil, »AI-Powered Biotech Can Help Deploy a Vaccine in Record Time«, *Wired*, 19. Mai 2020, https://www.wired.com/story/opinion-ai-powered-biotech-can-help-deploy-a-vaccine-in-record-time; Aaron Dubrow, »AI Fast-Tracks Drug Discovery to Fight COVID-19«, Texas Advanced Computing Center, 22. April 2020, https://www.tacc.utexas.edu/-/ai-fast-tracks-drug-discovery-to-fight-covid-19; Thompson, »How Long Will a Vaccine Really Take?«; Tina Morrison et al., »Advancing Regulatory Science with Computational Modeling for Medical Devices at the FDA's Office of Science and Engineering Laboratories«, *Frontiers in Medicine* 5, Artikel 241 (25. September 2018), https://doi.org/10.3389/fmed.2018.00241.

27 »The Drug Development Process: Step 3: Clinical Resarch«, US Food and Drug Administration.

28 Daniel Bastardo Blanco, »Our Cells Are Filled with ›Junk DNA‹ – Here's Why We Need It«, *Discover*, 13. August 2019, https://www.discovermagazine.com/health/our-cells-are-filled-with-junk-dna-heres-why-we-need-it.

29 Jian Zhou et al., »Whole-Genome Deep-Learning Analysis Identifies Contribution of Noncoding Mutations to Autism Risk«, *Nature Genetics* 51, Nr. 6 (27. Mai 2019), S. 973–980, https://doi.org/10.1038/s41588-019-0420-0; Thomas Sumner, »New Causes of Autism Found in ›Junk‹ DNA«, Simons Foundation, 27. Mai 2019, https://www.simonsfoundation.org/2019/05/27/autism-noncoding-mutations.

30 Sumner, »New Causes of Autism Found in ›Junk‹ DNA«.

31 Nancy Fliesler, »Using Multiple Data Streams and Artificial Intelligence to ›Nowcast‹ Local Flu Outbreaks«, *Vector*, Boston Children's Hospital, 14. Januar 2019, https://web.archive.org/web/20210121214157/https://vector.childrenshospital.org/2019/01/local-flu-prediction-argonet.

32 Fliesler, »Using Multiple Data Streams and Artificial Intelligence to ›Nowcast‹ Local Flu Outbreaks«.

33 Fliesler, »Using Multiple Data Streams and Artificial Intelligence to ›Nowcast‹ Local Flu Outbreaks«.

34 Fliesler, »Using Multiple Data Streams and Artificial Intelligence to ›Nowcast‹ Local Flu Outbreaks«; Fred S. Lu et al., »Improved State-Level Influenza Nowcasting in the United States Leveraging Internet-Based Data and Network Approaches«, *Nature Communications* 10, Artikel 147 (11. Januar 2019), https://doi.org/10.1038/s41467-018-08082-0.

35 Für weitere Einzelheiten zu CheXNet und seinem Nachfolger CheXpert siehe »CheXNet and Beyond«, Matthew Lungren, YouTube-Video, 10. November 2018, https://www.youtube.com/watch?v=JqYte9UMJCg; Pranav Rajpurkar et al., »CheXNet: Radiologist-Level Pneumonia Detection on Chest X-Rays with Deep Learning«, Arbeitspapier der Stanford Machine Learning Group, 14. November 2017, https://arxiv.org/pdf/1711.05225v1.pdf; Jeremy Irvin et al., »CheXpert: A Large Chest Radiograph Dataset with Uncertainty Labels and Expert Comparison«, *Proceedings of the AAAI Conference on Artificial Intelligence* 33, Nr. 1 (17. Juli 2019), S. AAAI-10, IAAI-19, EAAI-20, https://www.aaai.org/ojs/index.php/AAAI/article/view/3834.

36 Huiying Liang et al., »Evaluation and Accurate Diagnoses of Pediatric Diseases Using Artificial Intelligence«, *Nature Medicine* 25, Nr. 3 (11. Februar 2019), S. 433–438, https://doi.org/10.1038/s41591-018-0335-9.

37 Dimitrios Mathios et al., »Detection and Characterization of Lung Cancer Using Cell-Free DNA Fragmentomes«, *Nature Communications* 12, Artikel 5060 (20. August 2021), https://doi.org/10.1038/s41467-021-24994-w.

38 Sophie Bushwick, »Algorithm That Detects Sepsis Cut Deaths by Nearly 20 Percent«, *Scientific American*, 1. August 2022, https://www.scientificamerican.com/article/algorithm-that-detects-sepsis-cut-deaths-by-nearly-20-percent; Roy Adams et al., »Prospective, Multi-Site Study of Patient Outcomes After Implementation of the TREWS Machine Learning-Based Early Warning System for Sepsis«, *Nature Medicine* 28 (21. Juli 2022), S. 1455–1460, https://doi.org/10.1038/s41591-022-01894-0; Katharine E. Henry et al., »Factors Driving Provider Adoption of the TREWS Machine Learning-Based Early Warning System and Its Effects on Sepsis Treatment Timing«, *Nature Medicine* 28 (21. Juli 2022), S. 1447–1454, https://doi.org/10.1038/s41591-022-01895-z.

39 Lungren, »CheXNet and Beyond«; Rajpurkar et al., »CheXNet: Radiologist-Level Pneumonia Detection«; Irvin et al., »CheXpert: A Large Chest Radiograph Dataset with Uncertainty Labels and Expert Comparison«, S. AAAI-10, IAAI-19, EAAI-20; Thomas Davenport und Ravi Kalakota, »The Potential for Artificial Intelligence in Healthcare«, *Future Healthcare Journal* 6, Nr. 2 (Juni 2019), S. 94–98, https://doi.org/10.7861/futurehosp.6-2-94.

40 Dario Amodei und Danny Hernandez, »AI and Compute«, OpenAI, 16. Mai 2018, https://openai.com/blog/ai-and-compute.

41 Eliza Strickland, »Autonomous Robot Surgeon Bests Humans in World First«, *IEEE Spectrum*, 4. Mai 2016, https://spectrum.ieee.org/the-human-os/robotics/medical-robots/autonomous-robot-surgeon-bests-human-surgeons-in-world-first.

42 Alice Yan, »Chinese Robot Dentist Is First to Fit Implants in Patient's Mouth Without Any Human Involvement«, *South China Morning Post*, 21. September 2017, https://www.scmp.com/news/china/article/2112197/chinese-robot-dentist-first-fit-implants-patients-mouth-without-any-human.

43 Für Elon Musks Präsentation der automatisierten Elektrodenimplantationstechnologie von Neuralink siehe »Neuralink: Elon Musk's Entire Brain Chip Presentation in 14 Minutes (Supercut)«, CNET, YouTube-Video, 28. August 2020, https://www.youtube.com/watch?v=CLUWDLKAF1M.

44 Wallace P. Ritchie Jr., Robert S. Rhodes und Thomas W. Biester, »Work Loads and Practice Patterns of General Surgeons in the United States, 1995–1997«, *Annals of Surgery* 230, Nr. 4 (Oktober 1999), S. 533–543, https://doi.org/10.1097/00000658-199910000-00009.

45 Hans Moravec, *Mind children: Der Wettlauf zwischen menschlicher und künstlicher Intelligenz* (Hamburg: Hoffmann und Campe, 2001).

46 Peter Weibel, »Virtuelle Welten: Des Kaisers neue Körper« in Georg Hattinger und Peter Weibel (Hgg.), *Ars Electronica 1990: Digitale Träume – Virtuelle Welten* (Linz: Veritas-Verlag, 1990), Bd. 2., S. 9–38. Zitat: S…

47 »Neuron Firing Rates in Humans«, AI Impacts, 14. April 2015, https://aiimpacts.org/rate-of-neuron-firing; Suzana Herculano-Houzel, »The Human Brain in Numbers: A Linearly Scaled-up Primate Brain«, *Frontiers in Human Neuroscience* 3, Nr. 31 (9. November 2009), https://doi.org/10.3389/neuro.09.031.2009; David A. Drachman, »Do We Have Brain to Spare?«, *Neurology* 64, Nr. 12 (27. Juni 2005), https://doi.org/10.1212/01.WNL.0000166914.38327.BB; Antony Leather, »Intel Fires Back at AMD with Fastest Ever Processors: Mobile CPUs with up to 8 Cores and 5.3GHz Inbound«, *Forbes*, 2. April 2020, https://www.forbes.com/sites/antonyleather/2020/04/02/intel-fires-back-at-amd-with-fastest-ever-processors-mobile-cpus-with-up-to-8-cores-and-53ghz-inbound/#210c5243643d.

48 Mladen Bozanic und Saurabh Sinha, »Emerging Transistor Technologies Capable of Terahertz Amplification: A Way to Re-Engineer Terahertz Radar Sensors«, *Sensors* 19, Nr. 11 (29. Mai 2019), https://doi.org/10.3390/s19112454; »Intel Core i9–10900K Processor«, Intel, Zugriff am 23. Dezember 2022, https://ark.intel.com/content/www/us/en/ark/products/199332/intel-core-i910900k-processor-20m-cache-up-to-5-30-ghz.html.

49 Ray Kurzweil, *Menschheit 2.0* (Berlin: Lola Books 2013), S. 122; Moravec, *Mind Children*, S. 87.

50 »June 2022«, Top500.org, Zugriff am 20. Oktober 2022, www.top500.org/lists/top500/2022/06.

51 Eng an Feynmans Vortrag vom 29. Dezember 1959 angelehnt ist sein Essay »There's Plenty of Room at the Bottom«, *Engineering and Science* 23, Nr. 5 (Februar 1960), S. 22–26 und 30–36, http://calteches.library.caltech.edu/47/2/1960Bottom.pdf. Feynmans Essay in deutscher Übersetzung: »Viel Spielraum nach unten. Eine Einladung in ein neues Gebiet der Physik«. In: Deutsches Museum (Hg.): *Kultur & Technik* Nr. 1, 2000, http://www.getreide-muehle.de/upload/vortragfeynman.pdf.

52 Feynman, »Viel Spielraum nach unten«, S. 12 f.; Übersetzung modifiziert.

53 John von Neumann, *Theory of Self-reproducing Automata* (Urbana, IL: University of Illinois Press, 1966), https://archive.org/details/theoryofselfreproovonn_o/mode/2up; John G. Kemeny, »Man Viewed as a Machine«, *Scientific American* 192, Nr. 4 (April 1955), S. 58–67, in fast vollständiger Form auf https://dijkstrascry.com/sites/default/files/papers/JohnKemenyManViewedasaMachine.pdf.

54 Von Neumann, *Theory of Self-reproducing Automata*, S. 251–296, 377.

55 Drexlers Bücher: *Engines of Creation: The Coming Era of Nanotechnology* (New York: Anchor Press/Doubleday, 1986), und *Nanosystems: Molecular Machinery, Manufacturing, and Computation* (Hoboken, NJ: Wiley, 1992).

56 Drexler, *Engines of Creation*, S. 18 f., 105–108 und 247.

57 Drexler, *Nanosystems*, S. 343–366.

58 Drexler, *Nanosystems*, S. 354 f.

59 Ralph C. Merkle et al., »Mechanical Computing Systems Using Only Links and Rotary Joints«, *Journal of Mechanisms and Robotics*, Bd. 10, Nr. 6, Artikel 061006, 17. September 2018, arXiv:1801.03534v2 [cs.ET], 25. März 2019, https://arxiv.org/pdf/1801.03534.pdf.

60 Der Entwurf von Merkle et al. für ein »molekularmechanisches Logikgate« sieht vor, dass dieses aus 87 595 Kohlenstoffatomen und 33 100 Wasserstoffatomen besteht. Es nähme ein Volumen von etwa 27 nm × 32 nm × 7 nm oder 6048 Kubiknanometer ein, was etwa $1,65 \times 10^{20}$ (165 Billionen) Logikgates pro Liter Volumen entspräche. Bei einer Arbeitsfrequenz von 100 MHz würde dies ein Maximum von 10^{28} Gate-Operationen pro Sekunde und Liter Rechenvolumen ermöglichen. Es handelt sich dabei aber notabene um rein theoretische Höchstwerte, die technische Einschränkungen ausschließen. Wie nahe Computer im Nanomaßstab an diese Höchstwerte tatsächlich herankommen können, bleibt also abzuwarten. Siehe Merkle et al., »Mechanical Computing Systems Using Only Links and Rotary Joints«, arXiv, S. 24–27, und Drexler, *Nanosystems*, S. 370 f.

61 Da laut Merkle et al. jede Operation des beschriebenen Logikgates etwa 10^{-26} Joule verbrauchen würde (eine Größenordnung mehr als die 10^{-27} pro Drehgelenk), würden die 10^{28} Operationen pro Sekunde in diesem hypothetischen Ein-Liter-Computer etwa 100 Watt verbrauchen. Siehe Merkle et al., »Mechanical Computing Systems Using Only Links and Rotary Joints«, arXiv, S. 24–27.

62 Liqun Luo, »Why Is the Human Brain So Efficient?«, *Nautilus*, 12. April 2018, http://nautil.us/issue/59/connections/why-is-the-human-brain-so-efficient.

63 Ralph C. Merkle, »Design Considerations for an Assembler«, *Nanotechnology* 7, Nr. 3 (September 1996), S. 210–215, https://doi.org/10.1088/0957-4484/7/3/008; eine ähnliche Version findet sich auf http://www.zyvex.com/nanotech/nano4/merklePaper.html.

64 Merkle, »Design Considerations for an Assembler«, S. 210–215; Ralph C. Merkle, »Self Replicating Systems and Molecular Manufacturing«, *Journal of the British Interplanetary Society* 45, Nr. 12 (Dezember 1992), S. 407–413, in adaptierter Version verfügbar auf http://www.zyvex.com/nanotech/selfRepJBIS.html; Neil Jacobstein, »Foresight Guidelines for Responsible Nanotechnology Development«, Foresight Institute, April 2006, https://foresight.org/guidelines/current.php.

65 Robert A. Freitas Jr., »The Gray Goo Problem«, KurzweilAI.net, 20. März 2001, https://www.kurzweilai.net/the-gray-goo-problem; Robert A. Freitas Jr., »Some Limits to Global Ecophagy by Biovorous Nanoreplicators, with Public Policy Recommendations«, Foresight Institute, April 2000, http://www.rfreitas.com/Nano/Ecophagy.htm.

66 James Lewis, »Ultrafast DNA Robotic Arm: A Step Toward a Nanofactory?«, Foresight Institute, 25. Januar 2018, https://foresight.org/ultrafast-robotic-arm-step-toward-nanofactory; Kohji Tomita et al., »Self-Description for Construction and Execution in Graph Rewriting Automata«, in Mathieu S. Capcarrere et al. (Hgg.), *Advances in Artificial Life: 8th European Conference, ECAL 2005, Canterbury, UK, September 5–9, 2005, Proceedings* (Heidelberg: Springer Science & Business Media, 2005), S. 705–714.

67 Für weitere Details zu erfolgreichen Versuchen, funktionierende nanoskalige Maschinen und Maschinenteile zu bauen, siehe Eric Drexler, »Big Nanotech: Building a New World with Atomic Precision«, *Guardian*, 21. Oktober 2013, https://www.theguardian.com/science/small-world/2013/oct/21/big-nanotech-

atomically-precise-manufacturing-apm; Mark Peplow, »The Tiniest Lego: A Tale of Nanoscale Motors, Rotors, Switches and Pumps«, *Nature* 525, Nr. 7567 (2. September 2015), S. 18–21, https://doi.org/10.1038/525018a; Carlos Manzano et al., »Step-by-Step Rotation of a Molecule-Gear Mounted on an Atomic-Scale Axis«, *Nature Materials* 8, Nr. 6 (14. Juni 2009), S. 576–579, https://doi.org/10.1038/nmat2467; Babak Kateb und John D. Heiss, *The Textbook of Nanoneuroscience and Nanoneurosurgery* (Boca Raton, FL: CRC Press, 2013), S. 500 f., https://www.google.com/books/edition/The_Textbook_of_Nanoneuroscience_and_Nan/rCbOBQAAQBAJ; Torben Jasper-Toennies et al., »Rotation of Ethoxy and Ethyl Moieties on a Molecular Platform on Au(111)«, *ACS Nano* 14, Nr. 4 (19. Februar 2020), S. 3907–3916, https://doi.org/10.1021/acsnano.0c00029; Kwanoh Kim et al., »Man-Made Rotary Nanomotors: A Review of Recent Development«, *Nanoscale* 8, Nr. 20 (19. Mai 2016), S. 10471–10490, https://doi.org/10.1039/c5nr08768f; The Optical Society, »Nanoscale Machines Convert Light into Work«, Phys.org, 8. Oktober 2020, https://phys.org/news/2020-10-nanoscale-machines.html.

68 Für die ursprüngliche Drexler-Smalley-Debatte, meinen Kommentar, zwei Vorträge von Drexler und eine Auswahl neuerer Forschungsergebnisse, die den Weg für molekulare Assembler ebnen, siehe Richard E. Smalley, »Of Chemistry, Love and Nanobots«, *Scientific American*, September 2001, https://www.scientificamerican.com/article/of-chemistry-love-and-nanobots; Rudy Baum, »Nano technology: Drexler and Smalley Make the Case for and Against ›Molecular Assemblers‹«, *Chemical & Engineering News* 81, Nr. 48 (8. September 2003), S. 37–42, https://web.archive.org/web/20230116122623/http://pubsapp.acs.org/cen/coverstory/8148/8148coun terpoint.html; Eric Drexler, »Transforming the Material Basis of Civilization | Eric Drexler | TEDxISTAlameda«, TEDx Talks, YouTube-Video, 16. November 2015, https://www.youtube.com/watch?v=Q9RiB_07Szs; Eric Drexler, »Dr. Eric Drexler – The Path to Atomically Precise Manufacturing«, The Artificial Intelligence Channel, YouTube-Video, 18. September 2017, https://www.youtube.com/watch?v=dAA-HWMaF90; UT-Battelle, *Productive Nanosystems: A Technology Roadmap*, Battelle Memorial Institute and Foresight Nanotech Institute, 2007, https://foresight.org/wp-content/uploads/2023/05/Nanotech_Roadmap_2007_main.pdf; James Lewis, »Atomically Precise Manufacturing as the Future of Nanotechnology«, Foresight Institute, 8. März 2015, https://foresight.org/atomically-precise-manufacturing-as-the-future-of-nanotechnology; Xiqiao Wang et al., »Atomic-Scale Control of Tunneling in Donor-Based Devices«, *Communications Physics* 3, Artikel 82 (11. Mai 2020), https://doi.org/10.1038/s42005-020-0343-1; »Paving the Way for Atomically Precise Manufacturing«, UT Dallas, YouTube-Video, 9. Februar 2018, https://www.youtube.com/watch?v=or3jYNZ6fn8; University of Texas at Dallas, »Microscopy Breakthrough Paves the Way for Atomically Precise Manufacturing«, Phys.org, 12. Februar 2018, https://phys.org/news/2018-02-microscopy-breakthrough-paves-atomically-precise.html; Universität Kiel, »Towards a Light Driven Molecular Assembler«, Phys.org, 23. Juli 2019, https://phys.org/news/2019-07-driven-molecular.html; Jonathan Wyrick et al., »Atom-by-Atom Fabrication of Single and Few Dopant Quantum Devices«, *Advanced Functional Materials* 29, Nr. 52 (14. August 2019), https://doi.org/10.1002/adfm.201903475; Farid Tajaddodianfar

et al., »On the Effect of Local Barrier Height in Scanning Tunneling Microscopy: Measurement Methods and Control Implications«, *Review of Scientific Instruments* 89, Nr. 1, Artikel 013701 (2. Januar 2018), https://doi.org/10.1063/1.5003851.

69 Ray Kurzweil, »The Drexler-Smalley Debate on Molecular Assembly«, KurzweilAI.net, 1. Dezember 2003, https://www.kurzweilai.net/the-drexler-smalley-debate-on-molecular-assembly.

70 Drexler, *Nanosystems*, S. 398–410.

71 Drexler, *Nanosystems*, S. 238–249 und 458–468.

72 Drexler, *Engines of Creation*; Drexler, *Nanosystems*; Dexter Johnson, »Diamondoids on Verge of Key Application Breakthroughs«, *IEEE Spectrum*, 31. März 2017, https://spectrum.ieee.org/nanoclast/semiconductors/materials/diamondoids-on-verge-of-key-application-breakthroughs.

73 Neal Stephenson, *The Diamond Age: Or, a Young Lady's Illustrated Primer* (New York: Bantam, 1995). *Diamond Age: Die Grenzwelt.* Aus dem Amerikanischen von Joachim Körber; Übertragung des Gedichts »Der Rabe« von Samuel Taylor Coleridge (1798) von Jochen Stremmel (München: Goldmann, 2001).

74 Matthew A. Gebbie et al., »Experimental Measurement of the Diamond Nucleation Landscape Reveals Classical and Nonclassical Features«, *Proceedings of the National Academy of Sciences* 115, Nr. 33 (14. August 2018), S. 8284–8289, https://doi.org/10.1073/pnas.1803654115.

75 Hongyao Xie et al., »Large Thermal Conductivity Drops in the Diamondoid Lattice of $CuFeS_2$ by Discordant Atom Doping«, *Journal of the American Chemical Society* 141, Nr. 47 (2. November 2019), S. 18900–18909, https://doi.org/10.1021/jacs.9b10983; Shenggao Liu, Jeremy Dahl und Robert Carlson, »Heteroatom-Containing Diamondoid Transistors«, US-Patent 7.402.835 (beantragt am 11. Februar 2005, erteilt am 30. März 2010) US Patent and Trademark Office, https://patents.google.com/patent/US7402835B2/en.

76 Siehe etwa Robert A. Freitas Jr., »A Simple Tool for Positional Diamond Mechanosynthesis, and Its Method of Manufacture«, US-Patent 7.687.146 (beantragt am 11. Februar 2005, erteilt am 30. März 2010), US Patent and Trademark Office, https://patents.google.com/patent/US7687146B1/en; Samuel Stolz et al., »Molecular Motor Crossing the Frontier of Classical to Quantum Tunneling Motion«, *Proceedings of the National Academy of Sciences* 117, Nr. 26 (15. Juni 2020), S. 14838–14842, https://doi.org/10.1073/pnas.1918654117; Haifei Zhan et al., »From Brittle to Ductile: A Structure Dependent Ductility of Diamond Nanothread«, *Nanoscale* 8, Nr. 21 (10. Mai 2016), S. 11177–11184, https://doi.org/10.1039/C6NR02414Ad.

77 Weitere Informationen zu diesem Vorschlag und Links zu einer Vielzahl anderer nanotechnologischer Arbeiten von Merkle finden Sie unter Ralph C. Merkle, »A Proposed ›Metabolism‹ for a Hydrocarbon Assembler«, Nanotechnology 8, no. 4 (Dezember 1997): 149–62, https://iopscience.iop.org/article/10.1088/0957-4484/8/4/001/meta, gespiegelt unter https://www.zyvex.com/nanotech/hydroCarbonMetabolism.html; »Papers by Ralph C. Merkle,« Merkle.com, Zugriff am 20. Oktober 2022, http://www.merkle.com/merkleDir/papers.html.

78 Ebd.

79 Zu den Fortschritten bei Graphen, Kohlenstoffnanoröhren und Kohlenstoffnanofäden einschließlich eines beeindruckenden MIT-Projekts zur Entwicklung eines Computerchips mit 14 000 Transistoren, der vollständig aus Kohlenstoffnanoröhren besteht, siehe »The Graphene Times«, *Nature Nanotechnology* 14, Nr. 10, Artikel 903 (3. Oktober 2019), https://doi.org/10.1038/s41565-019-0561-4; außerdem »Nova: Carbon Nanotubes«, Mangefox, YouTube-Video, 28. Januar 2011, https://www.youtube.com/watch?v=19nzPt62UPg; Elizabeth Gibney, »Biggest Carbon-Nanotube Chip Yet Says ›Hello, World!‹«, *Nature*, 28. August, 2019, https://doi.org/10.1038/d41586-019-02576-7; Haifei Zhan et al., »The Best Features of Diamond Nanothread for Nanofibre Applications«, *Nature Communications* 8, Artikel 14863 (17. März 2017), https://doi.org/10.1038/ncomms14863; Haifei Zhan et al., »High Density Mechanical Energy Storage with Carbon Nanothread Bundle«, *Nature Communications* 11, Artikel 1905 (20. April 2020), https://doi.org/10.1038/s41467-020-15807-7; Keigo Otsuka et al., »Deterministic Transfer of Optical-Quality Carbon Nanotubes for Atomically Defined Technology«, *Nature Communications* 12, Artikel 3138 (25. Mai 2021), https://doi.org/10.1038/s41467-021-23413-4.

80 Die bisher wohl detaillierteste Arbeit zur Durchführung von Mechanosynthese auf Diamantoidbasis ist die Studie von Robert Freitas und Ralph Merkle aus dem Jahr 2008 über die Reaktionswege, die für eine vielseitig verwendbare Nanofertigung erforderlich sind. Siehe Robert A. Freitas Jr. und Ralph C. Merkle, »A Minimal Toolset for Positional Diamond Mechanosynthesis«, *Journal of Computational and Theoretical Nanoscience* 5, Nr. 5 (Mai 2008), S. 760–862, https://doi.org/10.1166/jctn.2008.2531, auch auf http://www.molecularassembler.com/Papers/MinToolset.pdf.

81 Masayuki Endo und Hiroshi Sugiyama, »DNA Origami Nanomachines«, *Molecules* 23, Nr. 7, Artikel 1766 (18. Juli 2018), https://doi.org/10.3390/molecules23071766; Fei Wang et al., »Programming Motions of DNA Origami Nanomachines«, *Small* 15, Nr. 26, Artikel 1900013 (25. März 2019), https://doi.org/10.1002/smll.201900013.

82 Suping Li et al., »A DNA Nanorobot Functions as a Cancer Therapeutic in Response to a Molecular Trigger *In Vivo*«, *Nature Biotechnology* 36, Nr. 3 (12. Februar 2018), S. 258–264, https://doi.org/10.1038/nbt.4071; Stephanie Lauback et al., »Real-Time Magnetic Actuation of DNA Nanodevices via Modular Integration with Stiff Micro-Mevers«, *Nature Communications* 9, Nr. 1, Artikel 1446 (13. April 2018), https://doi.org/10.1038/s41467-018-03601-5.

83 Liang Zhang, Vanesa Marcos und David A. Leigh, »Molecular Machines with Bio-Inspired Mechanisms«, *Proceedings of the National Academy of Sciences* 115, Nr. 38 (26. Februar 2018), https://doi.org/10.1073/pnas.1712788115.

84 Christian E. Schafmeister, »Molecular Lego«, *Scientific American*, Februar 2007, https://www.scientificamerican.com/article/molecular-lego.

85 Matthias Koch et al., »Spin Read-Out in Atomic Qubits in an All-Epitaxial Three-Dimensional Transistor«, *Nature Nanotechnology* 14, Nr. 2 (7. Januar 2019), S. 137–140, https://doi.org/10.1038/s41565-018-0338-1.

86 Mukesh Tripathi et al., »Electron-Beam Manipulation of Silicon Dopants in Graphene«, *Nano Letters* 18, Nr. 8 (27. Juni 2018), S. 5319–5323, https://doi.org/10.1021/acs.nanolett.8b02406.
87 John N. Randall et al., »Digital Atomic Scale Fabrication an Inverse Moore's Law – A Path to Atomically Precise Manufacturing«, *Micro and Nano Engineering* 1 (November 2018), S. 1–14, https://doi.org/10.1016/j.mne.2018.11.001.
88 Roshan Achal et al., »Lithography for Robust and Editable Atomic-Scale Silicon Devices and Memories«, *Nature Communications* 9, Nr. 1, Artikel 2778 (23. Juli 2018), https://doi.org/10.1038/s41467-018-05171-y.
89 Chalmers University of Technology, »Graphene and Other Carbon Nanomaterials Can Replace Scarce Metals«, Phys.org, 19. September 2017, https://phys.org/news/2017-09-graphene-carbon-nanomaterials-scarce-metals.html; Rickard Arvisson und Björn A. Sandén, »Carbon Nanomaterials as Potenzial Substitutes for Scarce Metals«, *Journal of Cleaner Production* 156 (10. Juli 2017), S. 253-261, https://doi.org/10.1016/j.jclepro.2017.04.048.
90 K. Eric Drexler, *Radical Abundance: How a Revolution in Nanotechnology Will Change Civilization* (New York: PublicAffairs, 2013), S. 168–172.
91 Paul Sullivan, »A Battle over Diamonds: Made by Nature or in a Lab?«, *New York Times*, 9. Februar 2018, https://www.nytimes.com/2018/02/09/your-money/synthetic-diamond-jewelry.html.
92 Milton Esterow, »Art Experts Warn of a Surging Market in Fake Prints«, *New York Times*, 24. Januar 2020, https://www.nytimes.com/2020/01/24/arts/design/fake-art-prints.html; Kelly Crow, »Leonardo da Vinci Painting ›Salvator Mundi‹ Smashes Records with $450.3 Million Sale«, *Wall Street Journal*, 16. November 2017, https://www.wsj.com/articles/leonardo-da-vinci-painting-salvator-mundi-sells-for-450-3-million-1510794281.
93 Ray Kurzweil und Terry Grossman, *Transcend: Nine Steps to Living Well Forever* (Emmaus, PA: Rodale, 2009).
94 Für Quellen zur neueren biogerontologischen Forschung, die das Ziel verfolgt, das Altern zu verstehen und zu heilen, siehe »Why Age? Should We End Aging Forever?«, Kurzgesagt – In a Nutshell, YouTube-Video, 20. Oktober 2017, https://www.youtube.com/watch?v=GoJsr4IwCm4; »How to Cure Aging – During Your Lifetime?«, Kurzgesagt – In a Nutshell, YouTube-Video, 3. November 2017, https://www.youtube.com/watch?v=MjdpR-TY6QU; »Daphne Koller, Chief Computing Officer, Calico Labs«, CB Insights, YouTube-Video, 18. Januar 2018, https://-www.youtube.com/watch?v=oEIZ8wJYAEA; »Ray Kurzweil – Physical Immortality«, Aging Reversed, YouTube-Video, 3. Januar 2017, https://www.youtube.com/watch?v=BUExzREe9oo; Peter H. Diamandis, »Nanorobots: Where We Are Today and Why Their Future Has Amazing Potential«, SingularityHub, 16. Mai 2016, https://singularityhub.com/2016/05/16/nanorobots-where-we-are-today-and-why-their-future-has-amazing-potential.
95 Nicola Davis, »Human Lifespan Has Hit Its Natural Limit, Research Suggests«, *Guardian*, 5. Oktober 2016, https://www.theguardian.com/science/2016/oct/05/human-lifespan-has-hit-its-natural-limit-research-suggests; Craig R. Whitney, »Jeanne Calment, World's Elder, Dies at 122«, *New York Times*, 5. August 1997,

https://www.nytimes.com/1997/08/05/world/jeanne-calment-world-s-elder-dies-at-122.html.

96 »Actuarial Life Table«, US Social Security Administration Zugriff am 20. Oktober 2022, https://www.ssa.gov/oact/STATS/table4c6.html.

97 France Meslé und Jacques Vallin, »Causes of Death at Very Old Ages, Including for Supercentenarians«, in Heiner Maier et al. (Hgg.), *Exceptional Lifespans*, (Cham: Springer, 2020), S. 72–82, https://link.springer.com/content/pdf/10.1007/978-3-030-49970-9.pdf?pdf=button.

98 »Aubrey De Grey – Living to 1,000 Years Old«, Aging Reversed, YouTube-Video, 26. Mai 2018, https://www.youtube.com/watch?v=ZkMPZ80bByw; »One-on-One: An Investigative Interview with Aubrey de Grey – 44th St. Gallen Symposium«, StGallenSymposium, YouTube-Video, 8. Mai 2014, https://www.youtube.com/watch?v=DkBfT_EPBIo; »Aubrey de Grey, PhD: ›The Science of Curing Aging‹«, Talks at Google, YouTube-Video, 4. Januar 2018, https://www.youtube.com/watch?v=S6ARUQ5LoUo.

99 »A Reimagined Research Strategy for Aging«, SENS Research Foundation, Zugriff am 27. Dezember 2022, https://web.archive.org/web/20221118080039/https://www.sens.org/our-research/intro-to-sens-research.

100 »Longevity: Reaching Escape Velocity«, Foresight Institute, YouTube-Video, 12. Dezember 2017, https://www.youtube.com/watch?v=M4b19vZ57U4.

101 Richard Zijdeman und Filipa Ribeira da Silva, »Life Expectancy at Birth (Total)«, IISH Data Collection, V1 (2015), https://hdl.handle.net/10622/LKYT53.

102 Robert A. Freitas Jr., »The Life-Saving Future of Medicine«, *Guardian*, 28. März 2014, https://www.theguardian.com/what-is-nano/nano-and-the-life-saving-future-of-medicine.

103 Jacqueline Krim, »Friction at the Nano-Scale«, *Physics World*, 2. Februar 2005, https://physicsworld.com/a/friction-at-the-nano-scale.

104 Rose Eveleth, »There Are 37.2 Trillion Cells in Your Body«, *Smithsonian Magazine*, 24. Oktober 2013, https://www.smithsonianmag.com/smart-news/there-are-372-trillion-cells-in-your-body-4941473.

105 Für hilfreiche, leicht verständliche Erklärvideos zum Immunsystem und zu den Hormonen siehe »How the Immune System Actually Works – Immune«, Kurzgesagt – In a Nutshell, YouTube-Video, 10. August 2021, https://www.youtube.com/watch?v=lXfEK8G8CUI; »How Does Your Immune System Work? – Emma Bryce«, TED-Ed, YouTube-Video, 8. Januar 2018, https://www.youtube.com/watch?v=PSRJfaAYkW4; »How Do Your Hormones Work? – Emma Bryce«, TED-Ed, YouTube-Video, 21. Juni 2018, https://www.youtube.com/watch?v=SPRPkLoKp8.

106 Für ein hilfreiches, leicht verständliches Erklärvideo zur Arbeitsweise der Lunge siehe »How Do Lungs Work? – Emma Bryce«, TED-Ed, YouTube-Video, 24. November 2014, https://www.youtube.com/watch?v=8NUxvJS-_ok.

107 Für ein hilfreiches, leicht verständliches Erklärvideo zum Thema Nieren siehe »How Do Your Kidneys Work? – Emma Bryce«, TED-Ed, YouTube-Video, 9. Februar 2015, https://www.youtube.com/watch?v=FN3MFhYPWWo.

108 Für ein hilfreiches, leicht verständliches Erklärvideo zum Verdauungssystem siehe »How Your Digestive System Works – Emma Bryce«, TED-Ed, YouTube-Video, 14. Dezember 2017, https://www.youtube.com/watch?v=Og5xAdC8EUI.
109 Für ein hilfreiches, leicht verständliches Erklärvideo zu Aufgabe und Arbeitsweise der Bauchspeicheldrüse siehe »What Does the Pancreas Do? – Emma Bryce«, TED-Ed, YouTube-Video, 19. Februar 2015, https://www.youtube.com/watch?v=8dgoeYPoE-o.
110 George Dvorsky, »FDA Approves World's First Automated Insulin Pump for Diabetics«, *Gizmodo*, 29. September 2016, https://gizmodo.com/fda-approves-worlds-first-automated-insulin-pump-for-di-1787227150.
111 Für hilfreiche, leicht verständliche Erklärvideos zur Aufgabe der Hormone bei Diabetes siehe »Role of Hormones in Diabetes«, Match Health, YouTube-Video, 6. Dezember 2013, und https://www.youtube.com/watch?v=sPwoMm9cv1M; Matthew McPheeters, »What Is Diabetes Mellitus? | Endocrine System Diseases | NCLEX-RN«, Khan Academy Medicine, YouTube-Video, 14. Mai 2015, https://www.youtube.com/watch?v=ulxyWZf7BWc.
112 Für eine kurze allgemein verständliche Erläuterung der Beziehung zwischen Schlaf und Hormonen siehe Hormone Health Network, »Sleep and Circadian Rhythm«, Hormone.org, Endocrine Society, Juni 2019, https://www.hormone.org/your-health-and-hormones/sleep-and-circadian-rhythm.
113 Für weitere Informationen zum Wiederauftreten von Krebs siehe »Why Is It So Hard to Cure Cancer? – Kyuson Yun«, TED-Ed, YouTube-Video, 10. Oktober 2017, https://www.youtube.com/watch?v=h2rR77VsF5c; »Recurrent Cancer: When Cancer Comes Back«, National Cancer Institute, 18. Januar 2016, https://www.cancer.gov/types/recurrent-cancer; Kyle Davis, »Investigating Why Cancer Comes Back«, National Human Genome Research Institute, 8. September 2015, https://www.genome.gov/news/news-release/Investigating-why-cancer-comes-back.
114 Zuoren Yu et al., »Cancer Stem Cells«, *International Journal of Biochemical Cell Biology* 44, Nr. 12 (Dezember 2012), S. 2144–2151, https://doi.org/10.1016/j.biocel.2012.08.022.
115 »How Does Chemotherapy Work? – Hyunsoo Joshua No«, TED-Ed, YouTube-Video, 5. Dezember 2019, https://www.youtube.com/watch?v=RgWQCGX3MOk; »Why People with Cancer Are More Likely to Get Infections«, American Cancer Society, 13. März 2020, https://www.cancer.org/treatment/treatments-and-side-effects/physical-side-effects/low-blood-counts/infections/why-people-with-cancer-are-at-risk.html.
116 Nirali Shah und Terry J. Fry, »Mechanisms of Resistance to CAR T Cell Therapy«, *Nature Reviews Clinical Oncology* 16 (5. März 2019), S. 372–385, https://doi.org/10.1038/s41571-019-0184-6; Robert Vander Velde et al., »Resistance to Targeted Therapies as a Multifactorial, Gradual Adaptation to Inhibitor Specific Selective Pressures«, *Nature Communications* 11, Artikel 2393 (14. Mai 2020), https://doi.org/10.1038/s41467-020-16212-w.
117 Für eine großartige allgemein verständliche Erläuterung der Zellreproduktion siehe Hank Green, »Mitosis: Splitting Up Is Complicated – Crash Course Biology

#12«, CrashCourse, YouTube-Video, 16. April 2012, https://www.youtube.com/watch?v=Lok-enzoeOM.

118 Für eine kurze Einführung in CRISPR, einen der vielversprechendsten Gen-Editing-Ansätze innerhalb des aktuellen Paradigmas, siehe Brad Plumer et al., »A Simple Guide to CRISPR, One of the Biggest Science Stories of the Decade«, Vox, aktualisiert am 27. Dezember 2018, https://www.vox.com/2018/7/23/17594864/crispr-cas9-gene-editing.

119 Eveleth, »There Are 37.2 Trillion Cells in Your Body«.

120 Für einen einführenden Überblick über diesen Prozess siehe »Regulation of Gene Expression: Operons, Epigenetics, and Transcription Factors«, Professor Dave Explains, YouTube-Video, 15. Oktober 2017, https://www.youtube.com/watch?v=J9jhg90A7Lw.

121 Bert M. Verheijen und Fred W. van Leeuwen, »Commentary: The Landscape of Transcription Errors in Eukaryotic Cells«, *Frontiers in Genetics* 8, Artikel 219 (14. Dezember 2017), https://doi.org/10.3389/fgene.2017.00219.

122 Patricia Mroczek, »Nanoparticle Chomps Away Plaques That Cause Heart Attacks«, MSUToday, Michigan State University, 27. Januar 2020, https://msutoday.msu.edu/news/2020/nanoparticle-chomps-away-plaques-that-cause-heart-attacks; Alyssa M. Flores, *Nature Nanotechnology* 15, Nr. 2 (27. Januar 2020), S. 154–161, https://doi.org/10.1038/s41565-019-0619-3; Ira Tabas und Andrew H. Lichtman, »Monocyte-Macrophages and T Cells in Atherosclerosis«, *Immunity* 47, Nr. 4 (17. Oktober 2017), S. 621–634, https://doi.org/10.1016/j.immuni.2017.09.008.

123 American Stroke Association, »Understanding Diagnosis and Treatment of Cryptogenic Stroke: A Health Care Professional Guide«, American Heart Association, 2019, https://web.archive.org/web/20211023144019/https://www.stroke.org/-/media/stroke-files/cryptogenic-professional-resource-files/crytopgenic-professional-guide-ucm-477051.pdf.

124 Ein anschauliches Erklärvideo zur Proteinfaltung für Einsteiger ist »Protein Structure and Folding«, Amoeba Sisters, YouTube-Video, 24. September 2018, https://www.youtube.com/watch?v=hok2hyED9go.

125 Die (sehr theoretische) maximale Feuerrate biologischer Neuronen liegt bei etwa 1000 Hertz, während Ralph Merkles nanoskaliges mechanisches Rechensystem etwa 100 Megahertz erreichen könnte, also ungefähr 100 000 Mal so schnell wäre. Kollagenfibrillen im Körper haben eine Zugfestigkeit von etwa 90 Megapascal, während für mehrwandige Nanoröhrchen aus Kohlenstoff im Experiment eine Zugfestigkeit von etwa 63 Gigapascal, für diamantene Nanonadeln gar von bis zu 98 Gigapascal erwiesen wurde; das theoretische Maximum von Diamantoiden liegt bei rund 100 Gigapascal. All diese Materialien sind etwa 1000 Mal so stark wie Kollagen. Siehe »Neuron Firing Rates in Humans«, AI Impacts; Ralph C. Merkle et al., »Mechanical Computing Systems Using Only Links and Rotary Joints«, S. 24–27; Yehe Liu, Roberto Ballarini und Steven J. Eppell, »Tension Tests on Mammalian Collagen Fibrils«, *Interface Focus* 6, Nr. 1, Artikel 20150080 (6. Februar 2016), https://doi.org/10.1098/rsfs.2015.0080; Min-Feng Yu et al., »Strength and Breaking Mechanism of Multiwalled Carbon Nanotubes Under Tensile Load«, *Science* 287, Nr. 5453 (28. Januar 2000),

S. 637–640, https://doi.org/10.1126/science.287.5453.637; Amit Banerjee et al., »Ultralarge Elastic Deformation of Nanoscale Diamond«, *Science* 360, Nr. 6386 (20. April 2018), S. 300–302, https://doi.org/10.1126/science.aar4165; Drexler, *Nanosystems*, S. 24–35 und 142 f.

126 Robert A. Freitas, »Exploratory Design in Medical Nanotechnology: A Mechanical Artificial Red Cell«, *Artificial Cells, Blood Substitutes, and Biotechnology* 26, Nr. 4 (1998), S. 411–430, https://doi.org/10.3109/10731199809117682.

127 Freitas, »Exploratory Design in Medical Nanotechnology: A Mechanical Artificial Red Cell«, S. 426; Robert A. Freitas Jr., »Respirocytes: A Mechanical Artificial Red Cell: Exploratory Design in Medical Nanotechnology«, Foresight Institute/ Institute for Molecular Manufacturing, 17. April 1996, https://web.archive.org/web/20210509160649/ https://foresight.org/Nanomedicine/Respirocytes.php.

128 Herculano-Houzel, »The Human Brain in Numbers«; Drachman, »Do We Have Brain to Spare?«; Hervé Lemaître et al., »Normal Age-Related Brain Morphometric Changes: Non-uniformity Across Cortical Thickness, Surface Area and Grey Matter Volume?«, *Neurobiology of Aging* 33, Nr. 3 (März 2012), S. 617.e1-9, https://doi.org/10.1016/j.neurobiolaging.2010.07.013; Merkle et al., »Mechanical Computing Systems Using Only Links and Rotary Joints«, S. 24–27.

129 »Neuron Firing Rates in Humans«, AI Impacts; Merkle et al., »Mechanical Computing Systems Using Only Links and Rotary Joints«, S. 24–27; Drexler, *Nanosystems*, S. 370 f.

130 Herculano-Houzel, »The Human Brain in Numbers«; Drachman, »Do We Have Brain to Spare?«; »Firing Behavior and Network Activity of Single Neurons in Human Epileptic Hypothalamic Hamartoma«, *Frontiers in Neurology* 2, Nr. 210 (27. Dezember 2013), https://doi.org/10.3389/fneur.2013.00210; Ernest L. Abel, *Behavioral Teratogenesis and Behavioral Mutagenesis: A Primer in Abnormal Development* (New York: Plenum Press, 1989), S. 113, https://books.google.co.uk/books?id=gVorBgAAQBAJ; Anders Sandberg und Nick Bostrom, *Whole Brain Emulation: A Roadmap*, Technical Report #2008-3 Future of Humanity Institute, Oxford University (2008), S. 80, https://www.fhi.ox.ac.uk/brain-emulation-roadmap-report.pdf; siehe auch im Anhang die Quellen, die für alle Berechnungen von Rechenkosten in diesem Buch verwendet wurden.

131 Herculano-Houzel, »The Human Brain in Numbers«; Drachman, »Do We Have Brain to Spare?«; »Firing Behavior and Network Activity of Single Neurons in Human Epileptic Hypothalamic Hamartoma«, Abel, *Behavioral Teratogenesis and Behavioral Mutagenesis*; Sandberg und Bostrom, *Whole Brain Emulation*, S. 80; siehe auch im Anhang die Quellen, die für alle Berechnungen von Rechenkosten in diesem Buch verwendet wurden.

Kapitel 7: Gefahr

1 Bill McKibben, »How Much Is Enough? The Environmental Movement as a Pivot Point in Human History«, Harvard Seminar on Environmental Values, 18. Oktober 2000, S. 11, http://docshare04.docshare.tips/files/9552/95524564.pdf.

2 Robert M. Pirsig, *Zen und die Kunst, ein Motorrad zu warten: Ein Versuch über Werte*, aus dem Amerikanischen von Rudolf Hermstein (Frankfurt am Main:

S. Fischer, 1976, S. 26). Pirsigs Buch verschmolz östliche und westliche Ideen und führte das philosophische Konzept der »Metaphysik der Qualität« ein, das sich mit der Frage befasst, wie aus den Erfahrungen von Menschen Wissen und Ideen werden. Es ist zu einem der meistverkauften philosophischen Bücher aller Zeiten geworden. Siehe auch Tim Adams, »The Interview: Robert Pirsig«, *Guardian*, 19. November 2006, https://www.theguardian.com/books/2006/nov/19/fiction.

3 Hans M. Kristensen und Matt Korda, »Status of World Nuclear Forces«, Federation of American Scientists, 2. März 2022, https://fas.org/issues/nuclear-weapons/status-world-nuclear-forces.

4 Hans M. Kristensen, »Alert Status of Nuclear Weapons«, Briefing to Short Course on Nuclear Weapon and Related Security Issues, George Washington University Elliott School of International Affairs, 21. April 2017, S. 2, https://uploads.fas.org/2014/05/Brief2017_GWU_2s.pdf.

5 Sie können die Auswirkungen eines Atomkriegs mit einem faszinierenden, von Alex Wellerstein entwickelten interaktiven Tool namens Nukemap, verfügbar unter https://nuclearsecrecy.com/nukemap, selbst erkunden. Siehe auch Kyle Mizokami, »335 Million Dead: If America Launched an All-Out Nuclear War«, *National Interest*, 13. März 2019, https://nationalinterest.org/blog/buzz/335-million-dead-if-america-started-all-out-nuclear-war-57262; Dylan Matthews, »40 Years Ago Today, One Man Saved Us from World-Ending Nuclear War«, *Vox*, 26. September 2023, https://www.vox.com/2018/9/26/17905796/nuclear-war-1983-stanislav-petrov-soviet-union; Owen B. Toon et al., »Rapidly Expanding Nuclear Arsenals in Pakistan and India Portend Regional and Global Catastrophe«, *Science Advances* 5, Nr. 10 (2. Oktober 2019), https://Advances.sciencemag.org/content/5/10/eaay5478.

6 Seth Baum, »The Risk of Nuclear Winter«, Federation of American Scientists, 29. Mai 2015, https://fas.org/pir-pubs/risk-nuclear-winter; Bryan Walsh, »What Could a Nuclear War Do to the Climate – and Humanity?«, *Vox*, 17. August 2022, https://www.vox.com/future-perfect/2022/8/17/23306861/nuclear-winter-war-climate-change-food-starvation-existential-risk-russia-united-states.

7 Anders Sandberg und Nick Bostrom, *Global Catastrophic Risks Survey*, Technical Report #2008-1, Future of Humanity Institute, Oxford University (2008), S. 1, https://www.fhi.ox.ac.uk/reports/2008-1.pdf.

8 Kristensen und Korda, »Status of World Nuclear Forces«; Arms Control Association, »Nuclear Weapons: Who Has What at a Glance«, Arms Control Association, Juni 2023, https://www.armscontrol.org/factsheets/Nuclearweaponswhohaswhat.

9 Für eine nützliche Zusammenfassung relevanter Rüstungskontrollverträge siehe »U.S.-Russian Nuclear Arms Control Agreements at a Glance«, Arms Control Association, August 2019, https://www.armscontrol.org/factsheets/USRussiaNuclearAgreements.

10 Max Roser und Mohamed Nagdy, »Nuclear Weapons«, Our World in Data, 2019, https://ourworldindata.org/nuclear-weapons; Hans M. Kristensen und Robert S. Norris, »The Bulletin of the Atomic Scientists' Nuclear Notebook«, Federation of American Scientists, 2019, https://thebulletin.org/nuclear-notebook-multimedia; Kristensen und Korda, »Status of World Nuclear Forces«.

11 Treaty Banning Nuclear Weapon Tests in the Atmosphere, in Outer Space, and Under Water, 10. Oktober 1963, https://treaties.un.org/doc/Publication/UNTS/Volume%20480/volume-480-I-6964-English.pdf.

12 Für eine nützliche Zusammenfassung des relevanten internationalen Rechts siehe »International Legal Agreements Relevant to Space Weapons«, Union of Concerned Scientists, 11. Februar 2004, https://www.ucsusa.org/nuclear-weapons/space-weapons/international-legal-agreements.

13 Wissenschaftler haben dies schon vor Jahrzehnten anerkannt, zum Beispiel in Martin E. Hellman, »Arms Race Can Only Lead to One End: If We Don't Change Our Thinking, Someone Will Drop the Big One«, *Houston Post*, 4. April 1985, in ähnlicher Form verfügbar unter https://ee.stanford.edu/~hellman/opinion/inevitability.html.

14 Für eine anschauliche und prägnante Zusammenfassung, wie MAD funktioniert, siehe »Mutually Assured Destruction: When the Only Winning Move Is Not to Play«, *Farnam Street*, Juni 2017, https://fs.blog/2017/06/mutually-assured-destruction.

15 Für Informationen zu den Raketenabwehrprogrammen der Vereinigten Staaten siehe »Current U. S. Missile Defense Programs at a Glance«, Arms Control Association, August 2019, https://www.armscontrol.org/factsheets/usmissiledefense.

16 Alan Robock und Owen Brian Toon, »Self-Assured Destruction: The Climate Impacts of Nuclear War«, *Bulletin of the Atomic Scientists* 68, Nr. 5 (1. September 2012), S. 66–74, https://thebulletin.org/2012/09/self-assured-destruction-the-climate-impacts-of-nuclear-war.

17 Valerie Insinna, »Russia's Nuclear Underwater Drone Is Real and in the Nuclear Posture Review«, *DefenseNews*, 12. Januar 2018, https://www.defensenews.com/space/2018/01/12/russias-nuclear-underwater-drone-is-real-and-in-the-nuclear-posture-review; Douglas Barrie und Henry Boyd, »Burevestnik: US Intelligence and Russia's ›Unique‹ Cruise Missile«, International Institute for Strategic Studies, 5. Februar 2021, https://www.iiss.org/blogs/military-balance/2021/02/burevestnik-russia-cruise-missile.

18 Richard Stone, »›National Pride Is at Stake‹. Russia, China, United States Race to Build Hypersonic Weapons«, *Science*, 8. Januar 2020, https://www.science.org/content/article/national-pride-stake-russia-china-united-states-race-build-hypersonic-weapons.

19 Joshua M. Pearce und David C. Denkenberger, »A National Pragmatic Safety Limit for Nuclear Weapon Quantities«, *Safety* 4, Nr. 2 (2018), S. 25, https://www.mdpi.com/2313-576X/4/2/25.

20 »Safety Assistance System Warns of Dirty Bombs«, Fraunhofer, 1. September 2017, https://www.fraunhofer.de/en/press/research-news/2017/september/safety-assistance-system-warns-of-dirty-bombs-.html.

21 Jaganath Sankaran, »A Different Use for Artificial Intelligence in Nuclear Weapons Command and Control«, War on the Rocks, 25. April 2019, https://warontherocks.com/2019/04/a-different-use-for-artificial-intelligence-in-nuclear-weapons-command-and-control; Jill Hruby und M. Nina Miller, »Assessing and Managing the Benefits and Risks of Artificial Intelligence in Nuclear-Weapon Systems«, Nuclear Threat Initiative, 26. August 2021, https://

www.nti.org/analysis/articles/assessing-and-managing-the-benefits-and-risks-of-artificial-intelligence-in-nuclear-weapon-systems.

22 Für eine kurzes, hilfreiches Erklärvideo zum Schwarzen Tod und anderen Pestepidemien siehe Jenny Howard, »Plague, Explained«, *National Geographic*, 20. August 2019, https://www.nationalgeographic.com/science/health-and-human-body/human-diseases/the-plague.

23 »Historical Estimates of World Population«, US Census Bureau, 5. Juli 2018, https://www.census.gov/data/tables/time-series/demo/international-programs/historical-est-worldpop.html.

24 Elizabeth Pennisi, »Black Death Left a Mark on Human Genome«, *Science*, 3. Februar 2014, https://www.sciencemag.org/news/2014/02/black-death-left-mark-human-genome.

25 Die Gentherapie zum Beispiel verfolgt nützliche Zwecke und Absichten, verwendet jedoch häufig modifizierte Viren, um ihre Ziele zu erreichen. Für einen kurzen Überblick siehe »Gene Therapy Inside Out«, US Food and Drug Administration, YouTube-Video, 19. Dezember 2017, https://www.youtube.com/watch?v=GbJasFgJkLg.

26 Für eine leicht verständliche Zusammenfassung der Risiken von Bioterrorismus siehe R. Daniel Bressler und Chris Bakerlee, »›Designer Bugs‹: How the Next Pandemic Might Come from a Lab«, *Vox*, 6. Dezember 2018, https://www.vox.com/future-perfect/2018/12/6/18127430/superbugs-biotech-pathogens-biorisk-pandemic.

27 Für eine eingehende Fallstudie über die Asilomar-Konferenz und die daraus hervorgegangenen Grundsätze siehe M. J. Peterson, »Asilomar Conference on Laboratory Precautions When Conducting Recombinant DNA Research – Case Summary«, International Dimensions of Ethics Education in Science and Engineering Case Study Series, Juni 2010, https://scholarworks.umass.edu/cgi/viewcontent.cgi?article=1023&context=edethicsinscience.

28 Alan McHughen und Stuart Smyth, »US Regulatory System for Genetically Modified [Genetically Modified Organism (GMO), rDNA or Transgenic] Crop Cultivars«, *Plant Biotechnology Journal* 6, Nr. 1 (Januar 2008), S. 2–12, https://doi.org/10.1111/j.1467-7652.2007.00300.x.

29 Für ausführlichere Informationen über die Aktivitäten des GRRT siehe Tasha Stehling-Ariza et al., »Establishment of CDC Global Rapid Response Team to Ensure Global Health Security«, *Emerging Infectious Diseases* 23, Nr. 13 (Dezember 2017), https://wwwnc.cdc.gov/eid/article/23/13/17-0711_article; Centers for Disease Control and Prevention, »Global Rapid Response Team Expands Scope to U.S. Response«, *Updates from the Field* 30 (Herbst 2020), https://www.cdc.gov/globalhealth/healthprotection/fieldupdates/fall-2020/grrt-response-covid.html.

30 Für weitere Informationen über die Aktivitäten der NICBR und des USAMRIID zur Bekämpfung des Risikos von Bioterrorismus siehe deren Websites unter https://www.nicbr.mil und https://www.usamriid.army.mil.

31 Françoise Barré-Sinoussi et al., »Isolation of a T-Lymphotropic Retrovirus from a Patient at Risk for Acquired Immune Deficiency Syndrome (AIDS)«, *Science* 220, Nr. 4599 (20. Mai 1983), S. 868–871, https://www.jstor.org/stable/1690359;

Jean K. Carr et al., »Full-Length Sequence and Mosaic Structure of a Human Immunodeficiency Virus Type 1 Isolate from Thailand«, *Journal of Virology* 70, Nr. 9 (31. August 1996), S. 5935–5943, https://www.ncbi.nlm.nih.gov/pmc/articles/PMC190613; Kristen Philipkoski, »SARS Gene Sequence Unveiled«, *Wired*, 15. April 2003, https://www.wired.com/2003/04/sars-gene-sequence-unveiled; Cameron Walker, »Rapid Sequencing Method Can Identify New Viruses Within Hours«, *Discover*, 11. Dezember 2013, https://web.archive.org/web/20201111180212; »Rapid Sequencing of RNA Virus Genomes«, Nanopore Technologies, 2018, https://nanoporetech.com/resource-centre/rapid-sequencing-rna-virus-genomes.

32 Darren J. Obbard et al., »The Evolution of RNAi as a Defence Against Viruses and Transposable Elements«, *Philosophical Transactions of the Royal Society B: Biological Sciences* 364, Nr. 1513, S. 99–115, https://www.ncbi.nlm.nih.gov/pmc/articles/PMC2592633.

33 Für eine kurze Erläuterung der Funktionsweise herkömmlicher antigenbasierter Impfstoffe siehe »Understanding How Vaccines Work«, Centers for Disease Control, Juli 2018, https://www.cdc.gov/vaccines/hcp/conversations/understanding-vacc-work.html.

34 Ray Kurzweil, »AI-Powered Biotech Can Help Deploy a Vaccine in Record Time«, *Wired*, 19. Mai 2020, https://www.wired.com/story/opinion-ai-powered-biotech-can-help-deploy-a-vaccine-in-record-time.

35 Asha Barbaschow, »Moderna Leveraging Its ›AI Factory‹ to Revolutionise the Way Diseases Are Treated«, *ZDNet*, 17. Mai 2021, https://www.zdnet.com/article/moderna-leveraging-its-ai-factory-to-revolutionise-the-way-diseases-are-treated.

36 Barbaschow, »Moderna Leveraging Its ›AI Factory‹«; »Moderna COVID-19 Vaccine«, US Food and Drug Administration, 18. Dezember 2020, https://www.fda.gov/emergency-preparedness-and-response/coronavirus-disease-2019-covid-19/moderna-covid-19-vaccine.

37 Philip Ball, »The Lightning-Fast Quest for COVID Vaccines – and What It Means for Other Diseases«, *Nature* 589, Nr. 7840 (18. Dezember 2020), S. 16–18, https://www.nature.com/articles/d41586-020-03626-1.

38 Für zwei hilfreiche Übersichten über die Indizien dafür und dagegen siehe Amy Maxmen und Smriti Mallapaty, »The COVID Lab-Leak Hypothesis: What Scientists Do and Don't Know«, *Nature* 594, Nr. 7863 (8. June, 2021), S. 313–315, https://www.nature.com/articles/d41586-021-01529-3, und Jon Cohen, »Call of the Wild«, *Science* 373, Nr. 6559 (2. September 2021), S. 1072–1077, https://www.science.org/content/article/why-many-scientists-say-unlikely-sars-cov-2-originated-lab-leak.

39 James Pearson und Ju-Min Park, »North Korea Overcomes Poverty, Sanctions with Cut-Price Nukes«, Reuters, 11. Januar 2016, https://www.reuters.com/article/us-northkorea-nuclear-money-idUSKCN0UP1G820160111.

40 Lord Lyell, »Chemical and Biological Weapons: The Poor Man's Bomb«, Draft General Report, Science and Technology Committee (96) 8, North Atlantic Assembly, 4. Oktober 1996, https://irp.fas.org/threat/an253stc.htm.

41 United Nations Secretary-General, »Chemical and Bacteriological (Biological) Weapons and the Effects of Their Possible Use: Report of the Secretary-General«, United Nations, August 1969; erörtert in Gregory Koblentz, »Pathogens as Weapons: The International Security Implications of Biological Warfare«, *International Security* 28, Nr. 3 (Winter 2003/04), S. 88, https://doi.org/10.1162/016228803773100084.

42 Einen ebenso ernüchternden wie aufschlussreichen tieferen Einblick in mögliche schädliche Anwendungen der Nanotechnologie siehe Louis A. Del Monte, *Nanoweapons: A Growing Threat to Humanity* (Lincoln: University of Nebraska Press, 2017).

43 K. Eric Drexler, *Engines of Creation: The Coming Era of Nanotechnology* (New York: Anchor Press/Doubleday, 1986), S. 172.

44 Ralph C. Merkle, »Self Replicating Systems and Low Cost Manufacturing«, Zyvex.com, Zugriff am 5. März 2023, http://www.zyvex.com/nanotech/selfRepNATO.html.

45 Yinon M. Bar-On, Rob Phillips und Ron Milo schätzen, dass die gesamte Biomasse der Erde 550 Gigatonnen Kohlenstoff in allen Arten von Lebewesen enthält (unterirdischer Kohlenstoff wie Kohlevorkommen, die aus lebender Materie entstanden sind, nicht mitgerechnet). Das entspricht $5{,}5 \times 10^{17}$ Gramm Kohlenstoff. Bei einem durchschnittlichen Atomgewicht von 12,011 können wir die Anzahl der Atome auf $5{,}5 \times 10^{17}/12{,}011 = 4{,}6 \times 10^{16}$ Mol berechnen. Ausgehend von dieser Zahl können wir schätzen, dass sich $(4{,}6 \times 10^{16}) \times (6{,}022 \times 10^{23})$ (Avogadro-Zahl) $= 2{,}8 \times 10^{40}$ Kohlenstoffatome in der verfügbaren Biomasse der Erde befinden. Die Gesamtmenge an organischem Kohlenstoff, mitgerechnet jenen in der Atmosphäre, im Boden und in den Kohlenwasserstoffvorräten unter der Erde, mag erheblich höher sein, aber wie viel davon in einem Graue-Schmiere-Szenario für Nanobots leicht zugänglich wäre, ist viel schwerer zu beurteilen. Siehe Yinon M. Bar-On et al., »The Biomass Distribution on Earth«, *PNAS* 115, Nr. 25 (19. Juni 2018), S. 6506–6511, https://doi.org/10.1073/pnas.1711842115.

46 Laut dem Nanotechnologie-Experten Rob Freitas könnte ein selbstreplizierender Nanobot etwa 70 Millionen Kohlenstoffatome haben. Dies ist eine spekulative Zahl, aber wahrscheinlich die beste verfügbare Schätzung und kann als allgemeiner Leitfaden für die Überlegungen zu einem solchen Szenario dienen. Siehe Robert A. Freitas Jr., »Some Limits to Global Ecophagy by Biovorous Nanoreplicators, with Public Policy Recommendations«, Foresight Institute, April 2000, http://www.rfreitas.com/Nano/Ecophagy.htm.

47 110 (bzw. 109) ist ein Mittelwert, der auf der Annahme basiert, dass die Kohlenstoffverteilung mehr oder minder gleichmäßig ist, der in einem realen Szenario aber je nach den lokalen Gegebenheiten kleiner oder größer wäre: Während der Vorrat an verfügbarem Kohlenstoff mancherorts schon nach weniger Generationen erschöpft wäre, könnte anderswo eine größere Anzahl von Generationen erforderlich sein, um den gesamten Kohlenstoff umzuwandeln, was entsprechend länger dauern würde.

48 Freitas, »Some Limits to Global Ecophagy by Biovorous Nanoreplicators«.

49 Ebd.

50 Robert A. Freitas Jr. und Ralph C. Merkle, *Kinematic Self-Replicating Machines* (Austin, TX: Landes Bioscience, 2004), http://www.molecularassembler.com/KSRM/4.11.3.3.htm.

51 Für die aktualisierten Richtlinien selbst und für aufschlussreiche Hintergrundinformationen zu ihnen siehe Neil Jacobstein, »Foresight Guidelines for Responsible Nanotechnology Development«, Foresight Institute, 2006, http://www.imm.org/policy/guidelines.

52 Für weitere Informationen zur bunten Palette von Begriffen wie »blaue Schmiere« und »graue Schmiere«, die zur Beschreibung verschiedener Nanotechnologie-Szenarien geprägt worden sind, siehe Chris Phoenix, »Goo vs. Paste«, *Nanotechnology Now*, September 2002, http://www.nanotech-now.com/goo.htm.

53 Freitas, »Some Limits to Global Ecophagy by Biovorous Nanoreplicators«.

54 Bill Joy, »Why the Future Doesn't Need Us«, *Wired*, 1. April 2000, https://www.wired.com/2000/04/joy-2.

55 Weltgesundheitsorganisation, »WHO Coronavirus Dashboard«, Weltgesundheitsorganisation, Zugriff am 16. Oktober 2023, https://covid19.who.int.

56 Miles Brundage et al., *The Malicious Use of Artificial Intelligence: Forecasting, Prevention, and Mitigation* (Oxford, UK: Future of Humanity Institute, Februar 2018), https://img1.wsimg.com/blobby/go/3d82daa4-97fe-4096-9c6b-376b92c619de/downloads/MaliciousUseofAI.pdf?ver=1553030594217.

57 Evan Hubinger, »Clarifying Inner Alignment Terminology«, AI Alignment Forum, 9. November 2020, https://www.alignmentforum.org/posts/SzecSPYxqRa5GCaSF/clarifying-inner-alignment-terminology; Paul Christiano, »Current Work in AI Alignment«, Effective Altruism, Zugriff am 5. März 2023, https://www.efficientaltruism.org/articles/paul-christiano-current-work-in-ai-alignment.

58 Hubinger, »Clarifying Inner Alignment Terminology«; Christiano, »Current Work in AI Alignment«.

59 Für eine tiefer lotende, aber relativ leicht verständliche Erläuterung der »imitativen Generalisierung« siehe Beth Barnes, »Imitative Generalization (AKA ›Learning the Prior‹)«, AI Alignment Forum, 9. Januar 2021, https://www.alignmentforum.org/posts/JKj5Krff5oKMb8TjT/imitative-generalisation-aka-learning-the-prior-1.

60 Geoffrey Irving und Dario Amodei, »AI Safety via Debate«, OpenAI, 3. Mai 2018, https://openai.com/blog/debate.

61 Für eine aufschlussreiche Folge von Beiträgen zur Erläuterung der »wiederholten Verstärkung«, verfasst vom primären Urheber des Konzepts, siehe Paul Christiano, »Iterated Amplification«, AI Alignment Forum, 29. Oktober 2018, https://www.alignmentforum.org/s/EmDuGeRw749sD3GKd.

62 Für weitere Details zu den technischen Herausforderungen in Sachen KI-Sicherheit siehe Dario Amodei et al., »Concrete Problems in AI Safety«, arXiv:1606.06565v2 [cs.AI], 25. Juli 2016, https://arxiv.org/pdf/1606.06565.pdf.

63 Für die Grundsätze der Asilomar-Konferenz für KI und die regelmäßig aktualisierte Liste der Unterzeichner siehe »Asilomar AI Principles«, Future of Life Institute, 2019, https://futureoflife.org/ai-principles.

64 Einer der Väter des Internets, Vint Cerf, hat einen hilfreichen Aufsatz geschrieben, in dem er auf die Rolle der DARPA bei der Entstehung des Internets näher einging. Siehe Vint Cerf, »A Brief History of the Internet and Related Networks«, Internet Society, Zugriff am 5. März 2023, https://www.internetsociety.org/internet/history-internet/brief-history-internet-related-networks.

65 »Asilomar AI Principles«, Future of Life Institute.

66 »Lethal Autonomous Weapons Pledge«, Future of Life Institute, 2019, https://futureoflife.org/lethal-autonomous-weapons-pledge.

67 Kelley M. Sayler, »Defense Primer: US Policy on Lethal Autonomous Weapon Systems« (Bericht IF11150, Congressional Research Service, aktualisiert am 14. November 2022), https://crsreports.congress.gov/product/pdf/IF/IF11150.

68 *Department of Defense Directive 3000.09 – Autonomy in Weapon Systems*, US Department of Defense, 21. November 2012 (gültig ab 25. Januar 2023), https://www.esd.whs.mil/Portals/54/Documents/DD/issuances/dodd/300009p.pdf.

69 Erico Guizzo und Evan Ackerman, »Do We Want Robot Warriors to Decide Who Lives or Dies?«, *IEEE Spectrum*, 31. Mai 2016, https://spectrum.ieee.org/robotics/military-robots/do-we-want-robot-warriors-to-decide-who-lives-or-dies.

70 Ebd.

71 Bureau of Arms Control, Verification and Compliance, »Political Declaration on Responsible Military Use of Artificial Intelligence and Autonomy«, US Department of State, 16. Februar 2023, https://www.state.gov/political-declaration-on-responsible-military-use-of-artificial-intelligence-and-autonomy.

72 Brian M. Carney, »Air Combat by Remote Control«, *Wall Street Journal*, 12. Mai 2008, https://www.wsj.com/articles/SB121055519404984109.

73 »Supporters of a Ban on Killer Robots«, Campaign to Stop Killer Robots, aktualisiert am 18. Mai 2021, https://web.archive.org/web/20210518133318/https://www.stopkillerrobots.org/endorsers.

74 Brian Stauffer, »Stopping Killer Robots: Country Positions on Banning Fully Autonomous Weapons and Retaining Human Control«, Human Rights Watch, 10. August 2020, https://www.hrw.org/report/2020/08/10/stopping-killer-robots/country-positions-banning-fully-autonomous-weapons-and.

75 Eine Analogie, die das Problem der Transparenz bei KI verständlicher macht, ist in der Mathematik der Unterschied zwischen der Suche nach der Lösung eines Problems und der Prüfung, ob eine mutmaßliche Lösung wirklich eine ist. In manchen Fällen ist es für Menschen einfach, eine von einem Computer gefundene Lösung zu prüfen. Wenn ein Programm zum Beispiel angewiesen wird, die größte ungerade ganze Zahl kleiner als 1 000 000 zu finden, ist es für einen Menschen trivial einfach zu bestätigen, dass 999 999 diese Kriterien erfüllt. Wenn ein Programm dagegen angewiesen wird, die größte Primzahl kleiner als 1 000 000 zu finden, wäre es für einen Menschen schwierig, selbst zu prüfen, ob 999 983 tatsächlich eine Primzahl ist. Ähnlich ist es für Programmierer einfach, »unter die Haube zu schauen« und genau zu erkennen, welche Faktoren zu einer Antwort geführt haben, wenn KI diese algorithmisch aus klar definierten, von ihren Konstrukteuren festgelegten Parametern generiert hat. Zum Beispiel kann ein Go-Programm, das das Brett anhand fester Regeln bewertet, seinen Pro-

grammierern genau sagen, warum es entschieden hat, dass ein bestimmter Zug der beste sei. Doch bei konnektivistischen Ansätzen wie Deep Learning ist das vollständige »Warum« oft weder für menschliche Programmierer noch für die KI erkennbar. Es gibt wahrscheinlich keine universelle Technik, die die Gründe für eine beliebige, von einem neuronalen Netzwerk generierte Lösung auf für Menschen verständliche Weise überprüfen könnte. Weitere Informationen zu diesem sogenannten Black-Box-Problem der KI finden Sie in Will Knight, »The Dark Secret at the Heart of AI«, *MIT Technology Review*, 11. April 2017, https://www.technologyreview.com/s/604087//the-dark-secret-at-the-heart-of-ai.

76 Paul Christiano, »Eliciting Latent Knowledge«, AI Alignment, *Medium*, 25. Februar 2022, https://ai-alignment.com/eliciting-latent-knowledge-f977478608fc.

77 John-Clark Levin und Matthijs M. Maas, »Roadmap to a Roadmap: How Could We Tell When AGI Is a ›Manhattan Project‹ Away?«, arXiv:2008.04701 [cs.CY], 6. August 2020, https://arxiv.org/pdf/2008.04701.pdf.

78 »The Bletchley Declaration by Countries Attending the AI Safety Summit, 1–2 November 2023«, Britische Regierung, 1. November 2023, https://www.gov.uk/government/publications/ai-safety-summit-2023-the-bletchley-declaration/the-bletchley-declaration-by-countries-attending-the-ai-safety-summit-1-2-november-2023.

79 Einen tieferen Einblick in den langfristigen weltweiten Trend zum Rückgang von Gewalt geben die vielen nützlichen, datenreichen Erkenntnisse in einem ausgezeichneten Buch meines Freundes Steven Pinker: *Gewalt: Eine neue Geschichte der Menschheit*, aus dem Amerikanischen von Sebastian Vogel (Frankfurt am Main: S. Fischer, 2011).

80 Ein nützlicher Aufsatz über die technologiefeindliche Gesinnung, die sich als Reaktion auf die Furcht vor aufkommenden technologischen Bedrohungen entwickelt, ist Lawrence Lessig, »Stamping Out Good Science«, *Wired*, 1. Juli 2004, https://www.wired.com/2004/07/stamping-out-good-science.

81 Walter Suza, »I Fight Anti-GMO Fears in Africa to Combat Hunger«, *The Conversation*, 7. Februar 2019, https://theconversation.com/i-fight-anti-gmo-fears-in-africa-to-combat-hunger-109632; Editorial Board, »There's No Choice: We Must Grow GM Crops Now«, *Guardian*, 16. März 2014, https://www.theguardian.com/commentisfree/2014/mar/16/gm-crops-world-food-famine-starvation.

82 Für eine repräsentative Auswahl dieser Kritiken siehe Joël de Rosnay, »Artificial Intelligence: Transhumanism Is Narcissistic. We Must Strive for Hyperhumanism«, Crossroads to the Future, 26. April 2015, https://web.archive.org/web/20230322182945/https://www.crossroads-to-the-future.com/Articles/Artificial-Intelligence-Transhumanism-is-Narcisistic-We-Must-Strive-For-Hyperhumanism; Wesley J. Smith, »Jeffrey Epstein, a Narcissistic Transhumanist«, *National Review*, 1. August 2019, https://www.nationalreview.com/corner/jeffrey-epstein-a-narcissistic-transhumanist; Sarah Spiekermann, »Why Transhumanism Will Be a Blight on Humanity and Why It Must Be Opposed«, The Privacy Surgeon, 6. Juli 2017, https://web.archive.org/web/20180212062523/http://www.privacysurgeon.org/blog/incision/why-transhumanism-will-be-a-blight-on-humanity-and-why-it-must-be-opposed.

83 2021 betrug der gesamte globale Primärenergieverbrauch etwa 595,15 Hexajoule, was 165 320 Terawattstunden entspricht. Dieser Wert wiederum entspricht einem durchschnittlichen Verbrauch von gut 18,8 Terawatt (TW) pro Stunde. Zum Vergleich: Die stündlich die Atmosphäre der Erde treffende Sonnenenergie wird auf 173 000 bis 175 000 TW geschätzt, wovon nach Schätzungen der Sandia National Laboratories etwa 89 300 TW die Erdoberfläche erreichen und durch oberflächenbasierte Photovoltaik theoretisch 58 300 TW gewonnen werden können. Mit der Technologie von 2006 könnten, so die Sandia-Forschung, aus gut isolierten Landflächen bis zu 7500 TW erzeugt werden. Tatsächlich würde der Gewinn von nur einem Viertelprozent dieses Volumens die Energie decken, die wir derzeit aus allen Quellen beziehen und verbrauchen – nicht nur aus Strom, sondern auch aus Brennstoffen, die derzeit verwendet werden, ohne vorher in Elektrizität umgewandelt worden zu sein. Siehe *BP Statistical Review of World Energy 2022* (London: BP, 2022), https://www.bp.com/content/dam/bp/business-sites/en/global/corporate/pdfs/energy-economics/statistical-review/bp-stats-review-2022-full-report.pdf, S. 9, und Jeff Tsao et al., »Solar FAQs«, US Department of Energy (Arbeitspapier SAND 2006–2818P, Sandia National Laboratories 2006), S. 9, https://web.archive.org/web/20200424084337/https://www.sandia.gov/~jytsao/Solar%20FAQs.pdf.

84 Zwei hilfreiche Zusammenfassungen dessen, was einige der führenden Zukunftsforscher über existenzielle Risiken denken – über Ereignisse also, die die Vernichtung der Zivilisation oder das Aussterben der gesamten Menschheit zur Folge haben könnten –, sind Sebastian Farquhar et al., *Existenzial Risk: Diplomacy and Governance*, Global Priorities Projekt, 2017, https://www.fhi.ox.ac.uk/wp-content/uploads/Existential-Risks-2017-01-23.pdf, und Nick Bostrom, »Existential Risks: Analyzing Human Extinction Scenarios and Related Hazards«, *Journal of Evolution and Technology* 9, Nr. 1 (2002), https://www.nickbostrom.com/existential/risks.html.

REGISTER

H

L

Q

R

S

V

W

X

Y

Z